国家自然科学基金资助项目（编号 51278342、51778426）

媒体与评论
建筑研究的一种视野

MEDIA AND CRITICISM
A VISION FOR ARCHITECTURAL RESEARCH

支文军 著
ZHI WENJUN

上海·同济大学出版社
SHANGHAI · TONGJI UNIVERSITY PRESS

序

Foreword

期刊事业的有心人

Aspiration and Determination in Academic Journal

（支）文军常来家看望我和李德华先生，并且每次都会介绍他担任主编的《时代建筑》杂志的工作进展及相关情况，有时还会带来他认为很有创意的新刊给我们。每次听到他谈起这个期刊编辑团队既稳定又持续富有活力的工作状态，见到面前一期又一期精致的杂志，欣慰与赞叹总是油然而生。

办好一本学术期刊有多么不易，所面临的压力和付出的艰辛有多少，作为《时代建筑》的首任主编，我很早就对这些深有感触。《时代建筑》创建于1984年，当时我们对办刊都没有太多经验可言，一切从头开始。可以说，编辑团队很大程度上是凭借着对学术期刊工作的一份情怀，对推动国内建筑界设计实践与学术发展的强大的责任感和满腔热情，克服各种困难，逐步积累经验才一步步成熟起来的。这种态度和精神持之以恒，从未动摇，坚持到今天，让国内、国际的建筑界看到了这份期刊如此振奋人心的成就。

在《时代建筑》这几十年的成长轨迹中，文军的努力和贡献是极其重要的。1986年，当他刚刚结束跟我就读的建筑历史与理论方向的研究生学业后就留校任教，开始协助我做《时代建筑》的编辑工作。在与我共事的十多年里，我深入观察和了解到，文军是一个具有恒心和毅力要把一件有价值的事做到最好品质的人。在他逐步成长为主编之后，他有更多机会、更大平台施展自己的能力，为期刊发展构建更高目标。伴随改革开放和城市化进程，当代中国城市和乡村都有了惊人的发展，成为建筑创新实践的一片热土。我们不仅可以看到国内职业建筑师群体迅速成长，建筑创作的文化自信显著增强，而且也看到了中国已经成为世界建筑师关注的焦点和竞争的舞台。文军是一名敏感于国内外建筑发展趋向、善于把控期刊发展方向的专业媒体人。他领导的《时代建筑》在20年前就及时调整定位，专注于以国际视野聚焦“当代中国”，关注“中国命题”，并以每期主题组稿的方式与当代中国建筑深度互动，不仅充分发挥了期刊在学术话语组织和传播交流等方面的积极作用，也使期刊成为世界了解中国最新建筑发展进程的一个重要窗口。

文军还有另一个很大的特点，就是他的谦逊和他不同一般的亲和力，这也是他领导的这份期刊能够持续发展、影响广泛的一个重要原因。多年来，他主持的编辑团队汇集了一批热心于期刊事业的建筑学人，无论是专职的还是兼职的，都具有很高的专业素质和很强的敬业精神，并且善于合作。通过协同办刊，编辑部不仅汇聚了众人的智慧，也促进了一批年轻学者的成长。

我还了解到，文军虽然长期担任主编工作，甚至还出任同济大学出版社社长五年，但他一直没有停止过自己对国内外建筑发展的独立观察、理论研究和实践评论，发表了不少学术论文，培养了数十名硕士、博士研究生。他曾向我提起，要把自己多年的成果汇编成书，我觉得这很好，但当我真的看到文军即将出版的这套文集时，还是相当吃惊：分量这么重，涉及面如此宽，视角又这么广，都是出乎我的意料的。当然，这让我再一次深切体会到，作为当下专业期刊的主编，不仅应该在编辑出版每期刊物、每本书上得心应手，更需要始终对行业动向、学科进程以及相关各个领域的发展保持高度的洞察力和批判性。

作为他以前的老师，我真切地为文军这么多年的工作和成绩感到骄傲，感到心满意足。

罗小未

同济大学建筑与城市规划学院教授

《时代建筑》创刊主编（1984-2001）、编委会主任

2019年9月9日

读《媒体与评论》《体验与评论》

On the Books of *Media and Criticism* & *Experience and Criticism*

作为教师、建筑师、建筑批评家、建筑策展人，以及建筑杂志编辑和出版人，享有多项荣誉桂冠的支文军教授最在意的身份就是建筑出版人（或称“媒体人”）。由于他的多重身份，能够完好地将建筑理论、建筑史和建筑批评结合成一个整体，这是许多单纯从事建筑批评的学者做不到的。支文军教授即将出版的《媒体与评论》和《体验与评论》就是其作为媒体人的优秀成果，这套书将拓展中国建筑理论、建筑史和建筑批评的相关视野和研究领域。

建筑批评所追求的是作品的内在生命力，通过文字融入建筑师的思想。由于建筑批评客体具有多样性、复杂性与关联性，促成了今天建筑批评媒介的丰富多彩。建筑理论、建筑历史、小说、散文、电影、绘画、摄影、音乐，甚至服饰都可以以某种方式成为或者表现为建筑批评，而媒体则以多种手段整合了这些批评媒介。

建筑师和大众对当代建筑的认知与媒体的作用密不可分，建筑媒体已经成为建筑文化不可或缺的组成部分，起着重要的指导和推广作用。现代建筑媒体人扮演的角色已经远远超越单纯的报道，他们主动深入实践，策划项目，组织方案征集和设计竞赛奖项，策划并举办论坛、展览和讲座，普及建筑教育，出版著作等。在建筑媒体的推动下，建筑已经进入公共领域，成为公众生活的一部分，今天城市与建筑的发展已经离不开建筑媒体。

如果不计入维特鲁威的《建筑十书》和文艺复兴时期的“前批评”时代，大致从 20 世纪 60 年代开始，建筑批评才从艺术批评分离出来成为一门独立的学科，并逐步建立其学科理论。中国的建筑批评在 20 世纪 80 年代开始走向大众，媒体的作用功不可没。20 世纪 80 年代，《建筑师》《世界建筑》《新建筑》《时代建筑》等 12 种建筑专业期刊相继创办，形成以专业院校中的师生、学者、研究人员为核心的建筑批评主体。中国当代建筑批评与建筑媒体一路相伴，相辅相成，共同塑造了建筑批评的媒体认知形象。当代中国建筑百花齐放，日益创新的繁荣景象是与媒体的贡献分不开的。

建筑史上的每一种建筑思潮、每一次建筑革命都有建筑媒体的参与和推波助澜，建筑媒体推动了建筑批评的跨界和跨时空，同时，由于媒体的参与也形成了丰富多彩的批评媒介和批评方式，既用词语，也以形象来转译建筑，传播知识，让建筑批评走向社会，走向大众。诚如本书作者所指出的，“建筑媒体与当代中国建筑的互动既影响建筑师，影响建筑，也影响公众，在提高公众建筑审美的同时，提升建筑的整体水平”。

与一般的建筑批评相比，建筑媒体更关注当下性。长期以来，支文军教授作为《时代建筑》的主编，以敏锐的专业眼光，探寻当代建筑的真谛，关注建筑动向，研究建筑新事物，考察中外建筑，访谈许多建筑师和学者，写下了大量的学术论文和专著。在这些论文和专著中，他展望并论述城市、建筑和建筑师，论述建筑展和艺术展，还论述媒体，不仅涉及中国的建筑和建筑师，还涉及世界建筑和国际建筑师。

本书是支文军教授创作的与建筑批评有关的论文选集。建筑批评既是理论，也是实践，批评是联系思想与创作的纽带，也是联系感性和理性的媒介。建筑批评既需要理性，也需要感性，需要理解力、想象力和创造力。伟大的建筑师和平庸的建筑师之间的区别在于：伟大的建筑师也是伟大的批评家。如果设计只局限于形式和构图就不可能超凡脱俗，因而伟大的建筑师需要具备对他人作品和自己作品的批评能力，同时也需要接受他人的批评。爱尔兰诗人、戏剧家王尔德认为："批评自身的确就是一门艺术。就像艺术创造暗含着批评才能的运用一样。"从这个意义上说，建筑媒体人也是艺术家。

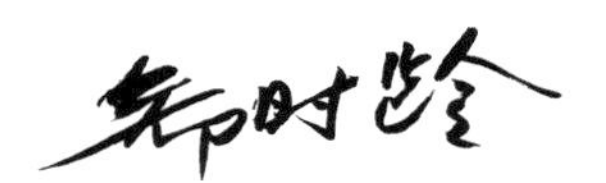

郑时龄
同济大学建筑与城市规划学院教授
中国科学院院士
中国建筑学会建筑评论学术委员会理事长
2019 年 8 月 24 日

关于建筑评论的一点儿认识

About Architectural Criticism

我办公室的大桌子上堆放着许多图纸，还有书和杂志，隔一段时间要整理一下，否则连看图和讨论的地方都没有了。说实在的，虽然书多，杂志更多，但往往有空儿的时候简单翻翻就上书架了，只有少数的会挑出来背回家去或带在出差的路上细细品读。在繁忙的工作状态中，在手机文化的泛滥下，的确难以静下来阅读和思考。

回想起 40 年前的大学时代，教材稀少，设计资料主要是老师们从有限的国外旧刊物上抄绘下来后制作的油印本。后来做研究生时，我们也学会泡在资料室里抄图、看书，孜孜不倦。记得那时候国内专业杂志只有《建筑学报》，纸张黑黄，图片模糊，印刷简陋，但生活在那个年代的建筑前辈们争先在上面发表文章，讨论学术，展示作品，透出一种久违的热情。之后，有了《建筑师》和《世界建筑》，前者以长篇的理论文章为主，后者以介绍国外建筑思潮为主，在行业内影响很大，我也是每期必买，每本必读，以期提高自己的学术修养和专业视野，相信许多同龄人都是如此。

随着后来房地产经济的发展，城市建设进入了快行道，设计项目越来越多，建筑师队伍也越来越壮大，专业杂志也多了起来，但翻翻看看，许多杂志可读性并不强，文章泛泛，作品也一般，与日渐涌入国内的许多国外大师作品集和精美的设计杂志没法比，所以有一阵儿大家有条件的都去买进口书和杂志，有一种“设计繁荣了，学术衰落了”的感觉。似乎就在这个时期，同济大学主办的《时代建筑》异军突起，发表了一批好作品和好文章，特别是在支文军教授出任主编后，招募了一批年轻的博士，形成了一支很有生气的建筑评论队伍，奠定了《时代建筑》的学术地位，令人刮目相看。我本人常常从《时代建筑》中了解国内实验建筑师群体的作品和学术导向，获益匪浅。

这几年，建筑媒体界越发热闹起来，不仅有一批新杂志的加入，许多纸质杂志还开了网上的公众号，时时地把行业信息、好作品和好文章上传到手机上分享，还有些媒体以举办专业论坛和各类学术活动为导引，形成了传统学会组织之外的学术圈子，在很大程度上推动了专业的交流。另外，一些老牌杂志纷纷改版，以期跟上潮流。更可贵的是，近年来一些学校的老师、学者从建筑理论研究转向建筑评论，大大提升了评论的学术水平，也大大加深了对优秀作品的深层次解读。在建筑评论日益繁荣的一片大好形势下，我应邀出任了《建筑学报》的主编，继而当了建筑学会建筑传媒学术委员会的主任委员，自然也就更多地关注和思考建筑评论的工作。当然，我可能更多会从实践建筑师的角度去想“我们需要什么样的建筑评论”？

每次看到网上给有争议的建筑起诨号、嘲讽的现象，我想，是不是应该请评论家出来理性地分析一下这些设计的内在逻辑和外在表象，哪些合理，是积极的？哪些会浪费资金和空间？哪些形式在国人语境下容易引起误解？专家的发声既可以引导网上舆论，提高公众对建筑的认识，也可以通过专业批评，让决策者和设计者了解学界的立场和意见。

每当看到国家新的政策导向和各地的建设动向时有“一刀切”或“一阵风”带来的问题，我总想，建筑评论家是否应该及时地研讨、全面地分析，为政策的落地提供理性的判断，从而减少因片面推行而带来不可挽回的损失？

每当看到杂志上介绍一个优秀的建筑作品时，我都特别钦佩和好奇。除了建筑师才华横溢的设计能力和深邃致远的设计理念外，建筑评论中可否也能介绍一下业主的支持和工匠的水平？因为在实际工程中，建筑师的创作环境并非都那么宽松，施工质量也难以控制，因此优秀作品的出现是比较偶然的。如果评论中对业主与施工人员的贡献给予肯定，无疑会提升他们的荣誉感，而如此的导向也会给更多优秀建筑作品的出现打下基础。

每次走进书店，看到琳琅满目的建筑书籍，建筑师往往愿意伸手翻阅那些大师的作品集和精美的图册，而对阅读建筑理论原著有畏难情绪，因为连理论性较强的建筑文章都看着费劲，更别说“啃”原著了，这就造成大部分建筑师缺乏理论修养。我想，建筑评论家可否结合实践需求，点评和介绍一些重要的论著或思潮流派，并结合案例进行解读，使忙碌的建筑师们可以增长知识，增强学术思考，进而提高创作水平，并早日形成自己的设计理念？这样，国内会涌现出更多有思想的建筑师。

虽然说了以上许多比较实用主义的想法，但我明白建筑学术应该保持它的独立性和系统性，并非只是起答疑解惑的作用。当然，我注意到近来这种比较接地气的文章也的确越来越多了。

近年来，国内建筑评论发展迅猛，百花齐放、时有争鸣的局面非常好，不仅带动了建筑创作的提升，也受到国际学术界的关注和赞赏。相信不久的将来，建立在快速发展的中国建筑实践基础上，解答中国城市化进程中特殊问题的中国智慧和中国思想必会出现，这有赖于一大批优秀的建筑师和优秀的建筑评论家、理论家的涌现。

支文军教授作为当代中国建筑评论家的优秀代表之一，30 年来不遗余力地辛勤耕耘在这片沃土上，写了一大批好文章，推出了一大批好作品和优秀的中青年建筑师与建筑学人，为繁荣建筑评论做出了历史性的贡献，我深表敬意！他将 30 多年来的所思所想结集出版，不仅是他个人的丰硕成果，也是中国当代建筑发展历史的珍贵记录和重要的剖切面，为后人研究这段建筑历史打下了坚实的基础，意义重大。我十分期待！

崔愷

中国工程院院士、中国建筑设计研究院有限公司总建筑师

中国建筑学会副理事长

中国建筑学会建筑传媒学术委员会主任委员

《建筑学报》主编

2019 年 8 月 25 日

目录

四、地域·国际

五、事件·传播

六、期刊·出版

附录

后记与致谢

注：为保持文章与其来源的一致性，本书中专有名词的写法、翻译以及图文对应关系按作者要求维持原状

Contents

引言

Preface

媒体·体验·评论：
建筑研究的一种视野与途径

Media, Experience and Criticism:
An Approach and Vision for Architectural Research

1. 缘由

经过 30 多年的事业发展和积累，我认为目前是时候对自己的建筑研究和评论工作进行必要的梳理和总结了。

作为“新三届”的一员（1979 级），我是在“文化大革命”结束、改革开放伊始的时代背景中进入同济大学学习建筑的。我们这代人既是新旧教育体制转型的亲历者，经历了建筑学教育体系的恢复与初兴，与前辈建筑学人有着清晰的师承关系，更是在新的时代背景下承上启下、积极参与变革的一个群体[1]。

1983 年，我有幸在罗小未教授门下攻读研究生，开始进入建筑历史与理论研究的领域。在此期间，对西方现代建筑发展历史、地位和作用的研究构筑了我之后开展相关建筑理论研究的基础，也成为我日后以学术期刊为平台、持续关注当代中国建筑发展的主要教育和知识体系背景。

《时代建筑》（中文版）创刊于 1984 年。1986 年，我研究生毕业留校后就在罗小未教授和王绍周教授主持下参与《时代建筑》初创期的办刊工作，艰苦创业，经历了成长、稳定和深化等各个发展阶段，至今已持续不断地从事期刊工作 30 多年，已编辑出版近 170 期杂志。

2000 年，我和徐千里教授合著《体验建筑——建筑批评与作品分析》一书[2]，内容主要由建筑批评的理论框架和方法体系、建筑评论实例、优秀建筑评论范文 3 大部分组成，郑时龄教授为该书专门写了题为“建筑批评的内容、方法与意义”的序。该书既是我进行建筑媒体、建筑研究和建筑评论工作 10 多年的成果积累，也是之后继续从事建筑评论事业的起点。

许多大学老师都身兼数职，承担多方面的工作。我也不例外，相关身份有教师、研究学者、期刊编辑、出版人和建筑师，但似乎建筑媒体人是我最重要的第一身份。结合学术期刊编辑工作，我有机会陆续撰写和发表了 100 多篇建筑评论论文，涵盖建筑批评、中国当代建筑分析、当代建筑作品解读以及对建筑师和设计机构评析等领域。在整理论文的过程中，通过对已发表论文在学理和逻辑上的遴选、归类与汇编，慢慢凸现出自己在宏观和结构性层面上的学术取向，逐步厘清自己在倡导建筑批评、关注当代中国建筑发展、推动国际建筑学界互动交流、培养学生学术研究能力等方面做过的一些工作和取得的一些成绩。可以说，如何更清晰地认知自我是汇编、出版本套文集的一个主要缘由。

2. 媒体、体验与评论三要素

作为一名建筑学术期刊主编，如何带领编辑团队通过《时代建筑》主题性的策划和组稿，关注“当代”“中国”城市与建筑面临的诸多急迫的学术和专业问题，推进相关学者和作者进行持久和深入的研究，进而以出版传播的手段促进学界和业界的交流发展，竭力发挥学术期刊的影响力，是我长期以来从事的核心工作和自身的价值体现。学术期刊既是我和团队进行建筑传媒、建筑研究、建筑评论、建筑教学和建筑出版等工作所依托的学术平台，也是我们进行多层面专业工作的重要学术资源所在。

多年来，我借助建筑期刊的平台，以传媒的视野，在现场体验的基础上进行了一些建筑研究工作。这些研究成果大多以期刊论文的形式发表，在性质上更接近建筑评论，论文关注的领域与自己的核心工作范围“当代中国建筑”紧密相扣。“媒体”“体验”与“评论”成为我核心工作中最重要的三个关键词，代表着建筑学术研究的一种视野、一种途径和一种方式。

3. 媒体作为建筑研究的一种视野

建筑媒体和学术期刊工作是我职业生涯的重要领域。究其原因，开始阶段是职业惯性使然，随后是基于个人的某种信念与情怀。

建筑媒体，特别是专业期刊，对中国当代建筑发展起着独特的文化传播作用，主要表现在其强大的文化整合力量上。建筑媒体人以媒体的视野聚焦中国城市与建筑的剧变，展现社会发展过程中建筑与城市动态，扮演着建筑知识与信息传播先行者的角色[3]。更重要的是，建筑媒体视角与内容选择所承载的是专业媒体对于建筑、对于社会的思考和以此提高整个社会对建筑、城市认知程度的迫切期望。这种公共认知在建筑媒体释放出的巨大话语能量中，成为推动社会参与度以及文明发达程度的重要引擎[4]。

《时代建筑》与大多数中国建筑期刊一样创建于20世纪80年代，经历了定位的调整，催生了专业期刊主题式批评模式，从原来的研究论文登载功能逐渐转向有传媒立场的话语组织与批判性报道[5]。从历史的视角来看，这个阶段的《时代建筑》与当代中国建筑事业互相促进，完整见证了中国当代建筑发展的全景，报道并参与当代建筑的发展，并以媒体强大的整合能力对实践发问、对节点与事件进行追踪，甚至直接形成建筑事件。《时代建筑》通过自身的观点与价值取向传播建筑观念，通过对学术的记载、梳理和传承，以及对新理念核心技术的呈现、多元化思想平台的搭建等，在一定程度上确立了专业的关注区域与核心话语；《时代建筑》关注职业培养，为建筑师提供自我认同的平台，保持建筑行业与职业的可贵差异性；《时代建筑》以自身的主题式视角为建筑批评打开了一种发展的可能，贡献了一批具有批判精神的专业媒体人士和年轻学者；《时代建筑》以开放的姿态以及对学术、时尚、实践、大众事件的积极参与和多方向努力，在活跃的建筑批评顶级专业圈层内发挥了重要作用[6]。这些都使《时代建筑》成为国内重要的建筑杂志，具有不可替代性[7]。

借助中国建筑专业媒体，是关注中国建筑的当代叙事最有效的一种途径。如果说当代伊始，其二者是在彼此互动、相互影响中共同推动了中国建筑的发展，那么在全媒体时代的今天，它们已经如同鱼水，难分彼此。当下，高速发展的媒体以层出不穷的新方式，深入每个细微之处，改变甚至直接生成建筑赖以发生的语境与存在的方式[8]。通过媒体的视野，我们看到了当代中国建筑的另一个世界。

4. 体验作为建筑研究的一种途径

作为专业传媒人，我热衷于有机会就去国内外考察那些丰富而多样的优秀作品，很有兴趣对研究对象进行亲身的现场体验和空间感知。我认为这是进行建筑研究和建筑作品分析重要的先决条件。为此，我一直强调和倡导杂志编辑预先的现场体验，这早已成为《时代建筑》报道设计作品必须遵循的基本原则。“体验”不仅是自己从事建筑研究和评论工作的一种途径和方法，也是对生活世界、生命认知的一种朴素的态度。这种对建筑的身体体验和感知认识的思想正是现象学哲学家及崇尚建筑现象学的建筑师所倡导和关注的。

作为“现象学之父”，胡塞尔（Edmund Husserl）首次提出“生活世界”（life-world）的概念，认为“生活世界”是人类一切认识论的背景。在“生活世界”里，世界上的一切事物都能被人意识到是生动和有意义的，并以其既有的面貌显现；在“生活世界”里，人每一天生活的世界不再是静止与一成不变的世界，而是人每时每刻都能感知、互动与体验的、动态的、充满活力的世界；在“生活世界”里，人以原本被动地对待世界，转而充满活力地、主动地体验世界[9]。随后的现象学学者海德格尔、庞帝（Maurice Merleau-Ponty）和伽达默尔（Hans-Georg Gadamer）进一步阐述，人的身体是人体验和理解世界的核心方式，人通过亲身感知世界，意识到人与世界是不可分割的[10]；“生活世界”不再是作为由一个个物体所构成的整体来呈现，而是透过我们内心的投射，成为我们不断参与并实现生活种种可能的世界，即我们的“在世存在”[11]。

“生活世界”的概念既提出了一种对世界的认识，又提出了一种认识世界的方法，它告诉人们：人们每一天生活的世界是生动而充满意义的世界，世界上的一切事物都以其既有的面貌显现；人们需要通过自己的身体，以亲身感知的方式去经历、体验和理解这样的世界；唯有通过亲身与这个生动的世界进行互动，人才能不断意识到自己作为有活力的人，在这个生动的世界上存在的意义[12][13]。

以建筑现象学为其主要创作特征的国际著名建筑师霍尔（Steven Holl）认为，主体对建筑的亲身感受和具体的体验是建筑师建筑设计的源泉。在这里，体验作为一种研究方法出现。体验下的建筑空间其中包括了建筑中涉及知觉体验的各种知觉元素和建筑空间组合的秩序。建筑现象学强调人们对建筑的知觉、经验和真实的感受与经历。这里，知觉在现象学中占有重要的地位，视觉、听觉、味觉、嗅觉、触觉构成了知觉的五要素。知觉是认识活动的开始，也是其他认识活动的基础[14]。

如果这种思路进一步延伸的话，我认为主体对建筑的亲身感受和具体的体验是建筑研究和建筑评论的基础和一种途径。建筑是人造环境延伸到自然的领域，它为人们感知、体验和理解世界提供了场地和媒介。因为“建筑与其他艺术相比能更全面地将人们的知觉引入。在时间、光影和透明度的流逝变化中，色彩、现象、质感、细部均加入全部的建筑经验中。在各种艺术形式中只有建筑能够唤醒所有的感觉，这就是建筑知觉的复杂性”[15]。

查尔斯·摩尔（Charlse Moore）在《身体、记忆与建筑》中说过：“体验之后才会更为关注如何建造它们。”[16]我的信念是：也只有体验之后才会更了解和体察建筑的本质。因为体验令主体从旁观者转变成为参与者，更倾向于主客体之间的动态参与性，通过体验将许多的时空要素连接起来，从而建立起一种有意味的、有艺术感染力的场所精神。体验建筑的目的就是要充分理解建筑感知要素（例如透明性、光与影、建筑之音等），然后在以后的建筑研究中将个人感情投射到建筑评论中来。

5. 批评作为理论和实践的一种链接方式

在中国建筑界，理论与实践相脱离是一个长期存在的问题，从事创作者不喜欢理论之“空洞”和“不解决问题”，而从事理论的人也不屑于创作之“浅薄”和“缺乏理性”，但二者都很少对自身的立场加以反思，于是，理论与实践的隔膜和裂隙日渐加深[17]。

王骏阳老师在《建筑实践与理论反思》[18]一文中，专门引用了建筑史学家约翰·萨默森（John Summerson）的一段话，表明一个简单道理，即理论与实践之间没有一一对应的关系。尽管这样，王老师也认为：“无论何时，理论都有一个基本的任务，就是对理论进行总结、反思、提出问题、进行争论，并以此推动实践。”[19]在这些方面，近年来，中国当代建筑界同仁还是做出了许多努力和工作的，包括《时代建筑》杂志在当代中国建筑语境中展开的理论和实践问题的讨论等。

对于这种理论与实践相脱离的现象尽管也有许多人提出过批评，但问题的症结何在，却似乎始终没有得到解答。我们认为，理论与实践之间有一个重要的中介，那就是批评。理论与实践的脱节所暴露出的一个重要弊病实际上就是理论同批评的脱轨和批评对理论的游离。一方面，有些“理论”“学术”往往并不关心建筑创作和建筑的基本问题，而只是热衷于闭门造车、构造各自的理论体系。这不仅使建筑理论和学术变得日益艰涩、玄奥，而且也使其越来越远离建筑活动的实际，远离建筑的真正问题，造成了理论的“空悬”和理论话语的空洞。另一方面，批评也缺乏对理论的兴趣。这不仅表现在普遍存在的单纯印象式和随心所欲的批评方式上，而且更反映在批评的视野上。有些批评只是对建筑作品和建筑现象的评点，而很少对建筑的思想、观念和理论进行真正深入的分析和反思[20]。

因此，为使建筑理论、学术和批评摆脱目前的困境，把批评与理论更切实地结合起来，使批评理论化、学术化，同时使理论、学术批评化，便不失为一种探索的途径。所谓批评理论化、学术化，指批评一方面要拥有理论和学术，另一方面要涉及理论和学术，并把对理论、学术的研究和批评放在重要的位置上。前者是一切真正的批评所必备的条件和基础，后者则将批评的视野引向深入，从而使批评得以在较高的层次和水平上展开[21]。

事实上，建筑理论和建筑批评本来就是两个既有联系但又不完全相同的概念。前者一般地是指对建筑的性质、原理、创作思想和评价标准的探讨；后者是对具体建筑作品及其有关的建筑现象的阐释评价。但是，在批评和理论的当代发展中，这两个概念又常常相互包含，并日益显示出界限模糊的趋向。艾布拉姆斯（M. H. Abrams）在其《文学术语汇编》（*A Glossary of Literary Terms*）里，把“批评”分为“理论批评”和“应用批评”[22]。

理论批评，按照艾布拉姆斯的解释，其宗旨是在一般批评原理的基础上，确立一套统一的批评术语和对作品加以区分归类的依据，以及评价作者和作品的标准。所谓“应用批评”，则“注重对具体作者与作品的讨论”。可见，艾布拉姆斯所说的“应用批评”是今天最流行的“批评”概念的含义，而“理论批评”则是一般意义上的理论研究。艾布拉姆斯将理论批评和应用批评都包括在“批评”的范围内，实际上表明了一种使理论与批评相融合的意向，它们可以被视作批评的两个层次。前者是诗学，后者是对具体作品和现象的讨论；前者探讨的是一般，后者则专注于个别。因此，理论学术与批评的联系便比人们通常所理解的要密切和深刻得多：个别的批评离不开一般的理论学术的指导和规范，而一般的理论也必然是寓于个别的批评之中，并在其中经受检验和发挥功能的。这不仅从另一个角度为批评的理论化、学术化提供了依据，同时也向理论和学术提出了批评化的要求[23]。

无论是批评的理论化、学术化还是理论、学术的批评化，目的显然都在于使理论、学术和批评更加科学化，从而更加符合建筑活动的真实。事实上，真正的理论和批评，不论自觉与否，大多正是这样去思考、去践行并从而获得其思想深度的[24]。

6. 图书构架

本套图书是我已发表论文的汇集，收录了 30 年间主要已刊登在国内外学术期刊的 95 篇文章。根据这些单篇文章的研究对象和类型，进行了系统的梳理和归纳，最终划分成 12 个板块，基本界定了自己的研究方向和关注领域。

考虑一本书收录的文章数量不宜过多、篇幅不宜过长，我接受了出版社编辑提出拆分成两本书出版的建议。如何进行板块和章节划分是一件不容易但很有意义的事。如果深入分析这 12 个板块领域，实际上可以用“媒体”“体验”与“评论”三个关键词来概括。通过这三个关键词的对仗关系，形成了两本书的主标题“媒体与评论”和“体验与评论”，并以此组成各 6 个章节的内容，比较充实地支撑起了《媒体与评论：建筑研究的一种视野》与《体验与评论：建筑研究的一种途径》两本书的内容构架。

这两本书板块分类及文章选择上既有关联性，也有差异性。《媒体与评论：建筑研究的一种视野》一书，收编了 49 篇论文，主要选择作者以媒体视野在宏观和整体上对中国当代城市和建筑等相关论题进行学术研究和评析的文章，分“媒体·批评”“当代·中国”“全球·上海”“地域·国际”“事件·传播”“期刊·出版”6 个篇章。该书更多的是在宏观层面对当代中国城市与建筑整体性的“一般”的分析与评价，与“理论批评”的分类和范畴有一定的相关性。

《体验与评论：建筑研究的一种途径》一书，收编了 46 篇论文，主要选择作者以现场体验为基础的对建筑师和建筑作品等相关论题进行研究和评析的论文，主要领域是对“作品、人、机构”三位一体的关注和研究，分“世界建筑作品解读”“品评中国当代建筑”“个体及群体建筑师研究”“设计机构及其作品解析”“建筑本体及现象评析”“城市游走与阅读”6 个篇章。该书更多的是对现象、观念、作品、人、机构和事件等具体对象的“个别”的阐释和剖析，更符合“应用批评”的分类和范畴。

除正文外，两本书都有 3 位建筑前辈及专家写的“序”和作为图书“引言”的综述性文章。书末以附录形式整理了我本人相关联的学术研究和工作成果列表。

这里特别要说明的是，本书所收编的大部分文章是我独著或作为第一作者合写的，但也有不少是作为第二作者的。合著者大部分是我指导的学生，一方面研究生是科研工作的生力军，是大学科研力量的重要组成部分；另一方面，学生通过参与学术研究和写作是重要的学习途径和能力培养手段。我鼓励学生把合适的、有学术价值的学位论文成果转化为期刊论文发表，这既是一种学术进步，也是学术资源分享和利用的一种方式。合著者中也有几位同事，如徐千里、徐洁、彭怒、戴春、卓健、李凌燕、丁光辉、凌琳等，他们在文章中充分发挥自身的特长和特色，为研究和论文成稿充实了理论反思和批判性审视的视角，为更深入、更本质地理解和思考建筑批评问题提供了更广阔的视野和思路。

7. 章节概述

49 篇文章按其关注的内容，收录在 6 个板块中。每个板块的文章，其关系互相独立又相互关联，从不同视角阐述和探讨有关的问题和论题。每个板块的文章排列，基本以发表时间顺序为依据，近期的文章放在前面，但不绝对。

“媒体· 批评”作为第一章，收集了 8 篇文章。有 5 篇文章（1—5）探讨有关建筑批评的理论、方法和模式等基本问题。其中《建筑评论中的歧义现象》(1) 是我最早有关建筑评论的文章。另有两篇文章《大众传播中的中国当代建筑批评传播图景（1980 年至今）》(6) 和《纸质媒体影响下的当代中国建筑批评场域分析》（7），剖析了新媒体时代中国当代建筑批评的视野和场域所发生的重大变革。《构建一种批评性的文化：〈时代建筑〉与中国当代建筑的互动》（8）是我作为专业媒体实践者与一位聚焦研究《时代建筑》的专业学者的共同研究成果，从期刊的内部策划构想到外部评价分析两个视角，深度探讨了《时代建筑》鲜明的办刊特征及一本建筑专业期刊与中国当代建筑的互动关系。

第二章“当代·中国”收录了13篇文章，以媒体视野在宏观和整体层面对中国当代城市和建筑等相关论题进行论述和研究，是文章数量和篇幅最多的板块，也是我们长期关注的核心领域。文章《中国当代实验性建筑的拼图：从理论话语到实践策略》(10)，把20世纪90年代以来的中国实验性建筑的发展理解为一幅拼图，不仅从时间线索上回顾了中国实验性建筑发展的重要标志，而且从共时性的角度，分析了不同的理论话语及其对应的建筑设计策略。从中国知网检索，该文是被引用和下载较多的论文。《WA建筑奖与中国当代建筑的发展》（11）一文，从WA中国建筑奖的创立与演变的线索，探索10余年间中国第四代建筑师群体的崛起的现象，折射出中国当代建筑发展多元化与复杂化的新特点。《中国当代建筑集群设计现象研究》（15），是《时代建筑》“集群建筑设计”专刊的主题文章，初次系统性地对“集群设计”的兴起与定位、历史渊源及其发展进行研究，进而探讨中国当代建筑集群设计的现象、特征、意义与误区，以及与“明星建筑师”的关系。其余的文章从全球化背景和不同视角，对当代中国城市与建筑的复杂性与矛盾性进行了评述。

第三章“全球·上海”收录的6篇文章，从城市、文化和当代建筑多个层面进行了讨论。《全球化视野中的上海当代建筑图景》（22）一文，通过将上海当代建筑按照其现代性和本土性的特征，从新现代主义建筑、现代建筑的本土化、地域建筑的现代性和旧建筑再生四个方面，结合相关建筑案例的介绍和佐证，试图展现一幅上海当代建筑图景。文章《新现代主义建筑在上海的实验》（23），通过解读6个新现代主义建筑在上海的实例，分析上海当代建筑实践将自身文化及社会现实接轨这一现象。《诗意的栖居：上海高品味城市建设》（26）一文从城市品位3个层次的要素探讨上海一个特大型城市从低级走向高级、从基本物质需求到精神文化需求的发展规律。

“地域·国际”章节的7篇文章内容，体现我“国际视野、中国命题”整体目标和定位下对世界建筑的关注和研究。文章涉及多个地域和国家的城市与建筑发展，如新加坡、法国、芬兰和伊朗等。有对国际重要建筑奖项之一的阿卡汗建筑奖的历时性研究和2016年度奖的专评，也有对奥斯陆建筑三年展和威尼斯建筑双年展的深度解析。

“事件·传播”章节收录5篇文章，虽然数量不多，但这是能充分反映作者作为专业媒体人的媒体特征的板块。文章内容和发表都与我的主编身份密切相关的，大部分应该是职务作品和成果。我经常受邀参加国际重大建筑学术和专业活动，有机会亲身经历各类事件，见证生活世界的多样和精彩，并以专业的视角把国际的资讯传播到当代中国。

第六章“期刊·出版”收录了10篇文章，其中3篇是中国其他专业期刊对我的采访，其实还有一篇《不出版就淘汰：中国建筑传媒的机遇与变革》（43）也是荷兰一本期刊的采访。我从事专业期刊多年，是一个不断学习、领悟、进步的过程，如何办好学术期刊并充分发挥其影响力，自始至终是我所思考的。《中国建筑杂志的当代图景（2000—2010）》（44）一文，从老刊布局、新刊创立和外刊介入3个方面，总结了21世纪以来的10年间中国建筑杂志的变化和发展，荣幸获得“第四届中华优秀出版物奖（出版科研论文奖）”，这是出版界三大国家级奖项之一。说到出版，学术期刊是其重要的组成部分，也许可能是这个原因，我被学校指派担任同济大学出版社社长有5年的经历。如何发挥大学的学科和人才优势、走特色专业出版之路，是我一直秉持的做好大学出版的信念。文章《大学出版的责任与意义》（45）和《特色专业出版之路：同济大学出版社的品牌和核心竞争力》（49），完整地表达了这种理念。

8. 传媒之路与评论历程

作为30多年工作的回顾，本套图书收录的文字不仅体现了依据12个板块和章节所呈现的研究方向和关注领域，还反映了在此之下或之外的另一种传媒视野和个人研究相结合的发展路径。总体而言，个人的学术研究紧密依托学术期刊这个工作平台，30多年的建筑媒体工作是连续且循序渐进的。

学术媒体最重要的价值是其对当下现实的敏感性及其所应对的思想性，《时代建筑》20多年来所秉持的主题性的策划和组稿，所选的上百个主题大多是关注“当代”“中国”城市与建筑面临的诸多急迫的学术和专业论题。期刊主编如何带领编辑团队做好选题工作其实是期刊思想性及影响力发扬光大最核心的工作。借助《时代建筑》所选主题这样的一条主线，可以较清晰地反观主编及编辑团队所关注热点的历史演进。为此，本书专门把《时代建筑》近20年的选题经分门别类后作为附录呈现。

如果要对自己的工作历程进行区分的话，可大致分为3个阶段。第一阶段从毕业留校投身于学术期刊工作开始（1986年）到实际主持期刊工作（1999年）。这个阶段是对自己身份逐步认识和认定的关键阶段，是逐步提出和试图回答“我是谁？”“我的意义和价值是什么？”“学术期刊的影响力和价值是什么？”“《时代建筑》的定位和特色是什么？”等问题的阶段[31]。这个阶段也逐步形成个人的研究和关注点，开始对建筑评论、当代中国建筑发展、作品、建筑师等领域进行了一些研究，如《建筑评论的歧义现象》《建筑评论的感性体验》《当代中国建筑创作趋势》《乡土与现代主义的结合：世界建筑新秀M. 博塔及其作品》《葛如亮教授的新乡土建筑》等。《体验建筑——建筑批评与作品分析》一书文稿也完成于这个阶段。

第二阶段，从2000年到2010年，以《时代建筑》2000版改版作为新起点的标志。新刊提出了“中国命题、世界眼光”的编辑视角和定位，强调“国际思维中的地域特征”。当代中国正在发生急剧的变化，城乡建设领域尤其明显。作为专业媒体，首先应是时代变迁最敏锐的观察者与记录者，在纷繁的时代图景之下找到新的脉络与话题，进而形成时代的特征性描述。显然，聚焦“当代”“中国”成为时代的必然，也是对期刊名称“时代”最生动的注解。“当代”的含义十分复杂，因为它是正在展开的、尚没有被充分研究和认定的经验与现象。中国社会一方面充满着许多茫然的现象和鲜活的素材，另一方面缺乏学界和业界充分的认识和研究。在这样的大背景下，《时代建筑》的主题往往是正在发生的事情，通过围绕每一期主题组织的学术研究论文，从不同的视角，在思想的深度、视野的广度和传播的力度等方面，对当代中国建筑进行诠释[32]。正是在这样的大背景下，我的研究和评论完全融入专业媒体的视野与运作轨道中，对当代中国建筑的新趋势、新思想、实验性建筑、年轻建筑师、体制外的设计机构等给予了充分的关切。如《现代主义建筑的本土化策略：上海闵行生态园接待中心解读》《中国当代建筑集群设计现象研究》《中国新乡土建筑的当代策略》《对全球化背景下中国当代建筑的认知与思考》《从实验性到职业化：当代中国建筑师的转向》《中国建筑杂志的当代图景（2000—2010）》等，都是“当代”“中国”命题的具体演绎。

第三阶段，从 2011 年至今。2008 年北京奥运会和 2010 年上海世博会后，中国社会经济从高位发展出现了明显的放慢趋势，原有的发展模式开始经受新的考验，需要重新审视与探索中国城市化的转型之路。《时代建筑》继续聚焦当代中国建筑，相比过去的 10 年，在应对当下城市建筑的现实问题的主题选择上似乎出现更多有关反思、转型、跨界的内容，如《上海世博会反思与后事件城市研究》《超限：中国城市与建筑的极端现象》《转型：中国新型城镇化的核心》《建筑与传媒的互动》等。在这期间，我接受学校任命在同济大学出版社担任 5 年的社长（2011.04—2016.03），但同时兼任《时代建筑》主编和承担学院原有的教学科研工作，期刊和研究工作并没有间断。相关的研究文章有《中国城市的复杂性与矛盾性》《大转型时代的中国城市与建筑》《WA 建筑奖与中国当代建筑的发展》《特色专业出版之路——同济大学出版社的品牌与核心竞争力》等。随着两个国家自然科学基金项目的获批和开展，推进和拓展了个人和团队的研究领域，一是对大众传播与中国当代建筑批评关系的研究，二是对当代中国建筑师群体特征的研究。相应的研究文章有《大众传播中的中国当代建筑批评传播图景》《纸质媒体影响下的当代中国建筑批评场域分析》《“解码”张轲：记标准营造 17 年》等。从出版社回归到学院后的近几年，相对有较多时间以专业媒体的身份参加国际上重要的建筑事件和活动，但每次都需按计划完成研究和基于一线的评论工作，如《城市· 建筑·符号：汉堡易北爱乐音乐厅设计解析》《包容与多元：国际语境演进中的 2016 阿卡汗建筑奖》《“自由空间”：2018 威尼斯建筑双年展观察》等。这期间也完成了几本专业图书的编著出版，其中研究的部分又以论文的形式整理发表，如《调和现代性与历史记忆：马里奥·博塔的建筑理想之境》《世界经验的输入与中国经验的分享：国际建筑设计公司 Aedas 设计理念及作品解析》《田园城市的中国当代实践：杭州良渚文化村解读》等。

从 30 多年个人研究的论文成果所呈现的脉络这个角度来看，与《时代建筑》主线的关系基本是一条忽近忽远的平衡线。如果继续深究的话，自己传媒和评论特征是主要的，研究和关注热点紧扣时代脉搏和当下现实，课题是发散和外拓的，记录了一条实际上是点状多样的、不连续的、复杂交错的、有时是重复的思考和研究的线索，它不是严格意义上的学科理论体系建构和学理逻辑推论。

评论应该远远超越对于人、事或者建筑作品的简单的分析和评点，它是把建筑活动、建筑创作放在更为广阔的社会、文化和时代背景中，去探索它们内在的问题和规律。希望自己主要依托学术期刊而做的建筑评论及研究工作，能够为我们更深入更本质地理解和思考建筑提供一点点帮助 [33]。

9. 专业媒体及媒体人的使命

专业媒体和媒体人任重道远。无论从国际还是国内的角度，均急迫需要我们对中国当代建筑的发展进行梳理、研究和记录，就像李翔宁教授判断的那样，“深深地感到当代中国研究的这片富矿并没有得到很好的发掘，在我们近几十年深入学习和研究西方的同时，对自身问题的研究在许多方面并不尽如人意。我们对材料和事实的梳理不够完备，我们也还缺乏成熟的研究方法和深刻的批判视角”[34]。

从外部世界看，整个 20 世纪的大多数时间，中国当代建筑在西方理论界中是处于“缺席”的状态，在西方林林总总关于世界当代建筑史的著作中，偌大的中国始终隐遁无形。与此同时，中国却以令人惊异的速度向前发展，建筑和城市的天际线以一种最直观的方式为我们呈现了这个时代背景下的中国速度。如此语境下，西方世界对中国当代建筑发展的兴趣与重视也被大大激发。

中国改革开放已历经 40 年，成就前所未有，但中国仍是世界上最大的发展中国家。中国建筑师面临着种种矛盾和困境，中国建筑界也在这样的复杂处境中求索和挣扎。中外很多学者呼吁，中国大而复杂，要对中国的发展趋势做出客观的评价就不能只按照西方的标准，而要深入了解中国的具体国情的同时，以全球化的视野在世界建筑体系里为中国现当代建筑定位或给出坐标[35]。

支文军

2019 年 8 月

参考文献

[1], [35] 支文军 . 同济建筑学人 : 支文军 . 世界建筑 , 2016(5): 37.

[2], [17], [20]—[24], [33] 支文军 , 徐千里 . 体验建筑 : 建筑批评与作品分析 . 上海 : 同济大学出版社 , 2000.

[3]—[8] 李凌燕 , 支文军 . 纸质媒体影响下的当代中国建筑批评场域分析 . 世界建筑 , 2016(1): 45–50.

[9] 沈克宁 . 建筑现象学理论概述 . 王伯扬 , 主编 . 建筑师（70）. 北京 : 中国建筑工业出版社 : 1996: 91–112.

[10] 沈克宁 . 建筑现象学 . 北京 : 中国建筑工业出版社 , 2008.

[11] 梁雪 , 赵春梅 . 斯蒂文·霍尔的建筑观及其作品分析 . 新建筑 , 2006(1): 102–105.

[12] 丁力扬 . 现象学和建筑学师承关系图解 . 时代建筑 , 2008(6): 14–23.

[13] 彭怒 , 支文军 , 戴春 . 现象学与建筑的对话 . 上海 : 同济大学出版社 , 2009.

[14], [15] 梁雪 , 赵春梅 . 感知建筑——浅析 20 世纪 90 年代以后斯蒂文·霍尔的理论探索与设计实践 . 建筑师 , 2006(8): 24–28.

[16] 肯特·C. 布鲁姆，查尔斯·W·摩尔 . 身体记忆与建筑 : 建筑设计的基本原则和基本原理 . 成朝晖 , 译 . 杭州 : 中国美术学院出版社 , 2008.

[18],[19] 王骏阳 . 建筑实践与理论反思 . 建筑学报 , 2014(3): 98–99.

[25] 徐千里 , 支文军 . 同济校园建筑评析 . 建筑学报 . 1999(4): 58–60.

[26] 曾昭奋 . 给徐千里、支文军的信 . 新建筑 , 2000(2): 76.

[27] 曾昭奋 . 建筑论谈 . 天津 : 天津大学出版社 , 2018.

[28] 支文军 . 行走的观点 (埃及). 上海 : 上海社会科学院出版社 , 2006.

[29] 徐洁 . 行走的观点 (伊斯坦布尔). 上海 : 上海社会科学院出版社 , 2006.

[30] 支文军 , 徐洁 . 北欧建筑散记 . 北京 : 中国电力出版社 , 2008.

[31] 罗小未 , 支文军 . 国际思维中的地域特征与地域特征中的国际化品质——时代建筑杂志 20 年的思考 . 时代建筑 , 2004(2): 28–33.

[32] 支文军 . 固本拓新 : 时代建筑 30 年的思考 . 时代建筑 . 2014(6): 64–69.

[34] 李翔宁 . (序) 图绘当代中国 // 童明 . 当代中国城市设计读本 . 北京 : 中国建筑工业出版社 , 2016.

一

媒体·批评

Media·Criticism

1

建筑评论中的歧义现象

Different Interpretations in Architectural Criticism

摘要　作者首先提出建筑评论的歧义现象——同一个对象下的不同评论。然后通过借用文学评论理论的三大方法论——“作者论”“本体论”及“主体论”引入建筑评论领域，通过解剖这三种不同视角的差异，来探讨建筑评论中的歧义现象产生的根源。

关键词　建筑评论 作者论 本体论 主体论

建筑为人所用，我们一生大部分时间是在建筑物内度过的。身处钢筋混凝土的森林之中，面对五花八门、光怪陆离的城市建筑，我们应该如何去欣赏和解读它们呢？它们隐含着一些什么样的美学意义和象征意义呢？然而，解读建筑并非易事，人们经常评判不一，即使是专业的建筑评论家，他们之间的差异之大一样能使人们怀疑是否在评论同一个建筑。建筑评论的歧义现象——同一个对象下的不同评论——无时不在困扰着我们。

解读建筑很大程度上取决于审视建筑的角度，我们可从不同的视角去理解建筑。如果借文学评论理论的说法，那便是“作者论”“本体论”及“主体论”。这里“作者”等同于“建筑师”，“本体”所指的是“建筑作品”，而“主体”代表的是“评论者”。我们不妨从解剖这三种不同视角的差异，来探讨建筑评论中的歧义现象产生的根源。

“作者论”认为建筑师创造了建筑，如果把建筑看作世界，那么建筑师就是创造它的上帝。通常人们习惯认为“作品的意义是创造者赋予的”，持这种观点的评论者，则相信意义是给定的，并且是固定不变的。“作者论”的特点和最终目的，是准确无误地理解建筑师的意图，尽可能地接近他坚信的所谓标准的评论。倘若你与建筑的评论或建筑师的原意不合拍，一定是学识粗浅、修养欠佳的缘故。因此，在实际解读建筑中所产生的各种争执，也被责怪为评论者没有真正深入作品，缺乏对建筑师创作意图的真正体会，仅以个人的一得之见强加于作品。建筑师的创作过程，总是试图表达点什么，不然，这种艺术创造活动就失去了意义。以建筑师为起点的建筑评论可提供给人们一张轮廓清晰的简单图像，一下子打开了理解建筑的大门，让人获得暂时理解的满足。然而，由于这种评论被狭隘的对象所限定，显然往往会引出主观式的独断评论，因为建筑师的美妙构思并不一定在建筑上完全表现出来，或许可谓是“眼高手低”的愿望而已；因为社会对建筑的接受程度与建筑师的意图也会有大的出入。因此，仅仅局限于建筑师的建筑评论必然会走向歧途，以致被所谓的“标准的评论”所窒息。

“本体论”评论有一个很重要的观点，它认为建筑师与建筑本体是两个完全不同的世界。建筑一诞生，建筑师就结束了对建筑的支配。并且，建筑的意义不能靠某种外部的因素来检验，而是由其建筑本体身躯的规律及特征所决定。因而，理解建筑不必追溯到建筑师本人，评论也不必去摸索建筑师的原意。这类建筑评论的特点在于对建筑本体做深入的研究，发掘其内在的规律，以建筑自身的特征来评价建筑。“本体论”观念的扩散和渗透，有力地扭转了 20 世纪初的批评潮流。这种转向的根本焦点使建筑评论逐渐转到对建筑本体的组成规律和自身结构特征进行探讨，潜在的因素通过对同类大量不同的作品的分析归纳而显露出来。它们认定每一个建筑都有其潜在的结构，挖掘出贯串于不同作品的深层含义，建筑本体的普遍规律就会一清二楚。“本体论”推翻了“作者论”的创造主体——建筑师，使建筑评论与研究的对象真正落实在建筑本体，这无疑是有价值的，建筑本体为建筑评论提供了主要的依据，推动了建筑本体的研究。然而，“本体论”的观点，离诸如建筑的社会意义、历史意义、文化关联及环境意识有相当的距离。换言之，它们的兴趣完全不在人们对建筑的意义感受或审美直觉上，这样，“本体论”和“作者论”观念一样，在建筑评论和研究过程中，都忽视了建筑之所以具有存在意义的最关键因素——人，即建筑的使用者及评论者。因此，这样的评论容易离开公众丰富、独特的主体经验，把建筑作为僵死的物质存在。显然，仅仅注重建筑本体而忽视本体之外的东西还是行不通的[①]。

“主体论”认为，主体与本体相遇而体验到的东西，就是建筑的意义所在，后结构主义和接受美学也持这种见解。这里的主体是去认知、理解建筑本体意义的人。“主体论”的建筑评论不承认有所谓标准评论，也不承认有能代表所有人的评论家。一切都是主观的，依主体自身的体验为转移。建筑评论的歧义现象被认为是理所当然的，主体有权去填补、发挥建筑的意义，主体成为创造作品的上帝。建筑评论在这里发生了功能上的转向，这种转向也存在既进步又矛盾的两重性。一方面，建筑评论事业变成通俗的大众事业，这是建筑真正走向社会的过程，建筑逐渐被公众认知、认可，最终达到建筑社会化的目标。另一方面，主体意识把相对主义带进了原先独断论的王国，然而，一旦肯定了各个主体再创造的权利，建筑评论岂不成了公说公有理、婆说婆有理了吗？这样，岂不是变得毫无根据了吗？这个矛盾深刻地困扰了“主体论”的观念[②]。

当今建筑评论大致上沿着“建筑师”—“建筑本体”—“评论者”这样的线索发展变化。每一种评论都能反映一部分建筑特征，但又存在新的疑问和不足。欲对建筑发生稍有深度的理解，避免建筑评论的种种歧途，就需要建筑师、建筑及评论者（这里是广义的，指包括所有对建筑发生关系的人）三者间的有效合作。也就是说，一个建筑最终的意义，是建筑师、建筑和评论者三者之间网络关系的产物。在这个网络中，就评论者各人而异，是一个变量，它取决于个人的文化关联、艺术修养、个人所好等诸因素。由此看来，固定标准的建筑评论是不会存在的，而建筑评论的歧义现象也是必然存在的。但是，这样的建筑评论并不是毫无限制、任意扩大延伸的，最终也有其一定的内涵和外延，有其一定的根据，这就是作品一诞生就存在的建筑师原意及建筑本体。

建筑评论的歧义现象是必然要产生的，面对纷杂的歧义现象，人们应具何种姿态呢？我们可以根据自己的趣味和鉴赏力赞同某些见解或不赞同某些见解，也可以发布自己的评论观点。这些不同见解或争执在很大程度上是趣味和鉴赏力的竞争，而不是真假是非的争辩。这才是我们的态度，也是建筑评论的真谛。

注释

① 林岗 . 符号 · 心理 · 文学 . 广州 : 花城出版社 , 1986.

② “Architecture and Its Reinterpretation”(J. P. Bonts).

原文版权信息

支文军 . 建筑评论的歧义现象 . 时代建筑 , 1989(1): 12–14.

2

建筑批评的前景：批评模式的渗透与融合

Penetration and Fusion between Criticism Models in Architecture

摘要 人们在认识对象世界的同时，更需要不断地重新审视自身，不断对自己既往的思想和行为进行批判，这种要求使批评与理论呈现出一体化的趋向。或者说，在未来建筑理论和批评的发展中，批评的理论化和理论的批评化将成为一种必然走势。对于建筑批评而言，这使它有可能超越传统的囿于特定思潮和流派的偏狭而走向批评模式的渗透与融合，从而形成一种大学术、大批评的眼光、观念、视野和氛围，使建筑批评真正成为一种文化的反思，成为人类与其生存环境和生存状态的一种全面、深刻的对话。

关键词 建筑批评 前景 模式 渗透 融合

论及当代建筑理论和建筑批评的前景，我们虽无法十分确切地指明它们的未来形态和方式，但随着社会文化的发展和人们认识的深入，理论和批评的观念将更为开放，视野将更加开阔，这是显而易见的。人们在认识对象世界的同时，更需要不断地重新审视自身，不断地对自己既往的思想和行为方式进行批判性的考察，这种要求使当代许多理论、学术都呈现出了与批评一体化的趋向，其中也包括建筑理论与批评的一体化趋向。换言之，在未来建筑理论和批评的发展中，批评的理论化和理论的批评化将成为一种必然的走势。对于建筑批评而言，这使它有可能超越传统的囿于特定思潮和流派的偏狭，而获得一种大学术和大批评的眼光，从而使批评真正走向客观、全面和深刻。

建筑批评总是在特定的社会文化背景下进行的，因此，建筑的批评往往表现出与特定思潮或流派的密切关联，这不足为奇。但是，批评本身却并不应当从属于特定的思潮或流派。任何建筑批评说到底，总要归结为建筑意义的阐释和建筑价值的判断问题。一件建筑作品，一种建筑思想或现象出现在特定的时空环境中，要我们去分析，去判别，去评说它的优劣得失，关键显然在于批评所持的立场和依据的标准，而立场和标准本身又决定于我们设定立场和标准的原则，决定于我们关于建筑的价值观和发展观。

长期以来，我们的理论和批评习惯于把建筑的发展看作是一种思潮代替另一种思潮的更迭式的嬗变。以编年史的方式撰写的建筑史往往也给以这样的印象，仿佛建筑的进步就是各种建筑思潮、流派、主义以至风格的依次替代和变幻。对于这种观念和现象我们曾做过剖析。如果说，这样一种“主流更迭”的认识模式和表达模式是为了表明某种思潮发端于某时，并在以后的某一段时间内形成了初步的理论形态，那么，这样一种归纳是有一定合理性的。但是，如果把这种模式当作是对人类建筑活动全貌的历时性描述，则建筑的批评也就必然被理解为种种单一的阐释或评价建筑的模式的花样翻新，并认为后起的一种批评就必然和仅仅是对先前流行的批评的否定，是先进的思想对落后、陈旧的思想的取代，那么，这种历时性、线性的认识思路显然就包含着对于建筑批评发展的一种片面的、简单化的理解。

毫无疑问，就整体趋势而言，人类对于世界和自身，以及二者关系的认识与把握，包括他们的实践活动和理论活动，总是随着时代的进步而不断深入的。建筑活动以及人们对于这种活动的认识和把握自然也不会例外。但是，建筑活动和建筑科学因为与人的生命活动的深刻联系而具有鲜明的人文色彩和人文科学的属性，因而，它的发展和深入与自然科学的发展、进步有一个很重要的区别：它不是简单地以一种新的、比较“正确的”学说去取代一种旧的、被证明是“错误的”学说，而是一种思想的积淀和深化，一个不断吸收新的营养，又不断扬弃更新的过程；它不是呈现为一种线性的更迭的方式，而是一种类似发酵式的变化。在实际上也为建筑的研究和批评提供了一种潜在的思路和策略。

诚然，各种建筑理论、思潮、流派的产生确实有时间上的先后，并且一般地说，后起的理论、思潮和流派也确实总是包含着对先前理论思潮和流派的某些否定和超越，比如后现代主义之于现代主义，解构主义批评之于结构主义思想和观念，等等。但是，如果我们能够以冷静、客观的态度和眼光对当代建筑理论和批评发展中的各种思潮流派的理论体系做一番较为深入的考察，就不难发现，这些理论和批评的根本出发点——它们的思想和认识的前提性假设，它们所采取的立场和视角，乃至它们所追求的价值以及表达这种价值的一整套观念话语等——往往因为理论、批评的主体和背景的不同而呈现出明显的差异。可以说，这些理论、批评从一开始就确立了各自不同的思想认识的假设前提和价值取向。尽管这些前提和取向都难以避免各自的局限和盲点，但只要是真诚的和真正意义的理论探索与批评，就总是有其存在的理论和现实的根据。这样的理论和批评在它们各自的发展过程中，一方面总是不断地从整个人类历史的文化积淀中寻求自己赖以立足生根的理论根据，从现实的建筑活动及其与人类生命活动的具体关联中发现和提出自己的基本问题，另一方面又总是从当代自然科学和人文科学的最新发展中汲取营养，从而获得不断调整和更新自我的能力。因此，尽管这些理论和批评的出现有先有后，尽管其中的某些还会自诩为“万物皆备于我”的全知全能式理论或批评，但那只不过是对自身的误解和盲视，事实上，它们所反映的不同的价值观念和所采取的不同的视角与视野，决定了它们在本质上并不能相互取代。正因为如此，我们说，作为建筑理论和批评的总体本身，就是一个多元化的合成，一个互补性的结构。在这个多元互补的共生结构中，各种建筑理论和批评都坚持按照自己认定的方向去发掘或探寻建筑活动某些特定方面和层次的意义与价值。一种批评或理论只能反映某一个既定的观点，提供某一种观察、思考问题的角度，发掘建筑活动的某一部分或某一方面的价值，只有各种批评的合力，才有可能发掘比较丰富的，或者说比较接近建筑本体和建筑活动真实的全部价值与意义。这不仅从批评运作机制上决定了建筑理论与批评思维的多元性和互补性，而且，随着当代建筑活动与人类生活联系的日趋广泛和复杂，必然使建筑理论、批评的这种多元性和互补性在今天表现得更加突出与鲜明。

因此，真诚地欢迎并积极地促进各种批评模式的渗透与融合，理应成为当代建筑批评的一个重要策略。过去，由于对建筑活动缺乏整体把握的意识，特别是对于当代建筑理论、思潮、流派以及与之相关的种种现象缺乏根本的理解，因而也就必然缺乏对这一问题的充分认识和深入思考。我们并不否认，自 20 世纪 80 年代以来我国借鉴和引进的西方近一个世纪来先后出现的种种建筑思想、理论和方法，曾经极大地改变了我们的思维，拓展了我们建筑研究的视野与空间，对于我国当代建筑，无论是理论还是实践，都产生了广泛而深入的影响。短短不到 20 年，我们从极端封闭的状态到逐步接触、接受西方当代建筑的各种思想、观念，从“现代主义”到“后现代主义”，从“构成”到“解构”，从“重技派”到“新古典”，国外各种建筑思潮在我国此起彼落众声喧哗，一派繁荣景象。但是，这仅仅反映了问题的一面，而且在很大程度上只是一种表象。我们至今仍常常听到人们在谈论建筑思想和现象时有诸如此类的说法：现代主义早就过时了；后现代主义也已风光不再，成了“明日黄花”；解构主义？那也已经不时兴了，今天流行是“新古典”，是 KPF，是某某更“新”的主义和潮流……这不仅反映了人们对建筑活动的认识的肤浅和思维的混乱，而且从根本上把建筑的创造和发展变成了一场对于流行时尚、风格的永无休止的追逐，与之相伴随的，必然是对建筑基本目标和意义的放逐。因为很显然，这种对西方的所谓先锋理论、流派的追逐，并不是出于文化互补、消弭自身文化“盲点”和争取建筑朝着更适合人的生存需求的方向发展这样的目的，相反，它们实际上恰恰与之背道而驰。正如有的批评者所指出:“理论界紧跟先锋建筑流派和理论，对先锋建筑理论的介绍文章常常充满赞美之词，而对其产生的社会条件、文化背景则语焉不详， 其积极因素和消极作用的分析也往往欠缺”。与此同时，“建筑设计市场迎合不谙建筑事务之业主的‘风头’思想和‘从众’心理，把‘现代化’和‘先进’同‘先锋建筑’流派混为一谈”。这就不仅导致了我们建筑活动中大量貌似新潮，实则平庸、浅陋的作品的产生，导致了形式主义的泛滥、无意义的肆虐以及场所感的消失等，而且，由于这种现象极为普遍，许多人对之已经习以为常，完全丧失了应有的敏感和批判能力，从而反过来更助长了它的发展和蔓延，形成了一种恶性循环。这样一种形式，对建筑的批评提出了更高的要求，它要求批评者不为众声喧哗的表象所干扰、所左右，而是进行一种真正深入的分析和独立自主的判断，从而凸显建筑活动的真正价值与意义。为此，有的学者提出了淡化“风格”和“流派”，创造“优秀建筑”的呼吁与主张。

强调“淡化”风格、流派，并不是否定或排斥风格与流派，而是强调对任何风格、流派及其理论的探索和批评都应当以更大限度地满足、回应人的现实生活需求和理想的建筑为目的，舍此，我们的一切努力都将归于无效，甚至成为本末倒置的追求。因此，我们便可以把这种“淡化”风格、流派的主张视为当代建筑理论研究，特别是建筑批评的一种策略。它的真正意义就在于消解各种学术传统之间的疆界，促进各种批评模式、方法的渗透与融合。

批评模式、方法的渗透与融合至少应当包括两个方面的含义：首先，从共时性的角度看，随着批评方法研究的不断深入，建筑批评的理论模式也日益丰富，各种模式虽不能相互替代，但也并非隔绝对立，以邻为壑，而是互相吸取对方的长处以补不足。因此，它要求当代建筑的批评家能够既立足于自身，又不固执一端，表现出兼容并蓄的风度。这是在一种大学术氛围中必然形成的趋向。在人类各种思想成果和学术潮流交汇的今天，任何新思潮的出现都不可能不受到其他因素的影响，每一种批评方式的产生也必然受到多方孕育。历史的、哲学的、科学的、人文的等各种思维方式之间既然本来就没有不可逾越的沟堑，各种批评思想、流派、理论之间既然原本就存在着对话的要求和基础，那么我们就没有理由拒绝融合、故步自封。

其次，从历时性的角度来说，则应当改变以往那种简单、线性的发展观和“主流更迭”的认识、批评模式。应该说，每一种建筑批评理论、模式和方法的出现总是伴随着一定的思想、文化、哲学，乃至社会的思潮，它从发生、发展到成熟，以至衰落，总有一个过程。当这些思想、文化、哲学或者社会思潮的大势过去时，这种批评的理论形态基本定型，这一过程似乎也就结束了。人们通常认为这就意味着这种批评理论已不再时兴，或者说已“过时”了，这其实是一种误解。事实上，这种批评、理论并没有、也不可能就此而烟消云散或被取而代之；实际的情况是它的任何一点合理的成分都已经被化解到了后起的理论、批评的思想之中，并持续地、潜移默化地发挥着作用。因此，严格地说，所谓“过时”，只能这样理解：一种批评原则和方法，当它的理论形态完备以后，也就被社会意识形态接纳吸收，化作了人们日常观察、看待建筑现象，评价建筑作品以至在建筑环境中生活时的一种无意识，一种“常识”。回顾当代建筑理论和批评中曾经出现过的种种思潮、流派和主义，从“现代”到“后现代”，从“结构”到“解构”，甚至从“重技派”到“新古典”等，它们的发展、嬗变无不隐含着这样一个转化的过程，而正是这种转化，使我们对建筑活动的认识不断地丰富和深化，从而大大地改变了我们的建筑思想和观念。

这种改变绝不是仅仅由某一种“新”思潮或流派的出现而导致，毋宁说，它是各种思潮、理论、流派相互渗透、融合，并共同作用和推动的结果。

显然，要对当代建筑活动包括理论、创作、接受，以及思想观念等一切建筑现象——进行真正深入、全面的探索和批评，就不能不超越狭隘的思潮或流派的阈限和观念而走向批评模式的渗透与融合，从而形成一种大学术、大批评的眼光、观念、视野和氛围，使建筑批评真正成为一种文化的反思，成为人类与其生存环境和生存状态的一种全面、深刻的对话。

今天，越来越多的有识之士已经清醒地意识到批评领域中种种不良倾向的严重性和危害性，纷纷呼吁澄清建筑批评的空气，建构一种健康、理性的批评机制，以重建思想的能力。这显然不是批评活动自身能够解决的问题，它更向整个建筑理论、学术研究提出了更新观念的要求。批评的理论化和理论的批评化，已经成为一个迫切的课题，摆到了我们面前。我们期待通过这种建设，能够真正形成一种有见地、有深度、学理性强、参与性强的建筑批评，和能够充分适应、容纳这种批评的社会环境与精神氛围。同时，更期待着在这种环境和氛围中我们的建筑理论和实践能够多一些科学精神，少一些主观武断；多些冷静理智，少一些盲目冲动；多一些精神高度，少一些平庸肤浅。

原文版权信息

徐千里，支文军．建筑批评的前景——批评模式的渗透与融合 // 支文军，徐千里．体验建筑：建筑批评与作品分析．上海：同济大学出版社，2000.

[徐千里：解放军后勤工程学院建筑工程与环境系副系主任、教授]

3

建筑评论的感性体验

The Perceptual Experience in Architectural Criticism

摘要　文章从建筑本体和建筑创作的多元存在与复杂现象出发，探讨评论主体面对建筑本体过程中感性体验及多维视野的必然性，充分肯定评论主体个性化评判的意义，并认为评论活动与理论研究是互为依存的，评论活动与建筑实践也不能相脱节。

关键词　建筑 评论 感性 体验 本体 主体

如果把建筑评论理解为一种以评论主体的感性体验为基础，以某一理论形态为参照系而展开的对建筑本体的阐释与评价活动，那么对评论自身而言，重要的并不是让大家都来认同或围绕着一个阐释原则与评价尺度，而是在于评论主体要确定一个自我对建筑本体进行读解和评判的特殊的理论框架。

建筑本体对于评论主体来说就是一种多元存在：它既是高度风格化的美学现象，又是充满文化内涵的精神图式；它既是一种独特的空间艺术存在，又是一组按一定规则堆积的体块；它既是一个人们生活的环境，又是一个能体现建筑师个性的载体。面对这样一个具有多重形态的建筑本体，评论自然不应囿于单一的视界与理论框架之中。尤其对于评论的群体来说，内部各自的相互区别往往比他们互为同一更为重要。对同一个建筑本体可以进行多维的审视与多层次的评论，这既是评论活动本身对主体的要求，同时也是促成总体评论繁荣的必然选择。

我们通常强调的是要从整体上完成对建筑本体的认识，但这个总体目标的实现却恰恰是建立在主体的感性体验高度自觉的基础上。建筑创作是一种复杂的现象，它既重理性思维，又重感性顿悟、重直觉、重情感、重体验、重想象。因此，对建筑的评论同样也不能背离以上这些基本规律。尽管我们的评论对象建筑本体中蕴涵着许多原理、关系、思想，但它最终仍是以感性的形态呈现在我们面前的。所以主体个性化的感性体验是我们从事建筑评论的基础。可见，建筑评论的多元选择与建筑创作的多向探讨一样，它们都以个性创作及审美意识的强化为原在动力的。只有在这种充分个性化的评判视点确定之后，对建筑的整体意义的认识才真正有了实现的可能。

然而，评论主体选择的自主性还不足以形成多元化批评格局的全部内容。在提倡评论主体的自主性的同时，更需强调主体选择的合理性，所谓选择的合理性主要包括两方面的意图。其一，作为建筑评论其选择的合理性在于理论及方法本身能够被建筑所反证。也就是说，评论自始至终应当能够融贯到建筑本体一系列意义的构成要素之中，如功能布局、空间组合、结构选型、造型设计、室内装修、装饰意味，乃至建筑创作意图、人文和物化环境等。这种理论的还原对于最终要针对建筑本体的评论来说是不可忽略的，否则，评论就成为一种无的放矢的游戏了。其二，任何一种新理论、新方法引入建筑评论的领域，其目的都是要帮助或启发我们从新的角度去透视建筑的意义，去发现建筑那鲜为人知的另一个侧面。正如科学家发明了显微镜使人们能够通过它去看到在通常情况下肉眼看不到的细菌一样，一种真正意义上的新的评论方法，其运用的结果必将要使我们对建筑本质的认识有所深化。不应只是引入几个新指标、新术语，用它们去代替几个旧名词、旧概念，而对建筑本体的认识则无所涉及。在这个意义上，一种新的评论方法本身就是对建筑本体的一种新的认识，一种新的界定。如意大利建筑理论家 B . 赛维 (Bruno Zevi) 的《建筑空间论》，从“空间”的角度去评论建筑，从而加深了对建筑的认识，“空间”成为建筑本体一种新的属性。

为此，我们不能认同那种把评论活动与理论研究截然分开的观点，实质上二者往往是互为依存、互为促进的。也不能认同那种把评论活动与建筑实践相脱节的观点。只有那些熟谙建筑创作的奥秘，深究建筑理论并具有非凡洞察力的人才能成为真正的建筑评论家。

原文版权信息

支文军 . 建筑评论的感性体验 . 南方建筑 , 1991(1): 63–64.

4

建筑批评的问题意识

Consciousness of Problems in Architectural Criticism

摘要 发现和提出建筑活动中存在的问题，是实施建筑批评的重要前提，也是批评的基本任务。所谓“问题意识”，就是指任何真正的批评都应当具备的一种以发现和提出问题为己任的自觉意识。从这种意识的角度出发，批评往往或深或浅地显露出一种意向，那就是不仅试图在存在问题的地方发现和提出问题，而且一般总是希望把对问题的追问引向根本与彻底。正是这种意向的深度，决定着批评具有怎样的问题意识，从而也在很大程度上决定着它可能达到的思想水平和深度——或者反过来说，决定着它的思想局限。

关键词 建筑批评 问题意识 立场 观点 方式 方法

一般而言，建筑批评应当是没有定式的。对于任何一件建筑作品、一种建筑现象或思想的批评，都可以有不同的方式、不同的角度，可以站在不同的立场，采取不同的思路，得出并不一致甚至完全不同的结论，这是批评中的正常现象。通常情况下，我们不应对这些不同的批评作简单的价值判断与取舍，虽然它们的确有可能因为各自选取的立场、观点、方式和方法的局限而表现出明显的偏颇、片面，甚至错误，但同时也往往会因此而具有各自的独到之处，从而能够发现和提出其他批评不曾发现的东西。从某种意义上说，正是这些“不同的”批评的互补，使建筑批评的整体视野得以超越批评者个人思想与眼界的局限而趋于全面和完整，同时也使批评本身一步步走向深入，这是不难理解的，它与批评中的“相对主义”思想无关。

但是，从另一个方面讲，现实中的批评不仅有形式、方法、立场、角度和思路的不同，还有层次上的差异，甚至有真批评与伪批评的分野。换句话说，批评除了观点、方式和方法的差别外，更有深度和性质的区别，对此我们是可以也应当作出分辨和价值判断的。进行这种分辨和判断的一个最为关键的依据，就在于这种批评是否具有问题意识和具有怎样的问题意识。

显然，任何批评从来都不是单纯为了批评而去批评的，因为那样的批评只会失去批评的本来意义——或适得其反，恰好得不到批评的结果，或根本就成为一种伪批评。我们所讨论的建筑批评，其目标总是指向建筑事业的发展。发展，便意味着是一种创新，就必然要在某些方面、层次或问题上对既有的东西有所否定，有所变革，有所超越。如果什么都没有改变，一切都照老样子存在，那是不能叫作发展的。我们之所以要对建筑活动——包括创作、思想、理论，以及一切与之相关的现象——进行批评，主要就是为了解决存在于这种活动中的种种问题，以利于它的变革和发展。解决问题就必须首先发现问题的存在。问题是基础，而且问题决定着建筑变革、发展的内容、方式和方向。我们只有在有问题的地方去实行变革，在存在错误或不足的地方去进行修正与补充，而不能一揽子无目的地去否定或肯定，或者对现状实行盲目的变革。所以，发现和提出建筑活动中存在的问题，不仅是实施建筑批评的重要前提，也是批评的基本任务。我们所说的“问题意识”，就是指任何真正的批评都应当具备的一种以发现和提出问题为己任的自觉意识。这种意识实际上也是一种批判意识，它要求批评的主体具有理性的思维能力和判断能力，敏锐的感受力和洞察力，以及强烈的批判精神和内省精神，而这些素质显然是需要经过严格的理论训练和理性意识的培养才能够获得和具备的。因此可以说，问题意识的培育是建筑批评理论建筑中一项重要的内容和艰巨的任务。

那么，什么是建筑批评所关注的“问题”呢？对于建筑这样一个涉及内容如此广泛和复杂的人类活动来说，其可以被称作“问题”的东西无疑也是广泛而复杂的，有实践中反映出的现实问题，方式、方法问题，也有思想、观念层面的矛盾，有关系整体和全局的宏观理论问题，也有局部的操作性、技术性问题，有明显易辨的表面冲突，也有必须经过抽象思维才能触及的深层矛盾。总之，这些问题既有不同的类别和性质，也有不同的广度和深度。对于建筑的发展来说，只要有问题存在，就需要努力地去正视，去纠正，去克服。换一个角度说，作为“问题”，无论大小、深浅，也无论是容易认识的，还是隐匿不彰的，都有着各自存在的现实的理由和根据，从而都要求建筑批评去认真面对、探究和处理，这自不待言。是从问题意识的角度出发，批评又往往或深或浅地显露出一种意向，那就是批评不仅试图在任何存在问题的地方发现和提出问题，而且一般总是希望把自己对问题的追问引向根本与彻底，其中包括对自身批评原则、基础的质疑和反思。事实上正是这种意向的深度，以及它在批评实践中能否获得真正的贯彻，在很大程度上决定着建筑批评具有怎样的问题意识，从而也就决定着它可能达到的思想水平和深度，或者反过来说，决定着它的思想局限。

这个问题通过一个具体的实例可以得到更好的说明。20 世纪 80 年代中后期在上海出现过两座在当时很有影响的建筑。一个是地处南京东路外滩的华东电管大楼，它与外滩建筑轮廓、环境巧妙地融合在一起，并以其颇具匠心的独特造型，被评为中国 80 年代十佳建筑之一。另一个是由美国建筑师约翰·波特曼主持设计的上海商城。前者是一幢由中国人设计的力图与周围殖民地式建筑风格相谐调的建筑；后者则是一幢由外国人设计的力图贴近东方文化的建筑。就创作的追求而言，二者有着某些共同之处。

那么，对于这两幢建筑，公众和批评家是如何看待的呢？有人曾就此做过一次问卷调查。调查的对象是 100 名普通公众 (他们生活、工作在这两幢建筑的周围)，和 100 名建筑业内人士（包括评论家、建筑师和建筑专业学生)。调查的结果颇出人意料。在建筑圈内对这两幢建筑的批评中，人们对华东电管大楼褒扬较多，而对上海商城微词不少；对前者主要称赞其同周围环境的协调一致，而对后者的责难则主要集中于它的“不伦不类”。很明显，这种批评，不仅主要关注的是与形式有关的问题，而且这种关注是以视觉感受为中心的。这实际上反映了这种批评中所隐含的问题意识的定位。然而，调查的结果却表明上海商城在公众心目中的地位大大优于华东电管大楼。原因何在呢？如果我们把公众和专业人士对两幢建筑的评价分别视作一种批评的话，那么显然，导致两种批评结果不同的关键，就在于它们所包含的根本不同的问题意识。问题意识的差异又往往缘于我们对于建筑“意义”的不同理解。

长期以来，我们“专业的”建筑批评往往喜欢赋予建筑一些抽象的“品质”，总是试图以建筑形象本身去表现或传达某种“意义”，却很少真正从人在建筑环境中的切身体验和感受去分析和评价建筑。这二者的差别实际上反映的就是问题意识的差别。前者只把问题放在建筑“物”和它的形式、形态上，而后者则从人与建筑的关系中去发现问题，虽然同样也会涉及“物”，也必然要面对它的形式，但因出发点不同，它们提出问题的角度和深度就必然是不同的。其实，人们接近、进入以至认识一个建筑环境，并不是通过抽象的形式分析，而是通过与这种环境的直接相处，就立即地、整体地直觉到该环境对于自己意味着什么，即领悟到建筑对于他们的意义，而且这种意义往往是难于言表的。当然“难于言表”并不意味着建筑意义的神秘和玄虚，相反，它恰恰反映了建筑意义直观和整体的特性。人在建筑环境中，感受到的既不是一个抽象的完形，也不是单纯的物理意义（砖、石、玻璃等），更不是一堆空泛的概念或品质。他所感受到的是一个复杂、综合的情景，是一个由各种不断发生的事件构成的经验实体，是一个声有色的生活世界。它不仅影响人们的行为，也影响人们的心境，从而使人们获得一种全面的感受，或者说体验。这种体验单纯依靠视觉和视觉分析是无法把握的。如果一定要试图去分析产生这些体验的原因，则往往会发现，一些被认为使某一建筑富有表现力的因素，同样存在于那些缺乏表现力的建筑中，而许多非常有魅力的东西又往往是无可评说、难于分析的。这或许具有一种内在的必然性。专业人员对建筑的批评，自然比普通公众有更多的优势。很难想象一个缺乏建筑学专门知识的人能够做出高水平的建筑批评。但是，专业人员也有自身的弱点，往往会因为职业的原因而对某个（类）建筑作品形成偏见，如对某些手法、风格的认同或反对，对创作者本人的了解等，都可能形成这种影响。这很容易使批评从一开始就进入技术性操作，却遗忘乃至抛弃了建筑最重要、最根本的东西，因而也就难免丧失其原本应当具有的问题意识。

比如在上述调查中，当问及对华东电管大楼的印象时，许多认为这幢建筑“一般”或“丑”的人，实际上并不能清楚地说明它有何不美之处，而说得更多的是它不应该建在南京东路，不该在这一黄金地段设置这样一座对公众封闭的办公楼。有人在填写“丑的”以后又写上“搬到西郊去”，说它是“一只趴在南京路上的电老虎”。在它的北侧由于受其遮挡而终日不见阳光的商店营业员则无一认为它是美的。与之形成对比的是，虽然，上海商城建筑基地也很紧张，但它底层直接向街道开放，行人可以随意进入这个堂皇而又富于人情味的室内广场，因而受到公众的喜爱。这实际上反映了公众的“问题意识”，尽管它并不一定是自觉的。相形之下，对于上海商城，专家的批评所考虑的似乎是完全不同的问题。它们主要针对其不够纯净的中国味，如中国建筑比较讲究中轴对称的空间布局应富于节奏感，一般轴线尽端以高潮结束，但商城的中轴线安排似乎缺乏这种节奏感。另外，室内的小桥、栏杆、斗等看似是中国式的，实际上（以专业的眼光看）也相去甚远，等等。公众的看法则完全不同。他们大都认为这座建筑既有大都市的气派，又有北方皇宫的影子，并公认它带有强烈的中国色彩。这不仅说明人们所获得的是总体的印象和体验，而不是分析、推理的结果，更重要的，是它表明人们关注建筑的焦点，不是建筑“物”，而是自己对于建筑的感受和体验。这就决定了它以人为本的问题意识。专业人士关注的主要的技术层面的问题。这些问题当然也需要探讨，甚至还相当重要，但如果只是就事论事地讨论这些问题，则往往并不能导致认识的深入和真正的结论。如上海商城虽被称为“时代的宫殿”，但如若刻意追求宫殿古建筑的尺度、型制、细节，反而会在周围高大建筑的映衬下，因过于局促而丝毫引发不出宫殿的感觉。同时，由于这座建筑毕竟是现代都市中的商业建筑，如果完全模仿古建筑，它会给人怎样的感受？即使我们把商城中那些“不够纯净的中国味”变成“十分纯净的中国味”，它是否就会变得更好？抑或更糟？显然，这些问题并非毫无意义。

原文版权信息

徐千里，支文军．建筑批评的问题意识 // 支文军，徐千里．体验建筑：建筑批评与作品分析．上海：同济大学出版社，2000.

［徐千里：解放军后勤工程学院建筑工程与环境系副系主任、教授］

5

生活世界：批评的出发点

Living World: The Origin of Criticism

摘要　建筑的价值是如何建构的？这也许是一个被许多人忽视的问题。一部使用不便的楼梯是否有可能成为人们很少去另一个空间的主要原因？这样的思考方式似乎已经为今天的许多建筑从业者所淡忘，但它却更加接近建筑活动的本质和真实，它不仅将批评的出发点还原到了“物”的层面，更重要的是它引导了建筑思维向“生活世界”，向建筑自身目标的回归。
关键词　建筑批评 生活世界 现象学 表面 本质

既然建筑批评从根本上讲是对于建筑价值的判断，也就是对建筑之于人类自身生活意义的判断，那么，寻找和思考批评的出发点，就意味着探寻这种意义产生的基础，或者这种价值建构的途径。

从建筑批评的实践中我们不难看到，大多数“专业”批评家在分析和评价建筑时都决不满足于仅仅对一些表面的建筑问题和现象做出说明和解释，而总是试图将批评引向深入，以求获得对问题更彻底、更根本的解答。比如，我们很少见到哪一位严肃的批评家会将某一建筑的失误归结到它很难看，或者它的哪部使用不便的楼梯，哪根碍事的柱子这类“表面”的原因，他们一定会在更加深入的层面去探寻问题之所在，这毫不奇怪。事实上，这也正是一般人们寄希望于建筑批评的原因。但是，这里有一个重要的问题可能被人们忽视了，那就是批评的出发点是什么？或者换一个提问的角度：建筑的价值是如何建构起来的？看来，人们对于批评和批评的深度存在着误解。许多批评者往往喜欢赋予建筑一些抽象的“品质”，却不愿关注甚至是有意回避建筑中那些直接作用于人的身心活动的具体内容和细节，以为只有这样才能体现出批评的深刻性。所以，今天的建筑批评中充满着这样一些没有“单位”的抽象概念或“品质”：如“美”“本质”；如“富于动态感的造型”“深厚的传统文化精神”“强烈的时代气息”等，甚至直接指明建筑中所采用的某种形式、符号代表着某种传统观念、某种思想或某种含义，其目光总是集中在建筑物如何如何，或者更确切地说，是建筑的这些抽象“品质”如何如何，并总是试图以这些“品质”去表现或传达某种建筑以外的“意义”，体现某种并不属于建筑的“价值”，却很少真正从人在建筑环境中的切身体验和感受去分析和评价建筑。

其实，只要注意一下人们接触、使用和认识一幢建筑的过程，就能够发现，人们对于建筑环境的理解和评价是无法与他们在这种环境中具体、现实的生活相分离的。换言之，人们在建筑环境中生活，同时也就在这种生活中认识和体验着建筑的价值和意义。当他们面对这座建筑，并不会专门去思量它有哪些特殊的品质和意义，或者首先从一个个局部去分析它的形式、它的形体组合、它的光影变化、它的材料运用等，而后再确定它是否令人愉悦。实际的情况往往是，人们在进入建筑环境的同时，就从各个不同方位整体地审视着它、体验着它，人们或穿过它、或进入其内部，或者干脆居于其间。如此，人们接触到的是实实在在的形体、界面、质感、空间……这些具体形象、“表面”

的因素分散地浮现在人们的意识之中，使人们对于建筑的认识处于一个“物(质)化”的层面上。但是，除了专业人士的研究外，一般的人们并不会对这些“物化”因素本身予以深入研究，他们会逐渐体验到这些空间、细节和材料所带来的感受，这种体验或亲切或陌生，或愉悦或不快，由此又延伸出进一步的思索：这些对象和体验之间存在着怎样的联系呢？这种建筑的形式是否令人产生了某种愉快或不愉快的联想或回忆？是这部使用不便的楼梯阻碍了人们去到另一个空间的兴趣？这根柱子带来的不快是因为它妨碍了人们在这个空间中的交谈？……当然，思考并不会就此而结束，人们最终将关心的是“这座建筑对于人们意味着什么？”或者“它曾经意味着什么？”进而“它于我意味着什么？”显然，这是一个价值观念发挥影响的层面。只有在这里我们才有可能真正地感受到与一种思想或生活方式的内在共鸣。这样一个模拟的认识建筑的过程令我们看到了建筑认识模式和价值建构模式的内在一致性。由此也可以清晰地看到，建筑批评恰与创作形成了一个相反的过程：创作是某些潜在的思想或意义物化的过程，而批评则是从具体对象出发对价值和意义的反思；创作者在他们的创作过程中一步步产生了具体、物质的形式，而批评者则从这种形式开始，反向地探索导致这种形式的精神；建筑作品作为创作过程的结果和批评过程的起点，它本身成为联结创作与批评的契合点，并在“物”的层面上呈现出清晰的面貌。

所以，建筑批评要取得与整个建筑活动更真实、更内在的联系，就应当使批评的路径与人们通常认识、理解建筑的过程相吻合，为此就有必要将批评的出发点还原到最初这个“物”的层面上，而不是悬浮在那些抽象的“品质”和“意义”上。这与现象学“回到事情本身”的口号是根本一致的。近年来，胡塞尔的名字和他的现象学在建筑理论以及其他艺术理论中频繁地出现，显然是因为“生活世界”这个胡塞尔未完成的后期哲学中的中心概念越来越引起了人们对以往思想观念和生活态度的反思。对于建筑批评而言，回归这样一个出发点就是回归“生活世界”。这种回归绝不是一般意义上的就事论事，它不仅不会限制批评的深度和广度，相反，其目的恰恰是为了使我们对建筑的分析和批评有可能超越传统“建筑的”阈限，而涉及更加广泛的领域和远为深入的问题。实际上，建筑批评的这种广泛性和深入性正是来自生活本身的广泛性和深入性，因为建筑活动最终总是指向人的生活世界的，对建筑的探讨和批评最终必然成为对生活世界的探讨批评。这既反映了一种批评的观念，同时又必然是一种认识建筑的观念。所以，我们认为，作为建筑批评的前提，首先就必须确立一种正确的建筑观。

原文版权信息

徐千里，支文军．生活世界：批评的出发点 // 支文军，徐千里．体验建筑：建筑批评与作品分析．上海：同济大学出版社，2000.

[徐千里：解放军后勤工程学院建筑工程与环境系副系主任、教授]

6

大众传媒中的中国当代建筑批评传播图景（1980 年至今）

Landscape of the Communication of Contemporary Chinese Architectural Criticism in the Mass Media Since 1980

摘要 中国当代建筑批评与大众传媒一路相伴而来，彼此影响，共同塑造了建筑批评的媒体认知形象。文章从以点及面的思路出发，对当代建筑批评在大众传媒中的传播进行历史场景性的描述，勾勒出不同时期建筑批评与大众传媒的关系及传播特征，以此审视当代中国建筑批评的存在状况。

关键词 建筑批评 大众传媒 传播

引子

笔者认为打破专业的壁垒，将当代中国建筑批评置于普遍意义上的“大众传媒”中去考察，实则还原建筑批评的本质。批评不应该只是、也从来就不是专业人士的特权。回溯中国当代大众传媒与建筑批评的发展，二者发生成长于同一时期，彼此的交流与相互影响共同塑造了今天建筑批评的大众认知形象。在大众传媒中以专业为分野，我们也能清楚看到，除了建筑实践与理论的持续发酵外，建筑批评的发展之路与不同时期的社会和文化的变迁、媒介的特殊气质与传播方式等休戚相关 [1]。

本文按照以点及面的思路，对当代建筑批评在大众传媒中的传播进行历史场景性的描述，以此勾勒不同时期建筑批评与大众传媒的关系及传播特征，这也是可以据此审视当代中国建筑批评的存在状况的重要剖面。

1980—1989 年：批评体系的初步建立

20 世纪 80 年代，在“全面学习借鉴的风气之下”，中国当代建筑批评在传媒与建筑业的双重变革中，迎来快速发展时期①。

这一时期的建筑批评主要集中于专业内，着重于媒体体系的搭建与自身批评主体的培育，建筑批评的开展紧紧依赖于建筑专业媒体的成长。1980 年前后，《建筑师》《世界建筑》《新建筑》《时代建筑》等 12 种建筑专业期刊相继创办，形成以专业院校师生、学者、研究人员为主的建筑批评核心主体。80 年代中后期，连接建筑协会、学界、各大建筑机构与企业的三大专业报纸《广东建设报》《中国建设报》《建筑时报》陆续出版，这些报纸中心建筑批评内容搭载量至今仍稳居专业媒体前位。建筑图书出版随建筑业的发展从无到有，形成了“一超多强”的格局②。

期刊、报纸、图书三大传统纸媒全面铺开，初步构筑了中国建筑批评的专业版图。此时期的建筑批评内容集中于“繁荣建筑创作”“民族形式”“建筑思潮的讨论”等主要话题。建筑批评的主体也主要为各大专业院校学者、教师。由于缺乏完整的建筑理论体系，这一时期的建筑批评在语言、标准等方面都有很大局限 [2]。

“建筑批评”作为一个问题开始进入人们的视野始于邹德依先生 1986 年在《建筑学报》上发表的《建筑理论、评论和创作》一文，文中第一次明确提倡建筑评论，认为“评论是新建筑的接生婆”。1987 年第 11 期《建筑学报》上，张学栋发表《对建筑评论的反省》，对建筑批评的含义、开展以及建筑批评人的培养等话题发表了看法。1989 年 8 月，《建筑学报》刊登了同济大学罗小未教授的《建筑评论》一文，在此文中第一次对建筑批评展开了全面、系统、深入的学理化讨论，这也是建筑批评理论化的第一次尝试。

这一时期，非建筑传媒对建筑批评的关注尚少，其中最值得一提的就是被公认为中国知识界旗帜的《读书》杂志。从 20 世纪 80 年代初起，《读书》就对建筑评论持续关注。沈福熙、萧乾、董豫赣、顾孟潮等一批著名专业人士都曾是其重要作者。何新的《“凝固的音乐”：读〈中国古代建筑史〉断想》③为这一传统的开山之作。至今，《读书》都是建筑批评连接知识界塔尖人物的重要窗口。除《读书》外，《人民日报》《北京日报》《北京晚报》等主流报纸也经常刊登建筑批评的内容。80 年代后期，“深度报道”异军突起。以深度报道与社论时评在传媒中极具影响力的《南方周末》开始对建筑保持关注，渐渐形成传统，在之后 20 年内其“城市版块”与“建筑评论”内容极具影响力。在以党报为传媒主流的 80 年代，非建筑传媒对建筑的关注使得建筑批评在专业领域之外获得生存空间与特定群体的关注。在这一过程中，除了建筑人的外围拓展很重要，一批长期从事建筑报道的大众媒体人为建筑批评走向大众做出了重要贡献。在之后的大众传媒快速变革的时期，这部分力量在一定程度上超过了专业批评的影响力，并直接参与建筑批评中来，成为不可或缺的批评力量。

20 世纪 80 年代媒体视野中有两件重要的建筑批评事件，一件是关于香山饭店的讨论，另一件是北京 80 年代“十大建筑”评选。80 年代初，香山饭店在《建筑学报》等建筑媒体领域被集中报道，并由此引发了有关“现代化与民族化”的讨论。这是建筑专业内部第一次利用媒体、通过批评开展自身问题的讨论。尽管讨论内容有其历史局限性，但香山饭店所引起的争议和它的影响力在 20 世纪 80 年代初没有任何其他建筑能比得上。1987 年的“北京 80 年代十大建筑”评选则由《北京日报》《北京晚报》等新闻单位发起，组织市民参加，历时 8 个月，收到选票 20 余万张。与香山饭店在建筑专业内部受到关注不同，这次在公众领域颇具影响的评选在建筑界却鲜见评论，尽管北京的新闻单位对此大力宣传，仍不能引起行家们的兴趣。群众喜好与专业评判之间的价值差异，真实反映了当时专业内外建筑批评各自为政的状态。

20 世纪 80 年代建筑批评得以初步展开。批评体系与主体圈的逐步形成，使得建筑批评作为一个话题进入讨论视野的同时，也为日后建筑批评的开展奠定了初步格局。这一时期建筑批评涉及的领域、话题等方面依然十分有限，批评主体也集中在金字塔顶部的核心人群与媒体中。“与随之而来的 20 世纪 90 年代至今的种种社会特征对照，20 世纪 80 年代更像是一个尚未定型的过渡时代，状态是懵懂的”④。

1990—1998 年：建筑批评的大众突围

20 世纪 90 年代，单一的政治巨型权力话语被消解，大众文化的繁荣、消费主义意识形态的出现以及中国和世界跨文化交流的日益深入，共同构建了这一时期建筑批评的语境，引领建筑批评在文化、城市等诸多内容领域深入传播。

建筑文化类图书在 90 年代中后期强势崛起，形成了由冷门到热门、由专家到大众、由专业到普及的兴旺，数量和质量都呈现出空前盛况。建筑出版行业“一超多强”的格局由此被打破，出版专业分工边界逐渐模糊，三联书店、天津百花文艺出版社、江苏美术出版社等不少文化艺术类出版社也加入建筑出版版图中，并开始成为主力队伍，由此一批具有较高文学素养的优秀编辑开始介入建筑批评领域。吴良镛、陈志华、楼庆西、陈从周等著名的建筑高校教授构成了实力最强的作者群。刘心武、刘元举、赵鑫珊、冯骥才等作家学者也借文化之名对建筑发出批评声音。刘心武[3]1998 年 5 月出版的《我眼中的环境与建筑》被称为建筑文学的开山之作，其中的第一辑即是对长安街上 35 座建筑物的评论。作家刘元举对建筑批评的介入更深，他的文章《原谅城市》《走近赖特》等影响深远，1998 年出版的散文集《表述空间》是第一部写建筑的中文散文。《中国建筑师》更是被《建筑报》连载，被《建筑学报》评介。这些不同类别的作者、编辑出版、图书市场和阅读趋向之间的深层互动，通过建筑文化图书的积累与传播职能，将大众对建筑物、建筑专业、建筑师的理解推向新的高度。

“城市传统”与“建筑保护”成为这一文化浪潮中的重要主题。江苏美术出版社较早地意识到“老城市”的历史价值，于1997年陆续推出了广受欢迎的《老北京》《老上海》等“城市老照片系列”。《新京报》《南方周末》《文汇报》《解放日报》等报纸也纷纷参与其中，掀起保护城市传统热。90年代关于“建筑保护”的讨论与报道在专业媒体内外都达到高潮，并由纸面付诸行动。1996—1999年间全国文联副主席、著名作家冯骥才的抢救天津老街运动，连同他有力激昂的文字一起被各大主流媒体登载，引起巨大反响，并直接成就了2003年2月18日“中国民间文化遗产抢救工程”这一国家级建筑保护行动的建立。同时期以《哈尔滨日报》的曾一智、新华社记者王军为代表的一批职业媒体人也在担任城市建筑保护媒体卫士的路上前行[4]。

同时，都市文化空间的成熟促使如《城市画报》《美城》《大都市》《城客》《外滩画报》等城市杂志在此期间大量出现，在现代化的“宏大叙事”与城市现象的“微观叙事”两极之间，共同展开关于“都市现代性的想象”[5]。这些非建筑专业媒体均以社会中上层成员为主要受众群体，这些媒体对建筑批评的介入除了带来极具批判性的批评议题之外，也使建筑批评开始获得中产阶层的关注。

建筑文化命题的开辟与巩固，为建筑批评的大众传播提供了新的通道，由此也为自身带来更社会化、更综合的视角。更生动、更多样的批评方式，积聚了广泛的受众、丰富了建筑批评的主体构成。

20世纪90年代，专业建筑批评在80年代形成的以“现代主义与民族形式”“宏观叙事”为核心的话语体系迅速瓦解。由于自身理论化与专业化水平的不足，前面话语的消失与后续话语的不达，建筑批评面临语汇缺失的困境。90年代中后期，刘家琨、王澍等一批“实验性建筑师”崛起，以独立的身份从建筑本体的角度展开实践和理论讨论，引发了建筑批评新话题[6]。1997年8月，饶小军在《新建筑》上发表《边缘实验与建筑学的变革》一文，作为第一篇相关批评，文中提出了实验性建筑在“实验化批评”与“实验性设计”两个层面的变革意义，拉开了建筑媒体讨论实验性建筑的序幕。1998年1月，王明贤与史建在《文艺研究》上发表《九十年代中国实验性建筑》讨论了实验性建筑的意义。与实验性建筑实践一样，对实验性建筑的批评萌发于20世纪90年代，并在21世纪引起讨论热潮。实验性建筑师与关注他们的建筑媒体一起，为中国的建筑理论及批评贡献了“建构”“地域”“空间意识”“本土化”等宝贵词汇。从某种意义上讲，“实验建筑师”的出现激发了真正独立意义上的建筑批评的开始。然而对于建筑“主体”的重视，使其一开始就未深植于中国的社会文化现实深层。90年代建筑批评自身的乏力使其不能从学科的立场做出有力呼应⑤，这些都使对实验建筑的批评停留在了敲门砖的角色。

90年代是“建筑批评心智走向开放的10年”⑥。中国建筑批评的视野、观点、词语和范畴都得到了极大的拓展。从专业本位的视角来看，90年代的建筑批评更多的是在文化的崛起与传媒的变革中更新了自身的话题，并由此走向大众。与专业传媒长期试图建立某种的批评框架与范式相比，非专业传媒领域的批评更直接、深入，具有生命力，并直接蔓延渗入专业批评的相关话题，且身体力行，掷地有声，凸显着建筑批评应有的本质[7]。

1998—2007年：全民时代的来临

1999年8月，法新社与法国《世界报》先后报道建筑师保罗·安德鲁在北京国家大剧院的竞赛中取胜。2000年1月1日《中国新闻周刊》首次在国内报道安德鲁方案“中选”的消息，同一天，中国建筑工业出版社出版《中国国家大剧院建筑设计国际竞赛方案集》，至此安德鲁的国家大剧院方案正式公之于众，引发了公众和学术领域长达10余年的建筑批评狂潮。作为21世纪第一个国家级标志性建筑事件，国家大剧院引发的批评持续时间之长、引起关注之广前所未有。

此批评事件完整经历了从传统媒体到网络媒体再到新媒体的传媒参与过程，自上而下的议题引领式传统批评模式与自下而上的民众自发批评模式相互交织、彼此推进。无论是在批评模式、传播特征，或是在议题设定、现实影响等方面都极具代表性。甚至有人认为围绕北京奥运工程、中央电视台新楼展开的批评事件都是国家大剧院建筑评论模式的延续和发展。从此意义上讲，国家大剧院事件开启了中国当代建筑批评的新时代[8][9]。

从国家大剧院开始，“鸟巢”、中央电视台新楼等一大批国家级标志性建筑在大众媒体中被相继深度报道，成功将对建筑的全民关注推向高潮。在这场批评盛宴中，新旧媒体共同执掌话语权，官方的业主、明星设计师、大众媒体以及广大人民都参与其中成为建筑批评的主体、媒介和受众，对标志建筑的议论成为全民事件。由于知识背景、信息的不对称、关注点不同等原因，专业与大众批评在典型事件中往往呈现出不同的兴趣领域与话题走向。然而彼此间的对话却是相当频繁，这说明专业与大众已互为参照，形成可贵的呼应。这种专业内外的碰撞，在同时期的建筑批评内容中也表现突出[10]。

这一时期中国的建筑实践与理论话语逐渐进入新的发展时期，内容重心也从改革开放之初的西学东渐为主到开始不断寻找、审视自我位置。对于中国命题的关注与讨论，成为这一时期传媒中建筑批评的中心议题[11]。

《时代建筑》在 2000 年提出“中国命题、世界眼光”的办刊定位，关注当代中国城市与建筑的最新发展，并形成了颇具特色的主题式组稿模式，以当代中国建筑的现实问题作为研究和报道的核心内容，体现了强烈的“当代”特征和“中国”特征。其他专业期刊也都增强了中国内容，关注中国问题。*Domus*，*a+u*，*Architectural Record* 等一批国际著名建筑期刊也以出版中国城市与建筑专刊、出版中文版等方式聚焦中国建筑现实。在自身变革与外来合作的影响之下，中国建筑专业传媒贡献了一批具有批判精神的专业媒体人士，形成了诸多探讨中国建筑与城市命题的新角度与方式。由中国知网（CNKI）的专业期刊统计发现，“城市”与“居住”是此时期中国专业期刊最重要的主题，以《时代建筑》2000 年后的主题报道统计数据为例，涉及“城市”主题的有 33 期，占其所有主题内容的 33%，比重最大。“居住”内容共报道 7 期，占所有主题内容的 8%，是继“城市”之后的又一个重要的话题。

非建筑传媒领域，以评论见长的新闻周刊类媒体对“中国命题”的关注与建筑媒体间实现了极大的共鸣，“城市”与“居住”亦是这一时期报道和讨论的重点，这也是同时期主流媒体关注点的代表。以新闻周刊的主题报道为例，“城市”的报道最多，达到了 57%，“住宅”的报道次数约为 35%。其中《新周刊》2003 年 12 月对城市发展模式（《上海不是榜样》）和《中国新闻周刊》2005 年 11 期对重要城市的关注（《北京向何处去》）等选题都与建筑专业期刊的城市讨论不谋而合。《新周刊》更是从首期开始就设有“城市专题”栏目，对中国城市发展进行长期的关注与讨论。《三联生活周刊》则一直保持对“居住”话题的兴趣。周刊出版后的第一期以《居住改变中国》（2001 年，第 127 期）更是与《时代建筑》第 79 期的选题完全一致。主流媒体的批判性趋向为中国建筑批评培养出如王军、曾一智等一批对建筑与批评怀有持久热忱的高素质媒体人。2003 年，王军出版著作《城记》并引起强烈反响，他也成为建筑批评领域中的重要人物。

对中国命题的聚焦既是中国发展阶段的特征反映，亦是建筑批评直面现实的结果。中国建筑批评正是在媒体对中国问题的发现与讨论中，以媒体对现实的敏锐与速度，使专业与非专业的建筑批评焦点第一次深度联系，带来批评主体的深层相互参与，获得了一定程度的自我独立性[12]。

1998 年 6 月 18 日，以 ABBS 建筑论坛正式成立为标志，中国建筑批评的网络阵营初现。相比传统纸媒，网络媒体所具有的言论自主性、面向公众性、主题特定性、虚拟空间性等特征，造就了即时自由、互动性更强的批评参与模式。同时脱离传统审稿制度的建筑专业网络媒体，为新锐话题的出现提供了接受渠道，一批年轻的独立批评者随之进入专业视野。2001 年 11 月，朱涛在华筑网以《为什么我们的世界现代建筑史研究仍一片贫瘠？——评王受之的〈世界现代建筑史〉有感》一文获得关注。并在 2002 年发表《建构的许诺与虚设》一文，为当时国内兴起的"建构"讨论立下了理论新标杆，2002 年第五期的《时代建筑》也节选刊载了这篇文章。冯路、柳亦春、方振宁等一批独立批评者的言论成为以 ABBS、FAR2000 为代表的建筑网络论坛上的话语中心，吸引了广泛的新生代专业人士的关注。2005 年，博客在中国大面积普及，以建筑专业网络博客开始为代表的建筑讨论网络平台开始逐渐发展起来，个人博客成为建筑批评广受关注的新据点。个性化、去中心化与信息自主权的媒体特征彻底打破了大众传统媒体与网络媒体中的"守门人"角色，建筑批评由此走下"神坛"，真正做到了"百家争鸣、百花齐放"。建筑批评长期以来的"点对面"的传播方式被改变。博客以小圈子的汇集和互动为基本特征的"点对点"的网状传播方式，使建筑批评的传播由"大众"转向"分众"，批评主体与话语特征呈现出明显的阶层与圈层性。

从 20 世纪 80 年代初期逐步建立起来的批评版图来看，传统建筑媒体一直都是建筑批评最集中、最权威的阵地，掌握着绝对的主流话语权，为其成长提供了坚实的土壤，促进建筑师批评的稳定发展。稳定发展的反面是丧失了更多的新鲜血液、视角与可能性。网络媒体的发展在主流媒体的边缘撕开一道口，连通的是核心圈之外广阔的区域。在这场同向前方的媒体之路上，对于新型媒体的崛起，大部分传统专业传媒缺乏准备 [13-14]。

这一时期是中国当代建筑批评的一个活跃期。与前两个 10 年相比，中国当代建筑批评在此时期快速成长，批评的观点、词语和范畴都发生了很大的变化。建筑事件不断涌现，使得参与建筑批评的范围、领域得到极大的扩展与深入。网络与新媒体的发展为建筑批评的公众表达提供了便利的平台，对公共话语权的争夺也随之而来。如果说这一时期大众对建筑的聚焦还是在追随专业的视野，或是不谋而合。那么在接下来的阶段里，大众似乎开始反过来影响着专业领域。

2008 至今：建筑批评的微话语

2008 年中国建筑在两极之间忙碌，一头是奥运时代引发的标志建筑狂潮，一头是汶川地震带来的专业自省。两种语境的并置，却暴露了批评立场的缺失。非建筑媒体此时强势挺进，联合专业媒体与人士，担当起建筑检视官角色。同年，《南方都市报》以设立"建筑传媒奖"的方式呼唤"走向公民的建筑"，"建筑的社会意义和人文关怀"成为其关心的问题。2011 年倡言网发起"中国十大丑陋建筑评选"，联合 50 多位业内专家，针对当时蔓延的求大、求洋、求怪建筑之风开始中国当代建筑大审 [15]。在这场运动中媒体不再只是建筑批评的传播者，而是成为身体力行的建筑批评倡导者和参与者。

2008 年后，"秋裤楼""大铁圈"等一批绰号建筑在网络与新媒体中兴起，并迅速蔓延成为讨论热点，命中者均为城市地标建筑。民众以调侃的口吻，文字、PS 图片、动漫等多样的方式表达了对当前"大跃进式"的城市造景之风的不满。作为财富积累和地位炫耀的象征，这些地标建筑不再高高在上、不能被评说。如果这可以算作是大众参与建筑批评的一种简单方式，公众为地标起绰号，反映出普通大众参与建筑批评的热情高涨但存在渠道断层和专业隔阂的现实窘迫。

在这场建筑批评的民间转向中，非建筑媒体强势来袭，联合建筑专业媒体为公民代言，迫使建筑批评放下理论空洞的外衣，向其索要丢失很久的公众立场。对于彷徨、空洞很久的中国建筑批评而言，这是天大的好事。也是从这时开始，国家的宏大叙事之外，属于建筑批评的微话语获得其合法性。

2008 年，中国网民数量达到 2.53 亿，网民规模跃居世界第一位。手机用户也超过 6 亿户，形成庞大的新媒体用户群 [16]。这标志着以网络为依托的媒体已由"草根"变为"主流"。2012 年著名的"王澍获普里兹克奖"事件由中国建筑传媒奖的总策划人赵东山的微博开启，引发了以小时为记的长达一年多的热切讨论，向人们展示了微博在建筑批评话题制造与快速传播方面的强大力量。微博 140 字的发言限制更是直接形成了新的批评语言特征 [17]。

微信、手机 APP 的大量使用，使得建筑批评搭载上泛众快车。在"人人皆可成传媒"的时代，在个人电脑与手机中，建筑讨论成为真正的“微”事件，随时随地都在发生。虽然新媒体自身存在信息量过多、对信息缺少过滤审查影响阅读等诸多制约，新的建筑批评特质还是初露端倪，活跃度与接受度都高[18]。话语更具个性，主题更加宽泛，参与批评讨论的群体更加年轻并不断壮大，所有在传统传播时代被忽略、被屏蔽的“微内容”“微价值”开始在网络平台上通过自主选择与个性化组织，表现出聚合后的革命性力量。这预示着一个新批评特征的形成，并且不会提早结束。

“媒介即讯息”。新媒体的日新月异将建筑批评可能出现的版图深挖到每一个细小的角落。批评圈层的金字塔底端被快速聚集。微圈层、微话题像活跃的细胞一样运动着，激活了与时代特征紧密相接的建筑批评。在这场由传播的技术革命引发的“语法革命”中，建筑批评领域的边界、话语方式、力量对比以及规则都深刻地改变着。媒体与批评之间的天然联系，没有一个时期比现在诠释得更透彻。在这场媒体与建筑批评的变革中，建筑媒体被动地跟风也切实尝到了变革的紧迫，只有道路，没有方向[19]。

结语

量化地考察，“建筑批评”的内容在大众传媒中的总体占有率不高，但呈现逐年上升的趋势。综合来看，中国当代建筑专业批评从开始就不自觉地希望能找到某种框架实现对现实的指导，这使得专业批评更容易也确实曾经陷入自说自话的怪圈。与此相比，建筑批评在非专业领域表现得更为丰富，且与传媒、社会的关系更为紧密，在很大程度上将“建筑批评”置于更真实合理的社会环境与传播语境中，是建筑、传媒、时代诉求等多种力量综合博弈的结果。当共同直面中国建筑命题之时，专业批评与非专业批评二者终于撞上了。

从大众传媒中追溯“建筑批评”的时间线索是繁复且细碎的。其中，事件与特征无疑是描述的最好途径。实际上，任何一种特征的出现在媒体传播中都会有一定的反复和延迟，各种媒介的发生、作用往往在时间上是相互交叠的，对建筑批评所起的作用也会彼此影响。

由时间轴拼贴而来的建筑批评轨迹，也终究难逃“只缘身在此山中”的局限。毕竟，30 年，不过养育了一代人，往前走了一两步。

注释

① 参见：金磊．建筑批评的心智：中国与世界．建筑学报，2009(10): 12–17.
② “一超”指中国建筑工业出版社，约占全国建筑图书市场的半壁江山；“多强”指中国计划出版社、辽宁科技出版社、天津大学出版社、东南大学出版社等单位。
③ 参见：何新．“凝固的音乐”：读《中国古代建筑史》断想．读书，1982(11).
④ 参见：姚爱斌．暧昧时代的历史镜像：对 90 年代以来大众历史文化现象的考察．粤海风，2005(6): 4.
⑤ 参见：朱涛．建筑批评的贫瘠．重庆建筑，2005(7).
⑥参见：金磊．建筑批评的心智：中国与世界．建筑学报，2009(10): 12–17.

参考文献

[1] 徐千里．建筑批评的创造性与增值性．城市建筑，2005(12): 52–53.
[2] 金磊．走向建筑 100. 建筑创作，2003(9): 13–15.
[3] 刘心武．我的城市文化酷评．中国地产市场，2004(4): 42–45.
[4] 萧友文．如何评论建筑．建筑学报，2001(6): 40–41.
[5] 吴矣．中国当代建筑评论研究中建筑事件方法的引进探索．天津：天津大学，2012.
[6] 张轶伟．中国当代实验性建筑现象研究：十年的建筑历程．深圳：深圳大学，2012.
[7] 金磊．推进我国建筑评论需要《建筑评论》平台．中国建设报，2012-11-07.
[8] 顾孟潮．建筑评论与建筑评选．中华建筑报，2001-07-12.
[9] 宋建华．建筑评论深层观．建筑史论文集，2000(2): 168–175+231.
[10] 甄化．建筑评论：应该专家与大众共举．建筑时报，2005-05-02.
[11] 刘心武．建筑评论：我的新乐趣．辽宁日报，2001-12-04.
[12] 朱涛．近期西方“批评”之争于当代中国建筑状况——“批评的演化：中国与西方的交流”引发的思考．时代建筑，2006(5): 71–77.
[13] 黄旦．80 年代以来我国大众传媒的基本走向．杭州大学学报，1995(9): 121–124.
[14] 喻国明．中国传媒业 30 年：发展逻辑与现实走向 // 改革开放与理论创新：第二届北京中青年社科理论人才“百人工程”学者论坛文集．2008.
[15] 孟建，赵元珂．媒介融合：粘聚并造就新型的媒介化社会．国际新闻界，2006(7): 24–27+54.
[16] 喻国明．解读新媒体的几个关键词．广告大观（媒介版），2006(5): 12–15.
[17] 杨晓茹．传播学视域中的微博研究．当代传播，2010 (2): 73–74.
[18] 廖祥忠．何为新媒体 ?. 现代传播（中国传媒大学学报），2008(5): 121–125.
[19] 韦路，丁方舟．论新媒体时代的传播研究转型．浙江大学学报（人文社会科学版），2013(4): 93–103.

原文版权信息

李凌燕，支文军．大众传媒中的中国当代建筑批评传播图景 (1980 年至今)．时代建筑，2014(6): 40–43.
[国家自然科学基金项目：51278342]
[李凌燕：同济大学建筑与城市规划学院 2009 级博士生，导师：伍江]

7

纸质媒体影响下的当代中国建筑批评场域分析

Contemporary Chinese Architectural Criticism Field Under the Influence of Paper Media

摘要 中国当代建筑批评与大众传媒一路相伴而来，彼此影响，共同塑造了建筑批评的公众认知形象。其中纸质媒体以其时间偏向特质贡献了不同于新媒体的特征面向。本文从建筑批评核心区域的划定、场域特征、批评主体圈层等方面对纸质媒体在中国当代建筑批评传播中的影响进行了研究。

关键词 建筑批评 纸质媒体 传播

媒体的偏向

多伦多派传播学理论家哈罗德·亚当斯·英尼斯（Harold Adams lnnis，1894–1952）在其《传播的偏向》（*The Bias of Communication* ）一书中提出，任何一种媒介“都对于在时间或空间范畴内传播知识发挥着重要的作用……若某种媒介本身很重，不易腐坏，那么它更适宜在时间的延续中保存与传递知识；若某种媒介很轻且方便运输，则它更适宜在空间范围内散播知识”[1]。这可以理解为：偏向时间的媒介，如纸质媒体（以下简称“纸媒”），便于小范围区域垄断，实现对时间跨度的控制，有助于权威的敬仰和崇拜，形成森严的等级制度；而偏向空间的媒介，像互联网、移动互联网为代表的新媒体，便于对空间跨度的控制，有利于权力的开展和分散。在这样的定义之下，英尼斯以“时间空间”为坐标轴来区分与定义单个媒介乃至多种媒介聚合的差异，以此“为勾勒与分析纠结于历史中错综复杂的传播媒介设立了一套行之有效的标准体系，对传播系统、社会及传播中的文化都产生了影响”[2]。英尼斯之前的学者查尔斯·霍顿·库利①更是以表达性、持久性（“对时间的征服”）、讯散性和扩散性（将空间范围作为衡量受众群大小的标准）使时间与空间正式构成传播矩阵中的基本变量。他们都认为，“若一种传播媒介在相当漫长的时期内被人们持续地使用，那么这种媒介便可以于很大程度上决定知识在传播中的属性”[2]。即传媒的力量是通过时间与空间的占有、争夺、并存、循环而影响着其嵌入的社会文化传播形态。以此来理解 20 世纪 80 年代以来的中国大众传媒发展轨迹②，我们可以清楚地看到，当代中国建筑批评事实上是在经历了时间偏向的纸媒与空间偏向的互联网、移动互联网为代表的新媒体两种不同偏向的媒介发展、交织、抗衡力量之下，谱写了自身的当代传播图景。

新世纪之前，纸媒以绝对宰制地位形塑着中国建筑批评的特有传播形象。在这一区间里，传媒的作用力是相对平稳的，更多的是社会、文化、建筑等因素的合力映射于传媒而发挥着作用。1998 年，网络传媒的兴起，中国当代建筑批评图景的一个重要节点事件——国家大剧院——被推送至公众视野，刷新了建筑批评的公共言说版图。同时期，以 ABBS、Far2000 为代表的一批专业网络论坛的出现，催生了以朱涛、冯路等人为代表的中国新一代批评力量，形成了当代建筑批评场域中的重要一极。这些变化都标志着之前纸媒主宰的当代中国建筑批评场域被打破，媒体批评方式随着传媒形式的变化形成了诸多新特征。当互联网、移动互联网等以空间为特征的新媒体持续涌现，纸媒这种以时间为特征的媒体及其所塑造、主宰的建筑批评传播体系的平衡被瞬间打破，建筑批评的空间维度疾速扩张。在新旧两种性质偏向、多种形式的媒介更替中，建筑批评实现着最多元、最有意义的转变。这是中国建筑批评新时期的到来，亦是不断构造的结果。这种新特征的确认势必需要建立在与旧有图景的比对中，以此追问纸质媒体对建筑批评产生的影响也就更有意义。

纸媒塑造的当代建筑批评场域

在百废待兴的中国当代之初，建筑批评遭遇的首要问题不是“批评什么”，而是“在哪里批评”的问题。期刊、报纸、图书等主要的纸媒形式，以文字语言符号为主传递信息，能容纳的信息较多，内容也可以很具深度，因此在揭示事物本质、发表评论方面具有先天的优势，成为建筑批评的重要发表阵地。纸媒的逐步复苏为建筑批评场域的建立与维系提供了十分重要的载体与空间，并塑造了当代建筑批评场域的早期特征。

专业批评场域的建立

当代建筑批评被持久、集中地关注，源于建筑专业媒体的复苏与建立。建筑期刊、专业书籍、专业报纸在此时期纷纷进入视野，并在很大程度上直接成为建筑批评传播的参与者，这使得学者之间的思想交锋能够迅速得以发表、传播与反馈[3]。雨后春笋般涌现出的这批专业媒体，也构成了中国建筑传媒的基本框架，至今仍然是建筑批评坚实的专业阵地。这一时期《建筑学报》复刊，《建筑师》《世界建筑》《新建筑》《时代建筑》等约 16 种建筑专业期刊集中创办（图 1），并大量登载建筑评论类文章。其中，《建筑学报》凭借其与学会的紧密关系，笼聚着当时业内最重要的作者群，具有强大的学术研讨与活动的组织能力，对建筑批评起着举足轻重的推动作用。其余各期刊也都以不同的角度与侧重点，为当代建筑批评开辟了宝贵的园地。如《世界建筑》将“研究国情、了解世界、探讨规律”作为自身的办刊定位。面向更广阔的领域，使其拥有着与其他专业传媒完全不同的视角，这在当时国内专业期刊一片建筑创作与思潮的本土讨论中，无疑是非常引人注目的。这一时期《世界建筑》介绍国外建筑思想与作品的文章占大多数，对建筑批评的思想源头产生着巨大影响，其中不乏名家力作，如贝聿铭的《论建筑的过去与现在》等[4]。这些专业期刊在解放建筑思想、繁荣建筑创作、讨论建筑核心话题等方面起到了重要作用，同时极大地增加了建筑批评的传播速度与影响范围，聚焦了以专业院校、学者、研究人员为主的建筑批评核心主体区域。直到 2000 年后，随着新刊的加入、外刊的引入，专业期刊才出现了版图的扩张。创建于 20 世纪 80 年代的老刊在新一代杂志主编带动下逐渐完成了接班的过程，大量新生代编辑加入杂志编辑行列的架构下，普遍进行了定位的调整，并催生了以《时代建筑》为代表的专业期刊主题式批评模式，建筑期刊从原来的建筑批评登载功能逐渐转向了有传媒立场的批判性报道。建筑期刊以自身的主题式视角为建筑批评打开了一种发展的可能，贡献了一批具有批判精神的专业媒体人士。他们以开放的姿态以及对学术、时尚、实践、大众事件的积极参与和多方向努力，为活跃在建筑批评顶层的专业圈层，发挥了重要的作用。

20 世纪 90 年代中后期，建筑文化类图书开始强势崛起，形成了由冷门到热门、由专家到大众、由专业到普及的兴旺，数量和质量都呈现出空前盛况。建筑出版行业“一超多强”的格局由此被打破，出版专业分工边界逐渐模糊，三联书店、天津百花文艺出版社、江苏美术出版社等不少文化艺术类出版社也加入建筑出版版图中，开始成为主力队伍。由此，一批具有较高文学素养的优秀编辑开始介入建筑批评领域。吴良镛、陈志华、楼庆西、陈从周等实力强劲的高校建筑教师成为实力最强的作者群。刘心武、刘元举、赵鑫珊、冯骥才等作家学者也借文化之名发出建筑批评的声音。1998 年 5 月出版的刘心武《我眼中的环境与建筑》可被称为建筑文学的开山之作，其中的第一辑即是对长安街上 35 座建筑物的评论。作家刘元举对建筑批评的介入更深，他的

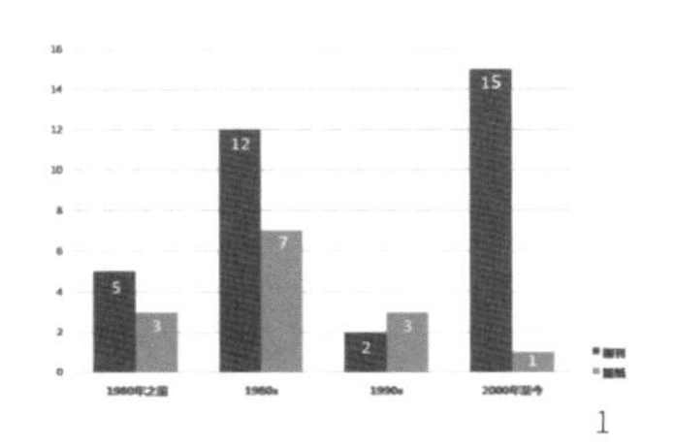

1

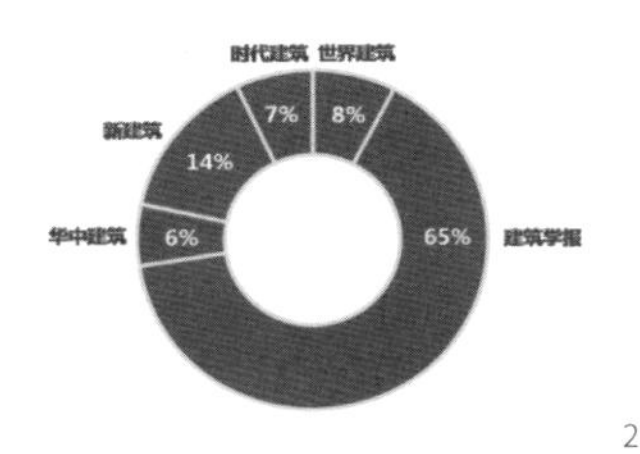

2

图 1. 当代中国建筑期刊创刊分布图
图 2. 20 世纪 80 年代建筑批评类文章分布
图 3. 新闻周刊“建筑”内容报道统计
图 4.《时代建筑》科研高校作者分布图

《原谅城市》《走近赖特》等文章影响深远。1998 年出版的散文集《表述空间》，是中国第一部写建筑的散文。《中国建筑师》更是被《建筑报》连载、被《建筑学报》评介。这些不同类别的作者、编辑出版、图书市场和阅读趋向之间的深层互动，通过建筑文化图书的积累与传播职能，将大众对建筑物、建筑业、建筑师的理解推向新的高度（图 2）。建筑文化图书的兴旺，为建筑批评的大众传播提供了新的通道，由此也为自身带来更社会性的、更综合的视角，更生动、更多样的批评方式，积聚了广泛的受众、丰富了建筑批评的主体构成。此外，20 世纪 80 年代中后期，连接建筑协会、学界、各大建筑机构与企业的三大专业报纸《广东建设报》《中国建设报》《建筑时报》陆续进入视野，其建筑批评内容搭载量至今稳居前位。

专业领域期刊、报纸、图书三大传统纸媒的全面铺开，构筑了中国建筑批评的专业版图与建筑专业传媒格局，催生了中国当代建筑实践与评论的第一个高潮。同时，专业纸媒对建筑批评场域的垄断，使建筑批评主要集中在专业内部，重在专业内部的整合、媒体构架的搭建与自身批评主体的培育，批评主体也集中在金字塔顶部的核心人群与媒体中，学术组织、学会、院校、普通建筑从业者都经由媒体成为紧密联系的整体。这些都为日后建筑批评的开展奠定了初步格局，支撑着建筑批评的走向。在之后很长的一段时间里，我们思考建筑批评的方式、语言、理念、版图都没有超越 20 世纪 80—90 年代的专业纸媒所缔造的基本框架。

非专业建筑批评场域的拓展

当代建筑批评的伊始，专业内外结伴而行，参与建筑批评媒体阵地的建构中。从整体的传媒视野考察，20 世纪 80 年代的非专业传媒对建筑关注尚少。彼时最主要的大众传媒形式的主流报刊，正处于忙碌的创复刊之路与传播思想导向转变的双重动荡之中。虽然 80 年代中后期深度报道崛起，出现了以《南风窗》《南方周末》等日后对建筑批评有极大推动作用的媒体，但此时建筑并未成为其报道的主要话题。这一时期非专业传媒中的建筑批评主要集中在《读书》《中国美术报》等有关“文学”与“艺术”的媒体和一些跨界的媒体活动中。其中，《读书》独树一帜，一开始就将建筑评论作为重要内容予以持续关注。沈福熙、萧乾、董豫赣、顾孟潮等一批著名专业人士都是其重要作者。何新的《“凝固的音乐”——读〈中国古代建筑史〉断想》为这一传统的开山之作[5]。至今，《读书》都是建筑批评连接知识界塔尖人物的重要窗口。除《读书》外，《人民日报》《北京日报》《北京晚报》等主流党报也不时地刊登建筑批评的内容。在党报为主流的 80 年代，非专业传媒对建筑的关注，使得建筑批评在专业领域之外获得生存空间与特定群体的关注。90 年代中期，随着市场化初潮的来临，报纸、图书、期刊均进入急速变革时期。传媒的分级、品种、关注度大大丰富与扩展“大众”“中产阶级”等新受众群体的陆续出现，使得“建筑”“城市”等与生活密切相关的话题走入传媒视野。同时，“时政”类媒体开始发展壮大，进入了飞速发展的时期，涌现了以《三联生活周刊》《财经》《新周刊》《新民周刊》《中国新闻周刊》《瞭望东方周刊》等一批被称为“新生代”的新闻周刊，在构建中产阶级受众的建筑批评话语与立场方面起到了重要的作用。这一时期，新闻周刊类期刊几乎每年都有一期或是更多的封面主题与城市、建筑相关，此外，在其主要板块设置中也多涉及此领域内容。如《新周刊》从

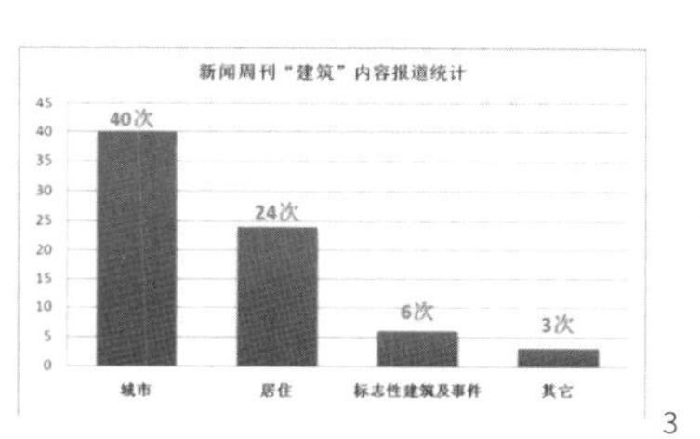

3

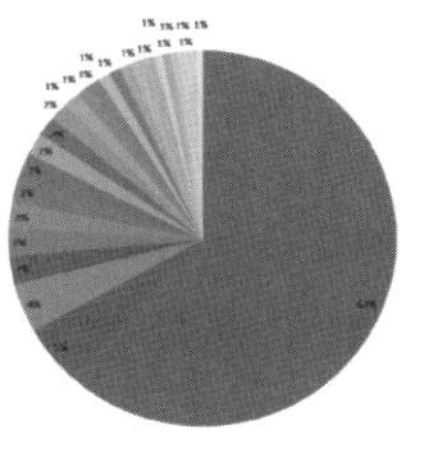

4

1996 年第一期开始，就有专门的“城市”专栏[6]。其对建筑与城市的关注，在所有新闻周刊中也是最多的，评论性也非常有特色。《三联生活周刊》则以对“住宅”这一中国最大民生的持续关注，形成了对杂志提倡的生活理念的阐释框架。这种作用力在 2000 年之后新闻周刊对“城市化”命题的集中关注与演绎中变成一种常态，特别是在 2005 年之后，随着奥运时代的到来与城市化进程的推进，新一代新闻周刊形成了具有影响力的建筑集体式关注，并形成各自不同的批评视角与主题配置。至此，新闻周刊类媒介作为一种具有影响力的媒介视角与方式，对建筑批评参与的特征性力量予以关注（图 3）。

此外，随着城市化进程的迅速扩大和都市文化空间的成熟，“城市杂志”作为建筑批评的另一种讨论渠道，在 20 世纪 90 年代中期雨后春笋地出现，如《深圳风采周刊》《新民周刊》《城市画报》《外滩画报》《南方人物周刊》《上海壹周刊》等。在整个社会的都市化进程中，城市杂志贡献了都市文化的一极，形成了新的批评尺度。这个意义的建构过程是与整个社会的大的文化变迁一起前行的。

非专业纸媒对中国“城市”与“建筑”核心命题的报道，形成了独特的叙述与演绎方式，并以此成为构建大众对建筑认知的基础，形成互为因果的两极：一方面，非专业纸媒“精英媒体”的定位、“影响力阶层”的受众锁定、话题的崭新解读方式等特征赋予建筑批评以独特的叙述与演绎方式，提供了对建筑与城市话题关注的崭新视角与全新语境，成为构建“影响力阶层”对建筑理解和批评的基础。另一方面，建筑批评也成为影响力人群的文化标识，直接参与非专业纸媒对新时代、新传媒与新阶层的传媒构建体系中，从而改写着自身的大众传播图景。在此过程中，建筑批评的焦点从专业的纯学理式的、审美取向显著的方面，转移到与时代宏观语境和社会焦点紧密相连的方面，发展出在关注视角、内容、立场、叙述策略等诸多方面都指向建筑公共属性维度的“大话语”。

1998 年之前的当代建筑批评在纸媒的影响下实现了场域的形成及从内到外的拓展，也在逐步推进中收获了专业的核心人群与领地，并获得了非专业领域形成的与专业群体对话、抗衡的力量，延伸出建筑批评的社会尺寸，使其拥有向大众言说中心运动的动力。这种成长历程与方式，都使中国当代建筑批评展现出与纸媒紧密相关的特质及偏向。

建筑批评核心区域的强化与偏移

纸媒塑造与划定出的当代建筑批评场域中，学术与精英群体成为无可争议的建筑批评话语权主宰者；纸媒以文字维系了建筑批评的话题区间与讨论立场，并在大众与精英之间竖起一道难以逾越的屏障。由此，当代建筑批评的核心区域得以强化。

对于建筑批评而言，专业传媒的社会阶层分布是较为稳定的。专业期刊从 20 世纪 80 年代起就致力于维持建筑的学科性与建筑师职业的独立性。其策略就是与学院产生密切的关联，以专业权威学者与著名建筑师为中心，建立批评的学术场域。当代中国建筑期刊无论是国内主创还是外刊绝大部分都驻扎在学院里，并依托学者的力量形成批评资源。80 年代中以建筑批评为工具进行的专业理论与话题的重建，以及 90 年代建筑批评为了保持自身学术性特征形成的“理论化倾向”，都是这种企图的具体体现。其中“派系关系”的存在更是让建筑批评在专业领域的“内卷化”趋势雪上加霜。在中国，

表 1. 国内主要建筑期刊对“建筑师”的报道角度

报导方式	主题内容	刊名	年	月 / 期	总期数
以建筑师专刊组织	崔愷	世界建筑	2013	10	280
	李晓东	世界建筑	2014	09	291
	庄惟敏	世界建筑	2015	10	304
	何静堂：建筑人生	UED	2013	10	76
	李兴钢（2004–2013）	UED			79
	章明 & 张姿：关系的散文	UED	2015	04	89
以建筑类型组织	20 位建筑师和他们的 37 个美术馆 / 博物馆：陈开宇，崔愷，朱锫，王辉，马岩松，崔彤，刘珩，彭乐乐，刘明骏，车飞，包泡	UED	2009	12	39
	艺术博物馆建筑讨论：李晓东，大呋工作室，库哈斯	DOMUS	2012	04	63
	当代中国实验性建筑	时代建筑	2000	2	55
	实验与先锋	时代建筑	2003	5	73
以设计机构组织	北京院里的年轻人：李亦农，王戈，刘淼等	UED	2010	12	49
	"在中间"——中国院的年轻人	UED	2013	10	76
	建筑工作室：标准营造，何静堂工作室，杨瑛工作室，原创设计工作室，ADA 研究中心现代建筑研究所，源计划建筑师事务所，上海日清建筑设计有限公司	世界建筑	2015	04	298
以年度总结组织	我们这十年（1999–2009）：马达思班，都市实践，家琨事务所，维思平	UED	2010	02,03	41
	建筑师的 2012：崔愷，何镜堂，程泰宁，庄惟敏，胡越，李兴钢，大舍，王昀，庄慎，祁斌，章明，朱竞翔，谢英俊，刘珩，俞挺，祝晓峰，汤桦，马达思班等	UED	2013	03,04	70
	马达思班、都市实践、家琨设计工作室十周年纪念专辑	建筑师	2010	06	148
	变化的城市，我的 2008：李兴钢，曹晓昕，袁烽，李凯生，冯果川等	城市建筑	2008	12	
	与中国同行，我的 2009：魏皓严，朱亦民等	城市建筑	2009	12	
	与中国同行，我的 2010：冯果川，卢向东等	城市建筑	2010	12	
	我的 2012：俞挺，凌克戈	城市建筑	2012	12	
以地域组织	香港：大都会建筑师	UED	2013	08	74
	西安，本期专题内容包括西安建筑科技大学裴钊对西安世界园艺博览会概况的介绍，西安建筑科技大学建筑学院院长刘克成对西安城市发展的剖析，以及西安美院茹雷对张锦秋、刘克成、马清运 3 位建筑师的比较。	DOMUS	2011	07	55
	三角四方 / 香港、深圳、广州、澳门	DOMUS	2011	08	56
以“建筑师群体”分	中国设计身份专题，先锋思考：戴春，朱涛，周燕珉，周榕，石大宇，张雷，胡如珊，马岩松，MVRDV，中国山水：与 / 或 / 非未来城市，“高楼驱逐平房”的应对方案	DOMUS	2013	07	77
	清华建筑学人（1978–）	世界建筑	2014	04	286
	中国建筑师的境外实践	世界建筑	2015	01	295
	东南建筑学人（1977–）	世界建筑	2015	05	299
	寻找青年建筑师	UED	2014	07	84
	青年中国：徐千里，李麟学，董莳；金育华；练秀红，凌克戈等	城市建筑	2007	12	
	浙江青年建筑师	华中建筑	2005	02	
	中国年轻一代的建筑实践	时代建筑	2005	6	86
	观念与实践：中国年轻建筑师的设计探索	时代建筑	2011	2	118
	海归建筑师在当代中国的实践	时代建筑	2004	4	78
	中国建筑师在境外的当代实践	时代建筑	2010	1	111
	为中国而设计：境外建筑师的实践	时代建筑	2005	1	81
	承上启下：50 年代生中国建筑师	时代建筑	2012	4	126
	边走边唱：60 年代生中国建筑师	时代建筑	2013	1	129
	海阔天空：70 年代生中国建筑师	时代建筑	2013	4	132
	建筑“新三届”	时代建筑	2015	1	141

建筑媒介随同为其提供支持的学术与设计机构一道，形成了北京、天津、上海、珠三角、沈阳、武汉等诸多派系中心。各专业媒介之间是竞争与合作的关系。在大多数情况下，正式公布的、靠近信息源的、派系内积极分子总是会较派系其他成员或边缘分子更多地获知资源的分配信息，从而再次确立其在传播活动中的优势。在长期的博弈中，在专业媒介集团中获得了惯例式的利益分配制度：上海资源看《时代建筑》（图 4），京津地区以《世界建筑》《建筑创作》、*UED* 等为主，官方资源以《建筑学报》《建筑师》为首。整体看来，这种利益集团内部的和平共享与妥协，加速了建筑批评活力的消退与“小圈子”的属性形成 [7]。目前，建筑专业媒介基本以高校、设计院、官方为主体，纯商业运作的占少数。这些媒介机构连接的社会资源，也基本以“建筑行业、建筑产业内部”为中心。以《时代建筑》为例，从笔者对与《时代建筑》关联最密切的作者群分布的研究来看，《时代建筑》与科研院校的交流和合作最为密切，且同济大学本身的作者的比重占到了 61.76%；在占有很大比重的设计机构中，上海本地的设计机构高达 92.11%，可见其“小圈子”特征明显。并在全国范围内形成以北京、天津、长三角、珠三角等明显的地域聚集。可见《时代建筑》这一专业媒介机构的“强连带”特征非常明显。同样的情况也相似地发生在大多数中国现有的专业期刊机构运作中。专业媒介的“强连带”使得建筑批评的传播呈现出诸多的固化与重复。

纸媒的等级性与机构化特征，同样造成了媒体对核心话题报道的圈定与强化。以对“建筑师”这一特定的主题报道为例，笔者对 *UED*，*Domus*，以及《世界建筑》《时代建筑》《建筑师》《城市建筑》《华中建筑》这些国内以介绍“建筑师”为特色的专业期刊的报道统计（2000 年至今），可以看到对“建筑师”的评论角度基本被固化为“建筑师专刊”“建筑类型”“设计机构”“年度总结”“地域”“建筑师群体”等有限的几种方式，重叠度极高（表 1）。

同样是对以上期刊的报道统计，笔者惊讶地发现，专业期刊对建筑师报道的核心关注，也出现了严重的重叠。其核心建筑师集中到了：马达斯班、都市实践、家琨事务所、大舍、张永和、崔愷、何静堂、程泰宁、冯纪忠、王澍、马岩松、王辉、庄慎、俞挺、张雷、李麟学、李兴刚、童明等建筑师及建筑事务所的身上。直到近些年的《世界建筑》贡献了“清华建筑学人”“东南建筑学人”等专辑、《时代建筑》以 20 世纪 50、60、70 年代建筑师、建筑“新三届”等分代形式对当代中国建筑师群体进行划分，才将这一核心圈层有限扩大。然而对于拥有世界上建筑师从业人数最多的中国来讲，这样的核心圈还是相当有限。

专业期刊为中国建筑与建筑批评画出了一个核心区域，然而，无论是机构还是建筑师，这种报道的圈层属性已经远远无法涵盖当代中国的专业现状，这亦是由于纸媒的时间属性所引发。专业媒介组织之间的“强连带”交往，以及以“学术圈”为核心的组织外拓形式，使得建筑批评在专业纸媒中的传播体现出更多的“内向强化”[8-11]。

相比之下，非专业传媒的媒介机构社会网络，要宽泛、多样得多，并着重关注和体现时代及社会发展特征的热点、标志事件或现象，担负着“时代尖塔上的瞭望者”的作用。因此能及时反映时代与社会双重特质的领域往往成为非专业纸媒的首选。这也决定了 20 世纪 90 年代前期的“建筑保护”与 90 年代后期，特别是 2000 年以后，“城市化”这两个重要主题的出现，使得建筑批评得以在非专业纸媒的推助下，逐步向大众言说中心挺进。建筑批评也由此得以从专业话语中释出，借助一种体系的力量，建立一种社会话语和精神，并对接了最具舆论主导力量的社会精英受众群体，提供了对话的平台，搭建了一定意义的公共空间，将建筑批评引领至新的天地[12]。

建筑批评场域的精英话语特征

纸媒长时间地占据建筑批评的主要传播路径，提供了建筑批评一条狭窄、稳定又等级森严的通道，确立了以“专业人士”“公知分子”等精英群体为主的主体结构。这使得建筑批评的发展带有明显的精英立场：“在对人类最重要的诸多事情中，重中之重是支配那些有意志的人的意志。”这种精英阶层的固有支配与组织关系是根深蒂固的，改变它的只能是外部的社会与文化力量，或强大的媒介技术革新。所以从建筑批评的发展来看，网络媒介出现之前，只有当社会或文化发生大的背景式改变，如 20 世纪 80 年代国家政治环境的大变化、1992 年市场化初潮的来袭等，或是其阶层内部的自我转化，如 80 年代知识分子群体重新获得自身地位带来专业批评的兴旺、90 年代“公知分子”群体的大众参与造成了建筑批评中社会立场的切入等，传媒的作用力才会改变。当社会或文化的视角触及到建筑时，如 2000 年后奥运时代的来临及中国城市化进程的举世瞩目等，纸媒才会对建筑批评有所回应。另一方面，这也是由建筑在大众传播内容中的边缘定位决定的，只有当建筑成为社会的主要事件进入大众视野，才遇上了媒体的关注，补足了之前的空白[13]。

然而在时间偏向的纸媒垄断的传播通道中，建筑批评还是以理性、精英的姿态，牢固地捍卫着建筑批评作为一种拥有独立边界的文化经验的属性，就连专业人群内部，建筑批评的传播权力也集中在专业媒介及和其密切相关的核心圈层当中，建筑批评的社会属性则被很大程度地掩盖了。综合来看，在专业领域“建筑”始终作为核心话语存在，建筑的社会存在状态及大众关注仅作为比较边缘的话题存在，而更多的建筑批评参与建筑创作、学科构建等专业讨论中来。中国当代建筑专业批评从伊始就不自觉地希望能找到某种框架实现对现实的指导。这种企图，从 20 世纪 80 年代“批评代替理论”的特征开始就在被建筑学人进行不断的尝试、改良、实验、重构，甚至在近代的《建筑月刊》等专业传媒中也能看到。这使得专业纸媒中的建筑批评需要以维护、捍卫、改变建筑批评话语、命题等方式进行构建，主动地剥离其作为非核心范围的社会、文化性质的内容。将建筑从其赖以生存的、被使用、被感知的日常与社会中脱离，并发展出一套自成体系的言说模式。说到底，这是一种专业“小话题”式的批评视角。在维系专业性的同时，也忽略了建筑的“在世性”，极大减弱了建筑批评被社会公众参与和广泛传播的可能，造成批评内核的干瘪。反过来，这也加速着建筑批评的失语，使专业人士面临与甲方和公众沟通不畅的尴尬困境[14]。

与此同时，虽然非专业纸媒领域中，建筑批评的社会属性被加倍放大，表现得更丰富、更综合，与更为广阔的社会命题相联系，且与传媒、社会、建筑的关系更为紧密，在很大程度上将“建筑批评”置于更真实合理的社会环境与传播语境中，是建筑、传媒、时代诉求等多种力量综合博弈的结果。然而依然明显地体现了主流媒体作为绝对强势话语权拥有者的特征[15]。

其上建筑批评的影响力，与对专业人士及话题的选择，完全与其媒体自身的社会影响力休戚相关。

纸媒贡献的媒体人群体

相比于新媒体时代，传统纸媒的最大传播特质在于其信息控制是通过各个层级的“把关人”来完成的。纸媒为中国当代建筑批评贡献的“把关人”群体，是其重要的批评主体，也决定着批评议题的倾向与呈现。

在当代建筑批评的推进历史中，建筑专业学术组织、学会、院校、普通建筑从业者都经由媒体成为紧密联系的整体。由此成长起来的建筑媒体人，如曾昭奋先生、髙介华先生、罗小未先生等第一代专业媒体人，到今天的各大建筑期刊的主编，在无论是积极推进建筑学科的重建，还是鼓励建筑创作环境的回暖，或是建筑师群体的重塑中都付出不懈的努力，担负着重任。这批人的工作与建筑行业核心人物、核心话题紧密联系，共同成长、彼此相交，既是当代建筑最忠实的记录者，又是不遗余力推动建筑向前的参与者。同时他们更是处于建筑批评的“专业理性”与“大众言说”的交叠处的人群，往往自身就是重要的建筑批评者，赋予建筑批评的新视角，对建筑批评的开展与传播有不可磨灭的贡献[16-18]。

相比于专业媒体人的一致性，大众职业媒体人的两面性特质则为建筑批评的传播提供了不同的尺度[19]。作为大众中的精英又是精英中的大众，20 世纪 90 年代以来职业媒体人群体在建筑批评传播中的重要性不断显现出来。王军、曾一智、赵磊等一批媒体人的努力，将建筑批评的大众言说推到一个新的高度。这不仅依赖于他们所坚守的主流传媒的舆论影响力、广阔的受众层面、生动的言说技巧，更依赖于其身上固有的强烈的“知识分子”的使命感与道德感。他们的建筑批评掷地有声、身体力行，充满了知识分子的责任感与社会担当。这是同时期的专业批评所无法比拟的。他们既可以担负起社会精英与社会大众之间的桥梁作用，又可以强化二者之间的壁垒。由媒体人执掌的建筑批评，在非专业传媒平台上，借助传媒的广泛性、时效性迅速传播与其丰富的社会“弱连带”资源，抢夺建筑批评的话语权，并将其引领到更多更广阔的言说空间中。对于大众的认知，甚至是专业从业者的认知而言，媒体人这一批评主体类型，虽然隐藏于传媒内容之后，却成为不可忽视的意见领袖，是影响大众话语表达的重要力量[20][21]。

然而媒体人对于批评话题的倾向也因为其职业特征，凸显出一种自相矛盾的逻辑，一方面媒体人作为传媒机构的重要组成，必须考量市场与受众的话题趣味。这使得职业媒体人笔下的建筑批评往往与社会最具新闻性、争议的领域或是最有经济号召力的议题设置相结合，呈现出强烈的兴趣导向。比如新闻周刊类传媒对“城市化”这一矛盾聚集领域的集体关注，成为其报道与讨论建筑的最主要议题。另一方面，媒体人所属的社会知识群体与其奉行的专业意识，使新闻从业者与其他职业一样，发育出一种“公众服务”的伦理准则，具有某种“责任自觉”，从而倾向于“理性”与“中立”的立场：如《新周刊》曾直言自己应担当着“城市守望者”的角色[6]。媒体人的这种“责任自觉”树立起建筑批评的批判理性，也往往能真实对接专业批评的关注与困顿，是建筑批评传播中的希望所在。传媒人的这种二重性，决定了其批评议题的倾向往往呈现出摇摆不定的属性，当对市场的“迎合”与“责任的自觉”相一致时，传媒人的批评就会产生极大的话语效应，甚至带来比专业批评更深刻的批判性立场。当市场的“迎合”与“责任自觉”形成本质矛盾的时候，媒体人的建筑批评，会成为反击批评理性的利器，甚至陷入“说一套做一套”的困境[22-25]。

结语

纸质媒体为中国当代建筑批评的场域生成、核心范围划定、主体圈层参与、批评习惯养成均起到了重要的作用。虽然随着新媒体时代的到来，建筑批评场域空间被迅速成数量级放大，场域结构在新力量的挑战下开始动荡重组，更多的批评主体进入建筑批评场域，出现了新的位置与新的“行动者”（agent），场域内部位置、批评习惯等都发生了革命性的变化。然而，传统纸媒造就的建筑批评主要阵地，及其不断巩固的建筑批评体系仍是无法消除与代替的重要方面，这是我们必须正视的现实。

注释

① 查尔斯·霍顿·库利（Charles Horton Cooley 1864.08.17 — 1929.05.07），美国社会学家和社会心 理学家，美国传播学研究的先驱。

② “大众传媒”的具体指代是随着媒介形式的变化而被不断填充着的一个概念。以前，我们将大众传媒分为纸质媒体，如书籍、报纸、期刊等；电子媒介，如电影、广播和电视等；如今以网络和数字技术为核心的网络媒体及新媒体也被囊括其中。在《2013 年中国传媒发展报告》中，崔保国教授称：“我们认为，今天的传媒产业主要由三大板块构成：传统媒体、网络媒体与移动媒体。这三大板块就像传媒的三原色，它们相互交叉融合、演变出无数的新媒体形态，并最终形成新的媒体行业。”本文对“大众传媒”的定义与分类也是在上述崔保国教授的分类的基础上加以确认的。并为了研究与论述方便，以“建筑”为基准，将“大众传媒”区分为“专业传媒”与“非专业传媒”。其中专业传媒包括专业期刊，如《建筑师》《时代建筑》等；建筑行业报纸，如《中国建筑报》《建筑时报》等；建筑书籍、建筑类门户网站等。

参考文献

[1] 哈罗德·英尼斯 . 传播的偏向 . 何道宽，译 . 北京：中国人民大学出版社，2003.

[2] 伊莱修·卡茨 (Elihu Katz), 约翰·杜伦·彼得斯 (John Durham Peters), 泰玛·利比斯 (Tamar Liebes), 艾薇儿· 奥尔洛夫（Avril Orloff）. 媒介研究经典文本解读 . 常江，译 . 北京：北京大学出版社，2011.

[3] 中国建筑年鉴编委会 . 中国建筑年鉴 (1984–1985). 北京：中国建筑工业出版社，1986.

[4] 贝聿铭 . 论建筑的过去与未来 . 世界建筑，1985(5): 71–73+ 87.

[5] 何新 . “凝固的音乐”——读《中国古代建筑史》 断想 . 读书，1982(11).

[6] 闫肖锋 .《新周刊》的城市观 . http://qnjz.dzwww. com/cmga/200806/t20080624_3741243.htm.

[7] 支文军 . 时代建筑 VS. 建筑时代：《时代建筑》杂志与当代中国建筑的互动发展 . 中国科技期刊 新挑战：第九届中国科技期刊发展论坛论文集，2013: 4.

[8] 支文军，李凌燕 . 大转型时代的中国城市与建筑 . 时代建筑，2012(2): 8–10.

[9] 支文军，董艺，李书音 . 全球化视野中的上海当 代建筑图景 . 建筑学报，2006(6): 72–75.

[10] 支文军，吴小康 . 中国建筑杂志的当代图景（2000–2010）. 城市建筑，2010(12): 18–22.

[11] 李凌燕，支文军 . 新闻周刊的“建筑”叙述：一种跨学科的分析 . 现代传播（中国传媒大学学报），2015(9): 55–58.

[12] 李凌燕，支文军 . 大众传媒中的中国当代建筑批评传播图景（1980 年至今）. 时代建筑，2014(6): 40–43.

[13] 支文军 . 大事件与城市建筑 . 时代建筑，2008(4): 1.

[14] 吴矣 . 中国当代建筑评论研究中建筑事件方法的引进探索（天津大学硕士论文），2012.

[15] 张轶伟 . 中国当代实验性建筑现象研究：十年的建筑历程（深圳大学硕士论文），2012.

[16] 金磊 . 推进我国建筑评论需要《建筑评论》平台 . 中国建设报，2012-11-07.

[17] 顾孟潮 . 建筑评论与建筑评选 . 中华建筑报，2001-07-12.

[18] 宋建华 . 建筑评论深层观 . 建筑史论文集，2000(02): 168–175+231.

[19] 甄化 . 建筑评论 : 应该专家与大众共举 . 建筑时报，2005-05-02.

[20] 刘心武 . 建筑评论 : 我的新乐趣 . 辽宁日报，2001-12-04.

[21] 朱涛 . 近期西方“批评”之争于当代中国建筑状况——“批评的演化：中国与西方的交流”引发的思考 . 时代建筑，2006(5): 71–77.

[22] 黄旦 . 80 年代以来我国大众传媒的基本走向 . 杭州大学学报，1995(9): 121–124.

[23] 喻国明 . 中国传媒业 30 年 : 发展逻辑与现实走向 . 改革开放与理论创新 : 第二届北京中青年社科理论人才“百人工程”学者论坛文集，2008.

[24] 杨晓茹 . 传播学视域中的微博研究 . 当代传播，2010(2): 73–74.

[25] 韦路，丁方舟 . 论新媒体时代的传播研究转型 . 浙江大学学报（人文社会科学版），2013(4): 93–103.

图表来源

作者自绘

原文版权信息

李凌燕，支文军 . 纸质媒体影响下的当代中国建筑批评场域分析 . 世界建筑，2016(01): 45-50.

[国家自然科学基金资助项目：51278342]

[李凌燕：同济大学艺术与传媒学院 艺术与传播研究中心主任助理，同济大学博士]

8

构建一种批评性的文化：《时代建筑》与中国当代建筑的互动

Cultivating a Critical Culture: The Interplay of *Time + Architecture* and Contemporary Chinese Architecture

摘要　长期以来期刊作为优质学术资源整合平台，逐步开辟了建筑批评的新阵地。本文通过对《时代建筑》创刊历史及其内容改革的梳理，在阐明《时代建筑》杂志对中国建筑批评的促进作用的同时，进一步探讨了建筑杂志介入理论思辨与实践的具体方式。

关键字　时代建筑 建筑批评　建筑评论

大约 200 年前，建筑期刊首次在欧洲出现，之后就在传播建筑知识和学问中扮演了重要的角色 [1]。与出版书籍相比较而言，期刊一般以最新的建筑项目为特色，并确立了批评的领域 [2]。根据关注点和读者的不同，西方的建筑期刊可以分为两类：面向学者和研究者的学术期刊，面向实践建筑师的行业杂志。然而近期在中国出版的建筑期刊中，这种差异性变得模糊，学术性和专业性趋于混合。为何中国建筑期刊保持混合的特点？中国建筑杂志文化的状态与挑战是什么？建筑杂志要如何介入理论思辨和重要实践？

作为在后毛泽东时代新创立的杂志中的一员，《时代建筑》通过对批评性建筑和建筑批评的展示，为批评实践打造了一个具有重要意义的平台 [3]。在过去的几十年间，该杂志出版了许多聚焦于独立新兴建筑师（如张永和、王澍、刘家琨等）的作品的特刊。发表于杂志中的理论主题、项目和批评例证了该杂志编辑议程的创新性和探索性。或许与其他任何期刊相比，该杂志对学科和社会政治问题的一同展示更能说明学术出版物在塑造中国建筑的批评文化中的作用。

《时代建筑》的特性受到了建筑学科双重特点（即学术性和专业性）的深远影响，一向致力于扩大其在学术和设计领域的影响力。在世纪之交，该杂志对编辑政策进行了重大改革，改革重点是专题版，即由编辑选择论文和项目来回应特定主题的模式。该次尝试以《时代建筑》为媒介，探讨期刊在建立批判性建筑文化中的作用，并对该杂志的历史、特点以及程序进行了简要检查。该杂志与新兴独立建筑师和评论家的合作，证实了编辑和撰稿人的共同努力，那就是为了对抗建筑主流意识形态而发展出的一种批判性立场。

历史

《时代建筑》的创刊可追溯到 1984 年，当时中国刚刚结束“文化大革命”，整个国家处于社会、政治、经济、文化和意识形态转型的关键时期。该杂志立足于上海同济大学建筑系，处在中国经济改革开放的前沿，一经推出，就引起了大学和系领导的关注（图 1）。

《时代建筑》的出现是一系列内外因作用的结果。首先在 20 世纪 80 年代初期，在该杂志创立之前，就出现了两本名为《建筑文化》的小型出版物。在某种程度上，这被认为是为推出《时代建筑》所做的实验，无论是在编辑操作还是意识形态方面。

由于当时相对宽松的政治环境，20 世纪 80 年代初，

图 1.《时代建筑》创刊号（1984）
图 2. 王澍为上海顶层画廊所做的室内设计，发表于《时代建筑》, 2002(2)

建筑界及其他领域掀起了一波出版热潮，积极响应官方提出的“解放思想”的口号，这是新的后毛泽东时代背景下的一种知识分子的武装号召。除了《时代建筑》，同一时期的建筑杂志还包括北京发行的《建筑师》（1979），清华大学发行的《世界建筑》（1980），广州发行的《南方建筑》（1981），华中科技大学发行的《新建筑》（1983），武汉发行的《华中建筑》（1983），北京发行的《古建园林技术》（1983），以及深圳大学发行的《世界建筑导报》（1985）。

在毛泽东时代（1949—1976），由中国建筑学会于 1954 年创办的《建筑学报》是唯一一个重要的且与建筑相关的学术交流平台，因为当时不被国家官方承认的个人出版物或者建筑理念推广受到了严重的约束甚至打压。20 世纪 80 年代，这些由公共机构或专业团体主办的新杂志，为学者和实践者提供了重要的学术辩论场所，记录了改革时期建筑写作和建造的蓬勃发展。

第二期《时代建筑》出版于 1985 年，由学者、当地建筑师、政府官员以及其他人员组成的编委会在随后一年成立。建筑系的建筑史教授罗小未担任主编，创始编辑王绍周担任副主编①。尽管杂志是在中国后现代主义鼎盛时期出版，编辑们更倾向于呈现实验性作品并保持了明确的亲现代主义立场。第一篇社论声称：“在我国，为了改变建筑中易于程式化的状况，就更要珍视创作中的探索精神。对在创新中倾注心血和受到磨难的作者，就更要予以关心和支持。所以，我们既乐于介绍那些成熟的作品，也乐于介绍那些未臻成熟而有新意的作品。我们固然不主张对成功之作持挑剔态度，更不赞成对探索性的作品摆出冷漠的面孔。繁荣创作，鼓励创新，这是广大建筑工作者的共同心愿，也是广大读者的普遍要求，我们决心按照这样的愿望和要求来办好我们的刊物。”[4] 紧接着，他们还写道：“建筑中的现代主义思潮是大工业生产和新兴工艺技术的产物，是当代先进的生产力在建筑实践和理论领域的反映。它的历史进步性已经在实际生活中得到肯定，并且至今仍在发挥作用。我国的现代化建设，无疑应该汲取其中的精华，以加速我们前进的步伐。”[4]

这份措辞清晰的社论表达了杂志编辑对以前政治干预学术辩论的批评，揭示了他们的学术愿望——建立一个供自由讨论建筑理论与实践的平台。这篇社论也为杂志后来的发展奠定了基调。同一时间，它还明确反映了编辑和赞助人对现代建筑思想的关注，这一立场深受 20 世纪 30 年代的圣约翰大学建筑系起源的影响。在那里，建筑专业的创始人黄作燊推广了先进的现代项目，并将建筑视为解决城市和住房问题的手段②。这一教学理念深深地影响了 20 世纪 40 年代在他指导下学习建筑、之后成为圣约翰大学和同济大学的讲师的罗小未[5]。另一位对同济产生了重要影响的人物是冯纪忠，他在 20 世纪 50 年代至 80 年代初担任同济大学建筑系主任，期间他弘扬进步的现代主义，在设计教学中提倡“空间原理”。

图 3. 张永和 / 非常建筑的西南生物工程产业化中间试验基地的评论，发表于《时代建筑》，2002(5)

图 4. 主题“上海青浦和嘉定地区的组团设计项目”在《时代建筑》中得到探索，2012(1)

始终对探索建筑知识抱有兴趣是《时代建筑》的一个重要特征。20 世纪 90 年代，上海本地学者和国有设计院的设计师发表了大量关于上海建筑作品的文章。在过去的 20 年间，该杂志格外关注独立建筑师和评论家的作品，致力于促进国内读者与国际建筑师、学者之间的思想交流。

具有重大意义的是，在世纪之交的时候《时代建筑》开始出版主题型专刊。这一基于主题的编辑政策重新定义了期刊的特性，即从接受投稿的“报道者”转变为选择性约稿的“生产者”。这也使得《时代建筑》在中国建筑出版界塑造了自身独特的编辑特征。编辑们可以选择具体的主题、委托潜在的作者来撰写文章，并选择报告相关的项目。这种模式对编辑的选择标准提出了更高要求，他们的观点以及对作者和项目的选择对杂志的品质和声誉有很大影响。

时代建筑的双重特性

起初，《时代建筑》由大学主办，其内容由学者编辑，所以它曾经是一个纯粹的学术出版物，并且像 20 世纪 80 年代的其他出版物一样，在经济上依赖国家资助，身为学院教工的编辑们的工资也由国家支付。因此他们的担忧主要集中在学术辩论，而不是经济收入或是物质奖励。到 20 世纪 80 年代，即使两家地方国有设计院与同济大学建筑系一起成为主办单位，该杂志仍保持了其学术的定位。然而到 2000 年，该期刊在社会主义市场经济的背景下开始采取了更加市场化的策略，其原有的纯学术形象自那之后转变成了更为复杂的学术与行业并重。

最开始编辑的主要责任是引导杂志的学术方向，与专业设计公司保持密切关系使杂志获得了有关建筑项目的最新消息和一些不可或缺的资金。这在 80 年代末和 90 年代初至关重要，当时的中国缺乏独立建筑师和私人设计公司，而在国有设计院工作的建筑师是该领域唯一的从业人员。2006 年，杂志成立了理事会，吸收了专业设计公司、地产商、材料商和施工公司等力量的加入，加强了杂志的学术和行业的双重特征[③]。在罗小未的领导下，编辑委员会负责每一期杂志的主题方向和特定内容，而理事会成员有义务提供资金支持和信息资源。这种管理模式的特殊之处就在于它一方面保证了编辑的“独立”立场，另一方面附加信息可以通过广告或相关内容等形式呈现在杂志页面上。

《时代建筑》的双重特征区别于西方纯粹的学术期刊和行业杂志。它对学术话题的关注表明了编辑们促进理论思辨的文化雄心，而对行业问题的关注意味着他们力图避免在出版市场上疏远读者。中国建筑杂志文化的现状可以帮助我们更好地认识到这种双重特征。

相比之下，虽然当今中国的建筑杂志大部分由大学创办，但还没有一本严格意义的建筑学术杂志。究其原因，一方面是中国建筑杂志的办刊主体大都是国有大单位，都想刻意求全、面面俱到；另一方面，中国整体的建筑学术资源和建树还不足以支撑一本纯粹的学术理论杂志。所以中国建筑杂志的性质定位要么不是那么清晰，要么有意跨界，事实上大多数都处在学术性和专业性的中间地带，其明显的优势是较紧密地把学界和业界联系在一起，后果是模糊了二者的差异性[6]。

《时代建筑》这种中间立场是由建筑学科的双重性、该杂志与学术机构和专业设计公司的复杂关系以及当代中国文化生产的普遍状况共同决定的。广义上说，在建筑实践主要由直接利润驱动的不稳定情况下，纯粹的学术出版物将受到学术成果不足和资金有限的限制，因此它的受众也限于学术界的小部分人。

仅靠销售印刷品很难维持《时代建筑》的发展壮大，为了在当前的出版市场中生存下来，它还作为一个建筑传媒平台发挥作用，利用其积累的资源（人际网、可接近的项目）来组织设计竞赛、展览、建筑学习考察以及编辑和出版著作。这些商业活动确实增加了该杂志的专业影响力和经济收入，但同时也给编辑们带来了挑战，因为这需要他们不断地扩大学术视野并保持对现状的批判立场。平衡学术焦点和职业考量之间的矛盾成了一个两难问题。

《时代建筑》的全部作品可被视为对中国建筑文化变迁的持久记录和反思。每一期的内容划分保持不变，有些栏目偶尔会被增加或删除，但一直保持不变的内容包括：主题思辨、设计作品、评论、历史与理论，以及不定期出现的访谈、书评、展览、年度活动、年轻建筑师推介、公告以及网上热点评论等。最后一部分是展示信息多样化的时机，包括从政治到文化，从学术到专业，从机构到个人等各个方面。不管怎样，该杂志致力于涵盖学术和专业问题，这有助于缩小实践和理论之间的鸿沟，弥合学术界与行业之间的差距。这一努力在该杂志参与理性思辨、批判项目和建筑批评中得到了体现。

主题思辨

第一类“主题思辨”是《时代建筑》最重要的内容之一，因为该杂志主要的编辑不是实践建筑师，而是从事建筑历史、理论和批评的学者。在杂志创刊的头 10 年，这一大类的文章都倾向于从分析而不是描述的角度来讨论建筑。虽然每期没有一个特定的主题，但是这些文章从某种程度上也是按照相似的问题来编辑和分类的。到目前已经探讨了 100 多个与建筑和城市相关的特定主题。尽管编辑们会向委托作者提供反馈意见，但杂志上发表的理论文章大都没有经过同行评议。很难对这些主题进行全面的分类，不过这本杂志其中一个最为重要且反复出现的主题就是当代中国的实验建筑。

在过去的 20 年间，在后毛泽东时代受过教育的新一代建筑师的出现可被视为中国建筑界的一次转型。为抵制主流建筑商品化所做的一系列独立实践的作品统称为实验建筑，《时代建筑》以一系列主题的形式，始终如一地把它们记录下来并讨论，这些主题分别是：实验建筑、年轻建筑师、构造、新城市空间、群体设计、艺术与展览、教育及其他。虽然实验建筑在 21 世纪得到了广泛热烈的讨论，但《时代建筑》可能是致力于展现这些讨论的最重要的期刊④。该杂志对年轻一代建筑师创新工作的参与可以追溯到 2000 年发表的专辑（图 2）。这期杂志集中讨论了新型建筑师的边缘但具有批判性的创作实践，对于编辑来说，他们的“前卫”精神和创造活力预示了一个新的趋势，他们写道：“虽然在开始阶段，实验性艺术在观念等方面给建筑以启发，但中国实验性建筑终究以其特有的个性，展开它的实践与理论，在诗意的空间表述、丰富的形式语言等处理上有独特表现，展现了一个新的图景。这正是

开合 聚散 驻游

新城建设背景下的上海嘉定司法中心

Opening and Enclosure, Gathering and Dispersal, Sojourn and Wandering

Jiading Centre of Justice in context of New Town Construction in Shanghai

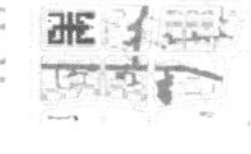

5

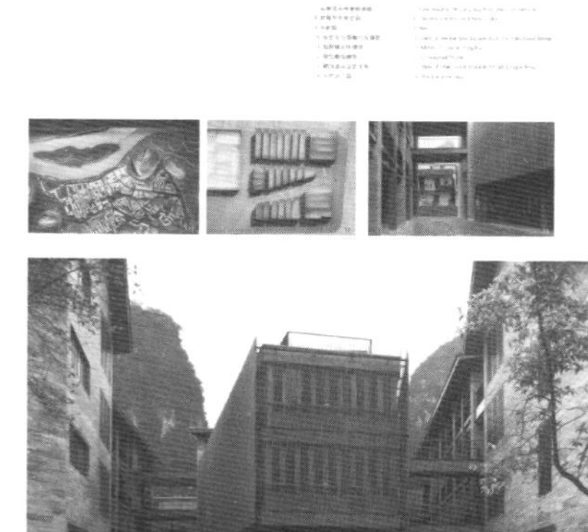

6

图 5. 建筑工作室的上海嘉定司法中心，发表于《时代建筑》, 2012(1)

图 6. 标准营造设计的阳朔街坊，发表于《时代建筑》, 2005(6)

我们倡导百家争鸣的目标，以达到有不同的思想声音的交流。同时我们力求客观真实地介绍作品，以第三者的眼光来评判建筑作品。”[7]

在这一期专辑中，张永和、王澍、刘家琨、董豫赣等新兴建筑师的工作一并呈现。张永和以他在 1996 年完成的席殊书屋的小型室内设计为出发点，对“布札”美术传统趋向装饰主义和象征主义提出质疑。他把自行车轮作为一种独特的构造元素用来支撑书架，并以一种创造性的方式重新定义了空间。他对自行车的长期兴趣最早显现于他在波尔州立大学的学生作品中，这一兴趣对他的此次设计产生了影响，另一印象因素则是因为这个空间以前是自行车商店。张永和主张的基本建筑强调了建筑的本体论问题，如构造、物质性和空间，这些都是“布扎”原则中所忽略的部分。特刊对实验建筑的报道既延续了该杂志关注年轻建筑师的传统，也扩展了它与非传统建筑之间的关联。这不仅仅是该期刊的转折点，在某种程度上也是中国建筑的转折点。

那之后，《时代建筑》格外重视年轻一代建筑师的工作。它批判性接受所谓的实验建筑的倾向在其 2002 年的出版物中体现了出来，这一期刊物涉及这些建筑师的理论、材料和教学实践，还包含一个关于新兴建筑师的 135 页的专题，除了 3 篇关于实验建筑的理论文章之外，还有 4 篇评论涉及张永和、王澍和刘家琨的作品（图 3）。事实上，这一期杂志既明确地反映了该杂志对新兴人物作品发表的批判立场，也反映了在城市化进程中实验建筑的蓬勃发展（图 3，图 4）。

另一个在该杂志上反复出现的辩论主题是集群设计，这表明了该杂志对新兴建筑师共同实践的投入。广东东莞的松山湖新城和上海嘉定新城的集群设计项目证明了地方当局（赞助者）、建筑师、杂志编辑和撰稿人之间的联合互动。实验建筑是建筑师个体自发的探索，而集群设计是经过精心安排的，为新兴建筑师提供了参与创作和协作的机会。正如建筑师刘宇扬所说，这些实践的特点是在公共领域中进行嵌入，从而给了建筑作品区别于主流商业化的城市扩张的另一种模式[8]。为弥补公共性缺失所做的努力，在由原作建筑工作室设计的嘉定司法中心上体现出来。该项目进行了类型学的探索，把机构总部的官僚主义外表转变成了城市地标（图5）。这样，建筑师将不同的项目（公安局、检察院和人民法院）整合成了一个外观统一的复合体。该项目建造的庭院、广场和景观与环境相呼应，而不是简单地用墙或者栅栏把场地围起来。

项目和建筑师

《时代建筑》的另一重要栏目是对项目和建筑师的关注，这体现了其对展示中国批判性建筑的长期一贯的承诺。有人可能会说这反映了编辑们最初的志向，即发表建筑的创新和探索实践。这一栏目可被定义为一个窗口，通过它可以展示中国建筑领域的最新发展。它的主要编辑要求是：发表的作品必须是建于中国的建筑，且展现出一定程度的创新及品质。多数情况下，编辑们都会先访问这些项目，然后再最终决定这些项目是否会出现在杂志中。正是这种对作品的批判性选择，在促进当代中国建筑和增强该杂志在批判性出版领域的声誉中扮演了重要的角色。事实证明，在市场导向的氛围中，保持对那些具有一定程度批评性作品的持续关注是一件极具挑战和困难的任务。

虽然该杂志由不少国有设计机构赞助，但其对新兴设计力量和独立建筑师的投入使得其实验性质既突出又明确。出版私人工作室和公司的作品代表了建筑实践中具有活力的新趋势。

值得注意的是，在这些从业者中，许多海外回归者（海归）把他们的私人设计公司从国外转入国内。由于大部分年轻建筑师具有国际教育背景和工作经验，他们的设计、写作和教学活动逐渐增加了国内建筑实践的思想深度。例如，在 2003 年的特刊中，《时代建筑》的兼职编辑卜冰介绍了一个新兴设计公司——标准营造。该公司在 1999 年成立于纽约，2001 年在北京东便门明城墙遗址公园竞赛中获得头奖，之后将工作重心转移到中国大陆。其中一名合伙人张珂先后毕业于清华大学和美国哈佛大学，他试图在设计中采用一种无风格的方法。他解释说：“我们代表了中国即将出现或正在出现的一种现象，我们是一个群体，而不是某一两个人。我们的作品只代表建筑本身而不反应一种风格、或是一种社会身份及其他。中性的建筑，因此是标准建筑”[9]。

这种中立的态度似乎并不暗示具体的建筑形式。标准营造的东便门明城墙公园竞赛提案通过保持城墙的原貌，以及增加一些无障碍设施，将拥挤和被遗弃的城市碎片空间改造为公共场所。这种都市干预策略清晰地展示了建筑师处理历史文物保护和建筑创新之间矛盾的敏感性。到目前为止，他们最有意思的作品包括北京大栅栏的胡同更新，广西桂林阳朔的商业街坊，四川成都青城山茶馆以及一系列建在西藏的建筑，所有这些项目都发表在《时代建筑》上。这些项目表现出建筑师在特定历史背景下对传统建筑文化的重新诠释和革新。更具体地说，它们综合了抽象的形式语言、地方材料、适宜的施工技术和混合结构形式，具有一定程度上的连续性等特征（图 6）。

该杂志持续出版标准营造的工作，反映了其对强调微妙的正式实验、社会参与和智力干预的非传统建筑实践的承诺。这种出版的趋势在王澍和陆文宇的项目中也体现了出来。该杂志对杭州中国美院象山校区的深入讨论展现了其对建筑作品现状的批判态度——该建筑师对建构和材料的关注，是对视觉效果的主导地位和对传统建筑智能的忽视的反抗（图 7）。

建筑评论

另一要强调的特点是，《时代建筑》致力于出版由建筑师、学者和独立作者撰写的建筑评论。这一栏目代表了该杂志在经常抑制评论的社会政治环境中，为推动建筑评论发展所做出的持续贡献。中国建筑群体中职业评论家的缺失引起了特别的现象，即学者和实践建筑师经常承担起建筑批评的责任。

《时代建筑》对建筑评论的承诺很大程度与其编辑的背景有关。身为历史学家和评论家，罗小未曾经编辑了一本关于外国近现代建筑史的国家级教科书。同样，她的学生和继承者支文军也写过关于建筑评论的书和文章。在 20 世纪 80 年代末 90 年代初，该杂志组织了数次会议来探讨建筑评论的状况。他们还举办了评论文章的竞赛，并在杂志中出版了一些获奖文章。

或许更为重要的是，编辑们表现出了明确的意图，想要寻找专攻评论写作且富有天赋的作家。例如，在

7

8

图 7. 王澍与陆文宇的杭州中国美院象山校区，发表于《时代建筑》, 2008(3)

图 8 . 朱涛对刘家琨西村大院项目的评论，发表于《时代建筑》, 2016(1)

2002 年关于实验建筑的特刊中，该杂志再版了一篇关于张永和与刘家琨作品的文章。这篇文章是由年轻的建筑师兼评论家朱涛写的，最初是发表在网上的博客文章，文中分析了张永和的西南生物工程产业化中间实验基地（重庆）以及刘家琨的鹿野苑石刻博物馆（成都）中的建构表达。这篇文章对理解 21 世纪初中国建构学话题的复杂性和局限性做出了重要贡献。

纵观《时代建筑》，有意思的是，刘家琨作品收到的评论比其他建筑师要多。虽然刘家琨以写文学作品出名，但他大部分出版的作品都是由他的同行（包括朱涛、彭怒、李翔宁、邓敬、钟文凯、袁峰、梁井宇、殷红和王伟等人）报道的。尽管如此，他个人写作的出版对于理解他的设计思想也至关重要。与刘家琨项目相关的评论的出现，可以被视为编辑、建筑师、评论家和摄影师之间经过深思熟虑的有效合作。这些互动展现了一些值得批判检验的含义。

首先，编辑们对刘家琨的作品很感兴趣，他们认为它保持了当代中国建筑实践的独特品质，将吸引大量的读者。其次，刘家琨展现出了尊重同行的评论的倾向，并一向乐于在公共领域与他的评论家展开智力对话。最后，该杂志对于评论家而不是建筑师本人所写的建筑评论的关注，表明了它倾向于探索物质生产之外的更多文化意义。

朱涛的评论之所以引人注意，在于他把建筑创作融入更广泛的历史网络中的方式。如此，他可以批判地分析、比较和反思这些当下的建筑和既存的历史建筑中的关系。例如，2016 年朱涛在《时代建筑》上发表了一篇分析刘家琨 2015 年的项目——成都西村大院的文章，在这篇文章中，他把处于复杂的社会文化环境下的该项目历史化。他回顾了西方大院原型（或者说是周边街廓）的历史渊源，并认为该项目的性质在一个中性、无名、退为城市背景的民居，和一个跃为前景、欢呼集体价值和城市生活的纪念碑之间摇摆变化 [10]（图 8）。

结论

《时代建筑》为建筑师、学者、官员、公司管理者以及其他人提供了讨论学科、职业、社会和文化问题的机会，从而打造了一个公共领域。作为一个话语平台，该杂志帮助建筑界知识分子进行对话，还促成了对当代中国建筑理解的转变。该杂志自身的发展可被视为对社会、政治、经济和建筑行业氛围不断变化的持续回应。通过与学术机构和商业公司的密切联系，该杂志确立了介于学者和专业人士之间的当代中国建筑出版界的独特立场。

期刊在知识生产、传播和消费的过程中处于关键地位。以往它作为一种商品，满足了学者和专业人士的知识消费需求。现今，社会媒体、博客和线上平台以其即时的新闻报道加快了知识流通和消费的速度，挑战了期刊的职责。为了保持它们的关联，像《时代建筑》这样的建筑期刊需要专注于知识深度，尤其是在策划主题专辑时。正是编辑的干涉主义方向使得撰稿人能够反思建筑话语的可能性和局限性，并将分散的材料转化为精心构思的项目，在这些项目中，理论与实践是相互作用的。

注释

① 20 世纪 80 年代初，罗小未以访问学者的身份来到美国，在哈佛大学和麻省理工学院演讲。她还访问了罗伯特·文丘里、迈克尔·格雷夫斯、彼得·艾森曼等建筑师，以及斯坦福·安德森、肯尼斯·弗兰普顿、约瑟夫·莱克沃特等历史学家。卢永毅．同济外国建筑史教学的路程：访罗小未教授．时代建筑，2004(6): 27–29.

② Mitchell Schwarzer. History and Theory in Architectural Periodical: Assembling Oppositions. Journal of the Society of Architectural Historians, 1993(9): 342.

③ Guanghui Ding. Constructing a Place of Critical Architecture in China: Intermediate Criticality in the Journal Time +Architecture. London: Routledge, 2016.

④ 1998 年，建筑评论家王明贤和史建用“实验建筑”一词来描述年轻独立建筑师们的实践。一年之后，即 1999 年在北京举办的国际建筑师协会（UIA）上，王明贤策划了中国年轻建筑师的实验建筑展。不久之后，实验建筑在报纸、建筑期刊和时尚杂志上得到了广泛的讨论。参见王明贤，史建．九十年代的中国实验建筑．文艺研究，1998(1): 118–137.

参考文献

[1] Frank Jenkins. In Concerning Architecture: Essays on Architectural Writers and Writing Presented to Nikolaus Pevsner (Nineteenth-Century Architectural Periodicals). London: Allen Lane, 1968: 153–60.

[2] 米切尔·施瓦茨．建筑学期刊中的历史与理论：对立的集合．建筑历史学家协会会刊，1999(3): 342.

[3] 丁光辉．建筑批评的一朵浪花：实验性建筑．伦敦：劳特利奇出版社，2016.

[4] 编辑．编者的话．时代建筑，1984(1): 3.

[5] 罗小未，李德华．原圣约翰大学的建筑工程系 (1942–1952). 时代建筑，2004(6): 24–26.

[6] 支文军，吴小康．中国建筑杂志的当代图景（2000–2010）．城市建筑，2010(12): 18–22.

[7] 编辑．编者的话．时代建筑，2000(2): 5.

[8] 刘宇扬．细致的公共性：青浦和嘉定的建筑实践及其公共意义．时代建筑，2012(1): 34–36.

[9] 卜冰．标准营造．时代建筑，2003(3): 46–51.

[10] 朱涛．新集体：论刘家琨的成都西村大院．时代建筑，2016(1): 86–97.

图片来源

时代建筑编辑部提供

原文版权信息

Wenjun Zhi， Guanghui Ding. Cultivating a Critical Culture: The Interplay of Time + Architecture and Contemporary Chinese Architecture// Nasrine Seraji, Sony Devabhaktuni, Xiaoxuan Lu. From Crisis to Crisis：Debates on why architecture criticism matters today. Hongkong: Department of Architecture University of Hong Kong, 2019: 122–137.

[丁光辉：北京建筑大学建筑与城市规划学院 副教授。文章英译中：付润馨， 校对：丁光辉]

二

当代·中国

Contemporary · China

9

对全球化背景下中国当代建筑的认知与思考

Cognition and Consideration of Contemporary Chinese Architecture under the Background of Globalization

摘要　“全球化”一词已成为当今论及任何建筑都离不开的语境，当下的中国建筑界正日益受到国际社会的强烈关注。文章从中国建筑师的自我定位，西方标准与中国话语，横向移植与纵向生长，现代主义建筑的普适性与当下现实，以及自上而下与自下而上等多方面视角，思考和探讨中国当代建筑不被全球化浪潮所淹没，寻找与地方性呼应相结合的可能。并提出中国当代建筑应更立足于当代，更加关注日常生活，只有在国际视野、文化传统、当下现实、个人智慧的框架下寻找自己的答案。

关键词　全球化 中国 当代建筑 西方 标准 话语 地方性

“全球化”一词已成为当今论及任何建筑都离不开的语境，受到越来越多的关注。随着对外开放交流力度不断加大，社会各方各面都在更大程度上受到全球化影响，建筑业作为上层意识形态的产物更是如此。纵观中国当代建筑，由于中国近代一度对外闭塞的历史原因，断章取义地照搬西方当代建筑造型手法，曲解西方建筑概念，或是在不考虑环境、文脉的情况下生搬硬套的情况时有发生。同时随着经济快速发展，生活水平不断提高，探索自身地方特色已成为越来越多建筑师的共识。于是全国范围内，要求现代性中融入本土特征的呼声不断，大胆尝试地域建筑现代化的建筑实践频频出现。

当下的中国建筑界正日益受到国际社会的强烈关注，中国问题的解决方法也是国际学术界学习研究的热点。在西方很多国家建筑事业因为太成熟而缺少活力且有些止步不前的时候，蒸蒸日上的中国市场，机会连带经验教训都会让他们为之振奋。当全球的资本涌向中国市场，如何面对日益开放的市场，不被全球化浪潮所淹没，寻找与地方性呼应的结合，积极探索当代中国新建筑的发展方向是值得我们思考的[1]。

全球化与本土化：中国建筑师的自我定位

全球化既包含打破地域、种族和文化疆界的所谓“国际一体化”的自由化倾向，也标志着不同的国家族群，迈向或受制于单一化国际标准或全球性秩序的趋同化倾向[2]。

文化的全球化及现代化、工业化导致全球环境的趋同。对发展中国家而言，这还意味着西方发达国家的强势文化对弱势文化的控制。正是因为地方文化受到同质化的威胁，地域性才被特别强调。简言之，全球化和地方化是同一过程的两个方面，它们是相互依存的。

面对全球化和中国深厚的民族文化根基，中国建筑师面临着自我定位的复杂境地。一方面，全球化意味着西方主流建筑文化势不可挡的侵入；另一方面，为了走向现代化，我们是否必须抛弃使这个民族得以生存的古老文化传统——这是一个复杂的、充满着矛盾的发展过程，它对不同文化之间的交往提出了一系列新的课题。

理论上讲，本土文化是一种随着社会文明不断发展的文化，但同时也蕴涵着不同时代、受着各个层面的外来影响。所以说全球化不可全然取代本土化，本土化也不可能阻挡住全球化的浪潮。这二者之间始终存在着某种可伸缩和谈判的张力：有时全球化占据主导地位，有时本土化占据主导地位。全球化时代的多样性只能是全球化和本土化相互妥协的产物。今天的中国建筑师在这个全球化大环境下探讨现代主义建筑的本土化，仍然不能脱离环境，而是要以一个全球的、发展的视角来看待本土化问题。

我们需思考如何在全球化和地域性中找到平衡。中国的建筑师时常要提醒自己两方面的问题：一方面是保持清醒的“地域主义”意识；另一方面又必须确立一个广阔的跨文化视界。

西方标准与中国话语

长期以来，以西方建筑话语为主的建筑文化的一统天下使西方建筑文化成为世界建筑的主流，当代盛行的全球化更是一个以西方世界的价值观为主体的“话语”领域。

回望中国现代建筑发展的历程，实际上是无意识地沿着西方现代主义的标准前进。我们对于建筑的理解和评价，也是遵照西方建筑的评价系统。来自西方的目光习惯于使用西方的标准来看待中国的建筑。毋庸置疑的是，我们在诸多方面与西方存在不同，那么在接受和承认中国当代现实的情况下，就应该避免盲目追随西方建筑思潮、全盘接受西方的标准，而应从自身的社会、政治、经济、文化状态出发，作出适宜的解答。

对于中国本土建筑师来说，我们是否拥有自己的话语权呢？中国传统建筑文化怎样才能得到传承？何为当代建筑的中国性？什么是中国建筑的现代性？也许这些问题的答案还要从中国自身的文化传统以及中国当下的现实状况来寻找。

随着中国经济的快速发展，中国吸引着越来越多的目光。在建筑界，“中国制造”成为时髦话题。西方许多展览、建筑杂志和书籍都推出了中国专题。可以料想，随着 2008 年奥运会和 2010 年世界博览会在中国的召开，中国将聚集更多的目光。透过本书这些作品介绍，我们看到中国当代建筑正在经历这场变革。它需要建筑从实际的出发点开始，经历具体而实在的创作过程，形成属于自己、属于当代的判断标准。

横向移植与纵向生长

聚焦当下，中国当代建筑在作品整体的特质上，仍然显现出延续现代主义脉络的传统，其赖以架构而生的平台，是西方现代主义与其背后的价值体系。目前中国正处在后工业全球化大环境里，在整体建筑理论架构和建筑实践上，还只能扮演着分工体系下追随者的角色。因此，当下普遍的“横向移植”现象，即向西方求经的努力，自有其不可避免的时代必要性。但是，“纵向生长”的需求，既与自身文化及社会现实接轨，也在中国当代建筑中不断出现。从中国当代建筑现时的政治经济与社会处境来看，对客体的学习模仿与自体的联系生长，都有其各自强烈的需求必要性，二者可以是多元价值关系里的互补共生[3]。

现代主义建筑的普适性与当下现实

现代主义建筑的出发点和目标是乌托邦理想——以理性主义为基础追求社会学和美学两方面的永恒价值和普遍规律，远离日常生活，指向纯净完满的未来世界。现代主义建筑是按照放之四海而皆准的理性原则进行设计的，追求效率是现代主义建筑的一个特点。它按照技术理性、规则、程序，使用工业材料和工程结构来实施，其功能是为普遍化的理性人服务的，其形式是具有普适性的简单几何形体。因为这种高效且普适的特点，现代主义建筑在世界各地落地生根[2]。

在中国，现代主义建筑也占据着重要地位。现代建筑的普适性解决了很多在快速城市化过程中遇到的问题，提高了建筑设计效率。

然而，从 20 世纪 60 年代开始，现代主义建筑和城市规划所造成的千篇一律的单调环境被视为对城市历史和文化的极大破坏。乌托邦理想的破灭带来了建筑领域的转向。一方面，当代建筑的实践的着眼点已经从未来转向当下，关注历史和传统，特别是日常生活的复杂性和多样性；另一方面，当代建筑转向专业领域的技术和美学追求，他们坚持从建筑自律性的思想出发进行创作，专注于纯粹的、抽象的空间、结构、技术和美学的表达 [2]。

如今的中国建筑师也需要把目光逐渐转向当下，注意每个建筑所处环境的特点，更多地去思考对具体条件的应对策略。值得庆幸的是，中国建筑师开始从英雄主义的宏观视角逐渐转变为一种对于个体项目的有针对性的思考。

自上而下与自下而上

现代主义建筑是按照放之四海而皆准理性原则进行设计的，它按照技术理性、规则、程序，使用工业材料和工程结构来实施，其功能是为普遍化的理性人服务的，其形式是具有普适性的简单几何形体。是这样的建筑排除了地方性、多样性和独特性，是陶醉于自恋的、“自上而下”的设计教条 [4]。

对于中国建筑师来说，如何能在全球化背景下实现建筑的地域特性，从本地域、本土文化中寻找符合自己特色的建筑，是我们在全球化影响下的建筑与文化的切合点，是应对全球化挑战的实用智慧。地域主义作为一种“自下而上”的设计原则，重释了“地方性”在地理、社会、文化上的意义 [4]。中国建筑师只有熟悉本土文化，才能够赢得全球化带来的竞争。

近几年来中国本土建筑师以一种对地域本质追索的态度，以及“自下而上”的思考方式，从面对施工、材料与社会等真实问题发展而得的建筑风格，受到广泛注目与期待。

中国当代建筑的缺失

在过去 20 多年的时间里，中国社会发展速度惊人，现代化已经达到了较高的程度。总体而言，鉴于中国整个社会没有完全摆脱物质匮乏，仍处于工业化和城市化阶段。也由于技术水平、经济实力和美学知识的匮乏，中国当代建筑和城市的发展，主要遵循着消费逻辑，无论物质空间还是审美符号的生产都建立在利润最大化原则基础上，突出表现在对物质数量、规模、尺度和速度的过度追求，成为中国大规模、高速度城市化的最大催化剂。为了追求物质利益的最大化，不同类型、风格的建筑短时间内在中国城市集中并置，各种城市发展理论同时应用，造成了整体建成环境的同质化和碎片化 [2]。

多快好省获取利益的目的和普遍的身份焦虑使中国当代建筑呈现急切的求新求变和追逐时尚潮流的趋向，这又导致建成环境的风格化和流行化，标新立异，不断变化，又不断被模仿和复制 [2]。

此外，中国当代建筑一直无法与自体的文化思想有系统上的连接，明显有过度依赖片段与横向移植西方知识体系的倾向，其作品较多呈现出游离于当下现实条件的状况 [3]。

总而言之，中国当代建筑的发展状况与规律是一致的，只是西方世界在上百年中实现的转变中国要在短短的 20 多年中实现，情况就变得高度浓缩和混杂 [2]。

寻找自己的答案

中国改革开放 30 年，成就前所未有，但仍是世界最大的发展中国家。中国人口多、底子薄、发展很不平衡，在发展中遇到的矛盾和问题，无论是规模还是复杂性，都是世所罕见的。“5·12”四川汶川大地震就尖锐地凸显了这种社会现实矛盾。因而，中外很多学者呼吁，中国大而复杂，要对中国的发展趋势做出客观的评价就不能按照西方的标准，而要深入了解中国的具体国情。

在这样一个国家环境中，中国建筑师同样面临着种种矛盾，中国建筑业也在这重重矛盾中不断探索。首先，建筑学已随着消费社会经济逻辑及其在社会物质与文化生活中的全面渗透，建筑实践与理论呈现出前所未有的综合性与复杂性。今天，比过去任何时候都更为迫切的是，将建筑看作是主导文化的一个部门和意识形态的再现，即“建筑作为文化手段”[5]，我们要结合社会、政治、经济和文化因素来研究建筑。与此同时，建筑又是一种抽象形式系统的自我发展，应对建筑本体要素进行纯粹的、独立的研究[5]。

当下，在建筑界经常提起的“中国当代建筑的出路何在？”“如何呼应中国的传统经验？”等问题中，最常被提及的理论参照就是“地域主义”。实际上，地域主义也不是某种传统建筑的形式，而是长期以来时时处处存在于身边的真实社会情况。适应这种真实社会情况、提出改善的策略就是具有当代地域性的模式。

中国当代建筑应更立足于当代，更加关注日常生活，消费将成为最活跃的生活元素，也是建筑创作的源泉，建筑应该起到真正引导多样化生活方式的作用。中国当代建筑只有在国际视野、文化传统、当下现实、个人智慧的框架下寻找自己的答案。

关于本书的设计作品

整个 20 世纪的大多数时间，中国当代建筑在西方理论界中是处于“缺席”的地位，在西方林林总总关于世界现当代建筑史的著作中，偌大的中国始终隐遁无形[1]。同为西方建筑学追随者的日本和印度都留下了或深或浅的印记。在过去 10 年间，中国各大城市以令人惊异的速度发展着，建筑和城市的天际线，以一种直观的方式为我们呈现了这个时代背景下的中国速度。中国新的财富和西方文化的介入为建筑业创造了一个动态的外部环境。这股猛烈的推动力吸引了全世界的建筑师们，渴望抓住这个独一无二的机会。在此进程中，诞生了一批有时代特征的建筑实践作品，它们对高速发展的时代背景下的建筑城市空间的多元发展做出了各自的解答。

与此同时，西方世界对中国当代建筑发展的兴趣与重视也被激发。随着中国当代建筑的发展，西方学者逐步开始了对中国现当代建筑发展轨迹的学术研究，世界也开始重新发现中国。

本书所选登的 44 个建筑设计作品，不论大小，都是近几年建成的中国最有创造性和影响力的新建筑，它对中国当代新建筑给予了一个鸟瞰型的概览，提供给当代世界关于新世纪中国新的建筑实践更为“真实”的全面展示。这些建筑大多是中国本土青年建筑师杰出的设计实践，也可以从中看到国际建筑大师的手笔，它们从不同角度展现了建筑师对当地历史文化和当下现实条件的基本理解与创新性的应对。为了给予读者更多更自由的阅读空间，本书没有依据某种类型加以归类，而只是依时间顺序排列作品。本书是对中国建筑现状的一个快照，但是更大的目标是为读者提供一个起点，使之不仅对这些建筑物本身，更重要的是对其背后的环境有所理解。透过此书，也许用全球的眼光着眼于中国问题，尝试用国际的手法和理念做出中国的作品，与广义文脉形成呼应，是一个不错的设计策略和态度。

参考文献

[1] 支文军，潘佳力．西方视野中发现中国建筑：评《中国新建筑》．时代建筑，2007(02): 143.
[2] 华霞虹．消融与转变：消费文化中的建筑（同济大学工学博士论文），2007.
[3] 阮庆岳．弱建筑．台北：田园城市文化事业有限公司，2006.
[4] 亚历山大·楚尼斯．介绍一种当今的建筑趋势：批判性地域主义和体现独特性的设计思路 // 亚历山大·楚尼斯，利亚纳·费勒夫尔．批判性地域主义：全球化世界中的建筑及其特性．北京：中国建筑工业出版社，2007.
[5] 迈克尔·海斯．批判性建筑：在文化和形式之间．时代建筑，2008(01): 116–121.

原文版权信息

支文军，徐洁．对全球化背景下中国当代建筑的认知与思考（序）// 支文军，徐洁．中国当代建筑 (2004–2008). 沈阳：辽宁科学技术出版社，2008: 12–17.
[徐洁：同济大学建筑与城市规划学院副教授]

10

中国当代实验性建筑的拼图：从理论话语到实践策略

A Mosaic of Contemporary Experimental Architecture in China: Theoretic Discourses and Practicing Strategies

摘要 本文从建筑“实验性”的基本内涵和当代中国实验性建筑针对的主流实践和学术意识形态入手，把20世纪90年代以来的中国实验性建筑的发展理解为一幅拼图，而没有建构关于中国实验性建筑发展的整体历史。作者不仅从时间线索上回顾了中国实验性建筑发展的重要标志，而且从共时性的角度，分析了不同的理论话语及其对应的建筑设计策略，比如建构、建造、非建构、建筑的地域性、都市主义、观念建筑等。

关键词 建构 建造 非建构 建筑的地域性 都市主义 观念建筑

对于自20世纪90年代以来的中国实验性建筑而言，是难以勾勒出一个整体历史的，这不仅因为中国实验性建筑产生的时日尚短，还未显示出清晰可辨的发展脉络，也不仅因为研究者身处其中而“不识庐山真面目”，还因为历史思维总是易于以时间线索和因果关系把一定时期内的建筑事件构造为一个历史整体，却忽视了建筑历史自身的差异性。因此，在对当代中国实验性建筑的研究中，笔者试图在把握时间线索的同时尽可能观察一些共时性的现象，同时把建筑与社会、文化的关系理解为一种“产品”（Production）关系而非“表现”（Representation）关系[1]，而且从理论话语（不是建构理论体系）和实践策略的关系角度切入。那么，当代中国实验性建筑发展的图景将不再呈现为一个整体，而是一个拼图（Mosaic）：由多个小块图像构成，图像间并不绝对连续；有的图像清晰，有的模糊；有的图像尚在生成，有的已近消失。必须站在一定距离之外才能看清这些图像在整体上呈现的形状，也必须经历一定时间之后，这些图像的意义和相互之间的关系才能真正确立。

中国当代实验性建筑与建筑的“实验性”

中国当代实验性建筑的“实验性”并非指形式上的革新（尽管常常表现为形式上的革新），而是一个针对当前的主流设计实践和学术意识形态而言的概念，它与西方建筑界的“先锋”①（Avant-garde）有不同的针对对象和内容。后者如卡里奈斯库（M.Calinescu）所言，是把“现代性”的某些因素“戏剧化”“激进化”“乌托邦化”作为对“现代性”的一种批判②；塔夫里（M.Tafuri）则在20世纪60年代的“先锋危机论”中，悲观地把建筑的先锋实践作为资本主义文化体制自身的一个部分重新纳入历史的肌体里。中国当代实验性建筑针对的主流实践相对而言十分尴尬：一方面是作为样式被接受的现代主义而又缺失了西方现代主义真正关键的问题和丰富多彩的内容；另一方面是商业主义和各种西方建筑新思潮的混合。它针对的主流学术意识形态也比较复杂：20世纪20年代末，建筑中的现代主义即以“国际样式”在中国登陆，但在50

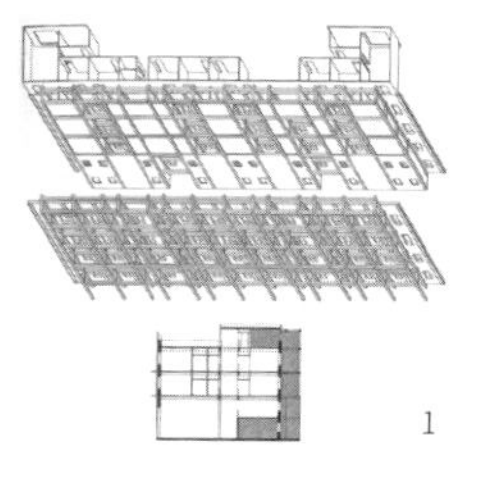

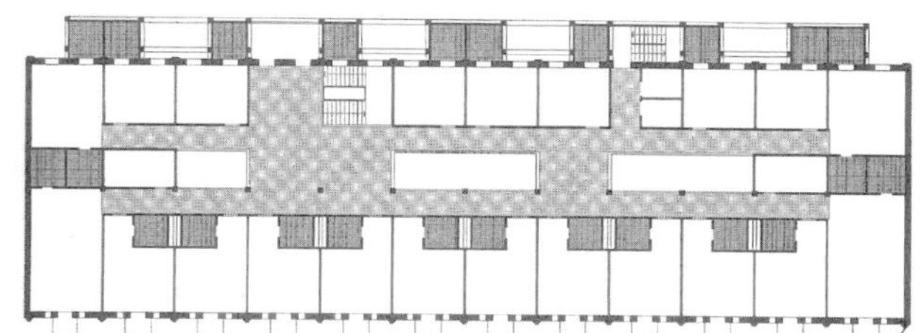

图 1—图 3. 江苏饭店改造

年代初被打断了自然传播历程。20、30 年代被中国第一代建筑师从美、法引入的布扎体系（Beaux Arts）和 50 年代初从苏联输入的同样脱胎于布扎体系的学术体系会合后，与平面构成、立体构成等后来增设的现代建筑基础课程③一起构成了 80 年代甚至延续至今的建筑教育的基础内容。布扎体系以传统的绘画训练和西方建筑的古典审美价值和标准（如以比例为中心的构图原则）为核心；平面、立体构成重视对抽象的平面和几何形体的操作——它们强调对建筑的图面表现而非对建筑本身的研究，强调建筑各个表面的形象以及造型而非空间效果和人对空间的经验，使得建筑师们过于关注建筑的外部形象。“空间”才是现代主义最关键的理论问题。对于 1978 年以后接受国内建筑教育并处于实践前沿的多数第四代中国建筑师④来说，现代主义的“空间”概念并未在真正意义上深入骨髓。也正因如此，20 世纪 80 年代中后期开始大量引进的西方当代建筑思潮（如后现代主义、解构主义、极少主义等），与 90 年代实践中的商业主义结合后，更多地呈现为一种样式上的不断翻新。

中国当代实验性建筑必须首先正视建筑本体内现代主义本质性内容的缺失，所以目前它的“实验性”多集中于建筑本体，而较少从建筑边缘以及非建筑领域进行。也正因为对建筑本体问题的重视，相对西方的先锋建筑，中国当代实验性建筑缺少了一种社会批判性。

纷呈当下的事件：中国实验性建筑发展的几个标志

1993 年 11 月 12 日，在上海美术馆开幕的“汤桦及华渝建筑设计公司作品联展”和同期进行的“21 世纪新空间”文化研讨会，意味着青年建筑师开始在公众面前崭露头角以及与文学界、美术界和哲学界主动的跨学科交流。1996 年 5 月 18 日，在广州召开了“南北对话：5·18 中国青年建筑师、艺术家学术研讨会”，着重探讨了中国实验性建筑的可能性[2]。与会的建筑界人士有张永和、王明贤、王澍、饶小军、汤桦、朱涛、马清运等。尽管当时问世的实验性建筑较少而多集中于观念的讨论，但重要的是，这次会议第一次明确提出了“实验建筑”的命题。

1999 年 6 月 22 — 27 日，在艺术史家和建筑活动家王明贤的不懈努力下，“中国青年建筑师实验性作品展”在第 20 届世界建筑师大会（北京）主题展建筑教育部分中展出。一方面，这个展览曲折的参展过程表明了实验性建筑与主流学术意识形态的对抗[3]；另一方面，也是一批实验性建筑作品首次公开的亮相。参展作品有：张永和的中科院晨兴数学中心与泉州中国小当代美术馆，汤桦的深圳电视中心，赵冰的“书道系列”，王澍的苏州大学文正学院图书馆，刘家琨的四川犀浦镇石亭村艺术家工作室系列，董豫赣的家具建筑、作家住宅，朱文一的“绿野·里弄”构想，徐

图 5. 北外逸夫楼
图 6. 杭州历史博物馆
图 7. “一分为二”
图 8. 深圳地王城市公园
图 9. 浙江大学宁波理工学院图书馆
图 10. 杭州历史博物馆

卫国的国家大剧院方案，等。2000 年 10 月 2—4 日，由“成都市家琨建筑设计事务所”轮值主办了“中国中青年建筑师学术论坛·2000 成都”，与会的除了前次展览的几位主要参展人外，还有王群和丁沃沃等。论坛议题有三点：“① 建筑，未来的发展方向；② 营造，设计与建造的关系；③ 论坛的运作原则与延续发展。”[5]论坛此后将每两年举办一次，表明了这一批实验性建筑师的结盟和走向建筑舞台的前沿。

2001 年 9 月 21—10 月 28 日由德国国际城市文化协会和柏林 Aedes 美术馆主办了题为“土木”的“中国新建筑”(Young Architecture of China) 展。张永和、刘家琨、马清运、南大建筑（张雷、朱竞翔、王群）、王澍以及艺术家艾未未的一些作品入选。这一事件表明这些青年建筑师已经进入国际视野并试图在建筑文化的世界格局中寻求自身的定位。2002 年 8 月 25—9 月 5 日由思班都市建筑艺术中心和 Aedes 美术馆在上海安福路主办“土木回家”展，则把这种在国际上的影响带回国内。

21 世纪之初，北京大学建筑学研究中心（2000 年 5 月 27 日）和南京大学建筑研究所（2000 年 12 月 14 日）正式成立。分别以张永和、“南大建筑”小组（由丁沃沃、张雷、王群、朱竞翔等组成）为核心的两个研究所集中了一批有实验性思想的青年建筑师，通过教授研究室和工作室双轨制的引入及其教学和设计实践，建立了主流学术体制外新的阵营，也影响了大批年轻的建筑学子。

建造（Construction）、建构（the Tectonic）与非建构（the Atectonic）

自“建构”（tectonics）概念在 19 世纪德国建筑理论中复兴[6]，尽管关于建构的实践一直在现代建筑中存在，但是“空间”才是现代建筑理论的中心话语。20 世纪 60 年代，美国学者塞克勒（Eduard Sekler）重新把建构引入当代建筑理论的视野中[7]。在 1963 年题为“结构、建造与建构”（Structure, Construction & Tectonics）的著名短文里，塞克勒区分了结构、建造与建构的关系：“‘结构’是一个建筑作品建立秩序的最基本的原则，‘建造’是对这一基本原则的特定的物质上的显示，‘建构’是前两种方式的表现性形式（expressive form）。”[8]“当结构概念通过建造得以实现时，视觉形式将通过一些表现性的特质影响结构，这些表现性特质与建筑中的力的传递和构件的相应布置无关……应该用建构来定义这些力的形式关系的表现性特质。”[9]塞克勒建立了传统建构理论最基础的概念群及其关系，即建构是对结构（力的传递关系）和建造（构件的相应布置）逻辑的表现性形式。

弗兰普顿（K. Frampton）继承了塞克勒的建构学说，进一步以建构的视野和历史研究的方式，重新审视了“现代建筑演变中建构观念的（实际上）在场（Presence）”以及“现代形式的发展中结构和建造的作用”。皇皇巨著《建构文化研究——19 和 20 世纪建造的诗学》（1995）即为其研究成果的汇聚。作为建筑史家和理论家，弗兰普顿“对建构的关注最初源于对文丘里（R.Venturi）‘装饰的棚子’（decorated shed）概念的回应，在这个意义上，它对目前把建筑看成一种可消费的戏剧化布景（mise-en-scene）的时尚提出批评”⑩。

“建构”在当前的中国建筑界无疑是一个最热切的理论话题。除去学界里大量不确切的理论转述外，王群先生在《空间、构造、表皮与极少主义》[4]（1998）一文里，即从西方建筑发展中理论视野的转换角度切入“建构”的观念；《解读弗兰普顿“建构文化研究”（一，二）》[5]则显示了他作为一位严谨的学者对弗兰普顿理论全面深入而又带有审视意味的研读⑪。

张永和在《平常建筑》（1998）一文里明确提出设计实践的起点是建造（construction）而非理论；建筑的定义“等于建造的材料、方法、过程和结果的总合”[6]。可见其建筑创作理论已开始以“建造”为中心，并形成从材料→建造→建筑的形态→空间的创作逻辑。一方面，“材料”作为建造的起点，“空间”作为建造指向的对象和结果，具有重要的地位；另一方面，也暗含了对形式问题的回避，“形态”—房屋构件的关系是一个接近“形式”的概念，但明显只与建造有关而无关于风格、历史、文化。这两方面反映出张永和的“工匠情结”和试图赋予建筑学学科自足性的努力。一个有趣的问题是，尽管张永和清醒地认识到形态的逻辑会与结构的逻辑产生矛盾[6]，即涉及“建构”在忠实体现“力”的关系和表现性形式之间的“分离”问题，但为什么不提“建构”一词？

在《向工业建筑学习》(2000)里，张永和把关于“建造”的创作理论扩大到整个建筑领域——“基本建筑”，它解决了建造与形式的关系、房屋与基地的关系、人与空间的关系这三组建筑的基本问题，排除“审美及意识形态的干扰”以返回建筑的本质。在《对建筑教育三个问题的思考》[7]（2001）中，张永和把中国式布扎体系和平面、立体构成混合而成的建筑教育基础内容所导致的建筑称为“美术建筑”⑫，并把“美术建筑”树立为“基本建筑”的针对物。至此，可以清晰地看到，张永和的“建造”和以建造、空间为核心的“基本建筑”有意识地针对了目前中国建筑界主流学术意识形态的基本内核，这是他的创作理论在当前具有价值和现实意义的地方。出于对建筑基本问题的还原，他强调“建造”而非“建构”。因为在他看来，建造是比建构更基本的问题⑫。

张雷在其创作理论里也同时强调了建造和空间。在《基本建筑》（2001）里，他指出空间、建造、环境是基本建筑的核心⑬，建造则“是构筑材料的合理选择、连接和表达方式，而那些将建筑中材料与结构之间具有表现力的相互作用关系在视觉上忽视或使其含糊不清甚至进行虚假粉饰的做法基本上是反建造的。”实际上，他对建造的定义描述了建构的概念。相对张永和而言，张雷强调“基本空间”[8]更胜于“建造”，这在其设计实践中尤为明显。

张雷和张永和一样，都试图以空间和建造作为建筑的基础概念，建立建筑学科初步的自足性。这既弥补了中国建筑发展中现代主义本质性内容（空间）的缺失，也试图消除各种样式、手法和意识形态对建筑

8

9

10

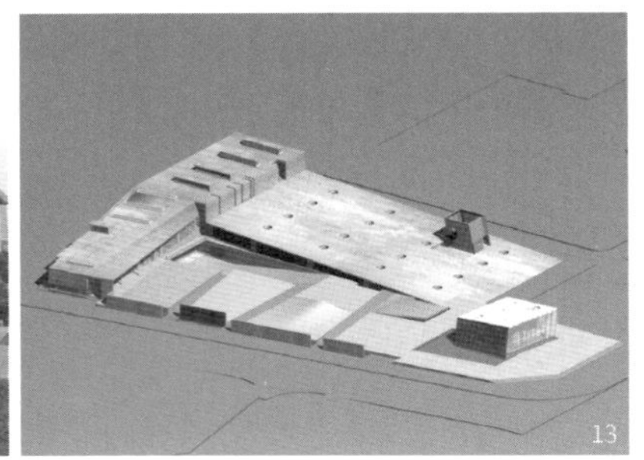

图 11，图 12. 深圳地王城市公园
图 13. 深圳公共艺术广场
图 14. 金宝街公寓
图 15，图 16. 宁波中心商业广场日景与夜景对比

尤其是建筑形式附加的影响。他们倡导的“建造”无疑是对西方建筑话语中“建构”概念的一种还原，换而言之，其“建造”概念是“建构”在中国建筑界的一种适时的变体，也是立足于现代主义观念体系内的传统意义上的“建构”。

最早自觉进行建构探索的建筑是丁沃沃的南京江苏饭店改造（1990—1991）。江苏饭店原为 20 世纪 30 年代的早期现代建筑，内框架结构，40cm 厚外墙和混凝土框架共同受力，楼板和隔墙采用木构。老建筑在材料和结构体系上逻辑清晰，丁沃沃则顺此逻辑发展了改造工作。在建筑的后部加了两榀框架支撑一组混凝土筒体作为增加的卫生间，在外墙上则暴露这两榀框架。尽管这个建筑为了和老建筑协调，在暴露的混凝土框架表皮贴上浅黄泰山面砖（与老建筑的泰山面砖相近）的做法和框架本身的受力逻辑相悖（泰山面砖在视觉上有仿黏土砖受压的效果），但是建筑师通过框架和外围护墙（轻质泰柏板外刷白色涂料）在面层材料选择上的对比以及外围护墙在立面上的退后（泰柏板仅厚 10cm），强调了结构体系和轻质围护体系在视觉形式上的截然不同以及框架结构的力量感。

江苏饭店改造具有历史意义的地方，在于它显示了一种从采用历史符号到自觉运用建构语言的转变。丁沃沃硕士期间曾在调研的基础上设计了南京夫子庙东西市场（1986）。尽管采用了江苏传统民居符号作为装饰，但这些符号和建筑群的群体结构、街道空间的尺度上结合得较好[9]。对传统符号的使用自然和当时后现代主义建筑思潮影响国内有关。弗兰普顿曾以“建构”观念来针对后现代主义的“布景”，丁沃沃在江苏饭店改造中，自觉脱离了历史符号的运用，以建构的语言与历史建筑对话，相当具有启示性。设计这个作品前，她刚完成在苏黎世高工（ETH）的第一次进修（1988—1989），ETH 建筑教育中对建构的重视无疑对她产生了影响。

崔愷的北外逸夫楼（2001）与江苏饭店改造的建构策略比较接近——强调混凝土框架与围护体系的对比。不同的是，崔愷在暴露的混凝土框架梁柱的表面涂刷透明防水涂料，更充分展现了混凝土本身的材料特性。

关于建构探索的例子在这批实验性建筑师的作品中并不鲜见。总的来说，有两个特点：第一，“建构”被还原为“建造”，因而多重视直接暴露结构的美感而少有探索“建构”观念中构件的表现性特质对结构的影响，即对建构的工艺性特质方面没有充分展开。张毓峰的杭州历史博物馆在这方面是一个少见的佳作，这或许与他曾经当过车床钳工的经历有关。在该建筑的历史厅中庭采光天棚里，结构工程师在主梁方向布置了工字钢，但后来发现梁高不够。结构工程师原打算增加钢梁高度，张毓峰则要求在工字钢梁下加上 3 根钢的拉杆——既满足结构需要，拉杆的轻盈和丰富的连接细部也增加了钢梁的工艺特质⑭。第二，重视基于材料的构筑经验。王澍在“墙门”（2000）里对夯土墙从夯筑到坍塌过程的经历和纪录，“一分为二”

（2000）对砖的不同砌筑方式的形态表现，反映了通过亲手砌筑来体验材料、工艺基本特性的探索。

前述例子基本上是在传统意义上进行建构探索，张永和在重庆西南生物工程产业化试验基地（2001）中则主动面对了"建构"的当代性问题——由于采用框架结构，建筑外墙（包括围护和面层）已不承重，那么应该在视觉上揭示这一特性。在这个建筑的侧立面以及中间通道的侧面，建筑师不仅暴露了内部框架梁柱，而且揭示了舒布洛克小型砌块相当于面砖的装饰作用。

在"建构"的实践之外，也有一些作品有意识地进行"非建构"实践。"非建构"（the Atectonic）由塞克勒提出，他在分析斯托勒特住宅（J.Hoffmann, Stoclet House, Brussels, 1911）时认为："非建构是指从视觉上忽视或遮盖建筑中荷载和支撑的有表现力的相互作用关系的方式。"[15]

马清运在谈及他的浙江大学宁波理工学院图书馆（2002）外墙时，认为自己的态度是"非建构"的，并不想在外部表现内部结构，而且各层窗户上下错位布置以及窗户洞口的宽度到底是 1.3m 或 1.5m 并不重要，即使工人做错了尺寸也没有关系[16]。这说明，他不仅不表现内部结构，而且也不想在已不承重的外墙上保存人们对传统构筑方式的记忆。在一系列都市巨构（Mega-structure）里，他确实一直采取了"非建构"的态度。甚至在上海安福路住宅改建（即"土木回家"展的展场，2002）中，外墙保留部分老建筑的水泥拉毛墙面单元，又增加新的面砖单元形成表面的拼贴关系，主要是重视面对城市时的形象，而与室内的功能（老的功能完全被置换）、结构（原有木楼板和隔墙也被弃用）毫无关系。可以说，这个小建筑仍然采用了"大"建筑的设计策略。这也许用库拉斯（Rem Koolhaas）在 *S*、*M*、*L*、*XL* 中关于"大"的观点能够解释，因为在这种基于城市策略的"大"的建筑中，传统的建筑学话语（当然包括"建构"）已经失效——建筑的内部和外部完全分离，内部处理功能计划的不稳定性，外部为城市提供构筑物的外观上的稳定性。那么，传统意义上的"建构"的真实性和表现性从何谈起？

都市主义（Urbanism）

近年来，中国的城市化经历了前所未有的进程。"世界上最大的农业人口向城市的位移，大规模的制造业向中国的迁移，城市中产阶级化生活的瞬间降临，城市中各阶层生活距离的加大"[17]。一方面，旧有城市形态急速膨胀或瞬间形成新的城市（Instant City）和城市片段；另一方面，城市又缺乏密度、变化和人的多种生活方式，表现为一种没有都市性的城市化（Urbanism with no Urbanity）。对于这种无情的城市发展现状，传统建筑学对单体建筑物的偏重显然是无效的。在这方面，"都市国际"和"马达思班"的设计策略是基于都市立场的。

对于"都市国际"（Urbanus，刘晓都、孟岩、朱锫、王辉）和"马达思班"（MADA s.p.a.m，马清运、卜冰等）来说，在国内建筑教育阶段接受的多是现代主义的理性城市规划理论和 20 世纪 60 年代一些城市理论。后者包括林奇（K. Lynch）的《城市意象》、罗西（A.

14

15

16

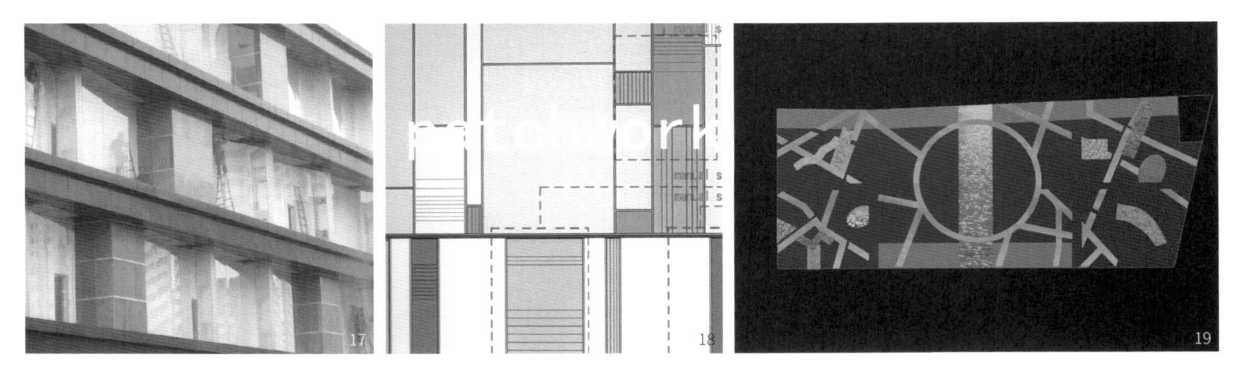

图 17. 宁波中心商业广场局部
图 18. 宁波中心商业广场的立面拼贴
图 19，图 20. 鄞县中心区方案
图 21，图 22. 二分宅

Rossi）的《城市建筑》、亚历山大（C. Alexander）的《模式语言》等——或从视觉心理角度重建城市的形象性，或用类型学方法返回一种人人可以理解的典型形式，或通过对人的行为模式的调查建立模式系统以创造良好的建筑——通过“完美设计”弥补现代主义理性规划的不足，但仍然相信城市的形态可以通过设计被确定下来[18]。

海外教育改变了他们对城市的立场并直接影响其设计策略。朱锫认为对他影响最深的是亚历山大的一次演讲[19]。20 世纪 80 年代初，亚历山大曾在墨西哥小城 Tiguana 运用模式语言设计了一些低造价的、有院落的、居住者参与建造的住宅群，90 年代初回访时发现，这些住宅根本已找不到原来设计的痕迹。亚历山大坦承设计的失败，让朱锫意识到普通人而不是建筑师，才是城市“设计”的主体。孟岩和刘晓都在迈阿密大学时，受到了老师克莱恩（Ann Cline）的影响。克莱恩当时正在为《自己的小屋——建筑圈以外的生活》（*A Hut of One’s Own: Life Outside the Circle of Architecture*，1998）书稿作准备。克莱恩没有从抽象的理念出发，而是从微观的角度、从自己的生活和城市的事件切入城市[20]。在这个意义上，城市是谜的积累而非可确定的整体。

“都市国际”的 Urbanus 为拉丁文的“城市”，即已表明其实践基于城市的策略。在这个意义上，建筑、景观、城市设计在本质上都是城市设计。最重要的，城市设计不是赋予城市某种空间形态，而是使城市或城市片段具有活力，这体现在以下几个方面：第一，观察城市里平民的生活，因为城市的主体是平民。孟岩认为城市应该“藏污纳垢”——容纳多种真实的生活，这就需要以非建筑师的眼光来领会平时熟视无睹的事情。深圳地王城市公园（1999）没有仅仅为城市提供可视的绿色景观，而是为市民的进入和各种活动提供可能，建成后甚至成为无家可归者和民工的一块栖息地。在水印森林住宅区（北京，2001）里，漫步的概念通过研究商贩如何进入步行道、儿童如何玩耍甚至宠物如何交流等获得。第二，对都市人工地形的再造和重塑，成为诱发各种活动产生的装置（Device）。城市的一切构筑如建筑、道路、天桥、地面、地下通道等都被认为是城市的地形，类似于自然地貌。地王城市公园局部反复折起的地表诱发了孩子们各种游戏，比如玩滑板。深圳公共艺术广场（2002）对城市中心地表隆起、折叠、包裹并形成建筑的界面，尤其是广场东南向北倾斜的大斜坡更能激发各种活动。第三，重视建筑对城市的界面。在北京金宝街外销公寓（2001）里，为避免过分强调户型和居住区内部环境，Urbanus 采用了建筑与红线的零距离以及建筑与城市地面的亲密关系，其目的在于积极介入外部的城市。

马清运在宾夕法尼亚大学时曾跟随库拉斯早期合伙人沃尔（Alex Wall）做了大量城市设计的国际竞赛，比如威尼斯汽车站改造、波兰市中心设计等。1995 年，他参与了库拉斯的哈佛设计学院的都市研究计划，在1996年进行的珠江三角洲研究结集出版的《大跃进》（*Great Leap Forward*）里担任了评论员。马清运认为库拉斯在三个方面影响了他：第一，城市是设计策略的源泉。第二，建筑师对城市的态度是一种“回应”（reaction）。库拉斯认为，在后现代时期，知识分子已不可能先知先觉并抑制问题的发生，而是对现实的回应。第三，每个项目设计前先做研究，所有问题必须重新定义、重新判断，以最终获得一个建设性的提案⑯。

库拉斯激赏亚洲城市的城市化现象，因为对于他们那一代来说，欧洲早已完成了激动人心的城市化进程；但马清运认为应对此保持清醒，因为中国的城市化没有城市性。城市性（Urbanity）对马清运来说，意味着效率和城市生活方式多元化的同时获得。

在实践中，马清运重视项目设计前的研究。如在宁波中心商业广场（2001—2002）里，他们研究了传统的小型商业行为模式后发现，将平面进深最小化可以维护其多样性（即差别），因而没有在这个近20hm^{2}的大型商业中心采用典型美国式商业模式——楼层面积最大化。马清运也重视城市的效率，主要表现在城市的密度和资源的最大利用上。在宁波高等教育园区规划（2001—2002）中，8个学院被分成8个条状用地，每条用地采取最窄的面宽和最大的长度，形成“最大化贴面”[10]，使土地、基础设施、资金以及师资效率最大化。在鄞县中心区方案里，马达思班仅用投标书中1/5的用地来规划有密度的城镇中心，而标书要求的城市密度恐怕相当于华盛顿DC的密度。马清运极其重视建筑面对城市的形象和传达的信息。上一节我们分析了他的“非建构”策略，并不是说他不重视立面的表达，只是说他没有以传统的方式处理这一问题。他的方法实际上是“拼贴”（patchwork），如果对比宁波中心商业广场乐购超市的夜景和白天的不同形象，就会发现广告作为系统之一被精心地组织在立面中，日夜不停地对城市散播着信息。在设计方法上，马达思班无疑采用了库拉斯式的图表法（diagram）㉑。

如果说都市国际以微观的、碎片化的体验切入当代中国城市，马达思班则以宏观的策略回应城市化中的都市性问题。他们都没有强调都市的确定形态，趋向于把城市看成是一种未完成的完成（incomplete completeness）。

建筑的地域性㉒

建筑理论家仲尼斯（A.Tzonis）和其夫人于1980年提出“批判的地域主义”㉓（Critical Regionalism），以针对“传统地域主义”（他们称之为“Romantic Regionalism”）、旅游地域主义和政治地域主义的设计策略——采用基于“熟悉化”（familiarization）的传统建筑形式，使人们产生一种似乎身临本民族、本地区共同历史的幻觉。批判的地域主义则采取“陌生化”（defamiliarization）的策略——从新的角度重新阐释传统建筑，使人产生异化之感。1982年以来，弗兰普顿发展了“批判的地域主义”，在《批判的地域主义：现代建筑与文化特性》（1985）里，归纳了它的7个特点㉔。总的来说，“批判的地域主义”是在抵抗现代建筑文化全球泛滥的同时对地

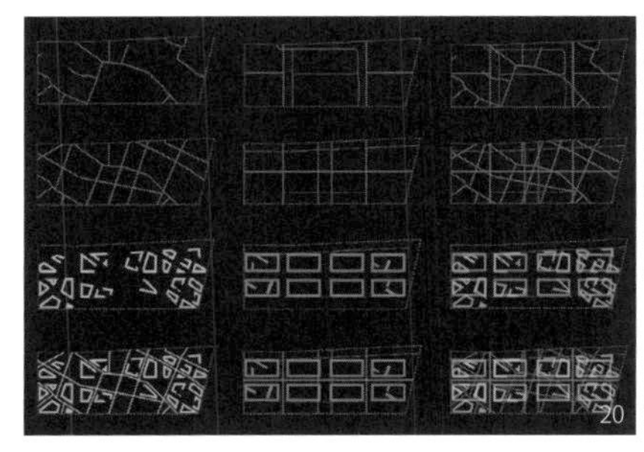
20

21

22

图 23. 鹿野苑石刻博物馆
图 24.《与一块砖头共同生活一星期》
图 25.《在武汉画一条 30 分钟长的直线》
图 26.《北京城墙 2000》

域建筑文化自身的再创造。建筑的地域性相对于“批判的地域主义”是一个更为广泛的概念，它随着文明的产生就已产生。建筑的地域性在本质上“具有一种杂交性。它包括了传统与现代的杂交、本土文化和外来文化的杂交、精英文化和大众文化的杂交等”[11]。尤为重要的是，建筑的地域性重视那些正在形成“传统”的，当下正在大量建造的“平民建筑”和“普通建筑”。

刘家琨的设计策略基于建筑的地域性，表现在如下几个方面：①边缘的实践；②精英文化与民间文化、大众文化的混合；③对建造策略、建造工艺和技术手段中民间智慧的尊重；④对传统乡土建筑原型的借鉴和抽象；⑤对当下正在大量建造的“平民建筑”和“普通建筑”的关注；⑥对场所－形式的重视；⑦材料的当地性、当代性和大众性；⑧对建构的关注等。

边缘的实践，主要指刘家琨相对当代国际建筑文化采取了一种边缘的“后锋”姿态——小心翼翼地吸收全球性的技术，极少套用时髦的理论和手法，只有这样才能耐心地培育起一种基于经济落后但文化深厚的地区的建筑。刘家琨的建筑体现了精英文化与民间文化、大众文化的混合，正是这种“杂交性”保证了建筑地域性的发展潜力。作为小说家和建筑师的刘家琨同时处于建筑和艺术的精英文化圈，然而也力图把民间文化和大众文化融入建筑。比如在鹿野苑石刻博物馆（成都，2002）附近观察到农民用塑料膜包树的“大地艺术”等，激发他以“组合墙”[25] 解决浇筑清水混凝土的困难。“红色年代”（成都，2001）为模特晚间走步设置的天桥，暴露和揭示了公众对性的潜在欲望；外墙百叶的红色选自崔建的 CD 封套，都明显是对大众文化的包容。刘家琨建筑的地域性也表现在对建造策略、建造工艺和技术手段中的民间智慧的尊重上。他常以“水龙头态度”[26] 来指建筑的建造策略的民间智慧，但又认为不能直接使用和模仿，“怎么样最简单地做成，这就是原则，无束缚的原则。我实际上是想得到这种思维的状态”[27]。对传统乡土建筑原型的借鉴也是刘家琨建筑地域性的一面。比如罗中立住宅（1994）的原型部分地取自于成都平原边缘的灰窑，何多苓工作室（1997）的原型取自藏羌的碉楼。刘家琨建筑的地域性也表现在对当下正在大量建造的“平民建筑”和“普通建筑”的关注上。建筑师在设计艺术家工作室时采用砖混主题，是因为当地大量的农民住宅采用了砖混结构。刘家琨建筑的地域性也表现在对场所－形式的重视上，这体现在犀苑休闲营地（1996）对场地的塑造以及主体性空间如何通过建筑秩序的建立和人的感知而确立。刘家琨建筑的地域性也表现在材料的当地性、当代性和大众性上。比如罗中立工作室中的卵石取自住宅后的小溪，成都艺术中心（1996—1998）外墙上的真石漆是 20 世纪 90 年代流行的廉价的外墙材料，但建筑师要求工人作“手扫纹”则对这一材料赋予了个人特色。

刘家琨建筑的地域性经历了逐渐成熟的过程。犀苑休闲营地比较直接地学习了巴拉干（L.Barragan）的手法，但在何多苓工作室等作品里，他开始找到自己个人的、本土的语言。2002 年春，王方戟曾造访刘家琨并提了一个问题：“你怎么看待墨西哥建筑师利戈瑞塔（R.Legorreta）和其师巴拉干建筑的相似？”王方戟其实暗指了刘家琨的犀苑休闲营地与巴拉干建筑的形似。因为利戈瑞塔相比巴拉干，其大多数建筑多少有些手法化，当然其大型的城市建筑也体现出不同于巴拉干的独特创造力。刘家琨的答案非常绝妙："与其说利戈瑞塔的建筑和巴拉干的相似，不如说西扎的建筑与巴拉干的建筑更为相似，因为他们在对资源利用的态度上是完全一致的。”[28]建筑师的回答表明，他已超越了学习的阶段并领会了建筑地域性的实质。

观念的建筑（Concept Architecture）

相对于具体实践的建筑和指向实践但未建成的建筑（unbuilt）而言，观念建筑（Concept Architecture）无疑游离于建筑实践和理论话语的中心，在建筑的边缘或非建筑领域里进行。李巨川和王家浩的实验性探索都指向了观念建筑。

1994年，李巨川开始了他的观念性建筑的研究。《与一块砖头共同生活一星期》（行为艺术，武汉，1994）是一个开端，在7天里，他携带一块红砖进行各种日常活动，意在日常生活中获得建筑性体验。《在武汉画一条30分钟长的直线》（行为艺术/录像，武汉，1998）是一个非常重要的作品，李巨川将一台小型摄像机固定胸前，镜头朝地，按直线穿过了一个繁闹的街区。这个行为直接针对了两个重要问题："一、以几何学作基础的西方建筑学传统对时间经验和身体经验的排斥；二、当今各种政治、经济权力通过城市规划技术来实现的对个人日常生活的控制。”[29]在行走中，空间被时间化，几何学为身体经验所替代，城市规划的操作被日常生活的游戏所效仿。《北京城墙2000》（与菲菲和莎莎环游北京二环路，行为艺术/录像，北京，2000）是一个以行为艺术/录像形式完成的“梁思成纪念馆”，李巨川以加入此时的城市生活的行为方式重写了消失的城墙。

1997年，王家浩和艺术家倪卫华组成“线性城市”小组。在1997年12月的“新亚洲、新城市、新艺术——中韩当代艺术展”（上海）和1999年2月的“IN/FROM CHINA——中国艺术家/德国建筑师交流展”（柏林）里，他们把将展出所在地的城市地图分割成均等的20个方格，并制成投票箱。观众将门票投入自己居住所在地相对应的地图投票箱中。“线性城市”小组发表展出期间的完整的统计结果。这个展览作为一种对城市概念的新的组织模式，强调了城市的文本化和数据化生存的特征。通过各种因素分类数据的即时排序形成的统计集成，即“文本/数据化的虚拟城市”，取代以建筑形态和地域划分边界为特征的传统的物理性的城市概念。

观念建筑总是在建筑边缘和建筑本体之外，抽空传统建筑学的基石、颠覆其中心话语。正因为这种彻底的颠覆性和否定性，自身总是更多表现为一种立场和姿态，随机应变地选择实验素材，保持自身和传统建筑学的距离，所以其作品的形式常常是反“建筑物中心主义”的。无论李巨川的身体性、时间性，还是“线性城市”小组的城市的非物理性，都直指建筑和城市的核心概念，提供了一种反思的视角。

结语

建筑的“实验性”有如下特征：对抗性、革新性、边缘性、开放性。也即是说，它的本质在于永远向建筑的主流学术意识形态挑战，与主流设计实践相对抗；它反对已经被接受的、成为习惯的建筑价值观而表现为一种革命和创新的精神，一旦“实验性”建筑的形式、思想被广泛接受，其阶段性使命即告完成，必须重新上路；它远离建筑的正统和中心话语并把自身置于社会和文化的边缘；它没有既定的规则和方法，表现出一种不断创造、不断自我消解的倾向。

当前的中国实验性建筑针对的主流实践，是缺失了本质性内容的现代主义以及商业主义和各种西方建筑新思潮的混合。它所针对的学术意识形态以中国式布扎体系和平面、立体构成教育内容的混合为内核。由于中国建筑发展的特殊性（与现代主义隔绝了30年），从西方建筑语境来看，当前中国实验性建筑的大多数“实验性”是相当传统、后锋的，实际上我们

27

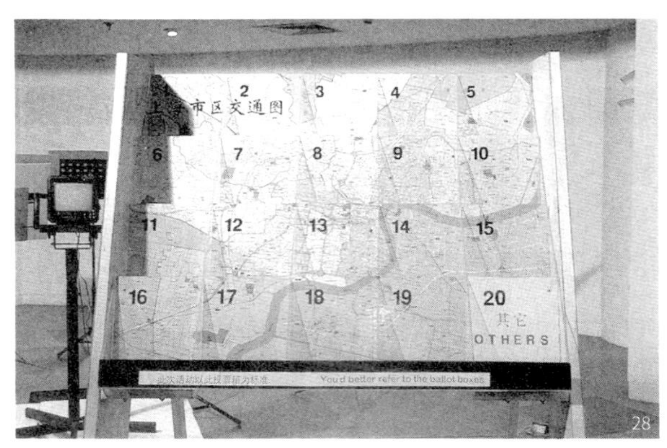

28

也不可能脱离西方建筑语境来谈中国建筑的“实验性”。如果中国当代实验性建筑在发展中弥补了现代主义的本质性内容，当它目前针对的主流学术意识形态瓦解后，“实验性”建筑必须重新针对已被接受的建筑价值观，以确立批判性的实践策略[12-14]。

（感谢李翔宁、柳亦春在论文写作中提供的帮助，也要感谢诸位建筑师热心提供资料）

注释

① 王群先生曾系统研究西方建筑先锋理论，他在南京大学建筑研究所开设的“当代建筑理论”课程中，第二讲：“塔夫里与现代建筑的理论与历史”；第五讲：“曲米的先锋理论”，第六讲：“库哈斯与当代城市的解读”都涉及了西方建筑先锋理论。

② 赵毅衡 . 卡里奈斯库《现代性的五个面孔》. 今日先锋 . 上海 : 生活·读书·新知三联书店 , 1994: 103. 另参见伯格（Peter Burger）、坡乔利（Renato Poggioli）各自的先锋理论。

③ 早在 1947 年梁思成先生从美国回来，就曾在清华大学建筑工程学系（后改为营建系，建筑系）一年级的“预级图案”课程里曾安排了平面构图、立体构图等现代建筑教育的基础内容，20 世纪 50 年代初却受到批判而被取消。80 年代后，课程又在各建筑院校里先后设立。

④ 彭怒，“中国建筑师的分代问题再议”（“中国特色的建筑理论框架研究”第二次年会会议论文），2002 年 5 月。

⑤ “中国中青年建筑师学术论坛·2000 成都”会议资料，第 1 页。

⑥ 如穆勒 (K. A. Müller)、波提社 (K. Bötticher)、散帕尔 (G. Semper) 对建构的研究。

⑦ Eduard Sekler, "Structure, Construction & Tectonics", P89-95, Structure in Art and in Science, Brazil, New York, 1965; Eduard Sekler, "The Stoclet House by Josef Hoffman", P228-244, D.Fraser, H. Hibberd, M. LeVine, Essays in the History of Architecture Presented to Rudolf Wittkower, Phaidon, London, 1967.

⑧ 转引自 K.Frampton, Introduction of Reading Materials on "Study in Tectonic Culture", P1-2, Columbia University Graduate School of Architecture, Planning and Preservation, Fall 2000.

⑨ Eduard Sekler, "Structure, Construction & Tectonics", P89, Structure inArt and in Science, Brazil, New York, 1965, Reading Materials on "Study inTectonic Culture".

⑩ K.Frampton, Introduction of Reading Materialson "Study in Tectonic Culture", P2, Columbia University Graduate Schoolof Architecture, Planning and Preservation, Fall 2000.

⑪ 张永和肯定了其建造所对应的英文为“construction”，见彭怒，“张永和访谈录音整理”，2000-04-11，北大镜春园。

⑫ 2002 年 8 月 25 下午，笔者在上海安福路的“土木回家”展研讨会中，向张永和求证了这个问题。

⑬ 张雷，《基本建筑》，第二届上海国际建筑展暨青年建筑师论坛上的讲稿，2001-01-05，转引自 Far2000 论坛 / 建筑设计。

⑭ 彭怒、柳亦春等，张毓峰访谈录音，浙江大学建筑系，2002 年 1 月。

⑮ Eduard F. Sekler, "The Stoclet House by Josef Hoffmann", P231, Essays in the History of Architecture Presented to Rudolf Wittkower, Phaidon,London, Reading Materials on "Study in Tectonic Culture"

⑯ 彭怒、支文军，马清运访谈，中信泰富广场 Wagas 咖啡馆，2002/7/7.

⑰ Urbanus，“都市实践”，见《时代建筑》2002（5）。

⑱ 这些理论对他们的影响可见于朱锫的《阿尔多·罗西城市建筑理论研究及我的实践》（清华大学硕士论文，1991），马清运的“克·亚历山大近著《住宅生产》”（世界建筑，1987（3））。

⑲ 当时，朱锫在伯克利加大攻读城市设计硕士。

⑳ 彭怒，Urbanus 访谈，深圳茂源大厦，2002-06-19。

㉑ 参见《时代建筑》2002（5）、2002（9）。

㉒ 此节缩引自彭怒，《本质上不仅仅是建筑——刘家琨建筑创作分析（1994–2001）》中第四节“实践的策略：建筑的地域性与社会性”。

㉓ A.Tzonis, L. Lefaivre , Grid and pathway, 1980. A.Tzonis, L. Lefaivre and A. Alofsin, "Die Frage des Regionalismus "in Für eine andere Architektur (M. Andritzky, L.Burckhardt and O.Hoffman, eds, Frankfurt, 1981).

图 27.《北京城墙 2000》
图 28. 线性城市研究

㉔批判的地域主义是一种边缘性的实践；批判的地域主义是边界清晰的建筑，“场所一形式” 的产物；批判的地域主义赞成把建筑的实现看作建构现象；批判的地域主义对“光”等场所特有的要素的重视；批判的地域主义强调触觉与视觉同等重要；批判的地域主义将努力培育一种当代的面向场所的文化而不是把自己隔绝起来；批判的地域主义努力在文化的间隙中成长兴盛。参见 K.Frampton. *Critical Regionalism: Modern Architecture and Cultural Identity.*1997:327.“Modern Architecture: a Critical History, Thames and Hudson, the Third Edition”。

㉕为了让毫无经验的农民现浇清水混凝土，刘家琨采用了双层墙体，里层先砌 120 厚的页岩砖，外层后浇 120 厚的混凝土。先砌组合墙内侧的砖墙，农民可以砌得很直，以此砖墙为内模后在其外侧浇混凝土就易于保证垂直度。

㉖在城郊某住宅里，建筑师先注意到一个用水管做的有些特别的扶手，顺着楼梯上去，扶手结束处突然出现了一个水龙头而且正在出水。

㉗彭怒，刘家琨建筑师访谈录音整理，2000-10-16，成都市家琨建筑设计事务所。

㉘转述自建筑师与笔者、汪建伟先生等 2002 年 7 月在上海新天地的一次聚谈。

㉙李巨川，“关于我的工作”。

参考文献

[1] Demetri Porphyrios. Notes on a Methodology. AD, 1981(6).

[2] 饶小军 . 实验与对话 : 记 5·18 中国青年建筑师、艺术家学术研讨会 . 建筑师 , 1996(10): 80.

[3] 王明贤 . 空间历史的片段 : 中国青年建筑师实验性作品展始末 . 今日先锋 . 天津 : 天津社会科学出版社 , 2000(8): 1–8.

[4] 王群 . 空间、构造、表皮与极少主义 . 建筑师，1998(10): 84.

[5] 王群 . 解读弗兰普顿的“建构文化研究”.A ＋ D, 2001(1): 69-80.

[6] 张永和 . 平常建筑 . 建筑师 , 1998(10): 28.

[7] 张永和 . 对建筑教育三个问题的思考 . 时代建筑 , 2001.

[8] 张雷 . 基本空间的组织 . 时代建筑 , 2002(5) .

[9] 丁沃沃 . 传统与现代对话 . 建筑学报 , 1998(6): 28.

[10] 马清运 , 卜冰 . 浙江宁波高等教育园区 : 一种都市化的速成 . 时代建筑 , 2002(2): 26.

[11] 单军 . 建筑与城市的地区性 : 一种人居环境理念的地区建筑学研究 (清华大学博士论文), 2001: 289 .

[12] 相关建筑师访谈 , 1999–2002.

[13] K. Frampton. Reading Materials on “Study in Tectonic Culture”, Columbia University Graduate School of Architecture, Planning and Preservation, Fall 2000.

[14] K. Frampton. Studies in Tectonic Culture: the Poetics of Construction in Nineteenth and Twentieth Century Architecture. Cambridge: The MIT Press, 1995.

图片来源

本文图片由《时代建筑》编辑部提供

原文版权信息

彭怒 , 支文军 . 中国当代实验性建筑的拼图 : 从理论话语到实践策略 . 时代建筑， 2002(5): 20–25.

[彭怒：同济大学建筑城规学院副教授]

11

WA 建筑奖与中国当代建筑的发展

WA Architecture Award and the Development of Contemporary Chinese Architecture

摘要　建筑奖能够直观反映出获奖作品所彰显的价值立场，中国建筑长久以来在国际建筑奖中处于缺席地位，直至新世纪之后，中国建筑师才开始在国际建筑界崭露头角。WA 中国建筑奖关注于中国当代建筑的发展，成立 10 余年间见证了中国第四代建筑师群体的崛起。2014 年中国建筑奖的扩容则折射出中国当代建筑发展多元化与复杂化的新特点。

关键词　建筑奖　WA 中国建筑奖　第四代建筑师　中国当代建筑

国际建筑奖与中国建筑的缺席

从某种角度来看，建筑奖实际上也应算作是建筑评论的一种形式。建筑奖的评选成果折射出评奖人对于获奖作品背后所彰显的社会文化价值或者建筑自身价值的肯定与认可。从建筑奖的发展来看，奖项的定位越来越多元化和专业化，类别日趋丰富多层次。

最早的建筑奖发端于 1720 年法国皇家建筑学院（Académie Royale d’Architecture）设立的“罗马大奖·建筑奖”（Prix de Rome）。1848 年在维多利亚女王时期，英国皇家建筑师学会设立了“RIBA 皇家建筑金奖”，这一奖项历史悠久，影响巨大，它不仅针对英国本土，更将视野放宽至全球建筑界。1907 年，美国建筑师学会设立著名的“AIA 建筑金奖”，主要颁发给美国建筑师，但也有部分国外建筑师获奖，如勒·柯布西耶、阿尔托和丹下健三等。第二次世界大战之后，伴随经济复兴，全球的建筑活动日渐繁荣，各类建筑奖项也相应增多。

在 20 世纪六七十年代，国际建筑界产生了一系列比较重要的建筑奖项。其中包括澳大利亚建筑师学会、瑞典建筑师学会、加拿大皇家建筑师学会等设立的国家级建筑学会类大奖。1967 年由芬兰建筑师协会主办的阿尔托建筑奖成立，也是一个极具影响力的国际建筑大奖。

1969 年美国建筑师学会设立“25 年建筑奖”，该奖项的特别之处在于，每年评出一座建成使用 25 年以上的优秀建筑作品。1977 年阿卡·汗建筑奖（Aga Khan Award for Architecture）正式设立，该奖奖金颇为丰厚，主要关注伊斯兰文化圈的建筑发展，近年来奖项的关注视野延伸至全球范围内具有地域文化特征的建筑作品。

1979 年美国的普利茨克家族设立了“普利茨克建筑奖”（Pritzker Architecture Prize），每年评选出一位对全球建筑发展有重大影响的建筑师，通过凯悦基金会进行对获奖的建筑师进行赞助。该奖的国际影响很大，时常被尊称为“建筑界的诺贝尔奖”，也最为中国建筑界所熟知。

20 世纪 80 年代末期有两项具有重要影响力的建筑大奖产生，分别是 1988 年在欧洲设立的密斯·凡·德·罗建筑大奖，以及 1989 年由日本艺术协会设立的旨在

图 1. 福建下石村桥上书屋
图 2. 西藏尼洋河景区游客接待站

扩大日本文化影响力的世界文化大奖（the Praemium Imperiale Award），其建筑大奖得主多为普利兹克奖的得主。

进入新世纪后，在建筑评论的发展与专业及大众媒体蓬勃发展的促进下，各种新的建筑奖项仍然不断涌现。然而纵观这些世界建筑奖项，会发现中国现代建筑在其中处于长期缺席的状态。在世界建筑在现代主义的思潮引领下飞速发展的时期，中国现代建筑发展道路却经历了相当长一段停滞时期。当我们探寻现代建筑在中国发展的源头时，则无法忽视中国第一代建筑师们所付出的努力①。从建筑观念上来看，第一代建筑师在实践初期的探索集中于如何使中国传统建筑与现代背景相融合，用现代建筑材料、技术来表现复古风格与形式，但这种创作思路存在固有的内在矛盾性。在 20 世纪 20 年代末至 40 年代后期，中国建筑曾经经历过一段短暂的现代主义建筑发展的繁荣时期。第一代建筑师中的不少人在当时开始逐渐转向对现代主义建筑的探索，原有的“布扎”体系建筑思想受到很大的冲击。尽管第一代建筑师在 40 年代后期的现代主义实践已经具有了相当的深度，其中的一些作品已经开始在寻找中国建筑与现代性关联方面有了深入探索，然而随着 1949 年新中国成立，文化与政治的压力阻断了中国建筑师对于现代建筑的进一步深入探索。并且在很长一段时期之内中国的建筑学探索一直处于停滞状态，直到改革开放新时期之后，这段探索之旅才得以重新延续。因此，中国建筑发展曾经的长期封闭，造成了在国际建筑舞台的缺席状态。直至新世纪之后，中国建筑师才开始在国际建筑界崭露头角，最明显的现象便是他们在国际建筑展览中的频频亮相[1]。在新世纪过去 10 年后，中国建筑师的名字终于出现在了国际建筑大奖的获奖名单中。

2010 年，建筑师李晓东的建筑作品“福建下石村桥上书屋”（图 1）获得了“阿卡·汗建筑大奖”。同年，王澍和陆文宇获得了德国的“谢林建筑奖”（Schelling Architectural Prize），2011 年王澍获得法国建筑学院金奖，而最具有影响力的则莫过于王澍在 2012 年获得的普利茨克奖，一时间“王澍获奖”成为专业与大众传媒的热点话题，这也被看作是一个中国建筑发展的里程碑式的事件。

而早在中国建筑师获得普利茨克奖的十年前，即 2002 年，WA 中国建筑奖（以下简称“WA 奖”）正式成立，开始关注中国当代建筑以及对实践成果的总结。这也说明中国建筑师在获得国际建筑奖项之前，已经经历了十余年的实践积累。

中国建筑奖的发展与 WA 奖

中国建筑在改革开放后进入新的发展阶段，而国内建筑评奖的历史也开始于这段时期。1980 年，当时的国家建工总局和城市建设总局颁发《优秀建筑设计奖励条例（试行）》，于次年开始每两年一次的优秀建筑设计评选，参评建筑必须是两年之内建成且使用半年以上的项目。1989 年后该评奖活动由建设部负责，成为建设部优秀建筑设计奖。这是中国改革开放以后首个官方授予的建筑设计奖项，可以说是中国建筑评奖历史的开端。除了优秀建筑设计奖，建设部于 1990 年还设立了“全国工程勘察设计大师”的评选，每两年评选一次，每次评选名额大致为 20 人，这一奖项的评选更偏重于工程性。

除了建设部设立的建筑奖，中国建筑学会也设立有若干重要的建筑学领域奖项，其中包括“梁思成建筑奖”“中国建筑学会建筑创作奖”“中国建筑学会青年建筑师奖”等。“梁思成建筑奖”由中国建筑学会在 2001 年发起，每两年评选一次，每次设获奖人 2 名，提名奖 2 至 4 名，该奖主要表彰在建筑设计创作领域做出重大贡献和杰出成绩的建筑师。至今已举办七届。中国建筑学会建筑创作奖是业界十分重视的一个奖项，每两年举办一次。奖项等级分为“中国建筑学会建筑创作优秀奖”和“建筑创作佳作奖”两个等级，目前已经举办了七届。中国建筑学会青年建筑师奖于 1994 年开始评奖，旨在鼓励与发现青年创作群体中的优秀人才。

从建设部与建筑学会的获奖项目和获奖建筑师能够看出，上述奖项的主要特点是综合性与主流化。绝大部分获奖项目为国营大院所做，主要获奖人群集中于各大国有设计大院与大型民营设计机构中的建筑师。国营大院与大型民营设计机构也正是改革开放 30 余年以来中国建筑设计的主要力量。因此，这些奖项的获奖作品能够大致呈现出中国当代建筑的整体发展水平，也代表着作为建筑界主流设计力量的建筑创作观念。然而，这种主流化的评奖机制却容易将一些具有独立探索精神的建筑师事务所排除在外，再加之设计资质方面的限制，因此，独立的建筑师事务所难以单独获奖。在 2011 年的中国建筑学会建筑创作奖名单中，独立事务所“直向建筑”的设计作品“天津市西青区张家窝镇小学”获得佳作奖，而最终是与他们的合作单位中建（北京）国际设计顾问有限公司联合获奖。

尽管这些主流的建筑奖项具有整体性的代表意义，然而从另一种角度来看，这类建筑奖却无法体现出建筑师试图打破主流建筑观念边界的实验性探索。中国的实验性建筑探索在 20 世纪 90 年代开始出现，并逐渐形成一股有力的建筑思潮，对当代的中国建筑产生了深远的影响[2]。我们在上述主流的建筑奖项中并未找到张永和、汤桦、刘家琨等实验建筑师群体早期代表人物的作品，但是如果我们谈论中国当代建筑，这些具有探索性质的实验性建筑无疑是不可忽视的重要内容。

2002 年 WA 中国建筑奖的设立则从某种程度上填补了这方面的空白。WA 奖的定位与上述主流建筑奖项的定位有着显著的差别，它所体现出的评价体系具有独立性、学术性等与建筑学本体内容更为贴近的特征，

3

4

图 3. 四川广元下寺村新芽环保小学
图 4. "四季：一所房子"
图 5. 高黎贡手工造纸博物馆
图 6. 宽窄巷子历史文化保护区保护性改造工程

它的获奖作品更多地体现出对于建筑学学科自主性的坚守与对建筑学基本问题的深入探索。WA 奖在创立之初，时任《世界建筑》杂志主编王路教授就对于其奖项定位给予清晰的界定："'WA 中国建筑奖'从一开始设立，就有意区别于国内既有的建筑奖项，自由报名，项目不分规模大小，不分建筑类型，做到真正从建筑的基本品质出发，在倡导传承与创新的同时，找寻渐渐失落的建筑的基本价值观。"[3] 评奖范围的宽泛化意味着评审视野将更深入地聚焦于作品对于建筑学本体内容的探索与挖掘。WA 奖的得奖项目大多直接注明设计者的名字，而并不突出所属机构或单位，体现出 WA 奖更关注于设计创作行为本身的重视。

WA 奖的另一个特征是注重媒体传播，它通过借助专业媒体的平台，能够更好地向国际建筑界推介中国当代建筑，让中国建筑进入国际舞台的视野。WA 奖注重利用媒体平台来扩大影响。WA 中国建筑奖每两年评审一次，至 2014 年已举办了七届，在国内外已受到广泛关注，获奖作品被收录到国际诸多建筑网站，在国外举办展览，并在国外多种建筑杂志上刊登，受到广泛关注，为中国当代建筑的传播起到重要作用。

此外，WA 奖将整个中国建筑界实践纳入考察范围，在关注大陆当代建筑发展的同时，也重视考察香港与台湾地区建筑的发展，几乎每届都有台湾或香港建筑师的优秀作品入选。在关注海峡两岸建筑发展方面，由《时代建筑》合作主办的远东建筑奖也同样具有重要作用。远东建筑奖是台湾民间影响最大、奖金额度最高的建筑奖项，2007 年首度跨越两岸评奖，奖项的评价体系也同样侧重于对当代建筑学基本问题的探索与实践[4]。

在传媒中崛起的建筑师群体

自 2002 年 WA 奖设立至 2012 年这十年时间见证了中国第四代建筑师群体的崛起②。在 WA 奖历经十载的背后，应当看到，对于第四代建筑师群体的崛起，专业及大众媒体的传播与推动起到了不容忽视的作用。其中一个显著的特征便是传播媒体与明星建筑师的互动以及建筑师群体话语权的建立[5]。

无论是大众媒体甚或是专业媒体，尽管在一方面有可能在对建筑学的专业内容的传播过程中产生稀释、简化或者曲解，但作为传播的媒介平台而言，更为重要的意义在于作为传播媒介的联结与沟通作用，从而在媒介平台构建的网络中产生更多思想碰撞的触发点。媒体需要建筑师产生思想内容，建筑师也需要媒体宣传占领舆论高地。

第四代建筑师群体的涌现过程倚赖于建筑竞赛、建筑展览以及建筑奖等多种建筑交流与传播媒介。20 世纪 80 年代兴起的建筑竞赛热潮为位于求学期间的第四代建筑师提供了崭露头角的良好机遇[6]。90 年代后期建筑文化沙龙与建筑展览活动日益丰富，与此同时

图 7. 辰山植物园矿坑花园
图 8. 四川美术学院虎溪校区图书馆
图 9. 凤凰中心
图 10 . 华鑫展示中心

中国大众传媒行业进入高速发展时期，这为建筑师的思想与言论交流提供了在专业领域之外的传播途径。

而第四代建筑师群体的集体发声则是通过在实验建筑展览中的频繁亮相来完成的。1999 年在北京世界建筑师大会期间举办的“中国青年建筑师实验性作品展”是第四代建筑师的第一次群体亮相。展览在社会上引起了较大的反响。除《世界建筑》《时代建筑》《建筑师》《新建筑》等建筑类专业期刊，还有《北京青年报》《光明日报》《三联生活周刊》等大众媒体对展览进行了报道和介绍。《三联生活周刊》记者在当时的报道中写道：“从建筑师大会期间的 50 年建筑成果展，以及在此展开幕前未能通过审查而在国际会议中心另行展出的青年建筑师实验作品展中，我们隐约感到中国的建筑有主流和实验之分，其中交错着各种各样冲突的建筑理念。”[7] 此次展览映射出中国建筑边缘与主流的对峙、个人对集体的突围，以及群体代际的冲突，表明了以实验性建筑师为代表的第四代建筑师群体的代际立场。此后，第四代建筑师参加的展览日益增多，在媒体传播的影响下获得越来越多的关注，以群体的面貌进入公众与媒体的视野。

因此，可以说，以媒体作为平台的建筑展览是第四代建筑师群体获得话语权的最为典型方式，他们通过群体亮相的方式来发出个人的声音，并逐渐形成合力，建立了中国当代建筑的话语权。集群设计由建筑展发展而来，是建筑师群体话语权的另一种表达方式，也是媒介平台与建筑师群体实践的一种结合方式[8]。中国建筑最早的集群设计产生于 2000 年启动的“长城脚下的公社”，这个项目在当时被大众及专业媒体广为宣传，取得很大的影响，项目建筑师的关注度得到极大提升。由于在集群设计中建筑师是以一个创作群体出现的，这大大增强了第四代建筑师的群体自觉意识，使第四代建筑师逐渐成为一个具有自身话语体系的稳固的群体。

从 WA 建筑奖的前四届（2002—2008）获奖建筑名单中，能够发现第四代建筑师占据了获奖建筑师中的大多数，如张雷、吴钢、齐欣、周恺、胡越、张永和、朱锫、张斌、大舍建筑、王辉、刘晓都、孟岩、李晓东、梁井宇等。这意味着第四代建筑师在 2000 年之后建筑实践进入成熟期。

第四代建筑师的话语权最初是建立在实验建筑的产生之上，但随着中国当代社会语境的转变，“实验性”所具有的边缘性特征已经不再显著，实验性建筑师已然通过媒体的热捧而成为“主流”，第四代建筑师所关注的是如何利用话语权的优势介入现实、回应当下，面对具体的建筑问题，另外，对于传统与现代的关系也逐渐超越了长期占主导地位的“体 / 用二元结构”。

10

这是一个极为深刻的转变。第一代建筑师对现代建筑的努力探索可以被看作是现代主义在中国的播种时期，也应该被看作是一次启蒙，只是这次启蒙遭遇了发展的断层。第四代建筑师摈弃了曾经的民族性与宏大叙事的传统性，他们更愿意从个人的视角来解读传统，将传统内化为一种个体经验，将其放置在具体的历史、地域等语境中，考察传统的多样性和异质性。因此，第四代建筑师所采取的态度是面向具体现实，这其中又有两种倾向：一种是直面当代性与现实问题，在城市化语境中积极应对；另一种，则是从文化的高度探索传统建造经验在当代的转化。

因此，第四代建筑师的话语权所彰显的立场从最初的“实验性”转向了面向现实的“当代性”。从 WA 奖的获奖作品中，能够观察到许多这样直面当下与现实语境的探索。以都市实践事务所为例，在 2008 年的 WA 奖获奖名单中，都市实践的作品占据两席，其中广州万科土楼公舍（刘晓都、孟岩）获得优胜奖，唐山城市展览馆（王辉）获得佳作奖。这两件建筑作品都具有很强的现实感以及主动介入的姿态。“土楼公舍”体现了建筑师关注城市低收入群体的社会学视角，以及从建筑学角度对现代城市居住模式及住宅原型的探索 [9]；唐山城市展览馆则显示出建筑师对于城市旧有空间的改造与城市集体记忆留存的思考与探索 [10]。

从 WA 奖扩容看中国当代建筑的发展转向

新旧世纪交替之际，中国的城市化运动正如火如荼地展开。这种实践语境的巨变使得建筑师们更为关注现实问题，现实感的增强也促使建筑师从形而上的思辨转向了形而下的策略。当下中国快速发展的形势无法为建筑师提供深入思考的空间，相比作品的思想深度而言，建筑师更为关心的是作品的完成度。在建筑实践中，建筑师越来越重视建筑在建造过程中的技术控制，同时在与业主的沟通、施工各方的配合等交际方面也掌握了许多技巧而日趋成熟。抛开其他社会因素不谈，应该看到，在进入新世纪后的短短几年间，建造技术和建造材料的飞速发展，令当代中国建筑在建造质量上的确实现了一个质的飞跃，其中一些建筑作品的高完成度已经能够和国外建筑相媲美。这在一定程度上说明建筑师在职业化发展的方向上逐渐拥有了一定的项目控制能力。中国建筑师的职业化转向促进了当代建筑整体水平的提升，职业化程度的提高也使建筑实践向更为专业化、精细化的方向发展，建筑师越来越需要对自身进行更为精准和明确的定位。

新世纪 10 年间的后半段，中国的建筑实践语境又发生了新的变化，农村城市化逐渐成为热点问题，中国的建设活动开始从大中型城市向乡镇建设偏移。建

图 11. 大连市体育中心体育场及体育馆

筑师们面对的问题更为多样与复杂，已经完全超越了传统建筑学学科的基本问题范畴。除了职业化、专业化的发展，建筑师们还要面对复杂的当下社会现实。从城市到城镇、乡村甚至偏远地区，建筑师尤其是越来越多的新生代建筑师们开始关注建筑对于不同地区的经济形态、社会人群的长期持续性影响，关注建筑所能产生的社会效益。从 WA 奖获奖名单中也能够看出获奖作品的项目地点逐渐从大中城市向偏远地区转移。2010 年 WA 奖的优胜奖分别为：福建下石村桥上书屋（李晓东），西藏尼洋河景区游客接待站（图 2，标准营造·赵扬工作室），四川广元下寺村新芽环保小学（图 3，朱竞翔，夏珩），项目地点全部位于乡村或西部。在 2012 年 WA 奖的优胜奖中，有“四季：一所房子”（图 4，林君翰 / 香港大学，项目位于陕西渭南石家村）以及高黎贡手工造纸博物馆（图 5，TAO 迹·建筑事务所，项目位于云南腾冲）等项目。建筑师的乡村实践成为当下中国探索建筑学新可能、新方向的一种独特路径。

在建筑语境逐渐多元化与复杂化的情况下，WA 奖于 2014 年正式扩容，奖项由原先的一项增至 6 项，分别为：“WA 建筑成就奖”“WA 设计实验奖”“WA 社会公平奖”“WA 技术进步奖”“WA 城市贡献奖”“WA 居住贡献奖”。这种奖项类别的细分正是体现了当下中国建筑发展的专业化、复杂化、精细化的特点。其中，设计实验奖的报奖项目最多（报名 91 个，参评 88 个），反映出当代中国建筑师群体在自主探索方面呈现出积极努力的态度与不倦的热情。奖项细分之后的 WA 奖将会为中国当代建筑呈现一份更为完整的图景。

笔者（支文军）此次担任了 WA 奖两个奖项的评委，分别是 WA 建筑成就奖与 WA 技术进步奖。WA 建筑成就奖关注的是建成空间环境的长远价值，因此，这一奖项的评奖对象要经历一定的时间跨度，主要针对建成 5 ～ 10 年的建筑。获得优胜奖的“成都宽窄巷子”保护性改造项目（图 6）于 2008 年投入使用，该项目在历史文化保护区的保护策略与技术方面都有深入细致的探索，并由此获得良好的社会效益。值得一提的是获得佳作奖的辰山植物园矿坑花园（图 7），这一项目超越了经典建筑学的学科范畴，甚至也超越了一般意义上的景观设计抑或是保护性改造，它试图重建人与被废弃的自然环境之间的联系，将设计提升至哲学思考的层面。四川美术学院虎溪校区图书馆（图 8）则试图追求一种建筑的永恒性，在时间的流逝中彰显建筑的品质。

在由笔者参与评审的另一个奖项——WA 技术进步奖中，北京的凤凰中心（图 9）最终获得了优胜奖，这一项目在诸多方面所具有的开创性使得它的获奖显得实至名归。凤凰中心别具一格的复杂形态显示了新时代媒体建筑开放与创新的特征，而复杂形体相应地带来了材料与建构的革新，凤凰中心的设计团队搭建了一个复杂而系统的参数化平台，通过数字化技术的支持，实现全面技术整合与精确性设计。这是中国本土建筑师首次通过自主力量应用数字技术进行复杂大型项目的设计与建造，具有重要的意义，推动了整个建筑行业的深刻变革。一座小建筑——华鑫展示中心（图 10）和一组巨构建筑——大连市体育中心（图 11）分获佳作奖，前者专注于与环境精微的对话，后者则通过新材料新技术建成目前国内首座全 ETFE 气枕罩棚的体育场。

WA 设计实验奖注重鼓励设计的自主探索，体现了实验性建筑在当下语境中的发展，值得关注。参选项目规模限定在 3000m^2 以下，小型项目更有利于建筑师在某一特定方向上进行实验性探索，获奖项目的探索方向各有不同，有的是在有限的地区条件中依托设计来实现形式的独特性，有的是对轻型结构体系及其社会意义的持续性探索，还有生态可持续性设计、覆土建筑和展览观演功能相结合的探索等等。此外，“WA 社会公平奖”“WA 城市贡献奖”“WA 居住贡献奖”分别挖掘了参展的当代建筑作品在推进社会公平、对城市环境与生活的影响，以及对于居住品质和环境的提升等方面的探索，成果颇丰，在此不再赘述。

结语

回顾 2014 年 WA 奖的 6 个奖项，所有的获奖项目无论侧重于哪一个层面，都有一个共同的特征，那就是它们都深深地根植于建筑学的基本意义之上，无论是技术进步奖或是社会公平奖，建筑师最终都将问题置入建筑学的语境下来进行解决，这是建筑师的基本态度与立场，也是 WA 建筑奖不变的初衷。WA 奖设立 10 余年间，我们能够看到中国当代建筑语境的纷繁变化，而当代建筑师始终在不懈地探索与寻求真正植根于当下现实的中国建筑，新生代建筑师正在不断涌现，中国正在向世界建筑舞台推送更多更优秀的建筑作品，未来值得我们更多的期待。

注释

① 有关建筑师的分代问题可参见相关文献：曾坚．中国建筑师的分代问题及其他——“现代中国建筑家研究”之一．建筑师，1995(67): 85；张镈．我的建筑创作道路．北京：中国建筑工业出版社，1994: 69；彭怒，伍江．中国建筑师的分代问题再议．建筑学报，2002(12): 6；杨永生．中国四代建筑师．北京：中国建筑工业出版社，2002.

② 关于第四代建筑师群体的界定，学界普遍较为认同的是以 20 世纪 60 年代出生人为主体（包括部分 50 年代生及部分 70 年代生人），在“文化大革命”结束后开始接受建筑教育的建筑师们。

参考文献

[1] 秦蕾，杨帆．中国当代建筑在海外的展览．时代建筑，2010(1): 41-47.

[2] 彭怒，支文军．中国当代实验性建筑的拼图：从理论话语到实践策略．时代建筑，2002(05): 20-25.

[3] 王路．以和为美．城市空间设计，2011(2).

[4] 戴春．从第六届远东建筑奖看海峡两岸建筑营建的发展．时代建筑，2008(1): 144-149.

[5] 邓小骅．60 年代生建筑师的群体代际特征初探．时代建筑，2013(1): 28-31.

[6] 刘涤宇．起点 20 世纪 80 年代的建筑设计竞赛与 50—60 年代生中国建筑师的早期专业亮相．时代建筑，2013(1): 40-45.

[7] 蒋原伦．今日先锋．天津：天津社会科学院出版社，2000(1): 7.

[8] 蔡瑜，支文军．中国当代建筑集群设计现象研究．时代建筑，2006(1): 20-29.

[9] 刘晓都，孟岩．土楼公舍．时代建筑，2008(6): 48-57.

[10] 王辉．河北唐山市城市展览馆和公园：从命题到解题．时代建筑，2009(3): 80-87.

图片来源

本文所用图片由《世界建筑》编辑部提供

原文版权信息

支文军，邓小骅．WA 建筑奖与中国当代建筑的发展．世界建筑，2015(3): 40-44.

[国家自然科学基金项目：51278342]

[邓小骅：同济大学建筑与城市规划学院博士研究生]

国际视野中的中国特色：德国法兰克福“M8 in China：中国当代建筑师”展的思考

Chinese Characteristics in a Global Perspective Reflections: On the Exhibition “M8 in China: Contemporary Chinese Architects” in Frankfurt, Germany

摘要 文章介绍了德国法兰克福“M8 in China：中国当代建筑师”展的背景、举办缘由以及意义，并对展览中 8 位杰出的中国年轻一代建筑师的 24 个实践项目进行解读，希望能够有助于中国建筑师思考如何在全球化的背景下创作出属于自己、属于本土的建筑作品。
关键词 中国 当代 全球化 地域性 个性化 建筑师 DMA 德国

“M8”展览的契机

德国法兰克福国际图书博览会（Frankfurt Book Fair）是世界上规模最大、声望最高的书展，每年有来自 100 多个国家的 7000 多家展商参加。它成为常年提供国际图书贸易信息服务和世界上最主要的版权交易市场，也是全球最重要的国际知识产权交易平台。2007 年 5 月 31 日，法兰克福国际图书博览会组委会主席尤根·博思（Juergen Boos）在北京签署了《中国作为主宾国参加 2009 年法兰克福国际图书博览会协议及备忘录》。根据协议，中国（包括中国大陆、香港、澳门、台湾）将以主宾国身份参加 2009 年 10 月 14 日至 18 日举行的法兰克福国际图书博览会。

在 10 月的法兰克福国际书图书博览会，将有超过 100 家中国图书出版机构在主题馆进行版权贸易，并举办新书发布会，中国主宾国开幕式和一系列的文化活动也将在这里举行。届时，中国将举办 300 多场专业出版活动和论坛，如“中外经济学家论坛”“世界出版业高峰论坛”等。此外，包括“百年传情——中国百姓家庭照片展”“中国当代电影展”、“中国传统木版水印展”等在内的一系列中国艺术展览将通过主宾国活动进一步拉近世界与中国文化艺术与世界的距离，让德国观众和世界出版业同行对中国的出版(业)、文化、当代社会和传统文明通过主宾国活动有一个比较全面的了解。“M8 in China：中国当代建筑师”展（M8 in China: Contemporary Chinese Architects）即是诸多展览活动之一。

“M8”展览的缘起

2008 年 11 月出版的《中国当代建筑（2004—2008）》[1] 引起了西方媒体的关注。笔者作为该书的主编之一应德国建筑博物馆（DAM）之邀，同德国建筑博物馆馆长彼得·卡克拉·施马尔（Peter Cachola Schmal）先生共同策划了“M8 in China：中国当代建筑师”展。该展览由中国新闻出版总署主办，德国建筑博物馆、中国图书进出口（集团）总公司、北方联合出版传媒（集团）有限公司、辽宁科技出版社联合承办。

2009 年 8 月 27 日上午，“M8 in China：中国当代建筑师”展在德国建筑博物馆召开新闻发布会，有新华社、凤凰卫视、德国广播（German Radio）等十

图 1. 部分参展建筑师和策展人
图 2. 中德联合策展人支文军教授和施马尔先生
图 3, 图 4. 部分参展建筑师和策划人在展览现场

余家中外媒体参加。发布会上，笔者作为联合策展人与施马尔先生向媒体介绍了展览的筹备情况以及参展的 8 位建筑师和 24 个建筑作品。8 月 28 日下午，策展人和参展建筑师一起参加了以“当代中国建筑”为主题的研讨会，对中国快速发展带来的建设机遇以及中国建筑师与业主之间的关系，中西方建筑设计过程、时间上的差异以及中外建筑设计互通交流的历史发表各自看法，并回答了到会观众的提问。

8 月 28 日晚，“M8 in China：中国当代建筑师”展在馆长施马尔先生主持下正式开幕。中国驻法兰克福副总领事王锡廷先生、法兰克福市议会副议长雷纳特·沃尔特·布兰德克女士、法兰克福书展筹委会负责人之一西蒙娜女士、北方联合出版（传媒）集团有限公司总经理刘红和笔者共同出席开幕式并致开幕词。参展建筑师王澍、徐甜甜、童明、张斌、张轲和马达思班的设计师代表莫娇等在展览现场与德国同行和民众进行交流。施马尔馆长在接受新华社记者采访时说：“我非常喜欢这些作品，它们体现了中国当代建筑设计的水平。我希望他们能到德国设计自己的项目。”

展览于 2009 年 8 月 29 日正式向公众开放，持续到 2009 年 11 月 1 日。展览在法兰克福德国建筑博物馆中 150m^2 左右的空间内，展出中国 8 位建筑师的 24 项建成作品，均为建筑师们近年来的代表项目。通过对这些作品的介绍与解读，展示当代中国建筑师从不同层面和角度对本土历史文化及现实条件的基本理解与创新性的应对策略。位于柏林的德国建筑中心（DAZ）对展览非常感兴趣，8 月 28 日专门派人到法兰克福商谈法兰克福的展览结束后在柏林继续进行展出。柏林展览将进一步扩大展览的影响力，促进更多文化交流活动。

《中国当代建筑（2004—2008）》一书的英文版现已出版，将在法兰克福书展上亮相。为了配合展览，由中德双方策展人共同编辑出版了《M8 in China：中国当代 8 位建筑师作品集》一书，书中特别刊登了由两位策展人、美国《建筑实录》杂志主编罗伯特·艾维(Robert Ivy) 和德国建筑学者埃杜阿德·柯格尔（Eduard Koegel）撰写的当代中国建筑专题评论。该书的中英版本与德英版本已经问世。

“M8”展览的意图与主题

“西方”标准与中国现实

长期以来，以西方建筑话语为主的建筑文化一统天下，当代盛行的“全球化”更是一个以西方世界价值观为主体的话语领域。回望中国现代建筑发展的历程，以及我们对于建筑的理解和评价，无不受到所谓西方的影响。“西方”对“东方”的认识也从来不是一种客观真实的状态，往往掺杂了对异国情调的追寻以及自身愿望的投射 [2]。

图 5. 法兰克福德国建筑博物馆
图 6. 2009 年法兰克福市以“中国”为主题的博物馆节开幕现场
图 7—图 11. 展览场景

然而，中国仍是世界最大的发展中国家，人口多、底子薄、发展不平衡，其间遇到的矛盾和问题，无论是规模还是复杂程度，都是世所罕见的。因而，中外很多学者呼吁：中国大而复杂，要对中国的发展趋势做出客观的评价就不能按照西方的标准，而要深入了解中国的具体国情 [2]。

此外，中国的城市发展与西方历史上任何时期的任何城市都不同，更主要的是中国这种快速建造的要求和复杂多变的社会经济环境也与西方截然不同。在中国这个急速变革的国度里，任何价值都是不稳定的。在当代中国的建筑实践中，中国建筑师理解中国当代现实的复杂性和矛盾性，试图寻求某种现实主义的建筑策略，避免盲从西方标准，而从自身的社会、政治、经济、文化状态出发，给出适宜的解答。这类实践的智慧不是对现实的妥协，而是在建筑理想与现实状态之间的一种巧妙平衡 [2]。

个性创作与中国制造

随着中国经济快速发展，探索地方特色和个人化的设计策略已成为一些中国建筑师的追求，要求现代性中融入地域特征的呼声经久不衰，大胆尝试地域建筑现代化的实践也频频亮相，一种来自中国内部的力量正在迸发而出。

这一方面要求中国建筑师的着眼点要转向当下，关注历史和传统，注重每个建筑所处环境的特点，特别是日常生活的复杂性和多样性，更多地去思考对具体条件的应对策略；另一方面，要求中国建筑师转向对专业领域的技术和美学追求，坚持从建筑自律性的角度出发进行创作，专注于纯粹的、抽象的空间、结构、技术和美学的表达 [2]。

该次展览的目的并非展示中国当代建筑的全貌，而是告诉世人中国还有这样一个建筑师群体——他们追求自己独立的创作视野，在全球化的背景下对中国建筑的发展道路进行思考和探索，并通过自身的感悟和努力，以不同的方式和角度对中国当代建筑的现实做出回应。

展览的标题为“M8 in China：中国当代建筑师”展，着重“中国”与“个体”两方面，因而如何在全球视野中，从具体的当代作品中感悟整体的中国建筑成为值得关注的话题。“M8”中的“M”既可以理解为“Made in China”（中国制造），暗示展出的建筑作品具有中国本土的特征与属性，是中国特色地域环境的产物；同时，又可以与“Men”和数字“8”连在一起代表 8 名中国建筑师，这不仅意味着我们所选的是中国建筑行业大背景下的一个小群体，同时也意指这 8 位建筑师（团体）都是以小型团队模式独立进行创作的。目前在中国，私营性质的建筑实践依然有边缘特征，但他们是当今中国建筑发展的一个缩影。

我们可以看到，中国建筑师已经开始以一种追索地域本质的态度，以及“自下而上”的思考方式，面对施工、材料与社会等真实问题，给人许多的期待[2]。通过展览介绍的作品，我们看到中国当代建筑正在经历变革。它需要建筑师着眼于实际的出发点，经历具体而实在的创作过程，形成属于自己、属于当代的判断标准。

参展建筑师和作品选择

该展览的策展人从《中国当代建筑（2004—2008）》图书中选定了参展的8位建筑师（团队），他们是：马达思班、徐甜甜、刘家琨、朱锫、童明、王澍、标准营造、张斌。书中选择了每位建筑师（团队）的3个作品。这24件作品，不论大小，都是中国近年建成的较有创造性和影响力的新建筑。

选择标准：非主流＋独特

参展的8位中国建筑师（团队），都是以不同于大型建筑设计院的模式进行工作的，而在中国，大型设计院仍是主力军。从这个角度来说，这8位建筑师及其所主持的设计单位并非中国当代建筑的概貌，他们的作品只是大量建筑产品中的极小部分，是体制外的特例。在这里选择他们是因为他们代表了这样一群建筑师——在全球化背景下对中国建筑发展之路进行思考和探索，并给出了各自的答案。从他们身上可以看到中国建筑师寻求自己建筑道路的努力。

教育背景：本土＋国际

参展的8位中国建筑师（团队）属于中国年轻一代建筑师（年龄主要在35～50岁之间），几乎都拥有较高的学历。他们中有的完全是在中国本土接受建筑教育；有的是在中国本土接受建筑教育后赴海外求学，并拥有海外执业的经验。不论是在国内接受教育还是拥有海外游学经历，他们都非常了解国际建筑发展动态，而且频繁参与国内外学术交流。他们应该是具有国际视野的一批中国建筑师。

创作背景：研究＋实践

参展的8位中国建筑师（团队）中，其创作特征均以研究为导向，通过研究促进建筑设计的深化。虽然他们的作品以小规模项目为主，但他们的设计充满研究和实验意义。特别是部分参展建筑师游刃于高校教师和职业建筑师之间，一手执教鞭，一手做设计。他们在设计的同时还做着学术研究，而这些研究成果也或多或少地体现在他们的作品中。与中国大部分建筑师相比，他们的建筑理念更加前卫，具有更多的实验性、研究性，也更具个性。

执业状况：小型事务所＋工作室

从20世纪90年代末以来，中国的民营建筑师事务所逐渐成长，越来越多的年轻一代建筑师创立了自己的设计公司。在大型国有建筑设计院之外，民营建

8

9

10

11

筑师事务所的作用和影响力变得越来越大。这次参展的 8 位中国建筑师（团队）都以民营建筑师事务所或设计工作室的形式存在，且都是以建筑师自身效应为品牌价值。这些机构创立在 10 年左右，但这 10 年正是中国建设量最大的时期。在中国的建设大潮中，他们获得了许多实践的机会，并在实践中逐步积累经验，在实践中落实自己的创作理念。

项目特质：小规模 + 城市边缘

参展的 8 位中国建筑师（团队）设计的建筑多为小规模的公共建筑。小规模公建是比较适合建筑师尽情发挥想法的领域。它既有公共属性，又不像住宅建筑受到较苛刻的日照、功能等限制，而且规模小，易于控制成本，风险也相应降低。他们的作品较少有坐落在市中心商业区的，大多处于城市边缘地带或特殊的文教区域。在这些区域，项目可以较少受商业利益的约束，有更加自由的创作空间 [2]。

思维视野：思想性 + 批判性

参展的 8 位中国建筑师（团队）活跃于各种国际交流活动，视野广阔，在西方建筑与中国建筑的思想框架之间呈现出对当下现实的批判性。这种批判性主要针对当代中国城市趋同、活力渐失、城市的物质形态与居民的生活形态彼此脱节，以及工业化背景下城市整体性的丧失等等。教育背景的不同与思维方式的个体差异形成了不同的设计哲学，从设计理念、方式到创作过程都具有鲜明的个体特征。这不仅表现在他们对环境地域的差异性、城市环境与生态可持续性的关注，更表现为对构造方式的研究、对材料的挖掘，以及对细部的深入设计 [3]。

“M8” 展览的思考

中国建筑在过去 20 年的发展历程是令人瞩目的，但“M8”建筑展会带给世界什么样的印象和思考呢？中国在改革开放中不断地试验和摸索，以经济取得巨大进步的事实，初步证明了“走中国特色道路”的可行性和必要性 [4]。

但是，“中国特色”的经济发展模式能持续下去吗？在新的世界秩序下该如何应对？中国城市和建筑的当代发展是“中国模式”成功的演绎吗？中国当代建筑能给我们多大的自信？对于这样一次中德联合策展的展览，中、外不同的视角又会有什么样的看法呢？我们期待展览过程和后期的反馈 [5]。

（感谢辽宁科技出版社为该次展览所做的贡献，感谢策展人助理戴春博士，感谢 DAM、辽宁科技出版社和参展建筑师提供相关资料）

图 12.《中国当代建筑（2004–2008）》和 *M8 (in China)*
图 13. 展览开幕仪式
图 14. 展览新闻发布会
图 15—图 18. 当代建筑中国研讨会
图 19—图 23. 展览开幕现场

参考文献

[1] 支文军，徐洁 . 中国当代建筑 (2004–2008). 沈阳 : 辽宁科学技术出版社 , 2008.

[2] 彼得·卡克拉·施马尔 , 支文军 . 急变中国：全球化背景下的中国当代建筑 . 沈阳 : 辽宁科学技术出版社 , 2009.

[3] 华霞虹 . 消融与转变 : 消费文化中的建筑 . 上海 : 同济大学 , 2007.

[4] 亚历山大·楚尼斯．介绍一种当今的建筑趋势：批判性地域主义和体现独特性的设计思路 // 亚历山大·楚尼斯 , 利亚纳·费勒夫尔 . 批判性地域主义：全球化世界中的建筑及其特性．北京 : 中国建筑工业出版社 , 2007.

[5] 迈克尔·海斯 . 批判性建筑 : 在文化和形式之间 . 吴洪德 , 译 . 时代建筑 . 2008(1): 116–121.

图片来源

本文图 1、图 2、图 13—图 18 摄影：张淞豪，图 3、图 4、图 7—图 11 摄影：Ume Dettmar，图 5、图 6、图 19—图 23 摄影：支文军

原文版权信息

支文军，吴小康 . 国际视野中的中国特色：德国法兰克福“M8 in China：中国当代建筑师”展的思考 . 时代建筑 , 2009(5):146–157.

[吴小康：同济大学建筑与城市规划学院 2009 级硕士研究生]

13

从实验性到职业化：当代中国建筑师的转向

From Experimentation to Professionalization: The Transformation of Contemporary Chinese Architects

摘要 在改革开放 30 年后的今天，中国建筑师已经在社会发展与经济变革中扮演着不可或缺的重要角色。文章探讨这个时期中国建筑师从自我意识的觉醒与表达自我个性的迫切诉求的实验性建筑的出现，到职业化发展的深入、成熟，经过时代的巨变和文化背景的迁移，他们的思想与实践作品的特质也发生了不同的转向。面对未来，中国建筑师应当始终怀有一种文化使命与文化自信，用积极的姿态来迎接更多的机遇与挑战。

关键词 当代中国 建筑师 实验性 职业化 思想 时间 文化

前言：建筑师的职业身份认同

中国自 1978 年改革开放之后，随着经济制度的改革和市场的逐步放开，建筑活动日益蓬勃地发展开来。建筑师作为一种职业身份被社会所广泛认知也相对经历了一个过程。

在当时的建筑教育体制中，建筑学被划入工科（1952 年全国进行了高校院系调整），建筑学教育偏向工程性，培养出来的人才与其说是建筑师毋宁说是工程师。当时主要的设计单位都是国有大中型设计院，建筑师在设计院体制下仍然只是以工程师的身份出现，“建筑师”这个职业名称并不被社会所了解。伴随着改革的深入和市场的逐步放开，国有设计院逐渐改制松绑，一些大型设计院开始在环境较为开放的南方沿海经济特区设置分支机构。相对灵活和自由的创作氛围使得越来越多的建筑开始注重现代性美感的表达，在这种形式表达的背后，是建筑师自我意识的觉醒与表达自我个性的迫切诉求。一些年轻的建筑师和一批优秀的建筑作品从这种相对宽松的创作环境中脱颖而出。由此，建筑师作为一种社会职业身份终于得以逐渐为社会所认知、了解。建筑师开始逐渐意识到自身独特的职业身份，并且探索着，在设计院体制之外，逐步走向相对独立的职业化道路。

在改革开放 30 年后的今天，建筑师已经在社会发展与经济变革中扮演着不可或缺的重要角色，而在这 30 年间不断涌现出的新锐建筑师，经过时代的巨变和文化背景的迁移，他们的思想与实践作品的特质也发生了不同的转向。

前期的“实验性”

“实验性”在中国特殊语境下的定义

在改革开放之前，中国的建筑实践与建筑基础教育都是以古典美学为基础的布扎体系（Beaux Arts）为其主导，与国际建筑界的隔绝使得中国的现代主义建筑教育处于缺失状态。改革开放以后，国门打开，适逢西方的后现代建筑思潮涌入，现代主义本质内容的缺失使得大多数人对后现代主义中的社会批判缺乏深层理解，仅仅将后现代主义作为一种样式风格来使

图 1. 张永和，北京远洋艺术中心 (2001)
图 2. 王澍，中国美院象山校区 (2004–2007)

用。同时，由于中国语境与现代西方语境的相遇和撞击，以及中国建筑传统自身出现的断层，都使中国建筑急需在新的处境中寻找自身的位置。建筑界从而引发了关于“中国特色”的热烈讨论，但是这种讨论也仅仅停留于浅层的探索，主要集中于民族形式与传统符号的拼贴性运用方面 [1]。

中国当代建筑的实验阶段正是始自这样的背景，这里的“实验性”应当理解成中国特殊语境下的概念，而与西方语境中的“前卫”“先锋”有所不同。西方建筑界自 20 世纪 60 年代起就出现了批判现代主义的先锋思想，它的“先锋性”指征的是对现代性的批判。中国建筑的“实验性”则是对现代主义核心内容的一次冷静审视和重新学习，是对中国当时流于样式风格的主流实践的批判和反思，因而它更注重的是建筑本体的内容——“空间”，而非社会批判 [2]。

20 世纪八九十年代的实验性活动

20 世纪 80 年代是实验性建筑的思想争鸣时期。传统东方与现代西方的各种思潮在这一时期相互冲撞激荡，不仅仅是建筑界，实际上，当时整个人文艺术领域都在经历一场思想解放运动的洗礼，甚至在其他艺术领域还出现了更为激进的先锋性思想。如果说 80 年代的主要成就重在思想争鸣，那么 90 年代的主要成果则是实验作品遍地开花。在建筑界，一批青年建筑师的活动形成了 90 年代中国“实验建筑”的景观。

张永和是较早开始对建筑界主流学术意识形态进行反思的实验性建筑师，他具有独立思想的建筑观念和作品影响了很多青年建筑师，从而成为中国实验性建筑的领军人物。他的早期作品中多数因偏于思辨而未能实施，早期实施的作品包括席殊书屋系列、中国科学院晨兴教学中心、润唐山庄集合住宅等。他的作品中融入了代表着现代主义精神的理性空间叙事以及充满思辨性的建筑语汇，主张回归以建造和空间为核心内容的“基本建筑”（图 1）。

王澍一直将自己定义为文人建筑师，并将设计与建造的状态比拟为“造园”，通过设计精神向传统的回归，在现代性空间和传统文化之间建立深层的联系。从他的自宅到苏州文正学院图书馆，再到中国美院象山校区，作品中都呈现出与传统造园术密切相关的“迷宫”情结（图 2）。

刘家琨一直驻守在中国的西部城市成都，他的大部分建筑作品也都位于四川。四川盆地悠久的独特地域文化，以及刘家琨因曾经从事文学创作而具有的敏感与诗意，使他的作品有别于英雄主义式的建筑，而呈现出一种诗意话语性和地缘亲和力。他的作品强调面对现实，用具有地域适宜性的“低技策略”塑造本土建筑独特的艺术品质（图 3）。

1996 年在广州召开了“南北对话：5·18 中国青年建筑师、艺术家学术研讨会”，这次会上第一次明确地提出了中国“实验建筑”的概念。在 1999 年北京

3

举办的第20届世界建筑师大会期间举办了“中国青年建筑师实验性作品展”，参展的建筑师包括张永和、汤桦、赵冰、王澍、刘家琨、董豫赣、朱文一、徐卫国等[3-5]。这次展览被称为当代建筑发展的一次重要事件，算得上是“中国实验建筑建筑师”这样一个身份在文化领域中的首次亮相[6]。

“实验性”的阐释与总结

总体而言，20世纪90年代的实验性建筑是尝试将中国建筑融入西方现代语境中的一种尝试，并且带有建筑师强烈个人理想主义及哲学思辨的色彩，而其建筑理念并没有对当时中国正逐渐迫近的城市化浪潮做出前瞻性的应对。但是，对于现代建筑的这次“补课”是必要的，90年代出现的实验性建筑所引领的现代建筑的空间叙事方式，后来逐渐也被主流建筑师所采纳，使现代建筑的核心内容——空间话题——由实验走向普及。如果再对实验性建筑关注的空间问题进行更为细致的分析，则可将其分为如下方面：

（1）作为物理概念的空间：这方面关注的是建筑本体的建造问题，实验性建筑力图剥除各种样式、手法和意识形态对建筑的附加影响，无关于风格、历史、文化，回归建筑的本质问题——建造。通过研究材料和建造工艺如何实现空间的营造，建立建筑学学科初步的自足性。

（2）作为精神概念的空间：这方面关注的是一方面是带有语言学色彩的现代空间理性叙事，一方面是东方传统文化与西方现代精神相遇之后的哲学思辨。与当时主流思想不同，实验性建筑并不落足于对传统文化的细节提炼，而是试图更为宏观抽象地考察传统的精神，寻求能够与西方文化相抗衡的、更为自信的东方文化。建筑因而成为个体精神空间的玄想在现实物质世界的投射。

（3）作为地域场所的空间：这方面关注的是让建筑回归到质朴的地域文化语境之中，在面对国际建筑文化时采取一种审慎的态度，从乡土建筑的原型和地域性建造文化中汲取营养，赋予现代性空间以独特的地域场所精神。

后期的“职业化”

进入新世纪之后，中国的城市化进程骤然加快，以摧枯拉朽般的速度快速翻新着城乡的面貌，整个中国呈现出的是一道道混乱无序、令人眩晕的奇异景观。另一方面，从20世纪80年代到90年代，中国的经济文化语境经历了一个从理想主义到现实主义的剧烈转变，对务实与利益的新认识导致了人们对社会理想的漠然和实用主义的泛滥。

经历了从社会现实到意识形态的一系列巨变之后，中国建筑界的语境也早已随之发生了巨大的改变。关于现代建筑空间问题的讨论已经纳入主流学术研究范围，其实验性特征也被逐渐消解。建筑的实验性需要自动疏离建筑的正统和话语中心，将自身置于社会和文化的边缘，寻求新的批判性思想。建筑师一方面受到社会整体意识形态转变的影响，一方面被步伐急促的城市建设环境所逼迫，不得不从个人的建筑理想退守至对现实问题的应对和处理。在中国建筑业的这段黄金时期中，建筑师们通过应接不暇的设计项目，在短期而高强度的建筑实践中磨炼成长，摸索着走向职业化道路。个体建筑师事务所如同雨后春笋般应时而生，一部分青年建筑师从中脱颖而出，进入新锐建筑师的行列。相比于自 20 世纪 90 年代初开始建筑实践的一批实验建筑师（以张永和、刘家琨、王澍等为代表），这一批建筑师更为年轻（多数为 30 多岁），并且大多拥有在国外接受建筑教育的背景。他们的作品正在迅速进入媒体和大众的视野，在这些作品产生的背后，有两种现象值得讨论，一种是对城市问题的社会批判，一种是商业地产的艺术联姻。

城市“大跃进”

在 20 世纪 90 年代中后期，中国的城市化进程就显示出逐年加快的态势。这时，变化主要出现在北京、上海等大城市，一方面是旧城改造，一方面是新城开发。进入 21 世纪以来，中国全面掀起了城市化浪潮，各地都沉浸在一种狂飙突进式的造城热潮之中。官方统计数据显示，1998 年，我国通过土地批租的收入为 507 亿元，1999 年为 521 亿元，2000 年为 625 亿元，2001 年为 1318 亿元，2002 年为 2452 亿元，2003 年更是达到了 5705 亿元。在短时间内，各地出现了众多大规模的开发项目，并产生了“城市运营商”，在一定程度上甚至可以说是出现了“造城运动”。这种大跃进式发展的现状并非起因于城市的自然演进，而是由于地方与区域发展不均衡导致了资源配置的不平衡，从而引起城市建设的盲目扩张。这种造城运动从根本上来看，走的就是这样一条权力主导之路，由权力自上而下的传递而推动形成。

狂飙式的大规模建设与以往城市的缓慢自然生长状态迥然不同，这种忽视自然规律的做法迅速凸显出中国在城市化进程中的诸多弊病，使建筑学面临着前所未有的危机。既有的西方城市理论并不足以阐释和解决伴随着中国城市化运动产生出来的新问题，每一位建筑师都必须在城市语境下做出主动或者被动的应对策略。一部分建筑师的确在将这些危机当作挑战而积极应对，思考如何在快速变化中寻求冷静的策略，如何在实践中融入对现实的批判。

不同建筑师面对城市问题的切入角度也有所不同。从宏观层面来看，城市症结主要存在于城市原有的肌理和特质被迅速铲除，地域特色逐渐消失，很多城市正在丧失个性而逐渐趋同，市民所拥有的集体记忆随着城市物质存在的迅速瓦解而消逝；从微观层面来看，城市对人们的日常生活方式有着潜移默化的影响。中

5

图 3. 刘家琨，鹿野苑石刻艺术博物馆 (2002)
图 4. 马达思班，宁波天一广场 (2002)
图 5. 都市实践，万科—土楼计划 (2008)

图 6. 大舍，青浦夏雨幼儿园 (2004)
图 7. 标准营造，雅鲁藏布江小码头 (2008)

国城市的急速变化如果不能与城市承载的生活条件、生活方式协调一致，就会产生许多问题。例如：城市公共空间被侵吞被消解，低收入人群被边缘化，生存空间被挤压，日常生活空间如街道空间的去生活化，封闭式居住小区引发的对城市结构的破坏和资源的浪费，等等。

由马清运主持的事务所马达思班（MADASPAN）一直采取一种宏观视角来应对城市化问题，积极应对城市发展“大而快”的现实特征，并将其看作中国城市的特有活力纳入设计策略之中。在马达思班的作品中，建筑的内部空间与外部表皮通常采取不同的应对策略，建筑内部应对的是功能的不确定性，而建筑外部应对的则是拼贴式的大尺度城市景观（图4）。

由刘晓都、孟岩、王辉主持的都市实践建筑事务所 (URBANUS) 的设计策略同样也是基于都市立场的，但他们的策略更多地偏向于微观视角。他们希望通过对城市具体现象的观察、对城市生活的具体体验来进行一种批判性的建筑实践。在“万科—土楼计划”项目中，“都市实践”将传统客家土楼的居住文化与低收入住宅结合在一起，将建筑植入城市中废弃的剩余空间，在为低收入人群创造生活空间的同时，也能够激发城市活力（图5）。

商业地产与艺术联姻

随着房地产行业的持续升温，地产项目在不断加剧的竞争中开始逐渐重视项目产品的质量及其产品附加值。建筑艺术的市场价值在这种情况下得到地产开发商的重视，建筑学与美学领域的专业语汇被移植到商业地产的广告语当中，成为一种文化消费品。此外，地产开发商也开始注重自身品牌文化的营造，一部分地产商邀请明星建筑师参与项目设计。此类项目多以高端居住项目以及盈利或非盈利的艺术机构为主，是构成地产商的品牌形象的重要组成部分。在这种背景下，由商业地产催生出一大批具有艺术化倾向的建筑作品，并通过媒体的广泛宣传而进入大众的视线。例如在 2001 年，由 SOHO 中国有限公司投资上亿元建造的“长城脚下的公社”别墅项目，约请了亚洲地区 12 位著名的建筑师设计、建造，在国内媒体引起轰动。虽然此类作品的媒体曝光频率较高，但是，它们并不属于中国建筑的主体实践，因而并不能代表中国建筑界目前的总体水平和整体特征。此类作品所包含的社会意义带有两重性：

一方面，它推动建筑学进入公众媒体的视线，提升了社会大众对于建筑学专业领域的关注度，从客观上来看，有助于提升大众的建筑审美；同时，它也为建筑师罩上了时尚的光环，给予了新锐建筑师更多自由创作的机会，许多建筑师的作品都是商业地产与艺术联姻催生出来的成果。从这种视角看，此类作品带有积极意义。

另一方面，建筑艺术始终被商业所利用和消费，在不断产生建筑新景观的同时，建筑的实验性已经渐渐势微。这种现象既不能构成建筑界的实践主体，同时亦不能成为具有先锋意识的实验性建筑。在这里，建筑的创造性表现为一种“艺术性”，而“当地材料”“当地建造技术”统统成为一种“艺术”进而成为一种资本的“收藏”。从本质上看，这体现的是一种精英建筑师与大资本合作模式的文化价值，而资本意志切断了建筑师与更广泛的文化之间的联系。 这类项目“简化和抽象了城市真实条件下各种复杂的关系，没有真实的使用对象，没有严格意义的甲方，没有社会环境下的多方博弈，更多的是自说白话的表演。相互攀比、相互争秀的内心状况使建筑师缺少平和的创作心态。这使得很多作品更具有形式上的表现性和概念上的展示性。”

建筑事务所的品牌化生存

随着城市的大规模扩张和房地产业的大规模开发，青年建筑师群体逐渐成为目前中国建筑实践领域最重要的力量。同中国的建筑市场进一步向世界市场打开，经济发达地区在建筑建造及施工技术方面与世界先进技术水平的差距迅速缩小，中国建筑界的国际交流日益广泛深入，加之传媒、互联网与出版业的促进与推动，这些都为青年建筑师群体的迅速崛起提供了有利前提，也为优秀本土建筑的大量涌现提供了契机。尽管现实环境（城市开发模式、建筑师职业制度等）不尽如人意，尽管在商业地产背景之下孕育而生的建筑作品的价值观遭遇批判与质疑，但是，必须承认，一批优秀的建筑师事务所已经确立了自我身份的定位，走向以个性化建筑作为其品牌的职业发展道路，他们具有独立思想和明确的文化立场，也具有高水准的专业精神，是中国建筑走向职业化发展的新锐代表，在此仅举几例为代表[7]。

7

图 8. 徐甜甜，宋庄美术馆 (2006)
图 9. 张斌， 同济大学建筑与城市规划学院 C 楼 (2004)

大舍建筑设计事务所的主创设计师是柳亦春、庄慎、陈屹峰。几年间事务所的发展步伐稳健，他们深深植根于本土现实环境，通过平实的语言和精准的表达实现对建筑本质的追问。代表作品有青浦夏雨幼儿园、东莞理工学院文科楼等（图 6 ）。

标准营造最初成立于美国，主创人张轲、张弘等大多具有美国哈佛大学的求学经历，2003 年开始以北京武夷小学礼堂等建筑作品受到业界关注。在其代表作雅鲁藏布江小码头中，建筑因地制宜，采用地方材料和工艺，以舒缓谦逊的姿态融入环境之中（图 7 ）。

徐甜甜同样也具有在哈佛大学留学的经历，之后在欧美建筑事务所工作，2004 年回到北京开始独立实践，成立 DnA 建筑事务所。从她的代表作宋庄美术馆和鄂尔多斯美术馆当中，可以看到建筑师对西方当代建筑语言的娴熟运用（图 8 ）。

由张斌、周蔚主持的致正建筑工作室成立于 2002 年，他们在项目实施过程中往往拥有良好的控制能力，代表作品有同济大学建筑与城市学院 C 楼和同济大学中法中心等。从建筑外部到室内空间，他们的作品都体现出很高的完成度 [8]（图 9）。

职业化：现实感的增强

在建筑师迈向职业化的道路上，现实感的增强是他们的一个显著特征。

在进入新世纪后，青年建筑师逐渐形成了中国建筑师事务所的主体，他们在设计院体制之外争取到了日益广阔的生存空间。虽然从前的国有大中型设计院也早已经纷纷改制，但设计院内部系统的彻底更新仍然有待时日，因而，中国的职业建筑师群体主要是由单独开业的建筑师以及事务所群体构成。尽管如此，带着繁冗组织的设计院体系依然在建筑市场占据了半壁江山，建筑师事务所在与设计院体系进行市场竞争时，必须通过突出自身优势来赢得竞争，而他们的优势就在于良好的环境适应性、灵活高效的组织结构、高质量的设计以及先进的服务意识等方面。其中，环境适应性是指设计院体制通常在面对环境变化时疏于应变，但建筑师事务所往往更能够密切联系当下，对社会、经济与文化环境的转变十分敏感，从而及时做出应对策略。

现实感的增强促使建筑师从形而上的思辨转向了形而下的策略。当下中国快速发展的形势无法为建筑师提供深入思考的空间，相比作品的思想深度而言，建筑师更为关心的是作品的完成度。在建筑实践中，建筑师越来越重视建筑在建造过程中的技术控制，同时在与业主的沟通、施工各方的配合等交际方面也掌握了许多技巧而日趋成熟。抛开其他社会因素不谈，应该看到，在进入新世纪后的短短几年间，建造技术和建造材料的飞速发展，令当代中国建筑在建造质量上的确实现了一个质的飞跃，其中一些建筑作品的高完成度已经能够和国外建筑相媲美。这在一定程度上说明建筑师在职业化发展的方向上逐渐拥有了一定的项目控制能力[9]。

此外，与20世纪90年代涌现的实验建筑师有所不同，今天这一批在建筑界崭露头角的青年建筑师不再关注“中国性”和“传统的现代化”这一类沉重而又宏大的使命性话题，现实感的增强使得他们能够积极地融入当下的全球化语境，从而抛开困扰人们已久的文化包袱，专注于更为具体和微观的建筑策略。这种轻松的姿态反而使他们拥有了一种文化意识上的自信，能够从容应对全球化为地域文化带来的挑战。

然而，现实感的增强对于建筑师的职业化道路同样具有不小的负面影响。对于绝大多数尚未明确自我身份与价值取向的职业建筑师而言，过于现实容易导致缺乏远见，产生急功近利的思想和创作上的惰性。建筑师在快速变化的现实环境中难以实现准确定位，也难以制定职业发展的长远规划。虽然建筑师事务所具备发展的灵活性，但是如果缺乏一定的标准制度作为支撑，其发展终将遭遇瓶颈。

纵观中国建筑师职业化的整体现状，虽然整体已经在向职业化方向迈进，但是距离一个成熟、完善、稳定的建筑师职业结构体系还有很大差距。实际上，目前真正进入品牌化生存的事务所仅仅是建筑师群体中的凤毛麟角。对于作为中国建筑实践主体的广大建筑师而言，要想实现高度的职业化，一方面要从建筑师自身做起，培养职业人所必须具备的专业精神和综合素质；另一方面，则要依靠职业建筑师制度的完善，包括建筑师注册制度、工程项目管理制度以及经营管理制度等。只有全体建筑师的进步和制度的完备，才能保证中国建筑业的水平得到整体提升。

未来：新实验的孕育萌发

在21世纪未来的若干个十年，中国与世界的联系将更为紧密，伴随而来的将是中国建筑实践主体的职业化发展更为深入、成熟。随着国际交流的日益频繁，个体独立执业的建筑师将成为普遍现象，并且他们的分工将更为精细、服务更为专业。目前只有少数耀眼明星的中国建筑界或将转向一种普遍繁荣。另一个趋势则是，未来以数码科技和网络媒体为主导的新文化将持续产生巨大推力，对社会的意识形态和人们的生活方式产生深远影响。这些变化必将投射在建筑与城市空间的未来格局上。新的实验性建筑将在这样的背景中产生出来。实际上，一些更为年轻的建筑师已经开始了这样的探索。面对未来，中国建筑师应当始终怀有一种文化使命与文化自信，用积极的姿态来迎接更多的机遇与挑战[10]。

参考文献

[1] 王明贤，史建．九十年代中国实验性建筑．文艺研究，1998(1).

[2] 王明贤．建筑的实验．时代建筑，2000(2).

[3] 张永和．平常建筑．北京：中国建筑工业出版社，2002.

[4] 王澍．设计的开始．北京：中国建筑工业出版社，2002.

[5] 刘家琨．叙事话语与低技策略．建筑师（78）．北京：中国建筑工业出版社，1997.

[6] 彭怒，支文军．中国当代实验性建筑的拼图：从理论话语到实践策略．时代建筑，2002(5).

[7] 都市实践．都市实践专辑．世界建筑，2007(7).

[8] 李翔宁．权宜建筑——青年建筑师与中国策略．时代建筑，2005(6).

[9] 支文军，徐洁．中国当代建筑（2004–2008）．沈阳：辽宁科学技术出版社，2008.

[10] 何如．事件、话题与图录 30年来的中国建筑．时代建筑，2009(3).

图片来源

图片由项目建筑师提供

原文版权信息

支文军，邓小骅．从实验性到职业化：当代中国建筑师的转向．建筑师（台湾），2009(12).

[邓小骅：同济大学建筑与城市规划学院2009级博士研究生]

14

中国新乡土建筑的当代策略

The Contemporary Strategies of Neo-vernacular Architecture in China

摘要 随着全球化进程的不断推进，新乡土建筑这一课题逐渐引起了人们的重视和关注。国外建筑师很早就在理论和实践方面进行了全面的研究和探索。在我国，建筑师对新乡土建筑的理论却缺乏系统的认识，对新乡土建筑的研究也处于起步阶段。尽管如此，中国建筑师近年来也对新乡土建筑进行了一些尝试，并建成了一批优秀的作品。

关键词 新乡土建筑 中国 当代 乡土性 现代性

引言

伴随着科学技术进步以及信息化、全球经济一体化等全球性趋势的不断发展，在当今世界的许多领域都出现了文化趋同现象。这种文化的趋同，存在着两面性。一方面，推动了世界文化的兴起，对各国家、各地区的经济发展、文化进步有一定的积极意义；另一方面，却压抑了文化的地域性和民族性，破坏了文化的多样性。反映在建筑文化领域，则是出现了建筑的“国际化”趋向，导致了建筑风格、形式的雷同，地域建筑特色的消逝，地方文化特色的没落和历史文脉的断裂。

新乡土建筑正是在传统与现代、全球化与地区性的矛盾对抗中应运而生。它中和了二者之间的矛盾，弥补了各自的不足，既继承和发扬传统的地区文化，又接受全球化带来的科技与进步，唤醒人们对家乡、民族甚至对国家的激情，满足人们躲避现代文明的冷漠，追求情感上返璞归真的需求。

乡土建筑与新乡土建筑

“乡土”（Vernacular）建筑是人们在世代经验积累的基础上，于无意识间形成的一类成果，即它们是没有建筑师的建筑[1]。英国当代哲学家罗杰·斯克鲁顿曾有论述：“建筑主要是一种乡土艺术——建筑的乡土性，在各处都有实例。”[2] 由于建筑物总是产生并且服务于一定的自然社会环境，建筑本身即具有内在的乡土特性，所以早期的民间建筑就是传统意义上的乡土建筑，它们几乎是完全囿于当地自然条件及其物质技术手段的。

所谓“新乡土”（Neo-Vernacular）建筑，是指那些由当代建筑师设计的，灵感主要来源于传统乡土建筑的新建筑，是对传统乡土方言的现代阐释。它赋予乡土建筑以新的、现代的功能，从而使其获得新的生命力。“新乡土”被奥兹坎 (Suha Ozkan) 视为是地域主义的一个方面。从字面和内涵上看，新乡土和地域主义的主要区别在于，前者更注重那些民间的、自发的传统，后者则外延宽泛得多。

新乡土建筑的优势在于，让人们享受现代科技带来的便利的同时，也能够体会到强烈的心理认同感，从而达到心灵的慰藉。这正是它的生命力和吸引力之

图 1. 杭州中国美术学院象山校区“大合院”式的建筑形制
图 2. 杭州中国美术学院象山校区的木墙面与乡土民居的墙面比较
图 3. 杭州中国美术学院象山校区廊道
图 4. 杭州中国美术学院象山校区图书馆立面
图 5. 杭州湖滨步道
图 6—图 8. 西安富平陶艺村博物馆主馆
图 9. 罗中立工作室
图 10. 云南昆明“土著巢”

所在。新乡土建筑并不是那些对乡土民居肤浅的模仿，也不是对建筑符号的生搬硬套，更不是矫揉造作、牵强附会的滑稽表演。它是将乡土的韵味和人们对大自然与生俱来的归属感融入建筑中去，令人获得情感上的共鸣。新乡土建筑削弱了现代建筑留给人的那种距离感和生硬感，而代之以宜人的尺度和亲切的姿态。这种情感虽然能心领神会，却又是似是而非、难以名状的。新乡土建筑的设计手段多种多样，并不拘泥于形式的拷贝和符号的抄袭。建筑师通过空间的组织与变换、技术材料的延续与创新、外部环境的烘托与营造以及民间文化的意象表达，创造出一个个耐人寻味、亲切感人的建筑作品。

中国新乡土建筑的当代策略

近十年来，中国社会全面快速发展，城市化速度不断加快，建筑市场也空前繁荣。随着各种建筑思潮和技术的不断引入，中国建筑师的创作水平也不断提高，而新乡土建筑的创作也进入了新阶段，并取得了许多成果。下面笔者将从以下几个方面对当下的新乡土建筑进行简要分析和概括。

乡土语言的运用与创新

“英国建筑师彼得·索特尔（Peter Salter）认为乡土建筑具有一种经历长期演变而形成的‘必然逻辑’。建筑师们只有考虑形成乡土建筑的客观原因并对之做出反应才能接近这种‘逻辑’，他指出建筑师的技巧与乡土建筑的无意识过程并不存在矛盾，建筑师们可以向乡土建筑学习”[3]。新乡土建筑注重理解和体验乡土建筑的奥妙和韵味，激发创作的想象力，对乡土语言进行延续和创新。同时，以建筑现代化作为其根本的立足点，有机、自然地将其融入建筑创作中去，表现地域特有的空间意象和场所精神，产生可识别、可印象的环境，营造出青出于蓝而胜于蓝的作品来。

中国美术学院象山校区的建筑就是对乡土民居的一种变异和再创造（图 1—图 4）。王澍在和作者的一

图 11. 云南昆明“土著巢”
图 12. 深圳万科第五园小区内景
图 13. 深圳万科第五园小区入口
图 14. 九寨沟国际大酒店
图 15，图 16. 天台博物馆
图 17. 水关长城的竹屋

次谈话中提到，这是对乡土建筑空间和形态的一种似是而非的表达，旨在创造一种模糊的印象。它重在意象的营造却并不在乎形式的具体出处，这种表达传达了新一代建筑师对乡土建筑的感悟和理解。象山的校园建筑的形制是“大合院”式的，院子始于二层平台，朝向内院的墙面使用了通高的杉木嵌板，很像江南民居里的木墙面。在平台的木板墙上做了全开启的门扇，这与江南乡土建筑中的檐廊又有着异曲同工之妙。建筑师还在首层设计了四面围合的小庭院，其中广植翠竹，站在院中就仿佛置身于农家的天井。值得一提是图书馆的立面，是将一扇旧式隔栅窗放大而得来的。隔栅之间镶嵌玻璃变成窗户，在分层处的窗下墙部分则嵌入了木板，给人一种既古朴又现代的感觉。

在杭州湖滨步道设计中，建筑师将现代建筑完美地融于西子湖畔的丛林之中（图 5）。这个取名为“林霭漫步”的建筑群体以完全放松的姿态接纳人与自然、呈现自我。五幢连排楼和零星的白色人工布伞，应和着二楼迂折的回廊，在婆娑的树影之中隐隐欲动，犹如一串凝固的音符。在这个互相交叉连通的空间中，杉林、平台、连廊与构件如同树木枝丫般交织融合，人们可以通过楼梯登上架在空中的步道，穿行于树木之间。“林霭漫步”没有大门，没有围墙，八面围林，毫无约束，漫步其中，整个身心仿佛完全融入了自然，唤醒人们对巢居的遥远记忆。

新乡土建筑还存在着这样一种特点，那就是建筑师在建立形式与功能的关系时，通常将建筑看作是某种生活方式的直接结果，并从建筑所处的环境中找寻某些形式或元素应用到建筑中来，使建筑朴实粗犷，贴近生活。

西安富平陶艺博物馆主馆的设计中，建筑语言的参照就直接源自陶瓷的制作过程，建筑师抽取了其中最典型形式——圆形的烧陶窑炉和丰满修长的陶罐（图 6—图 8）。展览大厅采用了巨大的穹顶形式，在整组建筑中处于主体地位，而两个平行的展厅看起来则像两个躺倒的长型陶罐，半埋于土中。建筑的结构体系则来源于陕北典型的建筑式样——窑洞，也采用了砖砌拱结构，同时，为了适应每一个展厅的起伏，相邻的拱层层叠合构成了独特的形态。外部形态的起伏直接的体现在内部空间中，拱的大小时而膨胀，时而收紧，展厅也随之宽宽窄窄不断变化，当光线从展廊尽头的大圆窗进入展厅时，内部空间的秩序又得到了进一步的强化。

刘家琨的艺术家工作室系列建筑也表现了对当地乡土环境下建筑原型的隐喻和抽象。罗中立住宅的原型部分地取自于成都平原边缘的灰窑，“这一构筑物形式上的直率、构造的诚实、解决问题的直接都让建筑师驻足”[4]（图 9）；何多苓工作室的原型取自藏羌的碉楼，其具有的防卫性特征正好符合何多苓的心理需要；而丹鸿工作室的原型来源于建筑师从云南回四川途中所拍摄的一个水泥厂和农民的烤烟房。这几个原型建筑都反映了建筑体量的并列和间隙的关系。

1996 年，富有传奇色彩的民间艺术家罗旭从儿子的涂鸦获得灵感，以艺术家的狂想和手工的建造方式施工造就了“土著巢”，这些坐落于云南乡间红土地上的建筑群外形奇特，朴拙原始，令许多造访这里的各界人士感到震撼（图 10，图 11）。建筑群是由一个个锥形砖砌穹隆组成的，高低错落，大小不一，外形酷似女性乳房或原始砖窑。土著巢的建造方式更是令人吃惊，工程建造历时 1 年，工人都是附近的民工，罗旭亲自布线、按线定基，等砖砌达到人高，他更是手执竹竿，左指右划，指南打北，硬是口传身教 300 多名工人把最高 16 米的数十座建筑建成了，由于没有机械操作，整座建筑完全由手工完成。“其实，罗旭本身就同时体现着对乡村生活的眷顾和对城市生活的期许，从他的作品中我们可以看到那种对古老手艺的怀想，以及对自然和泥土的依恋”[5]。

空间的嬗变

除了乡土语言的运用与创新，当代新乡土建筑创作的另一个重要方面，就是从特定城市肌理、聚落环境以及建筑空间构成中，发掘形成这种环境、空间的行为缘由，并以这种特定的行为模式为基点，寻求新的城市与建筑空间形态，使新旧建筑之间、建筑与环境之间达到空间上的默契。从某种意义上讲，这种设计方法是更深层次上对乡土建筑的理解和认同。

深圳万科第五园在总体建筑布局上捕捉和再现的正是充满生机活力和生活情趣的村落形态（图 12，图 13）。在总平面设计中，第五园没有运用一般住宅区惯用的超大花园和浪漫曲线，但置身其中却并感到乏味，院落街巷的井然有序与村头河边的随性，体现了传统村落格律与自然应变的并存。小区的两个联排组团看似各自规整，内部街巷则宽窄交织，宜人的尺度构成了富有人情味的居住空间。因地而宜的整体和单体扭转，表现了传统村落自然生长的机制。街头巷尾可见过溪的小木桥和牌坊，既满足现代居住区领域感的要求，又铺陈出自然村落的情景。

九寨沟国际大酒店的设计也借鉴了当地藏族村落的空间布局方式（图 14）。由于多山，这里的民居不十分讲究朝向，因势修造，不拘成法，常常在同一住宅中，各房间有着不同的标高。由于建筑按五星级标准设计的一座现代化酒店，规模大、功能复杂，同时，建筑地段位于一段河谷之上，两侧皆为高山。如何处理建筑与环境在尺度上的协调关系，如何做到化整为零又零而不散，是设计面临的首要问题。建筑师依据这样的环境，“参照当地传统村落的空间模式，将整个建筑处理成依山傍势、层层跌落的造型，建筑的各个部分形成既各自独立又彼此相连的整体，颇具一种‘山寨’之势”[6]。

在浙江天台博物馆设计中，建筑师关注的是秩序、空间与功能的关系以及光影等建筑的基本品质，简单的几何形体成为其形式特征（图 15，图 16）。在内部空间设计中，博物馆从卒姆托设计的瑞士瓦尔斯温泉浴场得到启发，采用了由筒体构成的“房中房”结构。筒体与筒体之间的缝隙则形成了顶部采光带，光带除了采光和划分展示区域外，还是展厅空间路径的引导，从而形成了特殊的空间效果和典雅的艺术氛围。

传统材料演绎新形式

传统材料赋予建筑以大地的衷情、历史的沧桑、生命的活力和人性的温暖，是许多现代材料无法企及的，另外，还具有便于与周围环境协调，易于使用传统工艺和雇用当地的工匠等优点。在新乡土建筑中传

14

15

16

17

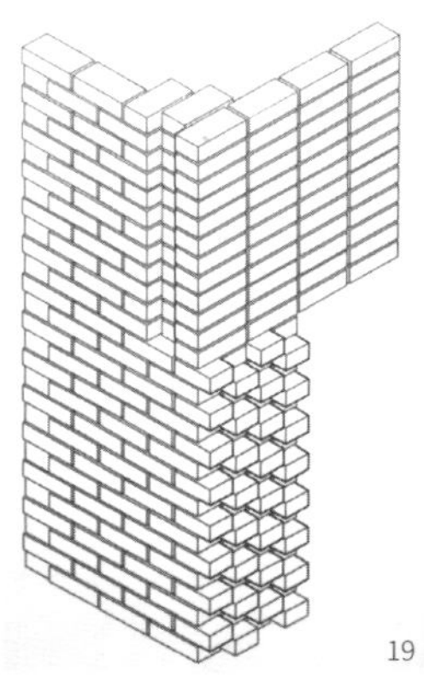

统材料的这些优点得到了淋漓尽致的发挥。

隈研吾设计的水关长城的竹屋，通过精心组织与交接，在外观上表现出竹材由线成面的编织肌理，将“编织”工艺在建筑上得到了应用（图 17）。竹屋的主体结构仍然采用钢结构和混凝土框架的混合结构，竹子在这里的使用仅仅作为分割空间的手段和不同界面的第二层表皮。这座“竹编”建筑不仅创造了“实体”的形态，缝隙间洒落的光影更是将韵律感赋予了整个室内空间。“随着光影的移动与变化，本无生命的建筑恍如瞬间注入了灵魂，整个空间变得灵动起来”[7]。

北京通州艺术中心门房设计中外墙虽使用了灰砖这种传统建筑材料，但砌筑方式却与以往完全不同，产生与传统相悖的形态（图 18，图 19）。在门房外立面上，砖在钢筋混凝土墙的外侧作为一层厚贴面出现，完全不同于常见的承重、厚实的结构形态，而是轻盈的表皮。设计师采用了一顺一丁的砌筑方式，内表面取平，则丁砖间隔着突出表面。作为更进一步地表现，将丁砖切去约 2cm、4cm、6cm、8cm 直至 12cm，渐次砌筑，形成更富于微妙变化的退晕效果，最终融入全顺边砌筑的墙面。

适宜技术的应用

乡土技术源于工匠的经验积累，总的来说是低于社会平均技术水平的。在当代新乡土建筑创作过程中，提炼乡土技术中至今仍然适用的因素，与建筑的设计方法和技术手段相结合，对乡土建造工艺进行转换和

图 18. 通州艺术中心门房
图 19. 门房墙面上砖的砌筑方式
图 20. 鹿野苑的“实验墙”
图 21. 清水混凝土表现出人造石的效果
图 22. 上海闵行接待中心的“双重外墙”
图 23. 上海闵行接待中心庭院内景
图 24，图 25. 西藏阿里苹果小学
图 26. 深圳莲花山公厕
图 27. 犀苑休闲营地外墙面
图 28. 铁匠打制的插销

提升，形成了一种“适宜技术”(Appropriate)。适宜技术并不是一种修补性的折中态度，而是辩证和智慧的抉择。

刘家琨在建筑实践中，从实际出发，选择技术上的相对简易性，注重经济上的廉价可行，以低造价和低技术手段营造高度的艺术品质，在经济条件、技术水准和建筑艺术之间寻找一个平衡点（图 20，图 21）。鹿野苑石刻博物馆的组合墙就反映了他对技术的态度。在这个作品中，他采用了框架结构、清水混凝土和页岩砖组合墙，用清水混凝土表现出建筑中“人造石”的意象。整个主体部分清水混凝土外壁采用凸凹窄条模板，一是为了形成明确的肌理，二是粗犷而较细小的分格可以掩饰由于浇筑工艺生疏而可能带来的瑕疵。其实，早前在全国发行的《建筑设计资料集》里也收录了这种做法，刘家琨给这种一般性的、权宜的地下和半地下室外壁的工程做法赋予了崭新的“地上”建筑的表现力。

设计结合自然

“形式追随气候”并不是机械地模仿那些受气候影响的房屋的具体形态，而是强调学习其中一些适应气候的原理、模式和方法，并结合今天所能提供的技术手段进行综合考虑，目的是更好地适应时代的要求。另外，与气候适应的意义还在于它能成为建筑师创作的灵感源泉。

中国合院式乡土民居在布局上四周较封闭，开窗多朝向内庭院，通过庭院采光通风，这样就可以有效减少太阳辐射。建筑师缪朴设计的上海闵行接待中心就借鉴了江浙一带传统民居的布局和空间处理手法（图 22，图 23）。接待中心由一组办公楼和两组服务楼组成，这三部分都是一二层的小尺度建筑，散布在基地内，通过建筑物和围墙把基地围合起来，外墙极少开窗。建筑师在办公楼的南立面采用了“双重外墙”的处理手法，外墙开洞，它不仅产生了一定的封闭感，而且又成为室内的遮阳板，同时，又不妨碍建筑的通风。双墙之间是局部设置阳台的过渡空间，其间产生了丰富的光影效果。建筑群内部是层层叠合的内天井。天井之间留出通风口和通花围墙来解决通风。建筑师还沿基地南北中轴线设计了一条贯穿整个建筑群的小河。小河所到之处，围墙都是断开的，这样视线通透，望而不达，别有一番趣味。每当风行水上，穿越建筑，丝丝清凉扑面而来，沁人心脾。

对于西藏阿里的苹果小学来说，当地恶劣的气候给建筑设计带来了更大的挑战（图 24，图 25）。学校位于海拔 4800 米的冈仁波齐峰脚下，这里年均大风日为 149 天，山谷中的西风几乎成为影响建筑设计的最主要因素。在这种条件下，避风变得尤为重要，而阳光也变得弥足珍贵。建筑师从中得到启发，“采取了一种群落式的布局，鹅卵石砌筑的墙体顺着坡地和散布的建筑一起将整个学校划分成一个个院落，纵向布

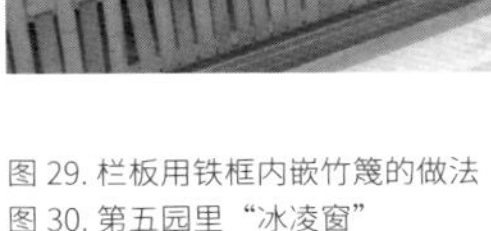

图 29. 栏板用铁框内嵌竹篾的做法
图 30. 第五园里“冰凌窗”

置的墙体起起伏伏，有着山的形态，更重要的是，墙体还具有非常重要的挡风作用”[8]。墙体的不规则形态和间距，来源于对西藏当地建筑的研究。藏式小院的规模不同，但房子的面宽、院子的大小和院墙的高度却有着一定的关系，院子越大，院墙越高，墙体高度和距离正是在解决风和安全的前提下形成的。另外，建筑群落和成组出现的墙体还形成了丰富的空间关系，为孩子们的居住和学习增添了些许乐趣。

深圳莲花山公厕是建筑结合环境，随形就势 有机生长的典型实例（图 26）。其特殊的环境、诗画般的意境、新颖的形象得到了普遍的关注。与传统的取自然材料被动地隐埋于自然环境中的协调观不同，该设计在考虑保护自然生态环境的同时，让建筑主体作为自然的一员凌空于山坡上，像鸟巢一样融入山间林海之中。建筑的支撑柱设计成东倒西歪呈“树干”状的白色钢柱，纤细而优雅，象征被砍树木的新生。柱外的磨砂玻璃墙上设计了大小不一的隐喻树叶的矩形透明斑纹，与白钢柱一起，组成了“人工树林”。如厕者沿着架空的曲面栈桥缓缓步入林海，步入这树枝间分外清新的林中楼阁，让人产生一种溶化于自然的感觉。

朴拙的细部表达

乡土民居的细部装饰充分利用了当地材料、工艺和技术的特点，因地制宜，就地取材。建筑中几乎每一种材料都可以用来雕刻，每一个部件几乎都可以加以装饰，各种装饰手段充分体现了民居的艺术之美。另外，乡土民居的细部装饰不单纯为艺术而艺术，而且与实用有关，在满足功能的基础上，对构件进行艺术处理，使功能、结构、材料和艺术达到协调统一。

新乡土建筑在细部的表达上，也秉承了乡土建筑的一些特点。例如，刘家琨在罗中立工作室设计中就运用了卵石和水泥拉毛面，艺术中心外墙上则使用了真石漆，建筑师要求工人作出手扫纹效果（图 27）。这些做法都表现了建筑的当地性和当代性。中国美院象山校区的那些木门上的风钩、门栓和插销都由铁匠打造，有着强烈的手工艺色彩；栏板的做法是在铁架内嵌编织的竹篾，铁与竹细部处理的结合，充满了民间工艺的韵味（图 28，图 29）。深圳第五园花格窗的处理和小品的设计也体现了建筑师对细部的关注以及对传统的尊重（图 30）。

结语

在当今市场经济大潮的冲击下，效率和利益成为各行业追求的目标。建筑业也不例外，建筑在某些建筑师眼中和工厂的产品没有什么区别，他们只求量的提高，而忽略了人们对建筑的情感需求，设计态度非常浮躁，设计思路也已程式化，成为一种“快餐式”的建筑文化。然而也有另外一些建筑师，他们对于现实社会有着敏锐的洞察力，饱含建筑创作的激情，执着于对建筑的更高追求。他们从本民族的建筑出发，在对中国本土建筑进行深入研究和分析的基础上，设计出一批极富乡土韵味，又充满现代气息的建筑。当然目前中国新乡土建筑设计还处于起步阶段，也存在着一些问题，例如，在设计中比较注重形的模仿和象征而缺少对空间的设计；细部设计不够深入显得比较粗陋等。虽然有些建筑还不成熟，但我们已经从中看到了他们的创新精神，这也是当下值得许多建筑师学习的。

（本文根据同济大学建筑与城市规划学院 2006 届硕士论文《当代中国新乡土建筑创作实践研究》改写而成，研究生：朱金良，导师：支文军。本课题的研究，得到“五合国际（5+1 Werkhart International）建筑设计集团”的资助，在此表示感谢）

参考文献

[1] 维基·理查森 . 新乡土建筑 . 吴晓，于雷，译 . 北京：中国建工出版社 2004: 6.
[2] 罗杰 ·斯克鲁顿 . 建筑美学 . 刘先觉，译 . 北京：中国建筑工业出版社，2003.
[3] 维基·理查森 . 新乡土建筑 . 吴晓，于雷，译 . 北京：中国建工出版社 2004: 138.
[4] 刘家琨 . 此时此地 . 北京：中国建工出版社，2002: 22.
[5] 张音玄 . 从“竹墙”说起 . 时代建筑 . 2002(6): 54.
[6] 王毅 . 一个结合地域的设计：九寨沟国际大酒店 . 建筑学报，2004(6): 46.
[7] 叶永青，吕彪 . 妄想和异行：罗旭的昆明土著巢 . 时代建筑，2006 (4): 144.
[8] 王晖 . 西藏阿里苹果小学 . 时代建筑，2006(4): 117.

图片来源

本文图片由项目建筑师提供

原文版权信息

支文军，朱金良 . 中国新乡土建筑的当代策略 . 新建筑，2006(6).
[朱金良：同济大学建筑与城市规划学院 2003 级硕士研究生]

15

中国当代建筑集群设计现象研究

A Study of Group Architectural Creativity in Contemporary China

摘要 文章从研究“集群设计”的兴起与定位，历史渊源及其发展异化入手，进而探讨中国当代建筑集群设计的现象与概况，并重点评述中国集群设计的特征、价值、意义与误区，以及与“明星建筑师”的关系。
关键词 集群设计 集群建筑 建筑展 建筑事件 “明星建筑师”

“集群设计”（Group Architectural Creativity）这一提法的出现在中国建筑界是近些年的事情，据笔者所知最早见于崔愷在2004年4月发表的一篇名为《关于“集群设计”》的文章[1]。对于这一现象不仅业内人士早已关注，大众媒体也不觉陌生。

“集群设计”考

“集群设计”的语义

“集群设计”，按照字面意思，即集合建筑师群体参与建筑创作的实践活动。“集群设计”之所以作为一个特殊提法区别于一般建筑设计，与一种基于经验的认识前提有关，即建筑师，或者广义的从事与艺术创作有关的职业人，通常是以个体（个人或公司等固定组织）身份参与创作活动。

这种经验性认识一方面来源于创作活动本身的特性——艺术创作带着明显的个人意识，宣扬个人体验，艺术创作者的外在表现也往往给人以特立独行的印象；另一方面来自项目运作的惯例——在建筑工程项目选择设计师或者设计成果的一般模式，即招投标模式中，设计师们往往以竞争对手的方式出场，这种既定的游戏规则限制了建筑师的群体创作。因此，当打破常规的“集群设计”现象出现，就需要重新定义。

“集群设计”的渊源

一般认为，“集群设计”脱胎于国外示范性实物建筑展。

有着举办国际建筑展览传统的德国柏林，自20世纪20年代以来主办了一系列实物建筑展，其中1927年“德意志制造联盟”（Deutscher Werkbund）的魏森霍夫试验住宅区（Weissenhof Siedlung），可谓现代“集群设计”的开山之作。展览的初衷是应对第一次世界大战后德国住房紧缺和经济状况急剧恶化中的住房建设问题，强调的是经济与适用。展览聚集了密斯（Mies van der Rohe）、柯布西耶（Le Corbusier）、格罗皮乌斯（Walter Gropius）、奥特（J. J. Oud）、夏隆（Hans Scharoun）等17位世界著名的现代主义建筑师，代表了当时欧洲最前卫的设计组合。他们以探索未来住宅设计为己任，使用创新的设计概念和设计方法，对住宅建筑的平面布局、空间效果、建筑结构、建筑材料等进行了一系列革新，并开创了“国际主义风格”（The International Style）[2]。

1931年的建筑展正式移师柏林，以“我们时代的住宅”（Die Wohnung unserer Zeit）和“新的建设”（Das neue Bauen）为主题的“德国建筑展”（Deutsche Bauausstellung）在设计经济住宅模型的同时，考虑如何降低建筑造价，帮助解决居住和失业问题。

1957 年以“明日城市”（Stadt von Morgen）为主题的国际建筑展（Internationale Bauaustellung），邀请了 13 个国家的 53 位建筑师，重建受战争破坏的汉莎住宅小区（Hansaviertel, 1956–1958）。展览对未来城市住宅区和住宅建筑设计进行了建设性的探索，有 36 个项目建成，是“国际风格”的又一次大展演[3]。

现代主义建筑师的一次次集体亮相，无一不是针对当时的社会问题，体现了现代主义建筑师强烈的社会责任感。集体智慧的交锋推动了学术进步，其影响之深远非后世所企及。于是“集群设计”这种与生俱来的“精英”气质，使其语义中的“集群”不只是简单的数量概念，还隐含了“前瞻性”与“示范性”的意义。

“集群设计”的变异

资本和市场经济的运作影响了全球经济秩序的同时也在影响文化构成，“集群设计”在参与社会生活重组和资本权力建构的过程中也难逃异化的宿命。

步柏林建筑展之后尘，西方各国在 20 世纪 80 年代后也涌现出一些集群设计力作，如德国魏尔维特拉家具厂、德国柏林波茨坦广场、法国里尔欧洲中心、荷兰阿姆斯特丹东港口区、英国格拉斯哥未来住宅区、日本东京六本木山等。不同的是这些项目不再是有组织、有主题、有特定目的和区域的展览活动，而是一般意义的房产开发项目。仍旧具有建筑展性质的有矶崎新（Arata Isozaki）在 20 世纪 90 年代主持策划的福冈“纳克索斯世界”（Nexus World）国际住宅展。

“集群设计”产生于现代主义建筑的学术探索，而今发扬光大于资本权力的空间建构。其产生动机不再是单纯的学术研究或是对于社会建构的使命，其精英气质更多地被当作商业利益最大化的筹码。

“集群设计”之身份定位

“集群设计”作为建筑设计活动中的一种特殊情况并引起关注，但其本身并不能作为任何一种文化批评方式的分类基础，不能完整地作为一种创作方式看待。“集群设计”既不具备理论上的分类特征——不存在创作观、思想观，或者建筑作品理论上的分类共性，也没有明确的社会学分类基础，甚至其涵盖的对象也是模糊的。这种简单地以设计组织方式为基础的分类是不可靠的。

“集群设计”更倾向于一种 “建筑事件”，是具有社会学意义的建筑现象。作为一种现象，“集群设计”包含了一些默认的条件：

（1）不一定有组织，但通常有“预谋”。“集群设计”中的业主与建筑师的关系不是随机的。即使项目没有特定的主题及其相关的组织，往往有特定的建筑师作为联系人，邀请其他同行参与设计。委托设计取代设计竞赛招标，被作为选择建筑师的主要方式。

（2）不一定有多大规模，但通常有相当的影响力。项目占地、建筑面积、建筑数量、建筑师数量均不会对“集群设计”造成限制，但其过程及结果通常能够引起学术界和媒体的注意。其中或者包含设计思想和建筑技术层面的创新实验，对建筑学的发展有所建树；或者提升场所价值在体现某种程度的“示范性”。

（3）不一定有理念，但通常不能“纸上谈兵”。“集群设计”是一个全过程设计，包括了从项目策划到规划设计到施工建成的全部步骤。止于概念的“图纸建筑”，或未建成的“表现图建筑”习惯上不被纳入对象范畴。

（4）不一定在同时建造，但通常在同时设计。脱离了展览意味的当代“集群设计”是高速建设的产物，靠集思广益来弥补没有时间与历史积淀的建造。集体智慧的切磋与交锋是集群设计与个体设计的最大区别，其结果是使一蹴而就的新区呈现出更接近于城市本质的复杂性与多样性。超大规模的集群设计项目可能持续较长时间，采取分区块、分阶段进行操作，但同一区块、同一阶段内仍然是同时设计。

“集群设计”之林林总总

“集群设计”是一个宽泛的概念，上述约定俗成的条件并不对集群设计项目的种类构成约束。依照不同的分类标准，对集群设计项目进行归类，可以逐步获取对复杂性事物的真实性理解。

集群设计项目根据建造目的的不同可分为一般房产开发与特殊事件，如世界博览会、奥林匹克运动会、建筑实践展等。其中世博会与运动会由于其特殊的性质和功能，承载了过多建筑之外的意义，不具有普遍性，因而不在本文讨论之列。按照业主社会身份的不同可分为纯商业项目、政府项目和政府介入的商业项目。从项目功能的复杂程度看，分为单一功能项目和综合使用项目。以项目大小计，分为集中地块开发项目和大范围的城市更新改造项目，如德国柏林 1987 年国际建筑展、上海青浦新城建设等。城市范围的集群设计既可以看作一种介乎一般建造与“集群设计”的过渡——快速的城市建设，也可以理解为“集群设计”的“集群”，具有概念的模糊性，因此本文仅截取其中典型的区块作为研究对象。总体来说，集中地块的一般房产开发项目比较能充分体现“集群设计”的问题。

“集群设计”在中国

最早让“集群设计”闯入中国建筑界的是 2000 年启动的“长城脚下的公社”。这个项目不但在当年名噪一时，乃至蜚声海外，至今仍是中国最典型的集群设计项目之一。

“公社”的成功开启了中国的集群设计时代。2002 年至 2005 年仅 3 年时间，据笔者所知，全国各地陆续出现了至少 13 个有一定影响的集群建筑师项目（表 1）。其中部分项目具有相当的国际影响力，如南京的“中国国际建筑艺术实践展”和浙江金华的“建筑艺术公园”，均在全球范围邀请设计师。本土项目的声势之浩大也毫不逊色，如广东东莞的“松山湖新城”和成都的“建川博物馆聚落”，均邀请了近 30 位国内知名建筑师参与。这些项目都或多或少打着展示建筑艺术的旗号。

上海的“青浦营造”和杭州的“良渚文化村”这类大规模的新城制造，尽管其中运用了“集群设计”

图 1. 长城脚下的公社总图
图 2. 松山湖中部地区城市设计总平面图
图 3. 青浦营造之尚都里鸟瞰
图 4. 良渚文化村之玉鸟流苏总图

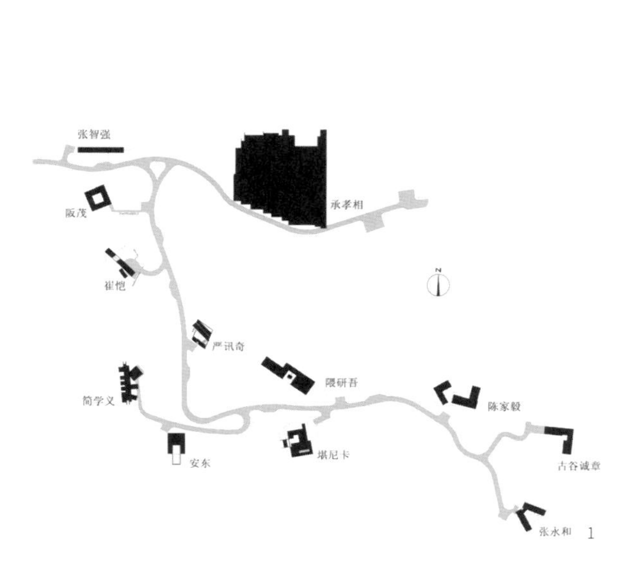

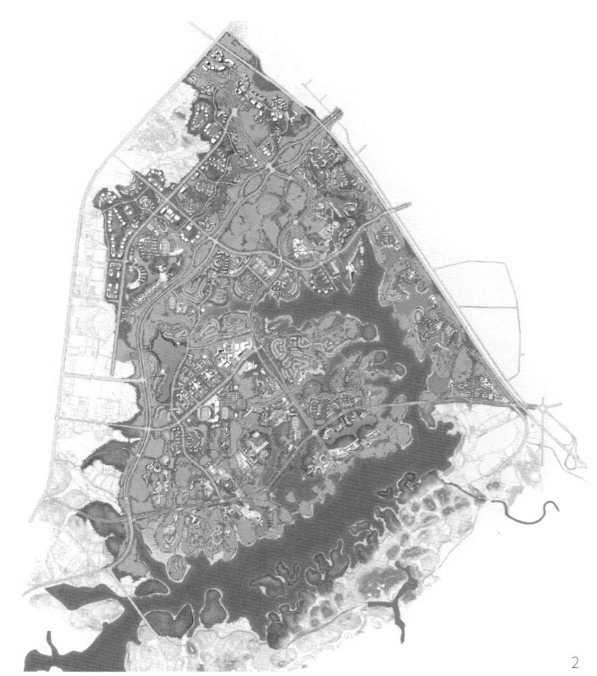

的操作模式，但战线拉得过长，不足以体现“集群设计”的协作性。本文仅选取部分具体项目进行分析。杭州的“浙江大学紫金港校区东区”、上海的“九间堂”和北京的“永丰科技园用友软件园”，作为一般房产开发项目，似乎只是多邀请了几位知名的建筑师而已，不足以体现“集群设计”的学术影响力。银川的“贺兰山房”由于是艺术家“玩”建筑的产物，即使被载入《中国建筑艺术年鉴》，仍旧基本不为建筑界人士所认同。

无论这 13 个项目采用“集群设计”模式出于何种目的，其地域之分散，参与建筑师之众多，足以体现“集群设计”在中国的影响之广泛。

中国集群设计的特征

“集群设计”本身并不具备理论上的分类共性，

3

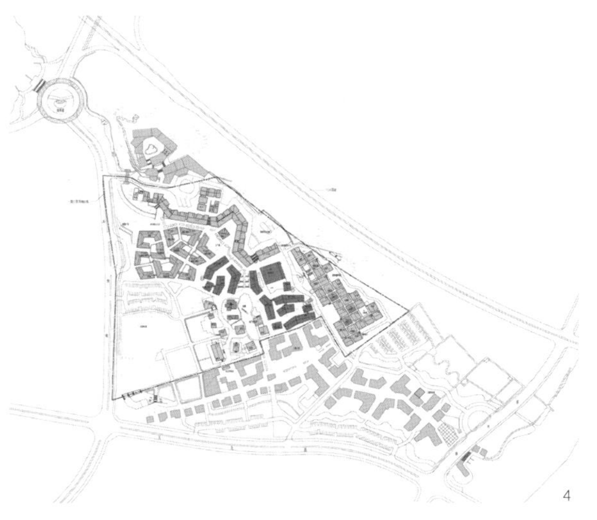

4

但一些外部特征促使中国集群设计呈现出某些共性特征。考察中国集群设计项目前期业主的运作方式、建设规模、功能定位、环境选址，项目过程中的参与建筑师，项目成果的建筑形式这三大环节的中反映出的基本外部特征，可以大致描摹出中国集群设计的“体貌”。

条件——项目要素

在国内建筑项目运作中，业主选择建筑师的一般方式是设计竞赛招标，而国内集群设计的特殊性在于绝大多数项目从规划到城市设计再到建筑设计均采用委托设计形式。如此大规模的邀标需要业主有相当的魄力，这里的业主既有政府机构，也有房地产企业。

相对而言，政府机构具有更强势的控制力，且成本、利润限制较小。这种不同体现在项目规模上，则政府介入的项目多为大规模的新城建设，如青浦营造、松山湖新城，或广泛的国际邀标，如中国国际建筑艺术实践展、金华建筑艺术公园，而普通地产项目望尘莫及；体现在项目功能定位上，则政府机构能够操作自由度较小的公共建筑，而房地产企业更倾向于投资灵活性高、利润空间大的具有商业、旅游性质的项目（表 1）。

国内集群设计项目的基地大多在自然环境优越的城市郊区（表 2），经济因素显然起了决定作用。城郊土地资源较市区内丰富，一方面相对土地成本低，另一方面基地环境质量的可选择余地大。因而，建筑设计受到用地或者容积率限制较小，为集群设计的创作自由度提供了重要的物质保证。基地远离城市的同时也远离了城市矛盾，这是国内集群设计得以拥有充分创作自由度的先决条件。而且，优美的自然景观有助于建筑师获取灵感和反思中国当代城市形态以及建筑形象的发展。更有部分基地位于自然、人文景观齐名的胜地（如长城脚下的公社、建川博物馆聚落、良渚文化村），给建筑设计引入了文化内涵的深层参考。

过程——参与设计师

对参与建筑师进行多角度的分类研究，可以从“人”（建筑师）的主体角度更明晰地认识集群建筑与设计的多样性和复杂性中存在的集体共性，同时也有助于理解“建筑师”的知识背景、创作理念等主体因素如何影响集群设计的产生。

（1）第四代唱主角

从年龄和经历考察，参与集群设计的中国建筑师大都属于我国的第四代建筑师，1978 年恢复高考以后接受高等教育，部分人在国内接受本科教育后再留学西方或者毕业后在工作中被公派出国学习。这一批人一般学历较高，思想敏锐，接受新鲜事物的自觉性强，

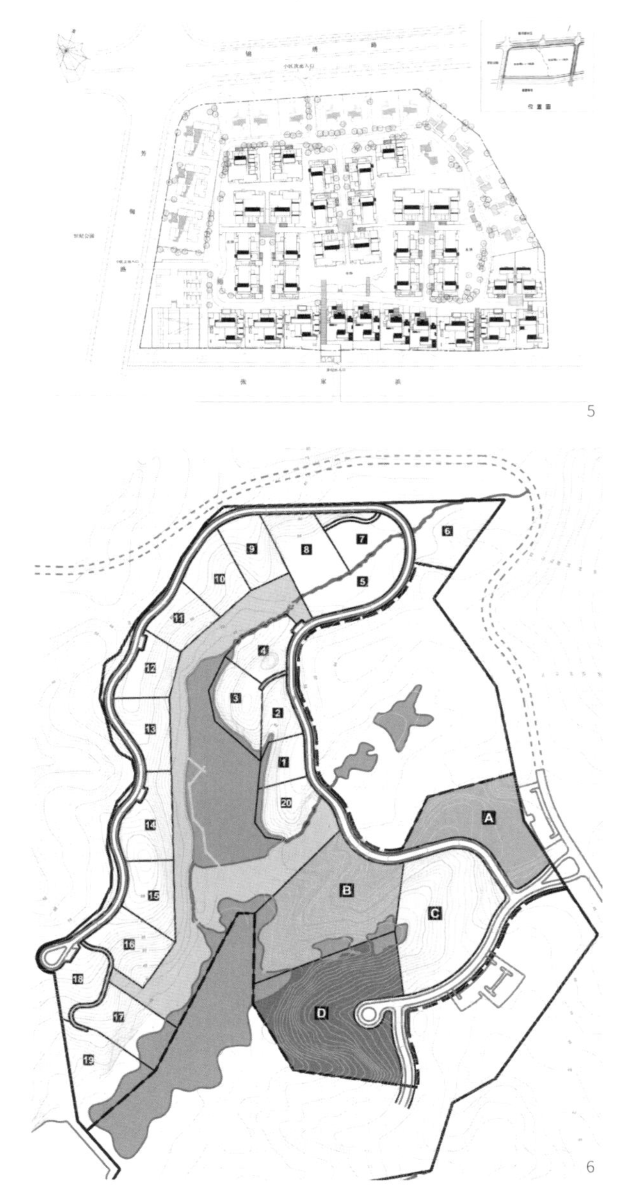

5

6

7

8

对国外情况较为了解，曾在海外接受专业教育或者在其事业之初吸收了其他艺术领域的知识和操作经验[4]。

其中相当部分人因其海外经历而被归为俗称的“海归派”，他们以海外经验介入中国建筑实践[5]。其中还有部分人因其鲜明的特征而被细分为所谓“新学院派”，虽然这亦非理论意义上的流派，但的确有其所谓的共同特征，“最根本的一条就是他们既以建筑高校为依托、又与传统意义的教师有明显区别的特殊身份”[6]。其代表人物包括：丁沃沃、刘家琨、王澍、王群、张雷、张伶伶、张永和、张毓峰、朱竞翔，他们中的大部分参与了集群设计活动，而张永和、刘家琨、张雷更是集群设计的积极策划者。

但是，中国建筑师年龄经历分布的相对集中，使得中国集群设计缺乏建立在不同时代的人对于建筑、生活、社会理解之上的心理需求和精神状态的多元化表达。唯有建川博物馆聚落项目特地邀请老、中、青三代建筑师根据他们不同的时代经历，分别承担抗战博物馆系列、民俗博物馆系列和“红色年代”博物馆系列的设计，建立起不同年龄间开放的对话。

（2）世界语言作中国文章

参与中国集群设计的建筑师几乎遍及全球，既有西方发达国家的泰斗级建筑大师，也有崭露头角的新锐建筑师，还有大批亚非拉发展中国家的建筑新秀。外国建筑师中仍然以临近的亚洲国家建筑师居多，既有业主刻意追求亚洲风格的主观原因，也有地域文化差异相对较小而易于操作的客观原因。

本土建筑师同样来自全国各地，但其地域分布明显受制于地产业的经济影响力和建筑院校的学术影响

图 5. 九间堂别墅总图
图 6. 南中国国际建筑艺术实践展地块分布
图 7. 严迅奇的九间堂别墅单体
图 8. 大舍的玉鸟流苏商业街
图 9. 美军援华抗战馆
图 10. 川军抗战馆

力。其中以在北京、上海、深圳三地执业的建筑师居多，这 3 个城市既有中国最发达的地产业作为经济基础，也有清华大学、同济大学、华南理工大学等著名建筑院校作为学术后盾。东部的南京和杭州、北部的天津、西部的成都，则因分别依附于上海、天津、重庆及其辐射经济圈的发展和东南大学、浙江大学、天津大学、重庆大学等老牌建筑院校的支撑，建筑学术与实践活动亦相当兴盛。

（3）道不同亦相为谋

集群设计中参与建筑创作的，在本文中统称为建筑师。诚然其中绝大部分的确是职业建筑师，但也不尽然，“贺兰山房”的 12 位设计者都是职业艺术家。他们之前从未有过建筑实践，不过之后恐怕仍然不会有人称他们为建筑师。只有丁乙在“贺兰山房”之后又参与了金华建筑艺术公园的设计，当然还是艺术家的身份。

艾未未是一个例外。1999 年他在京郊设计并建造了自己的工作室，成为艺术家个人介入建筑设计领域的开端性事件；如今他已成为跨越艺术与建筑两个领域的双栖设计师。艾未未的参与在某种程度模糊了建筑师与艺术家的界限。

艺术家参与建筑设计可以带来新的思想和思路，为建筑设计注入新的活力。建筑的复杂性使得设计者需要应对城市、政策、资本、技术等诸多现实问题，这是一般艺术家没有能力也没有兴趣解决的。因此，集群设计中部分建筑师与艺术家选择了合作设计，如南京中国国际建筑艺术实践展中广东建筑师刘珩与艺术家宋冬的合作；金华建筑艺术公园中艺术家王兴伟与建筑师徐甜甜的合作，艺术家丁乙与建筑师陈淑瑜的合作。建筑师与艺术家的合作成果是交织着“明确”与“模糊”“复杂”与“简单”的矛盾统一体。

至于拥有其他专业背景的建筑师更是不乏其人。刘家琨众所周知的文学经历，意大利著名建筑师埃塔·索特萨斯（Ettore Sottsass）从建筑设计、室内设计、家具设计到工业产品设计的广泛涉足，已融入他们的职业建筑师生涯。设计师的职业与专业多样性体现了中国集群设计的开放性，促进了集群建筑成果的多元化。

（4）精英的舞台

尽管参与建筑师众多，但不难发现，其中有些身影反复出现。从表 3 可以看出，参与两次以上的建筑师大都是活跃在建筑业界和学术界有着“明星建筑师”之称的一批中青年建筑师。在业主与建筑师的双向选择中，除却“圈子”原因，吸引这些建筑师积极参与的重要原因是集群设计的自由创作空间。青年才俊们和业主们分别借此实践各自的建筑理想，力求达到商业性与艺术性的和谐统一。像崔愷、刘家琨、张永和等一批中青年建筑师中的领军人物，更担负了集群设计的策划和组织，在中国集群设计的发展繁荣历程中扮演了重要角色。

其中最特殊的当属日本建筑师矶崎新，他是中国集群设计实践中参与次数最多的外国建筑师。矶崎新是“建筑精神的不懈探险者和思想者”，保持了一贯的先锋气质，致力于建筑实验和提拔建筑新秀。矶崎新也是“一位世界公民，他敏锐地意识到并参加到一种世界文化，一种思想环球论坛中”[7]。他在中国频繁的设计活动影响着中国，也被中国影响着。

结果——集群建筑

集群设计的结果表现为“集群建筑”（Architecture Cluster）。集群建筑无关于建筑类型，也没有统一或者明确的风格，仅仅作为集群设计成果的物质形式存在。集群设计项目的物质前提和创作主体的特征直接影响的结果是集群建筑在应对自然环境、文化地域和建筑本体时的外在表现。

（1）与自然共生

中国集群设计所处的环境（表2）大都是湖光山色相映生辉的自然生态景观地带，如此的天然优势下，不少集群设计项目本身即立足环境生态。南京的中国国际建筑艺术实践展以“重建平衡”作为主题，其含义“体现了建筑与大地的血亲关系，赋予建筑自然生长的属性，集中反映了人工与自然之间的和谐互动，建筑成为人类向大地表达情感的最佳形式”[8]。东莞松山湖新城、青浦营造、良渚文化村这三个大规模的新城建设项目的规划设计均以生态为核心。较小规模的九间堂别墅区与浙江大学紫金港校区规划则以“园林化”为特色。

建筑师们很难面对优美的自然环境无动于衷，因此环境因素（地形地貌、自然资源、景观）往往是创作构思的重要组成部分。绝大多数设计作品也表达了“自然环境为先，建筑理应谦逊”的态度。

部分集群设计项目基地地形起伏较大，如“公社”所处的水关山谷，松山湖新城坐落的岭南丘陵，中国国际建筑艺术实践区选择的濒湖山地，其建筑大都体现了与坡地的关系。具体策略包括：依山，建筑空间顺应原有地貌空间经验；凌空，建筑架空或悬挑以期最低限度改变原有地貌；点地，建筑以置放的姿态轻触原有地貌。

对于基地内已有的自然资源，如植被、山石、水源等，建筑师们采取了保护性利用的原则。艾未未为“公社”做景观设计时保持了北方大山苍凉、博大的“个性尊严”，保留了山中特色的柿子树、栗子树，并以开山过程中挖掘的大量石块作为景观构筑的主要材料。他把景观设计看作对建造过程中被破坏的生态环境的修复。建筑师的设计手法上则大量借鉴对景、借景、障景等园林设计手法，将自然景观纳入建筑，充分利用环境优势为建筑增色。

图 11. 王澍的“三合宅”
图 12. 张雷的“楼宅”
图 13. 塔提阿娜的展厅
图 14. 丁乙 / 陈淑瑜的网吧
图 15. 安东的“红房子”
图 16. 隈研吾的“竹屋”
图 17. 坂茂的“家具屋”
图 18. 张永和的“二分宅”
图 19. 王澍的咖啡厅
图 20. 张永和的“点心空间”
图 21. 赫尔佐格和德穆龙的阅读空间
图 22. 布赫纳和布鲁德事务所的公园管理用房

11

12

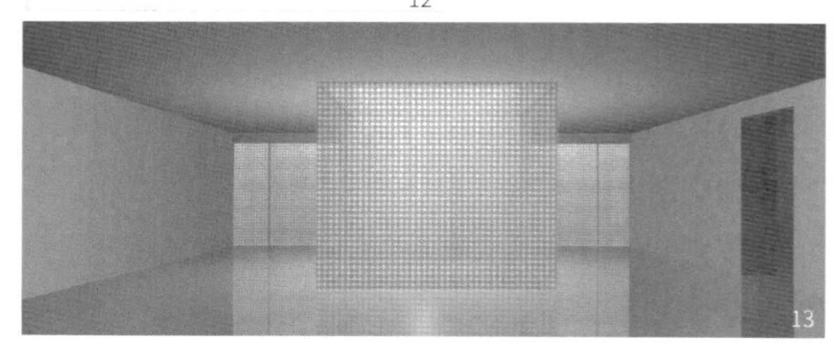

13

14 15

16

17

（2）地域文化重构

从“公社”倡导的“亚洲精神”，到“九间堂”提出的“现代中式，大宅九道”的建筑文化内涵，或者仅仅是项目业主的经营策略，建筑师们把对文化有意识的建筑重构作为应对策略。中国建筑师对于传统的重构源于对本土文化的反思，外国建筑师对于中国文化的新解源于对文化差异的思索。

在以“公社”、南京中国国际建筑艺术实践展、金华建筑艺术公园为代表的国际邀标项目中，设计方案的文化特征表现得尤为突出。参与上述集群设计的外国建筑师不少是首次到中国做设计，他们的设计一方面表达对于中国文化的独特感受，一方面表达对于地域文化的尊重，因而相当部分设计选择地域文化作为切入点，认为“重点在于让设计得以适当地反映该地文化及实质面向的涵构”[①]。参与其中的中国建筑师的本土文化“情结”则既是他们在当代中国建筑探索中的主动选择，也是某种程度上“国际化”团队的文化碰撞中本能的应激性反应。

建筑师的地域文化重构策略主要归为两大类。一是传统建筑要素的移植。常用的方式有：民居、园林的空间经验移植，如来源于民居的王澍的“三合宅”和张雷的“楼宅”（南京中国国际建组艺术实践展），源自园林体验的墨西哥女建筑师塔提阿娜（Tatiana Bilbao）的展厅和丁乙 / 陈淑瑜的网吧（金华建筑艺术公园）；对地方材料的创造性使用，如日本建筑师隈研吾（Kengo Kuma）裹满竹子的“竹屋”和安东（Antonio Ochoa）以彩色混凝土浇筑的“红房子”（长城脚下的公社）；对传统结构、构造的再造，如坂茂（Shigeru Ban）在“家具屋”中的竹胶合板家具体系实验和张永和在“二分宅”中的夯土实验。二是其他门类文化的嫁接。中国建筑师惯于从语言文字意境到建筑空间体验的转化，如张永和受曹操与杨修之间“一合酥”的故事启发而做的“点心空间”和王澍构想为

18

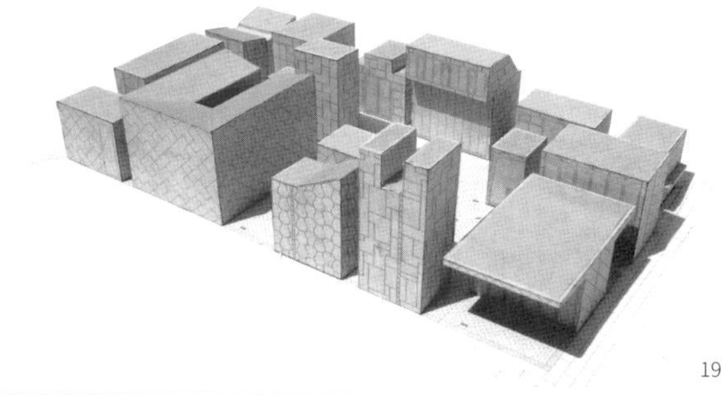

19

20

21

“可以盛装风和水的砚台”的咖啡厅（金华建筑艺术公园）；外国建筑师则通过观察将发现的二维平面图案意象三维化，如赫尔佐格和德穆龙事务所（Herzog & De Meuron）将花隔窗立体化分析后生成的阅读空间以及布赫纳和布鲁德事务所（Buchner Bründler Architekten）由乱石挡土墙纹理演化而来的公园管理用房（金华建筑艺术公园）。

（3）现代主义探索

现代主义并未真正在中国发生，中国建筑界与之擦肩而过后直接跨入纷繁芜杂的“后现代”。面对现今建筑界的多元与复杂，几近迷失的中国青年建筑师们开始溯源，重新回到了现代主义的坐标原点。以“新学院派”为代表的青年建筑师们近乎虔诚地选择了现代性，并非倒退，也许恰似一种“釜底抽薪的重新诠释过程”[9]。

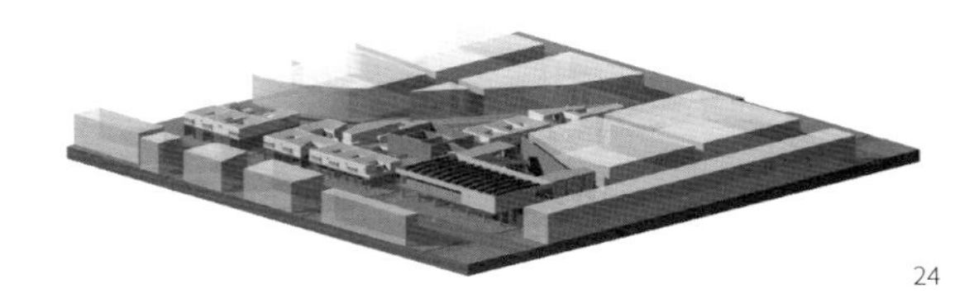

图 22. 张毓峰的知青生活馆
图 23. 刘家琨的红色年代章钟印陈列馆
图 24. 朱竞翔的票证馆

集群设计的机制正好成为中国建筑师进行现代主义实践探索的机遇。实践中，形成了较为鲜明的作品特征，最突出的是空间创作至上，张扬个人体验。建筑师以事件主角的身份介入建筑的设计过程，以建筑师本人对建筑空间的观察、体验、理解直至重新定义一步步主导设计。功能、形式退居其次，建筑也不再被要求担负承载文化、历史或者风格的“额外”任务。对空间的个性化解读成就了建筑的个性化，在建川博物馆聚落有集中体现：张雷和张毓峰的设计都来自对“林盘”的空间操作，却表达了截然相反的空间体验——张雷的瓷器馆是有序状态下的无序反应，张毓峰的知青生活馆则反映无序到有序的演化；张永和在宣传画馆构筑了中国传统空间中的点、线、面——“亭”“墙”“院”；刘家琨在红色年代章钟印陈列馆中以古典的圆、方、十字营造“神圣空间”；朱竞翔在票证馆中延续了他对于水平与垂直方向的空间穿插、交流的经验[10]。

建筑师的探索中明显地表现出对于地方建造特色的兴趣。他们积极发掘地方材料，关注低技术，希望借助传统手段谋求当代建筑学的发展。地方材料和地方技术的创造性运用回应了地域环境与地域文化，低技策略则提升了建筑的适用性与可操作性。

但在表现手法上，这些建筑却不可避免地受到西方极少主义和新理性主义的影响。建筑作品体现了精致的随意，看似简单的处理往往刻意而为，却又尽量修饰得不着痕迹。这种手法的运用使得作品看上去宁静淡定，没有飞扬跋扈的霸气。然而极简和极致理性恰恰是极端的专制，还原了建筑的本原却剥夺了人（使用者）的自主权。不过这类带着几分“清高”的作品，在高校的“象牙塔”内仍然相当有感召力。

中国集群设计的意义与价值

学术价值

集群设计的起源决定了它必须保留一定的学术性。

表 1. 中国当代建筑集群设计项目清单

序号	项目名称	地点	时间	投资建设	设计师（人/组）	功能	规模
1	长城脚下的公社	北京	2001.2–2002.8	北京红石实业有限责任公司	13	精品旅馆	别墅式酒店 11 幢，俱乐部 1 座
2	贺兰山房	宁夏银川	2002–2004.10	宁夏民生房地产开发有限公司	12	精品旅馆	别墅式酒店 12 幢
3	东莞松山湖科技产业园区	广东东莞	2001.6	东莞市政府	28	行政办公，学校	行政办公 5 组，学校建筑 12 组
4	浙江大学紫金港校区东区	浙江杭州	2002	浙江大学	3	学校	教学建筑 3 组
5	九间堂别墅	上海	2002	上海证大三角洲置业有限公司	6	别墅	别墅 22 幢
6	青浦营造	上海青浦	2002	青浦区政府	20	综合	
7	中国国际建筑艺术实践区	江苏南京	2003.8	南京四方建设有限公司	24	展览	公共建筑 4 座、工作室 20 幢
8	建川博物馆聚落	四川成都	2003.10	成都建川房屋开发有限公司	25	博物馆，商住	博物馆及商住 25 组团
9	永丰科技园用友软件园	北京昌平	2004.1	用友软件公司	4	办公楼	4 组
10	金华建筑艺术公园	浙江金华	2004.5–2005.12	金东新区政府	17	休闲景观	小型公共建筑 17 栋
11	良渚文化村	浙江杭州	2004	浙江南都房产集团有限公司	20	住宅区	8 个主题村落
12	天津鼓楼街	天津	2005	天津市投资公司	5	商业	4 个街坊
13	梅沙海滨建筑	广东深圳	2005.12	深圳市规划局滨海分局	12	休闲景观	小型公共建筑 2 栋

尽管当代集群设计不再带有最初的强烈的学术目的，但集群设计相对宽松的设计条件和业主的支持，客观上为建筑创作与学术研究提供了土壤。建筑师们得以利用难得的机会放松脚镣，随兴起舞。不论以怎样的方式，不论有怎样的结果，至少是在商业高压中找回了对于建筑本体探求的可能。“设计所表现出来的创作思想往往集中反映了这一时期世界建筑发展的某一种趋向，因此，在建筑文化的层面上也有着重要的学术价值”[11]。同时，学术交流成为中国集群设计的衍生产物之一。集群设计以学术交流为协调设计的平台，“精英”群体的思维碰撞或多或少促进了建筑学的理论发展。

建成的集群建筑“为中国建筑师提供了空间经验和空间批判的平台”。中国国内长期以来原创性建筑实例的缺乏使得本土建筑师不得不更多地借助图片和联想来完成空间体验和批判。今越来越多的集群建筑成品将提供直观的空间标本，也给中国建筑师提供了在全球背景下“近距离观察、比较、反思进而批评，进步的平台”[12]。

不过，相比中国集群设计“事件”的浩大声势，其学术成果恐怕有些相形见绌。张永和当年谈起“公社”时不无失望地说：“一个由民间牵头的设计展览，能让设计师减去不少压力，但压力减少却未看到自由发挥带来的惊喜之作，实在有些遗憾。”[13] 这种失望在后来的集群设计中一如既往地延续。如果中国集群设计的学术价值“乏善可陈”，那么其魅力何在，得以在中国如此长足发展？

原因至少有一个：集群设计背后诱人的商业价值。

商业价值

今天的集群设计已经偏离了其产生之时的轨道，即使集群设计的发起者仍然怀着虔诚的“复古”意念，集群设计仍然逃不出资本权力的强势控制。“公社”的投资人张欣说：“商业是建筑艺术最有效的推动手段。”[14]

2002 年 9 月，“公社”在威尼斯双年展国际建筑展上获得“建筑艺术推动奖”，而这座熠熠闪光的银狮，奖励的其实是“具有艺术美感的商业模式”[15]。“公社”无疑是获得了商业与艺术的双赢。从某种程度上说，这种双赢才是中国集群设计如此兴盛的前提。没有潘石屹第一个吃螃蟹尝到的甜头，恐怕就不会出现如此众多有魄力的业主。之后的项目由于多数还未完工，其商业价值暂时还不明显，但可以肯定的是，业主对商业利润的期望值不会比“公社”低。

但是，按照房地产运作的一般原则，公社绝对不是一个理智的商业投资，它“存在着实现挑战既定规则的梦想的企图”[16]，所以，它其实是一个投机行为。这个“投机”成功了，从而引来了更多“盲目”的投机。接下来的贺兰山房的境遇与“公社”简直天壤之别，建筑虽已在2004年完工，但因为遭遇资金问题而搁浅，至今仍像一片巨大的废墟伫立在沙漠中。建川博物馆聚落似乎也陷入不尴不尬的状态，面临着继续完成计划还是先设法经营以收回部分投资的抉择。

不管怎样，商业价值已经是中国集群设计毫不回避的意图。中国集群设计的文化战略是其商业部署的一部分，以期文化的高附加值让土地迅速增值。那么，“集群设计”是否就此沦为资本的工具？

其实不尽然，集群设计现象更重要的价值在于社会意义。

社会意义

集群设计借着“人多势众”，成为引人瞩目的“建筑事件”。说是“做秀”也罢，是“炒作”也罢，客观上，大众媒体的宣传介入使建筑师不再被囿于专业小圈子，而进入社会大圈子。建筑师在大众视野中的频繁出现，提高了建筑师的知名度，使得非专业人士对于建筑设计、建筑师的了解有所增加。随之而来的是潜移默化地提高了建筑师的社会地位，“建筑师作为创作主体的地位和价值也逐渐被社会承认和关注”[17]。

不管中国的集群建筑是否引来专业或非专业人士的一片骂声，人们开始明白，建筑师所做的不只是把房子造起来。那些名利双收的项目则促使更多的业主来尝试这种方式，建筑师因此获得了更大的自由度和创作空间。建筑师群体也在集群设计中成就了一次从弱势群体到强势群体的权力转移。

而集群设计的建筑探索则表达了对“建筑本身、生活方式本身的多种可能性的存在的承认和膜拜”②。对于多样性的态度是衡量一种文化或社会进步与否的重要考量因素。尊重多样性的存在，显示了社会文化的包容力与生命力。

集群设计本身更是一种意志的彰显。它既表达了投资者的意志，即在一个经济上并不发达，政治上集权的国家中资本有了说话的权力；也表达了建筑师的意志，即在被全球化阴影笼罩得喘不过气的文化中坚持本土的创造③。

中国集群设计的悖谬

中国的集群设计究竟还是“舶来品”，难免“水土不服”，其中的悖谬令人不由得反思：中国的集群设计是为了先声夺人，或者仅仅只是虚张声势？

建筑展与建筑“做秀”

中国到底有没有“建筑展”？刘家琨说，有。他这样解释参与策划的南京中国国际建筑艺术实践展，“它针对存在的问题，预设目标主题，有完整的策展机制，有足够学术影响力的策展人或策展委员会并且作为决策机构，有具有代表意义的参展人”，因而是有别于其他集群设计项目的建筑展。南京中国国际建筑艺术实践展的确满足建筑展的一般前提，但是被质疑的是作为结果的建筑作品和学术思想。

相比较而言，其他项目均“由出资方决策，以特定建设项目进行组织运作”，“其目标不是落在以这些展品呈现预设的意义，而是着眼于事件性所带来的效应收益”。是国内集群设计动不动就打着展示建筑艺术的旗号，更像是商业运作中的“噱头”。

而集群设计无疑是把建筑师置于相互“比拼”“过招”的境地，建筑师们有意无意之中投入了太多的“表情”，大有“为了设计而设计”之嫌。加上商家的“炒作”和媒体的“追风”，“聚光灯”下的集群设计看上去更像是一场华丽的建筑“时尚秀”——华而不实，没有达到真正意义上建筑探索的深度。

生活塑造建筑与建筑定义生活

中国的集群设计往往是投资者一厢情愿的美丽构

想，没有既定的终端业主（使用者），甚至没有明确的功能，全凭建筑师的主观想象来规划未来使用者的生活方式。张欣的希望，是“建筑师走廊的每一个作品都能够挑战人们现有的居住观念，为中国人提供一个生活方式的典范”，她甚至认为，“中国人的居住方式将从此开始改变”。其实不仅限于集群设计，国内常常能见到“以建筑的名义定义未来的生活”之类振振有词的论调。在强调“以人为本”的当今社会，这种本末倒置的观点仍然大行其道，中国建筑界有着不可推卸的“误导”之责。但是，建筑体验的匮乏，使得非专业人士不但接受这个观点，而且乐意享受这种被建筑“定义”的生活。

即便国情如此，作为创作根基的使用者与功能的缺失，使集群设计本已宽松的设计条件愈加不具备限制力，“脱了缰”的建筑创作很容易走向“形式游戏”。建筑毕竟不是装置艺术，只剩下“形式”的建筑还有多少建筑意味?

当然，仍有不少的建筑师诚恳地从“人”的角度出发，研究人的行为以主导建筑设计，力图让“生活”塑造建筑。使用者的“不在场”，还是让设计陷入悖论。

城市与乌托邦

郊野中的建筑集群，在远离城市的同时也远离了城市矛盾。这个条件使诸多现实问题被回避，让建筑师享受了充分的创作自由度。然而，集群设计的定位在于城市，它是应对快速城市建设的一种有利策略，符合目前中国大兴土木的现状。在“世外桃源”中的集群建筑里，无法体现建筑师合力处理城市问题的深谋远虑，也不具备举一反三的示范性。松山湖集群设计名为新城，但建筑之间距离疏远、关系松散，并未形成完整的城市体系。即便有如倡导城市特征的建川博物馆聚落的策划与规划，其城市模式和建筑策略也是意象性和虚构的。

游离于城市之外，集群设计的优势被抹杀。于是，劳师动众的结果就是——建筑师们以城市方式构筑的建筑集群，不过是一个乌托邦。

节制与放纵

集群建筑中的大多数单体看上谦逊而质朴，没有一味地炫耀手法，也没有与环境格格不入，但是总体设计却大都不尽如人意。也许建筑师对于规划有着天然的抵触，正常情况下，建筑师不得不收敛脾气，按章办事；但在限制少得多的集群设计中，建筑师的叛逆似乎开始膨胀，反而拒绝遵循并不苛刻的规划要求。在松山湖新城和建川博物馆聚落项目中，规划师就对不听话的建筑师头疼不已。最后，没有绝对“权威”存在的集群设计，往往在“民主”的氛围中渐渐失去控制。

从总体设计控制的角度看，“公社”就没有成为一个良好的开端。“公社”的建筑师应投资者的要求要采用当地材料和劳动力，没有一味追求新材料和新技术的堆积。张永和、简学义、隈研吾、严迅奇、坂茂，都使用了生土、青砖、竹子等朴素的地方材料，他们的确在节制中塑造了建筑的独特性。这 12 幢建筑实际上是“人的意志力的一种放纵，一种对独特的过度彰显”。每一建筑都是独特的，而缺少相应的空间来消化这种特性，从而达到和谐。所以就建成后的效果看，南部山谷一期建筑的总体设计是失败的，几乎看不出有什么控制，好像就是在道路两旁布置建筑。

精品与次品

网上这样评价当代中国建筑师：设计的“概念是强烈的，意图是清楚的，细部是忽略的”。中国的建筑教育把建筑师更多地引入空间、形式以及其与历史文化关系的研究，而在建筑技术上的环节相当薄弱，国内教育背景下的建筑师往往不关心，可能也没有能力顾及建筑的细节设计。

呈几何级数增长的建设量令建筑师们忙得天昏地暗，尤其是知名建筑师，根本无暇顾及每一个设计的具体施工，只得任由施工方随意处置。中国的施工现状令人不敢恭维，如果建筑师的施工配合还不到位，其结果必然是建筑与设计相去甚远。加上建设量大、工期赶，建筑师的设计实施完全没有保障。以建川博物馆聚落项目为例，施工工期仅为 9 个月时间，其中包括建造博物馆、内部装修、布展三个阶段的工作，如此“高效率”的施工令人愕然。难道真如投资者所意想的“建筑精品短期打造”？已竣工的博物馆与建筑师设计出入很大，国军馆让人感觉比例失调，俘虏馆的外立面的色彩呈凝结状，棱角也由设想中的“力度感”转换成了“圆润感”。参与建筑师普遍表示了对此次施工质量的不满。

精品的图纸，次品的建筑——中国集群设计不得不面对的遗憾。

计划与变化

中国建筑业尚未健全建筑策划机制，这对于单体建筑的投资建设可能还未显现出太大的影响，但对于集群设计这样的大规模建造行为，前期建筑策划的不完善可能使得整个项目的经营前途未卜。

有的集群设计项目全凭投资者的“理想”加规划师的“假想”。前期对项目条件没有客观的分析，甚至没有正式的可行性报告，导致后期不得不颠覆全盘设计理念，随意改变设计的功能定位。大部分集群设计项目除了投资者所声称的文化效应，实际上还是以商业地产功能为主。是由于投资者没有正确估计地处远郊的项目周遭的消费能力，规划师也没有足够的能力判断项目是否符合市场经济运行规律，导致实施中不得不临时调整战略，仓促应战。建川博物馆聚落正面临这样的进退两难。张永和、刘家琨原本的规划设想是以街道网络形成城市构筑，以住宅和商业为主、博物馆为辅经营运作。今由于资金问题，住宅计划被取消，变成博物馆聚集的主题公园。以安仁镇目前的号召力来看，可能吸引不到足够人流，本地居民的消费能力也有限，加之商铺比例过高，项目的前景堪忧。

即便是前期资金充足，能够完成建设计划的项目，由于计划与实际的不符，造成不合理和不充分使用建筑。集群设计采用非常规设计过程，往往没有理性的投资分析和明确的目标终端业主，在同时性的大量建设中，建筑目标（建筑功能、建筑面积、建筑密度、使用强度等）只能由投资者和建筑师主观设定。等到建筑建成才发现与实际需求发生矛盾，被迫调整功能，

表 2. 中国当代建筑集群设计地理位置及特征

序号	项目名称	地理位置	自然景观	人文景观
1	长城脚下的公社	北京市北部山区	位于水关山谷，属长城风景区。谷内山石嶙峋，山桃树漫山	水关长城
2	贺兰山房	宁夏自治区银川市贺兰山金山乡	背靠贺兰山，面朝沙丘，典型的戈壁景致	
3	东莞松山湖科技产业园区	广东省东莞市松山湖镇大岭山	岭南丘陵地貌，大片保留荔枝林；松山湖形态蜿蜒，步移景异	
4	浙江大学紫金港校区东区	浙江省杭州市西湖区唐北	地处西溪湿地边缘地带，南临余杭塘河，典型江南水乡环境	
5	九间堂别墅	上海市浦东新区	上海市内最大的城市绿地——世纪公园	
6	青浦营造	上海市青浦区	水网丛生，自然条件优越，典型的江南水乡环境	朱家角吴越文化，江南水乡
7	中国国际建筑艺术实践展	江苏省南京市浦口区佛手湖	紧邻老山国家森林公园，为珍珠泉风景区内一片濒湖山地，保留了大量天然水系和原生林木	最早的中国现代建筑实践发源地
8	建川博物馆聚落	四川省成都市大邑县安仁镇	地处天府腹地，斜江河畔	安仁古镇，有刘文彩庄园等
9	永丰科技园用友软件园	北京市昌平区	北方郊外旷野	
10	金华建筑艺术公园	浙江省金华市金东新区	义乌江北岸防洪绿化带内狭长滨水地带	
11	良渚文化村	浙江省杭州市余杭良渚镇原大陆乡	原生态的湿地地貌，良好的自然植被	良渚文化遗址
12	天津鼓楼街	天津市鼓楼街	城市商业街坊	鼓楼历史风貌建筑区
13	梅沙海滨建筑	广东省深圳市东部海滨	西起正角嘴，途经大梅沙海滨公园及沙滩，东至墩洲岛及小梅沙沙滩，汇集了山、海、石、林等丰富、稀缺的自然景观资源。	

其结果往往是建筑不能被和理合充分地使用。

计划没有变化快，是中国集群设计的特色。倒也不是绝对的不能变，“公社”也改变了初衷，从别墅变成旅馆，前途一样光明。唯愿其他的项目有如“公社”一样乐观的前景。

“明星建筑师”效应

“明星建筑师”这个称号的类比性部分来自其“上镜率”。表 3 显示最活跃的那一批建筑师大都就是我们通常称作的“明星建筑师”。他们的“明星”效应在中国集群设计中体现得尤为明显。

“明星建筑师”与“集群建筑”，谁成就谁

集群设计是“造星运动”还是众星加盟联袂打造的重头好戏?

确认无疑的一点是，目前国内集群设计之所以引人瞩目与知名建筑师的加盟有着必然关联。“公社”作为第一个集群设计项目，打的确实是明星牌，但此“星”非彼“星”。“公社”请的一群亚洲青年建筑师是引申意义的明星，即业绩出众者，或者说是业内明星。“公社”的一炮打响，使得这些业内明星走向台前，受到大众注目，开始成为双重意义的“明星”，于是具有了通俗意义的明星特征。之后其明星效应接踵而至: 媒体关注，慕名而来的业主，优越的创作条件，不一而足。

接踵而至的“贺兰山房”明显在走“公社”的套路，却别出心裁地让艺术家来设计建筑。这一招倒是与娱乐界曾经流行的“反串”如出一辙。可惜“贺兰山房”还是没能成就艺术家的建筑师理想。

其后的项目无一不是以“明星建筑师”作为“卖点”大力宣传，“明星”越来越“红”，而“圈子”不见扩大。集群设计不再“造星”了，因为“捧红”了，该收益了。对此，中国建筑界的有识之士开始考虑：“如何保持它的开放性而不要变成少数‘精英’的小圈子？”

地产开发与“明星建筑师”

大部分地产商不关心怎样“造星”，但不排斥“捧星”，他们选择“明星建筑师”就如同用名牌。曾经有那么一段时间盲目地追求名牌，是否好用不是重点，牌子所标示的身份才是关键。于是名师的主笔首先是商家热炒的卖点。随着社会认知的日趋成熟，人们的名牌消费趋于理性，牌子不仅仅赋予身份的含义，更是品质的保证。地产商信“明星建筑师”，不仅是图个创意，还包括他们对于建筑（产品）更为严谨的工作方式和态度。在高质量的产品身后，必然是其品牌效应带来的高附加值。因此地产商可以在以艺术的名义成就商业利益的同时，自豪地宣称“从商业角度实现艺术价值”。

于是，以集群设计模式运作的地产项目看起来很是光鲜，但其实，这并非房地产市场理所当然的走向。清华大学的周榕认为，我们统称的建筑设计按照项目的类型其实应该分为“作为商品的房地产设计和作为非商品的建筑设计”。房地产设计按照商品规律（不一定按建筑规律）制造，为的是研究如何更好地实现商品价值最大化，商品属性凌驾于建筑价值之上。因此在国外，“建筑师”有别于产品设计师，只服务高端和低端用户。中国的情况恰恰相反，几乎所有的建筑师都投入中端市场。尽管“明星建筑师”的设计附加值更高，但用在普通的地产开发中多少有点“大材小用”，也削弱了“明星建筑师”的实验性。

“明星建筑师”的建筑实验

集群设计的运作决定了集群建筑的商品属性，因此建筑师的经营意识理应表现在将建筑及其环境转化为价值，设计作品的可行性中也渗透着盈利的理念。按照成熟的市场分工，商业项目中不可能出现实验建筑。是中国房地产市场的不成熟，使得实验建筑师投入商业项目中，也算是一种“中国特色”。那么中国建筑师在商业项目中仍然有实验的可能。

因此，一方面建筑界和“明星建筑师”自身对集

群设计寄予厚望——即使不是“救星”，至少也是希望，力求做出有益的学术探索。同时也是作为一种证明，中国建筑师的能力证明。另一方面，建筑师不得不恪守集群设计的商业运作，充分考虑其设计的商业价值。这种矛盾使得明星建筑师的建筑实验变得似是而非。

但“明星建筑师”不会轻易放弃“集群设计”这个难得的实验场，或者实验自我风格的突破，或者实验材料技术的创新。不过总体看来，实验不够有成效。一边是建筑师的自身原因：建筑实验仍然热衷于形式，缺少对生态、技术、材料、城市等全方位的探索和对本土建筑理论和思想体系的研究。另一边是客观条件的限制：工期、造价、利润、施工水平都在不同程度上令建筑实验成效大打折扣。

当然，在集群设计中还是看到不少建筑师的材料、结构实验，以张永和为代表。他在基本的材料、建造、使用的规律与逻辑中发现并归纳建筑的思维方式和形式语言。“二分宅”选用了最基本的地方材料：石材做基础、胶合木和夯土墙做结构。受制于施工，石材基础被换成混凝土，形式依然，意义不再；受制于规范，夯土墙与房屋结构分离，只起到一个隔热和保温的作用，原本的材料实验成为结构浪费。集群设计中同样看到了建筑师们对中国社会、文化、经济的思考和相应的解决策略，如王澍对造园“一往情深”，张雷则将他的基本空间研究进行到底，但对属于中国人的居住模式的研究还没有太大突破。

“明星”遇到“明星”

“明星建筑师”们平日里都是一人挑大梁，而在集群设计里既要自顾自完成既定的设计任务，又要在集群中寻求动态平衡，随时随地调整——从设计到心

表 3. 参与（2 次以上）建筑师排名

	长城脚下的公社	贺兰山房	浙大紫金港校区	松山湖科技产业园	九间堂别墅	青浦新城开发	国际建筑实践展	建川博物馆聚落	用友软件园	建筑艺术公园	良渚文化村	天津鼓楼街	梅沙海滨建筑	小计次
张永和	✓			✓		✓	✓	✓	✓	✓				7
张雷				✓		✓	✓	✓			✓		✓	6
周恺				✓		✓	✓	✓				✓	✓	6
刘家琨				✓		✓	✓	✓		✓				5
齐欣				✓					✓		✓	✓	✓	5
艾未未	✓			✓			✓			✓				4
崔愷	✓			✓			✓	✓						4
王澍				✓			✓			✓			✓	4
矶崎新					✓		✓	✓						3
大舍建筑				✓		✓					✓			3
都市实践				✓								✓	✓	3
马清运						✓	✓						✓	3
汤桦				✓			✓						✓	3
程泰宁			✓					✓						2
登琨艳					✓	✓								2
丁乙		✓								✓				2
李兴钢				✓				✓						2
刘珩							✓						✓	2
王路								✓				✓		2
吴钢									✓		✓			2
严迅奇	✓				✓									2

（按参与次数多少和姓氏拼音顺序排列，本统计仅以项目计，与建筑数量无关）

态。集群是一个松散的集体，这里没有绝对的权威，不需要绝对的服从，但有相互的比较，随之产生较量或者妥协。集群的“场”效应促使“明星建筑师”在设计思想的交流、设计水平的竞争中不断地自我更新。集群设计给了平时忙碌得无暇照面的“明星”们一个知己知彼的机会，对于“明星建筑师”自身无疑是一个促进。

但在中国固有的“中庸”之道熏陶之下，“明星建筑师”们秉承“谦虚”的美德，本着“和为贵”的精神进行方案交流乃至学术研讨。尽管可能暗地里较劲，面子上仍旧一团和气，以至于心知肚明却言不由衷，缺乏知无不言、言无不尽的学术研究氛围。没有凌厉的交锋，很难有本质的学术进步，更不可能有颠覆性的学术革新，因而中国当代集群设计的学术成果无法与其先祖相提并论。

结语

中国集群设计作为发生在当下的一种建筑现象，正日益受到业界的关注。随着部分项目的逐步建成，其真正的价值和隐匿的问题随之凸显，许多相关的论题值得我们去思考。当然，更为全面和深刻的研究还有待这些项目的完工和日后的使用。我们拭目以待。

注释

① www.cn.cl2000.com.
② www.far2000.com.
③ www.abbs.com. 转引自：中国房地产报。

参考文献

[1] 崔愷 . 关于 “集群设计”. 世界建筑，2004(4): 12–13.
[2] 王受之 . 世界现代建筑史 . 北京：中国建筑工业出版社，1999.
[3] 邓丰，王芳，李振宇 . 柏林：国际建筑展览之都 . 时代建筑，2004(3): 74–79.
[4] 彭怒，伍江 . 中国建筑师的分代问题再议 . 建筑学报，2002(12): 6–8.
[5] 卜冰，戴春 . 海归派建筑师 . 时代建筑，2004(4): 30–32.
[6] 石增礼 . 新学院派的崛起 . 新建筑，2004(5): 76–78.
[7] 袁烽 . 建成与未建成：矶崎新的中国之路 . 时代建筑，2005(1): 38–45.
[8] 梅蕊蕊 . 中国国际建筑艺术实践展 (CIPEA) 概述 . 时代建筑，2004(2): 55–57.
[9] 石增礼 . 新学院派的崛起 . 新建筑，2004(5): 76–78.
[10]《建筑业导报》编辑部 . 设计实践：四川建川博物馆聚落 . 建筑业导报，2005(3): 57–97.
[11] 沈文璟 . 意义和瑾悖谬：与张欣对话之后 . 经济观察报，2002(10).
[12] 简蓉 . 谁会收藏建筑：潘石屹争议 . 北京青年报，2000(4).
[13] 潘石屹 . 长城脚下的公社 . 天津：天津社会科学院出版社，2002.
[14] 陈大阳 . 反向操作的马可·波罗 . 设计新潮建筑，2002(11).
[15] 刘家琨 . 关于“中国国际建筑艺术实践展”的回答 . 时代建筑，2004(2): 52.
[16] 尤永 . 从长城出发：亚洲建筑师走廊 . 艺术世界，2002(5).
[17] 野卜 . 亚洲建筑师走廊一期工程评论 . 时代建筑，2002(3): 42–47.

图表来源

本文图表由项目建筑师提供

原文版权信息

蔡瑜，支文军 . 中国当代建筑集群设计现象研究 . 时代建筑，2006(1): 20–29.
[蔡瑜：同济大学建筑与城市规划学院 2003 级硕士研究生]

16

探索政府主导与社区参与的中国当代城市社区建设模式

Exploring the Model of Building for Urban Community in China Jointly Promoted by Government-leading and Community Participation

摘要 城市社区建设是构建和谐社会的基石，对城市发展至关重要。文章以社会历史发展为宏观背景，从城市社区治理模式中政府与社区之间的权能关系和社区发展规划中政府与社区作为的角度，通过比较与借鉴国外城市社区建设的成功经验，探索政府主导与社区参与共同促进的中国当代城市社区建设模式。

关键词 社区 城市社区治理 城市社区建设 社区发展规划 社区参与

引言

"社区"是社会学范畴的概念。社会学家普遍承认，社区这个概念渊源于德国社会学家斐迪南·腾尼斯（FerdiandTönnies, 1855–1936）的贡献。中国20世纪30年代由社会学家吴文藻先生首先提出"社区"的概念，后由众多学者在共同讨论中达成共识，将"community"译成"社区"。现代意义的社区研究起源于西欧，发展于美国，流传于西方发达国家，并逐渐传播于发展中国家。中国的社区研究自20世纪30年代起，由西方引进社区理论和实证研究方法之后，才慢慢地发展起来[1]。

根据社区的结构和特点，中国普遍较倾向于把社区分为农村社区、郊区社区（或叫边缘社区）和城市社区①。鉴于界定中国城市社区的概念内涵是本篇文章的前提性问题，因此，笔者依据社会学学者们对社区概念的相关阐述，把中国城市社区概念界定为："城市社区是城市的特定地域范围内，以一定数量的人口为主体，在居住生活过程中形成的具有的地缘感（共同的地域观念、认同感和归属感）、特定的空间环境和服务体系、组织制度、社会文化和生活方式特征的社会生活共同体，是城市中的一个社会空间和形态空间的复合单元。"同时，城市社区的范围与规模界定与2000年12月中共中央办公厅和国务院办公厅转发的《民政部关于在全国推进城市社区建设的意见》中的界定一致，即"目前城市社区的范围，一般是指经过社区体制改革后做了规模调整的居民委员会辖区"。这种界定较之社区范围界定为街道办事处辖区，更容易形成地域性的"社会生活共同体"意识。

中国社区建设发展的历史走向

中国现代意义的城市社区形成时期主要是新中国成立以后。从新中国成立至今的60年历程中，中国无论是政治、经济和社会都经历了多个历史性巨变。城市社区建设也随之起伏波折，直到改革开放后的30年中才有了逐步稳定的发展。中国当代城市社区建设必须放在历史的宏观背景中看它的发展走向才具有现实意义。

中国当代城市社区形成的社会历史背景

1978 年的改革开放对中国的社会发展具有划时代意义。改革开放前是中国国民经济发展的波折调整时期，期间逐步建立了社会主义制度和计划经济体制；此阶段中国的社会治理体制，一方面在理论上，仿效苏维埃制度（即以生产单位为组织细胞而不是以基层社区为组织细胞），形成了单位制社会。另一方面，国家为了长期推行模仿苏联的重工业优先发展策略，通过户籍制管理，建立了城乡分割的二元社会结构。国家通过单位制度和边缘化的街道居委会制度实现了对整个社会的管理；中国城市和住区建设也经历了艰难曲折的发展历程，城市化长期徘徊在一个较低水平上，甚至出现了大规模 “反城市化” 的“上山下乡”运动。

改革开放后，中国国民经济得到稳定和迅速发展。在市场机制作用下，城乡经济日益繁荣，目前社会主义的市场经济体制已逐步建立和完善。临近世纪之交，随着单位制社会的解体，各项社区发展工作取得了初步成效，社区自治成为社区建设的基本目标。居委会等社区组织开始由边缘化向主导地位回归。国家对城市社会的管理方式主要通过社区制和街居制这两种方式来完成；此阶段，中国城市迅速发展，小城镇迅速崛起。中国政府已将“城市化战略”列入发展规划，作为 21 世纪中国实施迈向现代化第三步骤的重大措施之一。与发达国家相比，中国城市化程度仍然落后。为了打破中国独有的城乡分割的二元社会结构，使城乡协调发展，目前中国政府通过推行“社会主义新农村建设”，来探索适合中国国情的城市化模式。

中国当代城市社区建设的发展演变历程

中国的社区建设是在全能政府“失效”及“单位制”解体的背景下发生的，从 1986 年的社区服务实践起步，经历了 1991 年社区建设内容扩展，1999 年城市社区建设试点，到 2000 年全面推进的阶段性发展。

中国旧有的计划经济体制转型为市场经济体制的实质是政府与各种社会组织关系的调整。在社会主义计划经济体制下，政府通过单位制实现社会治理，政府是唯一治理主体。在社会主义市场经济体制下，政府是治理主体之一，社会治理主体呈多元化趋势，参与社区治理的组织虽然发挥出积极作用，但还远未发挥出自治组织的真正作用。中国是单一制国家，从中央到基层政府组织层级有：国务院—省（直辖市、自治区）人民政府—（地级市）人民政府—县（旗、区）人民政府—乡镇人民政府（街道办事处）。城市中的街道办事处并不是一级政府，而是市（区）政府的派出机构。自 1954 年《城市居民委员会组织条例》颁布以来，居委会作为社区居民的自治组织，在解决社区事务中扮演者重要角色。在实际运行中，政府通过对社区居委会财务的控制，使其具有行政组织特色。可见，街居制管理的城市社区具有“行政社区”特色。

在社区发展规划方面，中国目前还处于偏重物质建设，社区福利保障体系建立还有待完善阶段。住房政策是政府公共政策的重要组成部分。改革开放前，实行以单位和企业为计划实施主体的住房建设和供给方式，住房政策采用具有福利属性的单位分配制。改革开放后的住房政策经历了由“国家保障”向“市场建设”转移，再由“市场供应”到“社会保障”加强的不断完善的发展过程。其中的住房供应模式经历了由“公共租赁”到“市场出售、市场租赁”再到“建设补助、租房补助”的发展，形成了以市场出售、租房补贴为主的供应方式[2]。在社区基础设施建设和福利保障体系方面，中国的城市社区建设与发达国家差距明显。

中国当代城市社区建设面临的危机与挑战

国家开展社区建设的目标就是重构城市社会管理体制，充分发挥政府、社区自治组织和其他非政府组织的功能，实现对城市社会有效管理和调控，为改革开放和现代化建设创造良好的社会环境。城市化、现代化进程本身所引发的社会动荡性，使得城市社区建设也面临诸多危机与挑战。

当前社区建设的二元动力机制，一方面来自政府的迫切推动。政府在社区建设中起到了不可忽视的推动作用。政府通过社区建设，发挥自身的组织与资源优势，从而达到对社区有效治理，寻求政治社会的稳定的目的；另一方面来自社区自身的渐进需求。单位制解体后，“单位办社会”所负担的多元化职能必然要回归社区，单位体制外的民工、流动人口等社会空间急剧膨胀，加上市民物质生活水平的提高，这些都对社区安全、服务、环境等提出更高要求。在现实中，几乎没有承担代言利益社区责任的组织。城区人民代表大会没有街道一级的设置，社区居委会虽然定位为社区自治组织，却忙于应付街道布置的行政事务，实际上是政府在社区层面行政管理职能的延伸。因此，社区利益诉求渠道的缺失是社区自治动力机制不健全的最直接和最重要原因，以至形成了典型的“强政府弱社会”的二元动力格局，直接导致了居民的社区意识和归属感的淡薄。

在社区发展规划方面，由政府主导、民政部门负责实施的城市社区建设缺乏社区发展规划理论指导。在住房建设方面，面向社会中低收入人群的“保障性”“政策性”租赁住房严重短缺。住房问题是社会和谐及稳定发展的关键问题。缺乏政府住房政策指导，导致市场主导的房地产开发为主体的住房资源的浪费和社会阶层分离导致的社会不和谐问题；城市规划学科对社区规划的研究和实施还缺乏法定地位和相应的规范。目前我国的城市规划法虽然已经成为法律和公共服务政策，但社区规划还没有纳入城市规划编制体系。住区规划向涵盖社会空间的社区发展规划演进是社区建设的发展方向。

国外城市社区治理模式与社区建设

西方及发达国家城市社区治理模式可分为政府主导型、社区自治型和混合型三种。每种治理模式中政府和社区之间的权能关系都各有特点。从发展趋向上看，社区自治型治理模式将是今后西方及发达国家城市社区发展的方向。下面介绍以三种治理模式为特征的新加坡、美国和日本的城市社区建设实践。

政府主导型治理模式：新加坡社区建设

新加坡曾是英属殖民地，1942 年被日军占领，1959 年成为英联邦的自治邦，1963 年加入马来西亚联邦，1965 年 8 月宣布成立共和国。新加坡在建国后经济突飞猛进，国内生产总值快速增长，已跃居为东亚新兴工业化国家之一。随着其现代化的进行和经济的发展，同样面临着严重的社会问题：比如失业、房荒、环境恶化、族群纠纷等等。因此，新加坡政府把建设一个团结、和谐的多元社会作为社区建设的首要任务。

新加坡社区治理模式为政府主导型模式，其特点是政府行为与社区行为紧密结合，政府对社区的干预较为直接和具体，并在社区设立专门的社区治理管理部门，政府行政力量对社区治理有较强的影响和控制力[3]。新加坡社区组织体系以选区为基础，活动范围以选区为基本单位。其组织机构为公民咨询委员会（或称为“公民顾问委员会”）、社区中心管理委员会（或称为“居民联络所”）、居民委员会。

新加坡社区发展规划由政府统一制定和指导。首先，新加坡政府突出解决普通民众的住房问题，通过面向中低收入阶层的组屋建设来推动发展住宅建设。新加坡建屋发展局（Housing Development Board，简称“HDB”）是负责实施政府建屋计划和统筹物业管理的职能部门。新加坡 HDB 建设的住宅分为公共组屋和中等收入者组屋（HUDC）两种，其中公共组屋又分为售卖和租赁两种。1964 年，新加坡开始实施“居者有其屋”计划，鼓励中低收入者购买政府组屋解决居住问题。截至 2007 年 3 月 31 日，新加坡建屋发展局累计建造组屋 87 万余套，其中 94.5% 是出售组屋，4.5% 为出租组屋。在新加坡 370 万人口中，共 298 万人居住在政府组屋中，占人口总数的 81%，另外 19% 的高收入阶层入住私人发展商建造的住宅[4]；此外，为了建设具有活力的社区和满足不同人群的住房需求，HDB 启动了多层次的住房建设计划，如“设计和建筑”计划（1991 年）、“共管住房”计划（1995 年）、“独立户型公寓”计划（1997 年）、“新加坡单身公民计划”和“单身合住计划”等[5]；同时，建屋发展局还通过旧屋翻新计划，每5年对组屋区的公共场所进行一次维修和粉刷，从而使新加坡近50年的公共组屋建设得到了可持续发展。其次，政府为社区活动提供主要的经费拨款，配备相应的设施。社区活动所需的设施牵涉到城市生活的各个方面，如商业活动、教育活动、宗教活动、体育活动等。再次，政府构建公平高效的社会福利体系，着力解决社会保障问题。除有计划、有步骤、高质量地解决住房问题外，政府也在教育、医疗、养老等方面设立了各种社会福利计划。

总之，新加坡政府以住房建设推动社区建设成就显著，通过政府主导的社区建设重新构建基层社会生活共同体，整合社会资源，共同促进社会进步，从而实现了对社会进行有效治理的目标。

社区自治型治理模式：美国社区建设

20世纪初美国出现由社区自身主导推进的“社区睦邻运动”和“社区福利中心”运动。20世纪30年代美国经历了大规模的城市改造过程，伴随着经济全面进步的同时，出现了人口老龄化、环境污染、住房匮乏、交通拥挤等社会问题。20世纪50年代美国在一些城市成立了社会发展部，并组成了社区组织委员会，大力推进城市社区建设。20世纪80年代，人们逐步认识到社区建设需要穷人的参与才能达到改善社区环境的目的，才能培育真正富有生命力的社区。由此引发了美国凯西基金会的社区合作促进计划和福特基金会反贫困运动的“家庭邻里改革”计划等大型城市社区建设项目。20世纪90年代社区建设更成为克林顿政府实现其“再创政府”“复兴美国”的重要手段之一。

美国社区治理模式是社区自治型模式，特点是政府行为与社区行为相对分离，政府对社区的干预主要以间接方式进行，其主要职能是通过制定各种法律法规去规范社区内不同集团、组织、家庭和个人的行为，协调社区内各种利益关系并为社区成员的民主参与提供制度保证，而社区内的具体事务则完全实行自主与自治[3]。美国城市社区没有政府基层组织或派出机构，实行高度民主自治，依靠社区自治组织来行使社区管理职能。社区委员会、社区服务团体等社区自治组织不仅享有社区发展规划与目标、社区公共事务、社区文化活动等方面的决策权与管理权，还享有对政府的社区行政管理以及专业机构的社区服务管理的建议权、监督权。此外，非营利组织对社区建设也作出贡献，它是城市社区建设的具体实施者，为社区建设争取各类经费支持。

美国社区发展统一计划由联邦政府组织发起，对社区发展的方向起到极强的督导作用。根据美国联邦法律规定：住房政策的着力点和住房管理部门的主要任务是帮助中低收入家庭解决住房问题，而对中上收入者采取灵活的政策[6]。美国的住房政策经历了三个阶段：第一阶段，从20世纪40—60年代，政府关心的重点是解决住房短缺问题；第二阶段始于20世纪50年代，并且延续至今。由于认识到住宅建设对国民经济的拉动作用，政府希望以住房业的发展促进经济增长；第三阶段自20世纪70年代中期起，住房政策综合考虑了住房建设的经济、社会功能，把住房建设当作促进社会稳定的手段[7]。社区发展统一计划对住房问题尤为关注。一般包括5个部分：社区基本情况的描述、住房和社区发展需求、发展战略、具体的行动纲要和公众参与。其中行动纲要极为关键它规定资金的项目划拨和具体分配，是申请社区发展拨款计划(CDBG)资金的重要依据[8]。

总之，美国政府以社区发展基金(CDBG)资助社区住房建设，为社区发展尤其是低收入社区的发展提供资助。美国的这些社区计划和项目强调社区关系网络，强调广泛的社区参与，强调提高社区居民的自我依赖、自我完善、自我发展的能力，使社区成为环境干净优雅、社会治安良好、居民安居乐业的富有生命力的社区。

混合型治理模式：日本社区营造

日本是最早追随西方现代化发展方式的亚洲国家。第二次世界大战后的日本在经过一段困难时期后，于

20 世纪 60 年代走上了一条以政治手段保证经济发展的道路。社区营造是日本独具特色的一种地域治理模式，是以居民为主体，通过行政和居民的协调合作，从硬件、软件两个方面解决地域、社区特定课题的过程 [9]。60 年代，日本经济进入高速发展期，高度城市化和产业优先政策的开发活动导致了居民的生活环境恶化、自然环境破坏、资源浪费等深刻的社会问题。出于改善生存环境、调节精神生活的指导思想，日本的社区建设于 70 年代初开始启动 [10]。进入 80 年代，面对高龄化、国际化和信息化社会，社区工作的重点逐渐向提高生活质量、加强人际交流方面转移。几十年来，社区营造运动在反对公害、环境保护、历史建筑保护等领域中都发挥了积极的作用，弥补了政府治理的不足。

日本社区治理模式是混合型模式，特点是由政府部门人员与地方其他社团代表共同组成社区治理机构，或由政府有关部门对社区工作和社区治理加以规划、指导，并拨付给相当经费，但政府对社区的干预相对比较宽松和间接，社区组织和治理以自治为主 [3]。日本的行政区划由都道府县和自治市两个层次组成。其中都道府县是日本省级地方政府的统称，自治市有三种类型：市、町、村。在日本，市、町、村可以确定社区建设规划、同时具体负责实施。日本城市社区（即一个小学学区的范围）由若干个町组成。日本自治会、町内会是社区工作的基础。自治会作为行政末端组织的补充，没有财政经费，活动经费主要来自会费、活动收益和捐款赠款，是独立组织。此外满足各层次居民不同需求的地方团体很多，有儿童会、青年团、妇女会、老人会、防犯协会、防灾协会等。

在日本每个社区对教育、卫生、文化体育、福利、公共安全、绿化、环保、交通等，都有社区发展计划和实施计划，有经费预算 、保障渠道等 [11]。住宅问题作为战后日本经济发展和人民生活的一个重大社会经济问题，始终受到日本政府、企业乃至每个家庭的高度重视。战后日本政府实施的住宅政策，大体可分为四个基本阶段即 1945—1959 年为“住宅政策体系整备”阶段；1960—1973 年为“大规模公共住宅开发”阶段；1974—1979 年为“民间主导住宅开发”阶段；1980 年以来为“提高住宅质量”阶段 [12]。日本的住宅政策通过公库住宅、公营住宅和公团住宅三个基本支柱和民间自力建造的出租住宅渠道，形成一个多元的措施体系。另外，政府出资建设的供社区居民使用的公共基础设施是非常齐全的，如市民会馆、自治会馆、图书馆等，活动内容涵盖文化体育、教育、社区服务等方面。除去社区公共设施，每个町都设公民馆。

总之，日本城市社区建设中政府与社区都立足于本地区的环境优化和设施改造。日本通过立法保障住宅建设，而开始于 60 年代的市民运动，促进了公民权利意识的觉醒，形成了超越阶层差别、居民广泛参与的自治社区。

中外城市社区建设的比较与借鉴

城市社区建设的背景

首先，中国的社区概念和社区范围的界定与其他国家有很大不同。其次，社区建设的起步时间和方式不同。新加坡的社区建设始于 60 年代政府推动的组屋建设。日本的社区建设始于 20 世纪 70 年代，是政府与市民运动共同推动下开始的；美国的社区建设发端于 20 世纪初的社区福利救助；中国从 1986 年的社区服务起步。再次，社区建设的发起推动者也有所不同。新加坡、中国是由政府来推动的，美国是由社区自身推进的，日本是由政府与社区共同推进的。

但中国的城市社区建设与国外社区建设发端有着相似的社会背景，同样是在工业化、城市化进程加快，各种社会问题涌现，各种社会矛盾加剧的背景下开始的。目的同样是要解决社会问题、缓和社会矛盾、从而促进社会发展，推动社会进步。因此，借鉴国外社区建设的成功经验具有必要性。

城市社区治理模式与社区组织

西方及发达国家城市社区治理模式的形成是建立在市场经济充分发展基础之上的，中国社区要走向社区自治的治理模式，比较和借鉴国外经验是十分有益和必要的。从社区治理模式来看，新加坡是政府主导型模式，美国是社区自治型模式，日本是混合型模式，这从社区建设的发起推动者就可见端倪。目前中国"强政府弱社会"的现状，以及城市社区的设置、结构和功能的行政特色，使得政府成为社区建设的强力推动者。而且，从中国的社区建设发展过程来看，政府确实发挥了主导推动作用。因此，中国城市社区治理模式基本采用的是政府主导型模式。

社区治理要求社区与政府共同承担起社区建设的责任。在国外的社区建设中，社区组织都发挥了重要作用。比如美国的非营利组织通过提供教育、培训、咨询、扶贫济困等各类社区服务，在满足公民需求方面起到举足轻重的作用，成为联邦政府有利的帮手和社区建设的主力军。我国大多数社区建立了党、团、工会、妇女组织、老人组织、残疾人组织等，但在社区建设中能够独立自主开展活动，并且在社区建设中发挥主导作用的组织，应该说基本没有。

政府主导的社区发展规划

新加坡社区发展规划由政府统一制定和指导。美国社区发展统一计划由联邦政府组织发起，对社区发展的方向起到极强的督导作用。日本每个社区对教育、卫生、文化体育、福利、公共安全、绿化、环保、交通等，都有社区发展计划和实施计划。且社区发展规划均在政府主导下进行。相比之下，我国城市社区建设还缺乏政府主导下的社区发展规划的制定与指导。

首先，在住房政策上，中国建立和完善以经济适用房为主的住房供应体系可以看作是停止住房实物分配后的政策补充。中国具有政策扶持意义的经济适用房政策因没有实施国际上通用的租售并举政策，导致"政策性租赁住房"在住房市场上供应短缺。2006 年国家出台了关于房地产业的宏观调控"国六条"政策，使本应国家承担的经济适用房的建设扩大到市场运作的房地产开发商层面，通过市场对社会资源的重新配置以满足社会中低收入人群对中、小户型住房的需求。因此，新加坡政府实施的"居者有其屋" 的组屋建设和多层次的住房建设计划对我国政府主导下的经济适用房建设有借鉴意义。另外，中国在 2007 年 8 月发布的《国务院关于解决城市低收入家庭住房困难的若干意见》和党的十七大报告中均指出：廉租住房将是今后住房建设的重点之一。由于中国在廉租住房建设方面才刚刚起步，许多具体问题还有待深入研究和探讨。因此，借鉴日本公营住宅建设对我国当前的廉租房建设有积极的意义 [13]。其次，在社区基础设施建设方面，无论是新加坡、日本和美国其社区基础设施都很完善，这些都离不开政府对基础设施建设的经费支持。其中日本通过政府与居民合作，立足于本地区的环境优化和设施改造的社区营造实践非常值得借鉴。再次，借鉴美国社区发展的统一计划制度，健全社区福利保障体系，立足社区自身需求，使偏重物质空间规划的住区规划向涵盖社会空间的社区规划转变。

居民与学者的社区参与

在新加坡、日本、美国的社区建设中，无论是哪种推动模式，居民参与的程度都比较高。特别是由社区组织主持活动的社区，群众的参与积极性一般都比较高。相比之下，中国由于居民在土地、政策及开发机制等相关因素中的被动地位，决定了居民参与的被动性和参与程度的局限性。在培育社区参与意识方面，日本的市民运动，让民众从生活的角度，透过各种方式参与和学习地域治理，培养社区的认同感和归属感，形成政府与社区居民合力营造的、可持续发展的社区生活共同体。在政府主导的推动模式下，社区民间组织的不发达，也严重制约了居民的参与积极性。目前，中国围绕环境保护、古城保护、城市规划等领域，自发的社区型市民运动已初露端倪，如：怒江大坝、厦门 PX 项目等环保议题，北京、天津、南京等历史文化名城保护议题等。如何将市民运动引导为协商、共享的社区营造是政府和社会面临的共同课题。

西方许多国家的社区建设就是由学者发起的，比如欧美国家在 20 世纪 20—30 年代开展的大规模城市改造过程中，许多社会学家就参与其中。美国的芝加哥学派在芝加哥市的都市化进程中，通过对诸如犹太人居住区、波兰人居住区、贫民区等不同类型的社区及其变迁的实证研究，为创建和发展社区建设理论作出重要贡献，提供了理论指导。在中国，尽管学者积极开展社区研究，但真正参与社区建设实践中的还是不多。目前，中国“乡土”建筑师从社会层面上协力营造农村社区的实践活动，可以看作是在城市社区建设中的有益尝试，具有积极的社会意义。比如西安建筑科技大学刘加平教授参与的延安枣园的“乐居”、云南永仁县彝族搬迁村落的改造；清华大学单德启教授参与的广西融水县苗族路家寨改造；台湾建筑师谢英俊参与的河南兰考、河北翟城（地球屋 001 号）的协力造屋等。

结语：探索政府主导与社区参与共同促进的中国城市社区建设模式

中国在 2000 年底出台的《民政部关于在全国推进城市社区建设的意见》中，第一次给“社区建设”作了如下较权威的定义：“社区建设是指在党和政府的领导下，依靠社区力量，利用社区资源，强化社区功能，解决社区问题，促进社区政治、经济、文化、环境协调和健康发展，不断提高社区成员生活水平和生活质量的过程。”从世界范围看，政府在社区建设中与社区治理中发挥着无可替代的作用。就中国来说，“强政府”在社区建设中担当主导性角色并不是问题。问题的关键在于，“强政府”如何扮演自己的主导性角色，如何在社区治理和社区发展规划等方面推动社区建设。

中国城市社区治理模式基本采用的是政府主导型模式。在构建政府与基层社会的关系上，政府需要一个能够起到社会整合和社会稳定作用的组织，而社区组织的基层性、群众性、自主性使其称为能够承担这一功能的组织。因此，中国城市社区建设应在政府主导下，通过弱化街道和居委会的行政特色，培育社区自治组织和增强社区参与程度等治理手段，完善社区自身发展的动力机制。从而摆脱“强政府弱社会”尴尬局面，形成政府与社区组织合作的城市社区建设模式。

政府在城市社区建设中的主导作用，还可体现在社区发展规划的制定和指导上。首先，在保障性住房供应政策上，可以通过扩大由于户籍制度限制的保障涉及范围和提高政策补贴、政策引导的市场化建设的廉租住房供应量等途径，大力推进由政府主导的面向中低收入阶层的住房建设。其次，中国政府应从完善社区基础设施建设入手，增加社区的公共交往空间，政府通过财政经费支持和社会资源的整合，使社区建设成为有法可依的、能够满足居民一般生活、休闲、娱乐、工作、学习的社区。再次，政府应完善社区保障、社区服务、教育、医疗卫生等体系，使城市社区建设内容涵盖面更加宽泛。目前，中国从单位制向社区制的转型还远未完成，社会保障机构尚未在社区一级健全。因此，政府通过医疗保险、社会保障等行政服务来解决居民重大的长远生活难题，对促进社会稳定和增强社区居民的认同感和归属感都至关重要。

城市社区建设中社区也应承担起共同建设的责任，在社区规划和社区自我管理等方面也应有所作为。在社区规划方面，建立“社区建筑师”制度，从专业角度向社会工作角度推进，使学者以协作者身份起到中介作用，并成为政府与社区之间桥梁的建造者。同时，完善社区规划公众参与和社区组织参与机制，形成政府、学者和社区组织合力建设局面。在社区自我管理方面，居民通过对反对公害、环境保护、历史建筑保护等领域自发的市民运动的参与，提高自身的主动性、积极性，促进社区意识的觉醒，培育对社区的认同和归属感。

中国社会学得以恢复和重建还是 20 世纪 70 年代末的事情，至今社区理论研究恢复才 30 余年。基于我国城市社区建设是构建和谐社会的基石，因此，比较和借鉴国外社区建设的实践经验，探索政府主导与社区参与共同促进的社区建设模式是非常有必要的。

注释

① 农村社区是以各种农业生产为基本特征，而城市社区是指大多数居民从事工商业及其他非农业劳动的社区。郊区社区是位于农村社区和城市社区之间的过渡性社区，随着城市化进程，郊区社区向城市社区转变。城市社区的结构比农村社区复杂，且形成较农村社区晚很多.

参考文献

[1] 袁秉达 , 孟临 . 社区论 . 上海 : 中国纺织大学出版社 . 2000: 14.
[2] 李晶 . 完善保障性租赁住房政策的必要性研究 . 城市规划， 2008(5): 45.
[3] 陈文茹 . 西方发达国家城市社区建设的现状及发展趋势分析 . 前沿，2007(2): 76.
[4] 卞洪滨 , 邹颖 . 小与美——以日本、新加坡和香港公共住宅为例 . 世界建筑， 2008(2): 21.
[5] 叶锦明 . 政府加大投资解决住房问题——新加坡中低收入者住房融资经验 (一). 中国住宅设施 , 2003(8): 52.
[6] 林坚，冯长春 . 美国的住房政策 . 国外城市规划 , 1998(2): 6.
[7] 张庭伟 . 从“为大众的住宅”到“为大众的社区” 从“居住区规划”到“社区建设”. 时代建筑 , 2004(5): 30.
[8] 胡伟 . 美国社区发展的统一计划 : 以詹姆斯敦市为例 . 国外城市规划 , 2001(3): 33–34.
[9] 姚远 . 日本市民运动时代的社区营造 . 沪港经济 ,.2008(11): 76.
[10] 田晓虹 . 日本社区建设管窥 . 学术月刊 , 1996(4): 112–113.
[11] 马伊里 . 日本的社区建设 . 社会 , 1996(1): 22.
[12] 杨书臣 . 日本的住宅政策 , 兼谈对我国的启示 . 建筑学报，1996(4): 112–113.
[13] 林文洁，周燕珉 . 日本公营住宅给中国廉租住房的启示——以日本新潟市市营住宅为例 . 世界建筑 , 2008(2): 28.

原文版权信息

赵晓芳 , 支文军 . 探索政府主导与社区参与的中国城市社区建设模式 . 时代建筑 , 2009(2): 10–15.
[赵晓芳：同济大学建筑与城市规划学院 2007 级博士研究生、同济大学继续教育学院教师]

17

物我之境——田园 / 城市 / 建筑：2011 成都双年展国际建筑展主题演绎

Holistic Realm—— Nature/City/Architecture: A Theme Statement of the 2011 Chengdu Biennale International Architecture Exhibition

摘要 文章围绕 2011 年成都双年展国际建筑展“物我之境——田园 / 城市 / 建筑”的主题，在当代中国城市化的现实语境下，对“物 / 我”“田园 / 城市”“人 / 环境”等概念进行诠释和演绎。

关键词 2011 年成都双年展国际建筑展 田园 城市 建筑

经济学家斯蒂格利茨（Joseph Stiglitz）曾断言，21 世纪对全人类最具影响的两件大事：一是新技术革命，二是中国的城市化。

拥有世界最多人口的中国以城市化速度吸引全球目光的同时，也成为全球城市化进程的巨大推手。依据联合国人居署和亚太经社理事会联合发布的《亚洲城市状况 2010/11》，2010 年中国的城市化率为 47%，预计到 2020 年将达 55%，将有 1.5 亿中国人在这 10 年间完成从农民到市民的空间转换、身份转换。庞大的人口数量决定了中国城市化过程的特殊性。城市化水平滞后于经济发展水平的现状和严重的城乡二元结构的存在，也决定了中国必须探索自己的城市化道路。

2010 年上海世博会紧扣时代命题，关注人类当下面临的共同课题——城市，关注未来和谐城市的建设，提出了“城市，让生活更美好”的中国城市发展愿景。2009 年底，成都提出了建设“世界现代田园城市”的历史定位和长远目标，其核心思想是“自然之美、社会公正、城乡一体”，其基础是成都自身的自然环境条件和历史文化传承，以及经济全球化的大趋势下全世界城市竞相发展格局中成都的现实定位，同时也是成都人对美好人居环境的探索。

在此宏观背景下，2011 成都双年展于 2011 年 9 月 29 日至 10 月 31 日期间在成都东区举办。展览以“物色·绵延”为主题，由“溪山清远：当代艺术展”“谋断有道：国际设计展”和“物我之境——国际建筑展”三大主题展及政府各协会展览项目、民间外围展览等其他板块组成。这是成都打造城市文化品牌、提升城市文化影响力和竞争力的重要举措，也是成都探索现代田园城市发展的新节点。

作为三大组成部分的专题展之一，“物我之境——国际建筑展”在成都工业文明博物馆同期展出。此次国际建筑展诞生于成都确立“世界现代田园城市”的战略目标之时，围绕“物我之境——田园 / 城市 / 建筑”的主题，指向成都的建设，放眼历史及当前的国内外研究和案例，进行搜寻、探索、争辩、梳理、设计、展示，在展览内外保持一贯对“物我之境”的求索。面对一个兼具自身条件孕育、政府政策推动，呼之欲出的“现代田园城市”——成都，从如何探讨和探索命题本身出发，将展览解析拆分，意在拒绝单纯陈列作品；从反观历史开始，由语境的建立展开叙述，在开阔的视野下枚举多样的可能性，对既有经验的掌握支撑发散的探索，力求借此建立一个开放性的平台并有益于现实的认识和实践。

“物 / 我”

中国古代，人们追求“物”“我”合一的境界。《庄子·齐物论》中有描述：“天地与我并生，万物与我为一。”这里的“我”指人，“物”指天、地及千差万别的一切自然物。庄子认为“天地一体”（《庄子·天下》），“人与天一也”（《庄子·山木》）。物、我不是彼此孤立、互不干扰的存在物，而是相互联系、相互依存、息息相关的有机整体。庄子强调“太和万物”的思想，并以“物化”的理念构建“物我之境”（《庄子·齐物论》）。“物化”，即以主体对象化达到物我不分、主客一体的浑然境界。通过“物化”中的主客体交流，达到对“道”的深入认知。在认识世界万物的过程中忘却主体、随物而化。庄子的“物”“我”之论所描绘的“天乐”境界，在潜移默化中逐步酿成了一种古典美学与文人精神，深远地影响了古人对完美世界的构想。“物化”也被古人视为审美体验的最高境界。

后来王国维把老庄的“物我之境”分为“有我之境”和“无我之境”：“有我之境，以我观物，故物皆著我之色彩。无我之境，以物观物，故不知何者为我，何者为物。”[1] 其中物我结合，虚实相生，以形聚神且神遁于形，达到物我一体，物我两忘之境界。不论是“泪眼问花花不语，乱红飞过秋千去”（欧阳修《蝶恋花·庭院深深深几许》）的“有我之境”，抑或“采菊东篱下，悠然见南山”（陶渊明《饮酒·其五》）的“无我之境”，都表达着传统中国对主体与客体之对立统一的立论与讨论。

20 世纪中国城市化进程的迅猛推进深刻改变了传统的“物”“我”关系。城市化带来了经济的飞速增长、城市面貌的日新月异和标志性建筑的鳞次栉比，这些都以空前的深度和广度改变着中国的面貌。“物”“我”关系的改变也引发了资源短缺、环境污染、贫富差距加大等一系列问题。建立起来的城市并不属于市民，污染、高楼、车流、人群成了市民的对立面，给人带来强烈的生存压迫感。城市旋风席卷广袤的乡镇农村，导致原有的文化格局和生活形态发生急剧变化。大批失地农民还未从成为“城市人”的喜悦中缓过神来，就很快地陷入身份缺失的更大恐惧之中。我们的城市化推进，似乎陷入一个无以缓解的二元对立境地：城市还是田园？延续还是更新？消费还是生产？“物”还是“我”？

古人“物我合一”的哲学理念，无疑可以作为解读当下诸多城市问题的新视角。人类对自然环境的利用和改造、对城市化问题的讨论和研究，归根结底也是在探索主体和客体之间“物”与“我”的共生之道，寻找通向“物我之境”的可能途径。

国际建筑展以“物我之境”为主题，从“物我合一”的认识论和方法论的角度出发，落足于构成人居环境的“田园”“城市”“建筑”之间及其与人的联系、对接、相互作用。尝试建构一种新的价值观，在主客观界限的消失、物质与精神层面的结合、唯物与唯心二元的超越、形式与意境的一体、有与无的轮回等哲学层面诠释人与环境的融合，以及城市化与“诗意栖居”的协调，发掘和探索一种更为全局和综合的思路，进而引领人们发现并解决问题、形成定位于中国的理想城市模式：藏身于世界，寄其躯于山水，赋其情于江湖，寓其言于风雨，真正步入“物我之境——田园之意”。这是国际上第一次以中国诗学、哲学与美学理念为题的建筑展。

“田园 / 城市”

亚里士多德说：“人们为了生存而来到城市，为了生活得更加美好而居留于城市。”

城市是人类一种最主要的居住形态和生存模式。自城市产生以来，古人就不断探讨如何将城市生活与田园景象相结合，希望建立自然与人居相融合的生存场所。

早在春秋时期，《管子》一书中就提出了“天人合一”的城市发展观，强调“人与天调，然后天地之美生”（《管子·五行》）。书中对影响城市生态环境的地理、气候、土壤、生物等诸要素进行了详尽阐述，并形成建城选址、保护资源、防灾减灾等一系列城市管理思想体系。管子还在《管子·八观》中关注人口密度、人地均衡配置等问题，这些思想成为现代生态城市某些理论的雏形。

东晋著名诗人陶渊明笔下描画的“忽逢桃花林，夹岸数百步，中无杂树，芳草鲜美，落英缤纷……土地平旷，屋舍俨然，有良田美池桑竹之属。阡陌交通，鸡犬相闻……黄发垂髫，并怡然自乐。”（陶渊明《桃花源记》）的生活图景，让世人对桃花源般的田园理想国产生强烈向往。北宋张择端的《清明上河图》和王希孟的《千里江山图》展示了村落与山川、湖泊融为一体、充满生机、人景相宜、充满田园气息的中国传统城市。

中国古人对田园城市的构想均建立在农耕经济孕育的文化土壤之上。中国传统城市与乡村合为一体，农村与城市的发展互为推动，联系紧密，和谐发展，对今天田园城市的发展是很好的启示。

近现代田园城市思想体系的形成，是以 1898 年埃比尼泽·霍华德（Ebenezer Howard）出版的《明日的田园城市》（*Garden Cities of Tomorrow*）为始的。书中第一次正式提出田园城市理论，以此应对 19 世纪中期以后英国工业化和城市化时期出现的问题。霍华德在书中描述了田园城市的愿景，分析了田园城市建设的可行性与可能性，也提出了像伦敦这样的超大城市向田园城市转变的策略与路径，致力于构建一个没有污染、没有贫民窟的理想家园。田园城市并非一个户户有花园的低密度城市，书中描述的田园城市中人口密度达到 7407 人 /km^2，人均用地约为 135m^2。这种城市密度让中国当今许多中小城市，甚至有些大城市和特大城市都未能企及。霍华德田园城市思想中提出的开放、多样的城市发展结构和其纲领性的定位，对现代城市如何创建田园之境具有重要的借鉴作用。

“田园城市”的内涵随着其社会政治、经济、技术背景的不同，也在不断地被充实、被证明、被质疑。继霍华德之后，恩温（Raymond Unwin）在 1920 年提出“卫星城”的理论。该理论是对田园城市更形态化的解读，也把霍华德的田园城市和勒·柯布西耶的现代城市合为一体，构建起现代城市规划的基本框架。1977 年《马丘比丘宪章》对工业技术进步及爆炸性城市化引起的环境污染、资源枯竭进行反思，提出要理性地看待人的需要，对自然环境和资源进行有效保护和合理利用。

当下，在汹涌的全球化浪潮和城市化进程中，中国的现实和面临的问题与“田园城市”理论体系间既相通又有别：都在城市化过程中找寻失落的田园梦，也必须正视当代中国特殊的人口、资源压力。然而，固守田园生活，阻止城市化进程是违背社会发展规律的。扩大城市的空间，将城市园林化，在人均耕地已接近警戒线的中国是很不现实的。城乡一体化，物我为一似乎只是一个梦想，如何理解田园城市的现代含义，如何寻求符合中国的田园之路是我们必须讨论和思考的。

我们希望此次国际建筑展搭建一个综合的平台，围绕“物我之境——田园 / 城市 / 建筑”的主题，从实践、文献、策划、调研等多方面入手，聚拢国内外的学术权威、著名建筑师、新锐实践机构、各大建筑院校，探讨如何从“田园”中寻求城市发展机遇和品质，如何建立人与田园、人与城市、人与建筑的关系。落实到成都的现实，即探究什么是成都的现代“田园 / 城市 / 建筑”，如何诠释属于成都的现代的人与环境关系等。

在陆续收到作品的过程中，我们再次确认了此次建筑展的意义：诸方的深入讨论推进了对“田园城市”内涵的挖掘，也启发了对田园与城市的多角度思考。参展的中外建筑师在国际建筑展的平台上提出他们在规划、设计与建筑实践中具有前瞻性和普世意义的作品，审视由于城乡快速发展带来的建筑机遇及理论焦虑，探索“物我之境”的建筑定义和田园城市的当代诠释。

建筑展中的策略、调研、学生竞赛等多个板块将命题锁定成都，希望集中全球精锐的专业力量，对成都的现代田园城市建设进行规划、反思，为成都加快推进“世界现代田园城市”的战略目标积累重要的学术资源，也通过对一个典型中国传统城市细胞再造的真实聚焦，生发对现代田园城市的理论建构。

“人 / 环境”

人与环境的讨论贯穿中国历史：大哲学家孔子主张“尊天命”，认为“天命”是不可抗拒的；老子也主张“自然无为”，认为人应以顺应环境的方式与环境保持和谐。与这种立场不同，荀子则提出“制天命而用之”的思想，提倡人们对自然环境的利用。中国的风水说更被看作古代环境观的集中体现。彼时，世界人口总数不到 2.5 亿，人的“生产”对自然环境的依赖十分突出，无论顺应或是改造，“物我合一”的理想状态似乎更容易达到。

随着生产力的发展，人类日益增强的改造自然的能力打破了人与环境的和谐。人类在对科学技术和经济的迅猛发展乐在其中之时，也带来了严重的环境问题：资源减少、物种灭绝、温室效应、化学污染……1962 年，蕾切尔·卡森（Rachel Carson）《寂静的春天》（*Silent Spring*）一书出版，以其全面的研究和雄辩的观点改变了历史的进程，掀起了现代环境运动浪潮，为人们带回了一个在现代文明中丧失到令人震惊地步的基本观念：人类与自然环境应相互融合。

近一个世纪的城市扩张更加凸显环境困局：人与环境的不和谐，城市与建筑的不和谐，人在城市中归属感的丧失，都迫使人们反思和探讨城市发展模式。以“物我之境”为基础，深入挖掘“田园城市”的内涵，意在探讨建立符合当下发展需要的人与环境的新关系。

成都似乎是中国城市化进程中的特例。这座城市繁华且闲适、现代且儒雅：蜀山岷水、宽窄巷子、草堂茶楼……人和城市间存在着天然的和谐。李白有诗云：“九天开出一成都，万户千门入画图。草树云山如锦绣，秦川得及此间无。”（李白《上皇西巡南京歌十首·其二》）

自古以来，人们都把成都看作“天府之国”。在“西部大开发”的 10 年中，成都进行了诸多有意义的尝试，为破解西部乃至中国长期存在的结构性矛盾，特别是城乡二元结构矛盾，积累了大量可推广的典型经验。成都建设“世界现代田园城市”，实际是在推进成都城乡一体化的实践中，保留现代成都的田园情怀，是对地域感的再次确认和公共情感空间的保留，也对当代人与环境的关系具有特殊的意义。

此次国际建筑展也希望基于成都现实，在“让成都市民生活更美好”的理想下，探讨究竟什么是成都的现代“田园 / 城市 / 建筑”，诠释属于成都的现代的人与环境关系，并以成都为起点，探讨田园、城市、建筑之间的关系，探讨人与田园、人与城市、人与建筑的关系，探讨“物”与“我”的关系。

结语

中国城市化方兴未艾，成都向“世界现代田园城市”的迈进之路才刚开始，人类对理想世界的向往和探索还会继续。“物我之境——田园 / 城市 / 建筑”国际建筑展或许不能取得结论性的成果，却定能促进划时代新理念的形成，激发出许多因应之道与理想蓝图，也定能唤起决策者、建筑从业者和大众对田园城市、对人与环境的思考！

（感谢 2011 年成都双年展国际建筑展联合策展团队在主题演绎过程中的贡献，特别感谢李凌燕女士在成文过程中的帮助）

参考文献

[1] 王国维 . 人间词话 . 北京 : 人民大学出版社 , 2011.

原文版权信息

支文军 . 物我之境——田园 / 城市 / 建筑 : 2011 成都双年展国际建筑展主题演绎 . 时代建筑 , 2011(5): 9-11.

18

大转型时代的中国城市与建筑

Urbanism and Architecture in the Great Transformation Complexity China

摘要 文章是“T+A 建筑中国·2011 年度建筑点评”的综述部分，从转型之年、保障房、老龄化、公共安全、城乡统筹和智慧城市 6 个重要方面，对 2011 年的中国城市与建筑界进行宏观层面的批判性点评，指出 2011 年是中国城市化进程中一个值得特别关注的年度。

关键词 2011 年 年度点评 城市化 建筑

2011 年：转型之年

2011 年是中国城市化进程中一个值得特别关注的年度。中国城镇人口占总人口的比重首次超过 50%，标志着中国这一个具有几千年文明历史的农业大国，进入以城市社会为主的新成长阶段。城市化继工业化之后，成为引领中国经济社会发展的巨大引擎 [1]。作为“十二五”的开局之年，诸多行业“十二五”规划相继启动，中国建筑业迎来的复合式的发展空间：全国大兴水利建设纳入国策，保障性安居工程驶入快车道，着力民生、福祉人民的公路、铁路、桥梁、码头、市政、工业园等各重大产业项目、生态环保项目、城市保障项目、社会事业项目、基础设施项目建设全面铺开，成为继金融危机与奥运之后的又一次建筑业的重大机遇。业内，中国美术馆、国家博物馆等大型公共项目不断掀起话题；建筑设计机构开始新一轮的转变，努力寻求多元发展模式；低碳、绿色、智能、科技、人文等关键词记忆深刻。

其后是复杂的经济社会背景：国际上，世界经济发展出现了明显的放慢趋势，全球治理格局处于危机后的重塑中，经济多极化与全球化趋势进一步突显。虽然中国 GDP 总量已经超过日本，成为仅次于美国的第二大经济体，然而进入后危机时代，不论是发达还是发展中经济体，都面临着严峻的经济考验。国内，一度坚挺的房价从 9 月份出现松动，全国百城房地产价格指数出现连续 3 个月环比下降；CPI 曲线经过宏观政策的有效调控，11 月下降到 4.2%。尽管仍有压力存在，“拐点”已基本浮出水面；GDP 的增幅由一季度的 9.7% 连续跌至三季度的 9.1%，政策调整威力突显。三组由升而逐渐转降的曲线，勾勒出 2011 年中国经济的减速态势。与此相伴的是各方面都无法回避的大调整、大转型。一个“调”字越来越清晰：调个税、车速、物价、经济结构、干部、国家、移民、地产、情绪、心态、左右立场、生活方式、身体、方向、大小。

这对于已习惯读取逐年攀升增长数据的中国人来说，有些猝不及防。高速增长的中国经济在过往相当一段时间里，不只带来了国家税收和财政收入的高幅增加，甚至塑造了一代人或几代人的发展观、定义了独有的节奏感。当快车驶入减速通道后，原有的发展模式开始经受新的考验，“转型”成为一切事物发展变化的代名词，并将始终与未来中国的发展相随，持久地深入政治、经济、社会诸多领域，城市与建筑界也就不可避免地裹挟其中。这些都迫使我们在另一个 10 年开始之时，重新审视与探索中国城市化的转型之路。

民生大考：保障房

2011 年，作为头号民生工程的保障房建设显著提速：全国开工建设保障性住房、改革各类棚户区住房高达 1000 万套，比 2010 年增加了一倍。其中，廉租住房 165 万套，公共租赁住房 227 万套，经济实用住房 110 万套，限价商品住房 83 万套，各类棚户区改造 415 万套。此外，还计划新增发放廉租住房租赁补贴 60 万户。按照规划，到 2015 年中国将总计建设城镇保障性住房 3600 万套，使保障性住房的覆盖率达到 20%，目前这些保障房建设用地已经得到落实。保障房建设就此成为中国继高铁、电力、能源之后，又一个跨越式发展的行业 [1]。

对于建筑企业而言，“十二五”3600 万套、2011 年 1000 万套的保障房建设规模似乎意味着一个新兴市场。虽然保障房开发时间较长，且国家规定的利润率有限，但政府层面为承建方提供的信贷、土地、税收等多种优惠条件，也使潜在的附加利润较为可观。政府主导下，各建筑龙头企业成为新战场中的排头兵：上海中房建筑设计有限公司充分发挥公司科研优势，对保障性住房进行研究总结，编写《保障性住宅设计导则》，积极推动保障性住房建设；中国建筑股份有限公司更是力争把市场份额扩大到全国市场的 3%，成为中国最大的保障性住房投资建造商。同时，中国住房和城乡建设部发出《关于报送城镇保障性安居工程任务的通知》，提出在原《2010—2012 年保障性住房建设规划》的基础上进行调整，建设“中国式的社会住宅”。9 月 28 日，“2011 年·中国首届保障性住房设计竞赛”在第十届中国国际住宅博览会上举行颁奖典礼，中国首个由主管部委和权威机构支持的全国性保障房规划设计竞赛落下帷幕，同时也奏响“通过提高规划设计水平保证保障房品质”的序曲。

政府的强劲投入、业界高层论坛的关注、大型企业的积极参与、各种新式概念的蓬勃而出，为保障房建设描绘出一幅广阔的前景。然而推行过程中却遭遇“上热下冷”的尴尬：企业参与热情不高，房地产百强中约七成缺席保障房建设；政策层面在资金筹建、质量监管、分配方案等环节均存在不同程度的漏洞，屡屡造成“行政有病、百姓吃药”的困局。随着各地开工竣工数的不断增加，保障房的质量问题也屡遭曝光：从北京通州，到四川泸州，再到湖南郴州，多地保障房项目接连曝出墙体裂缝、楼板掉落、屋顶漏水等质量问题，保障房陡然变成“闹心房”。10 月 25 日，住建部部长姜伟新在向全国人大常委会报告城镇保障性住房建设情况时就表示，部分保障房确实存在质量隐患，同时也证实公布的完成数据有虚假成分，1000万套中1/3是挖坑待建的。保障房自年初鸣锣开场以来，一直就被人戳点不止，凡举跃进、浮夸等诸多泥沙俱下的情景，也早被猜想一遍。原定2012年的保障房建设指标比预定的削减300万套，暴露出资金、土地、组织协调等现实困难超出想象的问题。

2011年12月，保障房“军令状”签订，其中详细列明各地所要兴建的各类保障房具体数量。如不能顺利完成，“军令状”将拥有从约谈到行政处分，乃至降级、免职等严厉处罚的权力。同时，政府实行商品房项目配建保障房政策，使房地产企业“被动”入局。保障房建设在政府的强力推攘之下踌躇前进，与百姓心中普遍期待的美好图景相距甚远。在国家意志与民众体验之间横亘着的是制度的空洞与纠结，引发的是用行政代替市场的通盘阵痛。“举国体制”将集权力量发挥到极致的同时，也轻松掩盖了相关制度建设滞后带来的诸多效应；快速解决问题的同时，不可避免地弥漫着“赶”“超”的浮躁和策略应对的粗糙。以政府为主导的保障房工程，是对中国社会运行体系的一次民生大考。在城市发展进程中切实保障和改善民生，解决民众关注、关系其生活质量的具体问题，让城市发展回归本质，标志着中国城市化的深度推进与良性思考，但在当前未完全理顺政策与体制建设层面矛盾的中国，如何将民生真正引入积极的通道，切实地将民生落于实处，提高居民的分享水平和公共服务水平，并抓住民生工程的契机，深入探讨城市发展的可能模式，成为需要各级政府部门与建筑师、规划师们共同应对的问题。

城市新议题：老龄化

2010年，国务院公布第六次人口普查结果：中国内地总人口为13.4亿人，其中60岁及以上老年人口总量增至1.78亿，人口老龄化水平达到13.26%；到2015年全国60岁以上老年人将增加到2.21亿，平均每年增加老年人860万，老年人口比重将增加到16%，到2030年全国老年人口规模将会翻一番，我国人口老龄化程度将日益加重。[2] 生育率持续下降、老龄化速度不断加快的人口结构变化，对于世界头号人口大国的中国而言，有可能带来巨大的经济、社会结构变化。坐享人口红利的时代在不久的将来将一去不复返，中国“未富先老”。

一方面是日益严峻的老龄化社会现状，老龄化进程与家庭小型化、空巢化相伴随，与经济社会转型期的矛盾相交织，社会养老保障和养老服务的需求将急剧增加；另一方面则是现阶段我国养老产业和养老服务发展严重滞后。据统计，目前中国每千名老年人拥有的养老机构床位数只有 11.6 张，即只有 1.16% 的老年人能入住养老机构。考虑到未来新的家庭结构下，由于异地分离或经济等原因，无法在家庭内部承担老人抚养责任的家庭比例将会大大增加，这一服务的供给缺口将非常惊人。

有问题就有机遇。有分析指出，仅以养老床位测算，按照国际通行的 5% 的老年人需要进入机构养老的标准，我国至少需要 800 万张床位，而现在只有约 250 万张，缺口达 550 万张。在面临严峻考验的同时，老龄化之后蕴藏着的是拥有巨大潜力的“银发产业”。以平均每张床位 6 万元的建设成本，光床位建设就有 3000 亿元的市场空间。再加上康复设施、培训基地等，还可拉动至少 1 500 亿元的投资。[3]“十二五”时期是我国全面建设小康社会的关键时期，也是老龄事业发展的重要机遇期。2011 年 9 月 17 日，国务院发布《中国老龄事业发展“十二五”规划》，紧接着，各省市地区都相继出台了“十二五”老龄事业发展规划。把老龄产业作为新兴产业发展的重要内容，纳入国民经济和社会发展规划，抓住转方式、调结构的重要机遇，培养壮大老龄服务事业和产业，已成为城市发展中的新支点。

老龄化涉及人本身的问题，既与一国制度和文化等多方面密切相关，又体现出自然人经历生老病死的进程。人口红利终结对中国经济增长趋势的影响、更多的老年人在城市生活对城市形态和管理的影响、养老负担日益加重对中国社区和家庭的照料方式和财务安排的影响，成为关注的三大问题。如何应对老龄化社会带来的问题与机遇，在城市化过程中逐步转变单一的城市建设价值观，创造适宜老年人居住的城市空间，也是中国的城市管理者、城市居民、媒体和学术界必须关心的命题。

城市化之觞：公共安全

2011 年 6 月 23 日，北京遭遇暴雨，全城陷入瘫痪。两位在激流中推车的市民，陷入下水井道，为不良的城市设施付出了宝贵的生命。

7 月 5 日，由京港地铁公司运营的北京地铁 4 号线，发生重大电梯故障事件，造成 1 死、3 重伤、27 人轻伤的结果。

7 月 11 日凌晨，江苏盐城境内 328 省道通榆河桥发生坍塌；7 月 14 日上午，建成不到 12 年的武夷山公馆大桥轰然倒塌。

7 月 23 日晚，两列火车在浙江温州发生追尾事故，导致两节车厢脱轨坠落桥下。

9 月 27 日 14 时 37 分，上海地铁 10 号线豫园站至老西门站的追尾，共造成 271 人受伤，其中 20 人重伤。

频繁发生的城市公共安全事件，使人们对自己所居住的城市产生巨大的不信任感。日新月异的城市面貌背后，安全体系的脆弱、诸多“城市病”的暴露，痛述了中国无数次的危机管理冒进，也突显了处于转型期的中国城市空间快速扩张与城市管理思维、制度建设严重失衡，危机预警和监控机制欠缺，以及行政执法监控存在漏洞。在这样的现实之下，城市空间陡然提升了城市居民的生存风险与生命成本，“城市，让生活更美好”成为一种口号式的注解。

中国城市化建设成绩斐然，举世瞩目。然而，“发展才是硬道理”的中国城市在狂飙突进的同时，将规律、真实、国情甩得面目全非。当“快”成为一种时态后，城市开发与空间生产成为书写国家与民族自信的犬儒，对表象的沉迷遮盖了洞察问题的冷静。过往发展中，我们更多关注的是城市发展的速度和规模，忽视了城市化的质量和内涵；重视的是城市与经济发展，而忽视了城市体制建设；重视的是城市景观，忽视了基础设施完善……公共安全引发的城市惨剧犹如某种疾病，用不期而至的切肤之痛，对城市肌体健康进行强力的示警。公共安全事件如不能引起系统性的重视，或进而成为城市不断完善的节点，那么必然要使中国城市化付出比其他国家更大的成本，包括社会资本、社会正义和社会进步方面的巨大损失。

必破之题：城乡统筹

2008 年我国城镇化率达到 45.7%，今后一个时期虽然城镇化速度会趋于下降，但仍将保持每年 0.8~1 个百分点的增长，并可能在 2013—2015 年达到 50% 以上的城镇化率，城市社会将逐步占据主导地位。2011 年，中原经济区上升为国家战略，山东半岛蓝色经济区、浙江海洋经济发展示范区、广东海洋经济综合试验区、舟山群岛新区等涉及海洋经济的一系列国家战略也陆续获批，经济活动和生产要素向大都市圈和城市群集聚趋势更加明显。随着快速交通的迅猛发展，城市化进程已经进入第二阶段，由农民进城到打造都市“一小时”生活圈，新型城乡关系正在形成，城乡结构调整进入关键期。

与此同时，城镇化快速发展地区的土地、交通和生态环境矛盾将更加突出，协调城乡经济社会发展和公共服务差距的难度也将加大。以家庭成员分离为代价的农村劳动力向城镇的流动，无法维持实质意义上的城市化；一部分农村劳动力流入代替另一部分农村劳动力的回流，在总体上保持了城市化率的增长，但务工农村劳动力未能分享城市化成果，“半城市化”问题愈加明显，中国农民和城市的相处问题，已经成为社会矛盾最集中的地方。今后一段时期，进城农民工市民化将成为推进城镇化的主要任务，以此带动城镇基础设施和住房建设的投资需求，以及城镇人口增加带来的消费需求，并将成为扩大国内需求和带动经济发展的重要动力。城乡统筹已经成为中国多个省市区域发展的必破之题。

2011 年 9 月 30 日至 10 月 31 日，“物色 · 绵延”2011 年成都双年展在成都东区举办。展览基于成都建设“世界现代田园城市”的历史定位和长远目标，体现了“自然之美、社会公正、城乡一体”的成都城市发展之路，全面呈现了“西部大开发”的 10 年中成都为破解西部乃至中国长期存在的结构性矛盾，特别是城乡二元结构矛盾积累的大量可推广的典型经验。同时，集合中外精锐的设计、学术力量，深入探讨在推进成都城乡统筹的实践中对地域感的再次确认和公共情感空间的保留，审视由于城乡快速发展带来的建筑机遇及理论焦虑，是对城乡统筹发展问题极具前瞻性与启发性的理论探索。

2011 年 9 月 24 日至 25 日，“首届城市学高层论坛”在杭州召开。论坛围绕“迁徙·户籍·待遇——农民工的户籍与市民化问题”的主题，对当下农民工市民化、城市化发展和管理进程等社会热点和难点问题进行了全方位的剖析和交流。强调城市化过程不仅意味着对城市空间的改造升级，更意味着城市居民心理上的城市化。流动人口是否能够实现社会融入，应该成为我们评价城市化的重要指标之一。

存在已久的城乡二元结构，决定了我国城乡统筹之路的特殊性与艰巨性。这是一项关乎产业结构升级、财政金融体系完善、非农就业增长、教育医疗养老等公共服务一体化等诸多领域的大工程。其中，学术界的理论研究和理论创新，是摆脱一切束缚，寻求城乡统筹体制问题解决途径的关键，我们任重而道远。

明天会更好

2011 年被称为“智慧城市”建设元年，浪潮席卷全球，200 多个城市打出了建设智慧城市的旗帜。国内，在已发布 2012 年工作报告的 34 个城市和地区中明确体现智慧城市、智慧地方的有 16 个城市，“智慧”成为城市发展的新目标。3 月 1 日，备受瞩目的“2011 年中国光网城市发展战略高层论坛”在京召开。会议介绍了“宽带中国——光网城市”工程的实施目标：中国电信将用 3 年左右时间，打造无处不在、触手可及、覆盖中国每一个有人居住区域的天地一体化宽带网络，实现南方地区县以上所有城市宽带网络的光纤化，为城市用户带来 20M 以上接入带宽的高速互联网体验。11月中旬，上海电信率先实行宽带免费升速。上海先行，北京跟进。与此同时，江苏、天津等地亦做出了提速的承诺[4]。中国网络有望跃入大提速时代。

2011 年 10 月 18 日，中国共产党第十七届中央委员会第六次全体会议通过《中共中央关于深化文化体制改革推动社会主义文化大发展大繁荣若干重大问题的决定》（以下简称“《决定》”），提出建设文化强国的口号。《决定》吹响文化大发展大繁荣的号角，也助推文化产业走上迈向“国民经济支柱性产业”之路，“文化”被作为国家战略备受关注。各省相继出台文化战略，财政、金融、保险各方面支持文化产业的政策纷纷出台迎来政策面的“大释放”，中国文化产业的发展达到“前所未有的好时候”。

智慧图景、文化战略伴随“十二五”规划的全面铺开，将未来的壮丽蓝图呈于眼前。站在下一个十年的起点，面对更加宏伟的发展目标，我们应该有前行的信心，更应该拥有冷静的头脑。“快”定然不是常态，更不应成为回避问题的方式。当速食时代的盛宴散去，中国城市化之上的达摩克利斯之剑赫然高悬，我们必须转变思路。用多维度的考量取代单一化标准，能使我们更接近“城市”的本质；贴近民生的深层制度建设或许比抽象的空间生产更富新奇与想象力。改革总是实践、修正、再实践、再修正的过程。置身大转型时代的开端，面对机遇我们希望走得更理性、更稳健一些。

参考文献

[1] 汝信，陆学艺，培林 . 2012 年中国社会形势分析与预测 . 北京：社会科学文献出版社，2012.
[2] 马建堂 . 第六次全国人口普查主要数据发布 . http://www.chinesefolklore.org.cn/forum/viewthread.php?tid=21599&page=1.
[3] 邢少文 . 人口红利的盛世危言 . http://www.qikan.com.cn/Article/nafc/nafc201117/nafc20111701.html.
[4] 佚名 . 上海宽带免费提速 智慧城市依旧悬空 . 时代周报，2011(47).

原文版权信息

支文军，李凌燕 . 大转型时代的中国城市与建筑 . 时代建筑，2012(2): 8-10.
[李凌燕：同济大学建筑与城市规划学院 2009 级博士，导师：伍江]

19

在西方视野中发现中国建筑：评《中国新建筑》

Finding China Architecture from the Western Perspective: Review on *New China Architecture*

摘要 本文点评了阮昕先生所著的《中国新建筑》（*New China Architecture*）一书。阮昕先生具有中、西两方面的教育背景，拥有全球化的视野，基于其长期的研究和国际学术背景编写了这本《中国新建筑》，将他在西方视野中对 20 世纪中国现当代建筑的研究与观点首次汇集成册，它对中国当代新建筑给予了一个鸟瞰型的概览，提供给西方世界关于世纪之交中国当代新的建筑实践更为“真实”的全面展示。
关键词 中国现当代建筑 概览 西方视野

整个 20 世纪的大多数时间，中国当代建筑在西方理论界中是处于“缺席”的地位，在西方林林总总关于世界现当代建筑史的著作中，偌大的中国始终隐遁无形。同为西方建筑学追随者的日本和印度都留下了或深或浅的印记。在过去 10 年间，中国各大城市以令人惊异的速度发展着，建筑和城市的天际线，以一种直观的方式为我们呈现了这个时代背景下的中国速度。中国新的财富和西方文化的介入为建筑业创造了一个动态的外部环境。这股猛烈的推动力吸引了全世界的建筑师们，渴望抓住这个独一无二的机会。在此进程中，诞生了一批有时代特征的建筑实践作品，它们对高速发展的时代背景下的建筑城市空间的多元发展做出了各自的解答。

与此同时，西方世界对中国当代建筑发展的兴趣与重视也被激发。在 1999 年的建筑史学家年会上，年轻学者阮昕先生发表的关于 20 世纪中国现当代建筑研究的报告引起了建筑史学界的广泛关注。随着中国当代建筑的发展，西方学者逐步开始了对中国现当代建筑发展轨迹的学术研究，世界也开始重新发现中国。

从某种意义上说，阮昕先生正是基于自己长期的研究和国际学术背景编写了这本《中国新建筑》，将他在西方视野中对 20 世纪中国现当代建筑的研究与观点首次汇集成册。它对中国当代新建筑给予了一个鸟瞰型的概览，提供给西方世界关于世纪之交中国当代新的建筑实践更为“真实”的全面展示，有褒奖，也不乏心照不宣的讽刺。正如作者本人所说：“希望这种‘真实’与‘虚拟’间的矛盾会激发起读者在杂草中找寻鲜花的兴趣。”该书是对中国建筑现状的一个快照（snapshot），但是更大的目标是为读者提供一个起点，使之不仅对这些建筑物本身，更重要的是对其背后的环境有所理解。该书以其独到的眼光，图文并茂地展示了北京、上海、广州等城市 40 余个设计实践项目，类型覆盖了广泛的领域：上海的摩天楼，北京和广州的公共建筑，创新的独立式住宅，还有遍及全中国的新机场、剧院和学府建筑。其中既可以看到国际建筑大师的手笔，如诺曼·福斯特、保罗·安德鲁、史蒂文·霍尔、雷姆·库哈斯、扎哈·哈蒂德和 PTW 等，也不乏中国本土青年建筑师杰出的设计实践。值得一

图 1.《中国新建筑》封面

提的是，书中丰富翔实充满质感的照片是著名建筑摄影大师帕特里克·宾汉·霍尔（Patrick Bingham Hall）的作品，透过其作品，可以窥见不同文化背景下对建筑的不同视角和理解。

该书的作者阮昕先生是新南威尔士大学建筑学的教授，他具有中、西两方面的教育背景，拥有全球化的视野，是一位富有精力，活力和创造力的建筑史家和评论家。东南大学建筑系完成本科学业、之后留学澳洲的阮昕教授，和中国现当代建筑历史结下渊源事出偶然，当初他并没有在世界建筑体系里为中国现当代建筑定位或给出坐标的野心。然而，师从中国第一代建筑大师杨廷宝的亲身经历、近年与国内新生代建筑师的接触，以及久居西方社会的种种背景，使他看待中国建筑的眼光与别人有些不同。

当下的中国大陆建筑界正日益受到国际社会的强烈关注，中国问题的解决方法也是国际学术界学习研究的热点，在西方很多国家建筑事业因为太成熟而缺少活力且有些止步不前的时候，蒸蒸日上的中国市场，机会连带经验教训都会让他们为之振奋。我们想这也是这本书呈现的意义所在。当全球的资本涌向中国市场后，如何面对日益开放的市场，不被全球化浪潮所淹没，寻找与地方性呼应的结合，积极探索中国当代新建筑的发展方向是值得我们思考的。透过此书，也许用全球的眼光着眼于中国问题，尝试用国际的手法和理念做出中国味道的作品，与广义文脉形成呼应，是一个不错的设计策略和态度[1]。

参考文献

[1] Xing Ruan. New China Architecture. Hongkong: Periplus Editions Ltd., 2006.

图片来源

由阮昕提供

原文版权信息

支文军，潘佳力 . 西方视野中发现中国建筑：评《中国新建筑》. 时代建筑，2007(2): 163.

[潘佳力：同济大学建筑与城市规划学院 2006 级硕士研究生]

20

中国城市的复杂性与矛盾性

Complexity and Contradiction in Urban China

摘要　文章是“T+A 建筑中国·2010 年度建筑点评”的综述部分，通过承上启下、GDP、重大城市事件、城市化浪潮、国家新城战略、公民城市 6 个重要方面，对 2010 年的中国的城市与建筑界进行宏观层面的批判性点评。

关键词　2010 年　年度点评　城市　建筑

2010 年：承上启下之年

对于中国的城市与建筑界而言，2010 年是继续快速发展的一年，没有留下太多悬念和惊喜；但是，2010 年又是特殊的一年，是 21 世纪第一个“十年”的收官之年，是“十一五”的总结之年，更是“十二五”未来蓝图制定和展望之年。2010 年 3 月，“东西南北中——十年的三个民间叙事”创作回顾展举办，三家在中国具有影响力的民营事务所马达思班、都市实践和家琨设计工作室，以 21 世纪的第一个十年为背景，各选择十年中的十个作品，体现了当代建筑这十年的发展和巨大变迁，并对下一个十年何去何从进行思考。2010 年 11 月，由筑龙网主办的“中国 · 建筑· 十年(2000—2010)”建筑创作网络评选系列活动正式启动，评选活动将历时 4 个月，充分发挥网络广泛性和公平性的特点，旨在对 21 世纪第一个十年间中国境内的建成项目进行梳理和点评。2010 年 12 月，《城市建筑》杂志出版“与中国同行”专刊，回顾过去十年间在当代建筑创作、建筑教育、建筑传媒等领域的进展。

2010 年是承上启下之年，以历史的视野来审视 2010 年是时代的进步，说明当下的很多事情都不是孤立的，而是可能跟过去有某种联系。当主动地把一系列事件放在一起时，就有可能更好地解读事情的意义，更清晰我们自己的定位，也会有助于对下一个十年中国建筑的判断 [1]。

“2 vs 100”

日本内阁最近发布数据显示，日本 2010 年 GDP 为 54 742 亿美元，比中国少 4044 亿美元，中国 GDP 总量超日本而成为世界第二大经济体。GDP 是衡量一国经济实力的核心指标之一，但不是唯一指标，相对于 GDP 总量，人均 GDP 更能反映一国的经济发展水平。中国人均 GDP 接近 4000 美元，在世界排名第 100 位左右。有人揶揄中国的真实处境是世界上“最穷”的第二大经济体。中国虽不是“最穷”的国家，但由于“2 vs 100”现象，中国肯定是反差最大的国家。中国成功举办了世界上数一数二的奥运会、世博会，但同时还有 1.5 亿人口有待脱贫；中国架起了世界上数一数二的高铁网，但还有许多基础设施匮乏的穷乡僻壤；中国大都市耸立起了世界上数一数二的高楼大厦，但很多城市的“蚁族”和“房奴”们还在无奈挣扎。即使是在上海，一方面是成功举办世博会的喜悦，另一方面是胶州路大火的哀痛。在中国社会里，发达国家和发展中国家所特有的种种问题同时显现并纠缠在一起，这种极端的反差是世界文明发展史所罕见的，所呈现的复杂性与矛盾性也是史无前例的。不仅如此，中国在未来 20 年发展中所面临的问题与当前相比将更加严峻。中国城市与建筑领域的繁荣景象其实是建立在上述严酷的国情基础上的。

事件引导下的城市建设：上海世博会 + 广州亚运会

在日趋激烈的全球竞争背景下，重大城市事件已被当作各国提升城市竞争力的战略工具，对城市的演进起着重要作用。首先，作为集体意志的反映与集体记忆的缩影，它们在整体上影响着城市。同时，作为现代社会的重要组成部分，重大事件更被视为城市在社会与经济转型期的“特效药”。此外，重大事件诸如奥运会、世博会、世界杯等，在当代社会都被各国看作刺激经济、促进繁荣的良方。重大事件往往是城市建设的催化剂，举办重大活动作为调动城市各方面资源和能动性的一种手段，使得在常规的政策手段下不可能实施的一些大型城市建设项目得以实现 [2]。毋庸置疑，2010 年中国最重要的两件大事是上海世博会和广州亚运会。就像 2008 北京奥运会一样，上海世博会和广州亚运会的举办极大提升了两个城市的国际形象，城市基础设施建设成功地转化为推动城市发展的要素，城市建设水平起码加快了 5~10 年。

不可否认，事件引导下的城市建设对城市而言是一把双刃剑。首先，将大量资源投入重大事件，而理想中的收益往往带有瞬时性，而事件空间后续利用的现实是否尽如预期，值得怀疑。其次，当事件成为城市各项建设的目标时，城市被动地接受了事件对城市空间遗留的影响。如何有机消化和融合这些影响需要在事件前后进行战略性考量。再次，由于事件对城市发展的干预是单方面的，因此不可避免地存在一定盲目性，而且这种盲目性带来的消极影响往往会滞后。另外，事件带来的正面效应容易被过高估计。重大事件引发的城市建设，使很多的“事件空间”在短期内开发建成，但长远的使用未必尽如人意。最后，事件推进短期内城市的快速变迁，这意味着快速地新建，同时也意味着快速地废止 [2]。

世博会盛况，创造了望尘莫及的纪录。是在世博会“城市，让生活更美好”的高调呼声中闭幕不久，上海静安区竟发生了一座高层建筑在施工中着火的惨烈灾难，让人从中窥见了中国经济发展与繁荣背后的种种问题。虽然城市建设需要重大事件作为催化剂，但更需要循序渐进的、脚踏实地的、常态化的、具有人文关怀的城市建设。

“大跃进”——新一波城市化浪潮

2010 年对建筑界来说是高歌猛进的一年，从建筑师的大流动就可见一斑，业界浮躁依旧。许多设计公司进行大规模的扩张和人员招聘，接不完的订单和做不完的项目，年终产值核算增长喜人。这一轮的建设狂热来自新一波城市化浪潮。

中国 2009 年城市化率达到 47%，预计 2010 年将达到 50%。中国已进入城市化率从 30% 到 70% 的加速发展阶段，新一波城市化浪潮已经到来，积聚了巨大的政策和经济动力。从政策层面来说，城乡整合或者城乡统筹已经被提到各级政府的议程中。越来越多的人意识到，“三农问题”最终似乎还是要通过工业化和城市化的方式来解决。从经济动力层面看，各方（尤其是地方政府）关注的是下一步经济增长的动力，而城市化就是政府可以提供的最有能量的经济发展动力。对各级政府来说，通过城市化来驱动（地方）经济发展是一个“短、平、快”的过程 [3]。

新一波城市化浪潮呈现出“跃进化”现象，2010 年 8 月揭晓的中国城市国际形象调查推选结果显示，有 655 个城市正计划“走向世界”，200 多个地级市中有 183 个正在规划建设“国际大都市”。这种“大跃进”现象表现出两个明显特征：一是土地的城市化快于人口的城市化。中国城镇化率是46.59%，而城镇户籍人口占总人口的比例只有约33%。这意味着有13.6%即1.28亿生活在城镇里的人没有真正城市化[4]。不难发现，地方政府关心的只是土地的城市化，而非人的城市化。土地财政和与土地相关的一切利益对各级政府来说具有无法抵制的诱惑力，土地的不断升值早已成为维持地方财政和地方基建的基本条件。一些地方甚至出现了通过政治和行政手段进行干预的强制性城市化。对地方官员来说，土地可以推动经济大发展，而人则是包袱，因为人的城市化需要地方政府以公平的方式提供更多公共产品和服务，例如廉价住房、基础教育、医疗和社保，还有最重要的，就是适合这种城市化运动的就业和培训机会，这样才能保证土地的增值变成土地上人民福利和生活水平的提高。本来是"以人为本"的城乡统筹工程就变成了"以钱（或者GDP）为本"的过程了[5]。二是经营城市的冲动超越经济发展规律。城市化的核心是"市场化"。目前的城市化依然强调政府去"抓"，而没有真正依靠市场来"育"。不切实际、贪大求洋，制造城市建设的乌托邦，这是目前中国各级城市中存在的普遍现象。城市化追求超过现实需要，城市化就失去了其本来对社会经济发展的促进作用，就可能变形或者变异成过度的城市化[4]。

一方面是城市化的美好前景，一方面是城市化进程中的"城市病"，城市化之路究竟在哪里？新一轮城市化将对中国经济社会的全面发展起到不可估量的推动作用；但对城市可持续发展、农民人口流动、土地合理利用、区域整合、社会阶层变迁、社会公平等问题，不仅各级政府部门应做好充分的研究和准备，规划师和建筑师们也应有清晰的应对策略[3]。

"中国模式"——政府主导下的国家新城战略

重庆两江新区于2010年6月18日挂牌成立，这是继上海浦东新区、天津滨海新区之后，由国务院直接批复的第三个国家级开发开放新区。改革开放前30年，国家制定了3个大的开发开放战略，每一次都给区域经济发展带来巨大变化。20世纪80年代的深圳、90年代的浦东、21世纪初的天津滨海，推动动了珠三角、长三角、环渤海经济圈的3次大的开发高潮，清晰勾勒出国家改革开放前30年从南到北的大开放进程。在新世纪的又一个十年，国家批准重庆设立两江新区，推动中西部的大开发大开放，标志着中国大开放进程从东到西的战略大转移[5]。

"中国模式"最基本的经验之一是权力集中。在世界政治经济格局不利于后发国家的情况下，中国需要赶超，必然要走一条权力集中的道路，集中力量办大事。"5·12"汶川大地震、2008北京奥运和2010上海世博会中的不俗表现，是"中国模式"有力的佐证，也令世界对"举国体制"刮目相看。

经济学中有个"诺斯悖论"，指的是政府一方面是经济发展的动力，而另一方面又是经济进一步发展的阻力。"诺斯悖论"同样适用于中国，一方面，政府对市场经济有很大推动，造就了经济奇迹；另一方面，有些地方政府公司化成为经济结构失衡的源头[6]。对城市建设而言，政府的集权和强势，也不可避免地存在很多弊端，城市的"贵族化"倾向就是一个比较明显的例证。

一些城市热衷于表面繁荣的发展模式，忽视对百姓的服务功能，大楼越来越高，设施越来越洋，可普通百姓却仍感到生活不便、空间狭小。对城市形象过度求新、求大、求洋，一些地方大拆大建。大型公共建筑往往投资大、土地资源利用率低、建筑能耗高，成为资金、土地、能耗的黑洞。一些城市不顾自身经济承受能力，建设华而不实的新城，加剧地方政府高负债的状况，进而加剧了对土地财政的依赖，形成恶性循环。造成上述城市弊端的原因之一是地方政府大多把城市作为经济发展的载体来考虑；原因之二是地方政府重视政绩考核，要展现城市化的成绩，除了统计数据上的城市化，最直观的展示方式就是新城形象了[7]。

城市是大家的城市，一方面各级政府要继续充当推手，另一方面又要以人为本，真正实现"城市，让生活更美好"的愿望。

从“公民建筑”到“公民城市”

以“走向公民建筑”为口号的第二届中国建筑传媒奖 2010 年 12 月 19 日揭晓。这是中国首个侧重建筑的社会评价、实现公民参与、体现公民视角，以“建筑的社会意义和人文关怀”作为评奖标准的建筑奖。其意义在于：让在生活中无所不在的建筑，得到公众应有的关注，并借此促进建筑与社会的互动，推进公民空间建设和公民社会进程 [8]。该奖项自 2008 年创办以来，影响力越来越大，获得专业和大众普遍的关注。

其实，在一个缺乏公民意识和公民机制的社会里，实现“公民建筑”的理想实属不易。我们只能相信“公民建筑”的营造是一个过程，是“建设公民社会”过程中无数环节中与空间建设密切相关的一个环节 [9]。然而，建筑的社会功能是有限的，其意义更多体现为一种物质的空间可能性，而空间可能性只是营造“公民建筑”的基本条件而已。我们相信中国城市很多由政府投资、造价高昂的标志性建筑具备“公民建筑”的空间可能性，但有多少标志性建筑成为真正吸引人的公共场所呢 [10]。只有把建筑放在城市的脉络里，考察其与社会、环境和民众等的关联性，才能体现其真正的价值。好建筑加不出好城市 [11]，“公民建筑”也加不出“公民城市”。相反，只有“公民城市”才会有真正的“公民建筑”，不是公民城市的“公民建筑”必定是一厢情愿的或是异化的“公民建筑”。

2010 年只是短暂的瞬间，我们既会为一年努力的成果而自豪，也要为解决中国城市的复杂性和矛盾性问题承担起应有的使命。2011 成都双年展国际建筑展“物我之境——田园 / 城市 / 建筑”似乎会是寻找应对策略的一次尝试。

参考文献

[1] 朱涛 . 中国建筑师的历史意识 . 建筑师 , 2010(12).
[2] 唐可清 , 潘佳力 . 城市 : 重大事件与事件空间 . 时代建筑 , 2008(4): 6–9.
[3] 郑永年 . 中国的强制性城市化 : 是人还是土地? . http://bbs1.people.com.cn/postDetail.do?id=10466643, 2010-11-09.
[4]200 余地级市中 183 个规划建设国际大都市 . http://npc.people.com.cn/GB/13909349.html, 2011-02-14.
[5] 重庆两江新区网址 : www.liangjiang.gov.cn.
[6] 汤耀国 . 全球危机中的中国热 . 望新闻周刊 , 2009(9).
[7]《人民日报》批城市发展“贵族化”. http://www.zaobao.com/wencui/2011/02/hongkong110221.shtml, 2011(2).
[8] 中国建筑传媒奖网址：www.oeeee.com.
[9] 赵磊 . 第二届中国建筑传媒奖幕后 .《世界建筑》, 2011(3): 118–121.
[10] 弗雷德· 肯特 . 从“标志性建筑”到吸引人的公共场所 . http://www.abbs.com.cn/topic/read.php?cate=z&recid=29619.
[11] 张永和在接受《第一财经日报》采访时说，好建筑加不出好城市 . http://www.abbs. com.cn/topic/read.php?cate=28crecid=29619.

原文版权信息

支文军 . 综述 : 中国城市的复杂性与矛盾性 . 时代建筑 , 2011(2): 10–11.

21

类比法与当代中国建筑创作倾向

Anatogy VS Trends of Contemporary Architectural Design in China

摘要 “类比”作为一种推理的方法，是根据两种事物在某些特征上的相似，做出它们在其他特征上也可能相似的结论。综观当代中国建筑创作现状，类比已成为一种极其常见的创作方法。本文拟就当代中国建筑创作，通过类比方法上的差异，来分析其不同的倾向性，如数字类比、机器类比、生态类比、语言类比、艺术类比、科学类比等。

关键词 类比 当代 中国 建筑创作 倾向

始自 1978 年的当代中国建筑正处于一个创作相对繁荣，倾向性兼容并存的阶段。这主要体现在建筑理论，建筑风格及建筑创作方法三个层面上的特征。从建筑理论上看，中国建筑界处于一个逐步了解和吸收西方自 21 世纪以来的种种建筑理论。并试图结合本国的实际进行整合、变化、衍生的深化过程，建筑的多元化得到认可，从建筑风格上看，中国建筑走出了现代主义风格与后现代主义风格抗争的困境。隐现出一条新的折中的道路，在建筑创作方法上，占主流的理性主意趋向成熟，同时非理性的内容也逐步被认可。

本文试就当代中国建筑创作众多倾向，根据建筑创作的特征，借用哲学术语“类比”（Anatogy）作为基点，从理论上给予全面的描述。

“类比”即一种推理的方法，是根据两种事物在某些特征上的相似性，做出它们在其他特征上也可能相似的结论，它强调的仅仅是表象上的某种相似性。纵观当代中国建筑创作现状，类比已成为一种及其常见的创作方法，而且该方法在类比客观上表现出的差异，还明确地反映出建筑创作的不同倾向。

建筑类比于数字，是当代中国建筑创作很普遍的创作现象，其特征就是建筑师把比例（数之间的关系）和几何二者作为建筑的审美基础，“数学美学”成为建筑美学的主要内容。

许多建筑师相信，建筑的美在于其各部位数的关系的和谐，比例的严谨。在造型艺术中被奉为金科王律的“黄金分割”，就是建筑设计中被运用最多的比例关系（图 1）。人们从自然界最为普遍的关系中，通过感觉和经验的积累，总结出美的法则。建筑师还坚信这些法则能影响人的审美意识，使得建筑的外貌形式和内部空间赏心悦目，以致对人的生活产生持久的影响。因此，建筑各部位的比例关系就显得极为重要，并成为一些建筑师特别注重的地方。

在建筑美学领域里，几何关系同样扮演了重要的角色。一些建筑师认为，建筑主要是正确而完美地运用了以光线聚合而成的组合形体的效果，而立方体、锥体、球体、柱体或金字塔体等是光线较易表现的基本形体（图 2），同时，这些形体在自然界中极其普遍，并早已在人的心目中留下了清晰而明确的意象。因此，它们被看成是最有魅力、最漂亮、最永久的形体。

以数字关系（比例）和几何关系作为审美基础的倾向，早在古希腊哲学家华达哥拉斯的思想体系中就

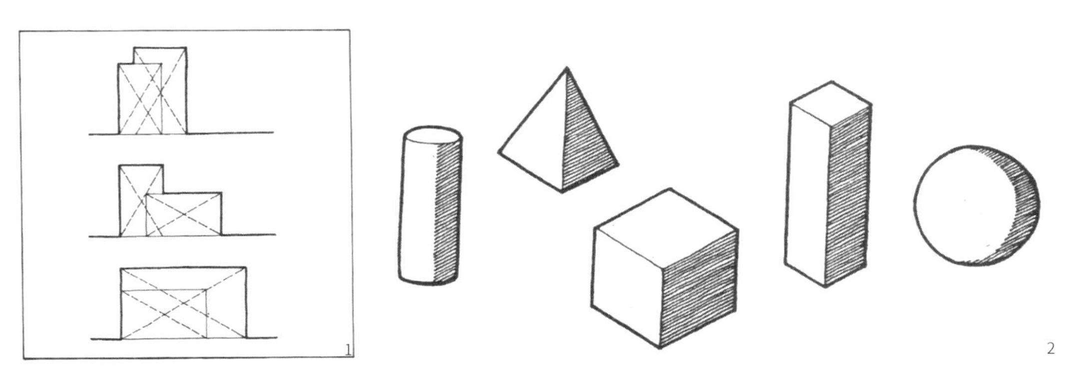

图 1. 黄金分割比
图 2. 基本形体

得以体现。他认为：“数的原则是一切事物的原则”，从这一观点出发，又提出了“美是和谐与比例”的命题。另一位古希腊大哲学家亚里士多德的在华氏理论的基础上，指出：“一个美的事业——不但它的各部分应有一定的安排，而且它的体积也应有一定的大小，因为美要依靠体积与安排。”与在所有艺术中，建筑是最直接与数和体积联系在一起的，因此，这些理论对西方建筑产生了十分重大和持久的影响。在西方近代建筑史中，21 世纪二三十年代的现代主义建筑进，最明显地反映了这种建筑创作倾向，尤其是一些先锋派人物，竭力推崇建筑的抽象几何形体的美，认为这种美是超时空的，是永恒不变的。勒·柯布西埃苏伏伊别墅就是很典型的体现比例严谨，几何形体抽象美的实例。

不难发现，当代中国建筑师在众多的创作活动中也表现出这种倾向性，他们以追求建筑形体组合简洁，比例恰当的抽象的几何造型美为最终目的。如北京中国国际展览中心（图 3，1985 年），上海美术馆（图 4，1986 年），上海白玉兰宾馆（图 5，1988 年）等。

北京中国国际展览中心采用厚实的大跨度正方形单元体育轻盈的晶体的强烈对比，造型简洁明净，节奏明快，又有丰富的光影效果，体现了强烈的现代感。上海美术管理体现上实下虚的两种几何形体的对比。即通过上部大块米黄色磨光花岗石锐角墙面与入口虚面弧形的茶色玻璃的对比效果，强调了整洁、明快的现代感。白玉兰宾馆是由几个圆柱组合叠加而成的高层宾馆大楼，因运用了最基本的几何形体，给人以一目了然，毫无保留之感。

现代建筑大师勒·柯布西埃曾主张“住房是居住的机器”，这无疑强调提示在建筑创作中的作用。这句名言影响了随后一大批现代派建筑师，他们坚信建筑在倾向机器一样高效和精确，建筑师应该像机器一样忠实于自己，强调内容和形式的统一，反对不相关的装饰，这种机器类比的创作倾向，深刻反映了当代中国建筑的一大特征。

其实把建筑类比于机器的创作倾向，其思想根源其实是大工业社会的产物。工业社会的主要特性是人们把一切视为工业产品，并使其具有工业产品的特征，建筑业本身便是大工业的组成部分，建筑自然也不例外。当今社会，虽然已有人对大工业生产带来的弊端进行反思，但总的特征仍然停留在大工业生产时代，尤其在中国，这种特征还会日渐明显。这种倾向下的建筑操作，机器美学及机器功效成为建筑的两个主要特性。一方面，建筑造型简洁、明净，具有机器般的精确，视觉感官高度刺激，另一方面，建筑功能布局合理，追求使用效率。上海联谊大厦（图 6，1985 年）是上海第一幢高层玻璃幕墙建筑，其造型简洁，光净，就像一件精致的工业产品，体现了机器般的美学特征。再如北京长城饭店（1983 年），北京华威中心（在建中）。都属此类建筑。

图 3. 北京国际展览中心
图 4. 上海美术馆
图 5. 上海白玉兰宾馆
图 6. 上海联谊大厦
图 7. 美国蒙特利尔 1976 年世界住宅博览会实验住宅
图 8. 保险公司大厦
图 9. 浙江建德习习山庄
图 10. 上海龙柏饭店

此外，表现结构美突出，突出现代技术、重现建筑的标准化、工业化等倾向，同样是把建筑看作工业产品的缘故，这种努力主要表现在装配式集合住宅，工业厂房，大跨度及高层建筑中。

“建筑是一个生态过程——建筑不是一个美学过程”，早在 21 世纪初，包豪斯的教师梅耶（Hannes Meyer）就这样说过，这种把建筑与生态联系起来的创作倾向。越来越被建筑师所重现。生态类比的建筑创作有两种形式，其一是极为普遍的，焦点集中在建筑各部分之间的关系或建筑与基地环境的关系上，以美国赖特（F. L. Wright）“有机建筑”思想为最典型的代表。赖特强调“建筑就像树木从地皮上长出来一样”，强调建筑由内向外发展，强调建筑要素的整体性，并忠实于时间、地点、环境、用途和材料。他们的“流水别墅”和“西塔里艾森”，使以其与环境混为一体的建筑风格深深迷住了人们而大获赞美。另一种形式则于西方 21 世纪 60 年代开始流行，它对建筑和环境之间的关系并不重视，而是注重于有机体内部有关生长和变化的动感过程。这类建筑具有通过扩建、增殖、分割、更生及拆卸的变化和生长能力，而且，它能够根据环境变化和内部要求而转变。如日本新陈代谢派作品由梨文化馆、美国蒙特利尔 1976 年世界住宅博览会实验住宅（图 7）、Central Beheer 保险公司大厦（图 8）等。

环境是生态过程的必然条件，因此，把建筑与环境联系起来以及“环境认识”，在建筑创作中日益占据主导地位是理解建筑的一种进步。中国建筑师早在 80 年代初便具有了良好而成功的尝试，如浙江建德习习山庄（图 9，1982 年），上海龙柏饭店（图 10，1982 年）等。习习山庄为一风景旅游服务建筑，坐落在景色秀丽的山坡上，建筑布局及建筑空间皆精心地与基地环境结合，整个建筑与基地混为一体，取得了良好的空间感觉及视觉效果。上海龙柏饭店的设计，无论是平面还是立面均合理的考虑了基地现状和景观。平面采用 L 形演变而成的折形，造型则组合成错落的外貌，在建筑的细部，为了与原有建筑取得协调，建筑师采用了多层次的红色屋面，并和墙体融为一体。较成功地融入“环境意识”的优秀建筑作品还有不少，像福建武夷山庄（图 11，1985 年），以体量低，布局散，风格土为特点，与山坡地势有机地结合起来，浙江云电影院（图 12，1987 年）也是利用当地广为采纳的石材，堆起了一座石头电影院，与石城融为一体。显而易见，这类建筑创作倾向往往把环境的特征（地理、地貌、气候、历史，近来还扩展到人文环境）作为创作的突破点和中心，自 20 世纪 70 年代“人”步入建筑环境以来，建筑从而成为社会形态的组成部分，无疑这是对生态类比建筑创作方向的发展和深化。

上述第二种生态类比的形式，其理论主要受“生态形态学”的影响。当代中国建筑创作也存在这方面的迹象。比如注重建筑的系统化，子系统可根据需要随意组合成一个大系统，而且可以任意拆卸，任意组合和变化。目前出现的一些“体系建筑”，便可归入此例，如无锡支撑体住宅，设计者采用单一的“细胞”组合成不同类型的平面，设计变化多样，富有灵活感，整个设计过程体现了某种有规则的可变性。

此外，近几年来出现的某些大空间办公楼。着意由顾客自己根据不同的需求拆卸和组合空间，并随时可调整、变化。这种大空间就像有机体一样，具有可变形，始终处于动感过程。这是生态类比又一创作特性自“信息论”广为普及之时，建筑也被纳入信息传递的范畴，于是让“建筑说话”的功能逐步得到重视和发挥，语言类比的创作倾向也广泛的传播开来，建筑作为一种媒介把信息传统传递给观察者的方式主要有以下两种：

（1）语法模式（Grammatical Model）：建筑被看成是由元素（词汇）组成的，这些元素通过规则（语法和句法组）。同时这些元素及其表现出来的规则又在给定的文化范围内，使得人们能理解和解释建筑所表达的东西。美国建筑师艾森曼（Peter Eisenman）就是把建筑所呈现的形式体本身看成是建筑的表层结构，把构成建筑结构体系的线（柱、梁）、面（墙\楼板）、体（空间）即抽象无意义的构建看成是建筑的构架单元，而将由这些线、面、体所形成的基本结构之组合，如柱与墙、体与柱、体与墙的关系看成是建筑的深层结构。艾森曼的目的在于把这种深层结构通过转换法则（重叠法则、转轴法则）变为众多丰富的建筑形态，并告诉人们空间系统之演变过程。国内建筑界目前所采用的“形态构成”设计方法，实际上也是运用语法模式的一种，即把建筑构成要素分解成最基本的单元，然后根据它们一定的规则重新组合起来。福建武夷山的百花岩山庄（图 13，1987 年）的设计是一个很明显的例子。设计者将建筑构成要素加以“打碎”，一切墙、板、屋面、门廊、阳台等建筑构件以独立的面貌出现，并使其体现面的特点，然后根据构成法则，造成建筑整体形态犹似由各种面堆积聚合而成的效果。

（2）符号学模式（Semiotic Model）：每一幢建筑都是传递有关它是什么和他干什么的信息的一种符号，这种理论与后现代主义建筑所提倡的建筑的语言特征，双重译码等观点一致。建筑师开始运用隐喻、象征的手法，来表达和告诉人们这是什么建筑或它意味着什么。自 20 世纪 80 年代初后现代主义建筑传入中国，建筑符号在建筑创作中不断被应用，较有代表性的有马鞍山富圆贸易市场（图 14，1985 年）、“珠江帆影”方案设计、上海吴淞港客运站（图 15）、上海色机四厂布机车间等。

富圆贸易市场设计者考虑到对人的历史文化传统及当地人们的风格爱好，运用经过提炼的人们熟悉的建筑构成要素，使建筑成为耐人寻味的环境：“珠江帆影”运用象征的手法，表达了建筑的基地环境及建筑客体自身的性质，上海色机四厂布机车间运用隐喻的手法，立面造型及颜色配置犹似织布机一般，上海吴淞港码头整个建筑形象就像一艘远航在大海上的客轮：圆形的船窗、白色的船身，弧形的轮船线等。

要说明的是，语言类比的创作倾向较明显地表现在的年轻一代建筑师身上，青年学生更为突出。

把建筑类比于某种浪漫的艺术进行设计构思，是

8

9

10

图 11. 福建武夷山庄
图 12. 浙江云电影院
图 13. 福建武夷山的百花岩山庄
图 14. 马鞍山富圆贸易市场
图 15. 上海吴淞港客运站
图 16. 侵华日军南京大屠杀遇难同胞纪念馆
图 17. 上海同济大学建筑馆
图 18 . 建筑师解决问题的过程

当代建筑又一种普遍的创作现象，是建筑的艺术性得到发扬和肯定的一种表现。早在古希腊哲学家亚里士多德构筑的科学体系中，第三类似的科学中就明确写着“建筑学”，建筑和音乐、诗歌一样，被认为是主要的艺术科学。在漫长的西方建筑历史上，建筑也从来被认为是一门重要的艺术。只是在近代建筑史上，建筑的纯艺术性受到现代主义的冲击，而更多地被认为是工业产品。然而，建筑所具有的艺术性仍是不容置疑的。在当今门类繁多的艺术世界里，把建筑类比于雕塑、绘画、音乐是典型的三种类型，雕塑型建筑注重与建筑的形体效果、光线效果、质感及纹理效果；绘画型建筑则强调建筑的色彩效果、图案效果及明暗，虚实效果，而音乐型的建筑追求的是建筑的节奏、韵律感、主题和副题思想的组合效果等。这类建筑师对建筑的艺术召唤作用极感兴趣，并以诱发观察者，使之产生感情上的反向为最终目的。

作为艺术创作，建筑师无疑必须运用各种不同的艺术手法，诸如对比、夸张，突变、重叠、起伏等，以引起人们的震惊、敬畏、遐想等感情上的共鸣。21世纪初出现的欧洲表现主义运动就是以此来达到目的。

近十年来，随着建筑艺术性地位的提高，一些建筑师逐渐走向感性的世界，相信建筑创作灵感的和直觉的作用，并认为建筑也是自我表现的工具，就像其他艺术门类一样。这种思维方式的介入，打破了机械被动式的因果关系，开拓了建筑创作新的视野。

侵华日军南京大屠杀遇难同胞纪念馆（图 16，1985 年），就可归入雕塑型和音乐型建筑类。建筑师立意在渲染“死的悲愤”，重在整体环境氛围的创造。建筑物运用花岗岩和大理石，造成厚重的体量感以加重丰富气氛。大台阶上的壁刻，铺有一片白色卵石的展览厅平顶以及长段浮雕和碑雕，使得气氛凄厉悲惨。这是一组相当感性的作品，让人震惊和激愤。该作品在感觉及体验的时候对时间的安排运用了音乐节奏起伏的感人特点，使建筑与音乐的“时间艺术”的特征融洽起来。同济大学建筑馆（图 17，1987 年）同样是一件感性很强的作品，且主要体现在雕塑型建筑体块上，手法自然、流畅，富有极强的艺术感染力。近来，建筑师开始注重发挥色彩的艺术效果及图案效果，装饰主义重新得到认同，这实际是绘画型创作倾向的反应。

“建筑是一门要求推理高于灵感，实际知识多于热情的艺术。”一些建筑师相信，建筑设计只是解决问题，权衡各方因素的科学化过程（图 18）。在这里，科学的理性主义方法和逻辑思维成为至关重要的东西，在该理论指导下的设计，要求将问题完全陈述出来，然后。根据分析、归纳、综合推理等科学方法，逐个地加以解决。整个设计过程包括分析，综合和评估三个阶段，以精确、科学为主要特征将建筑设计类比于一种科学化的过程，其结果具有科学权威，往往表现在功能布局、结构造型、材料选择、经济预算等多方

15

16

17

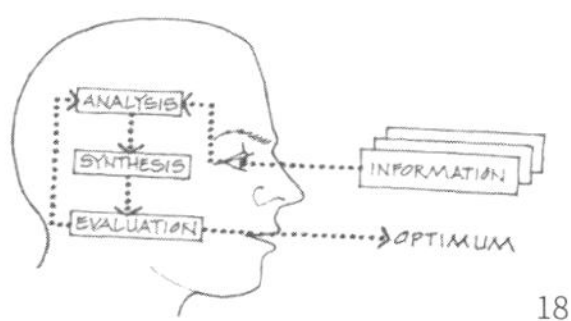

18

面问题解决的科学性。当今世界，计算机领域 CAD 技术运用和发展，可谓是建筑科学化过程最高的手段和境界了。

该创作倾向较多体现在大批量、低造价的集合住宅以及医疗设施、交通设施等一类功能要求极高的建筑设计上。为了解决问题，在平面上大多没有局限性，可随功能需要而伸展。在该创作倾向影响下的作品大多是相当平实，不易出现争论，如近年各地大量涌现的住宅小区，以及北京中日友好医院、上海港客运站、上海大学图书馆。

上述对当代中国建筑创作倾向的描述。实属理论性的探讨，与创作现状还有一定的差距。其实，建筑创作现状并无十分明显的界限。此外，“类比”方法只不过是描述建筑创作众多倾向的其中一个而已，不同的基点会有不同的结果。然而，这并不影响我们的研究，也不妨碍我们依旧以上述方法来分析建筑创作，因为，我们的目的并不是想通过文章来取代史实，而是通过分析，归类来认识事实。

本文无意褒贬任何一种建筑创作倾向，事实上，也不存在优劣的问题。笔者以为建筑创作因时、因地、因工程制宜，而且应允许和提倡各家理论、风格、手法通过实践来取得发展和完善，这是繁荣建筑创作，提倡多元化必不可少的保证。

图片来源

图片由项目建筑师提供

原文版权信息

支文军 . 当代中国建筑创作趋势 . 建筑与都市（香港）. 1989(8): 76–80.

三

全球·上海

Globle · Shanghai

22

全球化视野中的上海当代建筑图景

Mosaic of Contemporary Architecture in Shanghai from the View of Globalization

摘要 文章从全球化的背景，通过将上海当代建筑按照其现代性和本土性的特征，从新现代主义建筑、现代建筑的本土化、地域建筑的现代性和旧建筑再生四个方面，结合相关建筑案例的介绍和佐证，试图展现一幅上海当代建筑图景。

关键字 全球化 新现代主义 本土化 地域建筑 现代性 旧建筑再生 上海 当代建筑

全球化一词已成为当今论及任何建筑都离不开的语境，受到越来越多的关注。随着对外开放交流力度不断加大，社会各方各面都在更大程度上受到全球化影响，建筑业作为上层意识形态的产物更是如此。纵观中国当代建筑，由于中国近代一度对外闭塞的历史原因，断章取义地照搬西方当代建筑造型手法，曲解西方建筑概念，或是在不考虑环境、文脉的情况下生搬硬套的情况时有发生。同时随着经济快速发展，生活水平不断提高，探索自身地方特色已成为越来越多建筑师的共识。于是全国范围内，要求现代性中融入本土特征的呼声不断，大胆尝试乡土建筑现代化方式的建筑实践出现频频，都让人不由关注起身边出现的与之相关的新建筑作品。

上海作为中国开放的前沿地区，作为近现代史上的东南亚第一大城市，长期以来形成海纳百川的城市性格。在当今开放程度达到空前的时候，设计思潮也非常活跃，对现代主义之后的新现代主义的关注，对本土化与现代性的融合正越来越多进入当代建筑师的视野。本文试图通过将上海当代建筑按照其现代性和本土性的特征，将其分为“新现代主义建筑”“现代建筑的本土化”“地域建筑的现代性”“旧建筑再生”四个方面来加以分析和介绍，以构建一幅上海当代建筑图景。

新现代主义建筑的上海实验

早期现代主义由于其国际式倾向在 20 世纪 50 年代受到众多批评，但其后的新现代主义对局限性进行了改良、发展和完善，又获得了世界范围的认同。新现代主义既表现出对早期现代主义核心思想的坚持，如注重空间效果和人对空间的体验，强调形式上和功能上的完美性和合理性，坚持造型的简洁性和材料的统一性等，但又特别表现出其对形式语言的新姿态。新现代主义与早期的经典现代主义最大不同在于：后者是注重最终形式结果的表象形式主义，而前者则是注重形式生成因果链接的深层形式主义。因此相比早期现代主义，新现代主义呈现出更为丰富多样的建筑形态特征和逻辑概念 [1]。

在当代中国建筑实践中，新现代主义以其吸引眼球的形态和优于早期现代主义的特征受到众多中国中青年建筑师的青睐。在当代建筑师大量横向移植现代西方建筑的过程中，基本上是现代主义的空间、新形

图 1. 浦江新镇中意文化广场钟楼
图 2. 浦江新镇中意文化广场总体透视
图 3. 浦江新镇中意文化广场建筑渲染图

式语言和建构观念的延续[2]，而句法逻辑、表皮、肌理等新现代主义常用建筑手法的应用更是屡见不鲜，但也不乏融入自身思考的新现代主义建筑实践。其中上海浦江新镇中意广场、同济大学建筑城规学院 C 楼、上海青浦私营企业协会办公楼便是几个极具代表的例子。

上海浦江新镇中意广场（2004 年建成，图 1—图 3）[3]，由意大利格里高蒂事务所主创设计。建筑师面对意大利风情小镇的命题作文，答之以极少主义风格。建筑整体控制在理性模数系统中，大到广场中建筑体量放置，小到铺设的石材等都高度统一，但又不乏细部处理亮点。建筑外部空间具有多个层次，通过建筑实体和构架的空间限定，配合空间性格迥异的广场和室外造景，造就了丰富多彩和充满张力的灰空间和交往空间。建筑师在部分墙面和挑板底部使用了代表意大利特色但也有中国意蕴的庞贝红涂料，给整个广场增添了一抹亮色。建筑与广场空间的完美结合及其对公众的开放性，是该建筑最具城市意义的精彩之笔和价值所在。

同济大学建筑城规学院 C 楼（2005 年建成，图 4—图 6）[4]，是学院建筑群（A、B、C 楼）的新成员，由青年建筑师张斌主创设计。其简洁的外形、丰富的内部空间、新颖的材料无异于建筑师进行一次新现代主义建筑设计的尝试。建筑师通过放大交通空间、连续的直跑楼梯等方式使交通成为空间主角，从而创造出一个充满激情、交流和碰撞的场所。建筑北侧多个中庭空间的放置，使建筑内外和上下互相渗透。建筑材料选用大胆直接，清水混凝土、透明氟碳水性涂料、U 形玻璃、不锈钢板和钢丝网等，都体现出建筑师独特的对材料和细节的敏感。外墙材料的选择，取决于内部空间的特质，空间形体、材质与表皮之间的相互对应关系，表现出新现代主义建筑的理性和逻辑关系。

上海青浦私营企业协会办公楼（2005 年建成，图 7—图 9）[5]，位于青城新城区环夏阳湖景区内，由大舍建筑设计事务所设计。极简的体块外形、丰富的内部空间和表皮式立面处理成为该建筑的特色。建筑空间概念和创作过程十分简单，在一个 60m×60m×12m 的正方盒子内掏空一个 24m 见方的内院，外立面整体采用表皮式的印刷玻璃幕墙进行包裹，获得轻盈感的同时，更造成一种特殊的与外部环境融合的方式。出于对夏阳湖景观的考虑在转角处打开两个缺口，建筑空间不均衡感与封闭玻璃外墙达成平衡。内部功能分区简单清晰，底层架空布置接待厅和餐厅，一条平缓的木质通道通向二、三层办公区的主入口。

上述三幢极具特色的建筑实践，其共同点在于结合具体问题，灵活使用新现代主义的建筑语汇，克服早期现代主义的不足，呈现耳目一新的建筑形态。新现代主义建筑由于表现出对建筑形式的崇尚，特别在当代中国建筑学话语中，多是对新现代主义形式语言的毫无保留的拥抱，已体现出新形式主义的倾向。

图 4. 图 5. 同济大学建筑城规学院 C 楼西南侧全景
图 6. 同济大学建筑城规学院 C 楼门厅
图 7，图 8. 青浦私营企业协会办公楼二层入口平台
图 9. 青浦私营企业协会办公楼外层玻璃墙内景
图 10. 上海闵行生态园接待中心内作为视觉通道的小河贯穿整个建筑群
图 11. 上海闵行生态园接待中心的小河北端涌泉

现代建筑的本土化实践

现代建筑本土化在当代建筑实践中成为重要趋势，即在运用现代建筑语汇同时，结合当地的历史文化传统，创新地使用当地的传统建筑结构材料技术和施工工艺，从而弥补早期现代主义过于强调普适原则的不足，使建筑实践更具有地方性和文化特征。通过本土化过程，现代建筑具有了延续文脉，融入建筑思辨，启发思考的新功能。下文列举的“上海闵行生态园接待中心”“中欧国际工商学院”“中国浦东干部学院”便是建筑师从自身对中国文化理解出发所进行的一系列建筑实践活动。

上海闵行生态园接待中心（2004 年建成，图 10—图 12）[6] 位于闵行开发区内的大型公园“生态园”中，由夏威夷大学建筑学院缪朴教授设计。项目以现代建筑语言创造了内向性和园林性空间，反映出具有中西文化教育背景的建筑师试图寻找西方完全开放的建筑模式和东方封闭庭院模式之间的平衡点。建筑整体布局采用中国传统的院落做法，用墙垣将分散的内部体量整合起来。同时设置了主次视觉通廊穿越整个建筑体，打破庭院的封闭性，更通过与步道系统的错置来有效运用中国造园技巧。办公楼南立面采用的双墙系统，即外墙开洞对应内部建筑开窗关系，既是设计者在“开”与“不开”之间小心平衡的体现，更是建筑面对外部高架轻轨线的一种应对策略。此外建筑师具有本地特色的材料和构造做法的运用也极具特色。

图 12. 上海闵行生态园接待中心内作为东西向次要视觉通道的层层门洞
图 13. 中欧国际工商学院内的建筑与水
图 14. 中欧国际工商学院内水池、信息中心、回廊

中欧国际工商学院（2000年建成，图13—图15）[7]，建于上海浦东金桥出口加工区生活区，设计者为贝聿铭·柯布·弗里德建筑师事务所。建筑师将注意力集中在营建多个不同尺度、空间特征的院落上，而建筑实体则简化为围合空间的要素。严密的网格控制整个建筑群，建筑物的控制点设置、墙面材料划分、粉刷的分格无一不遵守模数化标准，从而达到高度整体性和统一感。中央庭院作为学院的核心，尺度较大，采用西式园林做法，体现公共性，而其他庭院则更符合江南园林做法，讲究曲径通幽之意蕴，从而互为补充，富有层次变化。敞廊作为起联系作用的交通纽带，成为师生交流，相互沟通的最佳场所。

中国浦东干部学院（2005年建成，图16—图18）[8]，位于上海浦东，由法国安东尼－贝叙建筑事务所（Agence d'Architecture A.Bechu）主创设计。建筑完全采用现代建筑句法，却极具特色地使用传统的象征手法来解说。建筑由主体部分、大面积园林和宿舍楼三部分组成。主体整体覆以一个红色的巨大异型钢构架，将图书馆、教学中心、行政中心、会议中心和餐厅等功能统一于其下，取义中国明代书案，象征项目学院的功能定义，同时采用鲜亮的党旗红。园林小品的做法同样极富象征意味，中国古代哲学中的金、木、水、火、土五元素，中式旱船等主题得以具体化。

上述三个作品在建筑形态上各不相同，但在运用中国或者当地文化特色的方法上是一致的。它们无一不是出自外国建筑师之手，他们根据各自对中国文化的理解做出解答，国人在赞叹这些作品的同时，更引发了对于自身文化的思考，起到“他山之石可以攻玉”之效。

地域建筑的现代性

当下中国本土建筑师面临一大挑战，在现代化趋势无以抵抗的情况下，如何保留自身传统建筑特征，由此引申出地域建筑的现代性问题，即采用中国传统建筑手法来构建现代性的特征，使建筑作品达到本土性和现代性的高度融合，从而探索出一条中国传统建筑持续发展方式。地域建筑的现代性与现代建筑的本土化实践看似十分相似，不少人更是将其混为一谈，但仔细加以辨别，却大相径庭。周榕先生在曾对这两个概念的区别的分析很是精彩：“‘中国建筑的现代性’命题可以被看作是一个时间命题，而‘现代建筑的中国性’命题则可被视为是一个空间命题。前者由传统切入现代，而后者由现代切入地域传统。”[9] 对于上海来说，江南水乡是其文化底色，建筑师如何用现代方式来演绎原有的文化特征，对于城市文脉的延续，自我辨识性的确立都至关重要，因此类似“九间堂”别墅、“康桥水乡”居住社区的地域建筑现代性的探

图 15. 中欧国际工商学院内景：梯形天顶和空调排气口
图 16. 中国浦东干部学院行政中心大楼
图 17. 中国浦东干部学院教学区中心广场
图 18. 中国浦东干部学院宿舍楼全景
图 19. “九间堂”别墅区 A 型住宅临水空间
图 20. “九间堂”别墅区 A 型住宅屋檐细部

索初现端倪。

上海浦东“九间堂”别墅区 A 型住宅（图 19—图 21）[10] 是一次境外建筑师对如何延续江南传统居住模式的探讨。主创建筑师严汛奇设计从中国传统伦理道德角度出发，对中国传统民居空间进行摹写，强调动线，组织中国式行走体验。纵向设置中轴线，依次布置院落，而主厅、主卧、起居和卧室等分别对应排布，结合内院形成私密程度不同的空间气氛。此外极具传统江南民居特色的天窗、天井、小院落、石笼隔断等空间片段随处可见。中国式园林的借景、空间流动渗透等空间特征也精心加以利用。同时用现代材料置换传统材料的创新应用又提供了高品质生活的保证。

“康桥水乡”居住社区位于上海著名历史文化古镇朱家角（2005 年局部建成，图 22—图 24）[11]，由于其立足于“古文化，水文化”的文化思考，一经建成就引起瞩目。小区总体布局总体布局采用排屋形式，即密排在水边，同时在住宅区的中心地段，采用“底商”手法，整理出一条商业街，加上原有水乡地貌，抽象还原了江南水乡传统空间。河街、庭院、院落一系列空间组成丰富空间层次，而精心设计的天井、平台等更增加了现代生活的舒适性。此外对于传统材料以及工艺做法都将传统民居要素加以简化，从而呈现宁静，和谐的水乡意境。美国建筑师本·伍德（美国 W+Z 建筑设计公司）用西方的眼光演绎了这组极具现代性的江南水乡住宅。

以上建筑实践折射出当代建筑师对于地域建筑的现代性的思考，这是中国建筑创作重要的途径之一。

图 21. “九间堂”别墅区 A 型住宅外观
图 22. “康桥水乡”叠加式住宅外观
图 23. “康桥水乡”社区公共空间
图 24. “康桥水乡”建筑外观
图 25. 新天地广场规划示意图
图 26. 新天地广场主弄中断的小广场

新地域建筑与旧建筑再生

城市化进程的快速发展带来城市用地大量置换，旧建筑面临生存危机。这些建筑就其本身而言，早已不符合功能要求，但却由于所承载的历史记忆而显得弥足珍贵。保护旧建筑并不单指保存其物理一面，更多应当是通过合理功能置换，赋予其新的使用内涵，使其焕发新的活力，从而真正保留下来。上海由于其近现代特殊历史，留存大量半殖民地时期的建筑产物，而今它们已经成为这个城市重要的历史记忆，多种改造模式层出不穷。上海近几年出现的“新天地”“八号桥”“上海雕塑艺术中心”改造项目等便是这方面的积极探索。

新天地广场（2001 年建成，图 25—图 27）[12]，美国建筑师本·伍德（美国 W+Z 建筑设计公司）主创设计，位于上海市中心卢湾区，是上海市政府确定的历史风貌保护区，为近现代石库门里弄住宅区。改造的具体策略为：保留原有里弄纵横交错的空间格局，在高密度旧屋中掏空出一些公共空间，同时将剩下的建筑进行保留和利用，尽可能多保存代表里弄文化特征的建筑细部。拆除一些旧屋而得来的主弄成为人流聚集区，空间丰富而具有变化，局部放大的区域成为最好的露天茶座。相反一些门和窗却使用完全现代的材料，与内部功能置换为娱乐、展示相呼应。

八号桥时尚创作中心（2005 年建成，日本 HMA 建筑主创设计，图 28—图 30）[13] 项目位于上海中心城区，原先为上汽集团下的制动器生产厂，面对厂房过于破旧的状况，设计者采取拆除大部分仅保留局部的

图 27. 新天地广场 Luna 餐厅把一条弄堂（昌星里）包了进去成为餐厅一个露天内院
图 28. 八号桥时尚创作中心入口小广场
图 29. 八号桥时尚创作中心一号楼公共空间，外墙及屋顶构架为原有结构
图 30. 八号桥时尚创作中心一号楼与五号楼之间连廊，右侧为咖啡店（桥造型来自八号楼标志）
图 31. 上海城市雕塑艺术中心展厅入口

做法。新功能定义为设计创新集聚区，因此设计师注入大量现代元素，以求营造“智慧相撞”“创意激荡”的空间氛围。具体做法包括：厂房内通过加建重新划分空间，设置大量的租户共享空间——休闲后街、阳光屋顶、小花园、有盖连廊等。同时部分砖墙、林立的管道、斑驳的地面等历史载体则得以保留，在新与旧之间形成对话。

上海城市雕塑艺术中心（图 31—图 33）[14] 由原先上钢十厂改建而来，其原先宽敞高大的桁架结构厂房与艺术中心的功能十分契合。改造的策略为最大限度保持建筑原有肌理，展现空间特征和再现历史原真。保持原有流动、连续空间特质的同时，局部增建两层和三层小型展示空间，挖掘淬火池等原有功能空间再利用可能性。保留原有坡道，桁架下通天长廊增加交通丰富性。同时运用多种修复方式保存具有历史感的元素——红砖外墙、混凝土过梁、圆形窗洞、牛腿立柱和钢窗等，与此同时新建部分完全采用现代建筑材料，形成新与旧的和谐对话。

当下旧建筑保护刻不容缓，由新天地改造开始的旧城区遗产保护探索，开始在更大范围内展开。保护旧建筑不仅是建筑师的任务，由于旧建筑更新的费用高昂，其背后更涉及许多经济问题，如何在二者之间取得平衡，是每一个建筑师应当积极思考的。

结语

从新现代主义建筑在上海不断涌现，到上海雕塑艺术中心，无一不是在全球化语境背景下，上海面对现代化发展与本土化保护两个重大课题所作尝试，是对上海当代建筑图景的一掠。在越来越重视建筑文化

图 32，图 33. 上海城市雕塑艺术中心展厅室内

意义的今天，建筑已不再是遮风避雨的简单屋棚，更重要是它体现着城市的文化，承载着城市的发展历史。一个城市空间好坏，其城市空间的丰富性、层次性，自身特色明晰性是决定性因素。因此如何在保证城市高速发展的同时，保留和传承那些城市集体记忆是当代建筑师需要思考和摸索的，更是不可推卸的职责。以上列举的实例并不是将这些建筑作品简单进行贴标签式的分门别类，因为阅读和思考建筑从来都不是单一的，其目的仅希望通过这种分类方式帮助阅读上海当代建筑图景，引发有关话题的进一步思考。

参考文献

[1] 周榕 . 建筑师的两种言说 : 北京柿子林会所的建筑与超建筑阅读笔记 . 时代建筑 , 2005(1): 90–97.

[2] 朱涛．“建构”的许诺与虚设 : 论当代中国建筑学发展中的“建构”观念．时代建筑 , 2002(5): 30–33.

[3] 小叨 , 吕晶．一种新的可能 : 上海浦江中意文化广场之建筑体验．时代建筑 , 2004(5): 133–137.

[4] 张斌 , 周蔚．具体性策略——同济大学建筑与城规学院 C 楼设计．时代建筑 , 2004(4): 115–119.

[5] 大舍．设计与完成 : 青浦私营企业协会办公楼设计．时代建筑 , 2006(1): 99–105.

[6] 支文军．现代主义建筑的本土化策略 : 上海闵行生态园接待中心解读．时代建筑 , 2004(5): 126.

[7] 张秀林 , 许轸．中西方空间和形态的交融 : 中欧国际工商学院设计．时代建筑 , 2001(3): 62–65.

[8] 黄蓓 , 方超．新时期干部培养的基地 : 中国浦东干部学院的建筑设计．时代建筑 , 2005(5): 133–139.

[9] 周榕．建筑师的两种言说 : 北京柿子林会所的建筑与超建筑阅读笔记．时代建筑 , 2005(1): 90–97.

[10] 魏闵．中式意境 , 现代感受 :“九间堂”别墅区总体及建筑单体设计的解读．时代建筑 , 2006(3): 87–91.

[11] 徐一大．家在朱家角 : 记上海青浦“康桥水乡”．时代建筑，2005(2): 106–111.

[12] 罗小未．上海新天地广场 : 旧城改造的一种模式．时代建筑 , 2001(4): 24–29.

[13] 广川成一 , 万谷健志 , 东英树．上海八号桥时尚创作中心．时代建筑，2005(2): 106–111.

[14] 王林．城市记忆与复兴 : 上海城市雕塑艺术中心的实践．时代建筑，2006(2): 100–105.

图片来源

图 4—图 6 摄影：张嗣烨，图 10—图 12 摄影：支文军，图 14、图 15 摄影：方振宁，图 29 摄影：顾欣之，其他图片由《时代建筑》编辑部提供

原文版权信息

支文军 , 董艺 , 李书音 . 全球化视野中的上海当代建筑图景 . 建筑学报 , 2006(6).

[董艺、李书音：分别是同济大学建筑与城市规划学院 2005 级和 2004 级硕士研究生]

23

新现代主义建筑在上海的实验

Experiment of New Modernism Architecture in Shanghai

图 1. 同济大学建筑城规学院 C 楼东南外观
图 2. 同济大学建筑城规学院 C 楼室内中庭
图 3. 同济大学建筑城规学院 C 楼南北连廊

摘要 当今西方世界的价值观及建筑文化引导世界建筑的主流。上海一直受西方文化很大的影响，其当代建筑作品在整体特质上，传承了西方现代主义的价值体系，显现出延续现代主义脉络的传统。随着自身发展成熟的需求，上海当代建筑实践将自身文化及社会现实接轨，出现一批“新现代主义建筑”。文章通过分析解读六个新现代主义建筑在上海的实例，试图呈现这一现象本身。
关键词 新现代主义 建筑 上海 现实 策略 实践

长期以来，以西方建筑话语为主的建筑文化的一统天下使西方建筑文化成为世界建筑的主流，当代盛行的全球化更是一个以西方世界的价值观为主体的“话语”领域。上海也不例外，作为中国经济最发达、思想最活跃的城市之一，上海一直受西方文化很大的影响。其中，早期经典现代主义建筑一直发挥着广泛的影响，无论是同济建筑教学思想体系的确立，还是同济教工俱乐部、文远楼和松江方塔园等项目的建成，从中均可窥一斑。

聚焦当下，上海当代建筑在作品整体的特质上，仍然显现出延续现代主义脉络的传统，其赖以架构而生的平台，是西方现代主义与其背后的价值体系。目前上海正处在后工业全球化大环境里，在整体建筑理论架构和建筑实践上，还只能扮演着分工体系下追随者的角色。因此，当下普遍的“横向移植”现象，即向西方求经的努力，自有其不可避免的时代必要性。但是，“纵向生长”的需求，即与自身文化及社会现实接轨，也在上海当代建筑中不断出现 [1]。“新现代主义建筑”可以视为这一类实践的主要代表。

新现代主义建筑

“新现代主义”这一术语，最早由建筑理论和评论家詹克斯提出。自 20 世纪 70 年代起，当西方一部分建筑师由现代主义盛期走向后现代主义的时候，就有一部分建筑师走向新现代主义。这一术语就是为了描述这一设计美学现象和现实状态。新现代主义不同于现代主义和后现代，它并非一场声势浩大的主题运动，由开端走向高潮，而是一种存乎于建筑美学层面的新现象。应该说，新现代主义这一提法是随着当代建筑动态发展应运而生的。那么，新现代主义与早期现代主义的区别在哪里呢？比较有代表性的观点认为，新现代主义的“新”在于建筑师的特征较之建筑作品更加鲜明。每一个新现代主义的建筑师都试图充分表达自己的理念和思考。同时，他们因为不断前进的社会和经济发展，拥有了更为广阔的创作空间，从而使自身的设计特色得以显现。

除此之外，新现代主义对早期现代主义的局限性进行了改良、发展和完善，如果说早期现代主义是注重最终形式结果的表象形式主义，那么新现代主义则

1

2

3

是注重形式生成因果链接的深层形式主义，呈现出更为丰富多彩的建筑形态特征和逻辑概念[2]。

新现代主义建筑走向中国

应该说，在当代中国建筑实践中，存在大量横向移植现代建筑思潮和形式的现象。在没有经历正常现代主义阶段的中国建筑领域，打开国门后突然被灌输了大量不辨优劣的后现代建筑语言。从 20 世纪 90 年代中期以后，中国建筑一度追随西方后现代的形式风格，以“新”“奇”“怪”为时尚，以“先锋派”自居，忽视建筑设计的理性，形式荒谬，结构异常，能源浪费，造价惊人。我们跟在西方的建筑思潮身后，亦步亦趋，在不断的“拿来主义”—实践检验—反思—再拿来—再反思的过程中逐步健全认识。

可贵的是，在盲目模仿的不良风气之后，在不断的反思和检验之后，当代中国建筑实践中开始出现了在现代主义中融入自身思考的中国新现代主义建筑。理念中“既表现出对早期现代主义核心思想的坚持，如注重空间效果和人对空间的体验，强调形式和功能上的完美性和合理性，坚持造型的简洁和材料的统一性等，但又特别表现出对形式语言的新姿态”。如极简主义、表皮、肌理、空间处理手法，与环境的审慎呼应，大地艺术与建筑等。

新现代主义建筑的上海实验

本文挑选出上海一些具有代表性的新现代主义建筑作品，对它们的设计理念和手法做一简要解读，以期在一定程度上反映新现代主义建筑在上海的整体探索。

同济大学建筑城规学院 C 楼——空间分化的逻辑生成

同济大学建筑城规学院 C 楼（2005 年建成，建筑设计：张斌，图 1—图 4）。建筑师通过赋予它简洁的外形、丰富的空间、新颖的材料，展开对新现代主义的自我表达。其主要的原则是“对空间的分化布局与流线的简洁高效。建筑师通过放大交通空间、连续的直跑楼梯等方式使交通成为空间主角，创造出一个充满激情、交流和碰撞的场所”[3]。

C 楼的核心是它的连廊系统，由一部自西向东、贯通一至七层的直跑楼梯作为主导。研究工作单元作为空间的主体部分，占满三至七层连廊以南所有的空间，是静态的、均质的。连廊北侧则是动态的、穿插的。由导师工作室、机动工作单元、楼梯和服务单元构成，根据需要穿插在不同的空间高度上。北侧还有三个不同高度的室内庭院（地下室和三层的室内休闲中庭，以及室外的屋顶景观花园），是停留、交谈、享受阳光的绝佳地点。地下室提供了展厅、绿化中庭和设备用房；南侧架空部分引入叠水及阶梯式花圃，为地下

图 4. 同济大学建筑城规学院 C 楼贯通二至七层的直跑梯
图 5. 上海青浦私营企业协会办公楼外观
图 6. 上海青浦私营企业协会办公楼转折处

层提供了一个生机盎然的休闲场所。

这样的安排体现着连续分化的空间策略。“空间被理解成一种流动的连续体，这里试图突破服务空间与被服务空间的静态关系，使交往空间成为空间构成的主干，而功能空间与它之间呈现一种动态的‘即插式’关系。”[4] 核心的连廊是一部贯穿所有楼层的直跑楼梯，还有一系列光井上下贯通，交错的空间和自然的光线使它成为师生交往的场所。

空间的逻辑在建筑的界面组织上继续得以体现。外墙材料的选择，取决于内部空间的特质，空间形体、材质与表皮之间的相互对应关系，清水混凝土、透明氟碳水性涂料、U 形玻璃、不锈钢板与钢丝网的选用，与空间分化的组织逻辑丝丝入扣，表现出新现代主义建筑的理性和逻辑关系。

上海青浦私营企业协会办公楼——表皮身后的深层链接

上海青浦私营企业协会办公楼（2005 年建成，建筑设计：大舍，图 5—图 9），位于青城新城区环夏阳湖景区内，由大舍建筑设计事务所设计。极简的体块外形、丰富的内部空间和令人印象深刻的表皮式立面处理成为该建筑的特色。

以玻璃围墙围起的建筑物不纯粹是为了满足业主追求新颖的想法。其表皮策略有着更深层次的因果链接关系。该办公建筑要求外场对外开放，但在使用上，办公环境又希望不受干扰。因而玻璃围墙起到了分隔内外，阻挡临近高速公路噪音的作用，同时它的轻巧、透明感与周边环境形成呼应。

外立面整体采用表皮式的印刷玻璃幕墙进行包裹，获得轻盈感的同时，更造成一种特殊的与外部环境融合的方式。内部建筑表面也采用玻璃幕墙，趋向于统一和简单纯粹。幕墙采用丝网印刷玻璃，形成一种在透明玻璃上叠加体量感的效果，使得办公部分的幕墙产生体量感。丝网印刷的图案选择了白色冰纹与更小尺度灰色细纹的两次叠加印刷，室内感受宜人，并且外观远看不太触目。

玻璃围墙本身的形式与细部单纯、独立，但无处不与内部建筑协调。针对建筑内部体量与形体转折复杂，幕墙板块大小种类繁多的问题，设计师将印刷单元的图案设计成无缝拼接的样式，消除了板块与板块之间、印刷单元与单元之间连接造成的花纹错缝。即将 60cmx60cm 的花纹印刷单元处理成无缝拼接的形式，各方向重复时错缝消失。板块与板块之间花纹错缝的问题则在加工方的建议下为每块玻璃设定一个参照点，以保证印刷后玻璃板块接缝处花纹自然连接。

玻璃与钢结构立柱的节点设计由建筑师提供。为防止玻璃变形、振动而损坏。每块玻璃采用六点固定的方法，夹紧与限位作用相结合，为玻璃预留出活动余地，满足一定的变形要求。种种的因果联系与努力，让我们体察到在上海青浦私营企业协会办公楼那令人第一眼印象深刻的表皮式立面处理背后，有着多种深层链接关系，这种新的形式语言的姿态，体现着新现代主义建筑在上海的实验特征。

同济大学教学科研综合楼——空间复杂，形式简约

位于同济大学本部校区东北部的教学科研综合楼（2007 年建成，建筑设计：同济大学建筑设计研究院，图 10—图 12），在母校百年华诞之际建成投入使用，打造了一个各学科与国内国际间学术交流、拓展教育资源的战略平台[5]。在校园的总体布局中，教学科研综合楼与位于其南侧的行政楼之间设计了景观绿化广场，广场使得两建筑留有超过 70 m的距离，也使得高度近百米的建筑体量更容易地融入校园。在其空间布局与建筑表达上，建筑主体外形为纯净的立方体。正方形平面边长近 50m，教学、科研、接待、办公、会议等多项使用功能被整合为 7 个模数化的、平面为“L”形的三层高的空间单元，外围护主要为定制波形铝板。这 7 个单元在竖直方向上呈顺时针 90°螺旋上升，即每升高三层，这个平面为“L”形的三层高的空间单元就扭转过 90°放置。“L”形实体单元之间的空间自然形成盘旋上升的大型复合中庭，用中空玻璃窗作为外立面材料。人们可以透过玻璃外立面从外部清楚地看到复合中庭中设置的会议厅、多媒体中心、国际会议中心、休憩平台等公共功能单元。两组垂直交通核心筒位于中庭两侧，与每层的水平环廊联通，交通便捷。从外部看综合楼，建筑形体虚实相间，富有节奏和韵律。建筑的外部形态和材质选择充分展现了内部的功能单元。建筑空间既丰富又极具理性，简明有序且不失变化，表达外形简约、内涵丰富的建筑理念。

上海青浦夏雨幼儿园——场地决定姿态

上海青浦夏雨幼儿园（2005 年建成，建筑设计：大舍，图 13—图 17），如何寻找一个恰当的状态介入环境是它设计的起点。基地位于上海郊区青浦以夏阳湖为中心的新城区的边缘，离一条高架的高速公路仅 70m 之遥。基地西侧和北侧有一条小河。

幼儿园建筑所处的这个接近旷野的地点，一边是高速公路，一边是小河，因此围墙是必不可少的。幼儿园作为一个被保护的容器而存在，让围墙成为建筑的一部分，既有隔离噪声的作用，也有安全性方面的考虑。就既定的基地而言，考虑到一个柔软的曲线型边界比直线更容易和环境相融合，于是建筑师将 15 个班级的教室群作为一个组团，教师办公及专用教室部分形成另一个组团，分别用一实一虚的不同介质围合成两大曲线的组团。班级教室部分的围合介质是落地的实体，除门窗外表面涂白色涂料。办公和专用教室组团的围合介质是 U 形玻璃，并且地面有意抬高、下

图 7. 上海青浦私营企业协会办公楼玻璃固定节点
图 8. 上海青浦私营企业协会办公楼玻璃图案纹样
图 9. 上海青浦私营企业协会办公楼室内
图 10. 同济大学教学科研综合楼外观

图 11. 同济大学教学科研综合楼办公楼外立面
图 12. 同济大学教学科研综合楼中央中庭
图 13. 上海青浦夏雨幼儿园沿小河外观
图 14. 上海青浦夏雨幼儿园教师区域组团
图 15. 上海青浦夏雨幼儿园二层卧室组团

沿周边出挑。两个形体相互依存，更显丰富。

在班级单元的设计上，活动室全部设于首层，与对应的院落相连，便于孩子们参与户外活动。卧室由有着鲜亮的色彩的铝板包裹，置于二层。不同班级的卧室相互独立，并在结构上与首层的屋面相脱离，抬起一定高度，仿佛一个个漂浮的彩色盒子。出于消防疏散的要求，建筑师将每 3 个班级的卧室以架空的木栈道相连，这些相连的卧室即刻呈现出“如依依不舍的村落般友好和亲切”[6-8] 的姿态。最后建筑师移植了 100 棵 8m ～ 10m 的榉树，散落种植在院落中。当高大的乔木植入各个院落，树木很好地隔离了高速公路的噪音，并使得幼儿园在大树的庇护下自得其乐。建筑与树木相得益彰，共同生长在潺潺的小河边。

同济大学中法中心——内部空间感和现场感

同济大学中法中心（2006 年建成，建筑设计：周蔚、张斌，图 18—图 22）是“理解中国当代建筑设计新动向的很好实例。与依靠外部表现图把建筑设计的要点基本解释清楚的设计不同，这是一座只看外部表现图无法全面理解的建筑”[9]。要理解它必须同时阅读其周边环境、外部造型、和内部空间。

同济大学中法中心位于校园的东南角，西面紧邻的是一二·九礼堂及其纪念园，东侧隔着围墙就是城市主干道四平路。属于一二·九纪念园的水杉林及九棵雪松、梧桐、槐树、柳树散布在建筑的基地内，特别的历史含义和这些树木优美的姿态都使得它们具有保留的价值。这一项目需要建筑形式对其内部使用功能和外部环境条件作出相应解答，并且承担起更深层次的文化意识的需求。因此建筑师将诸多因素进行整合，

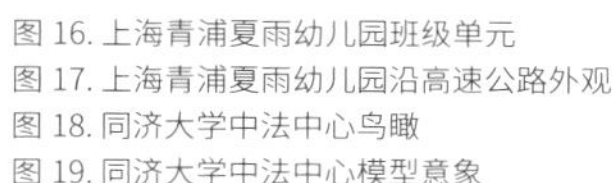

图 16. 上海青浦夏雨幼儿园班级单元
图 17. 上海青浦夏雨幼儿园沿高速公路外观
图 18. 同济大学中法中心鸟瞰
图 19. 同济大学中法中心模型意象

最终采用一个“两手相握”的意象表达。

从整体建筑形式上看，建筑分为两大部分，一块红色，另一块灰色。里面承载着教学、办公和公共交流三部分。不同的功能采用不同的材质和构造做法。教学部分用自然氧化的耐候钢板包裹，即外观上看红色的部分。办公单元用预涂装水泥挂板覆盖，即外观上看灰色的部分。公共交流单元外立面用以上两种材质的混合。建筑最醒目的是红色体块的屋顶，它一路倾斜直插入灰色体量的下方。在这个斜三角的体量里，一部直跑梯贴着斜屋顶以和它相同的倾斜角度从一层直到顶层，明确并强化了这个空间在倾斜方向上的延续感。直跑梯紧贴一侧外墙，其余的空间是沿着直跑梯上升的梯田状的平台，不同高度的平台上有着一个个倒置水桶形的会议室。这个空间中主要的自然光线来源——天窗，沿着屋顶一路排开去，光线从圆形的天窗洒落下来，把层层的“梯田”照亮，空间丰富又有趣味。

由此，可以了解图形和照片的纯视觉感受完全不足以表达其内部的空间感及现场感。在图像建筑盛行的今天，中法中心给予了我们一个启示。

新江湾城文化中心——形景交融的大地艺术

上海新江湾城文化中心（以下简称“文化中心”，2006 年建成，建筑设计：美国 RTKL 事务所，图 23—图 27）因其特殊的地理位置、优美的周边自然环境，采用的不规则建筑形式，达到了人工与自然的巧妙融合，是一处形景交融，具有大地艺术韵味的出色建筑[10]。

在文化中心的设计中，建筑物与地形的密切关系是建筑最主要的特征。建筑师采取建筑和地形环境一体化的设计，以景观设计的方式将建筑与地形、水面、

图 20. 同济大学中法中心东南外观
图 21. 同济大学中法中心斜屋顶下的空间
图 22. 同济大学中法中心两体量交接处
图 23. 上海新江湾城文化中心草图表现
图 24. 上海新江湾城文化中心根须状的形体局部
图 25. 上海新江湾城文化中心与地形的结合

植被融为一体，使其成为整体环境的一个有机组成部分。建筑师的具体方法是“通过 9 条根须状的线性通道（坡道和踏步），使建筑物根植于环境大地。其中 3 条线性形体从西北方向升起延伸至东南方向，在中间部位融为一体；最西南一条至南端成为整体建筑的主要入口的雨篷；其余两条分开最后成为降至地面的坡道；另一条从西南角以略低于前三条的高度向东北角方向插入形体的中心，与其中最北的一条共同限定出一个室外剧场”[7]。来到文化中心的客人可以随兴沿着某一根须状的建筑坡道上至屋顶，或许从另一端支脉漫步下来，发觉已进入公园当中。这一有机的建筑的形式颠覆了以往建筑屋顶与地面对峙的状态，带给人穿越建筑如同翻越丘陵般的自然体验。 文化中心与新江湾城中央公园的自然环境互相交织，辉映成趣。建筑本就该与大地发生亲密的关系。文化中心匍匐在新江湾城中央公园的大地上，如树木的根须般伸展的建筑形体，与其周边的自然融为一体，成为新江湾城中央公园大地艺术不可分割的一部分。

新现代主义建筑在上海的启示

上述六幢极具特色的建筑实践，其共同点在于结合具体问题，灵活运用新现代主义的建筑语汇，克服早期现代主义的不足，从而呈现出耳目一新的建筑姿态。

回望中国现代建筑发展的历程，实际上是无意识地沿着西方现代主义的标准前进。我们对于建筑的理解和评价，也是遵照西方建筑的评价系统来进行。毋庸置疑的是，我们在诸多方面与西方存在不同，那么在接受和承认中国当代现实的情况下，就应该摆脱西

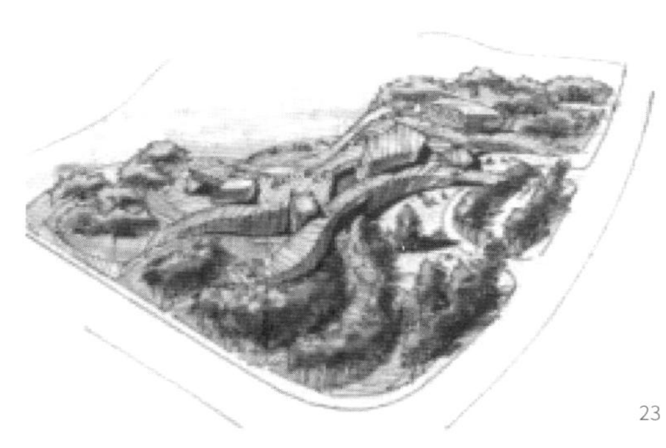

图 26. 上海新江湾城文化中心室内
图 27. 上海新江湾城文化中心通往屋顶的坡道

方建筑思潮对我们无意义的束缚，从自身的社会、政治、经济、市场状态出发，做出适宜的解答。给予现代主义的本土化恰如其分的表达。

当下，在建筑界经常提起的中国当代建筑的出路何在、如何呼应传统中国的经验等问题中，最常被提及的理论参照就是“地域主义”。实际上，地域主义也不是某种传统建筑的形式，而是长期以来时时处处存在于身边的真实社会情况。适应这种真实社会情况、提出改善的策略就是具有当代地域性的模式。

透过这些新现代主义建筑的上海实验，我们看到中国当代的建筑正在经历这场变革。它需要建筑师从实际的出发点开始，经历具体而实在的创作过程，形成属于自己、属于当代的判断标准 [11-12]。

参考文献

[1] 阮庆岳 . 弱建筑弱建筑——从看台湾当代建筑 . 台北 : 田园城市文化事业有限公司，2006.
[2] 周榕 . 建筑师的两种言说 : 北京柿子林会所的建筑与超建筑阅读笔记 . 时代建筑 , 2005(1): 90–97.
[3] 支文军 , 董艺 , 李书音 . 全球化视野中的上海当代建筑图景 . 建筑学报 , 2006(6).
[4] 张斌 , 周蔚 . 具体性策略——同济大学建筑与城市规划学院 C 楼设计 . 时代建筑 , 2004(4).
[5] 张鸿武 . 空间布局与营造技术的结合 : 同济大学教学科研综合楼设计，时代建筑 , 2007(3).
[6] 大舍 . 上海青浦夏雨幼儿园 . 时代建筑 , 2005(3).
[7] 段巍 . 原型策略 : 图析上海青浦当代建筑 (同济大学工学硕士学位论文)，2015.
[8] 大舍 . 设计与完成 : 青浦私营企业协会办公楼设计 . 时代建筑 , 2006(1).
[9] 王方戟 , 袁怡 , 范蓓蕾 . 折来折去 : 同济大学中法中心的现场感 . 时代建筑 , 2006(6).
[10] 支文军 , 段巍 . 形与景的交融 : 上海新江湾城文化中心解读 . 时代建筑 , 2006(5).
[11] 萧默 .“新现代主义”建筑之路 . 中国工程科学 , 2007(4).
[12] 万书元 . 新现代主义建筑论 , 新建筑 , 1999(9).

图片来源

上海青浦私营企业协会办公楼的照片由大舍建筑设计咨询有限公司提供 , 同济大学建筑城规学院 C 楼贯通二至七层的直跑梯摄影：王方戟，同济大学建筑城规学院 C 楼室内中庭摄影：张敏，同济大学教学科研综合楼摄影：吕恒中，同济大学中法中心鸟瞰图摄影：支文军，新江湾城文化中心草图由 RTKL 建筑师事务所提供，新江湾城文化中心摄影：傅兴，其余摄影：张嗣烨

原文版权信息

支文军 , 宋正正 . 新现代主义建筑在上海的实验 . 南方建筑 , 2008(1): 40–45.
[宋正正：同济大学建筑与城市规划学院 2006 级硕士研究生]

24

境外建筑师大举进入上海的文化冲击

Cultural Impact of Overseas Architects' Entry into Shanghai

摘要 本文以时间为线索，以上海的重大建设活动为背景，通过分析境外建筑师大量涌入上海的起因、经过、结果以及相关建筑活动，并以此为研究对象，试图说明境外建筑师的进入与本土文化之间所发生的碰撞、影响和变化，以及对建筑同行和对未来的启示。

关键词 境外建筑师 上海 相关活动 影响

引言

改革开放以来，尤其是在中国成功加入世贸组织的背景下，境外建筑师大量涌入上海成为普遍现象，分析其原因，从内部来看，上海地方政府制定浦东大开发和打造“国际化大都市”的宏伟蓝图，促使政府或公私企业为了尽快与国际接轨，纷纷聘请“高水平”的境外建筑师；从外部看，建筑设计服务于海外，是全球化经济活动的一部分。在短时期内，有着完全不同背景的境外建筑师在上海建造了大量的建筑。那么，在国家和政治地理疆界尚未取消，文化和意识形态冲突依然存在的今天，这些“舶来”建筑对我们的本土文化有何冲击，对我们的城市和市民有何影响，对我们的本土建筑师有何启示，都是值得我们思考的问题。

回顾历史：上海开埠之后境外建筑师的相关活动及影响

境外建筑师在上海的建造活动，在历史上可以追溯到 1843 年上海开埠以来的几十年间，随着殖民者的涌入及租界的开辟，带来了大批境外建筑师，在 19 世纪末到 20 世纪 30 年代的建筑高潮中起到了重要的作用，这一时期，兴建了大量新的建筑类型，如教堂、火车站、银行、饭店等。随着钢筋混凝土 5—6 层“摩天大楼”的出现，新技术，新材料甚至新设备也随之传入，建筑形式也从移植当时西方各国流行的欧洲古典形式、折中主义形式，以及现代派，同时还产生了融合中西建筑特征的新建筑——石库门等。这时出现了外国人开办的建筑事务所，据统计，当时上海开设的设计机构已有 20 余家，几乎垄断了上海绝大部分外资项目的设计。被称为“世界建筑博览会”的外滩，目前保存得较完整的 22 座大楼中，有 21 幢由境外建筑师设计，1 幢为中外合作设计 [1]。这一时期境外建筑师的许多作品都成了上海甚至世界丰富而宝贵的建筑文化遗产（图 1）。

图 1. 老外滩夜景
图 2. 金茂大厦
图 3. 上海大剧院

改革开放初期境外建筑师在上海的相关活动及影响

改革开放初期的 20 世纪 80 年代，境外建筑师主要集中在中国的珠江三角洲，在上海的相关活动相对较少。这一时期，境外建筑师主要是由在国内进行投资的外商引进上海的，建筑类型多为旅游宾馆酒店，建筑师主要来自港台地区和日本。可以说境外建筑师与上海建筑师一起共同创造了不少非常优秀的建筑，华亭宾馆是较早的境外建筑师参与的重要项目，这时的代表作品还有上海商城、静安希尔顿酒店、花园饭店、新锦江大酒店等。

市民对这些“舶来”建筑还是非常认可和神往的，例如在上海市民的眼里，上海商城一直是当时高档生活的所在和象征，到商城去购物和会客也是上海人艳羡和觉得体面的事。因为这些酒店是外商投资的，造价通常比较高，境外建筑师的新理念，能够通过新技术在新材料中得以体现，使海外的豪华和“现代”直接呈现在上海市民面前，这对市民的震撼是强大的 [2]。

然而，有一些善于领会大陆领导和海外业主需求的香港建筑师往往会采用商业、热闹、夸张和迎合大众口味的设计手法，而在协调周围环境方面少有考虑，对城市空间环境造成了不好的影响。整体来讲，由于这时境外建筑师的作品在上海还是点状零星分布，所以，对整体的城市空间形象影响不大，境外建筑师对本土建筑师并未产生很大的冲击，本土建筑的发展和境外建筑师的进入之间的相互影响还是非常有限的。

浦东大开发以来境外建筑师在上海的活动情况及影响

境外建筑师参与项目的方式及对业主开发商等的影响

上海实施浦东大开发以来，改革开放进入了一个新阶段，也使上海成为建设的前沿阵地，境外建筑师在上海的活动也由点到面大面积的铺开，建筑文化的交流与设计合作从广度和深度上都达到了新的水平。在此背景下，1992 年，浦东陆家嘴中央商务区城市设计举行了国际设计竞赛，最后英国建筑师理查德·罗杰斯的方案中标，虽然并没有最终实施，但影响巨大。此后 1994 年，上海大剧院也举行了国际设计竞赛，法国建筑师夏邦杰的方案中选并得以成功实施，随即成为全国效仿的对象，促进了国家大剧院国际竞赛的开展和紧随其后的 CCTV 与国际体育场等一系列国际竞赛活动的盛行。可见，这时境外建筑师在上海获得项

4

5

目委托的方式，除了外来投资者直接委托外，还可以通过参加国际设计竞赛取得和接受本土投资者的直接委托。

上海大剧院的成功建造，导致全国各大中小城市竞相模仿，剧院兴建之风盛行，也无一例外的举行国际竞赛。很多城市处于政府形象工程的需求，纷纷在市中心兴建宏伟公共建筑，大剧院、图书馆、文化中心广场等，而且很多也进行国际设计竞赛，在很长一段时间里，甚至现在，还有很多业主、开发商对境外建筑师盲目崇拜，甚至不辨优劣，造成了不良的影响。

境外建筑师参与的建筑类型及对本土建筑市场的影响

20 世纪 90 年代的上海，除了大量的港台建筑师和日本建筑师外，美国建筑师也占据了很大的市场，到了 90 年代末期，欧洲建筑师也逐渐增多，“并带来了与美国式的商业风格截然不同的更环保更自然的审美，这种冷峻中赋予的浪漫，平静中渗透的豪华，已同时影响更多的领域，甚至人们的生活风尚”[3]。而且，面对上海经营城市热情空前的高涨和政府、私人发展商对境外建筑设计大师明星般的追捧，不仅使国际性的明星建筑大师和大型建筑师事务所大量涌现到上海设计舞台的前沿，而且还吸引了各类中小型建筑师事务所。

从参与的建筑类型来看，可以说涵盖了所有的建筑领域，尤其是他们擅长的建筑类型：超高层建筑、建筑综合体、空港类建筑、剧院、艺术中心、科技馆、文化类建筑等，几乎垄断了所有的高端市场，可以说对本土大型设计公司造成了很大的冲击。随着开放程度越来越高，境外建筑师不仅快速适应了本土市场，而且还改变着本土市场：无论是政府项目还是企业投资的房地产项目，付费也慷慨了，很多方面也肯听建筑师的建议了，在设计时间上也能给出比较合理的周期了……[4] 这些使本土业主、开发商开始重新认识并尊重建筑师的劳动。

境外建筑师的相关活动对城市形象及市民生活的影响

境外建筑师和本土建筑师一起在上海设计了不少建筑精品，如金茂大厦（图 2），它和上海东方明珠广播电视台一起引领上海外滩现代万国建筑博览，不仅成了浦东腾飞的标志，还成了上海的象征。再如上海大剧院（图 3），有着 2000 座位的观众厅，可以满足国际一流的歌剧，芭蕾舞，交响乐演出；圆弧曲线屋顶上是露天音乐厅，下雨可加玻璃盖。上海大剧院已成为上海的文化标志，并且和上海市博物馆、上海城市规划展示馆、人民广场等一起形成了极具吸引力的市民文化中心。其他如上海浦东国际机场和最近落成的上海汽车南站作为进入上海的门户，都已成为上海标志性建筑。然而，诸多建筑中也不免存在建筑形式的简单移植和模仿，当然这并非全是境外建筑师的过错。在西方建筑似乎代表着现代化，国际化的今天，业主、开发商，甚至政府指定建筑师设计某种风格或形式的情况也是有的。在巨大商业利益的驱使下，在国际化和现代性的追求中，有着“现代万国建筑博览会”之称的浦东陆家嘴中央商务区（图 4），经过国际化图景的复制，已经蜕变为另一个纽约、曼哈顿或香港，也许这正是在全球化的今天，强势文化对本土文化冲击的体现（图 5）。

建成环境对生活其中人们的耳濡目染是不言而喻的，这些“舶来”建筑直接提倡和传达着新的城市生活和消费主义观念。如法国建筑师夏邦杰和同济大学城市空间研究所联合设计的南京东路步行街（图 6），本着“以人为本”的设计观，在保持传统特色的基础上，通过对细微尺度的推敲，创造了细腻而有富于人情味的城市空间，已经成为市民各种民间活动如“文化节”“旅游节”等经常性的场所。再如由 SOM 公司等联合设计的上海新天地（图 7）也是对石库门进行保护性开发的一个特例，古朴与摩登、怀旧与流行在这里得到完美的交融，已成为一道时尚的都市风景线。还有美国捷得建筑事务所设计的上海正大广场（图 8），创造了一个奇幻的购物空间，因楼层不同而位置不断变化着的商铺平面、自动扶梯等，相互交织，层层叠叠，美妙壮观，给人们带来非同寻常的购物享受[5]。可以说，这些“舶来”建筑对城市、市民和生活观念的影响，其广度远远超过局限在建筑界和技术方面的影响。

境外建筑师的相关活动对本土建筑师的启示

境外建筑师在上海的实践，在很多方面为本土建筑师作了示范。诸如在设计理念方面，境外建筑师对建筑本体更为深刻的理解；在设计方法上，境外建筑师大量使用模型推敲，设计室犹如工作坊；在工程与质量管理方面，他们也显示出了应有的认真和严谨，包括新技术的运用，更重要的是境外建筑师实践过程中体现的创新精神，都给中国同行以不同程度的启发。如日本建筑师隈研吾设计的中泰控股集团上海总部Z58，原是一个钢筋混凝土的三层工厂建筑，隈研吾在几乎保留所有原来结构的基础上，增建了两部分，一是安装了不锈钢花槽的玻璃外墙和整面流水的玻璃内墙之间挑空 4 层的透明玻璃大厅，二是四楼设置在水面上的休闲空间。隈研吾通过挖掘建筑生成的深层原因，创造了内涵丰富的流动空间[6]。此外，境外建筑师在本土文化方面也有很多探索，如在位于上海著名历史文化古镇朱家角的“康桥水乡”居住社区设计中（图 9），美国建筑师本伍德用西方的眼光，立足于本土的文化思考，试图用现代的设计方法和现代的技术材料来展现水乡的意境，追求小桥流水人家与现代化生活需求的完美结合[7]。

还有一个影响也是不得不提的，境外建筑师在上海设计的不少精品，不仅为上海建筑院校的学生提供

6

7

图 4. 上海浦东陆家嘴中央商务区
图 5. 浦东高层建筑群
图 6. 南京路商业步行街
图 7. 上海新天地

8

9

了近距离的学习机会，也使上海成为全国建筑学子朝圣的地方。据了解，有绝大多数的院校每年都有一定数量的学生到上海进行建筑的认识实习，为未来建筑师的成长提供了一个不可多得的学习机会。

中国加入世贸组织及建筑设计行业的发展趋势

2001 年入世谈判中，政府承诺允许外国企业以跨境交付和商业存在两种方式进入中国大陆工程设计市场。且从中国大陆加入 WTO 之日起即可成立合资企业，在加入 WTO 后五年内，允许设立外商独资企业 [8]。这更为境外建筑师在国内的建筑活动提供了机制上的保障。在全球化的今天，一方面，国外许多大型的建筑公司在全球很多地方都有分公司，为了适应本地市场，学会了与本地企业合作，并不断吸纳本地建筑设计人员；另一方面，本地设计单位为了在市场中更加具有竞争力，也纷纷与境外设计单位合作，或成立合资企业。随着全球化的深入，人才频繁流动，资本寻租，服务业寻找主顾等，都已超越了国家的疆界。建筑设计行业也一样，境外境内的概念也会逐渐淡化，设计单位的品牌将成为选择的关键，能否设计出精品，这将是人们评判建筑设计企业的标准。

上海城镇化建设、“一城九镇”启动之后境外建筑师在上海的活动情况

2001 年上海“一城九镇”计划作为继浦东开发之后的第二次大规模的城市化运动，是上海建筑业大量引入境外建筑师的又一个事件。“一城九镇”的实施，在客观上吸引了来自法国、德国、美国、意大利、西班牙、澳大利亚、英国、瑞典、荷兰、日本等国的建筑师、规划师。从各试点区的概念规划、风景规划，到控制性详细规划，再到城市设计甚至建筑单体，都有境外建筑师的积极参与，可以说中外建筑师不仅在建筑领域，更是在规划领域一起进行着密切的合作。

以浦江镇（要求意大利风格）为例，来看看境外建筑师的实践，意大利格里高蒂事务所是最终的竞赛中标者，在新城规划中，以三种尺度的正交网格为基础，结合形态各异的公共开放空间，形成了车行尺度和人行尺度共存的理性又不乏变化的肌理。并提出三个层次上的混合，即城市功能的混合、住宅类型的混合与建筑设计的混合。中意文化广场用组织精密的网格来控制建筑的生成（图 10），渗透着建筑师意大利理性主义的背景。建筑师没有以静态的“意大利风格”（Italian Style）来模仿，而是以动态的“意大利特性”(Italian Character) 来创作。源于历史，立足当下，指向未来 [9]。

图 8. 上海正大广场
图 9. “康桥水乡”
图 10. 中意文化广场

“一城九镇”项目目前虽有浦江、安亭、罗店、高桥等部分建成的实例，但多数还停留在设计的深入或建设的过程中。对其影响还很难做出全面的评判，但也许浦江镇中意大利建筑师格里高蒂以自己的实践向我们展示：对外来文化和历史的模仿只能产生僵死的形式，只有创作才能使历史信息和外来形式富有生命，得以发扬。

小结

在全球化的今天，一切发展中国家都面临着本土文化和外来文化之间的矛盾，在中国大陆，随着加入 WTO 之后全球化进程的加快，文化和经济的交流也愈加密集和频繁。随着人们眼界的扩大，观念的改变，加之对本土的固守，便形成了外来文化和本土文化的混杂。也许文化的活力正是源自这种混杂，而非纯正的传统。建筑领域里，在 21 世纪的今天，面对中国巨大的发展潜力，会有越来越多的境外建筑师进入国内市场，人们也会越来越习以为常，在将来人们评判建筑的标准也会超越建筑师的国家背景，而更加注重建筑的质量。正所谓“只有好与坏，没有内与外”[10]。

参考文献

[1] 陈缨 . 上海中外合作设计杂谈 . 世代建筑 , 2005 (1): 19.
[2] 薛求理 . 全球化冲击 . 上海 : 同济大学出版社 , 2006: 37.
[3] 陈缨 , 李瑶 . 略谈沪上之合作设计 . 世界建筑 , 2004(07): 22.
[4] 李武英 , 毛坚韧 . 从“狼”到友 : 谈中外合作设计的变化 . 时代建筑 , 2005(07): 31.
[5] 郭俊倩 , 李元佩 , 夏崴 . 购物乐趣 : 上海正大广场设计理念 . 时代建筑，2003(01): 106.
[6] 桥本纯 .“表层”的意义 . 时代建筑 , 2007(01): 75.
[7] 徐一大 . 家在朱家角 . 时代建筑 , 2006(03): 93.
[8] 李武英 , 毛坚韧 . 从“狼”到友 : 谈中外合作设计的变化 . 时代建筑, 2005(01): 31.
[9] 薛求理 . 全球化冲击 . 上海 : 同济大学出版社 , 2006: 100–110.
[10] 贾东东 . 海内外建筑师合作设计作品选 . 北京 : 中国建筑工业出版社 , 1998 (9).

图片来源

图片由项目建筑师提供

原文版权信息

支文军 , 郭红霞 . 境外建筑师大举进入上海的文化冲击 . 建筑师（台湾）, 2006(2).

[郭红霞：同济大学建筑与城市规划学院 2006 级硕士研究生]

25

世博会对上海的意义

Importance of EXPO to Shanghai

摘要 上海世博会开幕已一月有余，本文试图以此前学界诸多有关世博会的研究为基础，结合世博会开展以来的所感所想，从“城市”主题、建筑印象以及多元文化等方面，分析 2010 上海世博会究竟为上海这座快速发展中的大都市带来了怎样的机遇，挑战以及思考。
关键词 城市 建筑 多元文化 上海

“2010，上海”可能是本年度全世界最热门的话题之一。对于中国，对于上海能够承办这样世界级的大型活动，就世界，就国家，就每一个中国人而言都有着划时代的意义。翻开世博会的历史，从 1851 年伦敦世博会开始到现在，每一届世博会几乎都像一座里程碑，记录着人类文明发展的轨迹。历经一百多年，世博会作为一项重要的大型历史事件在世界范围内已形成并产生着越来越为重大的影响。

经过 8 年的努力与准备，世博会终于在上海成功开展。开展后的世博会每天吸引着数十万的国内外游客来此参观，其规模可谓浩大，其声势可谓壮观。同时也正是这每天数十万的游客在不断检验着世博会从当初的设计梦想到如今现实实施所带来的诸多惊喜与些许遗憾。

城市，让生活更美好

“城市，让生活更美好”（Better City, Better Life）是此次 2010 上海世博会的主题。这一主题既反映了在当下当代人对于生活、对于未来的追求，也反映了当代人对于当今生存环境以及过去生活方式等方面的诸多反思。上海世博会是首届以“城市”为主题的世博会，全球化、城镇化等等的现象发生都无疑对城市的生长发展，对生活在城市内外人们的具体生活产生着巨大的影响。如今以“城市”为主题的 2010 上海世博会已呈现在世人面前。不同国家，不同地域的人们都对“城市”这一主题做出了相应的回答；而上海作为此届世博会的承办城市，不仅将这些思想成果，科学技术汇聚在浦东两岸约 5km^2 的范围内进行展现，同时还要有效地组织策划这些成果，使之更加条理而高效的供游客参观，这些种种的设计管理尝试无疑也都是在不同层面上对城市这一主题的解答。

从上海世博会开幕到现在已一月有余，越来越多参观者的到来证明着此届世博会所付出的心血。一方面从空间尺度的相位上看，世博园区作为上海城市发展的一部分，它的规划与实施为上海整个城市的发展切实带来了许多新的机遇，如为旧工业厂房等老旧建筑的未来再利用所做的基础性改造，以及为展后该区域未来发展所做的园内园外道路系统的一体化建设实施等；同时世博园区的公共空间作为一个完整的空间体系，也像一座小型的“城市”一样自身协调着其内部的人与环境，人与人之间的各种关系，为其自身的良性发展在不断更新调试，如根据一个月来开展的情况适时调整对游客的参观引导，园区内部机动车服务系统的完善，等等。另一方面从时间的相位上来思考，世博园区在上海的落地生根，为世博会历史的发展，为上海城市的发展在这一瞬间从过去到未来搭起了桥梁。上海作为世博会的承办城市力求在当前社会背景下为此次世博会作出最好的诠释，这些种种的策略与尝试无论成功与否都将是对历史的一种回答。世博会既记录了人类当下社会文明的智慧成果，又是对未来所做出的前瞻性的展望。因此站在时间的相度上，上海世博会的举办都将成为未来回顾 21 世纪初的上海，中国以及全世界文明的参照与依据，这一时间节点既预示着未来，也必将被未来所检验。

“建筑”印象

上海本身就是一座文化多元，个性鲜明的时尚都市。当世界众多不同国家，不同地区的人们带着本国的特色文化以及先进科技成果汇聚于 2010 上海世博会时，结合此次世博会“城市”的主题，以及可持续再利用的环保概念，建筑的个性在这里得到了极好的诠释，而世博会也成为各国展示不同文化的大舞台。首先，各国各地区确实存在着各种差异，如地域不同，进而导致生活方式的不同，从而产生对建筑的理解不同等等；由于各国各地区所倡导的文化不同，进而其建筑形式所表达与追求的内涵则更为个性不同。例如以“快乐街”命名的荷兰馆是一个微型缩小版的荷兰城市，通过设计了一条有序、高效、实用的路径，不但展现出荷兰人对城市可持续发展的思考，同时“快乐街”这一命名也体现出了荷兰人奔放快乐的个性；例如以“魅力城市，多彩生活”命名的韩国馆，通过符号即空间、空间即符号的设计主题，不但展现出韩国对于与文化融合在一起的未来城市的思考，也体现出了韩国人对于文化、人性、自然和科技的严谨态度等。

另外，建筑作为展示各国各地区创新成果的载体，从人们看到它的第一瞬间就在不同程度，不同角度体现着各种不同的文化理念与或高或低的科技水平。可以这样说，世博会中的各个建筑都是世博展示中最大最为鲜明的展品。这些建筑造型的独特，建筑空间的灵活，建筑实施手段的新颖等，无一不在彰显着上海世博会对于未来城市、对于创新的不懈追求。也正是在这种追求的驱动下，建筑设计概念与设计的手段在不断创新，为发展中的上海带来许多新的视野以及众多有价值的尝试。例如庄严的意大利展馆竟是由透明的混凝土堆砌而成，而形似音乐盒的新加坡馆则通过流水与花园两个设计元素表达着岛国多元文化的融洽与和谐，还有比拟国家疆域的加拿大馆，通过对“公共广场”的诠释表达着加拿大城市的创造性、包容性以及文化多样性。 不同的场馆都在用不同的方式在上海世博会这个大舞台讲述着自己的故事。

中国正处在经济快速发展的阶段，当代的中国像一个巨大的建筑工地，每年消耗着全世界很大比例的混凝土、钢铁及煤的产量。上海作为中国的金融中心，其建筑活动则更加活跃而引人注目。因此世博会中各式新颖的建筑为上海乃至中国的设计领域注入了更多先进的理念及思想。尤为值得一提的是此次世博建筑中的空间设计，为了既能满足博览建筑的参观要求，同时又能够突出人与自然相和谐的环保概念，坡道空间以及通过坡道将室内外空间融为一体的设计手法在

图 1. 园区总平面
图 2. 浦江两岸世博园区

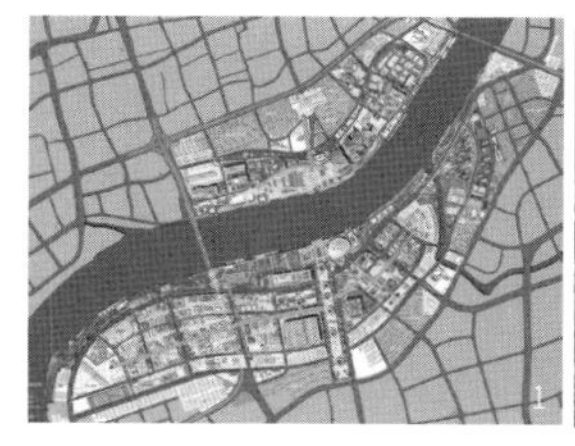

不同展馆，通过不同国家的建筑师，用不同的方式展现出来。例如以“感性城市”命名的法国馆，通过自动扶梯将人流引向建筑的顶层，然后再使人们顺着坡道漫步而下，一边感受着法国的城市氛围，一边欣赏着这个国家的文化瑰宝。这种对建筑内部空间的关注，对人与建筑之间情感的关注是仍然仅关注于建筑表皮的当代中国所欠缺的。

此外，此次上海世博会中，另一具有特殊意义的举措就是对节能环保、可持续发展观念的深入探索与实践。这些生态设计理念的推广与具体实施不仅可以发挥上海世博会的示范效应，推动上海建设生态城市的进程。同时不同国家，不同建筑师在上海对各种生态技术的尝试，也为我国绿色建筑的发展争取了宝贵的时间。漫步世博园区，具体的生态技术与抽象的建筑理念被建筑师巧妙地融为一体，这些精彩的构思使上海世博会更加具有了里程碑似的意义。例如，以“编织”为概念的西班牙馆是由许多柳条编织的柳编板所构成的，而德国馆那几何构成的体块则是由薄膜覆盖所形成的，最让人惊讶的还有瑞士馆，其外墙使用了植物树脂蛋白材料的光电媒质，这种材料不仅可以被降解，而且还非常易于打磨成型。还有以“创意之馆”命名的英国馆，外部由无数个向各个方向伸展的触须组成，每根触须顶端都有一个细小的彩色光源，使建成后的英国馆主体看上去就像一个会发光的盒子。而且，英国馆建设所用建筑材料都可以循环利用，整个建筑的碳排放量几乎为零。那些无数延伸的触须，代表着创意的无限，而碳零排放又紧扣绿色、自然、环保的主题。英国作为世界上最早举办世博会的国家之一，这样的创意引人深思，而这样对城市的回答则耐人回味。

多元文化展示下的思考

当今，世界范围内越来越趋同的全球化趋势与不同地域自身文化传承发展间的矛盾已成为当今世界讨论的热点话题之一。全球化使世界原本丰富多彩的各种地域文化被边缘，但也是全球化的深入发展使人们认识到了这种边缘化的消极影响。上海作为中国最早“开埠”的城市之一，其兼容并蓄、绚丽多姿的城市个性使其成为2010 年世博会的承办城市，成为全世界各个国家，各个地区，各个企业展示各自独特创新文化的平台。所谓独特创新一方面基于一个国家、一个地区，甚至于一个企业的文化底蕴，另一方面也集合了这些团体中各个社会群体和阶层的生活方式和价值取向。今天，当游客步入世博园区内时，通过不同国家馆、主题馆等的场馆建筑，以及其建筑内的布展设计与其内部相应的展品，人们可以很直观地看到不同国家的政治经济，科学技术以及意识形态等方面的发展状况。

世博会是文化而非商业的博览会，“从这个意义上讲，世博会更多的是展示理念，反映思想，是展示人类科学发展观的场所”[1]。谈到文化的展示，“文化”本身是一个庞大而难以界定的概念，其内容亦可包罗万象，大到科技成果，小到风土人情；因此多元文化的展示也是一种非常微妙的博弈。世博会是一个大平台，一方面大家可以互相了解，互相学习，另一方面我们也可以直视各种差距。世博会开幕以来，游客往往津津乐道的是不同场馆展示内容所带给自己的感受，而这些感受后面所隐藏的则是对多元文化的深层思考。是的，在当今，世界各国的人们比以往任何时代都更为关注文化的自由以及文化的识别性。对于世博会这样的大舞台，对于上海这样全球化发展趋势下的大都市，纷繁的所谓多元文化的背后还有怎样的大不同？上海这座承载着世博会“城市”主题的大都市将如何维持自身的多样性，同时在多元文化的影响下为未来城市的发展与历史传统之间创造和谐？

世博会与上海

作为超大型综合性国际活动，世博会的举办对于城市的规划发展具有催化剂的作用。当某一重大历史事件在某一个城市发生时，该城市的发展也将面临新的挑战，得到新的契机。举例来说，最明显的就是集举国之力为某一城市或某一地区集中进行基础设施及公共设施的大力度改造与建设。这样的举措不仅为当地老百姓的生产生活提供了便利，从长远来看，这样大规模有组织的建设活动也为未来城市的发展积蓄了

图 3. 一轴四馆
图 4. 园区夜景
图 5. 世博文化中心
图 6 . 德国馆
图 7. 法国馆
图 8. 荷兰馆
图 9 . 加拿大馆
图 10. 西班牙馆
图 11. 英国馆

更多更好的发展潜力。上海世博会规划设计中尤其值得一提的是，园区内道路规划与未来该区域城市的发展融为一体，园区内道路在世博会结束后可直接成为城市市政道路；同时，园区内大力打造的公共景观也将成为未来该城市区域内的重要公共活动空间。由于世博会，上海地铁网络得到了进一步完善，通过地铁，老百姓出行的效率大幅度提高。因此，上海世博会的举办不仅推动了上海产业结构的调整和城市功能的提升，推动了城市基础设施和公共设施的建设，还对上海的城市空间和城市环境进一步地优化与完善。

上海成功申办 2010 世博会以来，世界开始越来越多的关注并了解上海；与此同时，上海在世界活动中的地位及影响力也与日俱增。面对着全球化大趋势下各国各地区的激烈竞争，大约从 20 世纪 90 年代后期，城市的发展和更新就具有了除城市硬件设施建设以外的其他软件因素，这也是对城市发展所提出的更高层次的要求，即通过对城市形象的塑造和推广来提升城市竞争力以进一步为城市争取更多更好的发展空间。上海世博会的举办，正是契合了当前上海城市发展的热点与重点，不仅涉及上海历史的沉淀和历史文化遗产的综合开发，更涉及上海作为一个国际大都市在世界特别是西方国家中的形象，同时又是对上海综合实力中软实力的充分表达和拓展。

因为 2010 年世博会，人们开始怀着憧憬、怀着期待来到上海。因为上海，世博会的发展历史翻开了新的篇章。从这一刻起，上海将载着世博会的梦想，以更快的步伐走向世界、了解世界、融入世界，与世界一起实践未来。

结语

世博会之于上海从宏观到微观可谓意义重大，对国家到百姓生活可谓影响深远，本文的寥寥千字无论如何也难以全面地将其中的深刻内涵一一道来。另外，建设一座好的城市，仅仅靠举行世博会这样的大型博览活动是远远不够的，美好的愿望与理念需要一代代人的努力，一步步地去实施。因此本文所做的就是伴随着世博会的开幕以及世博展览的日趋成熟，结合此前学界对世博会的诸多研究，将此时此地世博会之于上海的感想加以赘述。

愿上海世博会圆满成功！

参考文献

[1] 陈易，郑时龄 . 建筑世博会 . 上海：上海大学出版社 . 2009.

图片来源

图 2、图 3 摄影：沈忠海，其余照片由《时代建筑》编辑部提供

原文版权信息

支文军，董晓霞 . 世博会对上海的意义 . 建筑师 (台湾), 2010(6).
[董晓霞：同济大学建筑与城市规划学院 2008 级博士研究生、建筑师]

诗意的栖居：上海高品位城市的建设

Dwelling with Poetic Flavor: Toward High Quality Metropolis of Shanghai

摘要　衡量“城市品位”高低有三个层次的要素：第一层次是“实用性”要素；第二层次是“形象性”要素；第三层次是“文化性”要素。三个层次的要素实际上暗示了一个城市从低级走向高级、从基本物质需求到精神文化需求的发展规律。对于像上海这样一个具有悠久历史文化和个性特色的特大城市来说，如何在大兴土木的同时注重高层次要素的创造，追求诗一般的城市生活情趣，是 21 世纪的上海能否成为国际著名的高品位城市的关键。
关键词　城市品位　城市生活　实用性要素　形象性要素　文化性要素

进入 20 世纪 90 年代以来，中国许多城市的社会经济得到了迅猛发展。上海更是在改革开放的浪潮之中再现风采，城市景观和面貌日新月异，呈现出翻天覆地的变化，展示了其不可低估的潜力。然而，21 世纪的上海究竟要建成一个怎样的城市呢？其长远目标是什么？确切地讲，一个城市的未来发展方向是难以明确界定的；但是毋庸置疑城市发展的最终目标是把城市建设得更适于市民生活。印度建筑师柯里亚[1]（Charles Correa）认为人的生存环境有三个层次的存在：一是实用的，二是形象的，三是文化的。这个观点非常概括而生动地归纳了人的生存环境的三个阶段和三种境界。把这一概念引申到城市，我们就具体衡量“城市品位”高低提出了由低到高发展的三个层次要素，以此来探讨上海的高品位城市塑造问题。

“城市品位”三要素

实用性要素

实用性要素是城市建设目标体系中最低层次也是最基本的内容，它包括一个城市赖以生存的一切基础设施建设，它是城市发展先行需要解决的问题。近十年来，上海所进行的大规模城市建设主要属于这一范畴，如上海“申”字形高架道路网的全线贯通（图 1），浦东新机场的通航（图 2），地铁 1、2 号线和轨道交通明珠线的建成（图 3），低压电网改造，批量住宅建设等。

城市的实用性要素，是保证城市生活“方便”“高效”“可达”等质量指标的基本条件。随着城市不断发展与生活水平的不断提高，市民会对基础设施建设不断提出更多更新的要求，城市随之会有更多更新的功能出现。城市的实用性要素显然是动态和可变的，城市应有效地适应这种变化，为城市生活提供最基本的保障[2]。

形象性要素

城市的形象是决定“城市品位”高低的第二个层次要素，主要涉及物质形态和环境，包括一个城市的公共活动空间形态、建筑形态、城市整体性、街道景观、环境绿化、自然风貌等内容。城市的形象性要素，是提高城市生活的“可居性”“舒适度”“宜人度”“愉

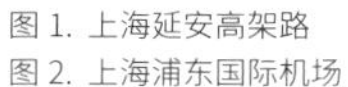

图 1. 上海延安高架路
图 2. 上海浦东国际机场

悦感”等质量指标的必备条件。随着城市基础设施的逐步改善，城市的形象性要素越来越被关注。

上海已开始重视城市形象性要素的建设，如外滩、人民广场、南京路步行街、静安寺下沉式广场、苏州河改造等是上海市为改善城市公共空间环境所做的一些尝试（图 4—图 7）；南京路步行街绿地、延安路高架绿地及外环线环城绿带和大型人造森林等则是上海试图创造出人与自然和谐相处的生态意境的一些尝试。由于上海居住密度高、建筑物密集，总体而言，上海还缺乏对城市空间应如何满足市民的权益和生活需要的考虑，上海城市空间环境形象还有待进一步优化，城市还缺少人情化场所，缺少对市民足够的关怀。

文化性要素

文化性要素是评价城市生活品位的高层次要素，它相对前两个层次，体现了城市精神生活的要求，从基本物质需求深入城市生活情感需求的满足。概括地讲，文化性要素包括一个城市的个性特色、城市文化、城市历史、城市审美、文化遗产保护等内容。 要判别一个城市生活品位的高低，主要取决于一个城市文化性要素层面上的城市建设成就。我们时常用一个城市是否有“人情味”“ 历史感”“归属感”“认同感”“领域感”等感受和体验，来衡量一个城市的生活情趣和品位高低。

“城市品位”三要素之关系

一个城市的品位高低，事实上是由实用性、形象性、文化性这三个层次的要素决定的。高品位的城市，必定是三个层次的要素均得到完美的体现。广义地来说，一个城市的生长和发展，有其自身的规律性，即从第一层次（实用性）的建设逐步走向第二、三层次（形象性、文化性）的建设。具体来说，它们的关系也不一定是线性的、单向的，有的还相互制约和矛盾。举例来说，上海的基础设施有了极大的改善，城市生活变得更为高效和便捷，有些成就是以第二、三层次的要素受到损害为代价的，如因建高架道路，众多历史建筑被拆除，城市景观遭到破坏，沿线居民倍受噪声之苦；如道路建设只重视交通商业等技术问题，而忽视了街道景观对于整个城市形象的影响力，更忽视了人的活动和感受，淮海路老商业街的改建就是其中一例。

上海高品位城市的塑造

上海近十年的城市建设可谓突飞猛进。总体而言，城市建设还较多停留在第一层次“实用性”的阶段。对于像上海这样一个具有悠久历史文化和个性特色的特大城市来说，如何在大兴土木、关注基础设施等“实用性” 要素的同时，注重高层次要素的创造，追求诗一般的城市生活情趣是 21 世纪的上海能否成为国际著

3

4

5

名的高品位城市的关键。现今上海的城市正经历从“暴风骤雨”般的开发和城市改造向成熟与理性发展转化，正在从大拆大建的“建设性破坏”的误区中走出来，开始更加关注高层次的城市建设。对城市空间的历史文脉的探求、城市特色的宣扬及保护、城市结构的重组以及人情化场所的塑造等已逐渐成为市民的共识。比较一些世界著名的大城市如巴黎、罗马、伦敦和芝加哥（图 8，图 9）等，上海还存在许多的欠缺。具体讲，上海高品位城市的塑造应在以下四个方面做好文章。

多元的城市文化

上海的城市建设应强调社会文化的多元性特征，文化的交融贯通与多元化是其城市的特色所在。具体分析，上海的城市特色：其一是开放性。上海曾是多国殖民的大城市，租界的历史给上海留下了“万国建筑博览会”的遗产，中西建筑文化的交融使上海比其他老牌殖民大国的中心城市更具有“国际化”的特色（图 10）。其二是地域传统文化。上海建城 700 多年，现在很多地区仍然保持着强烈的民族特色和地域特色（图 11）。其三是对外来文化的兼容性。西方城市空间结构与传统中国空间形式相交融，使上海城市空间别具特色，如外滩建筑群、徐汇花园别墅区、石库门里弄住宅、南市传统民居、豫园明清建筑等历史文化街区创造了多姿多彩的城市特色。上海一方面对外开放，吸收西方文化中的有用部分；一方面又坚持传统文化，但并不局限于任一方面，这就形成了具有鲜明特色的“海派文化”。

发挥上海城市文化多元性、兼容性的优势，择优有重点地保护这些建筑遗产，有助于各国、各民族的人员在上海安居乐业，使其心理上产生归属感，上海才能成为不同国籍、不同民族信仰等多元文化共存的国际大都市。

6

7

认知的生活场景

每一个城市的形体面貌和形式特征，不仅仅是为了满足日常生活的功能性要求，同时也是适应着广大市民的精神生活方式的特点，它是在漫长的自发和自觉创造的过程中形成的。建筑空间组合和城市肌理，是构成城市特色的重要因素。近 20 年的城市理论已摒弃了第二次世界大战初期大面积拆除重建的做法，肯定了一套有机、新陈代谢、自我生长完善的建设方法。这就像一个机体内细胞的生长更新，而非整个肢体的移植。

上海的城市建设应提倡连续渐进式的小规模开发方式。城市的发展建设是一个连续渐进式的转变过程，城市的使命就是让人有宾至如归的感觉，这样生活在城市中的人们才能从他们所生活的环境中看到城市的源头与成长过程，从而对城市的格局特征在心理上留下连续的认同感。人们认识老上海，除了国际饭店、跑马厅、外滩等之外，主要是通过它的里弄和石库门建筑及其相应的建筑空间。如果把这些值得骄傲的“母体”群统统拆光，留下几栋“标志建筑”，只会使一些居民在对今日城市生活的体验中，产生一种迷茫和失落的心理。

采取小规模渐进式的整治，应在一定城市肌理的框架之中，根据建筑物的现状条件和需要，分别按原状保留、维修、改建或拆除重建等不同的方式处理。这样可维持社会空间结构及居民生活的逐渐发展变化要求，使开发地段保持灵活性交替进行，更适合于公众对开发建设的全程参与，从而在整体上控制城市空间具有人性化的尺度。同时，亦能妥善细致地解决历史文化遗产与生态环境的保护创新问题。

上海“新天地”项目的成功开发，是城市渐进式开发的一个很好的范例（图 12）。它的可贵之处在于保护与再生了上海的城市空间和生活形态 [3]。

图 3. 上海明珠轻轨线
图 4. 上海外滩公共空间
图 5. 上海人民广场公共空间
图 6. 上海南京路步行街
图 7. 上海静安寺下沉式广场
图 8. 巴黎城市中心区
图 9. 罗马城市中心区
图 10. 上海万国建筑新貌
图 11. 上海传统里弄建筑

以人为本的场所塑造

“以人为本”应作为建筑创作和场所塑造的主题思想[4]。我们提倡一种“以人为本”的人文主义的思想来塑造上海城市文化的高品位素质，进一步指导我们的城市改造和建设。人文主义是关于人类价值与精神表现力的思想，人文主义传统思想其意在着力呼唤城市中一度迷失的人文精神，以人为核心的人际结合以及将社会生活引入人们所创造的空间中是其基本主题。一切从人的需求、人的感知和感情的立场出发，才能造就人情味的场所。因此发展“以人为本”、关注人性尺度的社会活动中心、邻里交往空间、城市步行街、绿色休闲空间就成为必要的手段。如在社区建设上，应充分考虑无障碍通道，以体现对残疾人的关怀；应建设公共休闲场所，以解除老年人的孤独感；应配备多功能家政服务中心，以减轻职业女性的家庭负担，等等。

世界上受人喜爱的城市都是对行人友善的：宽敞的人行道、沿街的林荫树木、多彩的橱窗和宜人的建筑尺度。南京东路步行街作为“以人为本”的城市设计探索，是近年来比较成功的例子。此外，近来对衡山路、华山路、肇嘉浜路等的改造工程（图 13），外滩公园、淮海公园、静安公园围墙的相继打开，以及静安寺广场的建成，强化了城市个性、丰富了空间层次、增添了人文情怀，这种“以人为本”的设计思潮及实践正使上海重新散发出其独特迷人的城市魅力。

生态的城市结构

近几年，上海的绿化建设取得了很大进展，市区和郊区均有大的手笔。市区绿化建设以大型公共绿地为重点，如南京路步行街绿地、延安路高架绿地等；郊区已先后动工建设了外环线环城绿带和 5 个大型人造森林，以形成上海外围绿色保护层[5-6]。

然而，城市的生态环境建设，绝不是单纯的绿化，而是涵盖了自然生态平衡、生态循环、自然的回归等方面。上海市中心区仍缺少野生植物和自然生态景观，仍缺乏自然的生机勃勃。上海的城市结构还有待向生态型的格局转变。

考察世界生态城市的发展，在城市结构上主要有

图 12. 上海新天地改建项目
图 13. 上海雁荡路步行街
图 14. 诗意的城市——上海印象

两个趋势：第一是绿环被楔形绿带所取代；第二是由单中心向多中心发展。就上海这座特大城市而言，要建成生态型的城市结构必须结合上述二者的特点。一方面，应以中心城为核心，以辐射状、楔形绿化带为骨架，建设城乡一体的生态集合型的大都市结构，使人造环境和自然环境相结合，使建筑、道路等硬质环境和有生命变化的软质环境相结合，使城市与田野乡村、绿地水体相容共生。苏州河沿线就可以建设自然生态景观区域。另一方面，要以多核、多中心的布局，在中心城内外建设大型人造森林，以降低中心城热岛效应，形成既有繁华的大都会生活气氛，又有憩逸乡村情趣的现代化都市[7-8]。

结语

21 世纪是一个全新的知识时代。针对上海现在的整体发展来看，一个适于市民生活的高品位的城市应当包括：为市民提供实现丰富多彩城市生活的机会，提供安全、舒适、优美的城市环境，保持上海在国内、国际独特的个性特征，同时还要体现传统与现代、地域性与国际性的兼容性。只有这样，上海才能建设成为一个市民生活方便舒适的、市民能感知认同的、富有诗一般的高品位大都市（图 14）。

（注：本文根据“Magecities 2000, Hong Kong”国际会议发表论文改写而成）

参考文献

[1] 张钦楠 . 柯利亚的创作道路 . 时代建筑 , 1997(1).
[2] 唐历敏 . 人文主义规划思想对我国旧城改造的启示 . 城市规划汇刊 , 1999(4).
[3] 郑时龄 , 王伟强 . “以人为本”的设计——上海南京路步行街城市设计的探索 . 时代建筑 , 1999(2).
[4] 孙施文 . 关于上海城市发展与规划的几点思考 . 城市规划汇刊 , 1995(1).
[5] 陈秉钊 . 21 世纪的上海城市规划构想 . 城市规划汇刊 , 1995(2).
[6] 於贤德 . 论城市特色美的创造 . 建筑学报 , 1995(7).
[7] 于华 , 白静 . 迈向 21 世纪的城市公共活动空间 . 时代建筑 , 999(2).
[8] 陈泓 . 城市街道景观设计研究 . 时代建筑 , 1999(2).

图片来源

图 2、图 3、图 5 摄影：杨唤敏，图 10、图 14 摄影：周培鲁，图 11 摄影：尔东强，其余图片由建筑学报编辑部提供

原文版权信息

支文军，胡蓉，刘江 . 诗意的栖居：上海高品位城市的建设 . 建筑学报 , 2001(12): 35–38.
[胡蓉、刘江：同济大学建筑与城市规划学院 1999 级硕士研究生]

“城市客厅”的感悟：上海人民广场评析

Sensibility in the "City Parlor": The People's Square in Shanghai

摘要　文章通过对上海人民广场建设得失的评析，指出在城市重点地区建设中坚持以城市规划和城市设计对其功能与形态进行综合协调及整体把握的重要性。
关键词　人民广场　城市规划　城市设计　功能与形态

上海人民广场位于上海市中心位置，是 1999 年评出的上海市十大新景观之一。这一地区从建设到改造，再到初具格局，已经历了数十年。人民广场的演变，在一定程度上反映了我国城市广场的发展历程，其中既有成功的经验，也有过失留下的遗憾。

人民广场原来是旧上海殖民者所建造的跑马厅的一部分，新中国成立后陈毅市长决定将跑马厅改建为人民公园、人民大道和人民广场。从 1954 年建成到 1992 年改造之前，人民广场同当时全国各地建成的许多城市广场一样，均是仿照天安门广场的基本格局，总的来说它是一个政治集会性广场。在太原五一广场改造经验的基础上，20 世纪 90 年代初上海人民广场改建正式启动，其构思大胆创新使人们的目光开始更多的关注有关文化、景观、休闲和以人为本等以往并不太重视的东西。可以说这是城市广场建设一个阶段性的质变的标志。

人民广场能广受市民喜爱，并入选上海十大新景观之一，同时也饱受业内人士的质疑，这其中既有客观方面，也有主观方面的原因，可归纳如下。

成功之处

广场性质的合理定位

在可持续发展及以人为本的观念逐步深入人心的今天，规划与设计部门将原本以硬地为主的政治性集会广场改造成以文化、休闲为主的市民广场，以适应当今 21 世纪人类与自然和谐共存及建设生态城市的要求，改造后广场绿化面积由原来的 20% 猛增至 70%。这在某种意义上将人民广场定性为文化、休闲广场而淡化了政治成分，这从一个侧面反映了我国人民地位的上升、民主生活的进步。人民广场的价值取向和性质定位也就集中体现在这观念的转变上。

生态景观的塑造

人民广场是我国 20 世纪 90 年代出现的生态型广场的一个典型代表。在绿化方面，其绿化覆盖率大幅度提高。绿化设计在外围以香樟、雪松林形成绿色屏障；内部绿地以草坪、花带、花灌木、地被等形成简洁明快的绿化空间，尽可能地发挥了综合环境效益。在水体的运用方面，广场的喷泉——“浦江之光”是国内该时期独创性的大型旱喷泉，不仅集声、光、色于一体，且改变了旧的喷泉模式中大量裸露喷头对景观的不良影响。广场鸽的引入也给喧嚣的城市平添了一份祥和气氛，体现了人类与自然的和谐共生。人民广场景观塑造中对上述

图 1—图 3. 上海人民广场鸟瞰图
图 4. 上海人民广场大剧院后的高层建筑

手法的运用是其最成功和最吸引市民的地方。

多元性城市广场文化的形成

人民广场设计的文化内涵十分丰富。在这里，商业文化、市民文化以及高雅文化各得其所，并融为一体，构成海派文化“有容乃大”的特定氛围。处于地下的香港名店街和迪美购物中心，以其宽松舒适的购物环境及颇具特色的地下空间吸引了大量游客；草坪、花坛、广场鸽、音乐喷泉等一些休闲娱乐设施产生了壮观的市民文化；与之相对应的博物馆、大剧院则给人们带来了高雅的文化享受。这种文化的多元性，使不同层次的市民产生了精神认同感和参与的欲望，人民广场因此显现出蓬勃的生机，成为城市活力的源泉 [1]。

问题所在

人民广场的改建是一个阶段性的成果，是局部性质的成功。现代城市建设中的建筑工程、市政工程、景观工程的综合协调日显重要缺一不可，而人民广场的症结所在恰恰反映了这方面的遗憾，即总体设计与整体把握的欠缺，这实际上也是人民广场广受非议的诸多问题的根源所在。据有关资料显示，人民广场地区一直没有现代城市建设主要依据的修建性详细规划与城市设计 [2]。

城市规划的欠缺

由于没有修建性详细规划，到人民广场 1992 年进行改造时，场地现状是地下车库、地下商场、博物馆等各自为战，造成混乱被动的局面。由此而产生的杂乱的地下进风口、排烟口、吊物孔、冷却塔、车库进出口等大量构筑物给人民广场的景观塑造留下了重重困难，虽经设计人员的努力仍留下许多遗憾。另一方面，作为上海市重要交通枢纽的人民广场地区其交通具有多层次、多样化的特点，地铁、公交、高架线路、隧道线路等多种方式并存。如果轻轨成为现实，则具备了现代交通方式的各种要素。人民广场地区由于缺乏必要规划，其交通现状无论在交通站点的衔接，交通节点、界面的处理上都存在一定问题 [3]。首要的如武胜路靠人民广场的西南面，是该地区公交换乘的枢纽，而地铁的地面出入口却位于人民广场的东北角。由此形成的穿越式交通给广场带来了不稳定因素。由于广场内部的道路布局没有加以改善，人民广场事实上仍是一个巨大的交通岛。

城市设计的匮乏

城市设计的匮乏对人民广场的物质与精神形态塑造的影响也是有目共睹的。从整体考虑市府大厦、大剧院和城市规划展示厅成一线的建筑布置就值得商讨。原来从广场可看到南京路上的国际饭店等历史建筑及

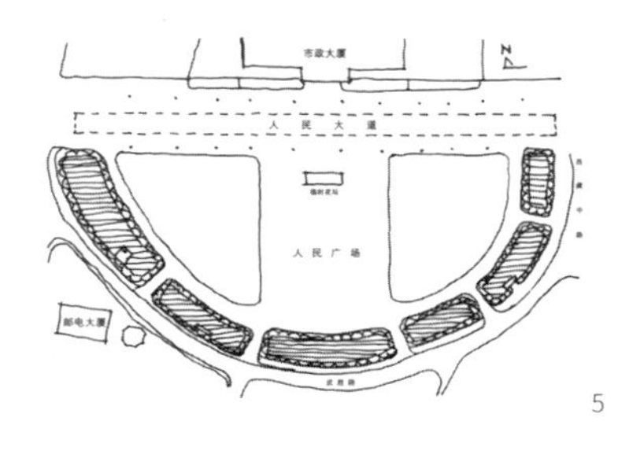

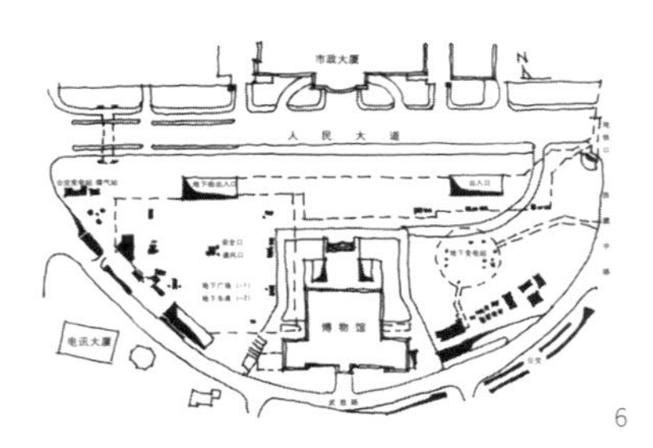

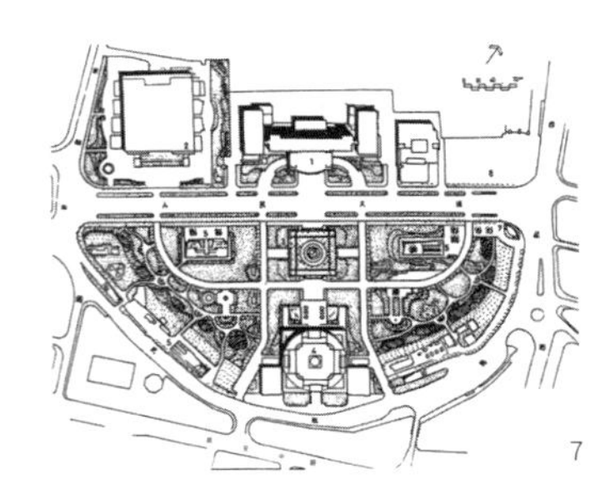

图 5. 上海人民广场原状图（1954–1992）
图 6. 上海人民广场改建条件图（1992–1993）
图 7. 上海人民广场改建总平面图
图 8. 锡耶纳卡姆波广场
图 9. 威尼斯圣马可广场入口
图 10. 威尼斯圣马可广场
图 11. 弗洛伦萨西诺伦广场

人民公园的绿树，现在的市府大厦与两侧的建筑把人民广场与南京路上体现的历史氛围隔离了出去，也使人民公园的绿树成林的景象从视野中消失了。

从广义的角度说，广场也是一座“建筑”，也具有自己的内部功能甚至立面。在设计一座复杂的综合性建筑时，我们的建筑师大多能得心应手，而人民广场表现出来的却是各功能之间的相互独立与形态操作上的各自为战。上海博物馆的体量如此巨大 ，位置如此显赫，功能却如此单一。人民广场缺乏足够的公共设施有目共睹，例如公共厕所，以往广场的厕所前常排起队来，新近在地铁地面出入口附近虽然增设了一定量的流动厕所，但在布局上仍有问题，广场西侧游人往往要步行过长距离，同时流动厕所在景观及环境心理影响上都欠妥当。人民广场也缺乏足够的有遮盖性的休闲场所，这使人民广场在雨、雪等特殊气候条件下，游人稀少，而阳光强烈时，仅有的几处休闲亭下总是人满为患。从城市客厅的角度说，作为一般休闲内容的室外茶座，报刊也不见踪影。在不宜增添过多构筑物的前提下，假如这些城市广场的基本功能需求能结合在博物馆的庞大身躯中，人们应该对博物馆的存在会多几分赞同。

广场周围的形态控制对广场的建设成败是至关重要的。人民广场周围的建筑从单体角度来说不乏精品，但大多并不是相互衬托、有机共生，而是整体上杂乱无章、相互抵触。例如，大剧院是近年来难得受到各方面好评的建筑，其形体优美而且具有独创性。可是不久前，从人民广场经过的市民突然发现大剧院长出了一条丑陋的大尾巴，这幢兴建中的明天广场大厦即便你远站在人民广场的东侧，也可见其带着咄咄逼人的态势清晰可见地压在大剧院飘逸的屋顶上。人民广场周边的高层建筑，更是由于五花八门和稀奇古怪的造型侵蚀了广场围合空间的整体性。再如，从人民广场的布局来看，大剧院、市府大厦一侧的建筑是人民广场空间围合及景观塑造的重要因素。位于中轴线上的市府大厦端庄大方，既符合其自身性格也与所处场地相协调；西侧的大剧院尺度雄大，构图完美，从整体上说也符合其所处的位置。另一侧的上海市城市规划展示厅若能做到与二者融为一体，那么人民广场的建筑形态塑造将画上一个完美的句号。事实并非如此，城市规划展示厅从单体塑造上也堪称佳作，但放进另二者的组合之中，给人的感受只能是平淡的延续，而非画龙点睛式的结束。相反其明显大于大剧院的体量使得该沿街立面大体对称的格局失去了均衡。相信大多数人都会对巴西新议会大厦主楼两侧相映成趣的形体有深刻的印象。

尺度巨大的城市空间

人民广场尺度巨大，其中的建筑物如市府大厦、

8

9

10

11

博物馆、大剧院及城市规划展示厅均属大型建筑，体态庞大，人在其中显得很渺小，缺乏人的亲近尺度，人情味欠缺。比较世界最著名的城市广场如意大利威尼斯的圣马可广场、锡耶钠的广场，其宜人的尺度、丰富的空间和亲密的人与建筑的互动关系，给观者留下深刻的印象。人民广场因尺度大，周边建筑的围和感不强，也导致了城市空间感的乏味。另外，人民广场由于缺乏整体协调，其空间衔接也存在问题。人民广场范围内散布着大大小小若干个地下工程出入口，较大的有两个地下商场下沉广场式出入口及地铁站的出入口。现状是做地面景观的并不将之纳入自身考虑范畴。地下工程者也不认为自己需对其空间效果负责，其结果这些出入口大多像一些陷阱，既无景观元素的延续，也无空间尺度的推敲[4]。

城市是一个大系统，而特殊地段的广场也是一个复杂的小系统。对于人民广场这样一个心脏地带的城市建设，如不做全面的把握很难想象能形成良好的城市景观。人民广场建设的得失表明：在城市特殊地带一定要坚持以城市规划及城市设计为指导原则，以此为基础对城市各运作系统及物质精神形态作全面的协调把握，城市建设才能真正踏上一个新台阶。也许这就是人民广场带给我们最有意义的感悟。

经验可鉴！教训可戒！

参考文献

[1] 王珂，夏健，杨新海 . 城市广场设计 . 南京 : 东南大学出版社 , 2000.
[2] 周在春 . 上海人民广场改建设计 . 规划师 , 1998(1).
[3] 徐洪涛 . 城市设计与上海城市建设 . 城市开发 , 1999(1).
[4] 卢济威 . 城市设计专题讲座 .

图片来源

图 1、图 3、图 4 摄影：晓舟，图 2 摄影：毛家伟、陈伯熔，图 7—图 11 摄影：支文军，其余图片由时代建筑编辑部提供

原文版权信息

蔡晓丰 , 支文军 . “城市客厅”的感悟 : 上海人民广场评析 . 时代建筑 , 2000(1): 34–37.

[蔡晓丰：同济大学建筑与城市规划学院 1998 级硕士研究生]

四

地域·国际

Regional · International

伊朗当代建筑的地域性与国际性：2017 年 *Memar* 建筑奖评析

Regionalism and Internationalism in Iranian Contemporary Architecture: Comment on 2017 Iran *Memar* Architecture Award

摘要 伊朗是一个拥有悠久历史的文明古国，伊朗建筑也有着璀璨夺目的历史。在众多才华横溢的当代建筑师的不懈探索下，伊朗当代建筑中也涌现出众多精彩的作品。是由于宗教和政治上的原因，伊朗当代建筑却没有得到应有的关注。20 年来，*Memar* 建筑杂志为推动伊朗当代建筑的发展和传播做出了不可磨灭的贡献，其所设立的 *Memar* 建筑奖也成为伊朗建筑界最重要的奖项之一。2017 年 10 月，第 17 届伊朗 *Memar* 建筑奖的评审及颁奖活动在德黑兰举行，数百名伊朗建筑师和国际知名建筑师参与其中。本文将详细介绍本届 *Memar* 建筑奖的相关内容，同时对获奖作品进行评析。

关键词 伊朗 伊朗当代建筑 *Memar* 杂志 *Memar* 建筑奖 地域性 国际性

伊朗建筑艺术

伊朗伊斯兰共和国（Islamic Republic of Iran），简称伊朗，古称波斯，地处西亚、中亚和南亚交叉点，幅员辽阔，面积约 16.45 万平方公里。伊朗是一个主要由高原和山区组成的国家，大部分国土为半干旱和干旱地区。伊朗属中东国家，有 95% 以上的人口信奉什叶派伊斯兰教义，也有很少一部分民众为逊尼派穆斯林。作为中东地区历史最为悠久的国家之一，波斯文化深刻影响着周边地区，同时也受外来文化的影响。公元 633 年，阿拉伯人占领波斯，波斯文化与伊斯兰文化迅速交融在一起，反应在建筑学上，形成了苍茫而瑰丽且独特的建筑风格。

雄伟壮观的波斯波利斯（Persepolis，图 1）是古代波斯建筑巅峰时期的代表。其主要建筑有薛西斯门（Xerxes' Gateway）、百柱宫（Palace of 100 Columns）、觐见厅（Tripylon）等。这些建筑的柱式精美，柱身刻有凹槽，柱头和基座饰以雕饰，宫殿的装饰美轮美奂，大量使用了纯金银、象牙以及大理石材料，体现了古希腊与埃及文化对波斯文化的影响。横跨扎因达鲁德河两岸的“三十三孔桥”，位于伊斯法罕，是萨非王朝时期桥梁设计最著名的代表。它分上下两层，下层 33 个半圆形桥洞整齐地排列（图 2），桥洞倒映在清澈的河水中的倒影与桥洞本身组成 33 个浑然闭合的圆孔。伊玛目广场建于 1602 年，是世界第二大广场，仅次于肃穆的北京天安门广场。伊玛目清真寺（Imam Mosque）位于伊玛目广场的南侧（图 3），是波斯建筑的典范和世界最美的清真寺之一。清真寺历经 17 年的建设，每个细节都巧夺天工，给人们留下不可磨灭的印象。

和当地高原环境有关，伊朗民居建筑普遍具有内向性和生态性的特点。外部形体单纯，多采用简单几何形式。建筑材料多就地取材，以适应气候，并促进形式和节能的统一。府邸建筑和宗教建筑非常注重室内装饰，尤其是自然光在室内的表现力，并由此推进

图 1. 波斯波利斯
图 2. 三十三孔桥
图 3. 伊玛目广场

结构不断发展，形成各式天花。巴列维王朝的现代化运动推动了伊朗经济与文化的进步，伊朗建筑开始向现代化转变。伊斯兰革命后，伊朗本土文化开始复兴，全面向西方靠近的做法开始受到质疑。多元化的思想使这一时代涌现出众多精彩的伊朗本土建筑作品。

卡姆安·迪巴（Kamran Diba）设计的德黑兰当代艺术馆（图 4）是伊朗现代建筑的杰出代表作之一，现代的空间环境同简朴、粗质感的混凝土与毛石的立面装饰融为一体，高起的天窗如同起伏的乡土建筑的屋顶，展示出极强的地方特色[1]。近年来的伊朗建筑师及其实践也达到了相当高的水准。如哈比贝·马吉达巴迪设计的“40 结住宅”（图 5）是一个位于德黑兰的低预算的小公寓楼，建筑师在材料、材质、围合体和光线上进行探索，使用当地市场上的传统建材，受到了传统的地毯编织工艺的启发而打造了一个精致的现代立面。神秘而瑰丽的伊朗建筑艺术越来越受到世人的关注。经过几代才华横溢的建筑师们的探索，伊朗当代建筑也似乎找到了立足传统、接轨世界的合适的发展方向[2]。

Memar 杂志与 *Memar* 建筑奖

伊朗的现代化开始于 20 世纪初，伊朗的建筑思想受到西方现代文明影响的同时，在变革中更强调对本土建筑文化的继承。实际上，伊朗当代建筑汲取着历史与传统文化的精华，同时融合现代的先进技术，呈现出众多精彩的作品。由于政治方面的因素，伊朗当代建筑仿佛被蒙上了神秘的面纱，并没有得到应有的关注。*Memar* 杂志作为记录与展示伊朗当代建筑的平台，同时设立了极具影响力的“*Memar* 建筑奖”，为伊朗当代建筑的发展与传播做出了巨大贡献。

Memar 杂志

Memar 杂志创办于 1997 年，是伊朗出现的第一本建筑期刊。创刊者萨尔拉·贝丝基（Soheila Beski，1953–2015，图 6）是一位伟大的女性作家，尽管不是建筑专业出身，但是她对 *Memar* 杂志的奉献影响了一代伊朗建筑师，她一直相信“建筑师可以通过写作来更好地思考建筑”。在伊朗战后的低沉背景下，贝丝基开创的这本专注于伊朗本土建筑的专业期刊，给伊朗建筑师带来了“希望”（图 7, 图 8）。从起初的季刊到 2004 年变为双月刊，*Memar* 杂志采用了更加精致的版面设计和更高质量的纸张与彩色版面，为读者呈现出更为真实的建筑空间。*Memar* 作为一本独立的杂志，并没有特定的立场导向，而是意在发表指引建筑学新走向的文章。作为一个多元的思辨平台，它以包容的态度展现着不同的建筑评论观点，其中也经常刊登持有反对观点的文章。之后在伊朗出现的大部分建筑杂志都或多或少地受到 *Memar* 杂志的影响。*Memar* 杂志作为伊朗第一个关注青年建筑师的期刊，

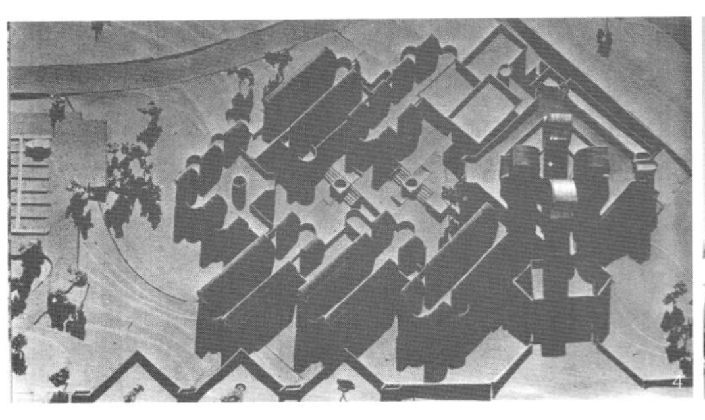

图 4. 德黑兰当代艺术馆
图 5. 40 结住宅
图 6. *Memar* 杂志创刊者萨尔拉·贝丝基
图 7. *Memar* 杂志第 100 期封面
图 8. *Memar* 杂志第 106 期封面
图 9. 颁奖典礼开幕现场
图 10. 颁奖典礼现场

为他们提供了开阔的话语平台，许多 40 岁以下的建筑师都是因为在 *Memar* 上崭露头角而获得更多的关注。值得注意的是，*Memar* 杂志完全由私人赞助，并且仍然为几个合伙人所有。在过去的 20 年里，*Memar* 曾出版书籍、积极参与教育和文化活动。贝丝基在 2001 年发起的“*Memar* 建筑奖”则是杂志所举办的最重要的活动。

Memar 建筑奖

2001 年 *Memar* 杂志初步设立了伊朗“*Memar* 建筑奖”，该奖项每年颁发一次，为表彰那些在处理伊朗社会问题和环境建设方面具有天赋和远见的建筑与建筑师，而一年一度的颁奖典礼也成为伊朗建筑师和建筑学者们瞩目的盛会，每一年度的颁奖典礼都会吸引数百人参加（图 9，图 10）。*Memar* 建筑奖多数颁发给青年建筑师与他们的作品，这也成为伊朗建筑新成就的主要参考依据，它的影响力非同寻常，会引起社会广泛的评论。*Memar* 杂志多年来邀请过许多国际著名建筑师参与奖项的评审工作之中，为奖项的评审带来新的想法和新的角度。*Memar* 建筑奖是如今许多著名的伊朗建筑师职业生涯中不可分割的一项荣誉，同时也为开发商挑选有能力的设计师提供了便捷的平台。在过去的 20 年间，评奖规则为适应伊朗建筑的不断发展经历过几次调整，其参与者也从最初的 160 人逐渐增加到 300 人。奖项的评审依据建筑所属类型分为公共建筑、独立住宅，公寓住宅和改建项目四大类别，每一类中至少有 3 位获奖者，*Memar* 董事会负责监督评审过程中评委会评判的公正性。

在伊朗建造的工程项目只要没有获得过 *Memar* 建筑奖，都有资格参加评选，这些项目会归属到四种建

图 11. 五位评委评审现场，左 1 为朗伯德·伊尔克汉尼，左 2 为礼萨·丹斯莫尔，
右 1 为侯赛因·谢赫·扎因丁，右 2 为阿里·科曼尼恩，右 3 为支文军
图 12. 德黑兰图书花园 - 图书馆室内
图 13. 德黑兰图书花园大面积屋顶花园
图 14. 霍尔木兹岛 Rong 文化中心
图 15. 立方俱乐部
图 16. 默罕默德餐厅花园之端

筑类型中，每种类型独立进行评审，但其评价标准中包括四项考虑因素：

（1）在设计理念上有所突破，在材料与建筑技术的应用上有所创新；

（2）突破性地解决特定项目所面临的问题，包括经济条件、基地条件、设计规范要求与技术难题等；

（3）精确且创新的细部构造设计；

（4）关注周边环境与气候条件，以及建筑对环境的价值与设计所体现的社会责任感。

Memar 建筑奖中对于建筑作品的评判是基于以上四点进行整体地判断，而非独立地关注于某一单项的创新。第 17 届 *Memar* 建筑奖共有 311 个作品参加到两轮的选拔中。第一轮的选拔通过评委们投票决定出 134 个入围作品，随后这些作品提交说明文件。第二轮的选拔在 10 月 7 日、8 日两天进行，参审的评委共有 5 人（图 11），作为中国建筑学术期刊《时代建筑》的主编与建筑评论人，笔者有幸受邀成为第 17 届 *Memar* 建筑奖的评委之一。此外，评委中还包括 4 位资历深厚的伊朗建筑师，侯赛因·谢赫·扎因丁（Hossein Sheykh Zeineddin）①、礼萨·丹斯莫尔（Reza Daneshmir）②、阿里·科曼尼恩（Ali Kermanian）③，以及朗伯德·伊尔克汉尼（RambodIl Khani）④。在第二轮选拔的第一天，评委们在入围的 134 个作品中选出 60 份作品入围最终的选拔。接下来的一天，每一位评委独立对每一类中的入围作品进行排序，第一名为 3 分，第二名为 2 分，第三名为 1 分，5 位评委给出的分数总和决定了作品的排名顺序，产生最终获得一等、二等、三等奖的作品以及提名奖作品。

图 17. Cheshm Cheran 别墅北向视角
图 18. 从二层半开放空间看向 Cheshm Cheran 别墅
图 19. Vanoosh 别墅鸟瞰图
图 20. 30 号别墅

获奖作品简介

2017 年第 17 届 *Memar* 建筑奖共有 16 个获奖作品，包括 4 项公共建筑、4 项独立住宅、5 项公寓住宅与 3 项改建项目。此外还有 3 项公共建筑、5 项独立住宅、2 项公寓住宅与 3 项改建项目共 13 个项目获提名奖。

公共建筑

一等奖：德黑兰图书花园（Tehran Book Garden）

2017 年 6 月在德黑兰新开幕的德黑兰图书花园是以书店为主导的综合体，其规模打破了纽约第五大道的巴诺书店（Barnes & Noble）成为目前世界上规模最大的书店。由于伊朗一直以来对于书籍的严格审查制度，伊朗人民对于阅读普遍缺乏兴趣，德黑兰图书花园的设计和建造印证了为书籍打造永恒的空间可以改变人们的阅读方式（图 12）。图书花园位于德黑兰阿巴斯阿巴德地区，周边坐落着伊朗国家图书馆（Iranian National Library）和 Tabiat 桥（Tabiat Bridge）等一系列重要文化设施。图书花园是一个大型文化类综合体，建筑共 3 层，总建筑面积为 $6.5hm^2$，主要包括图书区与多媒体区、儿童科学园、艺术画廊、戏剧剧场、电影院和礼堂、咖啡馆和餐厅以及户外活动区。图书花园共分为 13 个区域，相互独立且相似的体量通过垂直和水平的通道连通。其最突出的特点是 $2.5hm^2$ 的屋

图 21. Safadasht Dual 别墅
图 22. Khab-e-Aram 住宅楼
图 23. Khab-e-Aram 住宅楼室内框景效果

顶花园，充满绿植的覆土屋面是建筑与周边环境相互协调的关键因素（图 13）。同时，穿过建筑中央的“文化之路”步行道，其向外延伸连接着周边的重要文化设施。德黑兰图书花园不仅是书籍的殿堂，更是文化的纽带。

二等奖：留在霍尔木兹岛（Presence in Hormoz）

霍尔木兹岛（Hormoz Island）的土地不断地被掠夺，长久以来一直是当地人所面临的严峻问题。项目的所有者在 2014 年踏进这片土地，但是当地居民却烧毁了他为促进文化事业而完成的部分建设成果。所以，在后期的计划中，他决定循序渐进地融入这片土地。设计采取了公众参与的策略，由不同学科的学者共同组成的工作坊提出了一个具有未来洞察力的设计策略，即“Presence in Hormoz”，这是一套相对完善的振兴计划。第一个设计项目是融入当地，同时面向霍尔木兹岛旅游业的基础设施——社区中心、游客咨询中心与客运站。首先，搭建临时性的社区中心，来争取岛上居民的参与；其次，后期设计团队通过对岛屿形貌与元素的研究，发现了“夯土”这一建造方式，于是，名为“Rong”的文化中心开始启动。“Rong”的形态具有一定的标志性，又与岛屿的地貌融为一体，人们可以在建筑之上驻足或是通过。更重要的是它的可持续性，可以快速搭建又可以复制与再利用（图 14）。

三等奖：立方俱乐部（Cube Club）、默罕默德餐厅花园之端（At the End of Mohammad Restaurant）

立方俱乐部是由多个集装箱经过改造组合而成的建筑（图 15）。建筑位于伊朗的托查尔山区，面对特殊地形与诸多限制条件的挑战，设计者选择了集装箱这一特殊而又绿色环保的模块单元来实现快速建造，同时大幅度缩减了建设经费。其功能包括东侧的餐饮区，南侧的办公室与服务区，以及西侧的游戏区。面对不同的景观朝向，设计师在保证对基本结构干扰最小的前提下，对不同方位的集装箱采取了不同的处理手法，实现了开放、半开放与封闭空间的多样性空间组合。默罕默德餐厅花园之端是位于伊斯法罕市中心美食广场的角落的服务性空间，包括祈祷室、休息区与厕所（图 16）。这个介于建筑与景观之间的小型建筑与周边的植物相互渗透与融合，以一个完整的方形体块为基础做减法，将自然、天空与植物融入建筑中。随时间而不断变化的动态光影效果给人们带来独特的空间体验。

独立住宅

一等奖：Cheshm Cheran 别墅（Villa Cheshm Cheran）

建筑处于 Minoodasht 山下的缓坡上，设计的核心思想在于最大程度地保护基地的原有状态，避免让建筑体量侵占自然的土地。建筑位于雨水蓄水池旁一块被遗忘的土地上，底层架空形成开放空间，看上去其主要的体量仿佛脱离了大地，悬浮于平台之上。“大

图 24. 111 号公寓
图 25. Manzaryeh 住宅楼立面
图 26. 小房子住宅公寓
图 27. 小房子住宅公寓剖面图
图 28. 马利克公寓半公共空间庭院
图 29. Aabaan 厨房平面布局

平台”也同时承载着使用者的社交活动。建筑二层的三个卧室以退台的形式错落地排列，退让出的半开放空间是观景的最佳角度。基地的人工景观塑造维护着大地的原始形态，作为周边农场与山丘的延续而存在，体现着建筑师对自然的敬畏与尊重。远远望去，建筑的形态简洁而纯粹，以低姿态融入空旷的山地环境之中（图 17，图 18）。

二 等 奖：Vanoosh 别 墅（VanooshVilla, Mazandaran）、30 号别墅（Villa No. 30, Alborz）

Vanoosh 别墅的独特之处在于其突破了传统别墅通常采用的集中式空间布局的方式，采取分散式的空间布局。厨房、卧室、起居三个主要功能的体块之间相互独立，但通过走廊相互连接（图 19）。这些走廊有着灵活可变的墙，墙的存在一方面增强空间之间的隔离感，但是在温和的季节又可以将其打开，利用自然通风为室内降温。三个相对独立的体块限定出舒适而内向的庭院空间，保证了居住者的私密性。Vanoosh 别墅另一个突出的特点就是覆盖在整体建筑上的半开放式构架屋面，不但加强了建筑的私密性，也为攀缘植物的生长提供了场所，不断生长的绿植在某种程度上将建筑延伸到周边环境之中。由于规范要求与项目预算的限制，30 号别墅只有 80m^2，但是建筑师将它打造得十分精致。别墅的特点在于折板式屋面，屋面作为围护结构，一方面限定出庇护场所，另一方面，其向下形成的坡面用于收集雨水，滋润周边植物。别墅朝南所采用的双层立面可以实现自然的室内通风，立面看似透明的玻璃材质实际上是镜面玻璃面板，其外部映射周边的植物，让建筑融入自然环境之中，同时又将室外的景色引入室内，以此来模糊室内外的界限。建筑空间仿佛被无限地延伸，突破了建筑面积的限制（图 20）。

三等奖：Safadasht Dual 别墅（Safadasht Dual, Karaj）

设计者面对家庭中不同代际成员之间所产生的代沟问题，创造了两个相对独立的体块，通过“桥”将两部分进行连接，设计者通过建筑空间的塑造，在差异中寻求和谐（图 21）。建筑同时协调了宗教仪式所需的空间与聚会娱乐活动所需的空间。其中砖砌结构的体块相对封闭，为长者所用，而与之相邻的体块则采用更加现代、更加通透的玻璃材质，这个更为开放的空间为年轻人所用。

建筑的另一个巧妙之处在于砖材质自然地渗透到玻璃屋中，代表着新与旧之间的对话。从任何一个角度看过去，“砖屋”与“玻璃屋”和而不同，在对比中和谐共存。

公寓住宅

一等奖：Khab-e-Aram 住宅楼（Khab-e-Aram Residential Complex, Isfahan）

随着人口的增长，伊斯法罕这座城市的建筑密度不断高涨，住宅所在的三角形地块距离水岸只有150m，但是相邻的五层建筑却将美景几乎完全遮挡。同时，建筑师还面临着基地周边道路的交通问题。在如此严峻的基地条件与业主的高标准要求下，建筑师通过“旋”与“叠”巧妙地解决了一系列问题。为了争取最佳的景观朝向，建筑体块由东向南旋转 25°，同时东侧的空间有规律地向外延伸 4m, 形成层层叠落的秩序感（图 22）。延伸出的部分在南侧设置落地窗，东侧则相对封闭，为的是把邻近的美丽景色最大化引入室内，而将东侧混乱的道路予以遮挡。层叠的体块之间是大小不一的阳台，作为休息平台之用的开放空间，也作为室内空间与室外景观的过渡空间（图 23）。建筑的立面没有任何多余的装饰，而是恰到好处的应用虚与实之对比，建筑师用简单的手法提高了公寓使用者的居住品质。

二等奖：111 号公寓（NO. 111 Apartment, Alborz）、Manzaryeh 住宅楼（Manzaryeh Residential Building, Tehran）

位于厄尔布尔士的 111 号公寓中包含 12 个居住单元，设计者将“绿轴”延伸到建筑中，突破了原有体块的单一性，也实现了与周边的庭院和绿地景观的直接联系。中央开放空间的营造以及集体空间的打造有效地促进了邻里之间的沟通与互动。另外，南侧体块继续一分为二，同时向外转 20°，保证了住宅的视线与采光的需求，而旋转后形成的三角形阳台丰富了立面的构成元素。111 号公寓楼可以说是“绿轴”与“阳光”的有机碰撞，为居民提供了高质量的生活空间（图 24）。Manzaryeh 住宅楼的设计过程由于业主与建筑师不同的审美价值取向不同而充满挑战，但是最终建筑师说服业主，现代的建筑要去掉多余的装饰而重视功能的价值（图 25）。依据业主的需求，建筑每一层的平面都不相同，一层与三层的平面包含 3 间卧室，四层与五层为复式空间，在二层设置了一个公共开放空间，为居住在这栋公寓里的居民展开不同的活动提供场所。不同尺寸的窗与白色石灰石之间的轮换变化反应的正是每一层不同的平面，而向内凹进 50cm 的窗为种植各类绿植提供了空间。远远看去，这栋公寓带给人的是轻盈、简洁而明快的感觉。

三等奖：小房子住宅公寓（Small House ResidentialBuilding,Isfahan）、马利克公寓（Malek Apartment，Isfahan）

小房子住宅公寓位于 7m×10m 的局促用地中，面对诸多挑战，建筑师打造了不同层次的地下空间突破了用地局限，同时打破了单一功能空间的限制，每一个房间都为多功能之用。设计中的另一个巧妙之处在于利用楼梯斜坡下方的灰空间来实现地下室的采光与通风。公寓的立面设计通过简单地“切”与“折”争取到了南向最佳的采光，而东向则应用半通透的木质格栅阻隔不必要的日照和邻近建筑对私密性的影响（图 26，图 27）。四层的马利克公寓内包括 6 个居住单元，这个现代住宅的设计实际上是对于公寓中公共空间与私密空间关系的探讨，对“领域”的独特解读。

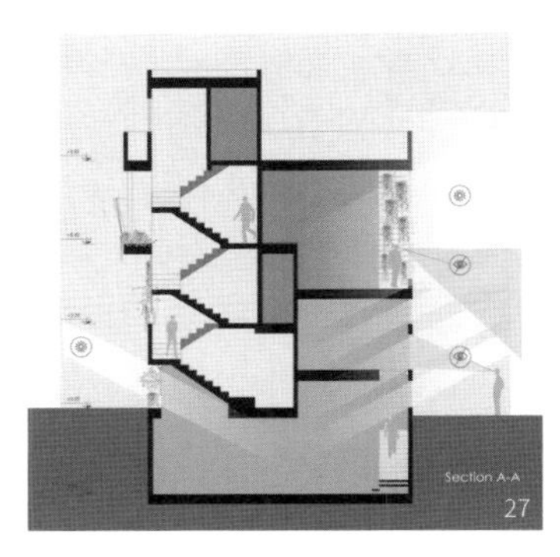

27

28

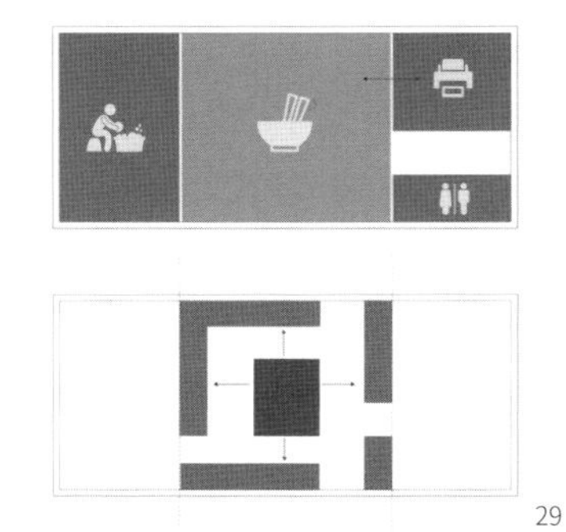
29

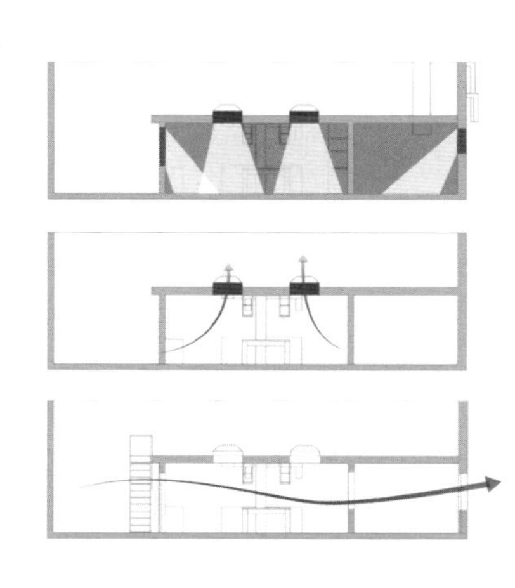

30

31-1

设计打破了伊朗传统住宅中相互对立的公共空间与私密空间之界限，强调对于半私密、半公共空间的利用，目的就是为了促进邻里之间的交流与互动，在这里，居住者们可以展开休闲阅读、缝纫、熨烫等不一定要在私密空间中实现的活动（图 28）。住宅的平面形式近似于“希腊十字”的构成，以公共空间为中心，其他房间位于十字的四翼，而位于顶层的户型中通过中庭将植物与天空的自然元素引入室内。住宅的立面处理上融合了绿色植物，展现了石材与绿植的有机结合。

改建项目

一等奖：Aabaan 厨房 (Aabaan Kitchen, Tehran)

项目的设计师受邀于民间女权主义组织，将一个原有住宅空间改造成厨房。原建筑建造于 20 世纪 60 年代初，当时为了安置贫民窟中的移民，所以建筑本身的“社会性”不容忽视。设计团队试图为女性提供一种新的生活方式和生存方式。项目经费的限制与时间的限制是一个难题，实施过程中调动当地劳动力，最终在 60 天的时间内实现了改造建设。原有的长方形平面被划分为 3 个层次，办公区、服务区与烹饪区，烹饪区位于平面的中心位置，方形桌子是空间的焦点，它能让每个使用者都能快速接触到四周的工具（图 29）。天花板上的开洞为烹饪区提供了充足的自然光自然通风，这是一种便捷、可持续而又经济的做法（图 30）。Aabaan 厨房实现了建筑的“经济、适用、美观”，更是以低成本、低姿态介入社会问题中，改造后的厨房为妇女提供更健康、更舒适的使用空间，促使她们成为社会生产力的成员。简洁而纯粹的白色立面与原有形式强烈对比，这是对父权主义清教徒抗议的表现（图 31-1，图 31-2）。

二等奖：Nabshi 画廊（Nabshi Gallery, Tehran）

德黑兰原有的城市肌理的一部分由早期现代建筑构成，Nabshi 画廊的原建筑就是其中之一（图 32）。原有建筑结构为砌筑承重墙承重，所以固定的结构系统给改造带来了很大的挑战，为了满足展览所需的流动空间，每一面墙都经过了严格的考量。这栋早期的现代建筑在战争中幸存下来，在战争时期它被改造为地下防空洞，人们在这里寻求安全和庇护，但是原有的空间隔离感与保护性需要被重新界定为连续而流动的空间。建筑师将“蓝色”变为空间连接的要素，从外部一直延伸到建筑的核心。Nabshi 画廊还有一层更深刻的社会意义，如今德黑兰城市南部与北部发展并不平衡，新建筑往往在北部聚集。建筑师以一种新的方式介入，通过对被忽略的区域里旧建筑的改造与再利用来激发那些被遗忘的建筑的活力，这有助于削弱德黑兰南北地区之间发展不平衡的问题。

三等奖：Keraben 陶瓷销售商店（Sales Representative of Tabriz and Keraben Tiles Company, Hamedan）

原有的建筑作为零售商业之用显得过于封闭，而内部各层空间连接过弱，非常不利于消费者的参观与选购。于是建筑师提出了对应的设计策略：一是营造通透的空间利于展示同时增强流线的趣味性，二是利用展示空间反应陶瓷的实际尺寸与实际铺装效果，消费者通过视觉与触觉的真实感受带来的是更加愉悦的选购体验。改造后，在外部有序排列的展示体块作为室内空间与室外空间的过渡，也是对于周边建筑立面形式的延续（图 33，图 34）。

获奖作品评析

纵观本届 *Memar* 建筑奖的 16 项获奖作品，我们看到的是伊朗当代建筑所具独有的地域性与国际性的结合。获奖作品一方面从伊朗独特的自然环境和当地传统与文化出发，一方面追随国际趋势，从国际上先进的作品中汲取灵感，而其中反映出的是伊朗当代建筑师的探索精神与创造力[3]。

基于地域条件和特征的创新设计

伊朗的地势多由高原和山区构成，同时半干旱和干旱这两种特殊的气候条件为当地的建筑设计带来了诸多挑战，建筑师则通过合理的平面布局与绿色技术的应用来应对挑战，同时在材料与建造技术方面突出对自然环境的尊重。伊朗也有着较为特殊的社会与文化背景，革命与持久的战争给城市和人民都留下了创伤，也带来了诸多问题，在此条件下的建筑设计关注城市的未来发展，同时融入以人为本的设计思想。

• 自然环境

一方面，位于山脉与农田之间的 Cheshm Cheran 别墅最大程度地延续了大地的原始状态，低姿态介入自然环境之中（图 17）。Aabaan 厨房的天窗促进室内的空气流通，通过引入绿色技术减少对能源的消耗（图 30）。另一方面，伊朗当代建筑师在设计中努力将阳光、空气、植物等自然元素引入建筑。德黑兰图书花园的大面积屋顶花园，覆盖在 Vanoosh 别墅上方爬满藤植的半开放式构架，马利克公寓的屋顶庭院和融入绿植的立面，都体现出伊朗当代建筑与自然元素的有机结合（图 35，图 36）。

• 传统技艺

伊朗当代建筑的地域性很明显地反映在建筑的材料与形式上：“Rong”文化中心通过对夯土技术的现代演绎与霍尔木兹岛的地貌融为一体，建筑仿佛是岛屿的一部分；111 号公寓、马利克公寓、Safadasht Dual 别墅等利用石材以及砖砌技术，这是对伊朗传统建筑材料与建造技艺的继承；公共建筑类一等奖作品德黑兰图书花园，形体构成则采用单元重复的构图方式，其母体形式近似于伊斯兰宗教建筑中常见的几何图形，从侧面映射出伊斯兰的文化中对秩序的追求。

图 30. Aabaan 厨房屋顶天窗
图 31-1. Aabaan 厨房改造前
图 31-2. Aabaan 厨房改造后
图 32. Nabshi 画廊鸟瞰
图 33. Keraben 陶瓷销售商店改造后

31-2

32

33

图 34. Keraben 陶瓷销售商店室内
图 35. 马利克公寓石材立面
图 36. Vanoosh 别墅屋顶覆盖植物的构架

• 社会文化

经历了革命与持久的战争到如今的和平年代，随着人口的快速增长，对基础设施的需求也随之提高，城市密度也不断加大。伊朗当代建筑注重与城市肌理的融合：德黑兰图书花园中的“文化之路”作为纽带，连接着周边的文化设施；战争时期被改造为防空洞的早期现代主义建筑，经过严谨地改造后成为开放而流动的 Nabshi 画廊，为改善德黑兰南北地区之间发展不平衡的问题提出新的可行方案（图 32）。同时，建筑设计也越来越注重以人为本，更多地考虑人的行为因素，111 号公寓楼中央营造了开放的集体空间；Manzaryeh 住宅楼二层打造了公共开放空间；马利克公寓中对半公共、半开放空间的探讨与实验（图 28）。这些都为促进人与人之间的关系，促进邻里之间的沟通与互动作出贡献。

国际影响下的现代建筑创作

从巴列维时代开始，伊朗开始全面西方化的进程，一批杰出建筑师开始活跃在伊朗建筑界。他们汲取现代主义建筑的精髓，并运用在自己的实践中。首先是对新的建造技术和建筑材料的探索，而随着伊朗社会现代化的逐渐深入，很多伊朗建筑师提倡紧跟国际潮流，将西方化抽象成一种形式上的信仰。他们并未考虑现代化的构成要素针对本国的运用，而是直接学习现代主义根据西方背景下总结出的设计方法。伊斯兰革命后，建筑界回归传统的呼声愈来愈高，但依然可以从一些作品中看出伊朗建筑师对于国际性的倾向。

• 现代语言

在建筑造型上，建筑师不再去追求历史上复杂的花纹或符号的意义与表达，而是纯净而简洁的形式语言。如独立住宅一等奖作品 Cheshm Cheran 别墅简洁而纯净的立面，以及公寓住宅中的 Khab-e-Aram 住宅楼，采用模数化的立面造型元素叠落出窗户和阳台，是完全现代化的表达（图 18，图 22）。改建项目中的 Keraben 陶瓷销售商店采用了几个纯净体块的穿插组合，通过研究体块间的比例和周边现存建筑取得协调，从其流动的室内设计和明快的立面造型都可以看出伊朗建筑师朝着国际化的努力。

• 设计逻辑

在设计方法上，一些伊朗建筑师积极尝试国际上的流行趋势，以新颖的形式解决现实问题。如公共建筑中的立方俱乐部，采用多个集装箱的组合设计，建造快速且绿色环保（图 15）。独立住宅中的 Vanoosh 别墅有着独特的构架屋面，如蚕茧一般覆盖建筑表面，在阳光下投射出不规则的光影（图 19）。从另一个角度来看，伊朗当代建筑师对国际化的叙事方式的追随，无论在哪一类型的建筑设计中，都直接应对限制条件所带来的困难与挑战，而不去追求某种特定的风格形式。从小范围的基地问题到大背景下的社会问题，伊朗建筑师尤其是青年建筑师，更加强调的是问题的解决，强调设计的逻辑与现实的意义，承担起建筑师的社会责任感。他们所创造出的建筑的美不同于历史上伊斯兰文化下的建筑之美，新生建筑之美即满足功能所需，又会带来新的体验。

结语

伊朗是一个历史悠久的文明古国，有着得天独厚的自然与人文环境，其历史建筑更是璀璨夺目。随着时间的推进，经历了革命与战火后的伊朗当代建筑中仍然不断涌现出众多精彩的作品。从 2017 年 *Memar* 建筑奖的获奖作品中可以看出，伊朗当代建筑有着继承传统的一面，也有着接轨国际的设计思想，那些活跃在建筑领域的新一代建筑师努力探索与实践，为伊朗当代建筑的发展与进步不断注入新的活力。由于政治上的因素，伊朗受到一些西方国家的制裁，也由此被贴上了“邪恶轴心国”“恐怖暴力”等负面的标签，这很大程度上限制了伊朗的国际交流。当我们真正地踏进这片土地，会发现伊朗的文化斑斓多彩，伊朗的人民热情友善，伊朗当代建筑也闪耀着独特的光芒。*Memar* 杂志与 *Memar* 建筑奖为我们揭开了伊朗当代建筑的神秘面纱，也为推动伊朗当代建筑的发展和传播做出了不可磨灭的贡献。笔者正在促进时代建筑杂志与 *Memar* 杂志的协同关系，通过 *Memar* 杂志向伊朗建筑业界介绍中国当代建筑师及其作品。期待在不远的将来，中国建筑师能够与伊朗建筑师增进互动与交流。

（注：文章部分信息由 *Memar* 杂志提供，同时参考 *Memar* 杂志第 106 期）

注释

① 侯赛因·谢赫·扎因丁（Hossein Sheykh Zeineddin）毕业于德黑兰大学美术学院，1974 年开始了他的职业生涯，目前担任巴维咨询公司的首席执行官。他曾在德黑兰大学（Tehran University）、伊朗理工大学（Iran University of Science and Technology）和伊斯兰阿扎德大学（Islamic Azad University）任教，曾获得伊朗建筑“皮尔尼亚大师徽章”，并被选为 2000 年伊朗顶级建筑师之一。

② 礼萨·丹斯莫尔（Reza Daneshmir）是德黑兰“Fluid Motion Architects”的创始人之一，他在大学学习建筑的同时，也活跃在绘画与音乐领域。2000 年，他以“Ave 画廊 (Ave Gallery)”项目开始了建筑师职业生涯。十几年来，他参与了 50 多个项目的设计，获得过很多奖项，如 2008 年 *Memar* 建筑奖。2009 年世界建筑节 (The World Architecture Festival 2009) 中入围决赛，2014 年获中东一流建筑师奖（Middle East Architect Award 2014）。

③ 阿里·科曼尼恩（Ali Kermanian）毕业于伦敦大学巴特莱特建筑学院（TheBartlett，UCL），在 1991 年创立了 Ali Kermanian 事务所。他的很多设计作品发表在建筑期刊上，也获得过很多奖项。他曾于伊斯兰阿扎德大学执教并担任建筑学院主任。Kermanian 是阿可汗基金会（Agha Khan Foundation）的代表成员，加泰罗尼亚高等建筑研究所（Institute for Advanced Architecture of Catalonia，简称 IAAC）德黑兰研究部的负责人。

④ 朗伯德·伊尔克汉尼（RambodIl Khani）是“Shift Design Group”的合伙人之一。2006 年 5 月，他与 NashidNabian 一起创建了“德黑兰城市创新中心 (Tehran Urban Innovation Centre，简称 TUIC)”，该中心的目标是培养新一代研究导向型的专业建筑师。在他的职业生涯中获得过多项国家级和国际级奖项，包括 4 个年度的 *Memar* 建筑奖，2011 年阿卡汗建筑奖的入围奖与 2011 年世界建筑节奖的入围奖。

参考文献

[1] 尹江 . 立足于传统的创造 : 卡姆安·迪巴的设计思想 . 新建筑 , 1989(4): 45–48.
[2] 田端惠 . 走进伊朗 . 北京 : 当代世界出版社 , 2017.
[3] 支文军 . 创造性 + 探索性 : 当代建筑欧洲联盟奖 2007 评析 . 建筑与文化 , 2008(2): 28–29.

图片来源

图 1 来源于 www.weshare.hk，图 2、图 3 来源于 http://you.ctrip.com，图 5 来源于 http://www.akdn.org，图 4、图 6— 图 36 由 Memar 杂志提供

原文版权信息

支文军，何润，费甲辰 . 伊朗当代建筑的地域性与国际性 : 2017 年 *Memar* 建筑奖评析 . 时代建筑，2018(2): 153–159.
[国家自然科学基金项目：51778426]
[何润、费甲辰：同济大学建筑与城市规划学院 2017 级硕士研究生]

包容与多元：国际语境演进中的2016阿卡汗建筑奖

Inclusivity and Pluralism: The 2016 Aga Khan Award for Architecture in the Context of the International Discourse

摘要 阿卡汗建筑奖创立至今已有40年。本文对2016阿卡汗建筑奖及获奖项目做了深入的思考和评析。阿卡汗建筑奖的核心价值是希望全世界的建筑师、专家和官员能够关注对于社区和社会具有积极影响和关注的项目，突出强调具有社会效益、能够为社区和社会服务，并对建成环境中所面临的紧要议题提出可行和可移植的解决方案和思路的项目。建成环境改变和提升使用者的生活质量和品质是阿卡汗建筑奖的核心。

关键词 阿卡汗建筑奖 国际语境 包容性 多样性 建成环境品质 建筑学科边界 中国建筑师 城市更新

2016年10月3日，第13届阿卡汗建筑奖[①]（Aga Khan Award for Architecture）最终获奖名单在阿联酋举行的典礼上隆重揭晓，包括中国建筑师张轲的作品“微杂院”在内的6个多元化项目获得了这一奖项。随着这一奖项的成熟，其获奖作品也精妙地反映了建筑文化在国际语境中的演进趋势和关注热点。虽然创立于伊斯兰建筑遗产濒临危机的背景中，但今日阿卡汗建筑奖的影响力已经渗透至发展中国家以及发达国家中的民族社区。笔者作为国内唯一受邀亲临现场参加本届颁奖典礼的建筑学人和媒体人，想借此文把自己对奖项的评审过程、规则、获奖作品、获奖建筑师更贴近的观察和认知与大家分享。

阿卡汗建筑奖综述

作为当今建筑学界最具影响力的奖项之一，阿卡汗建筑奖由穆斯林世界重要宗教领袖之一、阿卡汗四世阿尔·侯塞尼[②]（Prince Shah Karim Al Hussaini Aga Khan IV）创立于1977年，成立初衷是用以表彰对伊斯兰世界做出重大文化和建筑贡献的建筑设计和建筑师。在过去的40年里，阿卡汗建筑奖以3年为1个周期，已经从世界各地的9000多个项目中评选出了116个获奖作品（图1，表1）。这些作品涵盖了公共建筑、社会住宅、社区更新与改造项目、历史建筑及街区保护与更新、城市设计和景观设计等（图2）。获奖国家分布以第三世界和亚洲与非洲国家为主（图3）。

尽管常常与普利兹克奖（The Pritzker Architecture Prize）等以建筑师为表彰对象的设计奖项同时提及，阿卡汗建筑奖所关注的却并不是建筑师的个人作用，而是强调对于达成良好社会效应的项目的关注。获奖项目常常不仅被考量在建筑学及美学方面的卓越，也会考虑其对于提升建成环境和改善社区生活品质的社会影响[1]。

阿卡汗建筑奖的评审架构由指导委员会（由阿卡汗殿下直接领导）、大师评审委员会和技术评估专员构成。项目审查和获奖者的选择是由每个评审周期特别任命的独立大师评审委员会负责。阿卡汗建筑奖的

表 1. 历届阿卡汗建筑奖获奖作品信息

总序号	单项编号	项目名称	项目类型	届次	国家	城市	基地面积	建筑面积	完成年份	建筑师
1	2016-01	Bait Ur Rouf Mosque	Islamic Religious Facilities	2014-2016	Bangladesh	Dhaka	-	754	2012	Marina Tabassum
2	2016-02	Friendship Centre	Schools	2014-2016	Bangladesh	Gaibandha	9210	2897	2011	Kashef Mahboob Chowdhury/Urbana
3	2016-03	Hutong Children's Library & Art Centre	Library Facilities	2014-2016	China	Beijing	350	190	2014	ZAO/standardarchitecture / Zhang Ke
4	2016-04	Issam Fares Institute for Public Policy and International A	Higher Education Facilities	2014-2016	Lebanon	Beirut	7000	3000	2014	Zaha Hadid Architects
5	2016-05	Superkilen	Planning Practices	2014-2016	Denmark	Copenhagen	-	30000	2011	Big-Bjarke Ingels Group, Superflex, Topotek 1
6	2016-06	Tabiat Pedestrian Bridge	Transport Facilities	2014-2016	Iran	Tehran	46000	270m	2014	Diba Tensile Architecture / Leila Araghian, Alireza Behzadi
7	2013-01	Hassan II Bridge	Transport Facilities	2011-2013	Morocco	Rabat	-	330m	2010	Marc Mimram Architecture, Paris, France
8	2013-02	Islamic Cemetery	Islamic Religious Facilities	2011-2013	Austria	Altach	8415	4235	2011	Bernado Bader Architects, Dornbirn, Austria
9	2013-03	Rehabilitation of Tabriz Bazaar	Area Conservation	2011-2013	Iran	Tabriz	270000	270000	2006 ongoing	ICHTO East Azerbaijan Office, Tabriz, Iran
10	2013-04	Revitalisation of Birzeit Historic Centre	Area Conservation	2011-2013	Palestine	Birzeit	40640	40640	2009 ongoing	Riwaq - Centre for Architectural
11	2013-05	Salam Cardiac Surgery Centre	Hospitals & Health Facilities	2011-2013	Sudan	Khartoum	-	14000	2010	Studio Tamassociati, Venice, Italy
12	2010-01	Bridge School	Schools	2008-2010	China	Xiashi, Fujian Provin	-	240	2008	Li Xiaodong (Atelier)
13	2010-02	Ipekyol Textile Factory	Industrial Facilities	2008-2010	Turkey	Edirne	-	20000	2006	Emre Arolat Architects
14	2010-03	Madinat al Zahra Museum	Museums and Exhibition Facilities	2008-2010	Spain	Cordoba	-	9125		Sobejano Architects S.L.P, Fuensanta Nieto & Enrique Sobejano
15	2010-04	Revitalisation of the Recent Heritage of Tunis	Area Conservation	2008-2010	Tunisia	Tunis	-	60000	Ongoing	Association de Sauvegarde de la Medina de Tunis (ASM)
16	2010-05	Wadi Hanifa Wetlands	Landscape Architecture	2008-2010	Saudi Arabia	Riyadh	-	120km stretch	Ongoing	-
17	2007-01	Rehabilitation of the Old City	Community Development and Improvemer	2005-2007	Yemen	Shibam	-	81000	2005	GTZ Technical Office
18	2007-02	Central Market	Retail Facilities	2005-2007	Burkina Faso	Koudougou	-	29000	2005	Swiss Agency for Development and Cooperation
19	2007-03	University of Technology Petronas	Higher Education Facilities	2005-2007	Malaysia	Tronoh	-	85000	2005	Foster + Partners
20	2007-04	Moulmein Rise Residential Building	Multiple Housing	2005-2007	Singapore	Singapore	-	2340	2003	WOHA Architects / Wong Mun Summ, Richad Hassel
21	2007-05	Royal Embassy of the Netherlands	Official Administration Facilities	2005-2007	Ethiopia	Addis Ababa	-	55000	2005	Dick Van Gameren, Bjarne Mastenbroek
22	2007-06	School in Rudrapur	Education & Information Facilities	2005-2007	Bangladesh	Rudrapur	-	-	2005	Anna Heringer, Eike Roswag
23	2007-07	Samir Kassir Square	Landscape Architecture	2005-2007	Lebanon	Beirut	-	815	2004	Vladimir Djurovic Landscape Architecture
24	2007-08	Restoration of the Amiriya Complex	Restoration and Conservation	2005-2007	Yemen	Rada	-	2000000	2005	Selma Al-Radi
25	2007-09	Rehabilitation of the Walled City	Restoration and Conservation	2005-2007	Cyprus	Nicosia	-	2000000	2005	Nicosia Master Plan Team
26	2004-01	Old City of Jerusalem Revitalisation Programme	Restoration and Conservation	2002-2004	Jerusalem	Old City	-	871000	1996	OCJRP Technical Office / Shadia Touqan
27	2004-02	Bibliotheca Alexandrina	Library Facilities	2002-2004	Egypt	Alexandria	-	45000	2002	Snohetta Hamza Consortium
28	2004-03	Sandbag Shelters	Temporary Housing	2002-2004	Iran	Ahwaz	-	2200	1995	Cal-Earth Institute, Nader Khalili
29	2004-04	B2 House	Private Residences	2002-2004	Turkey	Canakkale	-	400	2001	Han Tümertekin
30	2004-05	Primary School	Schools	2002-2004	Burkina Faso	Gando	-	30000	2001	Francis Diebedo Kéré
31	2004-06	Restoration of Al-Abbas Mosque	Restoration and Conservation	2002-2004	Yemen	Asnaf	-	-	1996	Maryline Barret, Abdullah al-Hadrami
32	2004-07	Petronas Office Towers	Office Facilities	2002-2004	Malaysia	Kuala Lumpur	-	58000	1999	Cesar Pelli & Associates
33	2001-01	Kahere Poultry Farming School	Schools	1999-2001	Guinea	Koliagbe	-	3800	2000	Heikkinen-Komonen Architects
34	2001-02	Alt Iktul	Community Development and Improvemer	1999-2001	Morocco	Abadou	-	1500000	1995	Ali Amahan
35	2001-03	Olbia Social Centre	Social Recreation Facilities	1999-2001	Turkey	Antalya	-	12000	1999	Cengiz Bektas
36	2001-04	New Life for Old Structures	Restoration and Conservation	1999-2001	Iran	Iran various location	-	-	1995	Urban Development & Revitalization Corporation, Iranian Cultural Heritage Organization
37	2001-05	Bagh-e-Ferdowsi	Landscape Architecture	1999-2001	Iran	Tehran	-	-	1997	Baft-e-Shahr Consulting Architects and Urban Planners
38	2001-06	Nubian Museum	Exhibitions / Display Facilities	1999-2001	Egypt	Aswan	-	50000	1997	Mahmoud El-Hakim
39	2001-07	Datai Hotel	Hotels & Communal Facilities	1999-2001	Malaysia	Pulau Langkawi	-	80000	1993	Kerry Hill Architects, Akitek Jururancang Sdn Bhd
40	2001-08	SOS Children's Village	Human Welfare Facilities	1999-2001	Jordan	Aqaba	-	20000	1991	Jafar Tukan & Partners
41	1998-01	Salingor Residence	Private Residences	1996-1998	Malaysia	Kajang, Selangor	-	12140	1992	CSL Associates / Jimmy CS Lim
42	1998-02	Vidhan Bhavan	Official Administration Facilities	1996-1998	India	Bhopal	-	85000	1996	Charles Correa
43	1998-03	Slum Networking of Indore City	Community Development and Improvemer	1996-1998	India	Indore	-	8000000	1997	Himanshu Parikh
44	1998-04	Tuwaiq Palace	Social Recreation Facilities	1996-1998	Saudi Arabia	Riyadh	-	75000	1985	OHO Joint Venture, [_Atelier Frei Otto, Buro Happold, Omrania
45	1998-05	Alhamra Arts Council	Cultural Facilities	1996-1998	Pakistan	Lahore	-	16730	1992	Nayyar Ali Dada
46	1998-06	Rehabilitation of Hebron Old Town	Restoration and Conservation	1996-1998	Palestine	Hebron	-	270000	1995	Engineering Office of the Hebron Rehabilitation Committee
47	1998-07	Lepers Hospital	Hospitals	1996-1998	India	Lasur	-	8000	1995	Per Christian Brynildsen and Jan Olav Jensen
48	1995-01	Kaedi Regional Hospital	Hospitals	1993-1995	Mauritania	Kaedi	-	-	1992	Association pour le Développement naturel d'une Architecture et d'un Urbanisme Africains (ADAUA), Jak Vautherin, Fabrizio Carol, Birahim Niang, and Shamsuddin N'Dow
49	1995-02	Landscaping of Soekarno-Hatta Airport	Air Transport Facilities	1993-1995	Indonesia	Cengkareng	-	950000	1994	Aéroports de Paris, Paul Andreu
50	1995-03	Alliance franco-sénégalaise	Cultural Facilities	1993-1995	Senegal	Kaolack	-	3212	1994	Patrick Dujarric
51	1995-04	Great Mosque	Islamic Religious Facilities	1993-1995	Saudi Arabia	Riyadh	-	16800	1992	Rasem Badran
52	1995-05	Conservation of Old Sana'a	Restoration and Conservation	1993-1995	Yemen	Sana'a	-	-	1987	General Organisation for the Protection of the Historic Cities of Yemen (GOPHCY)
53	1995-06	Re-Forestation Programme of METU	Higher Education Facilities	1993-1995	Turkey	Ankara	-	45'000'000	1960	Middle East Technical University Re-Forestation Directorate, Alattin Egemen
54	1995-07	Menara Mesiniaga	Office Facilities	1993-1995	Malaysia	Selangor Darul Ehsa	-	4'720	1992	T.R. Hamzah and Yeang Sdn. Bhd.
55	1995-08	Hafsia Quarter II	Housing Complexes	1993-1995	Tunisia	Tunis	-	135'000	1986	Association de Sauvegarde de la Médina (ASM) / Abdelaziz Daoulatli, Sémia Akrouche-Yaïche, Achraf Bahri-Meddeb
56	1995-09	Aranya Community Housing	Housing Complexes	1993-1995	India	Indore	-	862'400	1989	Vastu-Shilpa Foundation, Balkrishna V. Doshi
57	1995-10	Mosque of the Grand National Assembly	Islamic Religious Facilities	1993-1995	Turkey	Ankara	-	6'400	1989	Behruz & Can Cinici
58	1995-11	Khuda-ki-Basti Incremental Development Scheme	Community Development and Improvemer	1993-1995	Pakistan	Hyderabad	-	610'000	1989	Hyderabad Development Authority, Tasneem Ahmed Siddiqui
59	1995-12	Restoration of Bukhara Old City	Restoration and Conservation	1993-1995	Uzbekistan	Bukhara	-	6'000'000		Restoration Institute of Uzbekistan, Tashkent, and the Restoration Office of the Municipality of Bukhara
60	1992-01	Panafrican Institute for Development	Higher Education Facilities	1990-1992	Burkina Faso	Ouagadougou	-	60'000	1984	ADAUA Burkina Faso / Jak Vauthrin, Ladji Camara, Philippe Glauser
61	1992-02	Entrepreneurship Development Institute of India	Higher Education Facilities	1990-1992	India	Ahmedabad	-	-	1987	Bimal Hasmukh Patel
62	1992-03	Stone Building System	Schools	1990-1992	Syria	As-Suwayda	-	4'800	1990	Raif, Rafi & Ziad Muhanna
63	1992-04	Cultural Park for Children	Landscape Architecture	1990-1992	Egypt	Cairo	-	12'500	1990	Abdelhalim Ibrahim Abdelhalim
64	1992-05	Demir Holiday Village	Hotels & Communal Facilities	1990-1992	Turkey	Bodrum	-	27'000	1987	Turgut Cansever, Emine Ögün, Mehmet Ögün, and Feyza Cansever
65	1992-06	Kampung Kali Cho-de	Community Development and Improvemer	1990-1992	Indonesia	Yogyakarta	-	3'600	1985	Yousef B. Mangunwijaya
66	1992-07	East Wahdat Upgrading Programme	Community Development and Improvemer	1990-1992	Jordan	Amman	-	-	1980	Urban Development Department
67	1992-08	Kairouan Conservation Programme	Restoration and Conservation	1990-1992	Tunisia	Kairouan	-	-	1979	Association de Sauvegarde de la Médina de Kairouan / Brahim Chabbouh, Mourad Rammah, and Hedi Ben Lahmar
68	1992-09	Palace Parks Programme	Restoration and Conservation	1990-1992	Turkey	Istanbul	-	400'193	1984	Regional Offices of the National Palaces Trust
69	1989-01	National Assembly Building	Official Administration Facilities	1987-1989	Bangladesh	Dhaka	-	3'400'000	1983	Louis I. Kahn, with David Wisdom and Associates (after 1979)
70	1989-02	Citra Niaga Urban Development	Community Development and Improvemer	1987-1989	Indonesia	Samarinda	-	7'310	1986	Antonio Ismael Risianto, PT Triaco Widya Cipta, and PT Griyantara Architects
71	1989-03	Grameen Bank Housing Programme	Community Development and Improvemer	1987-1989	Bangladesh	Bangladesh various	-	50	1984	Grameen Bank / Muhammed Yunus, Mohammed Ashraful Hassan
72	1989-04	Institut du Monde Arabe	Cultural Facilities	1987-1989	France	Paris	-	13'000	1987	Jean Nouvel, Pierre Soria and Gilbert Lezénès, with the Architecture Studio
73	1989-05	Al-Kindi Plaza	Commerce Facilities	1987-1989	Saudi Arabia	Riyadh	-	26'000	1986	Beeah Group Consultants / Ali Shuaibi and Abdul-Rahman Hussaini
74	1989-06	Gürel Family Summer Residence	Private Residences	1987-1989	Turkey	Canakkale	-	1'000	1971	Sedat Gürel
75	1989-07	Rehabilitation of Asilah	Restoration and Conservation	1987-1989	Morocco	Asilah	-	90'000	1978	Al-Mouhit Cultural Association / Mohammed Bena%Dissa and Mohammed Melehi
76	1989-08	Hayy Assafarat Landscaping	Landscape Architecture	1987-1989	Saudi Arabia	Riyadh	-	2'050'000	1986	BAdeker-Wagenfeld & Partner Ahmad
77	1989-09	Great Omari Mosque	Restoration and Conservation	1987-1989	Lebanon	Sidon	-	1'975	1986	Saleh Lamei-Mostafa
78	1989-10	Corniche Mosque	Islamic Religious Facilities	1987-1989	Saudi Arabia	Jeddah	-	1'200	1986	Abdel Wahed El-Wakil
79	1989-11	Ministry of Foreign Affairs	Official Administration Facilities	1987-1989	Saudi Arabia	Riyadh	-	83'000	1984	Henning Larsen
80	1989-12	Sidi El Aloui Primary School	Schools	1987-1989	Tunisia	Tunis	-	1'554	1986	Association de Sauvegarde de la Médina de Tunis / Samir Hamaïci, Denis Lesage
81	1986-01	Said Naum Mosque	Islamic Religious Facilities	1984-1986	Indonesia	Jakarta	-	15'000	1977	Atelier Enam Architects and Planners / Adhi Moersid
82	1986-02	Conservation of Mostar Old Town	Restoration and Conservation	1984-1986	Bosnia-Herzeg	Mostar	-	742'000	1978	Stari Grad Mostar / Dzihad Pasic, Amir Pasic
83	1986-03	Bhong Mosque	Islamic Religious Facilities	1984-1986	Pakistan	Rahimyar Khan	-	-	1982	Local Master Masons and Craftsmen
84	1986-04	Dar Lamane Housing	Housing Complexes	1984-1986	Morocco	Casablanca	-	364'771	1983	Abderrahim Charai and Abdelaziz Lazrak
85	1986-05	Yaama Mosque	Islamic Religious Facilities	1984-1986	Niger	Tahoua	-	567	1982	El Hadji Falké Barmou
86	1986-06	Restoration of Al-Aqsa Mosque	Restoration and Conservation	1984-1986	Jerusalem	Jerusalem	-	140'000	1983	Isam Awwad, and ICCROM - International Centre for the Conservation and Restoration of Monuments
87	1986-07	Kampung Kebalen Improvement	Community Development and Improvemer	1984-1986	Indonesia	Surabaya	-	320'000	1981	Surabaya Kampung Improvement Programme, with the Surabaya Institute of Technology, and the Kampung Kebalen Community
88	1986-08	Ismailiyya Development Project	Community Development and Improvemer	1984-1986	Egypt	Ismailiyya	-	3'800'000	1978	Culpin Planning / David Allen
89	1986-09	Historic Sites Development	Restoration and Conservation	1984-1986	Turkey	Istanbul	-	-	1974	Touring and Automobile Association of Turkey / Celik Gülersoy
90	1986-10	Shushtar New Town	Multiple Housing	1984-1986	Iran	Shushtar	-	-	1977	DAZ Architects, Planners, and Engineers / Kamran Diba
91	1986-11	Social Security Complex	Official Administration Facilities	1984-1986	Turkey	Istanbul	-	-	1970	Sedad Hakki Eldem
92	1983-01	Hafsia Quarter I	Housing Complexes	1981-1983	Tunisia	Tunis	-	23'199	1977	Association de Sauvegarde de la Médina de Tunis
93	1983-02	Azem Palace	Exhibitions / Display Facilities	1981-1983	Syria	Damascus	-	6'400	1965	Michel Ecochard & Shafiq al-Imam
94	1983-03	Tomb of Shah Rukn-i-'Alam	Funerary Facilities	1981-1983	Pakistan	Multan	-	6'303	1977	Awqaf Department / Muhammad Wali Ullah Khan
95	1983-04	Tanjong Jara Beach Hotel	Hotels & Communal Facilities	1981-1983	Malaysia	Terengganu	-	-	1980	Wimberly, Allison, Tong & Goo, and Arkitek Bersikatu
96	1983-05	Residence Andalous	Hotels & Communal Facilities	1981-1983	Tunisia	Sousse	-	33'000	1980	Serge Santelli, Cabinet Gerau
97	1983-06	Great Mosque of Niono	Islamic Religious Facilities	1981-1983	Mali	Niono	-	3'960	1973	Lassina Minta
98	1983-07	Ramses Wissa Wassef Arts Centre	Schools	1981-1983	Egypt	Giza	-	-	1974	Ramses Wissa Wassef
99	1983-08	Hajj Terminal	Air Transport Facilities	1981-1983	Saudi Arabia	Jeddah	-	450'000	1981	Skidmore, Owings & Merrill / Fazlur Rahman Khan
100	1983-09	Sherefudin's White Mosque	Islamic Religious Facilities	1981-1983	Bosnia-Herzeg	Visoko	-	-	1980	Zlatko Ugljen
101	1983-10	Nail Cakirhan Residence	Private Residences	1981-1983	Turkey	Akyaka	-	-	1971	Nail Cakirhan
102	1983-11	Darb Qirmiz Quarter	Restoration and Conservation	1981-1983	Egypt	Cairo	-	26'600	1980	Egyptian Antiquities Organization and German Archaeological Institute / Michael Meinecke, Philip Speiser, and Muhammad Fahmi Awad
103	1980-01	Kampung Improvement Programme	Community Development and Improvemer	1978-1980	Indonesia	Jakarta	-	72'000'000	1969	KIP Technical Unit / Darrundono
104	1980-02	Water Towers	Water Supply and Disposal Facilities	1978-1980	Kuwait	Kuwait City	-	-	1976	VBB, Sune and Joe Lindström, Stig Egnell, and Björn & Björn Design (Malene Björn)
105	1980-03	Ali Qapu, Chehel Sotoun & Hasht Behesht	Official Residential Facilities	1978-1980	Iran	Isfahan	-	-	1977	Istituto Italiano per il Medio ed Estremo Oriente / Eugenio Galdieri
106	1980-04	Mughal Sheraton Hotel	Hotels & Communal Facilities	1978-1980	India	Agra	-	20'000	1976	ARCOP Design Group / Ramesh Khosla, Ranjit Sabikhi, and Ajoy Choudhury, and Ray Affleck
107	1980-05	Courtyard Houses	Housing Complexes	1978-1980	Morocco	Agadir	-	-	1963	Jean-François Zevaco
108	1980-06	Pondok Pesantren Pabelan	Schools	1978-1980	Indonesia	Muntilan	-	-	1965	Amin Arraihana & Fanani, LP3ES (Abdurrahman Wahid)
109	1980-07	Conservation of Sidi Bou Said	Restoration and Conservation	1978-1980	Tunisia	Tunis	-	1'630'000	1973	Municipality Technical Bureau / Mohamed El-Aziz Ben Achour, Sanda Popa
110	1980-08	National Museum	Exhibitions / Display Facilities	1978-1980	Qatar	Doha	-	-	1977	Michael Rice & Co. and Design and Construction Group / Michael Rice, Anthony Irving
111	1980-09	Turkish Historical Society	Library Facilities	1978-1980	Turkey	Ankara	-	-	1966	Turgut Cansever and Ertur Yener
112	1980-10	Rüstem Pasa Caravanserai	Restoration and Conservation	1978-1980	Turkey	Edirne	-	-	1972	Ertan Cakirlar
113	1980-11	Intercontinental Hotel & Conference Centre	Hotels & Communal Facilities	1978-1980	Saudi Arabia	Makkah	-	-	1974	Rolf Gutbrod & Frei Otto
114	1980-12	Ertegün House	Private Residences	1978-1980	Turkey	Bodrum	-	-	1973	Turgut Cansever
115	1980-13	Agricultural Training Centre	Schools	1978-1980	Senegal	Nianing	-	-	1977	Unesco / Breda Dakar
116	1980-14	Halawa House	Private Residences	1978-1980	Egypt	Agamy	-	-	1975	Abdel Wahed El-Wakil
117	1980-15	Medical Centre	Medical Facilities	1978-1980	Mali	Mopti	-	-	1976	André Ravereau

评审委员会组成通常是多学科的，除了执业建筑师、景观设计师和城市规划师，还集合了历史、哲学、艺术、工程和建筑保护领域的专家。评审通常由两次评审会议组成，第一次会议由大师评审委员会在提名项目中选取 20 个左右的入围项目名单，其后将会指派技术评估专员前往入围项目现场进行评审并完成现场评估报告。第二次会议将基于技术评估专员的演示和汇报，大师评审委员会经过讨论和辩论决定获奖者与 100 万美元奖金的分配。由于阿卡汗建筑奖授予的对象是建筑项目，因此奖金的分配也是在参与项目的多方主体

表 2. 历届阿卡汗建筑奖出版图书书名及主编

年份	书名	中文译名	主编
1980	AKAA - *Architecture and Community*	建筑与社区	Renata Holod
1983	AKAA - *Architecture in Continuity*	连续的建筑	Sherban Cantacuzino
1986	AKAA - *Space for Freedom*	自由的空间	Ismail Serageldin
1989	AKAA - *Architecture for Islamic Societies Today*	今日伊斯兰社会的建筑	James Steele
1992	AKAA - *Architecture for a Changing World*	变化的世界中的建筑	James Steele
1995	AKAA - *Architecture Beyond Architecture*	超越建筑的建筑	Ismail Serageldin and Cynthia C. Davidson
1998	AKAA - *Legacies for the Future*	未来的遗产	Cynthia Davidson
2001	AKAA - *Modernity and Community*	现代性与社区性	Kenneth Frampton
2004	AKAA - *Architecture and Polyphony*	建筑与复调	Thames & Hudson
2007	AKAA - *Intervention Architecture*	干预建筑	Homi Bhabha
2011	AKAA - *Implicate & Explicate*	暗示与明示	Mohsen Mostafavi
2013	AKAA - *Architecture is life*	建筑即生活	Mohsen Mostafavi
2016	*Architecture and Plurality*	建筑与多元化	Mohsen Mostafavi

表 3. 2016 阿卡汗建筑奖入围作品信息及类型

编号	项目名称	国家	建筑师	项目类型	建筑面积 m^2
1	Bait Ur Rouf Mosque	孟加拉国	Marina Tabassum Architects	伊斯兰宗教设施	754
2	Friendship Centre	孟加拉国	Kashef Mahboob Chowdhury/Urbana	学校	2897
3	Hutong Children's Library & Art Centre	中国	ZAO/standardarchitecture / Zhang Ke	图书馆设施	190
4	Issam Fares Institute for Public Policy and International Affairs	黎巴嫩	Zaha Hadid Architects	高等教育设施	3000
5	Superkilen	丹麦	Big-Bjarke Ingels Group, Superflex, Topotek 1	规划实践	30 000
6	Tabiat Pedestrian Bridge	伊朗	Diba Tensile Architecture / Leila Araghian, Alireza Behzadi	交通设施	270m（桥长）
7	40 Knots House	伊朗	Habibeh Madjdabadi, Alireza Mashhadi Mirza	私人住宅	245
8	Ceuta Public Library	西班牙	Paredes Pedrosa Arquitectos	图书馆设施	600
9	New Power Station	阿塞拜疆	Erginoğlu & Çalışlar Architects	文化设施	10 000
10	Manouchehri House	伊朗	Akbar Helli, Shahnaz Nader	区域保护	1160
11	Bunateka Libraries	科索沃	Bujar Nrecaj Architects	图书馆设施	24
12	Nasrid Tower Restoration	西班牙	Castillo Miras Arquitectos	修复与保护	78
13	Thread: Artist Residency and Cultural Centre	塞内加尔	Toshiko Mori Architects	文化设施	1048
14	King Fahad National Library	沙特阿拉伯	Gerber Architekten International	图书馆设施	59 558
15	Doha Tower	卡塔尔	Ateliers Jean Nouvel	办公设施	110 000
16	Makoko Floating School	尼日利亚	NLÉ - Shaping the Architecture of Developing Cities / Kunlé Adeyem	学校	220
17	Casa-Port New Railway Station	摩洛哥	AREP and Groupe 3 Architectes	交通设施	2500
18	Guelmim School of Technology	摩洛哥	Saad El Kabbaj, Driss Kettani, Mohamed Amine Siana	高等教育设施	6883
19	Royal Academy for Nature Conservation	约旦	Khammash Architects	高等教育设施	3600

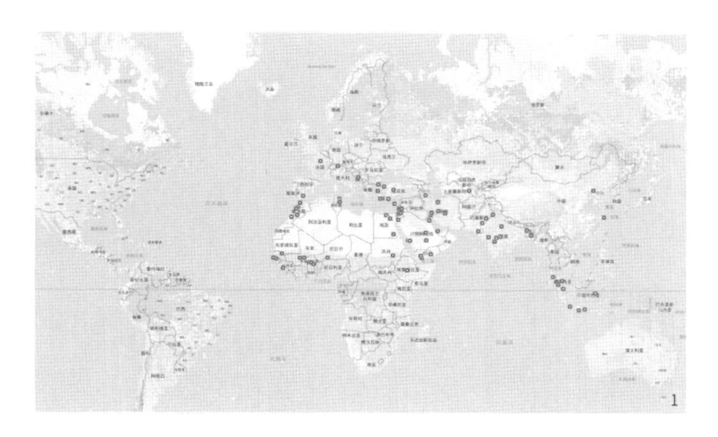

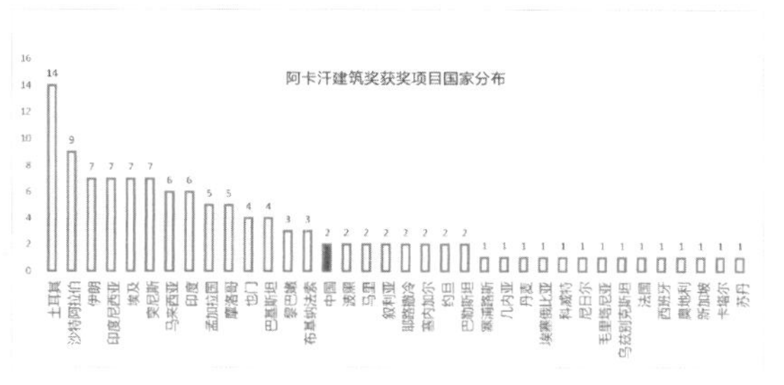

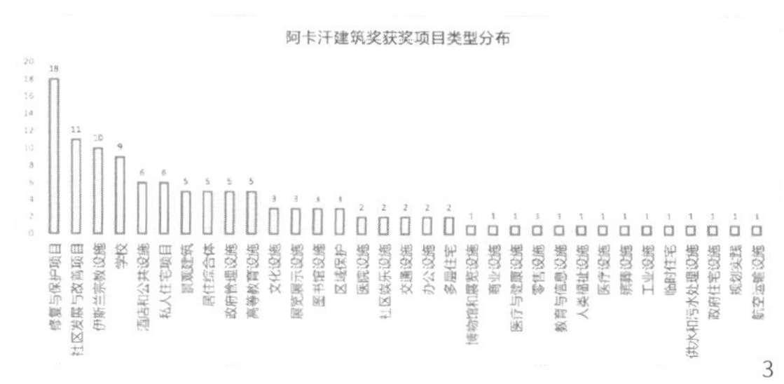

图 1. 世界分布
图 2. 阿卡汗建筑奖获奖项目国家分布
图 3. 阿卡汗建筑奖获奖项目类型分布

中进行，包含了建筑师在内的官员、其他专业设计师与专业人士、工匠、客户、地方政府、建造商等个人与机构组织 [2-5]。

往届阿卡汗建筑奖的颁奖典礼均在对穆斯林世界作出杰出贡献的地点进行③，例如拉合尔市夏利巴尔花园（1980）、格拉纳达的阿尔罕布拉宫（1998）和德里的胡马雍陵花园（2004）。

尤其值得一提的是，阿卡汗建筑奖十分重视奖项资料的整理、公开发表与传播。在每届颁奖典礼后，指导委员会都会组织一个研讨会，向公众介绍获奖和入围项目，并为与会者讨论当代世界建成环境的紧要议题提供论坛。其后也会在获奖项目所在国家举办讲座和展览等后期活动。阿卡汗建筑奖官方网站（http://www.akdn.org/architecture）汇编整理了 40 年来每届获奖及入围作品信息和图文资料。在每届奖项评选结束后，阿卡汗基金会都会邀请著名学者作为主编出版图书，详细记录和收录本届阿卡汗建筑奖所关注的主题、获奖作品、评委观点与评审讨论过程、研讨会记录和研究文章。这些书为回顾和了解这一奖项的发展过程提供了绝佳的素材和文本记录（表 2）。2016 年的阿卡汗建筑奖图书《建筑与多元》（*Architecture and Plurality*）已经出版（图 4），是由来自哈佛大学设计学院的莫森·莫斯塔法维教授（Mohsen Mostafavi）主编④ [6]。

2016 阿卡汗建筑奖的评审

2016 年第 13 届阿卡汗建筑奖共收到来自 69 个国家的 348 个提名项目。阿卡汗建筑奖的提名允许由个人和机构提交，但本届提名项目必须是在 2009 年 1 月 1 日至 2014 年 12 月 31 日之间完成，并至少投入使用期满 1 年。大师评审委员会在提名项目中自主挑选了 19 个入围项目，入围项目反映出了阿卡汗建筑奖对多样性和改善建成环境品质的关注（表 3）。通过对入围作品介绍及资料的梳理和词频词云（Word Cloud）分析（图 5），不难发现阿卡汗建筑奖对于空间、地域性、

4

5

图 4.《建筑与多元》
图 5. 基于 2016 年阿卡汗建筑奖入围作品信息制作的词频词云
图 6. 2016 获奖作品
图 7. 张轲在 2016 阿卡汗奖颁奖活动的研讨会上

文化宗教和传统材料的关注。

2013—2016 年阿卡汗建筑奖指导委员会由 11 人组成，指导委员会主席是阿卡汗殿下，其余 10 位成员分别由建筑师、建筑学教授、建成环境研究者、文化研究学者、伊斯兰文化教授、景观学教授等身份构成。大师评审团成员由 Riwaq 建筑保护中心创始人 Suad Amiry 领导的 9 人组成。其余评委分别是伊斯坦布尔 EAA-Emre Arolat 建筑事务所创始人 Emre Arolat，纽约哥伦比亚大学 Sydney Morgenbesser 哲学教授 Akeel Bilgrami，西班牙马德里 Architectura Viva 杂志编辑 Luis Fernàndez-Galiano，巴基斯坦卡拉奇 Herald 出版集团执行主编 Hameed Haroon，约翰尼斯堡大学研究生建筑学院院长 Lesley Lokko，哈佛大学研究生设计学院院长 Mohsen Mostafavi，法国巴黎多米尼克·佩罗建筑事务所创始人 Dominique Perrault 和新加坡 Web Structures 公司总监 Hossein Rezai。

大师评审团经过两轮会议讨论及技术评审专员的现场考察汇报后，最终决定 6 个项目获得第 13 届阿卡汗建筑奖。这些获奖项目分别是：位于孟加拉国的达卡的 Bait Ur Rouf 清真寺和戈伊班达友谊中心，中国北京的“微杂院”胡同儿童图书馆及艺术中心，丹麦哥本哈根的超级线形公园，伊朗德黑兰的 Tabiat 步行桥和黎巴嫩贝鲁特的 Issam Fares 学院（图 6）。

2016 年颁奖典礼在贾希里城堡 (Al Jahili Fort) 举行，这是一座坐落在阿布扎比阿莱茵市（Al Ain）的世界文化遗产。颁奖活动分为 3 个板块：研讨会、音乐会与欢迎晚宴及颁奖典礼（图 7—图 12）。

2016 阿卡汗建筑奖获奖作品简述

2016 年阿卡汗建筑奖的 6 个获奖作品秉承了奖项一以贯之的对提升人类生活质量和建成环境品质的关注和追求，但在思考切入角度与解决方案上，都提供了各自精彩的解答。这 6 个作品跨越了许多边界和维度，在具体国家和项目语境中应对了技术、经济、文化、宗教及社会影响等方面的挑战 [7-8]。

Bait Ur Rouf 清真寺，孟加拉国达卡（建筑师：Marina Tabassum）——“通风和光线的优雅运用使其成为社区中的精神庇护所。”⑤

坐落于城市与郊区交汇处的 Bait Ur Rouf 清真寺是一座由社区居民捐献资金而建设的建筑。尽管预算有限且以传统方法营造，但建筑师基于对祈祷空间应具有提升精神品质的理解，在空间的营造和材料施工方面都追求了一种质朴的精神本质，为当地社区居民的冥想和祈祷提供了场所（图 13，图 14）。此外，这座建筑师也明显受到了许多历史文化要素和母题的启发，包括孟加拉15世纪苏丹王朝陶土砖建筑遗产和路易·康的达卡国会大厦。

友谊中心，孟加拉国戈伊班达（建筑师：URBANA/Kashef Chowdhury）——“一个具备抗震防洪功效的孟加拉国乡间社区中心。灵感来自该国最古老的城市考古遗址之一。”⑥

这个社区中心项目的业主是一个面向孟加拉国北部平原郊区农民、主要关注社区工作的非政府组织，由于吃紧的预算导致其无法像所在区域的其他房子一样抬高地基以抵御洪水的侵袭，便代之以在四周建设防洪堤墙。正因为此，使得整体下沉的建筑绿色屋顶与周边地景融为一体。作为培训中心的各种功能房间与内院、水池和被现代主义式应用的传统红砖营造了一种原真纯粹的内部氛围。当地材料也在工匠、建筑师和NGO组织的协作下，构造成为一项与周边景观、历史和古迹对话的简单而优雅的杰作（图15）。

“微杂院”胡同儿童图书馆及艺术中心，中国北京（建筑师：标准营造ZAO/Standard Architecture，张轲）“一个融合了北京传统胡同居住院落与当代生活的儿童图书馆。”⑦

北京的胡同除了有限的被转换为旅游景点的案例外，多数是以杂乱的环境自由生长和存在着，张轲则通过空间转换、材料利用、功能植入和构造策略，对“胡同”这一传统聚居类型的重新利用做出了尝试（图16—图18)。

超级线形公园，丹麦哥本哈根（建筑师：BIG-Bjarke Ingels Group, Topotek 1 and Superflex）——“促进种族，宗教和文化融合的公共空间。”⑧

超级线形公园委员哥本哈根北桥区（Nørrebro），是一个多种族聚居、社会问题突出的社区。此项目是由BIG建筑师事务所、Superflex艺术机构、TOPOTEK 1景观建筑师事务所和当地以穆斯林为主的社区共同协作完成。设计参与者以提倡多元文化积极融合为目标，通过营造不同主题和色彩的区域、加强地块内的联系、使用来自62个国家的108个物件装饰，成功地营造了一处兼具活动参与感、复杂性和视觉丰富性的高度可步行化空间，成为反映当代哥本哈根文化多样性的真实样本（图19，图20）。

Tabiat步行桥，伊朗德黑兰，（建筑师：Diba Tensile Architecture / Leila Araghian, Alireza Behzadi）——“这座跨越嘈杂高速公路的多层桥梁创造了一个新的充满活力的城市空间。”⑨

Tabiat步行桥横跨高速公路，连接着城市高密度地区的两个公园，周边区域则遍布功能性的建筑物。相较于将两处隔离的城市绿地建立联系，这座构造复杂的桥梁的意义更多在于通过提供户外家具、休息区和餐厅，为德黑兰市民创造了一处受欢迎的集会和活动场所。原本作为联系两处目的地的城市基础设施，其自身已然成为“目的地”（图21，图22）。

Issam Fares学院，黎巴嫩贝鲁特（建筑师：扎哈·哈迪德建筑事务所）——“一座形态激进，但是尊重当地文脉的贝鲁特美国大学校园的新楼。”⑩

作为已故建筑师扎哈·哈迪德的遗作，此项目延续了其标志性的建筑设计语言和形态。尽管形态大胆激进，有力且具有体量感的结构仍然对场地和周边景观做出了回应和退让。建筑的混凝土体量粗犷屹立校园中，但又掩映于植物和环境中，对校园复杂而特殊的现

6

7

图 8. 2016 阿卡汗奖颁奖活动音乐会
图 9. 2016 阿卡汗奖颁奖活动音乐会及欢迎晚宴在迪拜伊斯玛仪派中心举行
图 10. 2016 阿卡汗奖颁奖典礼在世界文化遗产贾希里城堡举行
图 11. 阿卡汗与建筑师
图 12. 部分获奖建筑师
图 13，图 14. 纯粹的几何形态与光影为人们提供了遗产社区中的精神庇护所
图 15. 当地材料在工匠、建筑师和 NGO（非政府组织）的协作下，构造成为一项与周边景观、历史和古迹对话的简单而优雅的杰作
图 16—图 18. “微杂院”为应对处理当下中国城市化进程中与历史与日常生活之间的复杂关系提供了一个参照样板
图 19，图 20. 超级线形公园成功地营造了一处兼具活动参与感、复杂性和视觉丰富性的高度可步行化空间
图 21. 塔比阿特步行桥

状环境进行了独特而又优雅的回应（图 23，图 24）。

2016 阿卡汗建筑奖获奖作品解读

梳理 2016 年阿卡汗建筑奖获奖作品与文字，结合过往的记录，便很容易把握阿卡汗建筑奖关注的核心价值和评价标准。对阿卡汗建筑奖的剖析和思考，可以帮助中国建筑学界在当下纷繁复杂与交融的世界建筑发展和国际语境中整理出一种有关解决人居环境中具体问题与矛盾，协调传统与创新、变化与不变，并以提升人类生活质量为目标的思路[8]。

多样性

多元化的精神一直以来都是伊斯兰文化的核心之一，而多样性则历来都是阿卡汗建筑奖所关注的重点议题。2016 年阿卡汗建筑奖图书的书名即是《建筑与多元化》。

尽管阿卡汗奖的评审标准规定项目必须“部分或整体为穆斯林设计或使用”，但我们发现评委在评价作品时显然有一定的弹性，穆斯林群体似乎也放大至更加普适的社区居民的范畴。虽然 BIG 和扎哈·哈迪德事务所成为 2016 年阿卡汗建筑奖的座上宾，但其通常更对一些鲜为人知的设计师有所青睐。此外值得讨论的是，对于一个伊斯兰文化背景的建筑奖项，2016 年度的 6 个获奖作品中有 3 个来自女性建筑师，阿卡汗殿下在颁奖致辞中也特地强调（注释）。在项目类型上，虽然在历史上也有著名建筑师的大型明星项目获得殊荣（如 Pelli Clark Pelli 事务所设计的吉隆坡双子塔（Petronas Towers），让·努维尔设计的巴黎阿拉伯研究所（Arab World Institute）和 Snøhetta 设计的埃及亚历山大图书馆（Bibliotheca Alexandrina）），但依然有大量类似于 Bait Ur Rouf 清真寺这样几百平方米尺度的社区建筑获奖。

建筑类型更是展示评委会的宽广和宽容的视野，

常见的公共建筑类型和私人住宅都出现在获奖项目列表中，而作为城市基础设施桥梁的 Tabiat 步行桥和公园绿地的超级线形公园也能博得评委的赞誉。在超级线形公园项目中，建筑、景观和艺术作品在这块场地上跨界融合，而为不同活动和功能提供空间并使之组成一个绵延不断界面，公园为街坊居民、来访者提供了一处真正意义上的公共空间，文化、种族和社会活动的多样性在这个公园中真实而自然地流露和展现。

融合包容与平衡

阿卡汗殿下在颁奖致辞中言道："伟大的建筑应当能够整合过去与未来—也即继承的传统与不断变化的需求。"[11]在阿卡汗建筑奖的语境中，包容与融合涵盖了历史与未来、人工环境与自然、地域性与普适价值观、宗教与大众、美学与实用性等对立而又统一的维度的整合。此外，在技术与变革不断更新的当下，面临全球化背景下等贫穷、犯罪、暴力、恐怖主义、污染等威胁和挑战的人类社会，如何在挑战中强化自身职责与责任感而不被稀释，保持个人表达与社会需求之间平衡，也是阿卡汗建筑奖所提倡的。

扎哈·哈迪德事务所在 Issam Fares 学院尽管在作品中选取了激进的形式语言，但在设计中自始至终贯穿着与景观和环境对话和退让的考虑：悬挑的教学设施体量联系了场地广场与植物，露台和坡道在不同场地高度与自然和景观展开对话。Tabiat 步行桥项目中，建筑师和工程师不仅在显而易见的三维立体桁架的形式设计和复杂建造过程中倾注了心血，也审慎思考了支柱对于基地中绿植的破坏最小化和树木未来自然生长的空间预留。友谊中心项目的朴实建筑材料与周边环境的完整统一、和谐交融，使项目在延续传统的同时，也对大地建筑进行了诠释。

探索学科边界和外延

2016 年阿卡汗建筑奖评审团认为，"传统和现代往往被视为矛盾的两种力量，在相互牵扯中产生永恒的张力"[12]。在历数近几届阿卡汗建筑奖获奖与入围作品后，我们发现此项奖项关注了许多由这种张力带给建筑师和塑造建成环境的参与者的机遇和挑战。阿卡汗建筑奖涵盖了不同文化背景下的建筑项目类型，这些项目融汇了传统和现代、宗教与文化、建筑的功能性与精神性等维度。在探讨这些维度时，奖项及其评委会也对学科的边界提出了探索和设问，许多在过去并不在传统建筑学范畴的项目类型和议题进入了视野。与此同时，坚信这个专业具有传统范畴的评委会也在探索不断变化的边界如何定义和锁定。专业范畴的变与不变、多样与坚持，是抛向建筑学和建筑师的好议题。在这样的背景下，传统地将建筑作品通过规模和类型进行分类似乎已经不恰当，而创造性的融合材料与技术、回应场地和使用者特定需求的空间将会更多地涌现。例如 Bait Ur Rouf 清真寺无疑在建筑美学和材料

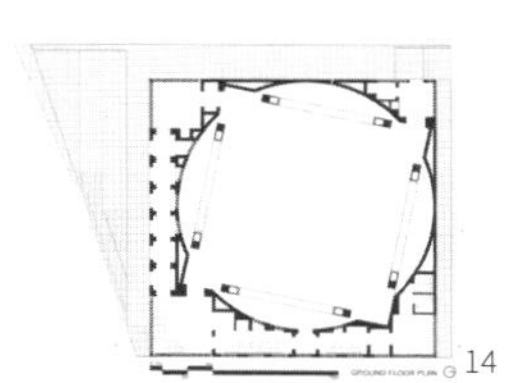
14

15

16

17

18

19

20

21

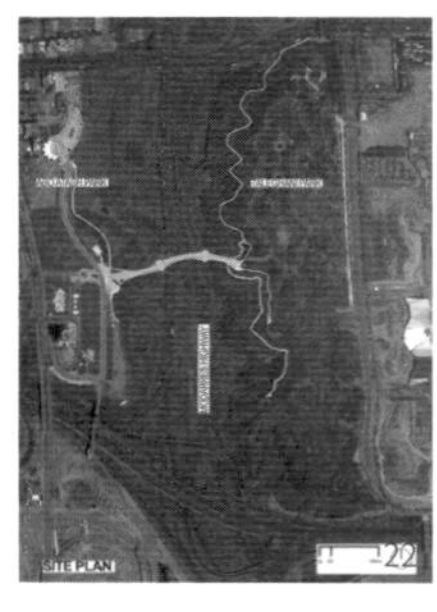
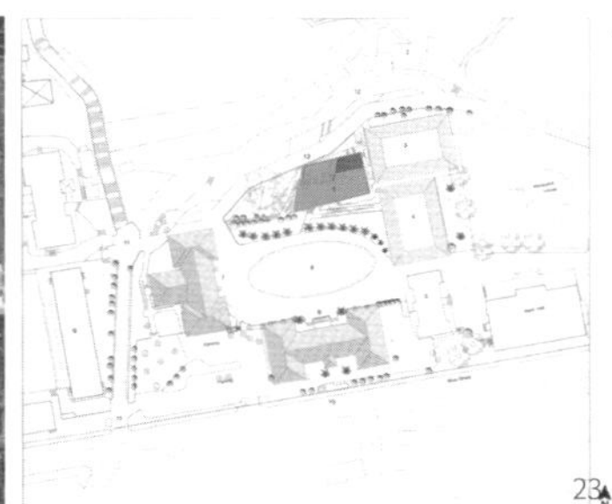

图 22. 塔比阿特步行桥
图 23, 图 24. 伊萨姆·法里斯学院对校园复杂而特殊的现状环境进行了独特而又优雅的回应
图 25. 塔比阿特步行桥
图 26. 张轲“微杂院”
图 27. 张轲在颁奖现场

运用方面都是一个杰作。在此之外，建筑师不仅良好回应了不规则场地地形和周边道路轴线，并通过砖和混凝土构建的方形、圆形及柱廊空间，在熙攘的街道环境中营造了一处可以使礼拜者安静享受阳光和呼吸空气的精神庇护场所。

关注日常生活需求和自下而上的力量

虽然阿卡汗建筑奖长期以来关注修复和适应性再利用项目，但其已越来越认识到对缺乏服务的社区具有社会影响的工作的重要性，社区影响力已逐渐成为奖项评审的核心。

阿卡汗殿下多次在颁奖致辞中提及建成环境与提升人们生活质量的关系，并认为建筑是唯一对人类生活的质量有直接和日常影响的艺术形式[13]。阿卡汗建筑奖的获奖项目多是参与各方良好的理解与合作的产物。根据每个项目的性质，相关的人员，包括业主、承包商、工程师、工匠、政府与建筑师，组合在了一起。建筑师起到了催化剂的作用，但是其他参与项目的人也对该作品的社会及美学价值有着深远的影响。在阿卡汗建筑奖的获奖项目中，我们很少看到精英主义或英雄注意的建筑师个人，而更多是人本主义的对现实问题的回应，可以窥见民众意识和公众参与力量对项目的塑造产生的作用。不同于典型的建筑委托和生产过程，当项目的多个参与方都能与最终使用者对话和感悟他们的真实需求时，使用者的需求对于空间的营造和创造新型公共空间也提供了灵感素材和触发开关。两个年轻合伙人设计的德黑兰 Tabiat 步行桥，由于直面了人类最根本的交往需求，在作为交通基础设施的桥梁上营造了聚集和停留的空间，使得作品在竣工第一年就吸引了 400 万游客（图 25）。

虽然该奖项长期以来一直看好修复和适应性再利用，但它已经越来越认识到对缺乏服务的社区的具有社会影响的工作。

城市更新及微更新

城市更新过去在中国语境中更多的是涉及大规模城市更新和历史街区更新的议题讨论，但在当下，城市更新的讨论和实践正逐渐延伸到日常和规模较小的项目中去。与历史和文脉的复杂与矛盾关系是中国城市化和城市更新进程中不可避免的议题。从张轲的“微杂院”中我们可以发现，建筑师为了回应和回答这一系列的议题，构建了新旧材料利用、新旧空间转换和使用、尊重已有场地要素、引入公共功能等复杂的逻辑和策略（图 26，图 27）。这些思考和努力的容量并不如微更新的“微”般少量，但却对未来个体与城市的关系做出了十分有潜力的尝试。

张轲与中国建筑师的实践

自 2010 年李晓东作品“桥上书屋”成为中国建筑师首个获得阿卡汗建筑奖的作品以来，都市实践设计

的土楼公舍（2010 年入围）、华黎设计的高黎贡手工造纸博物馆（2013 年入围）及本次“微杂院”的获奖，中国建筑师的作品已连续 3 届吸引了阿卡汗建筑奖评审委员会的注意力。这些作品的共性是阐释了中国建筑师如何在当下中国的城乡环境中结合实际问题和挑战，以适宜的设计语言和手法来诠释建筑师的社会思考（图 28—图 30）[9-10]。

张轲的“微杂院”项目无论从规模体量和先前的社会影响力，可能都不能与明星建筑师的大型项目等量齐观，但其在中国城市化进程中对历史和具体地域性聚居形态的应对和处理给阿卡汗建筑奖评审委员会留下了深刻印象。对有 300 年树龄参天古槐的保护、低影响材料和构造策略的运用以及包容地改造先前居民自行搭建的厨房空间，都反映了建筑师谦逊的态度和缜密的思维。通过嫁接加建的新结构和植入的公共功能，“微杂院”将老年原住民的日常生活与儿童图书馆及艺术中心的使用较好地交合在一起。通过在庭院中的小规模干预，社区之间的联系得到加强，并丰富了当地居民的胡同生活。尽管“微杂院”甚至都不是传统意义上的“建筑项目”，但张轲在此项目中提出的“共生式更新”是中国建筑师在面对和处理本土问题情境下的发声。张轲及先前李晓东的获奖是中国建筑师在国际语境下的被认可，为中国建筑师的实践、专业思考及参与社会提供了一种范式（图 31）[11]。

结语

相比于授予建筑师的奖项，授予建筑作品的阿卡汗建筑奖更多地尝试从社会价值角度考量作品。阿卡汗建筑奖的核心价值是希望全世界的建筑师、专家和官员能够关注对于社区和社会具有积极影响和关注的项目，并突出强调具有社会效益、能够为社区和社会服务的项目。在此基础之上，阿卡汗建筑奖还希望获奖作品能直面当今世界建成环境中所面临的紧要议题并提出可行和可移植的解决方案和思路。这些议题的关注和对学科边界的讨论，都反映了阿卡汗建筑奖的在国际语境中的演进方向和焦点转移（图 32）。

而有趣的是，当把阿卡汗建筑奖放入横向比较的框架内，不难发现 2016 年内国际建筑学界的奖项与策展反映了一些共性的价值观与思考导向。2016 年普利兹克建筑奖获得者亚历杭德罗·阿拉维纳以其为弱势群体设计和社会住宅项目著称。在其私人委托与公共项目中，不仅注重艺术追求，也集中体现了更加注重社会参与的建筑学派的复兴⑭。正是由其策展的 2016 年威尼斯建筑双年展“前线报道”，延续了其对于建筑介入社会问题和社会参与的关注，试图揭示公众社会与建筑之间的差距问题并探讨在社会环境的限制下如何发掘建筑的活力 [12]。2016 年欧洲的另一项重要建筑展——奥斯陆建筑三年展，则探讨了难民与移民、环境问题、旅游业等为建筑领域带来的挑战，并探索建

图 28. 华黎设计的高黎贡手工造纸博物馆（入围 2013 阿卡汗建 筑奖）
图 29. 李晓东设计的“桥上书屋”（获得 2010 阿卡汗建筑奖）
图 30. 都市实践设计的土楼公舍（入围 2010 阿卡汗建筑奖）
图 31. 张轲与评委莫斯塔法维和作者
图 32. 阿卡汗建筑奖发展

筑在社区建设中扮演的角色[13]。不难发现，国际语境中的建筑学奖项和策展中都直面关注了真实世界中的问题与挑战，并以建筑师的视角提供解决这些社会问题的方案和策略，社区、平民和生活与环境品质是高频关键词。

建筑学学科边界在不断变化，获奖项目的遴选也呈现着多元与包容，但依然有核心价值是不变的。建筑改变和提升使用者的生活质量和品质，让人们生活得更好。这是阿卡汗建筑奖提供给当代中国建筑实践与建筑学研究最重要的参考⑮⑯。

注释

① 阿卡汗建筑奖（The Aga Khan Award for Architecture）由阿卡汗四世于 1977 年创立，用以表彰对伊斯兰建筑做出重大贡献的建筑设计和建筑师，至今为止已经从来自世界各地的 9000 多个项目中评选出 116 个获奖作品。阿卡汗建筑奖每三年评选一次。

② 阿卡汗四世（Aga Khan IV），伊斯兰教什叶派的伊斯玛仪派的现任最高精神领袖。

③ 往届阿卡汗建筑奖的颁奖典礼举行地点：1980 年在拉合尔市的夏利巴尔花园，1983 年在伊斯坦布尔的托普卡帕宫，1986 年在马拉喀什的巴迪皇宫，1989 年在开罗的萨拉丁城堡，1992 年在撒马尔罕的雷吉斯坦广场，1995 年在梭罗的 Surakarta 王宫，1998 年在格拉纳达的阿尔罕布拉宫，2001 年在阿勒颇的阿勒颇城堡以及 2004 年在德里的胡马雍陵花园。

④ Mostafavi, M. (2016). Architecture and Plurality. Lars Müller Publishers, Zurich, Switzerland.

⑤ 原 文：A refuge for spirituality in urban Dhaka, selected for its beautiful use of natural light. 资料来源：阿卡汗建筑奖官网（www.akdn.org/2016AwardWinners）。

⑥ 原 文：A community centre which makes a virtue of an area susceptible to flooding in rural Bangladesh. 资料来源：阿卡汗建筑奖官网（www.akdn.org/2016AwardWinners）。

⑦ 原 文：A children’s library selected for its embodiment of contemporary life in the traditional courtyard residences of Beijing's Hutongs. 资料来源：阿卡汗建筑奖官网（www.akdn.org/2016AwardWinners）。

⑧ 原 文：A public space promoting integration across lines of ethnicity, religion and culture. 资料来源：阿卡汗建筑奖官网（www.akdn.org/2016AwardWinners）。

⑨ 原文：A multi-level bridge spanning a busy motorway has created a dynamic new urban space. 资料来源：阿卡汗建筑奖官网（www.akdn.org/2016AwardWinners）。

⑩ 原 文：A new building for the American University of Beirut's campus, radical in composition but respectful of its traditional context. 资料来源：阿卡汗建筑奖官网（www.akdn.org/2016AwardWinners）。

⑪原文：I think, first, of how great architecture can integrate the past and the future – inherited tradition and changing needs. 资料来源：阿卡汗建筑奖官网（www.akdn.org/2016AwardWinners）。

⑫原文：Tradition and modernity are often seen as opposing forces, locked together in a permanent state of tension.

⑬ 原 文：Architecture is the only art form which has a direct, daily impact on the quality of human life.

⑭普利茨克建筑奖官方网站 http://www.pritzkerprize.cn/2016/ 评语

⑮ "2016 Aga Khan Award For Architecture Recipients Announced | Aga Khan Development Network". Akdn.org. N.p., 2017. Web. 3 Feb. 2017.

⑯ "Aga Khan Award For Architecture | Aga Khan Development Network". Akdn.org. N.p., 2017. Web. 3 Feb. 2017.

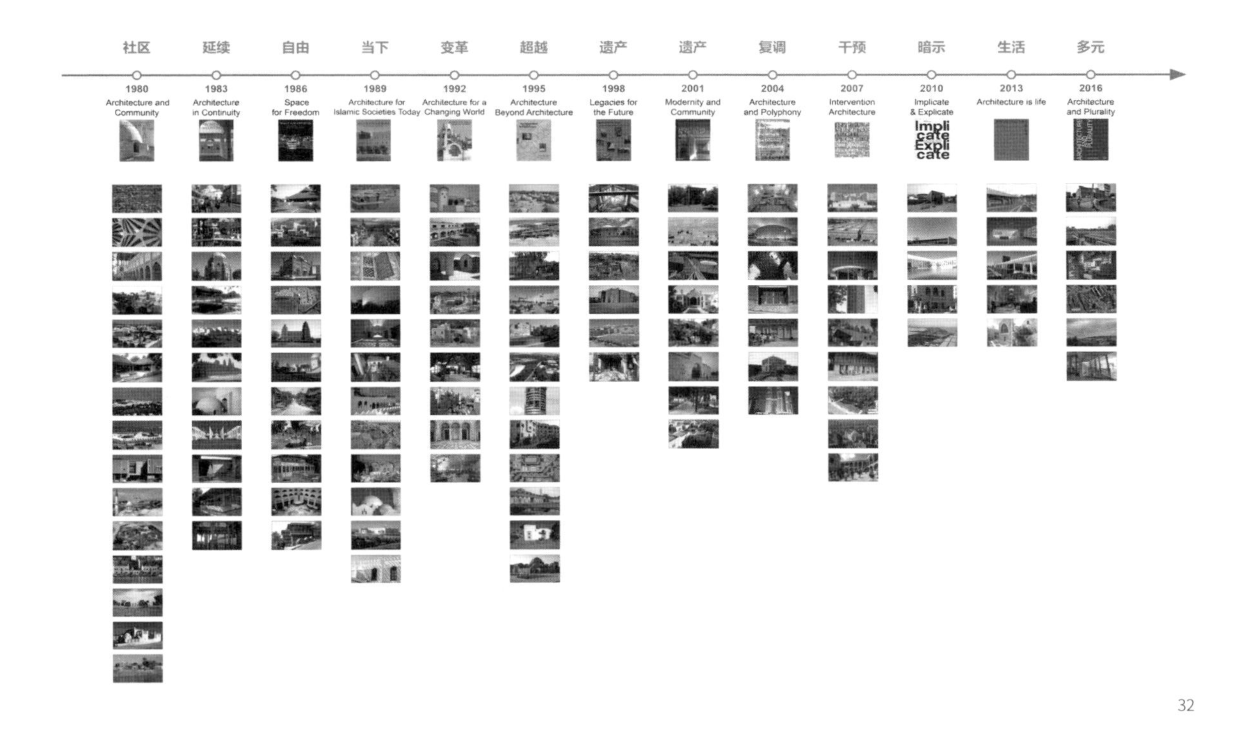

32

参考文献

[1] 阿卡汗殿下，徐知兰．阿卡汗殿下在第 12 届阿卡汗建筑奖颁奖典礼上的演讲．世界建筑，2013(11): 17–19+134.

[2] 张利，司马蕾．阿卡汗奖全球总监法罗·德拉沙尼访谈．世界建筑，2013(11): 20-21.

[3] 卢光裕，司马蕾．一位 2013 阿卡汗建筑奖技术评论人的感想．世界建筑，2013(11): 22+135.

[4] 彭怒，陈婷．规划实践的新模式 阿卡汗建筑奖国际研讨会报道．时代建筑，2012(5): 128–129.

[5] 法洛克·德拉克沙尼，叶扬．中国建筑与阿卡汗建筑奖．世界建筑，2011(5): 17.

[6] 廖维武，叶扬．关于“暗示与明示:2010 阿卡汗建筑奖研讨会”的报告．世界建筑，2011(5): 18–19.

[7] 华霞虹，华昕若．阿卡汗建筑奖与伊斯兰世界的当代建筑．建筑学报，2005(1): 78–81.

[8] 项琳斐．阿卡汗建筑奖．世界建筑，2011(5): 16–17.

[9] 华黎．云南高黎贡手工造纸博物馆．时代建筑，2011(1): 88–95.

[10] 刘晓都，孟岩．土楼公舍．时代建筑，2008(6): 48–57.

[11] 张轲，张益凡．共生与更新 标准营造“微杂院”．时代建筑，2016(4): 80–87.

[12] 支文军，施梦婷，李凌燕．来自 2016 年威尼斯建筑双年展的“前线报道”．时代建筑，2016(5): 148–155.

[13] 支文军，蒲昊旻．“归属之后” 2016 年奥斯陆建筑三年展．时代建筑，2016(6): 168–173.

图片来源

图 1— 图 3 绘图：徐蜀辰，图 4：https://books.google.com/ngrams，图 5：https://www.lars-mueller?publishers.com/architecture-and-plurality，图 6 绘图：徐蜀辰，图 7—图 10、图 21 摄影：支文军，表 1—表 3：徐蜀辰根据阿卡汗建筑奖官网资料整理，其他图片均来自：h tt p://w w w. a k d n.o r g/architecture 和 http://www.akdn.org/2016 Award Winners.

原文版权信息

支文军，徐蜀辰．包容与多元：国际语境演进中的 2016 阿卡汗建筑奖．世界建筑，2017(2): 16–24.

[国家自然科学基金项目：51278342]

[徐蜀辰：同济大学建筑与城市规划学院 2014 级博士研究生]

30

来自 2016 年威尼斯建筑双年展的“前线报道”

Reporting from the Front: On the 2016 Architecture Biennale, Venice, Italy

摘要　2016 年第十五届威尼斯建筑双年展以“前线报道”为主题，着眼于建筑在当前社会进程的种种预设条件下，如何生产出多样的可能性。这反映威尼斯建筑双年展其主题对于建筑介入社会问题的日趋关注。本文一方面简单梳理威尼斯建筑双年展的发展历程，简述展览主题侧重点的演变；另一方面详细分析了 2016 年威尼斯建筑双年展的主题及主要参展作品。

关键词　2016 威尼斯建筑双年展　建筑展览　“前线报道”　“平民设计，日用即道”　中国建筑师　国家馆　主题展

2016 年第十五届威尼斯建筑双年展正在水城威尼斯多个区域举行，本届主策展人智利建筑师阿拉维纳（Alejandro Aravena），结合其设计经历中一向关注的社会问题提出“前线报道（Reporting from the front）”的主题（图 1，图 2），试图揭示公众社会与建筑间的差距问题并探讨在限制的社会环境下如何发掘建筑的活力（图 3—图 5）。威尼斯建筑双年展在其 36 年的发展过程里，一直围绕建筑领域的先锋话题进行讨论，这成就了其成为时下最重要的建筑展览之一，回顾其历史，可以看出当代建筑在不断扩展自身定义的同时正在寻求更广泛社会认同的趋势。

威尼斯建筑双年展的历史——从“过去的呈现”到“前线报道”的迂回探索

威尼斯建筑双年展在 20 世纪 80 年代依托于威尼斯双年展发展而来，在 30 余年间由一个小插曲成长为极具影响力的业界交流先锋平台。1974 年，建筑部尚未在威尼斯双年展立项，意大利建筑师格里高蒂（Vittorio Gregotti）当选当年艺术展策展人，并以此为契机开启了威尼斯建筑双年展的历史。基于最初的展览模式与关注生活问题的主题选择，为其发展打下了良好的群众基础，威尼斯建筑双年展其关注点历年来也一直偏好社会问题，就鲜明的社会民生问题由建筑师角度展开讨论。

第一届威尼斯建筑双年展于 1980 年开幕，意大利建筑师波多盖西（Paolo Portoghesi）将“过去的呈现（The Present of the Past）”作为展览主题，他希望建筑双年展能与人们的生活产生联系，唤起大众关注。随着现代性的逐渐发展，日常生活与厚重的历史二者之间的交集受到关注，由罗西（Aldo Rossi）主持的第三届双年展将主题“威尼斯项目（The Venice Project）”回归到了对威尼斯本城的考虑，依托于现代主义建筑发展的背景发掘威尼斯古城的更新与改造的多种可能性。同时，20 世纪 80 年代对现代主义运动的批判精神也依旧盛行，建筑师和策展人们也乐意从一些具有代表性的切入点来发现他们与历史的关联

项，比如 1986 年为向荷兰建筑师贝尔拉格（Hendrik Petrus Berlage）致敬的第四届双年展。

1991 年第五届建筑双年展第一次将国家馆列入了展览的架构，国家馆和主题馆相结合，这种全新的展览模式使威尼斯建筑双年展的影响力迅速在全球范围内扩大，国际化的视野使双年展有了质的飞跃。在当时学界各个流派相互博弈的间隙中，奥地利建筑师霍莱茵（Hans Hollein）成为第一个非意大利籍的策展人，他将 1996 年第六届威尼斯建筑双年展主题设定为“感知未来——作为地震仪的建筑师（Sensors of the Future, the Architect as Seismograph）”，为的是用新技术的力量来打破传统风格与流派的限制，向人们诠释我们将有多种方式来感知建筑的发展动态并摆正前行的方向。

2000 年第七届，“少一些审美，多一些道德（Less Aestethics , More Ethics）”。此次展览策展人意大利建筑师福克萨斯（Massimiliano Fuksas），他将“环境”“社会”与“技术”作为三个展出部分，并首次将关注点从建筑转向当代城市。策展人的背景开始突破建筑师的设定，从而打开了更全面多样的主题展示视角。随着全球数字化在各领域的大规模应用，未来也有更多的论据来说明问题，如 2006 年第十届“城市：建筑与社会（Cities: Architecture and Society）”，策展人英国理论家巴尔德特（Richard Burdett）将 16 座超级城市作为展览对象，通过 12 个研究中心的数据分析，剖析当代城市发展所存在的如人口密度、城市交通等宏观问题。通过第七届的视角开拓，聪明的建筑师们已经嗅到了更多现存的问题。2002 年第八届，策展人英国建筑评论家萨迪奇（Deyan Sudjic）将题为“下一个（Next）”展览的侧重点放在建筑师对即

图 1. 2016 年威尼斯建筑双年展海报
图 2. 主策展人阿拉维纳 Alejandro Aravena
图 3. 2016 年威尼斯建筑双年展导览图
图 4. 2016 威尼斯建筑双年展军械库展区平面图
图 5. 2016 威尼斯建筑双年展拿破仑花园展区平面图

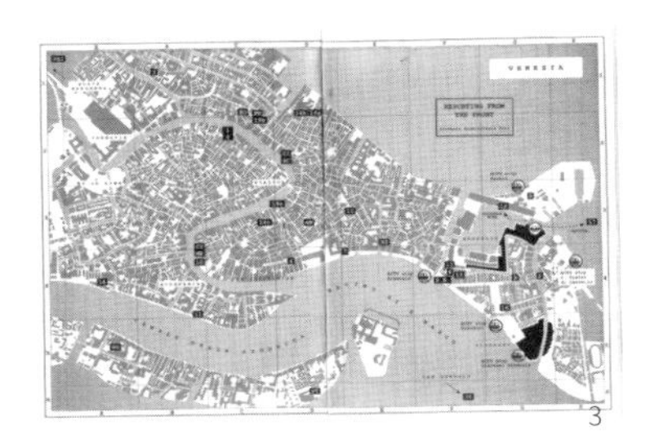

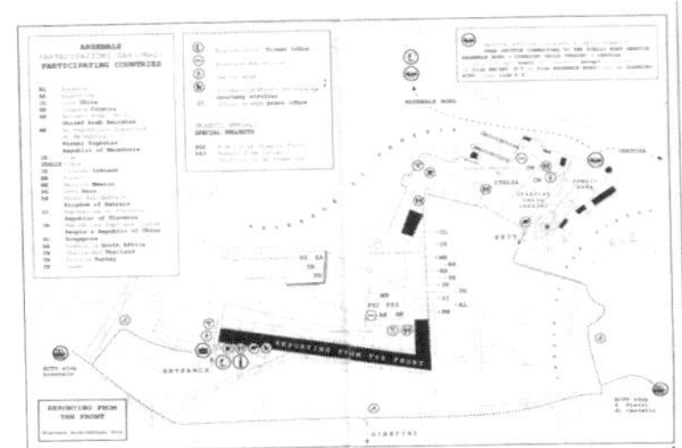

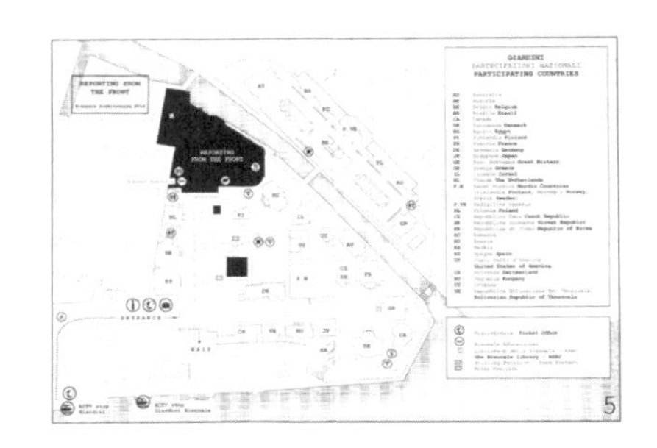

图 6. 2016 威尼斯建筑双年展主题馆
图 7. 2016 威尼斯建筑双年展主题介绍展厅
图 8. 金狮奖颁奖典礼
图 9. 主策展人阿拉维纳在主题展的作品
图 10, 图 11. 金狮奖作品“打破枷锁”

将建成建筑的掌控力上，并对建筑材料的使用进行重点描述；2004 年第九届，建筑评论家福斯特（Kurt W Forster）延续了上一届对建筑材料的重视，鼓励建筑师们融合数字技术和多样性的材料，对建筑自身进行变形和转换，让“运动”的建筑与传统理念有了前所未有的视觉碰撞 [1]。

随着 2008 年全球金融危机的影响，第十一届威尼斯建筑双年展也将宏观的城市系统问题又迁回到更接地气的建筑与社会的关系中——“那儿——超越房屋的建筑（Out There:Architecture Beyond Building）”。策展人美国建筑评论家贝斯奇（Aaron Betsky）认为建筑是人对环境的主动选择与改造，是生活方式的表达 [2]。第一位女性策展人妹岛和世在 2010 年第十二届展览中表达了相同的希冀，她以“人们相逢于建筑（People Meet in Architecture）”从更为细腻感性的角度出发，希望人们能有机会去体验建筑的多种可能性以及其所代表的生存方式的多样化 [3]。2012 年，英国建筑师奇普菲尔德（David Chipperfield）拟题“共同基础（Common Ground）”，又像是又兜兜转转回到了最初对历史、文化、人文的革新与传承问题 [4]。

2014 年第十四届威尼斯建筑双年展由库哈斯 (Rem Koolhaas) 担任主策展人，给出“基本法则（Fundamental）”。这个主题使参展建筑师们纷纷停下急行的脚步，来回顾所有建造的初衷和本源，主要关注点还是为梳理建筑发展历程以及确定建筑本身的基本法则 [5]。与库哈斯角度的不同，两年后的今天我们目光所及不仅是建筑本身，更加清醒地认识到其对于城市、环境、社会以及人民生活方式产生的影响，注定了单从建筑本身为出发点必然解决不了一些频出的问题。本届主题“前线报道”因将着眼点放在了如何整合社会问题、环境污染、经济危机的波及等界外因素与建筑产生的化学反应而引起建筑师们的探讨和热议。

威尼斯建筑双年展从 20 世纪 80 年代的起步探索到 90 年代的稳定发展，如今已然成为高水准的国际风向标。由策展主题体现出双年展的侧重点也由仅建筑本身的研究发展到对城市与社会的探讨，更深入地呈现宏观视野，站在更长远的视角来认识建筑在城市更新、历史传承、

图 12—图 14. 银狮奖作品“水上浮动学校”
图 15. 作者于西班牙馆
图 16—图 18. 西班牙馆

技术创新中的作用和影响。威尼斯建筑双年展在这些主题的选择中不断更替，迂回探索着向前的步伐。

2016 年威尼斯建筑双年展主题——前线报道

本届威尼斯建筑双年展于 2016 年 5 月 28 日举行，为期 6 个月，主策展人智利著名建筑师阿拉维纳（Alejandro Aravena），也是同年的普利策奖获得者。

阿拉维纳将主题定为“前线报道”，而这一深刻的话题也正如双年展官方宣传照片中所表述的一样：一个老妇人（Maria Reiche，1903–1998，德国考古学家，研究领域为纳斯卡地画）攀登上沙漠中的铝制梯子，在她孤独的背影面前，那些原本毫无生气的沙砾此时在其视角看起来像是一只鸟，一只捷豹，一棵树或者一朵花。他在阐述这个主题时说：“我们应该在条件有限的状态下学会什么是可用的，而不是抱怨失去了什么……这份‘前线报道’不会只是一份记录人们谈话的编年史，我们想要平衡对未来的希望和严肃性。为美好的生活环境而战，不会是一个轻松浪漫的过程。因此，这次展览将不会是一次单纯的声讨，也不会有热烈的讨论，更不可能是更衣室里鼓舞人心的谈话。”①

在我们所生活的世界中，建筑占据了很大的部分，它以各种形式出现在我们的视野中，而这些形式并不仅仅依附于当下的审美趋势，还是法规、利益、经济和政策相互糅合影响下的最终产品。这样的形式具有不定性，能改善人们的生活，当然也能毁灭生活。面对眼前平庸、沉闷的环境，人们意识到有太多的战役需要去取得胜利，以获得更为舒适的建筑环境质量和生活质量。以这样的出发点，也许我们可以抱着寻宝的心态来欣赏本届双年展中的奇思妙想？在此次建筑展中，策展方给大家提供了两个建议：一个是可以将可能出现的建筑问题的范围再扩大，将触角涵盖到社会、政治、经济和环境中，并提出有效的预政策予以应对；另一个是策展人通过展览强调一个事实：建筑能够响应的是多个维度和多方领域而不仅仅是这个或者那个的单项选择。

然而对于许多人来说，尽管阿拉维纳的目标无可

非议，如他所言："请相信，设计，是可以作为颠覆以个人特权来获得集体效益的工具的。"然而，批评者的言论依然不绝于耳。坦白地说，我们并不觉得双年展必须是完美的，他也不会符合每一个人的价值认同。支持者们各有各的理由和关注点，而今年的批评者们的观点似乎可以归结为同一种立场：建筑师没有义务去尝试着帮助穷人。他们认为建筑并不是一种能解决全球不平等基础设施、政治、经济发展的有效工具。对于我们而言，无论支持者，或者批判者，似乎都有殊途同归的趋势，建筑师没有能力去直接扶持弱势群体，我们能做的，是将建筑这种视野范围内时常出现的形式在与社会、经济、数字化等各种领域相互影响后的结合物，以一种"不是那么建筑"的方式去改善人们的前线状态。

主题馆——建筑师们眼中的世界问题

本次双年展有 65 个国家参展，其中 5 个国家首次参加：立陶宛、尼日利亚、菲律宾、塞舌尔和也门。共有 37 个不同国家的 88 位建筑师个人或团体参展。威尼斯建筑双年展主要在两大展区进行：军械库（Arsenale）以及拿破仑花园区（Giardini）。展览类型包括 3 个层级：主题馆（由主策展人阿拉维纳直接委托出展，在两个展区都有呈现）、国家馆（30 多个国家馆坐落于拿破仑公园，散布方式似世博会一般，在具有各自特色的国家馆中阐述对展览主题的见解；另外，军械库中也有部分国家馆，如中国馆）、平行展（在两大展区以外，平行展遍布全城，图 6，图 7）[②]。

在这主题展的 88 件作品中，部分散落在拿破仑花园展区，另一部分在军械库展区展出。在本届展览激烈角逐中，巴拉圭建筑事务所 Gabinete de Arquitectura 的作品获得金狮奖（图 8—图 11），尼日利亚建筑师阿德耶米 (Kunle Adeyemi) 的作品获银狮奖，另外，中国建筑师刘家琨、王澍、张轲等著名建筑师的作品也被邀请参加主题展。

Gabinete de Arquitectura 建筑事务所的作品在拿破仑花园主题馆展出，成为双年展中的热门展览，并荣获最佳参与金狮奖，是为独立参展的最高奖项。他们运用最简洁的材料——砖和水泥，以独特的结构与未经训练的弱势人群一起构建了一个砖砌拱，展示了一个不为人熟知的南美建筑特点。

时下热议的参展作品莫过于昆雷·阿德耶米 (Kunle Adeyemi) 设计的漂浮学校，优美且轻盈的架构确实让人眼前一亮，斩获了参与的银狮奖（图 12—图 14）。在这个迅速发展的现代化城市进程中，人们鲜有看到气候变化给某一些地区带来的严峻问题，这个漂浮学校则恰到好处地低调完善城市基础设施，将不变应万变的原则渗透到应对气候、战争等灾难有可能带来的不确定性中去。另外，该设计的原作品在当地似乎遭受了不可抗力而坍塌，这也给建筑师们敲响了警钟，对于可以大规模推广的利民设计，在巧妙创意的基础上，更应着手实践来达到契合各地状况的产品实体。

主题馆所呈现的精彩是建筑师们试图在现存的严峻环境和场所中获得平衡，他们从世界各角落带回的情报也不仅仅是谴责或抱怨，更有利的选择是大家一同关注、倾听、包容这些现象，从各自的擅长领域里发掘更多的解决方法。

国家馆——展览中呈现的世界"前线战况"

国家馆在军械库和拿破仑花园两个展区各自散布，精彩纷呈，多种多样的视角与理念诠释着各国建筑师们对于当前"前线战况"的理解。

其中，题为"未完成（Unfinished）"的西班牙馆被组委会授予国家馆最高荣誉金狮奖，评委表示该策展"精炼地展现了西班牙新锐建筑师们的作品，他们突破了物质材料的限制，展现出非凡的创造力和专注精神"（图 15—图 18）。在西班牙摆托经济"病危"的状态后，建筑界的劣势也随房产泡沫的缓解而得到改善，双年展上西班牙馆展出了 80 多个国内正在兴建（未完成）的建筑的过程，表达了建筑师们将以专注乐观积极的一面去吸取过往的经验，来迎接建筑业的复苏。

日本馆与秘鲁馆同时获得国家馆银狮奖的荣誉。日本的经济高速增长已经悄然远去，看似平静的局面实则暗流涌动，日本社会问题频频出现，年轻人失业率大幅上升，贫富差距快速拉大……而面对如此困境，日本建筑该有怎样的前景？日本馆展示了多种集合住宅项目，这些项目克服场地有限条件，形成以高密度创新的手法为转折点，试图以此成为社会革新的推动力（图 19—图 22）。

秘鲁馆将神秘的"亚马逊文化"带到人们面前，同时也将生物多样性、热带雨林、全球气候调节等世界性问题立为人类应该共同面对的战场（图 23）。如何在保存完整生态链的基础上来将现代文明载入原住民的生活中，这将是这场战役中至关重要的策略。组委会高度赞扬了秘鲁馆将建筑带到了世界的偏远角落，使其既成为学习的场所同时保存了亚马逊地区的文化。

另有一些国家馆在大胆直接的策展陈设上出类拔萃（图 24—图 26），比如德国馆。德国馆将一圈砖墙拆除，这就意味着这近半年的展期中，德国馆将一直为人们开放。同时，德国国家馆主题定为"铸造家园，德国，目的地国（Making Heimat, Germany, Arrival Country）"，旨在探讨在时下最为瞩目的难民问题的大背景中，德国城市该以怎样的发展姿态来体现一个有容乃大的融洽氛围。德国馆用最为简练易懂的图文将这个包容国度的形象展现在墙上，没有一丝多余的实物。或许正是如此诠释，才能让人们看到真切的德国（图 27—图 29）。

英国馆以"家庭经济学"为议题，描述了因住房危机而引起的种种，而展出的单元化可移动的空间等创新型住房模式表达了英国馆对未来的生活方式的探索。

主题展的参展作品概况

本届威尼斯建筑双年展有来自 37 个国家的 88 位建筑师代表个人或携合作团队受到主题馆的参展邀请，除金狮奖、银狮奖得主的作品外，另有大批的前沿作品获得了人们的关注。

作为总策展人阿拉维纳在主题展主展厅中的设计，在细节中处处契合着"来自前线的报告"所要传达的气质——紧迫而严肃。在军械库旧砖墙对比之下是以废弃建材搭建而来的展厅围墙，其上陈列有 15 个回顾历届双年展回顾的小屏幕，参观者在环顾过程中不可忽视的承受着来自上方的压力：以废弃条形铝制建材在天花板密集排列，冰冷尖锐的悬挂于人头顶上方。这个废弃材料搭建的主题空间提醒着人们思索应以怎样的态度来面对本届威尼斯双年展提出的问题。

韦雷（Simon Velez）是哥伦比亚建筑师，他将环

图 19—图 22. 日本馆
图 23. 秘鲁馆
图 24. 波兰馆的参展作品

22

23

24

图 25, 图 26. 苏黎世联邦理工学院的参展作品
图 27. 德国馆的参展作品
图 28. 智利馆的参展作品
图 29. 瑞士馆的参展作品
图 30. 中国馆

保、轻盈、性价比高的竹子作为这次展览的主要材料，他倡导在公共项目中运用竹子，并提出了将混凝土引入节点从而增强结构的支撑能力的想法。他从自然材料与人工材料有机结合的视角来回应建造一线上的材料突破难题。

面对手工艺传承的缺失，隈研吾的参展作品融合了工业和手工艺，匠人与流水线工人、现代与传统、地域性和全球性这些不置可否的矛盾，他用石头、木头等最平凡经典的建材来展示最古老的制作工艺在现代化影响下的进阶可能。

另外，建筑大师哈迪德在 2016 年 3 月 30 日离世，策展方为致敬这位有着划时代意义的女性建筑师对建筑界的突出贡献，在主展馆设立了回顾展，内容包括扎哈的早期作品、近期作品、部分未建成作品以及早年的绘画作品。

在威尼斯建筑双年展主题馆入口处，有一整面墙，贴满了参展建筑师们对于这个议题的思考，表达他们对于这些前线的忧虑和最亟待解决的问题的呈现。

中国馆——平民设计，日用即道

在本届威尼斯建筑双年展中，中国馆以“平民设计，日用即道”的主题来回应主展馆的“前线报道”。中国馆主策展人梁井宇先生在策展的概述中指出，他将“平民设计”定义为“本地、节约与责任”。他表示：“‘平民设计’服从‘日用即道’。它并非试图用未来替代过去，而是对过去进行打磨之后，将之融入今天的生活；它不干涉，却是积极调解社群生活；它使设计成果可以被大多数人享用；它认为我们必须有节制、敢于担当责任，否则建筑学不会有光明的未来”[6]。从这个主旨来看，尊严、福祉与公平，就是我们当下不可忽视的“前线”。我们如何将设计更好地服务于大多数人？这届中国馆的参展作品提交了一份有限但令人回味的答卷（图 30，图 31）。

“众建筑”（People's Architecture Office）展出作品《内盒院》（Courtyard House Plugin）是应用于城市更新的预制化模块建造系统——居民们可以创建个人的、分散的、高效节能的基础设施，无须拆除房屋与市政基础设施即可直接提升居住质量。这种大量居民个人的微额投资对于地区发展更为长效。“众建筑”表示希望建筑与生活的关联能够让中国社会重新认识到建筑设计的责任问题。

“场域建筑”（Approach Architecture Studio）在中国馆中展出的作品是杨梅竹斜街（Yangmeizhu Xiejie Street）和大栅栏 & Dashila(b) 的改造成果影像资料，该项目是大栅栏文化保护区保护复兴规划的一部分，其更新与整改使原本不够整洁、居民随意搭建、历史保护状况较差的情况得到改善，并引发一系列连锁反应。这场建筑师和居民共同对抗恶劣环境的战役中，建筑师所承担的角色不仅仅是街道房屋空间的营

28

29

30

造者，同时也作为一个外来介入的因素，针对该地区的文化品性、场地特色等方面进行城市策划、社区调和，并成为一个文化推广的支撑平台。

左靖在本次展览中提供了两件作品：《黟县百工》和《另一种可能：乡镇建设》。《黟县百工》通过影像装置中看到的是徽州乡村的百姓日常和朴素平淡的生活方式，以最平凡的方式来继承中国的民间工艺。《另一种可能：乡镇建设》中以不同于农村实践的视角与切入点关注了乡镇这个特殊群体，并希望能通过合理的规划介入方式，重新唤醒乡镇的经济、文化、艺术活力。

润·建筑工作室认为："设计从日常美学与独立思考开始，理性'人宅互养'的建筑理念，反观传统人文，取长古今工艺，尊崇自然共生法则，悉心营造文质并美、返璞归真的当代'润'生活美学。"他们展示作品——两个新木构，三个柱式，试图以来自情感化结构和象征化结构的感悟，来诠释一个中理想状态下造物关系。将匠心融入现代的技术及材料中去，并最终在大量的乡村营造实践中能实现带有传统特性的预制化构件，现场工匠化营造。

著名建筑师朱竞翔先生提供的作品《斗室》（Dou Pavilion）是为中国偏远乡村学前教育开发的产品，已兴建了十余座（图 32，图 33）。他认为出现在"前线"的应该是必需品，而《斗室》的设计融合了气候、结构、制造、建造、运输、维修等多重考量，为 2 ～ 6 岁儿童的创新性学前教育提供实现多样化自我创造的可能性 [7]。

此外，中国馆的展览还包含了其他最为基本的对于乡村、旧空间、老街区等蕴含着中国根源文化的部分的深层探索。如王路展出乡村建筑实践案例耒阳市毛坪村浙商希望小学，尝试以现代主义者的敏感，去唤醒地方文化的基本精神，使其成为时代精神和文化真实感的新场所；无界景观工作室以多媒体视频和室外装置两种形式来展示"平民花园"——一个共享微空间，在居民最平常的生活中去渗透批次尊重，创造社区共享价值的理念。

中国建筑师群体的参展概况

除中国馆的参展建筑师群体的发声之外，中国建筑师在主题馆或平行馆中的作品也获得了现场的关注，如刘家琨的《西村·贝森大院》在拿破仑花园区的主题馆中展出；王澍携杭州富阳区洞桥镇文村改造作品展于军械库的 34 号展位；张轲的参展作品《微胡同》位于军械库展区的 59 展位。

此次双年展中，中国建筑师刘家琨的作品将关注点至于地域特色和基础性建筑材料的非常规使用上，《西村·贝森大院》以传统的竹材料、围和大院的形式来激发众人的集体记忆（图 34，图 35）。这也是中国建筑设计师独立设计的实体建筑作品首次入选威尼斯建筑双年展主题展。"将城市生活、社区服务及文化场所在建筑中完美融合，体现出现代城市及地方传统

图 31. 中国馆
图 32，图 33. 朱竞翔的参展作品《斗室》
图 34，图 35. 刘家琨的参展作品 《西村·贝森大院》
图 36，图 37. 王澍参展作品 《杭州富阳区洞桥镇文村改造》

的互动，在重塑城市精神空间的同时，有别于当代城市文化的趋同性，彰显出其根植城市——成都的文化基因，充分表达了成都民众公共生活与城市文化空间的相互拓展关系”[8]，组委会如是评价。

为王澍、陆文宇的业余建筑工作室的《杭州富阳区洞桥镇文村改造》展于军械库的主题馆，现场除了整个改造过程的完整资料，还展示了项目所用的真实材料，包括当地的杭灰石、黄黏土等，这使作品中体现的匠人精神对主题“前线报道”做出了最为直观可触的回应（图 36，图 37）。同时，王澍通过这个作品将如火如荼进行着的乡村建造实践完整真实地展示给世界，并以此来塑造中国传统价值观影响下的现代乡土文化形象。

作品《微胡同》与中国馆内的作品有着异曲同工之妙，张轲带领“标准营造”团队在北京大栅栏杨梅竹斜街进行城市更新实践，同时也积极探索在传统的胡同空间中如何跨过局限性，来突破超小型社区住宅人数限定，以发展高密度居住和舒适性共生的可能性[9]。

在威尼斯建筑大学特隆宫（Universita IUAV di VeneziaCa' tron），“理想家”项目在威尼斯建筑双年展中国城市馆《穿越中国》系列展览中亮相，这个项目向大家介绍了由 13 位中国顶尖建筑师及其合作伙伴的 13 种对于“理想模式的家”的思路和研究成果。展览分为 5 个展示部分：“混合单元”“非实体化空间”“乡村前沿”“社区 PLUS”和“厨的房”，以叙事的方式来展开居所生活中的完整故事，依托直观的集合材料、数字技术和文件档案的展览方式，将个体汇聚成一个个的集合单位，并在叙述过程中呈现了文化传承、风俗习惯、空间处理和社会活动等方面，最终描绘出建筑师们心中的“理想家”。

36

37

结语

“当我们面临一个严峻的问题时，1mm 的进步也有其意义。需要进行调整的是对成功的定义，因为在前线，成就向来是相对而非绝对的”——这是策展人阿拉维纳对主题的阐述。以前线报道（Reporting from the front）为主题的第 15 届威尼斯建筑双年展，正面回应了建筑如何介入各地域国家不同社会政治问题、经济遗留问题和气候影响的可能。应当注意，当代建筑的挑战主要来自社会层面，具备社会意识的设计正逐渐展示其积极的效果。同时，中国馆的“平民设计，日用即道”和中国其他建筑师们以带有东方哲思的视角，阐释了中国设计师对于前线的思考，构建起社会大众与建筑学交流的渠道。建筑无法远离公众，特别自金融危机后，这一问题逐渐受到重视并成为当下设计与理论领域抗争的最重要主题。或许对本届威尼斯建筑双年展进行评价为时尚早，但纵观其历届主题流变，可以肯定对于社会意识的关注使得本届威尼斯建筑双年展获得更广阔视野与批判意义，就这点而言，本届展览无疑具备了一个良好的开端。AA 学院院长 Brett Stelle 这样描述如今的威尼斯建筑双年展：“双年展其重要性体现于它的基础性，它作为一个基础平台记录了建筑展览前进和引导建筑发展的原动力，而今展览本身在国际范围内与日俱增的关注度几乎使得建筑内容处于从属地位。”[10]

注释

① 参考：Architexturez.Outline of the 15th International Architecture Exhibition: Reporting From the Front.

② 参考：威尼斯双年展官方网站 http://www.labiennale.org/en/.

参考文献

[1] 陈洁萍 . 地形学议题：第九届威尼斯建筑双年展回顾 . 新建筑 , 2007(4): 80–85.

[2] 任少峰 , 李翔宁 . 威尼斯建筑双年展展示空间的演变与利用 . 南方建筑 , 2012(3): 42–44.

[3] 曹璐馨 . 威尼斯建筑双年展的主题选择与呈现（天津大学硕士论文）, 2013.

[4] 张晓春 .“共同基础”2012 年第十三届威尼斯国际建筑双年展题记 . 时代建筑 , 2012(6):138–143.

[5] 何宛余 . 库哈斯的宣言：第十四届威尼斯建筑双年展 . 城市建筑 , 2014(22): 118–123.

[6] 左靖 . 第 15 届威尼斯国际建筑双年展中国国家馆 . 平民设计日用即道 . 上海：同济大学出版社 , 2016.

[7] 朱竞翔 . 新芽学校的诞生 . 时代建筑 , 2011(2): 46–53.

[8] 支文军 . 观念与实践：中国年轻建筑师的设计探索 . 时代建筑 , 2011(2): 1.

[9] 张轲 . 微胡同 . 时代建筑 , 2014(4): 106–111.

[10] 李武英 . 建筑展该何去何从 ?. 时代建筑 , 2006(6): 21.

图片来源

本文图片由《时代建筑》编辑部提供

原文版权信息

支文军，施梦婷，李凌燕 . 来自 2016 年威尼斯建筑双年展的“前线报道”. 时代建筑 , 2016(5): 148–155.

[施梦婷：同济大学建筑与城市规划学院 2015 级硕士研究生 ; 李凌燕：同济大学艺术与传媒学院助理教授]

归属之后：2016 年奥斯陆建筑三年展

After Belonging: On the 2016 Oslo Architecture Triennale, Oslo, Norway

摘要 2016年奥斯陆建筑三年展以“归属之后”为主题，将视角指向“归属感的变化”和“住所的当代转型模式”。探讨难民与移民、环境问题、旅游业等为建筑领域带来的挑战，并探索建筑在社区建设中扮演的角色。本文一方面梳理奥斯陆建筑三年展的发展历程，另一方面详细介绍了 2016 年奥斯陆建筑三年展主题理念，同时分析了一部分参展作品。最后，提出了作者对“归属之后”主题的思考。

关键词 2016 年奥斯陆建筑三年展 建筑展览 归属感 “归属之后”

2016 年 9 月，奥斯陆建筑三年展（Oslo Architecture Triennale）在挪威首都奥斯陆拉开帷幕。这是展览首次以团队形式进行主题策划，策展团队涵盖了来自西班牙的建筑师、学者和理论家，结合欧盟与申根地区所面临的移民趋势及开放边界给居民带来的紧张情绪，试图探讨难民与移民、环境问题、旅游业等为建筑领域带来的挑战并对归属感（Belonging）的概念重新定义。奥斯陆三年展的设立至今仅 15 年有余，展览视角始终围绕斯堪的纳维亚地区，通过对自身问题的审视与解决来寻求更广泛的认同，为当代建筑的发展献计献策。

奥斯陆建筑三年展——从“城市的生活”（Urban Life Forms）到“归属之后”（After Belonging）

奥斯陆建筑三年展（后文简称“三年展”）是北欧地区最大的建筑展览节，同时也是世界上对建筑和城市的挑战进行讨论和传播的重要平台之一。最初，由挪威建筑师协会在 2000 年设立，旨在讨论当前与本土有联系性的国际热点话题。三年展将目标群体指向包括决策者、专家和国际访客在内的群众群体，基于最初设定的讨论会形式，逐渐形成以展览、会议、研讨会、竞赛和一系列多媒体媒介为载体的多元模式，架构起基于北欧地区的建筑与城市化交流平台。

奥斯陆三年展设立之初，受限其规模和影响力，仅能作为挪威境内一次启蒙性展览。2000 年三年展以“城市的生活”（Urban Life Forms）作为主题和 2003 年三年展将主题设定为“资本的愿景”（Visions for the Capital），在其孕育阶段，策展人希望为三年展定下发展基调——关注当下的生活、应对来自未来的挑战。于是，时隔 4 年以“冒险的文化”（Culture of Risk）为主题的 2007 年三年展为挪威当代建筑的自我认同感打上了巨大的问号。策展人加里·贝茨（Gary Bates）以批判的观点看待挪威当代建筑：与其困在虚无的文化认同感里，不如从传统走向创新，发挥内在潜力，挑战未知的同时承担风险。这也是第一次将会

图 1. 2016 奥斯陆建筑三年展海报
图 2. 策展团队
图 3. 2016 奥斯陆建筑三年展活动现场

议纳入展览环节，扩大了三年展的主要议题，解决如品牌建设、复合风险、社会规划等问题。

2010 年三年展扩大了展览的架构，在会议的基础上，增加辩论会、讲座、研讨会、竞赛及相关研究活动。在“人造”（Man Made）主线串联之下，延伸出“人造环境”（Man Made Environment）主题展、“人造未来”（Man Made Tomorrow）会议和“人为修正”（Man Made Reformulate）竞赛等项目。通过多维角度探索如何积极应对来自社会和未来的挑战。这种全新的展览模式为挪威打开了一扇“窗户”，用全球化的视野来看待地域问题，也延续着上一届三年展的主题——发挥挪威本土建筑革新的潜力。

2013 年三年展是“绿门之后——建筑以及对可持续的渴望”（Behind the Green Door – Architecture and the desire for sustainability）。此次展览策展人是来自比利时的设计团队 Rotor（成员为马腾·吉伦（Maarten Gielen）和莱昂内尔·德维列齐（Lionel Devliege）），他们通过 1 年时间收集 600 余件展品，表达对可持续概念的宣言，反问何为真正意义上的可持续设计。此次展览打破常规，不为展览设定逻辑线索，通过参观者的自我评价，感受到可持续设计是否为我们当代生活带来的巨大改变。

如今，奥斯陆建筑三年展已从开幕 2 周的小型主题展发展为持续 12 周的综合性展览，成为北欧建筑圈不可或缺的交流平台。综合各届策展主题，展览的侧重点也从城市本身的发展探讨推进到社会、社区甚至个体与环境关系的探讨，继而由“点”推“面”，通过人为尺度存在的问题拓展到地域、全球的影响。奥斯陆建筑三年展在稳步发展之中，步步推进。

2016 年奥斯陆建筑三年展主题——归属之后

本届奥斯陆建筑三年展于 2016 年 9 月 8 日开幕，为期 12 周，来自西班牙的路易斯·亚历山大·卡萨诺·布兰科（Lluís Alexandre Casanovas Blanco），伊格纳西奥·加兰（Ignacio Galán），卡洛斯·明格斯·卡拉斯科（Carlos Minguez Carrasco），亚历杭德拉·纳瓦雷赛·略皮斯（Alejandra NavarreseLlopis）和玛丽娜·奥特罗·维泽尔（Marina Otero Verzier）被任命为策展人，这也是三年展首次以 5 位独立建筑师组成策展团队。

对于这样特别的主题，策展团队是如此描述的：随着时代发展，人们得以坐在电视前观看全球频道、通过手机与外界交流、利用网络与好友分享照片，并在网上预订酒店。2015 年，超过 100 亿的物件在世界范围内运输，超过 24 亿的个体居住在异国他乡。任何个体可能在陌生人的沙发上睡觉、被云端分享的信息包围、通过机场的海关检查出现在护照允许他出现的任何地方。如今，“在家里”（Being at home）需要不同的定义，既有家庭（domestic settings）

4

5

6

的定义，也有基于国家疆界的空间（spaces defined by national boundaries）定义。普遍的商业交易、信息流通和人口迁移已经使人们对固有的“居住”（residence）理念产生动摇，迫使人们开始质疑空间的永久性（spatial permanence）、财产（property）和身份认同（identity）。“归属之后”是对归属感产生的危机意识，也是“我们”之于场所和群体从属关系的发问——“我们”属于哪里？以及“我们”与“我们”自己创造、拥有、分享、交换的对象之间变化不定的关系——“我们”如何管理属于“我们”的东西（How are belongings managed）[1]？

归属感如同建筑一般，同时联系着实体空间和社会空间，处理着情感、科技变革、物质交换和经济发展，但很难断定归属感所起到的利弊作用。本届展览更像是一次解开当代“归属感”面纱的探索，通过建筑师的视角审视建筑在面对特定时期的“归属感”变革是如何被表达的。因此，展览以“预演研究策略（rehearsing research strategies）为目标设立不同的平台，表达不同建筑实践的形式和模型，并测验工作方案的可行性。为建筑师在与“当代不断变化的现实”（contemporary changing realities）的对话中提供新的干预策略[2]。

如今所生活的世界中，越来越便利的出行、交流方式使人们忽略了对自身所处场所的认知感。然而对许多人来说，仅存对归属感的追求可能埋没在了频繁的旅途之中。是时候停下脚步，回望四周，看看所处的场所对每个个体意味着什么？是家的安定？是沿途的风景？抑或是夹杂在家与世界之间的迷茫？也许，我们应该带着这份疑惑，在 2016 年奥斯陆建筑三年展“归属之后”寻答案。

主题展——论居与谋居

2016 年奥斯陆建筑三年展首次以单一线索贯穿展览以及国际会议、研讨会等扩展项目，围绕当下的难民、新移民、无家可归群体、新形态的家庭生活、外来人口、旅行等热点问题，进行与建筑相关的讨论和展示。策划包括“论居”（On Residence）和“谋居”（In Residence）两个主题展览在内的一系列干预策略，意在通过发展一个以“预演研究策略”为目标的平台，为建筑师们提供新的建筑手段。

本次三年展主要在挪威建筑与设计中心（Norwegian Centre for Design and Architecture）、DOGA 大厅和国家博物馆（National Museum）进行，而展览分为 3 个部分：“论居”主题展、“谋居”主题展和书籍出版。

“论居”主题展，共 33 个作品分 5 个章节展示，囊括了边界、家具、庇护所、技术以及全球化和地域性等话题。在人口流动这一语境下，讨论塑造人们在路途中居住方式的空间条件，重新定义当代的居住空间概念。展览试图分析建筑是否有能力表达个体、社会和机构相互之间的连接。该部分展览分为 5 个章节——边界地域（Borders Elsewhere）、居住后的家具（Furnishing After Belonging）、临时庇护所（Shelter Temporariness）、旅途生活的技术（Technologies for a Life in Transit）、全球村里的市场性和地域性

(Markets and Territories of the Global Home)——仅挑选上述 5 个方面作为评价他们建筑策略影响力的准则[3]。

“谋居”主题展，以公开竞赛方式，选定挪威及北欧等地区 10 个场地，进行为期一年的理论实践。在当前全球化背景的新语境下，思考如何在将议题的影响力扩大至全球。诸如奥斯陆机场的边界空间和出入境区域、挪威与俄罗斯的边界，甚至纽约的自助寄存设施都是实践的场地之一。展览质疑“场地”（Site）只作为几何边界、法律约束和文化参照的单元定义，而将其视作内含广泛网络的、正在改变和重新定义的不稳定节点。除了将建筑重新定义为解决问题的行为准则，“谋居”旨在解决空间干预机制和建筑师在转变空间与法律、政治、经济架构有关定义的能力。

配合展览而出版的图书《归属之后：物体、空间和旅途中停留的领域》（*After Belonging: The Objects, Spaces, and Territories of the Ways We Stay in Transit*），收录了所有参展作品的理论研究成果及过程。

展览概况

此次主题展根据主题划分成五个章节，“论居”展和“谋居”展的参展作品通过这 5 条线索相互串联在一起。

“边界地域”章节应对各种客观物件和技术定义下，介于政治、社会团体、法律和经济框架以及艺术倾向的阈限空间边界，而不仅仅指构造墙。“边界”一方面过滤出入境的人群，塑造特定的公民身份和国家主权形式；另一方面也控制着人群所属物品的流通。可见，“边界”已经成为测试设计政治影响力的优先场地，也意味着建筑系统有助于人口的划分[4]。

其中，L.E.FT 设计团队带来的参展作品《伊斯兰城市》（The City of Islams）面对伊拉克和叙利亚宣称独立成为新的伊斯兰教王国这一热点话题，详尽地再现了 1400 年来清真寺建筑的类型，揭开其演化背后的文明及历史因素，以其特殊的混合性、宗教性见证了伊斯兰国家的历史多样性。额外的建筑和城市行为成为此处文化景观表达的阻力。

机场作为不同社会、经济体制之间的边界，定义物件的归属，控制着人及其所有物的流动。詹姆斯·布莱德（James Bridle）将目光聚焦于奥斯陆机场内部的标识，使过境人流在机场内以合法的形式寻找他们去往的场所。借由机场，我们能以政治、社会和美学来判断，何处是家，何处是旅途之中路过的，何处是不被允许进入的。

“居住后的家具”章节以“家具”为目标，审视其在一个不断变动的家居环境中的地位，评价他们生产模式、商业网络、受众群体和使用情感的变化。“家具”如今已经成为表达空间情感、联系的一部分，同时也作为个体与社区交流、界定个人与国家身份的媒介。我们也得以借由它了解传统意义上的财产、拥有和归属是如何因地域意识扩张、再利用策略和更高效的经济手段而被重新定义。

由西班牙设计团队 Enorme Studio 带来的参展

图 4. 奥斯陆港口风貌
图 5. 三年展活动所在地：奥斯陆歌剧院
图 6. 作者在展览现场
图 7. “论居”主题展作品《上升气流》
图 8. “论居”主题展作品《数字制图》
图 9. “论居”主题展作品《新世界中的旧世界》

7

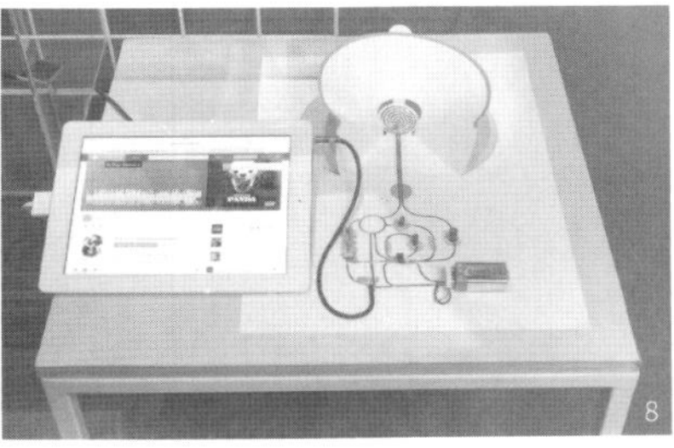
8

9

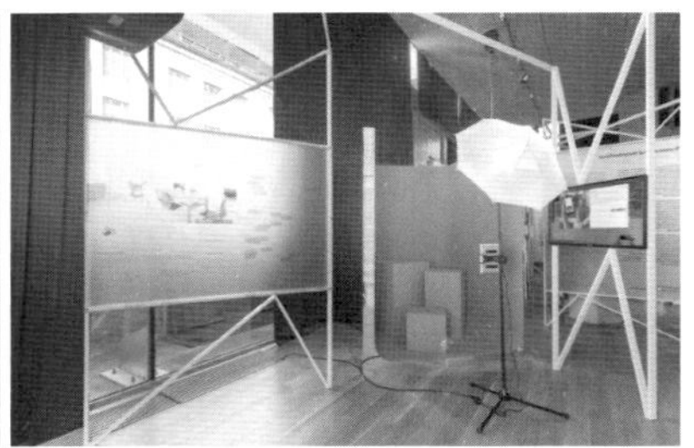

图 10—图 12. 2016 奥斯陆建筑三年展“谋居”主题展

作品“Home Back Home”聚焦西班牙经济危机背景下，25～40 岁的博士重新介入家庭居住的情况。其通过分析、检测社会化行为，为新住客和原有的居住着构建出一个全新的居住原型。以重组家具作为媒介，使居住在屋子里的人可以更好地协商。“Home Back Home”能成为一个协商平台，努力突破原有枷锁，完成老房子内的功能转变。

在纽约，一些建筑仅仅在尺度上能唤起人们对他的印象——自助寄存设施。First Office 团队的作品《一些块体》（Blocks of Blabla）正是关注到被我们忽视的城市元素。原本面向大量郊区人群的个人寄存工厂，保障了年轻人在大都市中移动的便捷性。寄存设施数量的激增和类型转变，改变了我们和物品从属关系的认知：居所变化不定，所属物也可以是固定的；居所稳定，所属物也可能不断在流通循环。

“临时庇护所”章节将目标客体指向移民背景下流动人口的居住场所，探讨不同持久性下居住空间对个体的影响，包括临时搭建的庇护所。它应当是交换、联系发生的场所，而不仅仅是对个体或家庭设置的居住地。展览质疑对“庇护所”传统认知的普遍观点，试图推测它的临时性并将关注点放在特定的地域限制中、个体和群体的实践以及当代背景下对其建筑形态的影响。

西班牙的参展作品《欢迎旅馆》（Welcome Hotel）展示联合了孤立和联系的共同体是如何形成了城市的集合住宅。studio SIC 团队认为，临时的居所不仅仅面向游客，也应当考虑政治难民、非法移民以及被房东驱赶的家庭。除了呈现驱逐政策的进程及其复杂性，研究也期望提出可行的城市集合住宅策略来应对西班牙当下“无家可归”的新局面。

位于奥斯陆 Torshov 的避难寻救者中心，能同时容纳 200 余名寻求挪威移民救助的难民临时居住。Eriksen Skajaa Arkitekter 设计团队期望通过果园设计，化解救助中心内私密性和公共性的矛盾。从公共空间的设计与分布到以城市逻辑参与的活动中，救助中心为建筑师提供了应该如何构想临时庇护所的范本[5]。

“旅途生活的技术”章节反思塑造当代地理网络、社会连接和互助系统的多媒体以及组织模式。科技驱动了社会化形式的发展，改变了数据与人、物体和空间之间的关系。此外，建筑更多地关注地域性的新内涵，以及我们的导航与定位形式已成为连接资源和社区、理性与感性之间的媒介形式。

其中，Einar Snece Martinussen 和 Jorn Knutsen 带来的参展作品《非物质的家》（Immaterials at Home）展示了那些非物质、无法看见的科技和信息，如 WiFi、GPS，已经对生活产生巨大影响。该作品试图探究居住空间中普遍存在的科技媒介，像电话、平板电脑、电视机等，并将之可视化，为人们呈现一个如文化现象般可接触的技术居家文化。

与此同时，家庭共享平台在全球范围内变得热络起来，于是来自哥本哈根的 IlaBeka and Louise Lemoine 便开始《售卖梦境》（Selling Dreams）。家不再仅仅对特定家庭而言，通过网络平台，在假期出游的同时将房间租售给陌生人，向他提供自己的食物、书籍、电脑，在你做梦的地方休憩。家的私密性被打破，正如空中食宿（Airbnb）的宣传口号一般，“你属于任何地方”（Belong anywhere）。

“全球村里的市场性和地域性”章节考虑多尺度的文化和物质交流，包括家庭感官的表现和为世界不同地区提供住房需求的可能性。“家”此时不再被当作单一尺度下的建筑，而是基于全球化背景下地域性的表达手段。继而扩大概念，将地域性视为“家”，那“家”的定义就是一个环境实体，一个资源管理单元，也是一个能实现并解决矛盾的社会组织系统。

面对由于以应用程序为基础的短期居住平台和房屋向酒店功能的转换而引起动荡，PANDA——由 OMA 和 Bengler 设计团队牵头的反组织平台，提供策略性中断服务的分散式工具包，来协调软件开发员与平台和用户之间的矛盾。PANDA 致力于将个人需求摆在首位，通过提供工具积极地应对新的数字化政权动乱，从而营造新的意图和归属感。

令人意外的是，意大利普拉托作为意大利最大的手工业生产城市，如今的纺织业几乎被华人占据，这也成为意大利乃至欧洲最大的分包商团体。这座城市为产业提供了工厂、技术等基础设施，而来自中国的文化、风俗却让“意大利制造”（Made in Italy）得以印制在衣服上，这是一种十分矛盾的身份表现。

结语

“归属之后”不只是一个处理资本主义全球化背景下滋生的矛盾、困境和阶层问题的三年展，首先，这是建筑三年展，正面回应了建筑如何应对由于社会、主观意识、经济、媒介化以及地缘政治制度下重新定义的“归属感”和“居住性”，以及用来调解定义转变的工具。实际上，当代建筑的挑战来自构建建筑与资本势力或商业壁垒标准化联系，而建筑师具有解码并利用它们的专业能力。其次，这是奥斯陆建筑三年展，以斯堪的纳维亚半岛的当代背景为典型，揭示欧洲区域正在经历的移民和难民问题，尤其因是民族主义和排外主义而形成的反伊斯兰教情绪。建筑应当以地域和全球的双重视角，致力于明确尺度和地域之间的区别和内在联系。再次，这是 2016 年奥斯陆建筑三年展，主题围绕 2016 这一特定年份，西方媒体开始关注来由于战争、矛盾、经济和环境灾难造成的，来自叙利亚、伊拉克和非洲国家的难民浪潮。

令人遗憾的是，在两个平行主题展的良好框架下展览规模仍有局限，对于项目主题的研究深度也不尽如人意，作品质量参差不齐。也许，北欧地区的石油危机以及经济萧条背景对于展览投入有一定的消极影响；总体看来，本届奥斯陆建筑三年展将视野聚焦于当代社会现象，抓取与我们最贴近的“居住”话题，以批判和重新审视的角度看待其持续变化的内在含义。就这点而言，本届展览具备了一个良好的开端，也为往后的主题探索奠定了深厚的基础。

（感谢挪威驻华大使馆、挪威驻上海总领事馆、2016 奥斯陆建筑三年展组委会所提供的支持与帮助）

注释

① After Belonging: The Objects, Spaces, and Territories of the Ways We Stay in Transit. Lars Muller Publishers.

② Oslo Arkitekturtriennale, http://oslotriennale.no/en/2016.

③ The Oslo Architecture Triennale, Disegno: The Quarterly Journal of Design, https://www.disegnodaily.com/article/the-oslo-architecture-triennale-2013,2013.

④ Culture of Risk, Oslo Triennale 2007, SPACEGROUP, http://spacegroup.no/collective_intelligence/8, 2007.

⑤ Atelier Bow-Wow, OMA, and AmaleAndraos Live From the 2016 Oslo Architecture Triennale，Archdaily, http://www.archdaily.com/795067/atelier-bow-wow-oma-amale-andraos-live-from-the-2016-oslo-architecture-triennale-after-belonging, 2016.

图片来源

图 1—图 3、图 8—图 19 来源于 2016 奥斯陆建筑三年展组委会，图 4—图 7 摄影：支文军

原文版权信息

支文军，蒲昊旻．“归属之后”：2016 年奥斯陆建筑三年展．时代建筑，2016(6): 168–173.

［蒲昊旻：同济大学建筑与城市规划学院 2015 级硕士研究生］

32

芬兰新建筑的当代实践

Contemporary Finnish Architecture

摘要 作为世界上现代建筑水平最高的国家之一的芬兰，其新建筑在秉承传统的同时呈现出一系列的新特征：木构建筑的新生、建筑流派的多元化发展等，本文通过 6 个新建筑的介绍让大家来进一步了解当代芬兰建筑。

关键词 现代建筑 新的特征 木构建筑 多元化发展 建筑的再利用

它，静静地依傍着斯堪的纳维亚半岛，毗邻美丽的波罗的海，绚丽晨曦中束束皆是上帝所赐的“极光”，闪烁着神秘的光芒。它，简洁、明快、纯粹、自然的建筑设计风格，浪漫的民族主义情怀，独特的地域文化特征，成为世界建筑史上不可或缺的一朵奇葩。它，就是芬兰。据当地人说：“芬兰很静谧，静得让你可以听到自己内心深处思考的声音。”

背景

芬兰，早在现代主义建筑大师阿尔瓦 · 阿尔托（Alvar Aalto）的时代就以探索建筑设计的地域性、人情化而风靡建筑界。20 世纪 70 年代后，新一代的建筑师在阿尔瓦 · 阿尔托所开拓的设计方向上推陈出新，开拓进取，取得了更为令人瞩目的成绩。

当代的著名建筑评论家、纽约哥伦比亚大学的教授 K. 弗兰普顿 (K. Frampton) 曾选出 4 个国家作为拥有 20 世纪现代建筑最高水平的代表，芬兰就名列其中[①]。这并非是因为芬兰曾贡献出伊利尔· 沙里宁（Eliel Saarinen）和阿尔瓦· 阿尔托这些享誉全球的设计大师，而且还因为芬兰的建筑整体设计水平极高。

芬兰在现代建筑史上占一席之地的因素则是，它一直是瑞典和俄国的殖民地，在 20 世纪初才成为独立国家，20 世纪 20—30 年代是其从农业化向工业化转型期，建筑成为寻找建立现代芬兰文化身份的一个重要部分，为举国上下重视，建筑设计竞赛向专业和业余人士公开，以求得最合理和最有创意的结果。这正好与现代主义建筑发展的时间相吻合，为现代主义设计提供了得天独厚的土壤。

在芬兰，社会对建筑和建筑师的理解和尊重远远优于世界大多数国家，这也是芬兰现代建筑人才辈出的社会基础。此外，频繁的充满活力的设计竞赛为建筑师，尤其是青年建筑师提供了工作机会，许多刚毕业的或是仍在校的建筑系学生都是通过赢得设计竞赛来开始自己的设计生涯的。

芬兰的建筑教育采用的是事务所学徒制。由于教育周期冗长，许多国家的建筑师不得不边求学边工作，而芬兰的学徒制正好二者兼顾，学生们由此步入专业化的世界，同时又不耽误学业。且学院里的教授都是开业中的优秀人物，有着自己的事务所，因此学生在学校和事务所里的学习是连贯互动的。这同时也使得教授们不只是学究，也是实践者。

图 1. 西贝柳斯音乐厅及会展中心
图 2. 维基教堂
图 3. 考克萨里观景台
图 4. 森林厅一侧
图 5. 西贝柳斯音乐厅平面

另外，芬兰的建筑类刊物也对芬兰的高质量建筑起着举足轻重的作用。除了已有百年历史的《芬兰建筑评论》（*The Finnish Architectural Review*）还有 3 类分工极细的季刊：《芬兰木构建筑》《芬兰混凝土建筑》《芬兰钢结构建筑》。图书主编者都是著名的开业建筑师，他们并非长期任职于刊物，而是将这种编辑工作作为一种修正和交流的机会，任职期满，重新开业，作品往往更上一层楼。另外芬兰的建筑师协会博物馆等也同专业刊物一样，促进芬兰建筑师互相交流，从而带动芬兰建筑师的整体水平，使之处于一流状态。

新建筑的特征

阿尔托曾多次强调：芬兰是欧洲的芬兰。显然，芬兰在历史发展中在文化的各个方面都不是孤立的，在建筑上尤其如此。20 世纪建筑史上的各种流派，如粗野主义、结构主义、构成主义、地域主义、后现代主义、新理性主义、解构主义、高技派、简约主义和玻璃建筑等，都曾在芬兰引起反响，但芬兰建筑的尊严在于其独立性，已形成其强大的生命力，在秉承传统的同时，呈现出一系列新的特征。

木构建筑的新生

与众多的湖泊和岛屿一样，森林是芬兰自然景观最为主要的组成元素，芬兰 33.8 万平方公里的国土面积，几乎有 2/3 为森林所覆盖，因此芬兰的建筑技巧与木材有着不解的渊源。

在 20 世纪 50 年代以前，木材可以说是唯一的建筑材料，许多以木材搭建的教堂堪称经典之作。经历 1960 年的工业改革后，木材逐渐被钢筋混凝土所替代，和世界大多数发达国家一样，芬兰也同样受到了“理

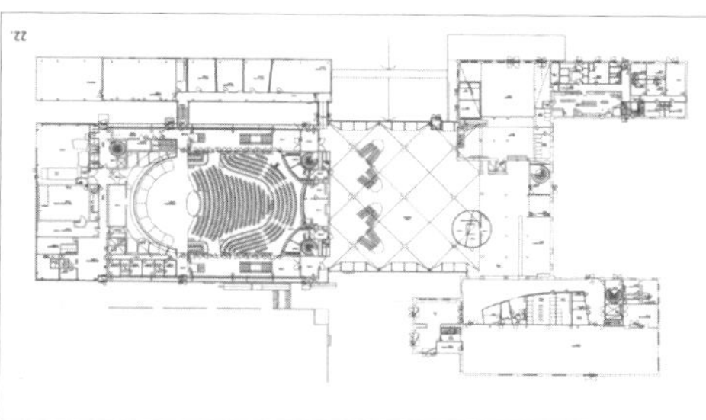

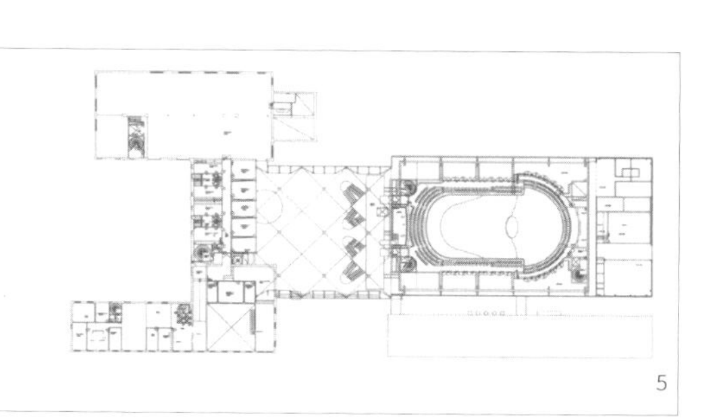

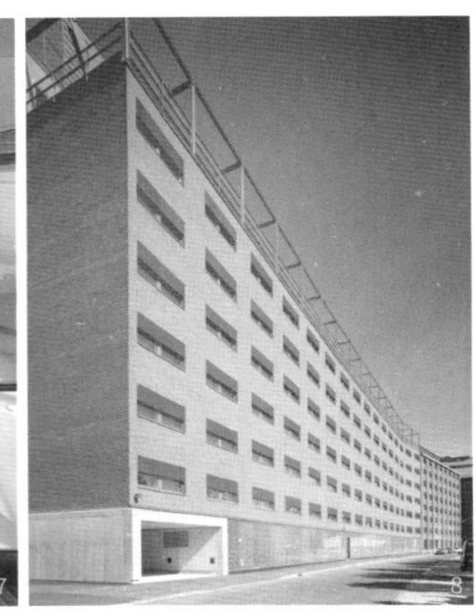

性主义”思潮的巨大冲击，这一点可以从许多地区中近几十年来新崛起的那些钢筋混凝土方盒子上清晰地表现出来。如今，芬兰的木建筑又重回了历史舞台。

拉蒂的西贝柳斯音乐厅及会展中心 (Sibelius Hall, Concert and Congress in Lahti, Finland, 1998–1999) 就是一个典型的实例（图 1）。为了表达对于木材的尊重以及木材在建筑表现方面的出色效果，建筑师采取了主体的承重结构由胶合层压板柱承重的方式，这是一种木构的空间网架，形成簇状的分枝，从而使建筑物能够摆脱钢筋混凝土的桎梏而重新回归自然。细部处理的精确性、简洁性以及设计所采用的明晰性原则，使得建筑总体充满着和谐与温暖。4 种建筑材料——木、钢、玻璃和混凝土与截然分明的外形结合得十分贴切，它们相得益彰，诠释了木材这一传统材料与其他现代材料在建筑中共同表现的可能性。

维基教堂 (Viikki Church, Agronominkatu, Helsinki, 2000，图 2) 的整个教堂的主体结构也是由线性交叉的木桁架组成，这种由单种材料营造的空间，使得人们有种在森林中徜徉的感觉，屋顶的曲线形态迎合了周边树木的树冠的走向，这一建筑能唤起人们对芬兰森林的记忆。

此外，在芬兰木材同时也运用于许多饶有趣味的建筑小品之中，比如被戏称为 “礁石上的泡泡”的考克萨里观景台 (Lookout Tower on Korkeasaari Island,

图 6. 西贝柳斯音乐厅木结构柱细部
图 7. 芬兰国家福利与健康研究发展中心中庭内的会议室
图 8. 芬兰国家福利与健康研究发展中心办公楼南侧外观
图 9. 芬兰国家福利与健康研究发展中心叶绿色中庭
图 10. 芬兰国家福利与健康研究发展中心底层平面图

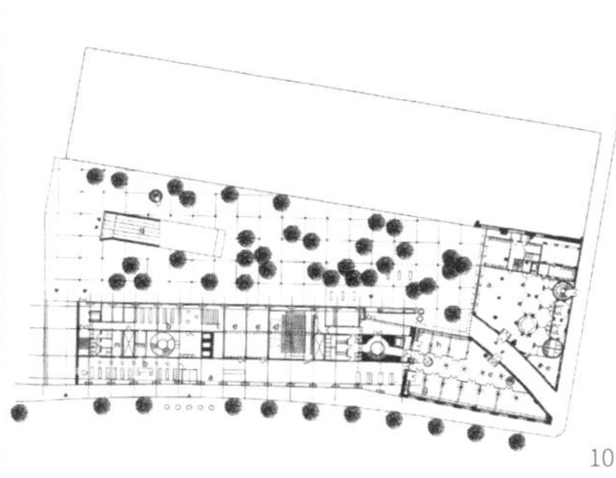

Helsinki，2000，图 3），就是由整根通长木条呈一定角度，螺旋盘绕而成。由此可以充分体会到木文化在整个芬兰民族建筑文化中的地位，木材也正是体现这种独特文化的良好载体。

“芬兰木文化协会”于 1999 年创立了“国际自然之魂木建筑奖”，该协会希望利用这一奖项在全球范围内支持和嘉奖那些以木材为核心材料的建筑，并同时向全世界昭示芬兰对于木材这种传统建筑材料的钟情。

建筑流派的多元化发展

1943 年老沙里宁就指出了当时的大多数芬兰建筑师尚未明确的目的：建筑风格不应是一时之时尚，而应是一个时代的体现。多样的风格就可以折射出生活的变化和时代的进步。

进入 20 世纪 80 年代后，芬兰建筑就呈现出多元化发展的趋势。

首先在全球化的大环境背景下多种多样的建筑流派和建筑思潮层出不穷，这同社会的多样化和多元化交织在一起，形成极其丰富的文化格局。此外，强调人性化，保护更新老建筑，比如芬兰国家福利与健康研究发展中心办公楼就是由一处以前的谷物及蔬菜仓库大楼改建而成的。对于表皮的处理，比如赫尔辛基技术学院媒体中心和赫尔辛基大学维基教师培训学校，注重表现材料的质感特征和造型效果，对各种颜色和材质的运用也以提升其独立空间的识别性。以及注重建筑地域性，与现代科技的高技术合作，互融共生，各显其能。

此外，与教育和事务所学徒制结合在一起传授建筑理论和观念，以及由芬兰建筑行业创建的独有的建筑竞赛体制，保证了传统的活力，并提供了专业的资源。在一些重要的设计竞赛中，邀请了许多国际知名的建筑师的参与，兼收并蓄，扩大了影响力。比如美国建筑师斯蒂芬·霍尔（Steven Holl）在赫尔辛基就有两个比较知名的项目：当代艺术博物馆和 Taivallahti 居住区，这些设计给予了赫尔辛基一个全新的城市模式的思路。

这种连续的不断探索的精神，从拉什·桑克（Lars Sonck）和沙里宁到阿尔瓦·阿尔托和皮埃蒂拉（Reima Pietila），再到如今的 J·雷维斯卡（Juha Leiviska），海基宁 - 科莫宁建筑事务所（Heikkinen-Komonen）及 ARK 建筑事务所等，这些年轻的建筑师将建筑变成了对过去新的融合、继承和超越，展现了新的天才而新颖的诗篇。

图 11, 图 12. 媒体中心入口门厅
图 13. 媒体中心背面外观
图 14. 媒体中心室内
图 15. 媒体中心入口夜景

12

13

14

15

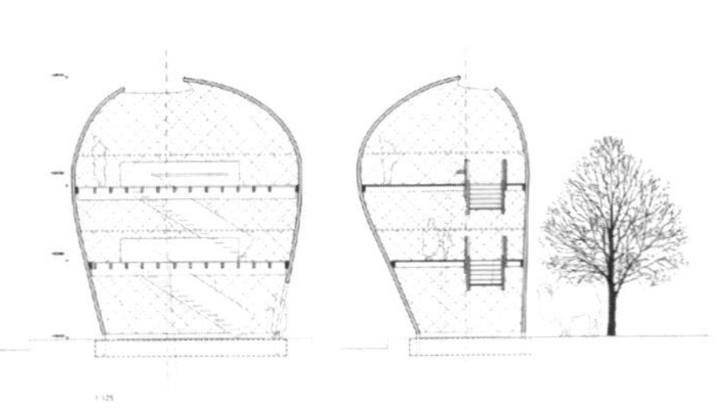

图 16. 观景台的网状木结构
图 17. 观景台剖面图
图 18. 观景台有机的外观形态
图 19. 建筑入口与自行车棚
图 20. 总平面图
图 21. 内走廊及一侧公共空间

建筑实例赏析

西贝柳斯音乐厅及会展中心（Hannu Tikka，Kimmo Lintula，2000，图 4—图 6）[②]

芬兰音乐家西贝柳斯（Jean Sibelius，1865–1957）是 20 世纪最重要的作曲家之一，他的交响诗《芬兰颂》让全世界的人都知道了芬兰的艺术经典，其一生的成就也是芬兰民族复兴的标志之一。这一以西贝柳斯命名的音乐厅是世界上唯一一座全木结构的音乐厅，被誉为“玻璃盒子里的小提琴”，享有很高的声誉。

该项目是由建筑师哈努·提卡（Hannu Tikka）与凯莫·林图拉（Kimmo Lintula）在 1997 年的国际竞赛中赢得金奖并设计完成。基地位于拉蒂市的旧木构工业建筑区。音乐厅和会展中心的入口门庭设在保留的木工工厂原有建筑内，比较重要的公共空间，问询台和展览空间都在这一侧，而建筑西侧平行于湖岸，能够观赏到湖的美景，并设置了研究室、排练室、艺术家休息室和有顶棚的室外平台。建筑的新旧两翼通过一个透明的“森林厅”联系，它向湖面开敞，构成了整个建筑的中心，有时也被用作宴会厅。森林厅的承重结构为胶合层压板——这是一种木构的空间网架，通过簇状的分枝承重。大厅的地板由胶合层压板梁支撑，大厅内胶合层压板结构的视觉特点隐喻了老港的形象。音乐厅本身的设计工艺精湛，宛如一件精致的乐器。大厅本身的框架是线条粗犷但做工精细的木结构，微微向内倾斜，成为一个完美的低音回音壁。框架和座席之间是独立的各自调节角度和位置的吸音板，染成提琴的深褐色，而且每块板后都有可以单独收放

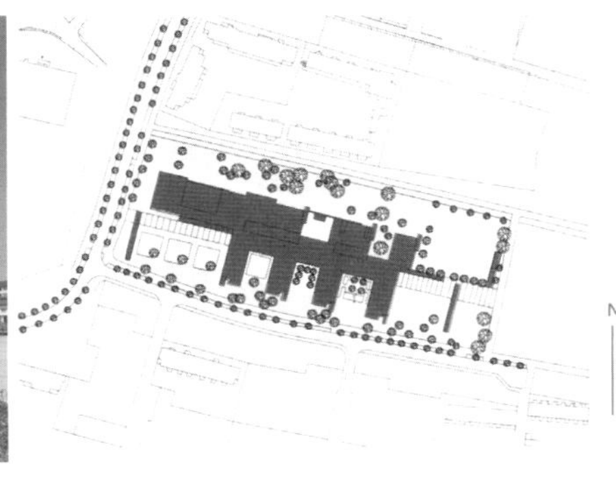

图 22. 维基教堂外景
图 23. 维基教堂的木柱细节
图 24. 维基教堂内景

的吸声帘布，因此根据不同的音乐和指挥的意愿，调节整个音响效果。整个音乐厅包括唱诗班的席位在内可容纳 1250 人，周围都没有混响室，这是为了调节音乐厅内的混响时间，而观众也正是途经这些木构“殿堂”走到了自己的席位，隔音门上水平的散音槽更加强化了音乐厅的动态感觉。

芬兰国家福利与健康研究发展中心办公楼　赫尔辛基海基宁 - 科莫宁建筑事务所（Mikko Heikkinen，Markku Komonen，2002，图 7—图 10）[③]

如今在芬兰，以及欧洲诸国，对以前工业园区中的许多遗存下来的砖建筑的再利用已成为一种时尚。

对于建筑师而言，如何将现代办公建筑的透明、多功能性和开敞的功能需要融入体量庞大的老工业建筑中，同时符合市镇规划条例，的确是一种挑战。货仓大楼的大进深尺度对空间流线的再组织是其根本限制，采用景观式的办公无疑是最合适的选择。面对蘑菇顶结构柱的强势体量，建筑师采用打磨部分表面暴露混凝土的方式以开创一种大体量中融合小空间的韵律情趣，同时加大窗户以保证足够的自然采光。外立面的实体感觉被基本保留，并覆以涂成砖色的铝合金窗屏，但内院的立面则全部改装成玻璃幕墙。

新建筑外墙仍用砖砌，恰如其分地融入老建筑所营造的氛围里，与老建筑的在肌理上取得一致，办公室的外窗全部统一涂成砖色的铝合金窗屏。在室内，通高 8 层的“大峡谷”纵向将办公区分成两部分，新建部分的所有办公室、会议室及服务空间都与原有建筑的色调保持一致，而建筑师外加的唯一色彩就是大峡谷内墙的叶绿色。

赫尔辛基技术学院媒体中心　(ARK 建筑事务所 Pentti Kareoja ，2002，图 11—图 15)[④]

该项目位于阿拉比亚科研及商业中心，邻近赫尔辛基艺术设计大学的电影与电视制作系和芬兰国家多媒体 LUME 研究中心。建筑名为媒体中心，实际上基本上是新技术操作车间，其中大部分教学都建立在最新的计算机技术上。

室内功能的组织包括各类教室、工作室、设施空间、个人计算机房、带有不同设计机械配置的研究室、餐厅、图书馆以及一个 300 多座的多功能报告厅。日常的公共设施空间全部设在 4 层通高的入口门庭中，巨大的落地玻璃窗面向街景，转角处是一带有巴洛克风格的楼梯。

建筑师对材料和色彩的选择标准是鼓励创造性的学术活动和一种非正统的自由氛围。内、外立面的材料包括平钢板、波纹及穿孔金属板、素混凝土的预制板、现浇板块，以及多种形式的胶合板等。外立面色彩组合的灵感来自海运码头上各种集装箱的组合形态。

该建筑的设计和建造总共只用了 14 个月的时间，

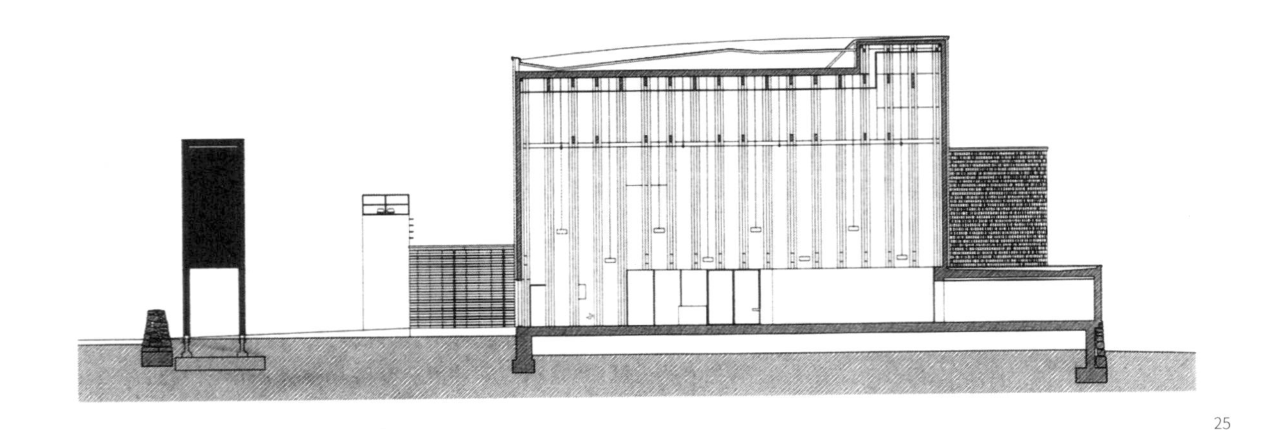

25

由此最大的程度地保证了建筑师在设计理念上的连贯性和一致性。建筑师在设计和建造中所强调的主要来自当前媒体制作的基本理念，即真实、无虚饰的表达，同时使用最便宜的标准件建筑材料现场解决技术问题，不允许返工制作。

考克萨里观景台（Ville Hara， 2002，图 16—图 18）[⑤]

赫尔辛基动物园和 woodfocus 在 2000 年的秋天邀请了赫尔辛基工业大学的建筑系的学生们为其设计一个 10m 高的观景塔的设计竞赛。获胜作品“泡泡”顾名思义，灵感来源于场地周边的环境的融合：石墙和附近散布的白桦树。设计者们在 2001 的春天就在其木材研究室就开始了这一建造计划，制作了足尺大样，仔细推敲了栅格之间衔接的诸多细节。

在 2002 年的盛夏，他们与来自不同国家的 8 个建筑系学生组成一个团队，建造这一观景台。由于炎热的气候的影响，碾压后的木条容易风干且定形，因此必须经水管再次喷淋后，才能顺利就位。整个过程持续了将近 3 个月。现在这一观景台矗立在 Korkeasaari 的小岛上，犹如一个透明雕塑谦逊。

提及为何要采取“泡泡”这一形式时，他们回答道：“在我们的文化里，方形差不多已成为一个既定规则。然而在自然界里，从微小的细胞到整个星球，我们会发现圆形无处不在。在建造领域，从原始人类起，经济耐用的拱形结构也已得到广泛运用。有机的形态对于人们来说更有感染力，自然的形态终究不是一个方盒子。”

图 25，图 26. 维基教堂剖面图

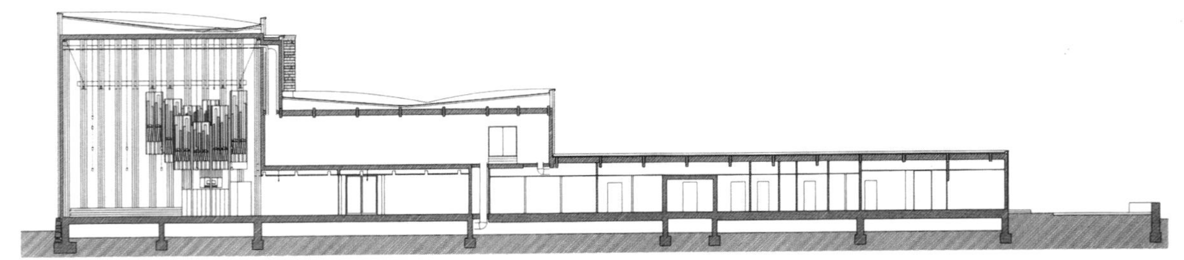

26

赫尔辛基大学维基教师培训学校 (ARK 建筑事务所 Markku Erholtz, Hannu Huttunen, Jussi Karjalanen，2004，图 19—图 21)[6]

维基教师培训学校是附属于赫尔辛基大学的教师培训和远程教育的机构，所容纳的工作及学习人员将近有 1200 人。

介于地形和功能要求的限制，设计大体上遵循了大多数教育建筑设计的模式。学校的主入口和中学的入口庭院都放置在地形的一端，小学的主入口和场地则放置在另一端。大量的使用者就要求设计有着清晰明确的空间流线组织。建筑师就通过一条内街连接庭院，不同学科的教室与庭院相间，呈组团分布。

这一新建筑体量比较大，是由于其位于多层建筑之间，尺度规模必须与周边环境取得一致。外置的疏散楼梯间延展了建筑的长度，并渗透街景。建筑的框架是由强化后的混凝土板组成，沿着纵向建筑被划分成各个不同的区域。立面的拼贴犹如三明治的组合：白色的混凝土、各色的墙面漆、夹合板和钢条。面朝公共场地、街道和入口庭院的立面的尺度远远大于其他更私密的学习空间。

维基教堂（JKMM 建筑事务所，2005，图 22—图 26）[7]

教堂位于一个断面曲折变化的景观带的末端，毗邻一个新的广场。

这一教堂是基于 2000 年为维基设计一个 Latokartano 社区中心的竞赛。竞赛的目的在于为该地区寻找一个能营造城镇风光又能满足市民和公共服务需要的建筑。设计虽然不是很复杂，但同时也考虑了一个公共广场、一个停车场及基地周边的一些商业设施。当主入口的位置确定时，停车场与公共广场的位置也相应地确定。

在竞赛过程中，业主就要求在该基地上建造一个现代的木教堂。在设计时，建筑师们对传统和新的木结构都做了研究，使得该建筑既能取得建筑上理性的建造模式又能获得比较经济的预制加工方式，而且预制加工好的配件都能与整体构件精确地组合。

外立面是以白杨木饰面，这种未经特殊处理的外立面会随着时间的流逝泛出微微的灰绿色。呈放射形状布置的云杉在整个圣坛空间里作为外墙和铺地，不仅带来独特的视觉效果且能提高整个楼面的承受能力。云杉表面曾用碱液冲洗过，方便其在建造过程中的清理和在使用过程中的修复。

项目委托还包括为其室内设计家具。圣坛在自然的木头纹理以及高光映衬下，其重要的地位得以彰显。圣坛的背景是由艺术家 Antti Tanttu 创作的三联画，名为《生命之树》（The Tree of Life）作品，让人们联想到银白色的树叶凋落在古老的镜面上，在光的穿透下，变幻着斑驳的影子。这个教堂空间也给人传达了一种不可言传的宗教情感。

（感谢芬兰旅游局和芬兰航空公司为作者提供考察芬兰当代建筑的机会；感谢方海博士多方面的帮助。）

注释

① 肯尼斯·弗兰普顿．现代建筑：一部批判的历史．张钦楠，等，译．北京：三联书店，2004.
② A symphony for Finish timber．ARK, 2000(4): 42–51.
③ Rough concrete, green canyon．ARK, 2002(6): 28–37.
④ AV alphabet．ARK，2002(6): 42–47.
⑤ Bubble on the rock．ARK，2002(6): 62–65
⑥ Bright-coloured learning factory．ARK, 2004(1): 42–49.
⑦ In the shade of trees．ARK, 2005(5): 48–55.

图片来源

图 3、图 4 摄影：支文军，其余照片摄影：Jussi Tiainen，线图由《芬兰建筑评论杂志》提供

原文版权信息

支文军，胡沂佳，宋丹峰．芬兰新建筑的当代实践．时代建筑，2007(2): 90–97.

[胡沂佳、宋丹峰：分别是同济大学建筑与城市规划学院 2005 级和 2004 级硕士研究生]

33

当代法国建筑新观察

New Visions of Contemporary French Architecture

摘要 本文以作者的法国建筑和建筑师专访和实地考察为第一手背景资料，从中整理出印象深刻而又值得回味的若干片段，意在揭示当代法国建筑的最新发展动向及多样化、个性化的特征。

关键词 当代 法国 建筑师 事务所 专访

根据同济大学与法国“现代中国建筑观察站”的双边合作计划，作为《时代建筑》的编辑人员，我们应法国《建筑》（*d' Architecture*）杂志和《世界报》（*Le Monde*）之邀，对法国进行了为期两周的访问。期间，法方为我们介绍了当代法国建筑最新的发展，还专门安排了以《时代建筑》2001 年的各期主题为专题的考察计划。我们采访了多家法国建筑师事务所，并在巴黎、里尔、波尔多、里昂、南特等城市的考察中，就法国的建筑保护和老建筑再利用、社会住宅、城市景观等内容进行了深入的考证和了解。双方还对媒体间增进交流、资源共享等合作事项进行了深入的探讨。

本文所整理的内容，多为我们这次在法国感触深刻并值得回味的第一手资料。它们相互间没有直接的关联性，但展现了当代法国建筑发展的多样性、个性化的特征。

材料：建筑的外衣

一进入佩鲁（Dominique Perrault）的办公室，最引人注目的是散落在各处的不同形状、不同用途、各式各样的“金属布”。果然，佩鲁从材料的特性开始了他的介绍。

佩鲁极重视建筑新材料的开发，把建筑结构与建筑材料剥离是他的独特思想。他认为建筑材料就像人穿的衣服一样，有其独立性，而不应该像以往的建筑师那样把材料类同于人的皮肤来看待。材料与建筑结构相剥离，使建筑师在设计结构时可暂时不考虑材料，给予建筑师更多的自由创作空间。为此，佩鲁发明了一种用不锈钢丝编织起来的“金属布”，它完全像布一样，根据不同的建筑物的特性，以不同的密度、肌理和形态，罩在建筑物的内、外墙或屋面板下，既保护了建筑结构，又可控制通风、采光，同时展示了独特的建筑美学。“金属布”最早尝试在法国勒瓦市新档案馆的室内吊顶上，后在法国国立图书馆（National Library of France, Paris, 1989–1995， 图 1， 图 2） 室内大批量使用。尤其是柏林自行车赛馆和奥林匹克游泳馆（Velodrome and Olympic Swimming Pool, Berlin, Germany, 1993–1998，图 3—图 6）上，建筑屋面、外墙、室内均穿上了一层薄薄的“金属布”，体现出整体、简洁、理性的美学特征。

佩鲁的作品外形非常简洁，它是基于一定的审美原理。他认为要创造一个美景，建筑要以简洁的形态出现，使人们忽略建筑本身的形式。相反，简洁的形式有时反而更不易忘记。形式虽简洁，建筑内部功能

图 1. 法国国立图书馆外观
图 2. 法国国立图书馆内景
图 3. 柏林奥林匹克游泳馆夜景

和空间同样是可以复杂多变的。柏林奥林匹克游泳馆主体深埋在地下，就是考虑到建筑物本身不要成为景观的一种障碍，而只是提供一种交往的空间。另一层象征含义是，佩鲁不想通过这幢建筑来表达“权力”（希特勒曾在 1936 年借奥林匹克运动会来显示其霸权），所以体育馆谦逊地隐藏在大地自然景观之中。

法国国立图书馆也一样，佩鲁试图创造一个没有围墙、没有界线、开放性的、民主的建筑，所有人均可自由出入。为此，佩鲁不仅设计了供游人漫步、休闲的屋顶广场，而且在广场中心创造了一片专为读者服务的中心花园，茂密的树木犹如原始森林般恬静和富有沧桑感。可惜出于安全考虑，实际上中心花园并未向读者开放 [1]。

佩鲁每年要参加 20 多项国际建筑设计竞赛，约 1/5 的设计获胜，事务所宽敞的空间里因而摆满了形形色色的方案模型，各类概念性的构想极具创意，佩鲁如数珍宝似的把精彩之作一一做了阐述，其中包括上海浦东陆家嘴地区咨询规划方案。

建筑要向城市开放——鲍海勒的城市住宅

在鲍海勒（Frederic Borel）设计的帕维翁街公寓（Apartment Building, 15 rue des Pavillons, Paris, France, 1996–1999，图 7）采访建筑师本人，无疑是一次有意义的交流。这是一幢由 10 套 70 ～ $100m^2$ 不等的居住单元组成供出租的社会住宅，位于巴黎 20 区一个多样文化的古老社区内。其地形特别，处在巴黎地势最高的山丘顶部，可奇妙地俯瞰巴黎市中心。建

图 4. 柏林奥林匹克游泳馆总体模型
图 5. 柏林奥林匹克游泳馆金属布外墙
图 6. 各种类型的金属布

筑的 4 个立面作了截然不同的处理：北立面临城市道路，又与一幢 60 年代建造的高层住宅为邻，立面设计因此较为工整；西立面因要增建另一幢住宅楼而留有接口；东南立面则指向市中心，其自由动感倾斜的墙体像一片片花瓣一样勾勒出俯瞰巴黎市中心的观景视窗，以开放向上的姿态面向城市和阳光。在这里，观景成为日常生活中最重要的仪式。

鲍海勒是法国年轻一代建筑师的代表。他反对城市建筑的单调，反对巴黎城市街区越来越封闭围合的做法。相反，他觉得城市街区应开放，城市建筑应该有多样性。他那种惯用的零碎、不完整的体块处理手法，暗示着他对城市和生活的理解，走的是一条与欧洲主流派极少主义建筑相反的创作道路。

他尊重历史，但反对模仿过去。他认为要通过建立一些环节，让各个时代的建筑友好相处。他崇尚建筑师“严谨”“勇敢”“创造性”三种品格，通过建筑师丰富的想象力去克服对建筑师的各种制约条件。

鲍海勒曾在北京参加过两次设计竞赛，对中国快速的发展深有体会。他认为中国可能在 10 年以后才会考虑到新的问题：单调；而大规模的建设是无法精心创作的，就像巴黎 20 世纪 五六十年代的建筑一样。他觉得巴黎应该精心创作一些个性化、多样化的作品。

寻求动态的平衡——O. 黛克印象

O. 黛克（Odile Decq）的设计事务所位于巴黎市

图 7. 帕维翁街公寓朝市中心立面
图 8. 西部人民银行行政中心入口结构
图 9, 图 10. 西部人民银行行政中心外观
图 11. 高架公路办公楼横剖面
图 12. 南特经济和法学院外观
图 13. 南特经济和法学院阅览室入口门厅
图 14. 南特经济和法学院连廊室内

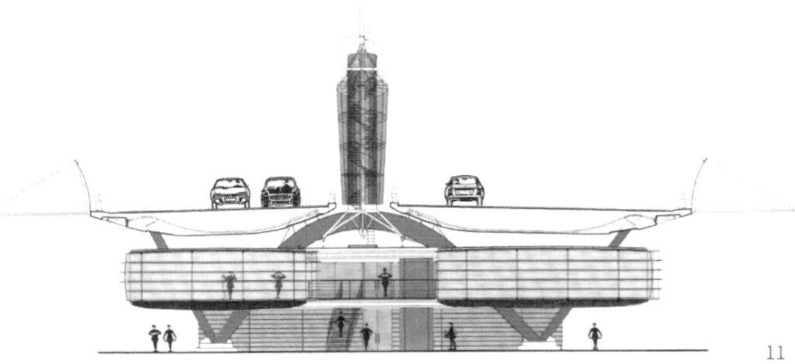

中心一座旧房的顶层，古老的木构人字屋架下是堆积有各式工作模型的创作室，架立在屋架上的会议室使空间顿生趣味。

O. 黛克曾获 1996 年威尼斯双年展金狮奖，是法国最具国际化色彩的年轻建筑师。她参与了多项国际竞赛并获胜，活跃于世界各地的建筑展览、会议等学术活动。作为后现代主义折中文化气候下成熟起来的建筑师，她已不再认同单一、纯粹的建筑传统，更倾向于思想和种群的混杂和多样性。法国建筑多以古典风格闻名于世，对称、庄重是其固有的特征，即使是当代法国建筑师，其手法也多是古典风格为主。

O. 黛克独特的地方是试图探索古典建筑以外的方法来创作全新的法国建筑，表现建筑的断裂、动感、跳跃和复杂性。其手法是建筑的结构与外壳相剥离，使之产生动态的张力，建筑空间在内部游离流动，建筑外形犹如雕塑般充满力量，并在室内大胆尝试艳丽的色彩，使她的建筑富有感染力。

O. 黛克是最早运用玻璃、金属构架等高技派手法的法国建筑师，其代表作有西部人民银行（West People's Bank, Montgermont, Rennes, 1988–1990，图 8—图 10）。近期的作品有高架公路办公楼 (Motorway Viaduct and Operations Center, Nanterre, 1993–1996，图 11）、南特经济和法学院（图 12—图 14）及巴黎某玻璃制造工厂改建（图 15）等。

黑色的法院大楼——努维尔对法院的新释

南特的市民们就 2000 年 10 月刚落成的市法院大楼（Law Courts, Nantes, France, 1993–2000， 图 16，图 17）争论不休，报刊更是推波助澜。南特新法院大楼坐落在南特岛上，与北面的市中心隔卢瓦尔河（Loire）相望。这是一座内外全部黑色的建筑，黑色的外墙、黑色的花岗岩地面、黑色的天棚及内墙，天棚上点点聚焦灯光犹如黑夜里的星光。30m 跨度的金属屋架下是 15m 高的方形公共大空间，内设 3 个封闭的混凝土结构的方盒子，布置有 8 个大小不等的法庭，而法庭内部是鲜艳夺目的橘红色。

市民们议论纷纷的话题之一就是建筑的颜色。黑颜色建筑在南特并不多见，而作为法院建筑更是罕见。建筑师努维尔（Jean Nouvel）的原意是想用黑色来象征法官身上的黑袍，而用橘红色象征检察官的外衣。不管怎么解释，公众认同黑色的新法院大楼还需时日。

新法院大楼在类型学上的意义是公众争议的焦点。该大楼毫无传统法院建筑的庄重、古典的章法，相反，努维尔对法院进行了全新的诠释。这是一座外形方正、布局严谨、简洁精美的建筑，8.1m×8.1m 的模数制把空间与结构形式完美地结合在一起，从中能强烈地感受到理性和秩序的魅力。大楼面向开敞的滨河景观，高耸的室内大厅与同样体量的室外入口广场覆盖在轻盈的屋顶下，之间是通透的玻璃墙，室内外的视

12

13

14

图 15. 巴黎某玻璃制工厂改建
图 16. 南特新法院大楼入口大厅
图 17. 南特新法院大楼入口外观

线连为一体，表达了法院的透明与公开性。与此同时，法官们工作的法庭则包在封闭的盒中盒内，暗示了法律工作的严肃性和神圣性。这与罗杰斯（Richard Rogers）在波尔多设计的法院大楼（Law Courts, Bordeaux, France, 1993–1998，图 18）有异曲同工之妙。市民从市中心过跨河步行桥，随着上坡的入口广场进入高耸的室内大厅，再从盒中盒内进入法庭，空间序列设计充分考虑到了人的心理感受和行为特征。法院约 200 间行政办公室，以内庭院形式布置在 4m 高的屋顶钢结构桁架内，享受着阳光、空气和景观。

南特新法院大楼以其纯净的美学、现代的方法诠释了一个严谨、理性、开放、透明的法院。

建筑师与一座城市的复兴——新里尔

法国北部原工业城里尔 (Lille)，近期由于新里尔 (Euralille，图 19）的规划建设受到大家的关注，并使库哈斯（Rem Koolhass）这颗新星迅速崛起。

里尔原来是法国老冶金与纺织业基地，20 世纪六七十年代经济开始衰退。为了这一地区新的发展，法国政府在经济和政策上给予支持，80 年代开始举办国际规划竞赛，由一个大里尔区的联合体来操作此项目。库哈斯最终赢得规划设计，努维尔和包赞巴克 (Christian de Portzamparc) 都有作品表现（图 20—图 22）。新里尔的目标是建立国际化的交通枢纽中心，并在电子商务方面发展。大里尔区临荷兰、比利时边境，又近英吉利海峡隧道入口。作为欧洲交通中心，高速火车到伦敦、布鲁塞尔、巴黎等城市只有 2～3 个小时。交通的便捷和配套的完善合理，使新里尔迅速发展起来，成为一座充满活力的城市。

库哈斯除了新里尔的规划设计外，还为新区设计了著名的“大宫”（Grand Palais, Lille, France, 1990–1994，图 23，图 24），这一复杂的建筑总面积为 5hm^2，总长近 300m，包括 5500 座的摇滚音乐厅，3 个分别 1500 座、500 座、350 座的会议厅，1 个 1.8hm^2 的展览中心，1 个 1200 辆的停车库。从外面看，大块花岗岩垒成的建筑基层，很像欧洲古城堡的基座，粗犷有力；纤细的金属柱子支承着巨大的金属屋顶，与立面上轻盈的玻璃和塑料形成强烈的反差对比，朴实而又有感染力。

在有限的预算条件下，库哈斯用石材、木料、金属、玻璃、塑料这样一些普通不昂贵的材料，构架了不简单而新奇的建筑，互相穿插的空间利用，造就了新颖的空间氛围。素色的混凝土墙体和楼板，穿插着方柱和斜向的支撑柱。一些金属板材和木材的运用，令人倍感自然、亲切。在整个椭圆大屋顶覆盖下的活动内容，丰富而紧凑。在有效的密度中，会议、展示、活动、

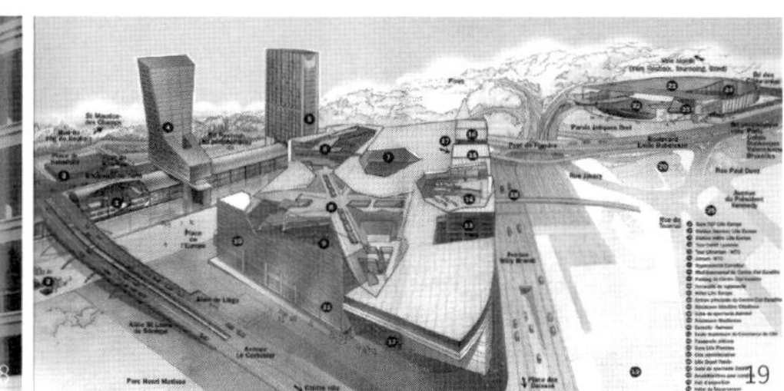

图 18. 波尔多法院大楼外观
图 19. 新里尔规划示意
图 20. 新里尔高速铁路火车站

音乐会等功能空间相互整合，创造了复杂多变却又经济便捷的空间。场地本身只是道具，人的使用与参与才完成了建筑整体空间的塑造。

建筑也可以像一首诗——谷旦设计的里昂师范大学

我们是和建筑师谷旦先生（Henry Gaudin）本人一同前往里昂的。像他这样年纪在国内早已过退休年龄，但是我们要看的里昂师范大学 (l’Ecole Normale Superieure, Lyon, France, 2000，图 25—图 28）却完全由他一手主持完成，他坚持定期到施工现场协调。虽然那天是多云，走出地铁口看到的是清澈的天，在团团白云的映衬下，学校建筑如同一首诗，缓缓展开它迷人的段落。

面对这么一组起伏、错落、自由、变幻的建筑体块和那些风帆一样的金属面，建筑还能这样设计？在与谷旦先生的交谈中，我们了解到这一设计过程和古旦本人的建筑观。

谷旦是一位敏感而认真的建筑师。他认为建筑与环境的联系是最基本的，相互间应该协调和一体化。原来较平展的基地与远处山坡上的民居群有一种内在的关联，而现在与街对面建筑的协调，主要是通过运用深色石材，使得历史的延续变迁有了很自然的呼应。

设计是一个思维发散的过程，设计时常会有不断涌现的新想法来调整你的设计，使你在空间的虚实、直与曲的对比中互相协调，才产生出几何形体丰富、变化自由的建筑。

建筑有节奏的韵律包容在一个更大的起伏跳跃中，流畅的曲线在平面和立面上反复出现，似曾相识，却又完全不同，让人惊奇地发现那些自由“随意”很难用我们的标准来衡量，这一切出自一位老建筑师的激情表达，是一种法兰西的浪漫，如同孩子般奔放的大胆想象，给学校一种学习圣地的全新注释。许多的神来之笔，表现了空间的流动，空间随意伸展、收缩，产生轻盈变化，水平伸展的空间在顶端升腾，被突然上升的那扇窗表达出来了，光影在上部塑造了整个空间的精细效果。走在升起的室内坡道上，我们记起了建筑外部的那种突变的形体，才更深刻地体验到建筑师对人的空间感受和人的活动的关注。学校建筑的表达可以是生动活泼，充满新意与新奇，因为学校本身是激发人思想的地方，也应该在自由的状态下来交流。虽然学校的体育馆、会议室、教室、实验楼、宿舍等功能各异，它们在这里组成新的天地，在满足功能的使用外，更多的是自由的发挥和表露 [2]。

这时我们才知道建筑有不同的表达方式，有时它可以像一首诗。

图 21. 新里尔中心综合楼
图 22. 新里尔里昂信贷银行和 WTC- 里尔欧洲银行
图 23. 新里尔“大宫”夜景外观
图 24. 新里尔“大宫”大厅室内

设计领域的跨越：从微观到宏观

威尔蒙特 (Jean-Michel Wilmotte) 创立的事务所是一家有 80 多名员工的大公司，分五大业务部门，即室内与展览设计、建筑设计、城市规划、景观设计、产品美术设计。虽然在 10 年前它还是专门从事室内设计的，今天已是多样化的事务所。由于过去专业室内设计的背景，他们的设计特点是细致、广泛、全面。

他们已经有 8 个美术馆、博物馆的设计经验，如里斯本芝阿多博物馆 (Chiado Museum, Lisbon, 1990–1994，图 29），无论是对老建筑的改建还是老建筑周围的新设计，他们用现代的材料、手法来突现古老建筑文化的魅力。美术馆设计中他们大量运用现代金属和玻璃材料，灰色的金属槽钢，理性而有节奏地构架着现代的深沉，暗色的金属框架勾画出古典砖石建筑的图景。一些关键的节点和不锈钢的连接中，经过专门设计，表情生动，成为工业品升华后的艺术品，加之灯光的烘托设计，现代氛围、古典气质的美术馆就更显沉静、高雅之美。

走在街上我们常会有惊奇的发现，法国城市中一些小品做得很“精美”、很艺术，路灯、废物箱和栏杆、座椅等等，其中一些就是由威尔蒙特设计的，如巴黎香榭丽舍大道的灯具。威尔蒙特事务所的灯光和灯具设计别具一格。光是建筑空间的灵魂，由于光线营造，才使得空间氛围显现出静谧、素雅，或强烈、宽敞。同时灯光又调节着每一空间的性格和特征，通过明暗和色彩、空间大小的处理来渲染情绪。他们正是把营造室内气氛的特长拓展到城市空间、街道、广场的设计。

图 25. 里昂师范大学教学楼主入口
图 26. 里昂师范大学教学楼临街外观
图 27. 里昂师范大学报告厅室内
图 28. 里昂师范大学教学楼进厅室内
图 29. 里斯本芝阿多博物馆室内

建筑外衣——电脑时代的建筑表达

建筑的经济与美观、变化是苏莱（Francis Soler）在住宅上的追求。在巴黎法国国家图书馆边设计的社会住宅中（图 30，图 31），他认为建筑不是固定的，应该是可以变化，由居住者根据不同的需要，把大空间自由分隔。他根据预算用预制板和其他重复的单元构件，设计了很大的平面，内无柱子，在符合城市规划要求的前提下，自由组织平面空间，由于图书馆区的这部分住宅以后是学生宿舍，所以无论是造价和平面使用方面都很经济。

“人离不开生活的文化背景”，是苏莱对建筑的注释。在这个文化社区内要表达传统文化的关联与不同，又必须有清晰的时代标志和特征性。苏莱想到了西方的传统油画，过去油画曾经是生活空间的一部分，通过这些绚丽多彩栩栩如生的场景，为日常生活添上了生动的一笔。现在他通过电脑处理，一部分采用意大利油画的内容的图案，印刷在玻璃上，再用双层密封玻璃，既隔热又防噪声，考虑到降低造价，每层是一种图案，统一又不乏变化。简洁方正的形体，全玻璃的落地门几乎横向贯通，金属栏杆表明了一种距离层次。那些透明生动的图案使建筑外立面看似一幅巨大的油画，如同在剧院内看到人们活动的场景，生活也变得多彩。晚上万家灯光，将建筑的每扇窗掩映得出如同电脑的显示屏幕。城市的景象会由于这些美丽建筑的装点而生动，有一种传统与现代结合的美妙[3]。

建筑应该有不同的表达，立面可以是建筑的外衣，新建筑的经济美观与传统环境可以结合。苏莱除了这

图 30. 杜尔克汉街公寓外立面
图 31. 杜尔克汉街公寓室内
图 32. 法国文化部大厦改建模型
图 33. 图关国家当代艺术中心外观
图 34. 图关国家当代艺术中心屋顶之间廊道

个透明花玻璃建筑外，正在进行文化部大厦的改造设计（图 32）。建筑位于卢浮宫不远处的老区中，他在围合的建筑中打开了一个豁口，让光线进入围合的庭院，也给街道一个伸展。旧大楼被加上一层金属网，那时隐时现的老建筑的立面，在看似随意的金属网的包裹中，与周围的古典传统建筑对比，产生距离感，使这一建筑充满了新奇。我们期待着这幢建筑会成为巴黎城市的一个新景。

建筑立面可以和人的外衣一样，有它的表情、气质。除了石材、混凝土之外，金属、玻璃等材料的拓展运用，正在开创着一片新天地。

奇妙的叠加——屈米的国家当代艺术中心

法国不少老建筑改扩建的项目，常常令我们惊叹，旧建筑的历史传统魅力在改建后与新建筑是如此的相得益彰，如同古树发新枝。对历史文化的尊重，法国在政策的制订和人的思想中已经有深深的印迹。法国政府有一项“平等政策”，要求国家在项目选择上对那些较落后的地区进行项目投资，继而带动当地的社会经济文化的发展 [4]。

国家当代艺术中心（Fresnoy National Studio for Contemporary Art, Tourcoing, France，1991–1997，图 33，图 34）被选址在法国北部的图关，原来的基地是 20 世纪初矿工周末活动的场所，有影院、舞厅、球场、旱冰场等。现在要作为当代国家艺术中心，是培养多媒体和艺术人才的地方，包括多媒体教室、小影视工作室、两座影院、展示厅、管理和宿舍等。建筑师屈米 (Bernard Tschumi) 通过竞赛获得设计权。这次他不是用解构主义的离散手法来设计，而强调整体，用一个巨大的金属屋顶把整群建筑给罩上了，远处望去是一个庞然大物，神秘莫测。

建筑采用两套系统。老建筑尽量保留原来的结构和空间逻辑，用黄色色彩，除了必要的修复和调整外，许多都保留了原样；新建筑用蓝色表示。建筑入口由原来外立面和两边新建的房子组成，黄色的墙柱和红砖与蓝色钢结构对比，更显历史沧桑，取得艺术化的效果。

大屋顶如同一把巨大的保护伞罩在建筑之上，老建筑的结构加固和新设备如空调、管线、其他设施均悬吊在新金属屋架上，使老建筑免受破坏。同时这个金属屋架下有一套复杂多变的空中廊道体系，能让游人在迷乱的金属支架丛中游览观景。巨大的屋顶上有意开启的几个大洞，使沉闷的大屋面轻松了许多，看上去又像是一朵硕大的白云落在屋顶上。艺术的灵感产生了不同寻常的效果，在新老屋顶之间看着这云状曲线形的天空，阳光洒落在老屋顶上，有一种离奇的效果，这时你才会信服屈米的创造多么有趣！

由于改扩建造价仅是全部新建造价的一半，建筑获得了既实用经济又有个性特色、且新旧和谐共处的效果。

33

34

V&P：大事务所综合实力的象征

V&P 建筑师事务所 (Valode & Pistre), 由建筑师瓦洛特 (Denis Valode) 和皮斯托 (Jean Pistre) 创建于 1980 年。他们是法国一家大型的综合性事务所 (员工约 200 人)，不仅设计了一些大型的工厂、办公楼、体育场馆，还参与了不少文化类项目。

V&P 建筑师事务所的新办公楼在巴黎市中心一栋老百货大楼的顶层，推开精美古老的大木门，是开敞的现代办公室、简洁的玻璃分隔墙，但透过头顶管线暴露的泛光照明，老建筑优美的天花藻井显现出来了。现代的简洁、直露与传统的优美、含蓄结合，用一种新的形象展现。他们的一些作品中也反映了现代新技术与传统文化的融合。

法国欧莱雅公司的办公、厂房综合楼 (L' Oreal Factory, Aulnay-sous-Bois, France, 1988–1991， 图 35）是 V&P 很有代表性的作品。它既是新工业化方式的工厂，又是一个公众参观的展示场所；整体建筑如三片花瓣舒缓地张开，每一花瓣与一个生产单元相对应，相互间以天桥相连，天桥与室内花园相邻，是参观者的最佳路线。如盛开的花瓣的巨大金属曲面，优美、轻盈、柔和，突出了欧莱雅公司品牌的个性魅力。“花蕊”中心处大片起伏的草坡划出蜿蜒的水面。缓缓上升的草地、混凝土墙体和金属面呼应。透过玻璃，空透建筑与自然环境、植物、水面、天空融为一体。内部钢结构的复杂而有序，与外部的整体形成对比反差，会给参观者留下深刻印象。法国建筑师对待工厂建筑的艺术构想如此精美细腻，让我们感动。

很难想象 V&P 事务所在设计如此现代巨型建筑的同时，还做一些古老酒窖的改建。他们在波尔多把一座大酒窖改建为文化中心 (L' entrepot Laine, Bordeaux, France, 1991，图 36）；建筑师对古老砖石建筑的拱券和坡顶强化，砖的细腻亲切、砌筑变化和石材的粗犷强烈的质感对比，刻画出建筑生动的空间表情。束柱和巨大拱券重复有序的排列，高处组合型拱窗射下的光、产生的影像，组成了艺术化的展示空间。已有不少展览在此成功举办，这里已经成为文化艺术展览和交流的中心。

在巴黎塞纳河边的伯西 (Bercy) 新社区中（图 37），V&P 事务所又一次把两排旧酒窖改建为商业步行街，结合新的商店设计，保留和延续传统的文化印迹。在基本统一完整排列的坡顶山墙和拱形门窗空间中，加入了植物、灯具，同时在街中央悬挂一条带状篷布结构，营造出欢快、轻松的氛围。斑驳的砖石墙体和如同白云的敞篷结构在阳光下生动有趣。这里已经成为这一小区成功的社区中心。

“突变”—— 库哈斯的城市命题

作为法国官方 2000 年庆典的重要部分，由波尔多

图 35. 法国欧莱雅公司综合楼
图 36. 波尔多拱廊文化中心室内
图 37. 伯西新社区
图 38. “突变”展览会招贴画
图 39. 展览廊桥

建筑中心组织的名为“突变”（Mutation）的展会于 2000 年 11 月 24 日—2001 年 3 月 29 日在法国波尔多 (Bordeaux) 举行（图 38）。“突变”致力于探索当代城市这一主题，并得到了法国文化部建筑司、各级地方政府和私人的支持。

今天，一半以上的世界人口居于城市。当经济全球化消解了疆域概念时，新的交流网络也开启了无限互联的空间。新的中心开始浮现，城市的物质性中也有了不可见的、流动的因素渗入。这些变化，史无前例，标志着新的城市文明之显现。

“突变”展会将通过一系列国际研究活动探索当代城市状况及未来前景。 此次展览得益于库哈斯关于城市状况的近期作品，这也是他主持的哈佛大学设计研究生院城市项目研究活动的成果。在过去的几年中，这位荷兰建筑师、理论家与其弟子们专注于“购物”“珠江三角洲”“拉各斯”(Lagos) 等研究项目，并由此产生了对“城市”概念的重新思考。他们研究并分析了购物现象及公众领域不断增长的商业控制、珠江三角洲城市的突然崛起和尼日利亚城市拉各斯的极端个案。

面对中国城市日新月异的现象，库哈斯为之惊诧。他专门研究了珠江三角洲城市群的发展过程，尤其对每一个城市都在发生的“突变”寻找合理的答案。一方面他钦佩中国城市发展的速度，另一方面也为过快的速度而带来的粗制滥造而惋惜。展板上其中一段有关中美建筑师相比较而得出的数据很有意思：“中国建筑师是世界上最重要、最有影响、最有能力的建筑师。平均每位中国建筑师一生所做的建筑仅住宅就超过 30 栋 30 层的高层建筑。中国建筑师用最短的时间设计了最大数量的建筑，挣得的设计费却是最低。中国建筑师的数量只是美国的 1/10，但他们每一位只花了 1/5 的时间设计了 5 倍的建筑量，只为了 1/10 的设计费。这意味着中国建筑师的效率是美国建筑师的 2500 倍（作者注：应为 250 倍）。”我们暂不谈上述数据的正确性和普遍性，但它们确实形象、生动地揭示了中国城市和建筑发展及建筑师所面临的现实问题，值得我们深思。

对于全球城市的变化而言，美国城市的表现尤为早熟。美国哲学家柯文特（Sanford Kwinter）关于现代化最近阶段的作品以休斯顿为例，麦克林（Alex S. MacLean）的航拍照片则展示了令人震惊的的转化场面。意大利建筑师鲍瑞（Stefano Boeri）和“多样化”小组探讨了欧洲城市的特质，评述了场所的容量和吸引全球化经济的地域。荣曾勒（Celine Rozenblat）参展的统计图表与地图揭示了世界城市短期的和长期的变化。由作家、建筑师、艺术家等等策展的国际艺术家们的声响作品，以及一条穿越波尔多的路都是对“另一城市”（the Other City）这一主题的阐发。在城市与自然景观之间，摄影师们（Jordi Bernado， Brono Serralongue，Jean-Louis Garnell） 研究了大波尔多地区的突变现象。

来自巴黎美术学院的 6 位年轻的摄影师和录像艺术家也带来了这一主题的个人作品。

在展览馆的中殿和周边的拱形展廊，由法国建筑师让·努维尔所做的展览设计（图 39），引导参观者们踏上变化的世界城市之旅。2500m^2 的展览面积，关于 10 个城市的 10 部电影、年轻摄影师的委托作品、一本书、一份杂志、会议、研讨会、放映、青少年读物工作室，以及音乐、舞蹈、录像庆典共同组成了这一盛大的展会，意在引发关于城市状况的讨论并唤起公众对卷入今日巨变的种种复杂因素的关注。

当代法国建筑正以其特有的浪漫和创造性引起世人瞩目。本文的内容仅仅是我们在法国所见所闻的一些片段，更是法国建筑的一些个案而已。然而，正是这样一些个性化的建筑师及其作品，组成了法国建筑的全貌。我们有理由说，个性化的建筑师是一个地区、一个城市，乃至一个国家建筑兴盛的保证。

（感谢法国兰德女士 (Francoise Ged)、艾德蒙先生 (Frederic Edelmann) 和坎贝尔先生 (Francis Rambert) 为我们的访问提供帮助；也感谢本文提及的建筑师对我们专访的支持和他们提供的资料）

参考文献

[1] James Steele. Architecture Today. London: Phaidon Press Limited, 1997.

[2] Alexander Tzonis , Liane Lefaivre. Architecture in Europe. London: Thames and Hudson, 1997.

[3] Philip Jodidio. Contemporary European Architects(Volume 1–6). Koln: Taschen.

[4] 单黛娜，栗德祥 . 法国当代百名建筑师作品选 . 北京：中国建筑工业出版社，1999.

原文版权信息

支文军，徐洁 . 当代法国建筑新观察 . 时代建筑，2001(1): 90–97.

[徐洁：同济大学建筑与城市规划学院 编辑]

34

国际主义与地域文化的契合：八十年代新加坡建筑评述

Correspondence between Internationalism and Regionalism: On the Architecture in Singapore in 1980'

摘要 本文回顾了新加坡建筑 20 世纪 70—80 年代在现代化进程中的建筑实践发展。多民族的背景，西方现代化的影响，使其建筑呈现国际主义（西方式）、新乡土主义及不同程度的折中主义。本文分别呈现了这几种建筑实践趋势及代表作品，并揭示其形成原因及流变过程。

关键词 新加坡 建筑 国际主义 新乡土主义 折中主义

长期来，国际主义与地方主义的对抗、现代主义与传统主义的对抗、高科技与手工艺的对抗，一直是许多国家现代化不可避免的问题，尤其在那些具有本国丰富传统文化的发展中国家和地区，上述矛盾显得尤为突出，正如法国哲学家 Paul Ricouer 所说：“为了走现代化之路，有必要丢弃过去的文化传统吗？一方面，每一个国家必须根基于过去的土壤之中，锻造民族精神，并发扬光大这种精神及文化特征；另一方面，每一个国家又必须参与科学、技术和政治上的思考，有些方面经常需要抛弃整个的文化传统。这里有一个反论：如何现代化，如何回归传统。”

事实上，这个所谓的反论在新加坡 20 多年的现代化过程中体现得异常明显。

新加坡是一个既年轻又有一定古老文化传统的亚洲国家，自 1965 年独立并实施现代化计划以来，其文化发展在国际性与本土性之间摇摆不定，徘徊已久，其建筑也相应在现代与传统对抗的狭缝中求生存。

新加坡建筑发展

作为一个多民族的国家，新加坡面临如何在英语作为主要工作语言的同时保持新加坡所特有的文化和社会价值的挑战，即保持占新加坡人口 76% 的中国人的传统文化及马来亚、印度人的传统文化。但是，完全西化的危险一直是这个国家与落后并存的一个棘手问题，人们错以为现代化就是西方化，如 1986 年出版的《新加坡建筑史》一书中，作者明确表示“未来的建筑将由西方的影响一统天下。”这种观点在 20 世纪六七十年代很普遍。随着 80 年代新加坡经济的好转及对地域文化的重视，这种现象才根本得到转变。

可以认为，新加坡建筑的现代化开始于 20 世纪 60 年代早期的大规模住房建设，其目标是为了缓和严峻的住房问题。在这场仿效西方四五十年代住房的建设热潮中，建成了大量低造价的“国际式”的居住建筑，到 70 年代末 HDB（政府住房发展部）已为 4/5 的新加坡人提供了这类住房（图 1）。这个成就伴随着大面积的城市改建和新城的建设，并使得大量具建筑及历史价值的房屋被铲除夷平，但人们还是认为这是付给“现代化”一个可接受和合理的代价。显然，新加坡政府的有关规划构思和建筑形式的住房政策基本是根据于“现代运动”理论和美学构架的。

新加坡建筑师大多受训于国外，如澳大利亚、英国、加拿大、美国。他们所崇拜的英雄从靳·柯布西

图 1. 新加坡公共住宅（HDB）
图 2. NTUC 会议中心（Malayan Architects Co/ Partnership, 1965）

耶、格罗皮乌斯、米斯、Neutra、布劳耶、康到前川国男、丹下健三、黑川纪章和贝聿铭，因而，他们均带有新文化的特征，引进现代主义建筑可谓是得心应手。他们试图以象征着“现代性”的现代主义建筑，去主宰新加坡建筑的未来。因而，20 世纪六七十年代间，新加坡产生了一批由本地建筑师设计的现代主义建筑，较多体现了普遍性原则，但缺乏地域性特征。如 NTUC 会议中心（NTUC Conference Hall,1965, 图 2）的设计，建筑功能在外形上暴露无遗，应验了“形式追随功能”的现代主义准则；人民公园大厦（People's Park，1970–1973，图 3）是勒·柯布西耶马赛公寓思想的体现，它集公寓楼、商场、办公楼于一体，向早期的理性主义的现代城市分区提出了质疑；新加坡科学中心（Singapore Science Center，1975，图 4）的设计则充分体现了建筑师试图用象征的手法，表现新加坡进入一个高科技时代的精神；PUB 中心（The PUB Headquarter，1977，图 5），一个体型极其强烈的建筑，是勒·柯布西耶粗野主义风格在新加坡的再现。综观六七十年代新加坡建筑，明显有两个特征：首先，对技术的绝对偏爱作为建筑形式创作的出发点；其次，热衷于建筑形象的趣味性。

自 20 世纪 70 年代中期以来，新加坡“国际式”建筑特征更为强烈。这期间，新加坡的城市建筑设计基本被国外建筑师如 M. 赛福迪、贝聿铭、丹下健三、波特曼、鲁道夫等所主宰。他们与本地建筑师合作并留下了一批优秀的现代建筑，如贝设计的 OCBC 中心（The OCBC Center,1975, 图 6），展示了一种现代技术的力量和一种永恒的感觉；波特曼设计的 Marina 广场（Marina Square）是一个体现他的建筑特征“中庭”的综合楼；赛福迪设计的 Habitat 住宅楼则再现了他在 1967 年加拿大蒙特利尔博览会上的 Habitat 的神韵；再有贝的 Raffles City、丹下的 OUB 中心等。它们皆设计精良，施工精致，有的甚至可与世界上最优秀的现代建筑媲美。无论如何，政府所希望的“现代性”“进步”在这些现代建筑身上充分体现了出来，它们似乎预示着一种方向——当代新加坡建筑的必由之路。

然而，与此同时的另一种呼声也逐渐为人瞩目：新加坡能否生存下来成为一个东南亚的现代化国家？新加坡建筑师 William Lim 就指出：“大量引进‘国际式’建筑可能产生一种进步和现代化的表象，但它时常会妨碍还显得脆弱的有关建筑的地方性和可识别性方面的尝试。”另一位新加坡建筑师 Tay kheng Soon 也说：“想在设计中增强民族意识，需要一个认识上的背景。外国专家并没有在新加坡开辟新天地。更重要的，他们的设计在概念上是保守的，他们没有解决新加坡的任何问题。”

由于不断受时代精神和民族意识的影响和鼓舞，新加坡建筑师开始考虑他们的真正作用，并对自己的思想提出质疑。他们开始怀疑现代化过程本身，并严

肃地试图把“国际式”建筑转变成为当地文化及气候条件所能接受的。这对建筑师来说，无疑是一个挑战，他们不仅须明确表达一种对未来建筑发展的看法，而且还必须具备理解他们的文化传统的非凡能力。

80 年代新加坡建筑特征

从 20 世纪 80 年代开始，所谓发展中国家的每个社会，都从普遍绝对的价值观中分离出来，走向一个相对的、地域性的价值观。这种价值观的改变促进了新加坡社会对西方价值观的怀疑，激励了本民族文化意识的增长，并逐渐从彻底的西化回归到了地域文化。这是一个社会发展到“自我实现”阶段渴望“个性”的必然结果。

如果新加坡建筑被看成是国际主义与地方主义间全球性对话的一部分，那么它更应被认为是新加坡社会、政治和文化环境的反映。新加坡作为一个发展中的、多元文化共存的国家。20 世纪 80 年代是其建筑设计的转型期。随着整个新加坡经济形势的好转，文化问题逐渐引起重视，建筑也从六七十年代的国际性的现代建筑逐渐转为本土性的现代建筑。尤其是 80 年代后期的新加坡建筑，已显示出与以往不同的风采，在反映本地文化及当地热带气候条件上更具创造性，展示了一代建筑师在认同、理解、发展民族文化上的潜在能力，并富有强烈的现代意识和深厚的文化根基。这一时期的建筑表现为东西方价值观的正面碰撞与冲突，从早期的对抗走向后期的缓和与兼容，并显示出几种不同的倾向性，即西方式的、新乡土主义和折中主义的。这些倾向性暗示着东西方价值天平的侧重程度，但所有创作有一种共同特征，即远离以往那种单调、流水线生产的国际风格。建筑师们开始较多在本地文化、生活方式及气候条件上寻找创作灵感，注重个性的发挥，并同时敏感于国际潮流（图 7）。

“西方式”创作倾向

所谓“西方式”的建筑创作倾向，大多以国际上时尚的风格为模式，运用现代技术和手段，借助现代造型，与“新乡土主义”建筑风格形成明显对比。这种倾向是西方现代建筑对新加坡文化冲击的结果，是新加坡六七十年代现代建筑的延续和发展。这一时期“西方式”的建筑创作，较多体现了当时世界建筑发展新潮，象多元论、建筑的语言性、形式趣味性与象征性等新概念、新内容均不同程度有所反映。如 Tampines 初级学校（Tampines Junior College，1987）表现了一种西方理性精神；Serangoon 花园乡村俱乐部（Serangoon Gardens Country Club，1986）运用了现代技术和现代形象，使之适合新加坡的气候及人的生活方式；Balestier Point 商业和居住综合楼直接借鉴西方建筑，赋予该建筑可识别性；Institution Hill 第 11 号住宅楼（No.11 Institution Hill，1988）注重建筑形象的艺术性，探讨了建筑语言的传播意义；电讯接收台（Telecoms Radio Receiving Station，1986）借助现代技术与现代材料改进了传统的气候问题处理方法，强调了机器美学和环境质量。

Tampines 初级学校（图 8）是一座具有明显特征

的学校建筑，平面是由两个长方形与三个八角形组成的一个大三角形对称构图。为加强学校建筑视觉上的效果及权威性，整个学校建在升高的平台上。学校简练的几何形体、借鉴于西方古典庙宇建筑的回廊院子及长台阶，赋予了学校一种布置匀称、有条有理的外表。该建筑完全依照现代主义的规则，表现了西方理性精神。建筑师的意图是使该建筑成为地域性的现代建筑——把功能主义的现代建筑手法与新加坡的气候条件结合起来。然而，该建筑所蕴含的语义上的特征值得商讨。该学校建筑的对称布置与秩序的表现暗示某种程度的统一性和控制意识，体现了对技术、科学和理性的重视，这些要素显然对任何一个社会是必需的。但是，这样的环境有助于学生的艺术创造性与想象力的培养吗？但无论如何，该建筑精致的设计反映了一种新的教育质量的信念。

Serangoon 花园乡村俱乐部是运用一组高大而比例精美的玻璃拱顶作为中庭究竟的娱乐建筑，该中庭既成为一个花卉茂盛的植物园，又是俱乐部成员在此休息、会友、欣赏表演的场所。为达到遮阳、隔热和自然通风的特殊效果，玻璃拱顶上的尼龙遮阳面可根据天气条件电动调节。这种时尚的现代形象和玻璃顶中庭设计，通过运用精心的现代技术使之适合于新加坡的炎热气候及新加坡人的生活方式。

Balestier Point 商业和居住综合楼（图 9）的设计，明显受启发于美国建筑师赛福迪的 Habitat 设计。该建筑给人印象似乎建筑是由预制的混凝土方盒子块堆砌起来的，富有 Habitat 的神韵。其实，该建筑采用的是混凝土框架砖填充结构，只不过通过不同模数的处理以及白色与深浅不同的粉色的外壳的精心设计，产生了体块之间的虚实与光影的和谐效果。相比于新加坡 20 世纪 80 年代之前的那些现代的板式高层居住建筑，该建筑的居民更易感觉到建筑的可识别性与自己个性的存在，从而满足了新加坡当代社会对多样性、可识别性和选择性的心理。

Institution Hill 第 11 号住宅探讨了一个非常有趣的主题，即地域性现代建筑的传播特征。这座 8 层高的住宅建筑立面不仅色彩丰富且有趣味。建筑师在混凝土体块上做了多处切割，通过紫色、黄色、橘色、粉红色和绿色使混凝土建筑富有生机，体现了一个自信的艺术家的才华——这是一座巨大的三向度的现代雕塑，而每一个立面又是一个独立的构图。该建筑刚竣工就吸引了公众的注意，它隐藏的某种神秘感，以及显露的幽默感、视觉快感，留给人们许多的遐想。

“新乡土主义”创作倾向

“新乡土主义”建筑创作倾向形成于 20 世纪 80 年代后期，正值世界文化提倡多元化及地域特征的时期。当时新加坡现代化计划卓有成效，民族自信心不断增强，民族意识逐渐成为新加坡人的共识。这时期的“新乡土主义”建筑，较多反映中国文化、马来亚文化及印度文化的特征，反映本地人的生活习俗和生活观念，形式上较多采用传统的建筑形式和装饰。

Chee Tong 庙（Chee Tong Temple，1987） 是

图 3. 人民公园大厦（Design Partnership, 1970）
图 4. 新加坡科学中心（Raymond Woo & Associates, 1975）
图 5. PUB 中心（Group 2 Architects, 1977）
图 6. OCBC 中心（I·M·Pei and Partner, 1975）
图 7. 当代新加坡城市建筑
图 8. Tampines 初级学校外观（P and T Architects, 1987）
图 9. Balestier Point 商业和居住综合楼

6

7

8

9

为满足新加坡中国人精神上和社区活动需要而建的一个宗教建筑。它采用了中国传统的建筑形式，但建筑师声称“没有中国庙宇传统的装饰”，但“使用者仍能感觉到中国味”。建筑师强调了精神上而不是形式上借鉴传统。该建筑引发一场“神似”与“形似”的争论。新加坡马球俱乐部（Singapore Polo Club，1985）设计则验证了传统的建筑形式与新的使用功能之间完美结合的可能性。它同样采用坡顶的传统形式，但合理的朝向、高敞的内部究竟、交叉的通风及遮阳的走廊，使该建筑使用方便，舒适，并融洽地与自然环境相处。Bukit Batok 第三邻里中心（Bukit Batok Neighbourhood 3 Center，1987）是一座表现可识别性、场所感和人的价值的社区公共设施。建筑采用传统的形式和传统的细部处理，比例宜人，设计精致，公众因而有认同感和安全感。建筑师不仅为邻近的居民创造了一个日常生活“戏剧”所需的舞台布景，而且为邻近居民散步、聚谈、娱乐提供了一个好场所，促进了新加坡人那种特有的邻里关系的发展。Mandalay 联立住宅（Mandalay Terrace House，1986）同样是表达个性和可识别性的建筑。建筑师以当地 Peranakan 住宅为参照点，有意识地获得传统住宅的形象、色彩和个性。这四幢住宅平面完全相同，但每一幢的顶层形象和外立面色彩完全不同，它们表现出明显的特征并使人在视觉上感到愉悦。该住宅设计把幽默与个性的精神表现结为一体。

还值得一提的是，20 世纪 80 年代后期新加坡很重视旧城及旧建筑的改建和保护，通过在物质形态上保持与传统的联系，以达到文化延续性，这也是民族自信心增长的一种表现。新加坡建筑保护的主要对象是那些本地店堂改建、新加坡河岸老建筑及中国城、小印度等地区的建筑保护。如 Cairnhill 路住房改建（House,Cairnhill Road，1985）就是一例。建筑师保持了其特有中国传统建筑文化特征，把室外构件带进了室内，而室内细部用在室外，这种双重性的对立是中国传统哲学最基本的观念之一。改建后的住宅还满足了中国人几代同堂的传统居住要求。

折中主义创作倾向

新加坡既要现代化又要保持地域文化特征的双重、对立要求无时不在支配着建筑创作向“折中主义”靠拢。20 世纪 80 年代新加坡建筑，即使其主流是“西方式”的或“新乡土主义”的（如上述），也表现出不同程度的折中，即兼容性。这种现代文明与地域文化相结合的趋势，可谓是发展中国家的必经之路。80 年代新加坡建筑在国际主义与地方主义对抗的狭缝中，拓出了一条中间道路，其最主要的特征是寓本地文化、气候条件、生活习俗于现代性之中，“折中主义”倾向是其最直接、明显的表现。

Tampines 北区中心（Tampines North Community Center，1989）便是建筑师置身于国际潮流的同时反映本地区灵感的杰出现代建筑。该中心由两个基本部分组成，一是高度结构的“循环系统”，它限定了建筑的边界；二是系统内的、形式自由的“活动区域”。二者既相互对比又相互补偿，形成了一个连贯的整体。建筑师实际上在描述 20 世纪 80 年代后期新加坡社会的一种形态：强硬的周边墙可被看成是有力的、有秩序的社会结构，而周边墙内丰富的元素作为个体的部分得到表现，这是由良好的秩序建立起来的新加坡多元文化社会的一种象征。因此，建筑的各个构件，就像它们所反映的社会一样，有时冲出秩序的束缚，但更多的显得关系和谐。另外，建筑师探讨了社区中心深层意义上的特征，尝试设计一个有明显特征的场所、城市的一个标志物、社区群众参与的一个交点。建筑物还在反映热带气候条件上颇具特征，如立面上的遮阳装置、自然通风、有顶的户外活动空间等等。总之，该建筑在反映新加坡文化意味、气候条件及世界发展潮流上堪称一杰。

第八住宅楼（Unit 8，1983）为另一幢引起大家兴趣的现代建筑。该建筑建在一条繁忙干道边上的狭长地段上，建筑临街的平直立面窗窄小以隔噪声，背街一侧的柔和曲线立面，布置有宽敞的窗和阳台。这是因为遵循了“形式追随功能”的现代主义教条。这里引入了有深深中国文化根基的“对立的矛盾”这一东方哲学思想中一个基本的原理。该建筑的两重性思想，丰富的建筑形象，对气候条件的考虑以及独特的可识别性，已使它成为地域性现代建筑的代表。

救世主教堂（Church of Our Savior，1987）是另一座引起争议的建筑。该教堂由一座旧电影院改建而成，建筑师通过解构建筑部件，并运用片段组合，既达到了保持各个部分的和谐且表现了个性。然而，这是一种合适的建筑语言吗？建筑师没有过分注重教堂的“神灵作用和权力”的传统主题，而是把神圣的祈祷形式转变成世俗的形式，密切了与大众的关系，用一种大众熟悉的语言与大众交流。教堂新旧部分形成对比，新建部分形式多样、色彩大胆、构件并置，在视觉形象上给予了一个富有活力和动态的快感，以衬托出教堂内的精神。整座教堂使人忘怀旧与新的区别，却能体验到过去与现在溶解在一个和谐的整体的感觉——也许对于教堂来说，这种做法本身就是一个很好的象征，从更广的意义上反映了新加坡社会多元化与和谐的双重特征。

结语

马耳他总理于 1978 年在联系地中海地区同样的现象指出：“在 80 年代世界政治形势下，对本地区域特征的强烈意识是非常有用的，它使得一个国家保持开放而本国的传统免于被吞没；它使得一个社会吸收现代技术而其伦理和价值观免于被淹没；它使得一种文化敢于对外部的刺激和挑战做出反应以免于在发展中失去其灵魂。”新加坡建筑的发展道路表明，亚洲地区的国家必须维护建筑的地区性特征，因为这是内在的，是根基于传统文化和地区生态中的。也只有这样，其建筑才能在提高其普遍性质量的同时，发扬其独特的地方性品位 [1]。

参考文献

[1] Robert Powell. Innovative Architecture of Singapore. Singapore. 1989.

图片来源

图 1.http://blog.sina.com.cn/s/blog_72180aa40100x5nb.html.

图 2. nas.gov.sg(National Archives of Singapore).

图 3.https://coconuts.co/singapore/lifestyle/free-things-singapore-budget-conscious-explorers-cheapskates/.

图 4. https://baijiahao.baidu.com/s?id=1624072469511966620&wfr=spider&for=pc .

图 5. http://www.google.cn/maps/place/PUB+Waterhub/@1.3352267,103.7576691,127m/data=!3m1!1e3!4m12!1m6!3m5!1s0x31da107223e3f959:0xdca53cc167a8eca2!2sPUB+Waterhub!8m2!3d1.3349962!4d103.7574981!3m4!1s0x31da107223e3f959:0xdca53cc167a8eca2!8m2!3d1.3349962!4d103.7574981.

图 6 .upload.wikimedia.org.

图 7.http://blog.sina.com.cn/s/blog_768da5630101939g.html.

图 8 .https://tpjc.moe.edu.sg/contact-and-location/.

图 9 .newlaunch101.com.

原文版权信息

支文军 . 国际主义与地域文化的契合：八十年代新加坡建筑评述 . 时代建筑 , 1990(3): 40–47.

五

事件·传播

Event · Communication

35

“自由空间”：2018 威尼斯建筑双年展观察

"Freespace": On 2018 Venice Architecture Biennale

摘要 2018 年第 16 届威尼斯建筑双年展以“自由空间”为主题，强调建筑中的慷慨精神和一种人性观，一方面延续了威尼斯双年展对于建筑的社会性的关注，另一方面也以一种理想化的愿景激发了参与者创造性的回应。文章试图通过展览主题的解读和部分代表性作品来解析本届威尼斯建筑双年展主题的演绎。此外，中国的参与也为双年展增色，为展览提供了新鲜的观点。

关键词 威尼斯建筑双年展 自由空间 慷慨精神 中国馆 中国建筑师

概况

2018 年第 16 届威尼斯建筑双年展（以下简称“建筑双年展”）于 5 月 26 日开幕（图 1），展期历时半年，由爱尔兰建筑师伊冯 · 法雷尔（Yvonne Farrell）和谢莉 · 麦克纳马拉（Shelley McNamara）担任策展人（图 2, 图 3）。“自由空间”（Freespace）作为展览的主题，强调了建筑中的慷慨精神和一种人性观。此次建筑双年展的规模为历史之最，主题展汇集了来自全球的 71 位参展者（建筑师或事务所），此外还包括 63 个国家展馆，呈现了 12 个平行展、包含 13 组作品的教学实践展，以及有关 16 位爱尔兰建筑师的作品展；包括梵蒂冈（the Holy See）在内的 6 个国家首次参展。来自世界各地的参与者从各自的视角解读了“自由空间”。

威尼斯双年展呈现了丰富的内容，也获得了媒体的广泛关注。“ArchDaily”“Designboom”“Dezeen”等多家建筑及大众媒体自策展人名单公布之日起，就对本届建筑双年展的一系列动态进行了跟踪报道及内容解读，其中，包括中国馆在内的多个国家馆及独立参展作品因为对展览主题创造性的回应方式，成为媒体关注的焦点。

威尼斯建筑双年展历史回顾

威尼斯建筑双年展的历史可以追溯到 1968 年，当时建筑被作为威尼斯双年展艺术展的一个部分进行展出。1980 年首届国际建筑展“过去的呈现”（The Present of the Past）成为当时后现代主义建筑的集体宣言，一举奠定了国际建筑展在国际建筑界的影响力。随后的几届建筑展还尚未形成“双年”概念，间隔时间从 1 年到 5 年不等，主题选择也倾向于专题的研究。这段时期的建筑“双年”展虽然与今天有很大的差异，但在这个过程中，展览场地的格局逐渐清晰，展览组织方式逐渐国际化，并于 1985 年设立了评审委员会，1991 年引入了“国家馆”……在经历了一系列组织变革之后，威尼斯双年展最终于 1998 年 1 月形成法人，并且明确了组织结构和 6 个活动领域（建筑、视觉艺术、电影、戏剧、音乐、舞蹈），同年 4 月，保罗·巴拉塔（Paolo Baratta）被提名为威尼斯双年展主席（2008 年再次出任主席职位至今）年。自此，建筑双年展也“步

图 1. 2018 年威尼斯建筑双年展海报
图 2. 拿破仑花园展区，中心展馆入口
图 3. 策展人伊冯·法雷尔、谢莉·麦克纳马拉与双年展主席保罗·巴拉塔

入正轨”，按照偶数年份每两年举办，展览主题则开始探寻建筑更具普适性的意义与方向。转向探讨建筑核心价值可以看作是展览对自身定位更清晰化的结果，展览主题更为强调国际化与普遍性，尤其表现出对人和社区的关注。其中有着不同维度的尝试：2002 年和 2004 年连续两届主题相对含混，表现出对于“变革”的试探逐渐清晰；2014 年库哈斯提出的“基本法则”（Fundamental）则是对于建筑本体的回归，以及对双年展历来所探讨的问题的反思。

通过简要的历史回顾可以看到，威尼斯建筑双年展是双年展系列中相对年轻并且还在不断成长、摸索的板块，其历届主题既显示出清晰的价值取向，也表现出对展览自身的回溯和反思（图 4）。威尼斯建筑双年展既站在建筑理论与实践的前端，探索建筑的边界，同时也在建筑展览模式上不断突破创新，为全球范围内不断涌现的建筑展建立了标杆。

“自由空间”主题解读

本届建筑双年展主题“自由空间”并没有像“基本法则”那样在展览的一贯思路上进行批评和反思，而是延续了某种基本的价值，并进行了延伸和扩展（图 5—图 7）。这里的“自由”是建筑迈向现代性的一种设计方法和空间特征，而不是狭义上的免费的共享空间。策展人用一段带有强烈人文情怀的宣言，将主题引向了更普遍意义上的“自由”，并通过这个自带宏大叙事感和政治敏感度的概念，将建筑与空间带入更广大的社会视角中，检视如何通过建筑和空间实现“这种自由”。一方面，“自由空间”是一个宽泛的概念，各种迥异的项目和话题都能被纳入它的框架中，另一方面，这个主题也不乏清晰的立场与维度；从表面上看，“自由空间”并没有挑战主流的价值观，但这样一种乌托邦式的愿景，为讨论现实问题提供了支点，于是负面的因素被聚焦，并显现在展品所勾画的图景当中，从下四个维度展现了策展人所描述的这种愿景。

首先，“自由空间”可以看作是一种连接。个体通过互动表达相互间不可言说的诉求，空间被视为一种自由的、额外的礼物。其次，接纳和激发人即兴创造的使用空间，随时间的推移建立起属于建筑与人的共享和联系的方式。巴拉塔指出，“慷慨并不只是一种愿望，社区的文化与组织机构必须认识到这一点，并且有意愿去刺激和促进它”。空间是复杂的、敏感的、有批判性的。在双年展的语境下，“自由空间”的诉求指向社会结构的深处，从对空间的欣赏，扩展到所有权层面，并呈现为民主、幸福、尊严等抽象概念下具体的社会群像，以及空间的困境与应对。再次，策展人还相信，建筑是塑造空间的关键方式，因而也是一种媒介，而它连接的是人和各种资源。“自由空间”提供了一种机会，来强调这些自然的或人造的资源——光、空气、重力、材料等这些与建筑本身的复杂空间属性密不可分的东西。最后，“自由空间”提出反思我们的思维方式、寻找新的视角以获得新的解决方案。同时，倡导想象的自由，不仅是打破时间分隔，连接过去、现在和未来，更是摆脱束缚，看到更多结合的可能性，让建筑提供更好的空间。

获奖作品

对主题的诠释方式不仅有展览本身，展览开幕后随即颁发的奖项也成为展览组织方对主题的一种补充说明。按照惯例，双年展评委会成员通过策展人推

图 4. 双年展时间线
图 5—图 7. 2018 年威尼斯建筑双年展导览图
图 8. 瑞士馆
图 9. 英国馆
图 10. 金狮奖得主德·莫拉参展作品

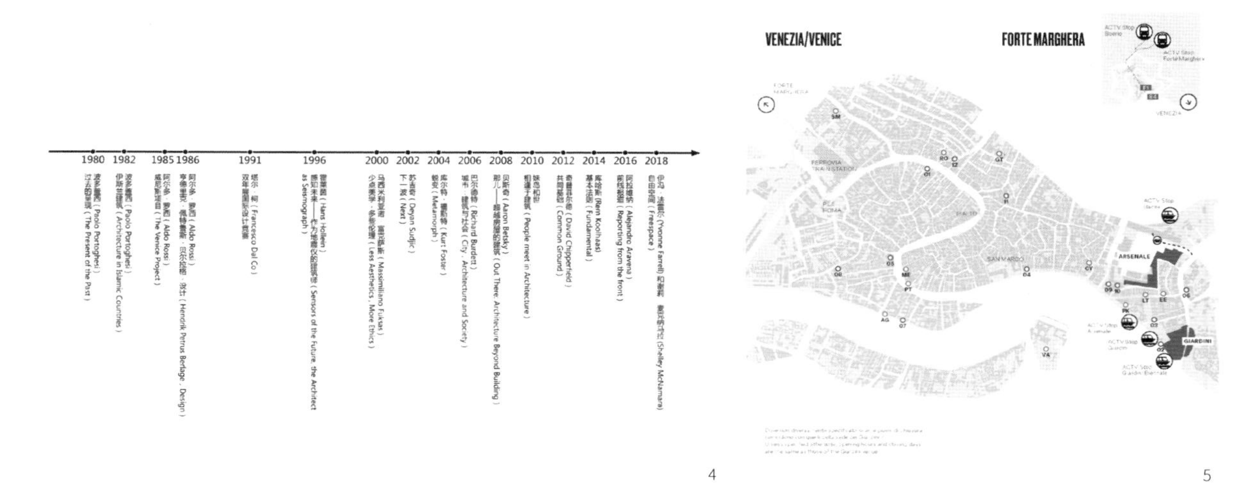

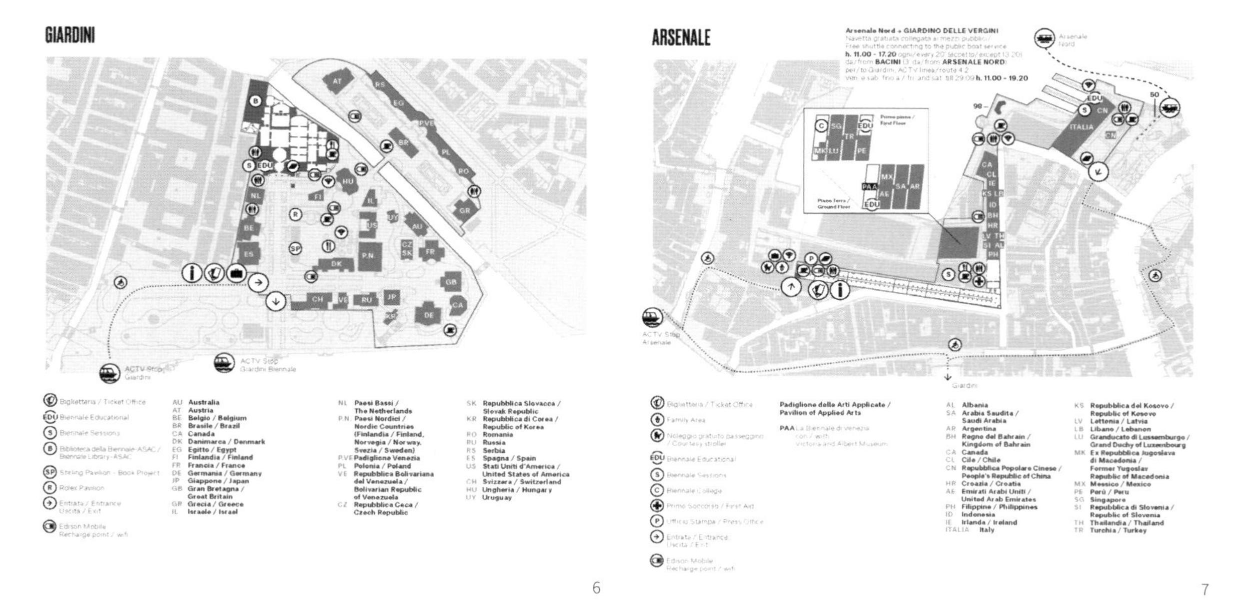

8

9

10

荐并由双年展理事会（the Board of Directors of La Biennale di Venezia）指定， 最终由评委会决出本届双年展“金狮奖 - 最佳国家馆”“金狮奖 - 最佳参与者”“银狮奖 - 最具潜力年轻参与者” “金狮奖 - 终生成就”，以及一个国家馆和两个主题展参展人的特别提名。

金狮奖 - 最佳国家馆

主题为“瑞士 240：住宅导览”（Svizzera 240: House Tour）的瑞士馆获得本届威尼斯建筑双年展“金狮奖 - 最佳国家馆”（图 8），因为它呈现了“一个引人入胜的展览，同时在室内空间中探讨了尺度这一关键概念”。在展览中，空间即是展品。展览关注设计中被忽视的维度，将注意力集中在当代住宅室内空间上，将其视为对现代性的探索最成功的成果之一。住宅设计已经高度标准化，其层高通常是统一的 240 cm，并连同白色墙面、镶木或者瓷砖地面、整体装配的家具一起，共同构成了这类建筑最稳定不变的外观。这种住宅室内风格的抽象性，经历了设计思潮的起伏变化，以同样的方式回应着不同的需求，也形成了自身的标志性。展览是关于住宅游览而非住宅，于是建造的也不再是建筑而是一种表现，它基于的也不是真实的建筑，而是一种图像。在这样的理念下，室内空间通过自由组合不同的尺度，摆脱了功能的束缚，构成一种既熟悉又“陌生化”的空间体验。

国家馆特别提名（荣誉提名）奖

主题为“岛”（Island）的英国馆获得了国家馆特别提名（荣誉提名）奖（图 9）。与瑞士馆相似的是，英国馆同样以单一的建造作为展品，不同的是瑞士馆提供的是新奇而富有趣味的空间游走体验，而英国馆则更具开放性和普适性，打开了广泛的解读和想象空间。展览分为两个部分：原有展馆的室内空间，以及加建的屋顶平台。两部分没有直接连通，平台用脚手架作为结构系统，漂浮在原有建筑之上，并在中心留出开口，老建筑的屋顶从开口穿出，获得采光，同时形成“岛”的意象。在这个作品中，屋顶增加的公共平台通过脚手架这种临时性结构支撑，与建筑主体脱开，强化了与原有建筑的异质性，暗示一种修缮与重建；平台的开放性容纳不同人群的活动，形成一种额外的慷慨空间，切合了建筑双年展主题；“岛”的意象暗示了表象之下更多的不可见部分，原有建筑内部的“空”表达出对于这种不可见的隐含条件的警觉。在这里，人口密度、流浪者和难民、气候变化、政治因素等都可作为理解这一展览的背景信息，平台的加入从另一层面扩展了解决问题的维度，在“自由空间”的框架内完成了一个理想主义的作品。

图 11. 银狮奖得主 Vylder Vinck Taillieu 事务所参展作品
图 12. 卒姆托参展作品
图 13. BIG 参展作品

金狮奖 - 最佳参与者

该奖项获得者葡萄牙建筑师艾德瓦尔多·苏托·德·莫拉（Eduardo Souto de Moura）通过两张并排放置的航拍照片（图 10），展示了位于葡萄牙阿连特茹地区 São Lourenço do Barrocal 庄园的“Vo De Jour”项目。建筑师将旧农场改造成酒店，这两幅图片展示了改造前后的场地。建筑师的干预并没有影响到环境关系，通过谨慎地改造，表现出一种小规模的干预所带来的身份的连续性。评委会认可了这种对于时空的隐晦表达，认为这两张图像的对比“揭示了建筑、时间和空间这三者之间的本质关系”。

银狮奖 - 最具潜力年轻参与者

该奖项颁发给了来自比利时的三名年轻建筑师福尔德（Jan de Vylder）、文克（Inge Vinck）和塔尔利（Jo Taillieu）所创办的 Architecten de Vylder Vinck Taillieu 事务所。他们设计的空间装置再现了他们位于比利时梅勒的一个建筑更新项目，轻质木构架与实景照片的结合让参观者体验到穿越建筑的空间感受（图 11）。改造以一座损毁比较严重的废弃建筑为基础，并采用一种缓慢介入的方式，为未来留下充足的可能性。在满足使用功能的同时，建筑的剩余部分仍开放作为公共空间使用。评委会肯定了他们的设计理念，认为这种缓慢和等待所提供的未来的可能性，使这个项目具有一种独特的自信。

主题展参展人特别提名

该奖项分别由印度尼西亚建筑师安德拉·马丁（Andra Matin）和印度建筑师拉胡·麦罗特拉（Rahul Mehrotra）获得。安德拉使用传统材料的编织工艺包裹乡土建筑的空间，展示了“一个敏感的装置，提供了一个让人反思材料和传统乡土的结构形式的框架”。拉胡通过三个独立的项目，在印度的社会背景里表达了“包容、交流和同理心”：斋浦尔的“Hathi Gaon”项目通过公共空间在居民和他们的大象之间营造出一种社区感；海德拉巴的 KMC 办公室打破了企业的等级制度，为园丁创造了“走秀”空间；艾哈迈达巴德的 CEPT 图书馆院子里的步行桥连接了“新”与“旧”，“弱化了社会界限与等级”。

金狮奖 - 终身成就

该奖项颁发给了英国建筑师、评论家、建筑历史学家肯尼斯·弗兰姆普敦（Kenneth Frampton），他被认为是当今世界最具影响力的现代主义建筑理论家之一。他的著作对现代建筑历史理论产生了深远的影响：《现代建筑：一部批判的历史》（*Modern*

Architecture: A Critical History）这部著作为我们深刻地解读了建筑的内在逻辑；《建构文化研究》（*Studies in Tectonic Culture*）使得建筑语言和构造的语言融为一体；《走向批判的地域主义》（*Towards a Critical Regionalism*）则使得建筑师重新思考所处的环境，以及地域身份的表达。策展人认为："他关于建筑的人文主义哲学思想……关于建筑的社会性的理论以及他的慷慨智慧对建筑学领域具有持续的价值，也使他成为建筑界独一无二的重要人物。"

在某种程度上，本届建筑双年展获奖作品表现出了相似的特征，既强调建筑本体和建筑所具有的表达能力，也表现出一种理念的抽象性；既提供了可玩味的空间，体现出空间体验的价值，也显示出明显的偏好。建筑网站"Archpaper"关注到获奖作品以及其他多个展馆通过简单的概念装置所达到的耐人寻味的效果，称之为"单一向度的胜利"，赞扬了这种原始的、单纯的展示方式——将参观者从信息过载的展览中解放出来，激发快乐并提供用来沉思的"自由空间"，评委会也通过评奖表达了对这种理解和展示方式的认同。纵观整个双年展，不论是主题馆，还是国家馆，都有更多更丰富的维度值得聚焦。

主题馆概况及部分作品解读

"自由空间"主题展分布于拿破仑花园展区（Giardini）内的中心展馆，以及军械库（Arsenale）展区中的缆绳厂和火药间。其中，花园展区中心馆展出了 19 位独立参展建筑师作品，军械库展区超过 300 m 长的展厅集结了 52 家事务所和建筑师的作品，以及另一个特别单元"教学实践"——包含了来自不同国家的教学成果，从材料、构造、环境、互动、影像等多个角度呈现了建筑教育所能带来的创新和活力。整体上看，策展人对于整个主题展部分并没有试图采用一种清晰的策略来进行"控制"，而是让参展人能够比较自由地发挥，关注其自身的表达。展品从多种多样的角度体现着主题，实践和丰富了《策展宣言》中所描述的各种维度的内涵。

卒姆托（Peter Zumthor）的模型展示在中心展馆中央的夹层空间（图 12）。他认为，建筑为人提供空间，而建筑模型是能够反映真实的尺度和材料的"实体的承诺"，所以这些模型就是一个"承诺的集合"，是一系列自由空间的承诺。对他来说，空间并不是抽象的，而是与生活紧密相关，应尽可能精确地回应生活中具体的问题。同时，这些模型也表达了一种时间性，它们并不是为了再现建筑而制作的，而是一种工作模型，有些甚至充满了错误和改动。这样一组模型的展示，令观者有机会去探索卒姆托将想法变为现实的历程也。

丹麦 BIG 建筑事务所的曼哈顿下城景观规划方案"Big U"早在 2014 年中标之后就很快引起了广泛的关注和赞誉（图 13）。创始人比雅克（Bjarke

图 14. SANNA 参展作品
图 15. EMBT 参展作品
图 16. 德国馆

14

15

16

图 17. 日本馆
图 18. 绘造社《一点儿北京》在日本国家馆展出
图 19. Holy see 小礼拜堂，诺曼· 福斯特作品
图 20. Holy see 小礼拜堂，哈维尔·科瓦兰作品
图 21. 中国馆海报
图 22. 中国馆内部

Ingels）将一系列环绕曼哈顿滨海区的保护性基础设施融合到慷慨的城市公共空间中，公共活动被整合在这些不同层次的空间里，并根据可能出现的洪水、风暴和气候变化提供灵活的应对方式，全面地回应了这样一个高密度、充满活力但在灾害面前也很脆弱的城市环境。建筑师相信“建筑有能力成为生活的框架”，并关注建筑所创造的可能性：不仅塑造微观空间，激发丰富的活动，提供更多的乐趣，更注重连接，将整个滨海区串联成为激活城市的活力带，使之在城市尺度上应对项目的复杂性。在此基础上，设计灵活的实施方案，从多个角度体现了自由空间的价值。

SANAA 建筑事务所的展品（图 14）与之 2011 年在巴塞罗那德国馆所做的展览类似，用 3 层丙烯酸板由内到外围合了 1 个透明的多层次的圆柱空间，板材被自由地放置在地上，没有对周围建筑造成影响，视线可以自由穿透。这一作品受到时间、光线和人的影响，与环境产生微妙的互动，柔和的反射被扭曲后重叠在空间当中，光线经过折射在地面投出复杂的图案。策展人认为，这个作品表达了不同于我们对于空间的认知的另一种感知，即在这个空间中，没有开始与结束，透明的材料成为一种不可见的结构，同时也是形式本身。它所呈现出的轻盈如同 SANNA 其他作品一样，使得注意力不再被吸引到建筑本身，建筑、人、环境三者的互动得以凸显。

Miralles Tagliabue EMBT 的作品《编织的建筑》（Weaving architecture）表现出一种诗意的对于界限的超越（图 15）。自然的形态、不同的民族与文化都能成为 EMBT 设计的灵感，融合成具有独特个性的场所。展览呈现的是他们位于巴黎东郊的地铁站设计，项目将地铁站和相邻的广场从消极的灰色地带转变成色彩斑斓的公共空间，藤架的形式是对非洲装饰图案和色彩的转译，给空间带来了活力。在展览中，这种由重复母题编织出的藤架与展场环境充分融合，建筑与手工艺、个性与普遍性都融入其中。对于参展人来说，“自由就是参与”，而“编织”这种工艺使建筑与手工技艺紧密关联，具有使空间人性化、更加自由的能力，因此编织也是他们很多项目展开应用和实践的方式。在展览现场，观者的参与也肯定了这种尝试，成为双年展中一个让人放松和享受的片段。

国家馆

63 个国家馆中，有 29 个分布在花园展区，24 个位于军械库展区，10 个散布在城市空间中。它们以多样的视角与理念，基于不同国情与独特历史，提出各自的主题，并用不同方式诠释了对于“自由空间”的理解。展示方式上包括有切合主题的整体空间艺术装置作品、相关项目的集中展示、多媒体影像等等，它们在具体的空间中展现出层出不穷的变化。

德国馆的主题为“拆毁界墙——从死亡线到自由空间”（Unbuilding Walls——From Death Strip to Freespace），是以一个特殊的时间点为契机，即德国统一与柏林墙存在距今都是 28 年，来探索界墙区域的分裂及融合过程（图 16）。展览空间的设计体现了策展主题，当参观者进入德国馆，所见的是深色的墙所构成的迷宫，位置交错的墙和单一的颜色在视觉上形成一种连续性，作为展览的开端，暗示了分隔与消极。当走进这个迷宫，墙背后的信息才展现出来，即通过 25 个项目，展现了德国是如何拆毁看得见以及看不见的墙，给区域带来融合和活力。展示空间设计也试图表达这一主题，展墙与地面的整体性和色彩的连续暗示了一种动态的过程，即“分裂—融合”。展览还试图超越本国的视野，审视世界各地历史上的以及现存的壁垒，关注更具普适性的社会性的分裂与融合。

“生活显然超越了建筑，但这对于建筑学来说意味着什么？”这是日本馆策展人贝岛桃代（Momoyo Kaijima）在策展宣言开篇提出的问题。他指出，我们需要一种方式来表现这种超出建筑本身的丰富性。因此，日本馆探究了建筑绘图如何作为记录、讨论和评估架构的工具，来反映建筑在使用中面临的无数不确定性，并将这种概念称为“建筑民族志”（Architectural Ethnography）。展览集合了近 20 年中来自世界各地的 42 件图画作品（图 17），它们试图从人的角度出发，记录人与空间的丰富互动，从而更好地通过建筑理解生活。本次展览所选取的作品都折射出一种基于观察的，关注人的生活和现实城市空间，关于社会、属于社会、围绕社会、促进社会的建筑表现和思考方式，这种理解空间的方式对建筑设计和表现都具有广泛而深刻的影响。此外，绘造社的作品《一点儿北京》也在日本馆展出，它生动地呈现出北京的市井活力，并备受关注（图 18）。

梵蒂冈教廷今年是首次参展，展览不是以集中的宗教空间呈现，而是邀请了诺曼·福斯特（Norman Foster）、德·莫拉、藤森照信（Terunobu Fujimori）等 10 位建筑师在圣乔治奥岛（St. Giorgio）上设计了 10 座小礼拜堂，参观者需要穿过一片树林，才能进入这些自由散落在场地内的小礼拜堂。此次展览的策展理念源自一个小建筑，即 1920 年由建筑师艾瑞克·古纳尔·阿斯普隆德（Erik Gunnar Asplund）在斯德哥尔摩公墓设计的“林地教堂”（图纸展览于本届双年展梵蒂冈展区内由 Franceso Magnani 和 Traudy Pelzel 设计的第 11 号展室中）。不同于通常的小礼拜堂形式，这 10 座小房子被置于抽象的自然环境中，面向水面开放，如阿斯普隆德所述，是让人“寻求，相遇，冥想和寒暄”的场所（图 19，图 20）。

北欧馆主题为“另一种慷慨”（Another

20

21

22

图 23. 中国馆策展人、参展人及媒体合影
图 24. 袁烽作品《云市》
图 25. 绘造社作品《淘宝村· 半亩城》
图 26. 王澍的主题展参展作品

Generosity），强调的是一种交流，即通过由空气和水填充的膜材料，相互结合形成细胞结构，对外界环境刺激做出反应，来表达自由空间的理念。展览中的装置属于由北欧国家共同推进的，关于自然与建成环境之间关系的更广泛研究项目的一部分，强调了建筑应当构建从基本构件到运行系统的全生命周期。“另一种慷慨”探索的是建筑学如何促进自然与建成环境的和谐共生；如何创造一种空间体验从而唤起我们对于所处环境的意识；如何促进人们的对话、辩论和批评，进而寻找到用“另一种慷慨”塑造世界的新方法。从对人类所处环境的宏大思考，到提供微妙互动的空间装置，“另一种慷慨”展示了一套关于共生的建筑理念。

中国国家馆——我们的乡村

在本届威尼斯建筑双年展中，中国馆并没有依据“自由空间”策展宣言中所做的描述进行直接地对应，而是着眼当下中国乃至全球城市化所面临的挑战，由李翔宁教授策展，以“我们的乡村”（Building a Future Countryside）为题，展示了中国乡村建设成果，探讨了未来乡村发展的可能性，为“自由空间”提供了更丰富的内容，对探讨世界的城乡问题也有一定的借鉴价值。“我们的乡村”符合国家层面政策导向，不仅以一种城市化发展的宏观历史视角，为未来指出了另一种“自由”的可能性；同时通过建筑本体，呈现出关于文脉、空间、场所、材料、技术等方面的探索，即如何用建筑来营造未来的乡村生活（图 21—图 23）。

在中国馆备受关注的参展作品中，建筑师袁烽的《云市》用数字技术和机器建造，将“村口”的意象演绎成自由、有机的开放空间（图 24）；同时，这种形态结合了材料的受力特点，将结构理性的表达扩展到传统建造方式所无法达到的复杂性，也打开了未来乡村空间的无限可能。袁烽的另一件参展作品《竹里》同样通过数字设计的方式，将传统乡土的屋顶形式转换成“∞”形连续交错曲面。在这里结构通过形式计算生成而不再是影响形式的前提条件，并且采用预制装配的施工方式，实现了快速建造，使得工业化制造与在地建造协同，既打开了建筑形式创造的空间，也进行了一种通用的建造实验。《云市》和《竹里》两个作品都预示着乡村建设中，由先进数字技术带来的建筑领域的范式转换。

绘造社为此次双年展创作的大型壁画作品《淘宝村·半亩城》瞄准中国乡村建设中由于电子商务和物流的高度发展而产生的一个独特的现象——“淘宝村”（图 25），并将它投射到赖特的“广亩城市”的网格上。现实生活中的种种要素——产业、居住、活动、自然环境、纪念性、山寨、民俗、中国元素等，都被符号化并糅合到一个消除了进深感与视点的画面中，使得细节被无差别地显露出来，构成了一种充满活力的、

25

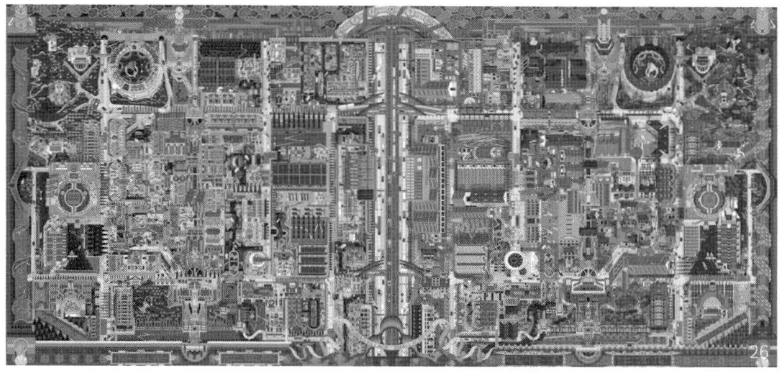
26

多元的社会图景。由城村架构，林君翰创作的装置作品《新的旧房子》回收了老建筑中的木材，采用传统的木构技术搭建了一个供人活动、休憩和登临，与自然环境融合的激发人们互动的纪念性空间。结构的灵活性使得该装置可以在双年展的现场再次组装。

本届双年展中国馆以独到的主题和诠释方式，以及大量详实的优秀案例资料获得了各界广泛的关注和赞誉，被国内外多家媒体争相报道，也显示了中国当代建筑的发展与成绩。

中国受邀参展建筑师及其他参展项目

本届双年展共有3位中国建筑师受邀参加主题展，其中王澍的作品在拿破仑花园展区的主题馆中展出，董功和徐甜甜的作品展出于军械库展区。

王澍在中心展馆向世界提出了一个当代中国十分现实的问题，即“如何通过设计使城市中自发建造的非法建筑合法化”，并展示了一种可能的方案（图 26）。他通过影像、图纸以及展厅中央陈列的传统木构模型，让人们看到中国城市中空间是如何被自发地使用的，以及如何通过设计，把这种自发性纳入城市的空间结构中，让它成为城市功能与城市形象的一部分，从而能够在城市治理中被“合法化”。“自由空间”在这里就是一种慷慨的精神，即通过合理的方式接纳自发性建造，让普通人能够根据自己的需求，塑造生活的空间，提升城市的丰富性和活力。关于自发性建造，2016 年普利兹克奖得主亚力杭德罗·阿拉维纳（Alejandro Aravena）为穷人建造的可供扩展的住宅，使建筑随着时间推移获得了一种和人互动并生长的方式，也是一种社区独特身份的形成方式。然而，在中国的城市中，自发性建造还很大程度上属于“非法”范畴，在实际治理过程中，多地出现过大规模的“拆违”，从城市中抹掉了很多自发形成的活力街区。如何使自发建造的“非法”建筑合法化，是王澍对当代中国城市的观察和反思，通过设计使之能够合法化是一个必要的方式。当然，这个过程无法依靠设计单方面实现。

直向建筑的作品《连接的船》（Connecting Vessel）是一个钢结构搭建的二层空间装置（图 27）。该装置用螺旋的流线暗示了“海边图书馆”的空间片段：一层展示了一个通过机械装置可以自由错动、能够展现内部空间的“海边图书馆”模型；二层展示了“糖舍”和“船长之家”这两个项目的模型和图像。对很多人来说，“海边图书馆”这个项目带有一种梦幻色彩，体现了一栋建筑独自立于海滩之上的“自由空间”。2015 年，一篇名为《全中国最孤独的图书馆》的微信文章引发了全民转发，成为建筑在大众媒体传播的一个高潮。此后，这栋小建筑每天吸引着 3000 多名来自全国各地的参观者，激发了强大的社会能量，这也使得这栋原本为 75 名读者设计的建筑见证了使用中的各种不可预见的变化。对参展人董功而言，“建筑像一

图 27. 直向建筑作品《连接的船》
图 28. DNA 建筑事务所作品《松阳故事 - 竹子剧场》

粒种子……光、风、视线、尺度、材料、工艺和氛围都是建筑师埋藏在这粒种子里的空间的基因，人们会被这些基因感动、启发并且影响，然后创造他们自己的使用空间的方式”。建筑如何激发普通人对空间的创造性使用，正是“自由空间”所营造的人与建筑的连接。

DNA 建筑设计事务所作品《松阳故事》(Songyang Story) 展示了一个系列 7 个项目（图 28），这些项目分布在中国浙江省松阳县的多个村庄，表现了建筑的多样性及它们为现有社区日常生活带来的活力。建筑师对于作品的构想，超出了功能的需求，根据每个建筑的特定环境，营造富有想象力的空间。在每个项目中都塑造了新的公共自由空间。项目通过不同比例的模型以及影像呈现出来，在形式、策略、建筑技术和材料的使用等方面都带来了不同的新意。《竹子剧场》是对建筑材料、建造方式的创新，《廊桥》是对乡村基础设施的再定义，《红糖工坊》将厂房与田园风光、传统文化相融合，等等，都显示了自由空间的精神。透过这些作品，“工作与娱乐，戏剧与集体生活，仪式与欢乐，传统与经济”这些要素都不再对立而是融合在一起。建筑成为“社区集体表达的工具”，人们通过互动建立起与场所的连接和认同。

此外，平行展（Collateral Events）中也有中国身影。其中，香港馆结合自身城市发展的特征，以“垂直肌理：密度的地景”为主题，以塔楼为切入点探讨高密度城市环境下自由空间的可能性；澳门馆以“无为建构”为题，在平凡之处寻找自由空间；台湾馆强调人与场所之间的对话，以建筑师黄声远及“田中央工作群”为代表的宜兰在地经验，展示了“与天空和山水共处”的建筑理想；中国城市馆以“穿越中国城市——构建共同体”为主题，通过一系列城乡实践案例，探讨了实现包容性、赋权和集体创造力的方法。另外，由欧洲文化中心举办的“时间、空间与存在”展所展出的项目中也有 10 个来自中国。

结语

策展人指出，“我们相信每个人都有在建筑中获得益处的权力。建筑的角色就是遮蔽我们的身体和提升我们的精神。一面美丽的墙构成了街道的边界，给路过的人以愉悦，即使他们并没有走进建筑”。“自由空间”就是从人的角度出发，思考建筑应该以怎样的特质来滋养和维持人与人、人与场所间的自由连接。策展宣言中所强调的慷慨、体察、交换等要素，实际上对建筑提出了更多的要求，要求建筑更敏感地回应人的细微需求，更开放地接纳人的活动所带来的影响。展览主题为参展人及展馆留下了自由发挥的空间，使得不同视角能够碰撞在一起，构成了整体的“自由空间”。

中国的参与为本届双年展增色不少，不论是中国馆、平行馆还是独立参展人，都不只是在策展人所描述的框架内寻求描述性的契合，而是结合本土实践，为展览提供了新鲜的观点。中国国家馆展现了中国建筑的发展成果和创新能力的提升，被国外多家主流媒体评为不可错过的 5 个或 10 个国家馆之一，它让世界看到，中国正在从一个外国建筑师的实验场，向逐步建立自身话语体系的方向前进。

最后反观展览主题，自由对建筑意味着什么？作为一个有着深厚历史积淀的学科，建筑一直被认为是一种复杂的矛盾体，而建筑所背负的传统使得每一次变革都要经过反复的严肃的论证，才能成为被广泛接受的范式；现代建筑通过迂回的探索，逐步建立形式、技术与功能统一的开放、自由的空间审美，我们今天面临的技术变革终将带来什么样的自由空间同样是本次展览主题带给我们的提示和期待。

（感谢威尼斯建筑双年展组委会、威尼斯大学所提供的支持与帮助）

图片来源

图 1—图 3、图 5、图 8—图 11、图 14、图 15、图 24—图 26 由威尼斯建筑双年展组委会提供，图 6、图 7 来自 www.google.com，其他图片由作者拍摄或由参展人提供

原文版权信息

支文军，杨晅冰 .“自由空间”: 2018 威尼斯建筑双年展观察 . 时代建筑，2018(5): 60–67.

[国家自然科学基金项目：51778426]

[杨晅冰：同济大学建筑与城市规划学院 2016 级硕士研究生]

“城市之魂”：UIA 2017 首尔世界建筑师大会综述

"Soul of City": UIA 2017 Seoul World Architects Congress

摘要 国际建筑师协会（UIA）第 26 届世界建筑师大会于 2017 年 9 月在韩国首尔召开，大会迎来了世界各地 2 万多名参与者。第 26 届世界建筑师大会以“城市之魂”为主题，以未来、文化、自然为切入点对主题进行了深入的探讨。同时，大会围绕主题展开了包括主旨演讲、主题论坛、特别分组会议、颁奖典礼与展览在内的多项学术活动。大会为来自全世界的建筑师、研究学者及学生们提供了共同交流的平台，同时全面展现了首尔作为世界设计之都的魅力。

关键词 UIA 大会 首尔 城市之魂 首尔宣言 未来 文化 自然 当代建筑

国际建筑师协会（UIA）是代表着全球近 130 万建筑师群体的非政府组织，目前作为最具影响力的国际建筑师组织，UIA 世界建筑师大会也成为来自世界各国的建筑师及学者们交流经验与思想的盛会。大会每 3 年举行 1 次，作为全球规模的建筑界盛会、建筑领域最具权威的国际性活动，其被誉为是“建筑界的奥林匹克”。

UIA 2017 世界建筑师大会在首尔

UIA 世界建筑师大会自首届在瑞士洛桑举办以来，至今已有近 70 年的历史。2011 年韩国获得第 26 届 UIA 大会的主办权，经过长达 6 年的准备与筹划，于 2017 年 9 月 3 日至 10 日在首尔南部的 COEX 会展中心与东大门设计广场（DDP）成功举办了本届 UIA 首尔世界建筑师大会（图 1，图 2）。来自全世界共计 109 个国家、约 24 000 人参与了本次盛会。大会由国际建筑师协会（UIA）、韩国建筑师学会联合会（FIKA）、首尔市政府主办，UIA 2017 首尔世界建筑师大会组织委员会承办。会议内容包括主旨演讲、主题论坛、特别分组会议、全球建筑展览、学生及青年建筑师交流平台、颁奖典礼与最高决策机构理事会议等（图 3）。

首尔作为传统与现代文化交相辉映的设计之都，备受世界瞩目。2010 年，国际工业设计协会理事会（The International Council of Society of Industrial Design）命名首尔为“世界设计之都”。国际建筑师协会主席埃萨·穆罕默德（Esa Mohamed）在本次大会开场便说道：“还有哪里要比在美丽的首尔来举办这场意义深刻的全球性建筑师大会更适合的呢？”（图 4）

首尔发展成为世界级城市只用了几十年的时间，但快速工业化的过程对城市产生了一定的副作用，如环境等问题。因此在随后的发展中首尔把“设计”作为城市发展的主要道路，政府启动了“设计首尔计划”，其核心理念包括扩大绿地面积、净化空气和水、保护历史遗产、注重人文关怀等。设计改变城市，设计将首尔从“硬城市”变为“软城市”。

现任首尔特别市市长朴元淳（Park Won-soon）在主题演讲中突出强调，首尔这座城市正处于反思与转型

图 1. UIA 大会主办场地 COEX 会展中心
图 2. UIA 大会主办场地 COEX 会展中心
图 3. 作者支文军教授在 UIA 大会现场

的时期，过去工业化时期的城市发展都是关于拆迁、重建以及再开发，而当今的城市发展则更关注于历史、文化与自然，更重要的是“以人为本”。首尔正在努力打造更加人性化的城市，超越物质层面，融入灵魂、情感与文化，从而赢得“世界设计之都”的美誉。

城市之魂

守护城市的灵魂

UIA2017 首尔世界建筑师大会的主题为“城市之魂”（Soul of City）。其中“Soul”恰好与“Seoul”发音相似，巧妙地传达出首尔这座城市所崇尚的价值观。对于“灵魂”的理解，从不同领域、不同角度出发都有着不同的思考，有的理解认为灵魂泛指生命，有的则将灵魂看作主宰我们的思想、行为、精神、感情等潜意识的一种未知的非物质因素。的确，有生命便有灵魂，每一个独立的个体都有其独特的灵魂。城市也是如此，每个城市都有其独特的“灵魂”。建筑师要在人所生活的城市和建筑中感知其中流淌的灵魂。

如同让 - 吕克·戈达尔（Jean-Luc Godard）所描述的：“动物由内部与外部组成，除去外部便可以看到灵魂。”城市宛如有生命的机体，由内部和外部构成，亦即城市本质和外表。城市的外部，也就是城市的整体形态，是通过总体规划设计、在体制控制下产生的城市整体形象。城市的内部，除了主要建筑物之外，还包括设计者塑造的开放空间，例如广场、街道、公园等，它们共同形成城市生命体的内脏器官。城市的灵魂到底是什么？灵魂是非物质性的因素，如何去营造好的城市？城市的构成是复杂的，有很多主导的关键词，比如经济、安全、礼仪、身份、合作或者幸福等，正如首尔市长朴元淳所强调的“城市要作为一个人人共享的舞台”，人也是构成城市灵魂的重要组成部分，设计的多维度决定了参与者的多元化。

一直以来，对于城市发展的评价与描述往往是客观而理性的，但如今我们要挖掘更深刻的本质，这便要上升到精神层面，采用具有精神意义的词语。城市之魂的“魂”不同于“精神”（Spirit），近代建筑话题中的“时代精神”（Zeitgeist）是最具代表性的。精神是可以普遍化的，但是，灵魂独立且独特，她是通过日常生活中累积的经历、记忆、情感而逐渐形成的。即便是属于个体的灵魂，也是多元的、复杂的、丰富多样的并时刻发生着变化。

城市之魂是城市最根本最核心的要素，拥有与其他城市不同的个性。一座城市的灵魂并不是由人为创造或者人为加工而形成的，她需要建筑师去“发现”和“守护”。为此，想要重振城市活力，需要改善的不单单是城市的外表，更需要唤醒城市之魂，设计者要寻求的是属于特定场所下内在的灵魂，是关于自然的、文化的和未来的，而这正是“首尔宣言”中的核心价值取向。

图 4. 大会开幕式 UIA 主席埃萨·穆罕默德致辞
图 5. 本届大会主题“城市之魂”
图 6. 首尔市市长朴元淳进行主旨演讲
图 7. 舒马赫·帕特里克进行主旨演讲
图 8. “生活在市中心”主题论坛
图 9. 金奖获奖者伊东丰雄进行主旨演讲

首尔宣言（Seoul Declaration）

本届大会旨在挖掘城市的灵魂，经过一系列学术讨论与学术活动的举行，会议总结出具有深远意义的“首尔宣言”。UIA 大会强调在处理城市问题时建筑师所扮演的重要角色。建筑师的责任不单单是传统意义上的设计，而是要扩展到社会整体的层面上。从认知“城市之魂”到守护“城市之魂”，只有深入地理解城市的内涵，才会营造出更加人性化的环境。

自然之魂——面对人类持续不断、背离“灵魂”的盲目城市化，自然已经对人类进行了警示，如全球气候变化、驯养的患病动物成为人类食材等问题。因此，建筑师要意识到自然所具有的自我修复能力，尽全力让城市回归自然。自然启发了人们对可持续发展技术的使用，作为建筑师，除了要在设计中融合文化、尊重历史、满足社会需求外，更重要的一点是要回馈“自然之魂”，与自然和谐共生。

文化之魂——文化创造了独特而又具有灵魂的场所，形成了有集体意识的城市环境。因此，建筑师在强调时代性的同时更要根植文化基因，挖掘城市潜在的文化价值，以此来激活城市“文化之魂”。建筑师还要通过设计来激发公民对城市历史文化的认知，因为建筑能够映射出场所精神和其中隐藏的文化内涵。

未来之魂——城市的未来取决于人与环境的关系，而不是那些没有灵魂、没有温度的“冷资本”。如果建筑师在城市中设计了广场，人们可以在此互相分享交流思想，那么这些场所就是“有温度的”城市的灵魂所在。强化城市“未来之魂”需要城市的基础设施与开放空间共同来实现，建筑师的责任在于通过建筑的介入激发人们对于环境的感知力。

21 世纪的城市，想要挖掘其灵魂所在，通过以往的旧制度及旧观点是无法实现的。这也是本届 UIA 首尔建筑师大会确立目标的基础，意在唤起建筑师与公共意识，当代的城市设计与建筑创作要融合自然、文化与未来，实现城市的可持续发展，打造富饶幸福的城市环境。

未来、文化、自然

主旨演讲与主题论坛均围绕着“城市之魂”的主题展开，来自世界各地的建筑师与相关学者分别以“未来”“文化”与“自然”为分主题展开了讨论（图 5）。

未来——生活在市中心

一直以来，城市为解决人口激增等各种问题不断发展科学技术。当城市政策集中于有效开发城市空间及社会平衡等传统问题时，有可能会忽视一些威胁人类生存的问题，如环境污染、政治及经济的不均衡、未来居住空间紧张等。这便需要建筑师及城市发展的上层决策者根据实践经验与相关研究去作出回应。

首尔市市长朴元淳强调首尔是一座有“灵魂”的城市，其灵魂来自 600 年历史与文化的积淀，来自美丽的自然环境，更来自勤劳的人民。为了确保城市空

7

8

9

间的“公共性”，首尔开启了“公众建筑师”体系，也就是追求民主化的城市公共空间设计，在实践中摸索社区服务中心、邻里图书馆这类项目对于公民生活的意义，这些实践强化了建筑师对城市的认知与理解，也回归到“城市之魂”的主题（图 6）。

来自美国的建筑师组合 Tod Williams +Billie Tsien，通过讲述他们在 2001—2015 年中 3 个具有代表性的设计项目——美国国家艺术博物馆（曼哈顿）、巴恩斯美术馆（费城）与亚洲协会（香港），分享了他们在面对不同的城市个性、文脉与挑战时所做出的回应，其核心都是追求建筑与城市环境的契合。另外，来自英国扎哈·哈迪德建筑事务所（ZHA）的舒马赫·帕特里克（Schumacher Patrik）以“扎哈的遗产”为题，追溯了扎哈的创作生涯，从工业产品设计到建筑与城市设计，内容关注扎哈开创性的突破与创新，以及其如何应对过去的历史，即怀旧与展望（Retrospective and Prospective）（图 7）。

在“未来”主题之下，4 位来自不同国家的建筑师展开了“生活在市中心”（Living in the Inner City）主题论坛的演讲，共同探讨了不同国家和地区的经验与面对城市问题所付出的努力，讨论内容涉及建筑如何为提高城市环境质量作贡献，城市及建筑形态如何应对不同的人和生活方式的“开放性”与“包容性”，如何在多元文化条件下复活与重振城市，以及如何让建筑与城市基础设施相融合等（图 8）。

4 位演讲者分别介绍了西欧、北美、南美、亚洲的相关案例，并认为面对全球性的问题，建筑师要发挥关键的作用及领导力。克里斯蒂娜·穆尼斯（Cristiane Muniz）介绍了圣保罗城市的可持续性发展，维尔弗里德·王（Wilfried Wang）介绍了柏林的相关经验，约翰·佩波尼斯（John Peponis）以“开放城市”为主题展开演讲；首尔市立大学教授金成洪（Sung Hong Kim）介绍了“首尔的再发展”。

文化——设计结合历史

一座城市拥有多元文化与建筑，如何规定城市共有的认同感并且以怎样的方式加以实现？尤其是在现代多元文化共存的复杂条件下，应该如何应对城市、建筑与无形的文化之间的关系？来自世界不同国家的建筑师给出了他们独到的见解。

美国宾夕法尼亚州立大学的莱瑟巴罗（David Leatherbbarrow）教授演讲的主题为“整体性”（Whole Parts），他认为建筑是为了定义场所，而非复杂的都市系统或为追求经济利益而设计，由此他提出“整体性”原则，也就是说建筑作品的根本存在于城市的整体框架下，并融合于城市环境，无论是人工或自然的环境。另外，他谈到城市的尺度，列举当代大都市如上海、斯德哥尔摩、圣地亚哥等，这些城市的尺度已经彻底改变。不断上升的高楼，不断增长的密度，不断扩张的土地，这些都与过去没有任何联系。所以他在费城的实践中强调了高层建筑的尺度、开放空间的尺度与公共设施的尺度，均注重与城市中 20 世纪的建筑作品

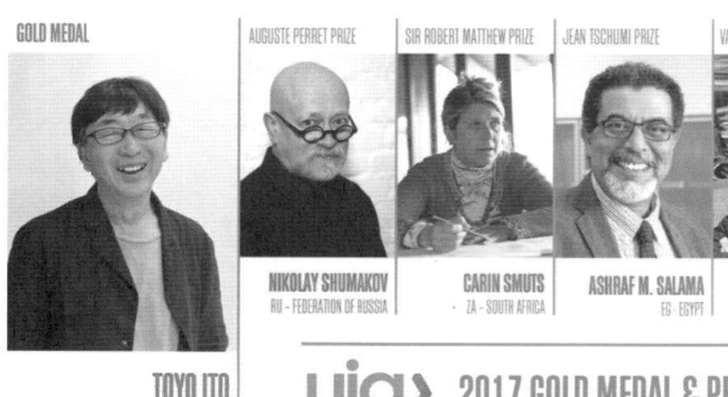

10

11

相衔接。

此外，法国著名建筑师多米尼克·佩罗（Dominique Perrault）展开了题为“地景建筑”（Groundscape-Other Topographies）的主题演讲。在他的《地景》（*Groundscape*）一书中曾阐释过他的一个概念，即“地景”（Groundscape）。多年来，他一直通过实践不断地探索和尝试这一概念，韩国梨花女子大学综合园区（ECC）就是他的成功案例之一。他强调，地景建筑是城市的另一种自然景观，也可以作为一种放大世界的场所。韩国建筑师曹敏硕（Cho Minsuk）是 Mass Studies 的创始者，因设计上海世博会韩国馆而为大众知晓。他以“Before/ After”为题，通过介绍 Mass Studies 过去 10 年里在首尔的设计实践，阐释了在设计中如何回应不同自然条件与社会政策的过程，并且发现这是一个从小到大、从慢到快、从低价到昂贵的过程，看上去缺少秩序，但是 MASS Studies 在此过程中逐渐形成了独有的“系统异构”的方法。

在“文化”主题下同时展开的还有“设计结合历史”（Design with History）主题论坛，论坛探讨了东亚现代建筑师所肩负的历史与传统的“重担”。论坛演讲者对“设计实践中如何融入历史”这一问题进行了探讨。

中国建筑师李晓东（2010 年阿卡汗建筑奖获奖者）在论坛中做了以“地域性建筑理念之反思”（Towards a Reflexive Regional Architecture）为主题的演讲；韩国建筑师承孝相（Seung H-Sang）提出“地文”（Landscript）概念，地文意指任何场地都有其自身特点，如同指纹对于人的意义；日本建筑师隈研吾（Kuma Kengo）讲述了场所的记忆（Memory of Places）。韩国首尔市立大学教授田凤熙（Jeon BongHee）则探讨了“文化模因作为地区主义的手段”（Cultural Memes as Means of Regionalism）。发表演讲的建筑师并未隐藏于传统的阴影中，他们对历史的强烈情感透过历史的棱镜，各自投射出不同的影像。

自然——与绿色细语

城市发展往往意味着对自然环境的破坏，虽然二者存在某种对立的关系，但是城市需要自然。自然景观被人们所渴望，公园、亲水空间等具有自然属性的空间规划是城市结构中必不可少的组成要素。城市和建筑是顺应“自然规律”的有机组织体。

安博·穆萨（Abou Moussa）来自非洲中西部国家尼日尔，她专注于对在地性材料的应用与创新研究。大会上她以“在地材料与适宜技术”（Local Materials and Appropriate Technology）为主题，分享了应用地方性材料营造绿色建筑的方法，以及在非洲国家的实践经验。安博的方法对于未来绿色建筑发展很有启发性，综合热学、环境、能源的考量，来实现节能又舒适的建筑。这有助于减缓全球气候变化的现象，通过有关生物与气候的协同效应，以及对热效率和可再生能源的利用，实现建筑与环境的互动。安博的绿色建筑技术系统已经获得了非洲知识产权组织（OAPI）的专利认证。

大会最后一天进行的是“杰出的人性化建筑：与

绿色细语”（Humane Gree Architecture: Whispering with the Green）主题论坛，分别来自美洲、欧洲、亚洲地区的4位建筑师，对城市与自然的共存、互动与维持平衡的方法以及构筑这些关系时建筑师扮演的角色等方面，分享了宝贵的经验。

哈尼·拉什德（Hani Rashid）认为实现“绿色”是一种态度，而非一种类型（An Attitude, Not a Typology）；日本建筑师托马斯·寺山（Thomas Terayama）讲述的是关于在自然中培育文化，作为一种整体性的规划和设计观念（Cultivating Culture From Nature: Integrated Planning and Design Concepts for Academic Environment）；荷兰建筑师，MVRDV创始人之一威尼·马斯（Winy Maas）所探讨的题目为“未来会如何”（What's Next?）；韩国建筑师郑龙庆 (Jeong Young Kyoon) 的论题为“连接文化与自然”（Connecting Culture and Nature）。论坛发言反映出的是设计者们为追求建筑与自然更加和谐而做出的努力，以现代的语言与技术将鲜明的地域特征、乡土特色以及特定场所的特性转译到建筑设计之中。

建筑的灵魂

伊东丰雄作为本届UIA最高终身成就奖项金奖的获得者，在大会最后一天进行了主旨演讲，题目为“建筑的灵魂”（Soul of Architecture）（图9）。在全球化经济条件下，城市普遍都经历过大面积扩张与迅速的再开发，大多数都变成了由高层建筑主导的城市环境。然而，每座城市所独有的地方性与历史性却渐渐暗淡甚至消失。对于由经济差异导致的工作与生活环境的差异，伊东丰雄提出了“是否有可能制止城市这样被破坏的趋势，重拾我们的幸福感”这一问题。他就此探讨了建筑师如何探索“建筑的灵魂”，提出建筑师在建筑设计的过程中，要同时考虑人和自然两个要素，因为人类与自然在本质上是相互共融的。

会议学术活动

大会颁发奖项

（1）国际建协金奖（Gold Medal）

国际建协金奖是UIA最高奖项，授予对象面向全世界的专业建筑师，以表彰他们的专业素质、才能和实践对建筑领域所产生的国际影响。国际建协金奖历届获奖者包括：埃及的哈桑·法赛、芬兰的瑞玛·派提拉、印度的查尔斯·柯里亚、日本的桢文彦、西班牙的拉斐尔·莫尼奥、墨西哥的里卡多·列奥里塔、意大利的伦佐·皮阿诺、日本的安藤忠雄、墨西哥的蒂多罗·贡扎勒、西班牙的阿尔瓦罗·西扎，以及美籍华裔建筑师贝聿铭。

本届金奖颁给了日本著名建筑师、普利兹克奖得主伊东丰雄。他是该奖项的第12位获奖者。作为最具世界影响力的日本建筑师之一，其作品横跨海内外，他在设计中寻求可开发的潜力，试图在形式、结构、空间、自然和文脉之间的相互作用中，形成前所未有的解决方案。

图10. 第26届UIA大会获奖者
图11. 第26届UIA大会获奖者现场合影
图12. UIA大会展览之中国馆展区
图13. 学生竞赛获奖作品展
图14. 首尔东大门设计广场DDP全景

图 15. 首尔东大门设计广场 DDP 局部空间
图 16. 梨花女子大学综合园区 ECC 全景
图 17. 梨花女子大学综合园区 ECC 实景效果

（2）奥古斯特·佩雷奖（Auguste Perret Prize）

该奖项为表彰在建筑技术上有创新成就的建筑师。今年，俄罗斯建筑师尼古拉·舒马科夫（Nikolay Shumakov）荣获该奖项，这也是该奖项第一次颁发给俄罗斯建筑师。尼古拉·舒马科夫是俄罗斯建筑师协会的主席，自 20 世纪 80 年代中期至今，他设计了莫斯科市超过 20 个地铁站和 Butovo 轻轨线，以及在莫斯科北部的单轨交通系统。他凭借在莫斯科的 Zhivopisny Bridge 项目以及伏努科沃机场候机楼（Terminal of Vnukovo airport）项目夺得了这一奖项。

（3）让 · 屈米奖（Jean Tschumi Prize ）

让·屈米奖即建筑评论与建筑教育奖，是为了纪念国际建协前主席让·屈米（Jean Tschumi）而设。本届大会中将该奖项颁发给埃及建筑师、建筑教育家 Ashra M Salama，他是格拉斯哥斯特拉斯克莱德大学建筑系的教授，在 2009 年至 2014 年，他成为卡塔尔大学建筑与城市规划系的创始人。在此之前他曾在埃及、意大利、沙特阿拉伯以及英国等多个大学任教。

（4）罗伯特 · 马修爵士奖（Robert Matthew Prize）

罗伯特·马修爵士奖为“改善人居质量奖”，该奖颁发给了南非建筑师卡琳·斯穆茨（Carin Smuts），表彰她一直致力于南非贫困地区的建设。1989 年她在开普敦成立了 CS Studio Architects 事务所，在协调经济性的同时关注城市文脉和可持续设计。她在设计中提倡公众参与，设计之中善于整合使用者的意见。

（5）瓦西里 · 斯哥塔斯奖（Vassilis Sgoutas Prize）

该奖项表彰为贫困线以下地区的人民改善生活条件做出突出贡献的建筑师。今年该奖项颁发给越南建筑师黄德浩（Hoang Thuc Hao），黄德浩通过颇具创意的设计为弱势社群解决难题，同时支持贫困地区建设，如工人住宅、社区中心、弱势儿童学校等。他在越南乡村展开了一系列设计实践，通过使用在地性材料如椰叶、泥砖、竹条等解决弱势群体的居住难题。他不仅着眼于材料的可持续性，还着眼于文化的可持续性。

今年的城市规划与国土开发奖（Patrick Abercrombie Prize）获奖者空缺（图 10，图 11）。

展览

本届 UIA 大会的展览面向公众开放，来自世界各地的建筑机构都可以通过商业或非商业的模式进行展示，这对于寻求提升产品和服务的设计机构以及设计者来说是绝佳的机会。

（1）中国馆——融 · 合之间

本届 UIA 大会的展览中，由华建集团负责策展的中国馆展区吸引了来自世界各地建筑师和公众的目光。展区所设主题为“融·合之间”（Fusion and Harmony），“融·合之间”是一个动态过程，从“融”开始，追求最终的“合”。当下的中国正处于这一过渡的历史发展阶段之中。“融·合之间”也意指中国古代智慧在当代的运用，从精神层面映射到具体技术层面，反映当下中国建筑师乃至全球建筑师的思考。

中国展区分为城市更新、乡村建设和中国建筑师 3 个主题板块。“城市更新”与“乡村建设”板块分别

图 18. 作者与 Winy MAAS 共同参观首尔空中花园
图 19. 首尔空中花园 SEOULLO 效果图
图 20. Ga On Jai 住宅项目

展示了追求相融与和谐的中国城市更新发展之路，以及从城镇化到美丽乡村的中国乡村本土建筑之路，从多角度呈现了不同地域、不同类型、不同设计主体的建筑活动。每个主题对选取的近 10 年内有代表性的中国建筑师的原创作品进行了深入介绍。“中国建筑师”板块的关注内容从建筑本身转向中国建筑师，全面展示了中国建筑师多元融合的发展状态（图 12）。

（2）其他展览

UIA 广场（UIA Plaza）介绍了世界建筑师协会的成员组成、工作程序、委员会和 UIA 在不同国家分设的区域组织。建筑展会（Architecture Fair）展示着世界建筑和设计的最新的产品开发、创新技术和服务。学生和青年建筑师平台（Student & Young Architects Platform）则展示了来自世界各地的学生和青年建筑师共同合作设计的 5 个构筑物，为展览注入了新鲜的力量。

学生及青年建筑师设计竞赛

与 UIA 大会同期举办的还有学生及青年建筑师国际设计竞赛，竞赛主题为“后人类都市主义：首尔南山的生物合成的未来”（Post-human Urbanity: A Biosynthetic Future on Namsan），竞赛主题关注于生物合成生态学作为城市复兴的一种途径，同时要反映首尔市政府所强调的加强社区参与的要求。竞赛共收到来自 21 个国家的 250 份参赛作品（图 13）。

来自中国清华大学的学生以“Equal Path”夺得竞赛的一等奖，来自青岛理工大学与西安建筑科技大学的学生夺得二等奖。从获奖名单中统计发现，在所有获奖的 28 份作品中，中国学生的作品有 20 份，占 71.4% 的比重。这是中国各大建筑院校专业力量的呈现，也反映出中国的建筑教育对人才培养的重视。

首尔当代建筑之旅

在本届 UIA 世界建筑师大会中开展的首尔建筑考察活动，旨在让全球建筑师及学者了解首尔的历史文化与当代建筑的全球化与个性化。韩国本土建筑师如承孝相、曹敏硕等，在实践中则更关注于本土文化，表现出对本土文化的批判性思考，用现代的手法诠释传统空间，用现代的材料表达传统技艺。

（1）首尔东大门设计广场（Dongdaemun Design Plaza）

由扎哈·哈迪德设计的首尔东大门广场（2013 年竣工）是为了将东大门历史文化区打造成为世界设计圣地而建造的综合性文化场所，融合艺术中心、文化中心、设计学术中心、和谐广场与历史文化公园于一体。建筑师关注于东大门日常的繁华与动感，创造出宛如流动液体般优美的建筑形体，成为首尔的新地标。这里也是公众共享的平台，不论年龄与身份如何，人们都可以在此发现无穷乐趣（图 14，图 15）。

（2）梨花女子大学综合园区（Ewha Campus Complex）

2008 年由法国建筑师多米尼克·佩罗设计的梨花女子大学综合园区，其建筑紧密结合坡地地形与城市环境，其设计概念为“校园峡谷”（Campus Valley）。两条带状体量中间的“峡谷空间”是连接城

市与校园的通道，建筑将大地景观、学生服务设施、公共开放广场有机地融合于一体，成功打造为校园的新中心（图 16，图 17）。

（3）首尔 Seoullo 空中花园（Seoullo 7017 Sky Garden）

于 20 世纪 70 年代修建的城市高架桥在 2006 年被废弃。MVRDV 在 2015 年展开的国际设计竞赛中一举夺得金奖，于是这一条长 983 m 被废弃的高架桥便被改造成为“城市空中花园”，也成为一条“植物图书馆”通道。设计中融入 200 多种当地品种的植物，像是一本无限延展且不断生长的植物百科全书，呼应并展现着这座城市的自然面貌（图 18，图 19）。

（4）Ga On Jai 住宅（Ga On Jai）

韩国建筑师金孝晚对 20 年前的“房博会”之一的 Ga On Jai 住宅进行了改造。建筑师引入了韩国传统建筑中如底层架空、悬臂屋顶等元素。韩国传统建筑的一大特征就在于优雅的屋顶线条，建筑师在设计中抽象出传统屋顶的层叠与错落的形式，利用现代的金属元素，将屋面折叠与扭曲，以新的角度诠释了传统坡屋顶的形态。同时汲取传统石头墙面的元素，外墙采用椭圆形图案来装饰（图 20）。

如今的首尔发展日益国际化，来自全世界的著名建筑师相继在这里展开设计，如三星美术馆馆群（Leeun），三座场馆分别由马里奥·博塔（Mario Botta）、让·努维尔（Jean Nouvel）和雷姆·库哈斯（Rem Koolhaas）设计。层出不穷的个性化建筑改变着人们对首尔的第一印象。像 GT 大厦、教保大厦、城市蜂巢，以及本次会议所在的 COEX 会展中心，这些现代高楼大厦都是当代韩国经济与建筑技术进步与发展的见证；那些开放的城市公共空间，是首尔不断追求“以人为本”的核心价值观的展现，而那些对本土文化的现代演绎，更是韩国本土建筑师对在地文化的建构与探索。建筑师在面对历史，面对生态环境时所产生的态度与设计手法都值得我们共同学习。

第 26 届 UIA 代表大会及理事会

本届 UIA 世界建筑师大会议程，还包括后期进行的国际建筑师协会第 27 届代表大会和理事会。在 UIA 代表大会上，审议通过了上一届理事会决议报告，听取了各委员会的工作报告，审议修订了国际建协章程和细则，提出了未来工作重点等内容。会议同时确定了第 28 届世界建筑师大会和国际建协第 29 届全体代表大会将于 2023 年在丹麦首都哥本哈根举行（图 21，图 22）。

在新一届理事竞选中，中国清华大学建筑学院院长庄惟敏教授继 2011 年以来连续两届当选理事后，再次当选新一届（2017—2020 年）国际建筑师协会理事，同时副院长张利教授当选国际建筑师协会副理事（2017—2020 年）。在此之前，中国建筑界的前辈杨廷宝、吴良镛、周干峙、叶如棠等均担任过国际建筑师协会副主席或理事。

图 21. UIA 大会闭幕式
图 22. UIA 世界建筑师大会主办城市交接仪式
图 23. 作者与崔愷院士合影
图 24. 作者与 UIA 协会主席埃萨·穆罕默德合影

此外，庄惟敏教授作为中国建筑学会代表团成员之一，出席了首尔世界建筑师大会期间与巴西建筑与城市规划协会、巴西建筑师协会的代表会谈，就共同落实中巴服务贸易（建筑领域）合作两年计划的相关内容进行了深入讨论，代表团并就重要事项达成一致意见，签署了合作交流谅解备忘录。

结语

本届 UIA2017 首尔建筑师大会是笔者 18 年来继北京（1999 年）、柏林（2002 年）、伊斯坦布尔（2005 年）、都灵（2008 年）、东京（2011 年）所主办的大会后，第 6 次参加 UIA 世界建筑师大会。在大会上与同是第 6 次参加 UIA 大会的崔愷院士相邻而坐，在与他的交流中笔者深有感触。每次参加 UIA 大会，在不同的国家除了感受其主办城市的多元文化与建筑的先进性之外，通过大量的会议、演讲与讨论交流，还能进一步体察到在国家的进步与城市发展过程中，建筑师一直扮演着重要的角色。建筑师的责任不单单是孤立的设计，更要扩展到城市的层面和更高的精神层面。要融入对城市历史、独特文化与可持续性发展的思考，还要考虑到城市的主体使用者即“人”的因素。从存在的实体出发，挖掘城市更深刻的精神意义，拥抱城市的“灵魂”。笔者作为建筑杂志的主编，在这类大型国际会议活动中能够及时了解当今世界建筑发展脉搏及当代建筑师的设计思想，这对于杂志主题的选择与把控十分有益（图 23，图 24）。

期待 2020 年巴西里约热内卢第 27 届 UIA 世界建筑师大会的举办！

（文章参考了以下网站内容：① UIA2017 首尔世界建筑师大会官方网站 http://www.uia2017seoul.org；②国际建筑师协会 UIA 官方网站 http://www.uia-architectes.org；③建筑设计网站 http://www.archdaily.com。特别鸣谢国际建筑师协会理事、清华大学建筑学院院长庄惟敏教授提供 UIA 理事会相关资料）

图片来源

图 3—图 8、图 10、图 12、图 20、图 7、图 22、图 23 由作者提供，图 9 来自 UIA 官方网站，图 13—图 16、图 18、图 19 来自 Archdaily 网站

原文版权信息

支文军，何润．“城市之魂”：UIA 2017 首尔世界建筑师大会综述．时代建筑，2017(6): 158-163.
[国家自然科学基金项目：51778426]
[何润：同济大学建筑与城市规划学院 2017 级硕士研究生]

“充满幸福感的建筑”：第 19 届亚洲建筑师协会论坛综述

"Happiness through Architecture": 19th ARCASIA Forum, Jaipur

摘要 第 19 届亚洲建筑师协会论坛于 2017 年 5 月 21 日至 25 日在印度斋浦尔举行。论坛以“充满幸福感的建筑”为主题，各国建筑师围绕着公共空间、历史名城的重生、生态时代的建筑设计等议题展开热烈讨论。文章梳理了亚洲建筑师协会论坛的发展历程，并对本届论坛进行了整体回顾，详细介绍了本届论坛的主题理念和主要议题。

关键词 亚洲建筑师协会论坛 幸福 城市空间 公共空间 历史名城 可持续性建筑 亚洲建筑师协会建筑奖

亚洲建筑师协会论坛综述

亚洲建筑师协会论坛（ARCASIA Forum，以下简称“亚洲建协论坛”）是一个大型的国际建筑论坛，作为亚洲建筑师协会（Architects Regional Council Asia，简称“ARCASIA”）的核心活动，每两年举行一次（图 1，图 2）。论坛期间，数百名亚洲优秀的建筑师对亚洲范围内各区域所面临的挑战和建筑学的发展进行学术上的交流和讨论。从 1982 年至今，亚洲建协论坛已经举办了 19 届，每届主题都立足于具体时代和地域特征，探讨亚洲语境下的建筑前沿问题，试图寻找和引领亚洲建筑的发展方向。

亚洲建筑师协会介绍

亚洲建筑师协会（以下简称“亚洲建协”）是由亚洲最具权威和代表性的国家或地区的建筑师学会组成的亚洲建筑师组织。自成立以来，其一直坚持自己的宗旨，致力于亚洲建筑学界整体水平的提高，并做出了卓有成效的贡献。

亚洲建协的宗旨是：在民主的基础上团结亚洲各国建筑师；促进他们在知识、美学、教育和科学上的友好联系；促进和保持会员学会之间在专业上的联系、合作与相互支持；促进对建筑师在社会中所起作用的承认；促进在人工环境范围内的研究和技术进步；促进本地区的建筑学专业发展和学术交流，维护本地区建筑师及其组织的权益。

亚洲建协起源于 1967 年英联邦建筑师协会（Commonwealth Association of Architects）新德里会议。英联邦建筑师协会中的 6 个亚洲建筑师机构感到迫切需要建立一个亚洲范围的中心机构，来连接亚洲各区域的建筑学会组织，以提高亚洲地区建筑和城市环境设计的整体水准。

现在，亚洲建协包括 22 个会员协会，其中中国建筑学会在 1989 年以国家会员身份加入。每年亚洲建协都会举行会议以及各种活动，包括亚洲建筑师大

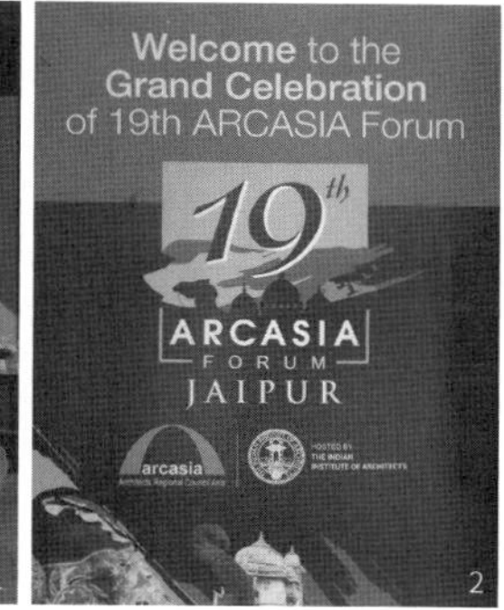

图 1. 2017 年 19 届亚洲建筑师协会论坛会场
图 2. 2017 年 19 届亚洲建筑师协会论坛海报
图 3. 中国建筑师王硕作分题报告

会、亚洲建协理事会、亚洲建协建筑论坛和亚洲建协学生聚会等。各国建筑师每年在这些会议上聚首，加深彼此之间的交流和友谊，并对共同的关注点进行深入讨论。在亚洲建协的范畴内也会举行许多其他活动，像亚洲建筑师协会建筑奖（the ARCASIA Award for Architecture）和运动会，以及针对学生的建筑设计竞赛和其他活动①。

往届论坛回顾

亚洲建协第 1 届论坛于 1982 年在斯里兰卡召开，论坛议题是"建筑之改革"。20 世纪八九十年代的亚洲建协论坛的主题普遍以"亚洲"命名，如"亚洲建筑的特色"（第 2 届）、"亚洲建筑设计的倾向"（第 3 届）、"亚洲建筑的反思"（第 5 届）、"亚洲地区大众住宅的新思潮"（第 6 届）、"亚洲城市面貌的蜕变"（第 7 届）、"亚洲世纪中的亚洲城市"（第 8 届）、"亚洲未来的建筑"（第 9 届）。这个时期的亚洲建协论坛为使亚洲建筑在世界建筑学界得到应有地位，深入挖掘了亚洲建筑的本质特征，试图为亚洲建筑的未来指明方向。

步入 21 世纪以来，亚洲建协论坛越来越关心建筑学的本源问题。如第 11 届论坛以"人，建筑，自然"为主题，探讨人造环境和自然环境的关系，最终回到人本身；第 13 届论坛"建筑的简约与繁复"，探讨建筑自身的逻辑问题；第 14 届论坛"跨越多文化的亚洲建筑学"，着眼于文化交流对建筑学发展的推进作用。

近年来，亚洲建协论坛将关注点放在了城市研究层面，如第 15 届论坛主题为"城市和政治"、第 16 届论坛主题为"21 世纪的亚洲城市：趋势与挑战"。大至城市整体规划，小至具体建筑细节，都在建筑学专业范畴内。近年来新兴的城市设计专业，关注城市中的邻里、社区、街区设计，与城市形象、市民的日常生活更加息息相关。论坛主题向城市范畴侧重，反映了亚洲建协面向未来的视野，以及对市民日常生活品质的关注。

2013 年，第 17 届论坛在加德满都召开，主题为"建筑精神与城市形象"。此次大会主要探讨和评价建筑美学在城市形象中的地位。议题包括 3 个方面，分别为：建筑特征、建筑文化、建筑精神，并由此来定义城市形象。

2015 年，第 18 届论坛在泰国大城府召开，主题为"过去的未来"。各国建筑师汇聚一堂，探讨历史名城的未来发展策略，挖掘古城重生和振兴的理念。建筑遗产保护和更新是当届大会的重点内容，这个话题也延续到了第 19 届论坛的分议题中。在同年召开的

图 4. 中国代表团部分代表合影
图 5. 作者支文军教授和印度知名建筑师里华儿（Raj Rewal）合影
图 6. 亚洲建协建筑奖颁奖现场

第 36 届亚洲建筑师协会理事会会议上，巴基斯坦建筑师贾汉吉尔汗（Jahangir S.M. Khan）当选为下一任亚洲建筑师协会主席，并决定将印度的斋浦尔（Jaipur）作为 2017 年亚洲建协第 38 届理事会会议及第 19 届亚洲建协论坛的举办地点。

本届论坛概况

2017 年 5 月 21—25 日，第 19 届亚洲建协论坛如期在印度历史名城斋浦尔举行。本次论坛由印度建筑师学会（Indian Institute for Architects，简称“IIA”）主办，共有 200 余位来自各国的建筑师、1000 余位印度本土建筑师和超过 55 位来自全球的杰出学者出席本次论坛，探讨了亚洲语境下城市设计和建筑设计的各方面问题。

本届论坛以“充满幸福感的建筑”为主题，展开了为期 5 天的会议和活动，针对公共空间、历史名城的重生、生态时代的建筑设计等一系列议题进行了广泛而深入的讨论。本次论坛邀请了印度建筑师多西（B.V. Doshi）和拉兹·里华儿（Raj Rewal）作主题报告，中国建筑师王硕和东南大学建筑学院张彤教授作了分主题报告（图 3）。会议论文达到了 500 余篇，为历届论坛之最。

中国建筑学会秘书长仲继寿带领中国建筑学会代表团受邀参加了本次论坛。来自同济大学、清华大学、哈尔滨工业大学、湖南省建筑设计院等十几家单位的共 30 余名代表参加了此次论坛（图 4）。

2017 年 5 月 21—23 日，论坛举行了众多小型会议及周边活动，包括遗迹漫步、斋浦尔建筑之旅、UIA 第四区和第五区会议、印度建筑师学会百年展、建筑材料展等活动。主要的论坛议程集中在 5 月 24 日和 25 日，各国优秀的建筑师和学者就各项议题各抒己见。论坛期间，每天晚上在斋浦尔特色的宫殿式酒店中举行晚宴，进一步增进各国建筑师的交流和友谊（图 5—图 10）。同济大学建筑与城市规划学院的同学们在 5 月 25 日“友谊之夜”上的精彩表演获得了亚洲建协成员学会的一致好评。

本届论坛主题——“充满幸福感的建筑”

幸福，是指一个人的需求得到满足而产生长久的喜悦，并希望一直保持现状的心理情绪，对于幸福的诠释涉及了哲学、心理学、社会学、经济学、文化学等多个学科。第 19 届亚洲建协论坛的主题定为“充满幸福感的建筑”，反映出建筑学的终极目的是服务于人，人造环境的设计需要帮助在其中的人们达到幸福的状态。

建筑学，是一门艺术和科学完美结合的学科，如何通过建筑设计来增进人们的幸福这个话题一直在建筑界被广泛讨论。客观上讲，所有人类的交流和其他活动都需要出现在一个物理的空间里，因此庇护所是人类生活中的基本需求。从遥远村庄的小屋到大城市的豪宅，形态各异，但是无论居住场所还是工作场所，令人愉悦的环境总会加强个体的积极情绪，从而影响整个群体。幸福远不只是一种思想上或者意识上的状态，幸福的感觉很大程度上来源于外部环境的刺激，以及人们接受这些刺激的方式。建成环境可以影响每个个体的生理状态和心理状态，并且可以影响个体之间交流的方式和体验。建筑师作为受过训练的专业群体，需要把自然和人造环境、室内和室外环境和谐地整合在一起，提升空间品质，凸显场所精神，将积极的情绪反馈给使用者。

建筑师这一古老的职业，随着建筑工程的大型化及不断的复杂化，其多种传统都面临着时代的挑战。可以预见，未来将对建筑师职业提出更大的挑战和更多的要求，建筑师的职业内容和范围也将随之变化。比如，建筑师与业主、公众、社会的关系，建筑师与其他专业之间的协作，建筑师的资质标准和继续教育，建筑师的职业义务和公众参与，建筑师的国际合作和相应的伦理规范、社会准则，等等，都值得进一步探讨。斯里兰卡建筑师曼德华·普拉曼提拉克（Madhura Prematilleke）在论坛上提出了若干问题：作为建筑物的设计者和居住环境的创造者，建筑师为所有的使用者提供了同样的喜悦吗？在设计居住区组团和设计工厂生产线的时候，建筑师投入了相同的精力吗？建筑师见过自己作品的最终使用者吗？建筑师了解客户需要什么吗？甚至，客户了解自己需要的是什么吗？通过对这些问题的思考，建筑师对自身责任的理解会更加深刻。

从根本上说，所有建筑作品都应该尊重建筑的拥有者、使用者，甚至只是经过这个建筑的路人的基本权利，即享受建筑带来的喜悦的权利和感知幸福的权利。为了实现这个目的，建筑师需要不断地反思自己的建筑实践，进一步接近建筑学的本质。

本届论坛主要议题

本届论坛主要的讨论内容可以分为 5 个部分，分别是：公共空间——“幸福城市”，向高空发展的趋势，历史名城的重生，生态时代的建筑设计，充满幸福感的建筑。

公共空间——“幸福城市”

城市空间的公共性是城市生态系统中众多公共活动得以和谐共生的前提。在城市化浪潮汹涌蔓延的当代，城市的公共空间不断延展，并必将担负起更多的责任。如何在亚洲语境下推动城市公共空间的设计和建设，在本届论坛上作为一个主要议题，由各国建筑师结合本国情况和个人实践进行了深入探讨。

“幸福城市”作为一个概念，是可以被具体地域特征中有形的或无形的因素，以及人们在其中的活动来定义的。无形的因素包括可以被感知的方面，如气味、声音、触感、景观、场所记忆、文化风俗等，而一个可以帮助定义“幸福城市”的概念是“营造场所”，即为了满足市民的需求来营造城市环境的艺术。正如知名学者查尔斯·蒙哥马利（Clarles Montgomery）在他最近的著作《幸福城市》（*Happy City*）中所强调的，如果城市规划者和建设者更多地关注不断发展着的“幸福”一词的含义，市民生活中的有关幸福的内容也会被相应地充实。

图 7. 亚洲建协建筑奖颁奖现场
图 8. 亚洲建协建筑奖获得者合影

7

8

图 9. 欢迎晚宴
图 10.UIA 第四区会议
图 11. 斋浦尔景观

在我们日常生活的体验中，有一些空间是大多数人喜欢停留的，像静谧的海边沙滩、午后森林的某棵树下、空气中弥漫香醇气味的咖啡店、温暖舒适的小屋等等。我们喜欢这些空间的原因并非由于其中丰富的视觉要素，而在于这些空间使我们的感官舒适。我们的“五感”——嗅觉、触觉、听觉、味觉和视觉——是我们感知空间并感受幸福的关键。土耳其建筑师切克斯（Seniz Cikis）教授指出，应该以此入手来进行空间设计，因为我们在塑造空间的同时，空间也在塑造我们。

向高空发展的趋势

城市空间的垂直发展对当今社会而言是非常重要的话题。印度建筑师库克里贾（Dikshu Kukreja）认为，随着大量人口在大城市聚集，土地资源愈发紧缺，向高空发展是一个值得鼓励的解决方法。在我们下定决心把我们的城市往高处发展时，保持生态可持续性则特别重要。智能建筑的概念便应运而生，包括自然的通风设备、降温装置、照明设备、废物管理系统、水系统等，由此进一步产生了对于可更换的建筑材料、结构体系、设备系统等方面展开更多更深入研究的迫切需求。为了使城市的垂直生长展现出新的面貌，必须克服创造标志塔楼的表现欲。“发展”这个词的真正意义在于，要求建筑师群体务必关注自身建筑设计实践的包容性和可持续性。

和其他物种一样，人类是需要和自然保持紧密联系的。不幸的是，在当代城市中，拥有一座带有开放绿地的房子或在有院落的传统住宅里生活，是一件非常奢侈的事情，成为普通人可望而不可即的梦想。高层建筑和超高层建筑已经成为大城市中的主流建筑形式。印度建筑师普拉卡斯（Apurv Prakash）指出了这一问题，并提出，城市居民普遍在高层办公楼里超长时间工作之后，又回到高层住宅楼或公寓中休息，这种长时间和自然隔绝的生活方式会对生理和心理造成损伤。因此，需要把绿化引入高层建筑，这样不仅可以降低建筑能耗，更重要的是，可使高层空间更人性化。城市空间垂直发展是一个趋势，空中花园和绿色空间在未来将不可或缺，现今建筑学界必须对其有所重视并付诸实践。令人欣喜的是，有相当数量的建筑师已经做出了努力，马来西亚建筑师杨经文先生便是其中的代表。杨先生是生态建筑的探索者，并特别研究了高层建筑的节能问题，同时从生物气候学的角度研究建筑设计的方法论。他认为，生态建筑就是能够和自然环境完美结合的建筑，而以绿色和生态为宗旨的设计，必将成为未来建筑界的首要目标之一。

历史名城的重生

两年前在泰国大城府召开的第 18 届亚洲建协论坛的主题是“过去的未来”，主要讨论历史名城的未来发展战略。本届亚洲建协论坛在印度历史名城斋浦尔举办，并安排了遗址漫步和斋浦尔建筑之旅等参观活动，使各国建筑师对斋浦尔有更直观而深刻的认识。

在分议题设置上，也延续了上届论坛的主题内容，即如何实现古城的重生和振兴。

斋浦尔是印度西部城市，位于新德里西南 250 km 处，为拉贾斯坦邦（Rajasthan）首府，始建于 1727 年。斋浦尔市街按棋盘方格式设计，其中高大、古老的粉红色建筑表现出印度建筑艺术的优美，因此斋浦尔被称为“粉红之城”。斋浦尔现分为新旧两城，旧城拥有众多古建筑，有城墙环绕；新城则为现代化城市（图 11—图 14）。印度建筑师古普托（Ankit Kashmiri Gupta）的论文《围墙城市斋浦尔——居住区向城市开放空间的转变》，讨论了现代化进程对城市空间的改变。原本的城市规划将斋浦尔分为 9 个区域，并进一步细分为数个居住组团，每个组团都可以方便到达某处公共空间。这些公共空间不仅可以满足市民日常生活所需，也可以满足类似丰收季的聚会或者婚礼仪式的需要。不幸的是，随着现代化进程发展、人口密度增长，一些原有的城市公共空间消失了。建筑师试图通过对现状空间进行分析，找出可以积极利用周围现存历史要素的改造方式。

巴基斯坦建筑师扎菲克（Zain Zulfiqar）以巴基斯坦古城拉合尔为例，探讨了城市形态的变化对城市精神的影响。一个城市以其特有的精神和魅力，塑造着人们的生活并使人们和历史连接，而这种精神上的特征是不可见的。探索和发现城市不可见的内在精神，有助于在全球化时代保持本土的性格、身份和价值，拥有丰富文化精神内核的历史古城尤其如此。正是历史背景和古今联系赋予了城市多重层次，历史越深厚，城市的层次越多。随着时间流逝，城市形态上的变化依然存留着过去的痕迹；文化精神内核历经时间的考验，依然保持着自身的稳定性。古老的城市由此获得一种神秘感，吸引各地游客流连忘返。将历史名城中遗产建筑的保存与改造和旅游业相结合，将是一种积极的古城复兴策略。

随着世界文化多元化趋势的继续发展，各地文化的独特性愈显珍贵。一个地区的品质不仅体现于具体的建筑形态和布局，更体现在不可见的历史文脉和场所精神中。亚洲建筑师协会始终关注建筑遗产的保护、继承和发展，尊重不同地区的建筑文化特色，正是为了使建筑与公众之间能够产生深层次的情感沟通，并且也会给外来者带来深刻的体验。

生态时代的建筑设计

城市与建筑的发展往往与经济和环境的发展相随，建筑能否为环境保护带来日益改善的发展将起决定作用。未来城市是一个复杂的相互关联的综合整体，这个整体需要时刻保持一个平衡，这个平衡就是资源的协调发展。通过建筑与环境的友好互动，将为城市未来的进一步发展带来更多的可能与希望。

新加坡建筑师库苏马蒂（Dharmali Kusumadi）以悦榕庄酒店设计为例，分享了他对于可持续性建筑的看法。悦榕庄作为全球化的酒店集团，其位于不同地区的项目都采用了可持续设计，目的是为经济、环

图 12. 斋浦尔景观
图 13. 斋浦尔博物馆，柯里亚设计
图 14. 泰姬·玛哈尔陵
图 15. AAA 金奖项目，内蒙古工业大学建筑馆改造

图 16.AAA 金奖项目，内蒙古工业大学建筑馆改造
图 17. 图 18.AAA 金奖项目，唐山地震遗址公园

境和社会创造长期价值。保护生态、尊重文脉、采用当地建材、和现存建筑协调，这些可持续性的设计手法贯穿了整个设计过程。项目在减少对生态破坏的同时，也完美地融入了当地的建筑环境。

在当今的建筑环境产业中，弹性城市的概念越来越重要，可持续性和智能化是其主要特征。新加坡建筑师谭书涵（Tan Szue Hann）认为，在此背景下，建筑师需要承担起管理者的角色，不仅要做建筑设计，还要着手规划、管理、研发的工作。建筑设计是一个多学科交叉的专业，复杂的集成建筑和可持续性工程项目更是如此。建筑师作为整个设计链的龙头，必须进行角色升级，需要对建筑和城市环境进行全面管理，使之保持功能正常运转的同时，也要和自然环境和谐共生。

充满幸福感的建筑

幸福是一种积极的、令人愉悦的状态。虽然人类的潜意识无法捉摸且难以到达，建筑师却可以通过研究人们的日常经验来设计关键元素，唤醒使用者潜意识中的情感。人造环境需要同时回应人们的表层和深层的诉求。好的设计必然是复杂的，同时也是友好的且易于控制的。针对如何通过设计实践提升幸福感，各国建筑师在本次论坛上分享了各自观点，涵盖了城市设计、景观设计、建筑设计、室内设计等具体领域。

浙江工业大学建筑工程学院团队在本次论坛上分享了他们的一个研究课题，名为“村民对乡村环境改造的感知和评估”。研究团队对杭州的文村和东梓关村进行了走访和调研，了解村民对改造后的村落的感受、需求和意愿。

这两个村庄都位于杭州，都有源远流长的历史和深厚的文化背景，并具有江南风土特征。文村是建筑师王澍的一个乡村重建项目，而东梓关村是 Gad 设计的一个农民安置住房项目。两个村庄的改造，在整体色彩和建筑形式上都延续了江南风土的特征，以此加强传统村落的文化身份，此外，使用当地的建筑材料也避免了建造和维护的昂贵费用。

幸福可以是具体化的，通过细节表现在使用者的日常生活中。在东梓关村，村民有在院子里洗衣做饭的生活习惯。设计师保留前院和后院，村民可以在前院种植，而将农具放置在后院。宽敞的前院和私密的后院可以满足不同的使用功能和心理需求。设计师还格外设置了一个内院，将自然光线引入餐饮起居空间。

另外，在具体的设计实践中，建筑师往往会忽略使用者的真实需求，而陷入自己的逻辑怪圈中。在这两个项目中，公共空间的设计是非常出彩的。在使用过程中，却会发现设计逻辑和人们生活方式的些许差异。例如，在文村调研时，研究者发现一个新建的亭子里没有人，而在石桥上却挤满了聊天的村民，原因是坐在新建的亭子里聊天时看不到贯穿全村的河流。在单体设计中，建筑师设计了三层通高的中庭以引入天光，但是却损失了一些房间的面积。个别房间之小，甚至容不下床以外的其他任何家具。相当一部分村民已经习惯了住大房子，对于现在相对局促的居住空间并不满意。

因此，除了延续当地文脉，设计者还应该了解使用者的具体生活习惯。从使用者的具体需求出发，通过合理的功能布局、空间设计和体现日常的各种细节，最终创造出一个充满幸福感的建筑和场所。

本届亚洲建筑师协会建筑奖

2017 年“亚洲建筑师协会建筑奖”评选活动由亚洲建筑师协会组织发起，印度建筑师学会主办。5 月 24 日，本届颁奖礼在印度斋浦尔举行，共评选出金奖 11 个，荣誉提名奖 26 个。

中国共有 7 个项目获得 2017 年“亚洲建筑师协会建筑奖”，包括 2 个金奖和 5 个荣誉提名奖。2 个金奖分别是：内蒙古工业大学建筑设计有限责任公司的“内蒙古工业大学建筑馆改造”（保护项目类，图 15，图 16）；中国中建设计集团有限公司的“唐山地震遗址纪念公园”（社会责任项目类，图 17，图 18）。5 个荣誉提名奖分别是：湖南省建筑设计院的“苏仙岭景观瞭望台”，清华大学建筑学院单军工作室的“钟祥市博物馆暨明代帝王文化博物馆”，中南建筑设计院股份有限公司的“杭州东站”，清华大学建筑设计研究院有限公司的“北京菜市口输变电站综合体（电力科技馆）”，宋晔皓、素朴建筑工作室的“贵安新区清控人居科技示范楼”。

“亚洲建筑师协会建筑奖”是亚洲地区建筑界最高建筑设计大奖之一，在国际范围内有广泛的影响力。其设立旨在嘉许亚洲的优秀建筑师的建筑实践，鼓励亚洲建筑精神的传承，推动建筑环境的提升，增进建筑学和建筑师在亚洲各国社会、经济与文化发展中所起的作用。

自 2013 年起，“亚洲建筑师协会建筑奖”由两年评选一次改为一年评选一次。奖项类别涉及 6 大类，包括：住宅项目、公共设施建设、工业建筑、保护项目、有社会责任的项目、可持续性建筑，下设 10 小类。奖项设置包括金奖、荣誉提名奖等。评委会在评审时将着重考虑地区的差异性，特别关注社会文化、环境、地域等具体现状因素对建筑作品的影响，以及具体建设水准。因此，参赛建筑作品应该符合当地文脉，并采用当地先进的施工技术[②]。

结语

第 19 届亚洲建筑师协会论坛已完美谢幕，其主题“充满幸福感的建筑”依然在被广泛讨论。幸福在不同的语境下，其内在含义和具体表现也必然会有微差。亚洲各地区的环境、历史、文脉、技术水平各不相同，社会问题和政治因素更是错综复杂。面对盘根错节的问题、纵横交错的矛盾，亚洲的建筑师们任重而道远。

亚洲建筑师协会组织的第 18 届亚洲建筑师大会（Asian Congress of Architects）将于 2018 年 9 月在日本东京举办。我们期待着亚洲建筑师协会为亚洲建筑学的发展作出更多贡献，维护亚洲各地区特有文脉，提高亚洲人居环境品质，同时也期待中国建筑师在国际舞台上更加活跃并发挥更大作用。

（感谢亚洲建筑师协会论坛组委会、中国建筑学会所提供的支持与帮助）

注释

① 参见：2017 年亚洲建筑师协会论坛官方网站，htttp://arcasiajaipur.com.

② 参见：亚洲建筑师协会建筑奖官方网站，htttp://www.arcasia.org/awards.

图片来源

图 1—图 5、图 7、图 8、图 11—图 14 由作者提供，图 6、图 9、图 10 由亚洲建筑师协会论坛组委会提供，图 15、图 16 由中国建筑学会提供，图 17、图 18 来源于网络：http://www.ikuku.cn/post/30108

原文版权信息

支文军，费甲辰 .“充满幸福感的建筑”：第 19 届亚洲建筑师协会论坛综述 . 时代建筑 , 2017(5): 150–153.

[费甲辰：同济大学建筑与城市规划学院 2017 级硕士研究生]

“那么，中国呢？”：蓬皮杜中心中国当代艺术展记

"Aeors, La Chine?": On Chinese Contemporary Arts Exhibition at Pompidou Center

摘要 本文通过对 2003 法国巴黎蓬皮杜艺术中心的中国当代艺术展“那么，中国呢？”的回顾，分析了参展的中国建筑师所处的中国社会急剧变革的背景，同时也阐述了由于对展览的不同反应而反映出来的中法建筑界的差异。

关键词 蓬皮杜中心 中国当代艺术展都市化 全球化 国际化 文化思考差异 建筑

“那么，中国呢？”（Aeors, La Chine?）①作为中法文化年的预展和活动节目，于 2003 年 6 月 25 日至 10 月 13 日在法国巴黎蓬皮杜艺术中心举行（图 1，图 2），内容包括 50 多位中国当代艺术家的创作，涉及造型、建筑、电影与音乐等多种类型的当代艺术，大部分作品均于过去 5 年内在中国完成。该展览并非由非官方的艺术机构独立策划，而是由“中法文化年”组委会主办，法国艺术活动协会、中国国际展览中心、中华人民共和国文化部协办，以国家级展览的姿态呈现在西方观众面前[1]。通过双方选择的中国艺术家和他们的作品，正如中方总策展人范迪安教授所希望的那样，“能够展现中国艺术在两个世纪之交的时候所表现出来的变化和特点，为法国和西方观众了解在中国社会急剧变革的背景下中国艺术家的心理反应和他们的文化意识，特别是在进入 21 世纪之后越来越迅速的‘全球化’进程中，中国艺术所体现出来的一些具有代表性的特征，也通过展览了解中国今日文化环境的实际”[2]（图 3—图 5）。

对东方这个遥远国度正在发生的巨变，大多数法国人是不愿意相信的。对中国当今的发展变化的想象，似乎突破不了二三十年前照片留给他们的印象，因此也就有了一个将信将疑的题目：“那么，中国呢？”显而易见，中法两方策展人的观念是不尽相同的。展览本身褒贬不一，纷繁错落的展厅却着实带来了当今中国喧哗与骚动的现实气氛。如果要概括中国艺术在现阶段所表现出来的复杂性后面的原因，或者说中国艺术所处的当代文化条件，那就是“‘全球’和‘本土’这两种机制所形成的张力”[2]。从 20 世纪后期开始，随着日益明确的市场经济走向，中国社会逐步融入国际经济秩序。与此同时，“全球化”取代“现代化”成为今日中国人文化想象的新的中心，加剧了他们在艺术观念上的转换和在语言上的各种实验色彩，以适应国际范围的文化交流，也保持自我心理与外部世界的平衡。“全球化”给中国带来的最明显的现象莫过于“都市化”。随着经济的增长，在中国各地兴起“都市化”热潮已成为“全球化”在中国最为直接的表征，而在这种热潮中，城市面貌的改变是当代文化所关注的热点话题。“在今日中国，一方面，以‘现代’和‘国际化’为标准的城市的发展与建设，业已成为社会文明程度的标志。从功能上说，‘都市化’进程的快速发展，极大地改善了都市人群的居住和工作环境，也树立起一种直观的、可以获得现实实惠的生活标准。

另一方面，在过快的建筑发展中，城市急剧地褪去了它们往日的风景，在城市规划和建筑造型上形成了新与旧、国际风格与本土语言无序混合的格局，特别是都市格局的趋同、历史文脉的断裂与都市个性的丧失，已成为突出的文化问题”[2]。

中国建筑师无疑是幸运的。以当代艺术创作为题的这次展览，表现“都市化”热潮的建筑和城市的作品占了近三分之一的比重，建筑在中国作为艺术创作的地位可见一斑。在参展艺术家中，翁奋的一组称为《骑墙》的作品中，拍自不同城市而同一种角度的摄影表达了“都市化”背景下人与外部世界的关系。北京的卢昊花了大量时间制作的《北京万花筒》，以建筑模型的方式记录了一个古老城市的变迁和奇特的面貌（图 6，图 7）。

对“都市化”境遇的反应最集中的体现应该属于一批执着于文化思考的建筑师，在这个展览中，选择了数位在中国活跃的新生代建筑师用录像的方式展现他们的代表作品。他们是张永和、王澍、刘家琨、张雷、齐欣、马清运、大舍建筑工作室、崔愷等 8 人（组）。

这是一批中国年轻建筑师群体中的优秀代表，年龄大多在 35~45 岁之间，都是中国改革开放后受大学教育的一代。他们一半在本土受教育，一半是海归派，但都非常国际化，对世界建筑的发展都比较了解。他们中有的是大学教授，享有学校良好的创作环境，但大部分是设计事务所的主持建筑师。他们走的不仅仅是今天流行的市场路线，而是充分发挥个人作为建筑师的魅力，通过建筑实践性的探索，其中包括对建筑与环境关系的审视，对中国传统建筑观念与语言的运用，对结构、空间、尺度、材料、细部等建筑基本要素的研究，建成了一批专业水准较高的建筑。很显然他们的目的既在于建造合乎商品特性的建筑物，又在于寻绎建筑中的“逻辑性”“自然性”与“普遍性”等建筑本质的表现力。他们的敬业精神与职业素养逐步被中国建筑界所认同，多次入选参加国内外建筑展，多次被提名作为指定的建筑师参与一些项目的设计。

然而，这批被选中代表中国建筑界的年轻建筑师，一方面并不具有普遍性，中国当代建筑仍然处在大数量、大规模、高速度、低成本、低质量的粗放型发展阶段；另一方面在“全球化”的强势与“本土性”的“自觉”之间，在“本土”中反映“全球”的表现上，他们仍然处在焦虑状态。他们仍然需要思考的是：如何取用来自国际的资源，把对国际建筑趋向的了解与对自身所处现实的关注结合起来；如何也取用本土的资

图 1. 巴黎蓬皮杜中心
图 2.“Aeors, La Chine”展览广告
图 3. 与会的 5 位中国年青建筑师
图 4. 蓬皮杜中心进行
图 5. 展览入口
图 6. 卢昊的北京城模型
图 7. 中国当代建筑研讨会上的法国听众
图 8. 4 位参展建筑师
图 9. 展厅一隅

图 10. 长城脚下的公社住宅（崔岂）
图 11. 南京大学学生宿舍（张雷）
图 12. 北京现代城（崔愷）
图 13. 北京现代城（崔愷）
图 14. 河北廊坊商业街坊
图 15. 河北廊坊商业街坊
图 16. 江苏昆山三连宅（大舍）
图 17. 杭州大岛住宅区（大舍）
图 18. 展厅一隅
图 19. 研讨会后的聚会
图 20. 研讨会会场
图 21. 成都鹿野苑石刻博物馆（刘家琨）
图 22. 石家庄河北教育出版社（张永和）
图 23. 成都红色年代（刘家琨）
图 24. 宁波浙江大学图书馆（马清运）
图 25. 东莞松山湖科技城生力大厦
图 26. 西安父亲住宅（马清运）
图 27. 深圳龙岗规划展览中心
图 28. 深圳规划国土资源局办公楼

源，把中国的传统观念和建筑智慧作为回应“全球化”趋势的方法，从自己的立场和视角出发，自主地表达自我的文化见解，在建筑作品中形成自己的语言。

为配合这次展览，蓬皮杜艺术中心和法国建筑学院（IFA）组织了有关中国当代建筑的研讨会。马清运作为建筑界代表在中国文化年开幕式上做了题为“作为社会参与的中国建筑”的讲话，并接受了法国公共广播公司 Francis Chalin 的采访。齐欣、张雷、朱锫、柳亦春在近百人参加的研讨会上，各自展示了近年来的作品以及他们的设计思想，给法国建筑师同行留下了深刻的印象（图 8—图 28）。

但是，在这次中法建筑师的聚会上，双方似乎没有找到多少同行的感觉。年龄差距可能是一个原因，与会的法国建筑师清一色是年过半百的老前辈，不像台上的中国建筑师个个风华正茂。无怪乎在中国建筑师的讲演之后，法国建筑师提出的第一个问题就是：“这么大的建设面积和这么年轻的建筑师……你们认为相称吗？”法国朋友显然还没有见过在中国初出茅庐的新手勾画几平方公里新城的情景。法国并不是没有中青年建筑师，只是他们中的大多数正为饭碗发愁，能在电脑前为老板卖力就算幸运了，焉敢奢望成为建筑事务所的领军人物来切磋交流。话题也是一个原因。来的这五位在中国建筑界也算凤毛麟角了，不能代表中国建筑师的大多数。五位建筑师能顶着压力，花时间钻研材料的精神、摸索设计的方法、思考建筑之道，已经是难能可贵了。值得一提的是，法国的同行仍觉得中国建筑缺少些什么。“人”，这个建筑的主体，这个在法国建筑师的设计中常常耗尽笔墨的部分，在中国建筑师洋洋洒洒的讲解基本是轻轻带过的。人的问题可能是太复杂了，动辄牵涉社会问题和政策问题，会后私下问了一位中国建筑师，回答很耐人寻味：“建筑师不能什么都做，我们只要能把建筑做好就很不错了。”是的，我们可能已经不是柯布时代了，或者说实际一点，在中国能将建筑作为艺术创作对待就已经很进步了。

其实，法国建筑师的“社会学”倾向也是有原因的。20 多年来，建筑业的萧条足以把对建筑的热情转而倾泻到对社会的批评之中。要知道，他们年轻的时候也曾经历过 20 世纪六七十年代如火如荼的建设高潮，可能他们也就因此而才选择了建筑理想。现在要造的房

子是越来越少，但他们作为社会的“建筑师”的使命反而更强了。不排除他们中的一部分人也会与房地产商一起谋算利益，不排除他们乐于为富人服务，但他们普遍地更愿意以“知识分子”自诩，不忘对社会弱势群体的关怀。我们很理解他们对中国同仁的那种既羡慕又不以为然的复杂心情，同时也为自己突然落在这样一个黄金时代惴惴难安。仅仅就因为时代和际遇的差别，就造成建筑师同行两种迥然不同的命运吗？还是双方对建筑本身的理解存在差异？在我们的甲方不惜血本请洋方案的时候，许多法国建筑师却异口同声说：“新一次的建筑革命将在中国！”什么时候，我们在为数量骄傲的同时，能不再为质量的问题而妄自菲薄呢？！

注释

①本展览之名“Aeors, La Chine?”原为罗兰巴特于 1974 年 5 月 24 日刊载于世界报的文章标题。

参考文献

[1] 秦蕾 . 当代中国实验性建筑展实录 . 时代建筑 , 2003(5): 47–50.
[2] 范迪安 . 在“全球”与“本土”之间的中国当代艺术 // Aeors, La Chine?(画册). 巴黎 : 蓬皮杜中心 , 2003: 392–394 .

图片来源

所用图片由参展建筑师提供

原文版权信息

支文军 , 卓健 . “那么，中国呢？” : 蓬皮杜中心中国当代艺术展记 . 时代建筑 , 2004(1): 120–123.

[卓健：法国国立路桥大学 LATTS 城市规划与公共政策研究所博士，《时代建筑》驻法海外编辑]

从北京到伊斯坦布尔：第 22 届世界建筑大会报道

From Beijing to Istanbul: UIA XXII World Congress of Architecture

摘要　2005 年 7 月 3—7 日，国际建筑师协会第 22 届世界建筑大会在土耳其的伊斯坦布尔举行，大会以“城市，建筑的大集市”作为主题，各国建筑师就城市的问题、解决方法和未来的发展趋势展开了一系列热烈的讨论。

关键词　国际建筑师协会　世界建筑大会　伊斯坦布尔　城市　大巴扎

在 1999 年北京国际建协第 20 届世界建筑师大会上，土耳其的伊斯坦布尔赢得了 UIA 第 22 届世界建筑大会的举办权。6 年后，2005 年 7 月 3 日到 7 日，国际建协第 22 届世界建筑大会（XXII UIA World Congress of Architecture）在伊斯坦布尔如期举行。会议吸引了世界各国 7000 余名建筑师代表和超过 1 万名的参观者。在会议期间，各国的建筑师代表和参观者享受着伊斯坦布尔城市独特的历史和文化风貌，感受着这次世界建筑师大会的精彩纷呈（图 1）。本届大会的主题是“城市：建筑的大巴扎”（Cities: Grand Bazaar of Architectures），围绕着这个主题，各国的建筑师代表们共同探讨着“如何使我们的城市更安全、更美丽、更宜居”等课题。

“大巴扎”是伊斯坦布尔最具魅力、最古老和最大的一种交易场所。最早的大集市于 15 世纪就出现在伊斯坦布尔，因其古老和规模大而闻名于世。本届大会选择“城市：建筑的大巴扎”作为主题包含了两方面的含义。一方面，从城市建筑的角度来看，城市中的建筑是最原始和最重要的文化载体，也是最基本的城市组成。城市中的建筑形态各异，材料多样，正像大集市的管理和经营。大巴扎需要经营者精明的经营管理，城市同样迫切需要精心的设计和管理。事实上世界许多城市的建设与保护之间的平衡由于缺乏专业许的指导、创造性思维的匮乏以及社会公平性的欠缺，出现了城市生活质量和生活环境质量的下降。伊斯坦布尔是一个有着多种文化、多样历史、多种信仰价值观、多种自然资源及景观的城市，而多元化正是这座城市的特征所在。也正是因为这种多元的特征，使得城市存在着消极的商业化、浮躁和杂乱无章等一系列问题。“大巴扎”表达了建筑和城市领域多元化、多样性和竞争性等的特征，这些城市和社会的问题需要解决，这正是这次大会所要讨论的议题及意义所在 [1]。

另一方面，从这届大会本身来看，伊斯坦布尔希望世界建筑大会能够像一个建筑师们的“大巴扎”。建筑师在这个大巴扎中自由的讨论、自由的发言，去共同探讨伊斯坦布尔及世界其他城市所面临的问题。出于同样的目的，这届大会完全向伊斯坦布尔市民敞开，吸引社会大众关心自己的生存环境。这届伊斯坦布尔世界建筑大会主席苏哈 (Suhaözkan) 在会议的发言，他提出：“21 世纪是一个崭新的时代，政策的进步发展已使得每个人都能够参与，而不在乎他的政治倾向、种族、信仰、经济等。建筑作为塑造环境的专业，已经有了更加深远的美学地位，建筑已不仅仅是建造的艺术而更成为技术和社会经济的桥梁[2]。本届大会提供了这样个平台给大家，‘大巴扎’将使得每个人、每个团体、每个公司、每个客户去自由地表达他们的思想，去展示他们的作品，同时也和世界分享他们的成就。”

7月3日晚，在伊斯坦布尔郊外的“七塔要塞”举行了隆重而别具一格的开幕式，土耳其总统尼科特·塞泽 (Ahmet Necdet Sezer) 专门为大会准备了电视讲话。之后，土耳其的政府总理、联合国有关组织、建筑师协会主席、大会赞助商代表等相继发言（图2，图3）。其中，土耳其建筑师协会主席 Oktay Ekinci 发言表达了会议的期待，他提出：“当土耳其伊斯坦布尔准备着招待全世界时，我们将这次工作的责任焦点集中在我们的准备工作上，因为即将开始的大会不仅仅是接待数以万计的建筑师和参观者更是准备着与世界各国的建筑师分享我们共有的全球性的城市问题，相互交换想法，将这次会议作为一个共同的声音，作为世界城市建筑的宣言。”[3] 在4日到7日，大会围绕“城市：建筑的大巴扎”展开了4天的讨论，分别以“世界城市的庆典”(Celebration of World's Cities)“城市的建筑与生活”（Architecture and Life in Cities)“城市的建筑”（Architecture of the Cities)“面对城市的建筑职业与教育”(Profession and Education Facing the Cities) 4个分主题安排了27场主题发言，上百场专题学术论文报告会和各种专题研讨会等多种形式的学术交流。国际著名建筑师安藤忠雄、雷姆·库哈斯、马里奥·博塔、彼得·艾森曼等都做了精彩的会议报告。大家就当下城市所面临的问题、解决方法的途径、未来城市的发展趋势展开了激烈的讨论。中国建筑师庄惟敏在分会场宣读了关于城市边缘区域规划的论文。整个会议除了大量的报告会、主题发言、学术讨论外，还安排了各项展览。537个建筑单位被邀请参展，共240场主题展览，包括34个工程项目、203个展板和26个多媒体展览。其中重大的展览包括：各国建协2005国际建筑博览会、UIA工作展、多媒体展和伊斯

图1. 伊斯坦布尔城市印象
图2. 伊斯坦布尔七塔要塞开幕会场

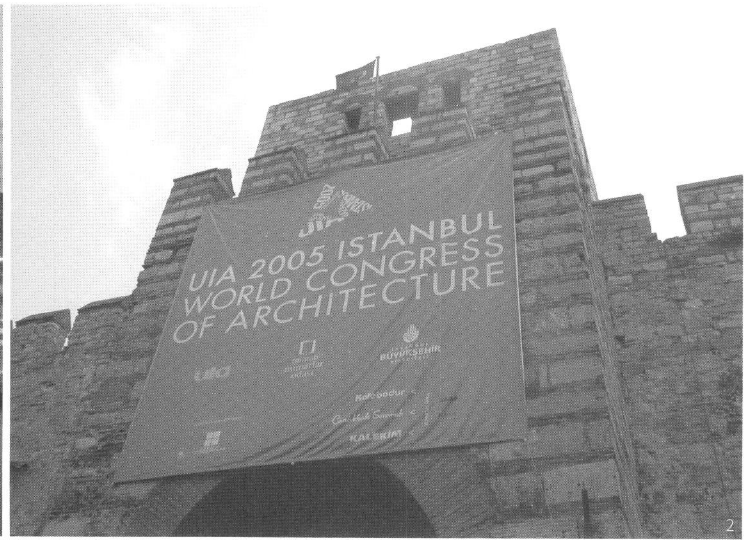

图 3. 伊斯坦布尔七塔要塞开幕会场
图 4. 北京之路会议后嘉宾合影后
图 5. 伊斯坦布尔“会议谷” UIA 会议场景
图 6. 《时代建筑》组团与会成员代表
图 7. 伊斯坦布尔城市印象
图 8. 国际建筑师参观《时代建筑》展

坦布尔城市展览、建筑新材料展等。《时代建筑》杂志作为参展的建筑媒体，是唯一来自东亚的建筑杂志。中国建筑师刘宇光的一项作品入选了国际建筑展。会议期间各工作组、各委员会还安排了各自的学术研讨会和学术展览[4]。

7 月 4 日，在伊斯坦布尔技术大学建筑系的集体教室，中国建筑学会主办了以“《北京宪章》在中国”为题的“UIA 北京之路工作组学术研讨会”，70 余人参加了会议，包括香港建筑师协会沈埃迪、中国建筑设计院崔愷、清华大学毛其智、上海市城市规划委员会伍江。他们分别以“中外建筑师在中国的现代建筑实践”“中国的人居环境”“《北京宪章》与建筑教育”“中国的建筑市场与建筑创作”为题做了发言。中国建筑学会理事长宋春华、国际建协前任主席斯古塔斯和 UIA 现任秘书长瑞奎特到会发言，原副主席斯考克也出席了中国建筑学会的研讨会（图 4—图 6）。

此外，国际建协还举办了一次学生竞赛，竞赛以“极限——在极端的环境中创造空间” 作为主题，共吸引了 2075 名世界各国的建筑系学生参加，4000 名学生参加了颁奖典礼。会议设置了 20 个学生奖项，中国武

7

8

汉大学的朗紫骄、朱文君、杨义、李欣四位同学的作品在此次竞赛中获得大奖。

国际建协大奖相当于建筑中的诺贝尔奖，在每届大会之前评选金奖和专业奖项，并在大会上颁布[5]。此次的国际建协金奖由日本建筑师安藤忠雄获得。中国新疆建筑设计院建筑师王小东获得国际建协罗伯特·马修（改善人类居住质量奖），这是中国建筑师第2次获此专业奖。

在这次大会的代表大会上，通过了一份旨在总结过去、展望未来的国际建筑领域的重要宣言——《伊斯坦布尔宣言》。宣言就全球化的大趋势下，世界城市和建筑的发展问题和当前的国家政策的发展提出了多项意见，借此宣言向世界宣传会议的希望和期待。

作为主办城市的伊斯坦布尔是一个特殊的城市，它是海陆的交汇点，欧亚的连接桥。整个城市体现出了简洁和复杂的混合，现代和传统并存，地域性和国际化的结合，东方文明和西方文明的融合，过去和现代交错。伊斯坦布尔唤起了一系列的二元性及主题的多样性，体现了其多元文化的城市性格（图7，图8）。借此次大会对伊斯坦布尔城市的复杂性进行共同探讨，并把成果充分应用到世界其他的国家，正是这样使得大会在伊斯坦布尔举行显得格外恰当和及时。

成立于1948年的国际建筑师协会是全球唯一的建筑师国际性组织，目前拥有100多个成员国和100万名建筑师会员，每3年举行1次世界建筑师大会。下一届的建筑师大会将于2008年在意大利的都灵举行，主题是“传播建筑”（Communicating Architecture）。

参考文献

[1] Deniz Incedayi. Meeting Point: istanbul2005. mimar.1st. 2005.
[2] öktay Ekinci. Flashback from Bejing to Istanbul. mimar.1st. 2005.
[3] Wolf Tochtermann. A glimpse on UIA. mimar. 1st. 2005.
[4] XXII congress of architecture uia 2005 istanbul-City: Grand Bazaar of Architectures Abstracts. Isevv Consortium. 2005.
[5] 支文军．世纪的回眸与展望：国际建协第20届世界建筑师大会北京1999综述．时代建筑，1999(3).

图片来源

所用图片均由作者摄影和提供

原文版权信息

支文军，徐洁，王涛．从北京到伊斯坦布尔：第22届世界建筑大会报道．时代建筑，2005(5): 154–159.

[徐洁：同济大学建筑与城市规划学院副教授；王涛：同济大学建筑与城市规划学院2004级硕士研究生]

六

期刊·出版

Journal · Publication

40

国际思维中的地域特征与地域特征中的国际化品质：《时代建筑》杂志 20 年的思考

Local Characteristics in Internationalized Thinking and International Qualities in Local Characteristics: Reflections on Twenty Years of *Time + Architecture*

摘要 《时代建筑》杂志自创刊 20 年以来，以繁荣建筑创作、增进国内外学术交流为办刊宗旨，以“时代性、前瞻性、批判性”为办刊特征，以当代中国建筑为其地域特征，以国际化品质为其目标，经历了创刊、渐变、突变和深化等各个发展阶段，奠定了其在中国建筑学术界的地位。本文对《时代建筑》的发展历程作了历史性的分析和阐述，对杂志的特征和办刊思想进行了总结和剖析，并勾画了未来发展新的视野。

关键词 时代建筑 建筑 学术 杂志 地域特征 国际化品质 编辑 发展史

《时代建筑》（双月刊）创建于 1984 年，由同济大学（建筑与城市规划学院）主办，国内外公开发行，至 2003 年底共出版 74 期，发行 100 多万册。《时代建筑》以繁荣建筑创作、增进国内外学术交流为办刊宗旨，以“时代性、前瞻性、批判性”为办刊特征，以国际思维中的地域特征为其编辑定位，旨在创建以当代中国建筑为地域特征的具有国际化品质的杂志。《时代建筑》经历了 20 年的艰苦创业，跨越了创刊、渐变、突变和深化等各个发展阶段，特别是在 2000 年改版的基础上，又在 2002 年实施了全面扩版，并于 2003 年开始尝试中英文双语出版。值此杂志创刊 20 周年之际，我们回顾历史，反思过去，正视现实，展望未来，不免感慨万分（图 1）。

历史与回顾

创刊阶段（1984—1988 年）

《时代建筑》杂志创刊于中国开始改革开放的 20 世纪 80 年代初。随着中国现代化建设的进展，建筑业出现了一个前所未有的繁荣、活跃的新局面。国门的打开把西方先进技术与思想不断带入，国外众说纷纭的建筑思潮和流派使当时的建筑学界在东西方建筑文化的冲突中倍感迷惘 [1]。当时《世界建筑》《新建筑》等建筑杂志已相继创刊。同济大学建筑系在 80 年代初曾出版两期名为“建筑文化”的刊物（编者为安怀起），某种意义上就像是《时代建筑》杂志的雏形。《建筑文化》的出版得到学校和系领导的重视。在此基础上，在时任校长江景波和系主任李德华等领导的积极倡导下，抱着忠实地反映发展现状、提供理论和实践交流的园地，传播古今中外及预测建筑未来的办刊宗旨，《时代建筑》于 1984 年 11 月出版了创刊号（图 2）。《时代建筑》推崇学术平等、鼓励创新、海纳百川的特征在创刊中已充分体现。创刊号内容丰富，从“贝聿铭创作思想与近作”“创新探索”“新的技术革命”到“建筑教育”“住宅研讨”“室内装修”“国外建筑”“方案设计”“建筑实录”“学生作业”10 个栏目 [2]，包含了建筑理论和实践方方面面的 24 篇文章，充分体现了《时代建筑》对探索性建筑创作的关注，以及对学

图 1.《时代建筑》两任主编罗小未教授（右）与支文军教授（左）
图 2.《时代建筑》创刊号封面
图 3.《时代建筑》创刊号彩页和目录页

术思想、理论讨论的平等与自由的推崇，同时，鼓励学术见解的多样性[1]（图3—图5）。创刊号内页共80页，小 16 开，黑白印刷，8 版彩页。《时代建筑》第一任主编为罗小未，副主编为王绍周，参与杂志工作的主要编辑成员有来增祥、吴光祖等老师，直接参与工作的还有许多建筑系的其他老师。

《时代建筑》创刊阶段条件异常艰难，面临经费短缺、经验不足、信息资源空白的种种困境，处在摸索、不定期出刊的阶段。在随后的 4 年中，杂志从每年 1 期到每年 2 期，然后到 1988 年的 3 期，共出刊 9 期，为日后的正常办刊打下了坚实的基础。在这期间，吴克宁、徐洁、支文军陆续加盟专职编辑的行列，形成了稳定的编辑队伍。值得一提的是，1986 年在时任系主任戴复东的推动下，翁致祥等建筑系老师还为《时代建筑》英文版努力过一段时间，但由于各方条件不成熟，最终未能如愿。《时代建筑》从 1986 年起成立了第一届顾问委员会（11 人）和编辑委员会（28 人）。从 1988 年第 3 期（总第 9 期）起，华东建筑设计院与上海市民用建筑设计院成为联合主办单位，为杂志的发展起到了积极的促进作用①。

此时的《时代建筑》积极推动建筑界的交流与学术讨论，1985 年 5 月 31 日至 6 月 1 日在同济大学召开了由《时代建筑》主办的“上海市建筑创作实践与理论畅谈会”，时任上海市副市长的倪天增、各大设计院院长总工和一大批中青年建筑工作者交流了建筑创作实践中的经验与理论方面的探索，为促进上海的建筑学术和繁荣创作起到了积极的作用。会议成果部分发表在 1986 年杂志上（总第 3 期）[2]。

渐变改良阶段（1989—1999 年）

经过 4 年的办刊摸索过程，《时代建筑》于 1989 年开始固定出版日期[3]，以每年 4 期的频率正规出版，邮局发行，但每期的容量降为 64 页。1994 年《时代建筑》装帧形式有所改变，出现了书脊。1995 年第一次扩版（从小 16 开本改为国际流行大 16 开本，图 6），彩页数量从 4 页逐步增加到 16 页。1991 年，《时代建筑》编辑部举办“建筑的文化与技术”优秀论文竞赛，《建筑的文化与技术》论文集一书在1993年公开出版。

这一时期的中国建筑业迅猛发展，是建筑创作走向成熟的时期。随着上海浦东的开发，上海的城市建设日新月异，促使上海的建筑创作日趋活跃。《时代建筑》基于上海的发展，1999 年提出了新的办刊方向：“重点浦东、立足上海、面向全国、放眼世界”，进一步凸显了上海的地域特征，但也出现了过分强调地区性的局限。

《时代建筑》登载的文章是随着学术界的关注面动态发展的，其内容涉及的层面日趋广泛与深入，开始更为关注建筑创作的深层次问题，诸如中西建筑文

图 4，图 5.《时代建筑》创刊号正文版面之一
图 6.《时代建筑》初次扩版封面
图 7.《时代建筑》1999/1 期封面
图 8.《时代建筑》2000 版改版封面
图 9.《时代建筑》2000 版版权页

化与理论以及创作实践的比较研究等等，其对东西方理念冲突的关注以及对中国传统与现代的冲突的关注已经上升到较为理性的层面，杂志日趋走向建筑批评的层面[2]。

此阶段在编辑方式上的最大变化是组稿方式的变化。1998 年开始，杂志从原来以自由投稿为主的组稿方式向以“主题”优先的组稿方式转变，初次提出了编辑的思想性问题，这促使《时代建筑》有可能进入更为积极与主动的编辑状态，杂志内容也随着充实信息量而增加。1999 年每期杂志 104 页，其中彩页 16 页[3]（图 7）。总的来说，虽然那两年《时代建筑》的办刊宗旨、办刊特征、编辑思想均没有大变，但在局部的内容和形式上正在发生着变化，已处在循序渐进、良性发展的轨道之中。随着《时代建筑》编辑们思想的逐步成熟、眼界的逐步开阔，《时代建筑》的改革已迫在眉睫。

编辑部在此阶段吸收了多家建筑设计院担任杂志的联合主办、协办单位，它们为杂志的发展作出了重要贡献。杂志创始人之一的王绍周常务主编，于 1993 年退休后继续在编辑部工作 3 年，直至 1996 年下半年离任，后由支文军接替担任执行主编并主持工作。

突变发展阶段（2000—2001 年）

随着中国建筑业发展的日趋国际化，编辑们的视野在不断拓展，《时代建筑》也在逐步反思本身的局限性：一方面杂志思想性不够、缺乏国际眼光；另一方面杂志特征不明确；此外，还有杂志形式滞后、彩图和文章分离、印刷质量低劣、编辑技术落后等问题。

面对众多的问题，经过 1998—1999 两年的深思熟虑，杂志 2000 年改版成为里程碑式的事件，促使杂志向国际化水准迈进了一大步[4]（图 8—图 10）。具体来说表现在：第一，调整杂志的定位，即《时代建筑》不仅仅是同济大学的杂志，也不仅仅是上海的杂志，而应是有世界影响的中国建筑杂志，把杂志的地域特征的内涵从“上海”扩展到“中国”，并为此提出了“中国命题、世界眼光”的编辑视角和定位，强调“国际思维中的地域特征”。在新的定位指导下，杂志的主题、组稿内容均有了彻底的改变，强调“时代性”“前瞻性”“批判性”的特征。此外，超大、即时的信息量已成为《时代建筑》另一特色。第二，《时代建筑》版式上的彻底改变。全新版面设计，全刊彩色印刷，全新装帧印刷，树立杂志更为国际化的形象。第三，提升编辑技术与硬件设施水准。如在校外建立《时代建筑》工作室，以解决原编辑部空间窄小的问题；配备苹果电脑设备和专业制版技术员，彻底解决编辑技术落后问题；确立行之有效的编辑程序，以确保杂志的编辑质量；更换印刷厂以适应全彩印刷和装帧的要求。第四，开拓性地建立年轻人为主的兼职专栏主持人队伍，充分发挥学校人才济济的优势。此外，这一阶段杂志开始尝试市场化运作，使杂志更加贴近业界市场。

通过出版，杂志也积极参与建筑学科的建设。为配合“全国高等学校建筑学学科指导委员会”的工作，促进建筑教育的发展，2001 年编辑部组织出版了“当代中国建筑教育”增刊一期。从 2000 年起，《时代建筑》被列入国家科技部“中国科技论文统计源”期刊。从 2001 年起支文军出任第二任主编，徐洁任副主编。

深化成熟阶段（2002 年至今）

《时代建筑》2000 版的推出，迅速提升了杂志的质量，在中国建筑学界产生了积极的影响。然而面对全球化的压力，《时代建筑》如何具有“国际化品质”成为杂志进一步发展需思考的重大问题[4]。在短短的两年后，编辑部又推出了 2002 版杂志，这是在经济全球化倾向冲击下，中国当代建筑杂志所做出的一个应答。如果说 2000 版《时代建筑》的定位是“国际思维中的地域特征”的话，那么，2002 版杂志追求的目标是“地域特征中的国际化品质”。首先，编辑部力邀平面设计师姜庆共先生为 2002 版重新设计了封面、标识及全套版式，并以超宽的版面尺寸印刷，在杂志视觉形象上完全达到国际水准，获得了极大成功（图 11，图 12）；其次，2002 年起《时代建筑》从季刊改为双月刊，缩短了出刊的周期，增强了时效性；再次，杂志主题的选定及内容的策划，充分体现了中国本土的特征，特别是杂志每期有效容量的大幅增加（2002 版平均每期 144 页，是 2000 版的 2.3 倍），为深度报道提供了可能（图 13—图 15）。最后，《时代建筑》从 2003 年起主题文章主要内容采用中英文双语出版，虽然英文还存在诸多问题，但这是走向国际化重要的一步。这时期彭怒博士加盟杂志编辑部，不仅弥补了王绍周、吴克宁退休以后的空缺，也为杂志增添了新鲜血液。

思考与特征

《时代建筑》积累了 20 年的经验，杂志的思想性和特征逐渐显现出来。其实它们一直是我们所思考和追究的东西，贯穿在办刊的方方面面和每时每刻之中。

国际思维中的地域特征

随着中国经济的高速发展，城乡建设日新月异，但中国的建筑发展也存在众多问题，有待建筑界不断反省、总结与提高。《时代建筑》侧重于关注中国地域的问题，每期的主题都以“中国命题”为切入点。同时，我们也注重用世界的眼光来探索中国命题，强调国际思维中的

10

11

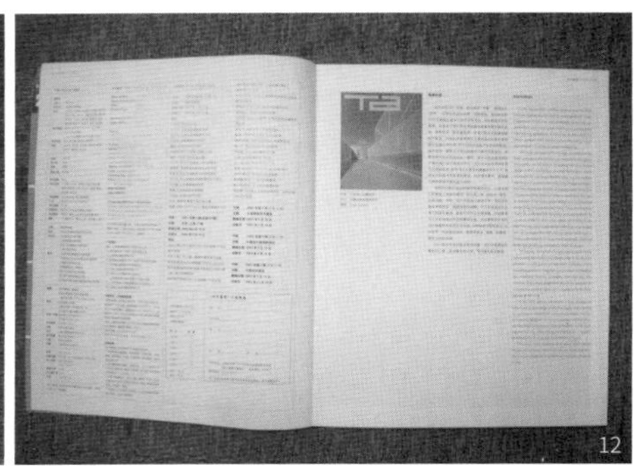
12

地域特征，以超越自我的视角来剖析自己。

地域特征中的国际化品质

《时代建筑》以“中国建筑”的地域特征为荣，以此为契机走向国际建筑界，目标是创建以中国建筑为特征的具有国际水平的杂志。《时代建筑》的国际化品质体现在四个方面：一是《时代建筑》的内容和学术水准是国际水平的，即每期主题内容既充分体现世界建筑发展动向，又深刻洞察当代中国建筑的本质，它所展示的学术成果应是对世界建筑界的一种重要贡献；二是《时代建筑》的形式、技术和资源是国际水平的。《时代建筑》以高品位的装帧版式、国际化的制作印刷技术、一手的资源和中英文双语文字，保证国内外最精彩的内容以国际化水准的形式和方法在杂志上得以充分表达。《时代建筑》力求成为国际建筑界了解中国建筑的窗口，也是中国建筑走向世界的平台，是连接国内外建筑信息流的通道；三是《时代建筑》的编委会组成和作者是国际化的；四是《时代建筑》的发行力求国际化。

时代性、前瞻性与批判性

在“中国命题、世界眼光”的编辑定位下，杂志每期选定一个主题，以主题优先的原则进行编辑组稿。结合中国建筑发展的总体状况和存在问题，近年来《时代建筑》选定的部分主题有“当代中国实验性建筑”“当代中国建筑设计事务所”“建筑再利用”“中国当代建筑教育”“新校园建筑”“北京、上海、广州”“小城镇规划与建筑”“个性化居住”“辉煌与迷狂：北京新建筑”“从工作室到事务所”“室内与空间”“中国大型建筑设计院”等，围绕主题组织发表了一大批高质量的学术论文和优秀作品，以近 100 页的篇幅在深度、广度和力度上对主题内容进行全面的学术探讨，凸现杂志“时代性”“前瞻性”“批判性”的办刊特色。

编辑思想性

编辑人员的思想性很大程度决定着杂志的思想性。编辑们必须了解中国建筑的发展现状和特色，关注学术进步，同时也应敏感于世界建筑发展动态，这样才能赋予杂志思想性，才能使杂志观点鲜明、特征明确，不仅充分反映各阶段建筑发展之现实，而且走在时代前沿，起到前瞻引导性作用。《时代建筑》近年来选定的主题应是编辑思想性最充分的体现。

积极编辑

编辑的思想性需要积极编辑的工作态度。我们改进了以往被动的、以自由投稿编辑成册那种缺乏思想性的编辑模式。主题优先的编辑模式要求编辑围绕“主题”在世界范围内组稿，高瞻远瞩的策划、积极地组稿、不厌其烦地联络以及精益求精的编辑工作，每一过程都需要积极编辑的态度作为保证。当编辑完成组稿并选定作者及其题目后，如何与作者沟通或在收到稿件后如何积极编辑，是编辑思想性又一次的深入体现。只有编辑对该期杂志有宏观的把握，又对该领域每篇专题文章有深刻的认识和恰到好处的判断力，才能做好稿件最后的编校、修改、加工工作。

信息容量

随着刊期、页码数、版面尺寸的增多扩大，近6年来《时代建筑》有效版面容量每年以80%的比例增加，2003年度全年杂志容量已是1989年的5倍，刊载内容相应大幅增加。《时代建筑》保持以每期14页的超大信息量版块，包含“今日建筑”“简讯”“学术动态”“建筑网址”“境外杂志导读”“中外青年建筑师”“热点书评”“网上热点”等小栏目，全面反映国内外城市与建筑的信息。

零时差

《时代建筑》在报道国内外最新的发展动态方面，努力做到以最快时间、第一手资料即时刊出。目前《时代建筑》的信息栏目基本已达到这一要求，新作介绍方面正在缩小时差。这需要建立行之有效的信息传递、收集和分析的系统，海外编辑应起到重要的作用。

版式艺术性与读者趣味

版式风格体现了一本杂志的思想性。编辑不一定从事平面设计，但要对版式风格有自己的理念，与平面设计师合作，最完美地体现建筑杂志艺术性的一面；同时，如何更多照顾到读者的阅读趣味也是隐含在版式中的一种办刊思想。《时代建筑》继续以简约明快的版式风格、超宽版面尺寸、精美的全彩印刷和精致的装帧等形式美，保持高品位的版式和印刷装帧水准。

编辑队伍

仅靠编辑部几位编辑的力量是办不好杂志的。为此，编辑部借助同济大学乃至上海市丰富人力资源的优势，吸引了一批既有一定的学术水准，工作负责并乐意为杂志工作的兼职专栏主持人，在解决编辑部人力不足问题的同时，又起到汇聚大家智慧、扩大杂志对外联系网络的作用。编辑队伍始终是开放性的，不断有新人更替加入。同时，编辑部也培养了一批新生的编辑力量。自从2000年《时代建筑》兼职专栏主持人队伍建立以来，他们的工作卓有成效，为杂志的发展作出了极大的贡献（图16）。

图10.《时代建筑》2000版目录页
图11.《时代建筑》2002版改版封面
图12.《时代建筑》2002版版权页
图13.《时代建筑》2002版目录页
图14.《时代建筑》2002版正文版面
图15.《时代建筑》2002版“境外杂志导读”版面

图 16. 编辑们在德国考察与组稿
图 17. 日本学者在杂志工作室
图 18，图 19.《时代建筑》编辑队伍

国际交流

杂志在某种意义上讲就像建筑信息交流中心。《时代建筑》在促进国际间的学术交流上起到积极作用，接待过众多境外学者、教授、建筑师和媒介朋友，促成他们来上海和同济访问并作报告，如荷兰 Wiel Arets 教授、英国 Peter Cook 教授、日本安藤忠雄教授、瑞士 Mario Botta 教授等。杂志编辑多次应邀访问和考察法国、瑞士、澳大利亚、日本等国，并与德国建筑杂志 *Bauwelt* 和美国建筑杂志 *Architectural Record* 建立了良好的合作关系（图 17）。

杂志经营

经营好杂志是《时代建筑》稳定发展的基础，市场化、专业化运作是经营好杂志的保障。在此前提下，编辑部近年把杂志广告业务和发行业务委托给专业公司总代理，取得显著成效。编辑部主要依托自身经营，加大杂志印制投入、建立工作室、购置设备、改善工作条件，建立起了良性循环的发展机制。

未来与发展

如何利用好杂志的品牌效应、积极拓展学术事业是我们思考的另一方面的问题。在全球化、新媒体和市场经济的大背景下，我们应以新的视野构筑发展空间。比如在条件成熟时，《时代建筑》在双月刊的频率上每年可另出 1~2 期增刊，可设立“时代建筑奖”，可组织“时代建筑系列讲座”，可出版“时代建筑系列丛书”，可组织“时代建筑学术会议和展览”，可建立“时代建筑信息中心”，可建立“时代建筑书店”，可成立“时代建筑读者俱乐部”，可出版“时代建筑光盘版和网络版”，可组建“时代建筑摄影中心”，可建立“时代建筑研究中心”，可出版“时代建筑年鉴”，等等。

《时代建筑》作为专业媒体，在我们这个媒体时代大有发展前途。然而，杂志作为传统媒体形式的一种，必将受到新媒体——网络媒体的冲击。在新媒体与旧媒体并存的时代，杂志既要发扬传统平面媒体的优势，又要开拓网络媒体的前景（图 18，图 19）。具体地说，作为平面媒体，杂志应充分发挥深度报道的特点，而网络媒体应侧重可视性、即时性，提倡读者、作者和编者的直接沟通交流和互动。《时代建筑》在办好传统平面媒体的同时，将开始尝试网络媒体——电子版，日后向网络版和综合性网站发展 [4]。

注释

① 同济大学建筑系《时代建筑》编辑部 . 目录 . 时代建筑 , 1986(1) .《时代建筑》第一届顾问委员会成员（11 人）：方鉴泉、冯纪忠、陈植、陈从周、吴景祥、汪定曾、金经昌、倪天增、钱学中、黄家骅、谭洹第一届编辑委员会（28 人）：王吉鑫、王绍周、刘云、刘左鸿、庄涛声、邢同和、李德华、沈恭、吴庐生、李玫、来增祥、陈翠芬、张乾源、张耀曾、张庭伟、罗小未、金大钧、洪碧荣、顾正、翁致祥、郭小苓、

陶德华、章明、黄国新、黄富厢、董鉴泓、蔡镇玉、戴复东。

主办者为：同济大学建筑城规学院、上海市民用建筑设计院、华东建筑设计院。

② 1989—2001 年，《时代建筑》为季刊，出版时间为每季度末当月 18 日。

③ 1989—1999 年，《时代建筑》文章体现了其学术关注层面的深层次发展，列举如下：

沈朝晖 . 安藤忠雄建筑精神的源泉——禅宗哲学 . 时代建筑 , 1999(1): 92–94.

秦峰 , 黄夏 . “大片”的启示——当代人的大众性与创作 . 时代建筑 , 1999(1): 95–99.

徐千里 . 超越思潮与流派——建筑批评模式的渗透与融合 . 时代建筑 , 1998(1): 56–58.

沈福煦 . 论建筑论文——“建筑理论的理论”之三 . 时代建筑 , 1998(1): 58–61.

④ 从 1999 年开始增加“简讯”栏目，报道国内外建筑最新消息。

参考文献

[1] 同济大学建筑系《时代建筑》编辑部 . 致读者 . 时代建筑 , 1984(1): 3.

[2] 同济大学建筑系《时代建筑》编辑部 . 目录 . 时代建筑 , 1988(3).

[3] 同济大学建筑系《时代建筑》编辑部 . 上海市建筑创作实践与理论畅谈会 . 时代建筑 , 1986(1): 4–6.

[4] 支文军 . 给读者的一封信 . 时代建筑 , 2000(1): 78.

图片来源

所用图片由《时代建筑》编辑部提供

原文版权信息

罗小未 , 支文军 . 国际思维中的地域特征与地域特征中的国际化品质：时代建筑杂志 20 年的思考 . 时代建筑 , 2004(2): 28–33.

[罗小未：同济大学建筑与城市规划学院教授、博导，《时代建筑》杂志编委会主任]

41

“核心期刊”在中国的异化：以建筑学科期刊为例

Alienation of "Core Periodical" in China: Periodicals of Architectural Discipline as an Example

摘要 本文以建筑学科期刊为例，讨论了“核心期刊”在中国的异化现象源于我国学术评价方法的不科学和急功近利导致学术的浮躁，同时主管部门的官僚作风和形而上学的思维方式，造成了“核心期刊”被青睐和滥用。指出针对各个学科特点建立科学的学术评价体系是十分必要和迫切的。

关键词 “核心期刊” 建筑学科 异化 学术评价

引言

1987 年中国科技信息研究所编制的《中国科技论文统计源期刊》和 1990 年北京大学图书馆编制的《中文核心期刊要目总览》等原本用于向社会（图书馆和读者）提供一种检索的参考工具书，一经问世便被误用，成为学术期刊评价的标准，继而作为职称评定、博士学位评定的标准，在某种程度上成了学科学术评价的标准，在相当程度上助长了学术浮躁与学术上的不公平竞争，不利于学科发展。我们希望从建筑学科发展的角度对此进行讨论。

国内外“核心期刊”概念提出的出发点

“核心期刊”概念的由来

“核心期刊”概念源于英国著名文献学家布拉德福（B.C.Bradford）的“布拉德福定律”①，该定律是 1934 年布拉德福为了统计科技论文的文摘数据研究学术论文在刊物中的分布规律而提出的。他发现地球物理及润滑两个学科 1/3 的论文刊登在 3.2% 的少数期刊上。1971 年《科学引文索引》SCI 的创始人加菲尔德 (E.Garfield) 统计了参考文献在期刊上的分布情况，发现 24% 的引文出现在 1.25% 的期刊上。这些文献计量学方面的研究都说明期刊存在“核心效应”[1]。

我国期刊“核心区”研究始于 20 世纪 80 年代。最初从图书馆系统开始，在中国衍生了“核心期刊”的概念，时至 90 年代，有关 SCI 和“核心期刊”的相关课题研究都在社会上引起了广泛的讨论[2]。至今，对“核心期刊”尚未有统一的认识，这里摘录《中文核心期刊要目总览》2000 版给出的一个理想概念：某学科（或某专业或专题）的核心期刊是指该学科所涉及的期刊中，刊载论文较多的（信息量较大的），论文学术水平较高的，并能反映本学科最新研究成果及本学科前沿研究状况和发展趋势的，较受该学科读者重视的期刊[3]（排序不可能完全准确，还会有某些重要刊物被遗漏）②。

提出“核心期刊”的出发点——进行学术论文的统计与分析

从国内外关于期刊“核心区”或“核心期刊”研究与概念的由来可看出，北京大学图书馆使用“核心期刊”一词的出发点是出于方便信息管理与查询，为研究者、学者和读者快捷有效的利用文献资源提供方便。同时有利于掌握学术论文数量而进行综合分析研究，与期刊的学术水平评价无关。

中国部分重要的期刊论文引文索引数据库的主要选刊方法剖析

我国三种自然科学方面重要的期刊论文引文索引数据库：其一是1987年中国科学技术信息研究所的“中国科技论文与引文数据库”研究，出版物为《中国科技论文统计与分析年度研究报告》《中国科技期刊引证报告 中国科技论文统计源期刊》；其二为1995年中国科学院文献情报中心的“中国科学引文数据”研究，出版物为《中国科学计量指标：论文与引文统计》；其三是1990年北京大学图书馆编写的《中文核心期刊要目总览》。

北京大学图书馆“核心期刊”和中国科学技术信息研究所“中国科技论文统计源期刊”筛选法剖析。

（1）北京大学图书馆“核心期刊”筛选法质疑北京大学图书馆的“核心期刊”多指标综合筛选法包括载文量法、文摘量法、引文分析法和流通量统计法，基于此采用六方面的指标统计：被索量、被摘量、被引量、载文量和被摘率的统计与影响因子（指来源刊对某刊一年内文章的引用率）。编者对筛选方法也指出了其存在的局限性：

A. 载文量法的缺点：由于仅以数量取胜，所以只能选取那些刊载某学科文献大的期刊作为核心期刊，其结果必然偏颇。

B. 文摘量法的缺点：统计数据的质量受文摘刊物质量的制约（如文摘源选择是否恰当，文摘员水平的高低，源期刊缺期造成的漏摘等）。

C. 引文分析法的缺点：源期刊的数量及选择是否恰当，引文本身的缺陷——如不恰当的自引、否定性引用等，都大大影响引文分析的可靠性。

D. 流通量统计法的缺点：受读者群性质及收集数据方法的影响，收集数据难度较大。

基于此而列出的“核心期刊表”都是文献计量统计的结果，其排序很大程度上与发文量有关。与论文和学术期刊的学术质量无直接关系，仅仅确定了针对某些主题的文章分布状况。

（2）中国科学技术信息研究所“中国科技论文统计源期刊”评价方法剖析

“中国科技论文统计源期刊”的选刊方法是选择了15项计量指标：A. 期刊引用计量指标：总被引频次、影响因子、扩散因子、引用期刊数、即年指标、他引率、被引半衰期。B. 来源期刊计量指标：来源文献量、参考文献量、平均引文数、平均作者数、地区分布数、机构数、国际论文比、基金论文比。其中即使是被认为可以反映期刊学术影响力的总被引频次、影响因子、扩散因子等指标，依然可以看出其评价方法在相当大的程度上与文献量与引文数相关③。

“核心期刊”含义在中国的异化及存在问题

含义异化

无论是文献计量学家布拉德福还是SCI创始人加菲尔德以及国外相关的研究文献中仅仅出现了“核心区”的概念，并没有明确提出“核心期刊”的概念。使用“核心期刊”一词应该说是从北京大学图书馆《中文核心期刊要目总览》一书开始的。从此，其含义就发生了质的变化[4]：

A. 论文“核心区”，只反映了某一主题的论文分布的集中区域，并不涉及刊物的质量，而“核心期刊”则意味着该刊物处于同类期刊的“核心”，不仅仅是文章本身，更包括对其刊物质量的评价，概念发生了质的变化。

B. 某一特定主题的学术论文被替换成了该期刊所有论文的全体，而且无形中贬低或舍弃了其他期刊上同一主题的相关论文。

C. 把以所载论文数量（含二次文献）为主的宏观统计结果演变成了微观个体（论文本身）的定性，这是逻辑推理的混乱。

D. 把科技学术论文推广到各个学科领域，一些一般性介绍文章也成了学术文章，是典型外延的无限延伸。从科技论文的“核心区”是无法推证各个学科“核心期刊”的优越性和相关应用的合理性的，因而，在期刊学术水平评价上，“核心期刊”就是一个不科学的、不确切、易产生误导的专用词④。

期刊论文引文索引数据库存在问题（以建筑学科为例）

问题之一：期刊排序无法反映期刊的实际水平。期刊的排序和期刊的实际水平并不一致。据报道，对北京大学图书馆所列 46 个学科的核心期刊的排序情况进行调查，发现在 21 个学科的核心期刊中，一些学术性期刊尤其是在本学科领域具有领先和领导地位的国家级期刊排名靠后，而一些普通的专业技术性期刊却排在前列，一些小学科则未被列入。

建筑学科期刊在“中国科技论文统计源期刊”整个所选科技期刊中的排序普遍靠后，难道这就说明建筑学科的期刊学术水平普遍较其他学科的低吗？学科间的差异性注定学科间不具备学术可比性，不同学科的学术期刊自然不应放在一个层面上来比较。建筑学学科作为建筑学科的一级学科在整个建筑学科中的排序靠后，就说明建筑学学科学术水平在建筑学科中落后吗？显然是不科学的[5]。

问题之二：无法体现真正的学科分类。在真正的学科建设和发展的意义上讲，北京大学图书馆的“核心期刊表”⑤所体现的的学科分类，其实是毫无依据的，缺乏对建筑学科分类⑥、学科特征与研究领域⑦的基本了解。也就是说，把不同的学科的期刊置放在一起毫无可比性。以建筑学科为例，“核心期刊表”所列 26 本期刊，虽然冠名“建筑学科”，但实际上包含“建筑学”“土木工程”等一级学科的同时并列“岩土工程”“市政工程”等二级学科等。难道说学建筑学的人可以在《中国给水排水》上发表论文也算是在“建筑学科”核心期刊上发表论文？建筑学学科特点与建筑学科中的其他学科的特点是完全不同的，相对来说，建筑学学科更加偏重社会与人文，较其他学科技术性弱。显然，它们不可以放在同一层面上进行比较。

问题之三：采用的评价指标与期刊学术水平和质量无关。“中国科技论文统计源期刊”中无论是总被引频次还是影响因子的排序都是基于所刊载的论文数量以及文摘数量而得出的结果，而与期刊学科分类、学术覆盖面、期刊质量等毫无关系。

“核心期刊”作用的变异

“核心期刊”作用的变异

（1）“核心期刊表”被用于职称评定、学位授予、学术评优

用图书馆图书情报分类的结果来替代学术水平高低的分类，并且用之于职称评定、学术评优或学位评定是十分不合理的现象。虽然《中文核心期刊要目总览》第三版明确指出：“不同级别、不同性质的专业人员都用同一个核心期刊表评定职称是不合理的。”《中国科技论文引证报告》也指出仅仅用作统计与分析之用。是滥用现象已经无法控制，以至于影响到学术公正[6]。

（2）学术腐败

“核心期刊表”的滥用逐步演变成为学术资源的垄断，其结果必然是不公平竞争与学术腐败。一篇优秀的学术论文常常难以靠正常的途径发表，相反的“核心期刊”上常常出现水平低下的文章，其背后隐藏的学术腐败是不言而喻的。

我国目前尚不适合使用“核心期刊”这一名称

应该说核心是自然形成的，而不是评选出来的。核心期刊的定义包含了对学术质量的要求，而现在形成的所谓核心期刊筛选指标是不能反映期刊的学术水平的。因此在评价体系尚不够科学的时期，在处于经济快速发展的中国，中国的科技期刊尚处于发展阶段，中国目前尚不应提倡使用“核心期刊”一词去给学术期刊定名，应使期刊在公平的环境中发展，更何况由于“核心期刊表”的误用，已经对我国学术界产生了负面影响[7]。需要指出的是国家新闻出版广电总局作为中国出版管理部门，对期刊的正规提法，从来没有“核心期刊”之说，也没有“核心期刊”方面的法规、政策或管理方法[8]。

结语

长期以来，我国学术评价方法的不科学和急功近利导致学术的浮躁，同时主管部门的官僚作风和形而上学的思维方式，造成了“核心期刊”被青睐和滥用的主要原因。针对各个学科特点建立科学的学术评价体系是十分必要和迫切的[9]。

注释

① 1934 年，英国著名文献学家布拉德福“布拉德福定律”的简单描述：对某一学科而言，将科学期刊按其刊载该学科论文的数量，以递减顺序排列时，可以划分出对该学科有贡献的核心区，以及论文数量与之相等的相继的几个区。这时核心区的期刊数量成 1:a:a2...... 的关系。后人将此规律称为“布拉德福文献分散定律”。

② 戴龙基 . 中文核心期刊的文献计量学研究报告 (中文核心期刊要目总览). 北京 : 北京大学出版社，2000 : 2 .

③ 潘云涛 , 马峥 . 2003 版中国科技期刊引证报告 中国科技论文统计源期刊 . 北京 : 中国科学技术信息研究所，2003: 1. 各项指标具体说明参见第 8 页 。建筑学科各项指标及排序参见表 4—表 6。“总被引频次”指该期刊自创刊以来所登载的全部论文在统计当年被引用的总次数。这是一个非常客观实际的评价指标，可以显示该期刊被使用和受重视的程度，以及在科学交此刊流中的作用和地位。影响因子 : 这是一个国际上通行的期刊评价方法，由于他是一个相对统计量。所以可公平地评价和处理各类期刊。通常，期刊影响因子越大，它的学术影响力和作用也越大。具体算法为：影响因子＝该刊前两年发表论文在统计当年被引用的总次数除以该刊前两年发表论文总数。扩散因子：这是一个用于评估真实影响力的学术指标，显示总被引频次扩散的范围。具体意义为该期刊当年每被引 100 次所涉及的期刊数。扩散因子＝总被引频次涉及的期刊数除以总被引频次。其他指标概念参见第 7、8 页。

④ 丁康 , 张燕 . 评《中文核心期刊要目总览》及其对学术评价的负面影响 . 全国核心期刊与期刊国际化 网络化研讨会论文集，第 97、98 页。

⑤ 戴龙基 . 中文核心期刊的文献计量学研究报告 (中文核心期刊要目总览). 北京 : 北京大学出版社 , 2000 : 82 . 北京大学图书馆“核心期刊表”所列的建筑学科核心期刊共计 26 本：《岩土工程学报》《建筑结构学报》《土木工程学报》《地震工程与工程振动》《岩石力学与工程学报》《中国给水排水》《哈尔滨建筑大学学报》《给水排水》《化学建材》《城市规划》《建筑学报》《岩土力学》《建筑结构》《工程力学》《计算力学学报》《建筑机械》《工业建筑》《世界建筑》《新型建筑材料》《混凝土与水泥制品》《建筑技术》《施工技术》《暖通空调》《城市规划汇刊》《工程勘察》《新建筑》。

⑥ http://www.njtu.edu.cn/jg/jgrs/zdxk/zdxk.htm#xkml. 教育部学科门类、一级学科、二级学科目录（四位码为一级学科、六位码为二级学科）。关于建筑学科的描述：08 工学……0813 建筑学 0814 土木工程 081401 岩土工程 081402 结构工程 081403 市政工程 081404 供热、供燃气、通风及空调工程……其中建筑学、土木工程列为一级学科。

⑦ 在国家自然基金 2004 面上项目介绍中，从对建筑学研究领域发展的描述可见建筑学科的研究内容倾向。建筑学研究领域的发展趋势是从人与环境关系的高度研究区域、城市、建筑的发展与建筑技术的革新，研究基于可持续发展思想的建筑学基础理论与规划设计方法。参见：http://www.nsfc.gov.cn/nsfc/cen/xmzn/2004xmzn/01ms/05gc/05gc4.htm .

参考文献

[1] 蔡蓉华 , 史复祥 . 核心期刊评价与文献计量学研究 . 全国核心期刊与期刊国际化、网络化研讨会论文集，2002: 20–26.

[2] 李诗信 . 核心期刊含义之误用引发的问题 . 全国核心期刊与期刊国际化、网络化研讨会论文集，2003: 77–84.

[3] 戴龙基 . 中文核心期刊的文献计量学研究报告 (中文核心期刊要目总览). 北京 : 北京大学出版社 , 2000 : 1–15.

[4] 李鸿仪 , 程敏 . 核心期刊作用的变异及对策 . 全国核心期刊与期刊国际化、网络化研讨会论文集 , 2003: 100–112.

[5] 潘云涛 , 马峥 . 2003 版中国科技期刊引证报告中国科技论文统计源期刊 . 北京 : 中国科学技术信息研究所 , 2003.

[6] 丁康 , 张燕 . 评《中文核心期刊要目总览》及其对学术评价的负面影响 . 全国核心期刊与期刊国际化、网络化研讨会论文集 , 2003: 93–101.

[7] 中国科学院自然科学期刊编辑研究会 . 中国科技期刊研究 , 2003(6).

[8] 教育部学科门类、一级学科、二级学科目录 , http://www.njtu.edu.cn/jg/jgrs/zdxk/zdxk.htm#xkml.

[9] 国家自然基金 2004 面上项目介绍 , http://www.nsfc.gov.cn/nsfc/cen/xmzn/2004xmzn/01ms/05gc/05gc4.htm.

原文版权信息

宇轩 , 之君 . “核心期刊”在中国的异化 : 以建筑学科期刊为例 . 时代建筑 , 2004(2): 48–49.

[宇轩即戴春 : 同济大学建筑与城市规划学院博士生，导师：陈秉钊教授；之君即支文军]

关注当代中国建筑发展方向的一本杂志：支文军主编谈《时代建筑》

A magazine Focus on China's Development: Interview with Chief Editor Zhi Wenjun on *Time + Architecture*

摘要 通过提问的方式，该访谈对同济大学的重要建筑期刊《时代建筑》在办刊定位、独特性、未来发展、大众影响力、国际竞争力等问题进行了探讨。

关键词 时代建筑 当代中国 杂志 同济大学 定位

UC（《城市中国》杂志）：下一期主题是“城市中国三次方”，分为同济的中国观，以规划院为主；国际的中国；媒体的中国，主要是指同济里面专业的媒体。同济大学里面现在有三本杂志：《时代建筑》《理想空间》和《城市规划学刊》，你眼中的这三本杂志有什么不同？

支：首先是学科定位的不同。《时代建筑》是以建筑学科为主，有时候也包含城市的内容；《城市规划学刊》当然是以城市规划为主；《理想空间》偏城市主题。我们的差异主要是学科定位不一样，但是从《时代建筑》的主题内容来看，几年之前做过一次调查，与城市有关的主题最多。一方面是因为建筑离不开城市；另一方面和我们学院学科的布局相关——规划、建筑在一个学院，而且我们学院的城市规划学科比较强大。我觉得相对而言，《时代建筑》除了建筑以外，延伸到规划、城市的内容多一点；他们的内容涉及建筑的可能会少一点。

UC：作为同济里面的主要媒体之一，责任和作用都在什么地方？

支：《时代建筑》是同济大学主办的一本杂志，但是我们的办刊目标、办刊定位不仅仅局限在同济大学。我们一直在避免“《时代建筑》只是同济大学的一本杂志，一本校刊”这样一种局面。《时代建筑》不只是关心同济的事情，不只是同济的代表，也不能仅仅是上海的一本杂志。《时代建筑》最大的一个定位特色：它是关注中国当代建筑发展的一本杂志，它的志向、目标是站在中国这样一种高度上的。我们站在中国的高度来看待中国建筑的发展。它的定位不仅仅是促进同济建筑学科的发展，而是要有对整个中国的一种责任感。你们的杂志叫《城市中国》，我们的杂志在另外一种意义上也可以理解为“建筑中国”。前两天我做过一个有关《时代建筑》的报告，很有趣，就叫“建筑时代与时代建筑”，讲述二者的一种互动关系。同济是中国建筑时代里面的一个部分。

当然作为大学办的一本杂志，我觉得和一个设计院办的或一个公司办的有不一样的地方。大学办的杂志有一种大学精神，什么是“大学精神”呢？就是追求一种理想、追求一种境界。杂志不仅仅只反映现实，而是要起到前瞻性的、引导性的作用，所以它的定位可能会更高，这也是主办方同济大学所赋予杂志的一种内在特征和力量。

UC：同样是建筑学科定位的杂志，它和《世界建筑》《建筑学报》又有什么区别呢？

图 1.《城市中国》封面

支：这个差别也是很大的。《世界建筑》的主要特征是引进国际建筑思想、作品到中国。《时代建筑》是关注中国当代建筑的话题，它每一期的主题和目前我们面对的问题密切相关。这要求我们的编辑人员对中国的发展要有一种很敏锐的敏感性，知道什么问题是需要研究的。《建筑学报》的定位和我们是差不多的，但是可能没有我们这么明确。因为这个“明确”是需要我们通过每一期的主题做出来的，主要体现在主题内容的深度、广度和力度上。兄弟杂志有很多值得我们学习的地方。

UC：《时代建筑》的未来走向是什么？

支：中国有这么大的建筑量、这么多的问题，《时代建筑》的使命还是很重的，还是有很多课题是可以做的。我们必须保持关注中国当下发展这样一种定位，以世界建筑发展作为背景继续一期一期来做当代中国的话题。同时，《时代建筑》如何在学术层面上继续起到它的影响力之外，在大众层面发挥它的影响力上想做一些尝试。除此以外，杂志是一个交流的平台，如何在多层面的学术事业上去做更多的事情，比如说我们在筹备的“时代建筑奖”“时代建筑论坛”“时代建筑研究中心”“时代建筑会议学术培训考察”“时代建筑丛书”以及“时代建筑报”等，有很多事情等我们去做。杂志作为一个核心，很多事情可以扩展出去做。扩展大众层面是一个部分，比如“时代建筑报”，其他的还是在学术层面上，因为这还要符合杂志的办刊宗旨。

UC：《时代建筑》自创刊始就和同济大学紧密联系，这 20 多年是如何与同济大学共同发展过来的？

支：《时代建筑》当然和同济大学发展密切相关，但是我觉得关系更广的应该是国家的发展。《时代建筑》也已经走过 22 年，分成不同的阶段：从 1984 年创办不定期的，一年出一期、到一年出两期、到一年出三期，到 1989 年，差不多一年四期，从不定期到定期这样一个过程；1989—1999 年，我们觉得是我们杂志发展的关键期，2000 年版是 1999 年酝酿好的，从目前看，当时的变革是突变，目前杂志的架构、办刊思想、编辑团队、版面设置等基本都是 1999 年定下来的。2000 年版面扩大，做得更精美。1999 年，我们办刊经验、学术积累、编制人员、交流活动的增加都达到一定的程度，这和同济大学发展的一个基本趋势差不多，和整个国家发展的趋势也相吻合。

UC：《时代建筑》走向大众的方式是什么？

支：一个国家的建筑发展不仅仅依靠专业人员水平的提高，与全体国民、领导、开发商的素养都有关系。《时代建筑》的主要影响力在学术层面，所以有点可惜。具体怎么走向大众呢？杂志的办刊定位是学术层面的，所以和大众期刊是不一样的，不可能为了大众的影响力改变杂志的办刊宗旨。但是，比如说我们可以在比较好的大众杂志里面设置有关建筑的专栏，由我们杂志来提供素材。我们也可以和大众电视的科技栏目合作，以及我们现在正做的“时代建筑丛书”的出版，它的影响不仅在专业的，还有学术以外的、大众的，白领也会看。我们在想怎样出《时代建筑》，它的内容可能会更大众化一点、不那么专业，但以《时代建筑》的学术思想为背景。《时代建筑》本身的定位是不会变的。

UC：面对国际媒体的进入，对《时代建筑》的挑战是什么？

支：目前国际建筑界很关注中国的发展，现在已有近 10 本杂志做过中国建筑的专刊，也有五六本国际杂志出版中文版。它们的介入肯定对中国建筑杂志是一种挑战。是《时代建筑》的定位非常好，因为它的主题、定位是当下中国建筑的发展，而其他国际杂志的优势都是国际资讯方面的。他们在了解中国建筑、获得经验、获得资讯等方面不是那么容易的，需要一个过程，而这正是《时代建筑》的优势所在。我相信国际杂志会越来越本土化，关于中国的内容会慢慢对我们形成一种压力，竞争是有的。一方面我们要学习国外媒体的一些经验，扩大视野；另一方面，把我们的优势做好，这个优势目前为止还在我们这边。

UC：这其中的机遇呢？

支：《时代建筑》如何与国际杂志合作，把《时代建筑》推向国际是一个机会。因为《时代建筑》的读者群是中国的学者、或者说是中国的专业人士，同时也是面向想了解中国的境外人士的一本专业杂志。我们的口号是“透视中国当代建筑的窗口”，这个“透视”不仅面向中国读者，也面向国外读者。通过和国外杂志的合作，怎样把《时代建筑》推向国际，我们在考虑出中文版以外，一年出一至两期的英文版，找到一家国外的合作伙伴在国外发行。现在不仅仅是国外杂志进入中国，我们也在考虑《时代建筑》走向国际的问题。现在我们正在帮助美国的《建筑实录》（*Architectural Record*）杂志做中文版，通过合作也是向他们学习的一个机会和过程，他们的模式与我们正在寻找的、国外的机构来做《时代建筑》的英文版的模式是一致的。因为只有境外方才能将我们的内容做得更国际化，语言翻译、发行、印刷都在境外完成。另外有一种可能是做电子英文版，这个不存在国内或国外，可能这个做法比较理想。我们的选择可能会这样，但具体的还会找国外来做，我们提供中国的资讯，有关中国的内容。这个也是不容易的，这个机构需要熟悉中英文，把中文资讯整合成英文是个艰难的过程，其中面对的语言不可翻译性等问题都会有。

UC：《世界建筑》《建筑学报》等业界杂志对《时代建筑》有什么影响吗？

支：都会有影响，尤其是其关注眼光、视野都会给我们编辑一些启发。做法不一样，定位也有差别。刚才说编辑要保持敏感性，这个敏感性与日常的观察、思考息息相关，其他杂志也是我们学习的资源。

UC：请教一下杂志的时效性问题。

支：杂志和报纸还是不一样的，我们是双月刊，杂志的时效性要考虑，但它不处于第一位置。我们认为，选题的敏感性、思想性是第一的。眼光、深度更重要，时效性当然也要考虑，主要由我们的信息栏目来体现，当然作品介绍也要考虑时效性。不可能本月造好的建筑本月发表，不是特别需要这样的时效性。学术杂志，深度是最重要的。思想性第一位，时效性是第二位的。

UC：怎样比较西文媒体集团与中国出版业?

支：西方媒体的集团化体现在出版公司下面可能有很多出版社，每个出版社下面可能有很多杂志，有的出版社有一百多种杂志。那是种经营性的公司，哪一种杂志能赚钱就搞哪一本杂志。它在某些方面，如征订、发行、管理、财务等方面是公司层面来运作，实力很强大。国内是没有办法和他们抗争的，中国的出版集团正在组建当中，很多出版社合并到一个集团里面。我们是一个最小细胞的编辑部，经营运作上面是没法和出版公司、出版集团来抗衡的。所以，中国出版、媒体这一块是受国家保护最多的一个领域，现在还是没有开放的，像国外机构不能到中国来办杂志等等。出版系统体制问题是个复杂的问题，不是我们搞杂志的能够解决的问题。

UC：请问对《城市中国》杂志的有什么看法?

支：《城市中国》有它的一种思想性、敏感性，关注中国城市出现的方方面面的问题，而且通过自身第一手的考察、收集大量的资料来体现每一期的主题，非常有趣。思想性、敏感性和我们杂志非常吻合，但做法不一样，毕竟《时代建筑》是学术期刊，第一手资料不是主要方面，要以深度的学术研究为基础，提供素材是它的一个组成部分，更重要的是有很多学术文章。《城市中国》也有很多深刻的研究内容，但主要部分还是以一手资料见长。这是我个人的看法。从思想性、敏感性、深度方面我们有共同点；从资料性、学术深度方面我们可以互补。城市与建筑本身也是互补的内容，可以相互延伸。

原文版权信息

孙乐 . 关注当代中国建筑发展方向的一本杂志 : 支文军主编谈《时代建筑》. 城市中国 , 2017(14): 107–110.

不出版就淘汰：中国建筑传媒的机遇与变革

Publish or Perish: Opportunities and Transformation of Architectural Media in China

摘要　文章分析了中国建筑传媒随着信息、技术与市场的全球化发展所带来的变革和挑战。目前中国的建筑市场无论在规模上还是速度上都史无前例地突飞猛进，这对中国建筑杂志无疑提供了新的机遇。
关键词　中国 建筑传媒 全球化 新媒体 挑战 机遇

新时代的建筑学经历着前所未有的发展和变化，建筑师的职业状况也有所改变，其任务和范围日趋复杂，所要获得的信息也要更多更快更新。信息、技术与市场的全球化发展对中国建筑传媒提出了更高更新的要求，传统的媒体理应获得崭新的诠释。然而，中国建筑传媒如何紧跟行业发展，如何应对新的机遇和挑战，值得引起我们关注和深入探讨。

深度报道与中国建筑杂志的话语权

中国史无前例的城市建设已引起世界的关注，但如何深刻表达中国当下建筑发展的现实，并进行批判性的反思，是中国建筑杂志责无旁贷的任务。目前中国建筑专业杂志数量繁多，办刊质量和水平差异性大，而且新的杂志还在涌现。总体而言，在中国具有影响力的建筑杂志大约有 10 本。对中国本土建筑资讯进行原创性的“深度报道”，将是中国建筑杂志的共同追求。只有这样，中国建筑杂志才能以内容取胜，凸现特有的思想性、敏感性、洞察力和前瞻性，使之具有鲜明特点并不易被迅速复制，才会有充分的话语权。

新型媒体的挑战与多方整合

中国建筑杂志已面对来自其他新媒体的挑战，特别是网络媒体。数码时代提供的网上论坛，是有别于已有的学院话语、媒体话语的第三种话语现象，它所表达的建筑思想与批评更真实、更犀利，已成为业内畅所欲言、有着很大影响力的交流平台。中国建筑网站已成为传统媒体的重要的补充，在新闻发布、在线论坛等方面起到了积极的作用。中国建筑杂志应调动书籍、杂志、网络等多方媒体的不同资源，又兼顾专业与非专业的阅读趣味，进入资源重组和媒体间互动转化，从而将杂志的品牌影响力极大地扩展。

国外杂志传媒势力带来的竞争

近几年来，众多国际建筑杂志表示出了对中国建筑发展的浓厚兴趣，西方杂志及变相的中文版、国际版杂志在近两年大量涌入中国，还有许多知名的国际建筑杂志在近几年纷纷推出报道中国的特集。据不完全统计，已有 8 本国际建筑杂志出版过有关中国建筑的专刊，它们包括：*a+u*（日本）、*Architectural Record*（美国）、*Area*（意大利）、*AV*（西班牙）、*Bauwelt*（德国）、*Archithese*（瑞士）、*2G*（西班牙）。更进一步的，现已有 5 本国际建筑杂志在中国出版中文版，其中 *a+u* 和 *EL Croquis* 是原版的中译本，而 *Architectural Record*、*Domus* 和 *Detail* 是在原版资料的基础上加入一些与中国相关的内容整编而成。整体而言，国际建筑杂志在中国的出版只是把国际资讯带入中国，仍然缺乏中国本土建筑内容的深度报道。国际优秀专业期刊暗涌中国的现象成为某种提示——国外的建筑媒体正密切关注着中国建筑，他们期望了解中国、报道中国。相比于已经国际化的西方建筑媒体集团，中国建筑杂志的总体实力应该说还是相当薄弱的。中国尚未形成具有真正经济规模的期刊集团，从这一角度上就难以形成全球化背景下的竞争优势。如何一方面借鉴国外媒体的新理念，另一方面充分发挥本土期刊在文化背景、语言文字、资源占有上的优势，是中国建筑杂志所面临的新挑战。

国际影响力的拓展

中国的建筑发展已是世界建筑不可缺少的组成部分，国际著名建筑师和中国本土建筑师的设计已日益受到国际媒体的关注。日益全球化的今天，中国建筑杂志的“国际化”也正在流行。国际化应该包含更广更深的含义，比如国际上很多知名学术期刊都早已实现了组稿国际化、作者国际化和编辑成员国际化以及发行与读者的国际化。中国建筑杂志需要努力的是如何取得国际性的影响力，并在国际视野中确立中国建筑及建筑师的自身定位。中国建筑杂志应关注和深度报道发生在本国的众多建筑事件，使之在国内外有影响力。特别是中国建筑杂志推动中国本土建筑师的成长，使之获得国内外业界的认同，也是责无旁贷的事情。至于中国建筑杂志需要一种国际视野，是基于中国建筑的发展已完全在全球化的语境中运作。只有具备国际视野的杂志才会有能力去发掘中国本土建筑的独特魅力。

从专业走向大众

建筑学术和专业性期刊，其读者主要是建筑专业人士包括建筑院校师生、建筑设计师等，读者对象比较明确、集中和稳定，所以其影响力是有限的。“建筑”远远要超出学术和专业性范畴，如何把专业期刊的真知灼见扩散到普通大众、发挥专业期刊的引导性，是建筑期刊面临的新任务。

同时，建筑正在成为一种时尚的流行文化。中国的杂志传媒界正争先恐后地簇拥着“建筑”这个渐趋流行的话题，建筑已经脱离了专业领域而进入大众关注的话题。随着国家大剧院、北京奥运场馆以及中央电视台等一系列国际竞标方案的推出，传媒对这些建筑和大师的报道引起普通人对建筑超乎技术层面的关注，公众开始把建筑当作艺术欣赏和社会事件，把对建筑的了解作为一种修养和格调。近年来，市场上迅速崛起了若干社会文化消费类杂志，它们关注建筑话题，纷纷辟设专栏或专辑，撰文角度或评论时事，或聚焦住宅房产，或偏重艺术，发表的虽然不是学术论文，但刊物读者定位是社会公众。

标榜为中国第一本“世界先锋文化杂志”的《文化月刊》，从2004年7月号开始全新改版，走上了“时尚媒体”的路线。伴随着显赫的英文标题“CULTURE”露脸的新一期封面，俨然是当前最为活跃的荷兰建筑家雷姆·库哈斯的头像，“建筑时代”的专题特辑隆重推出。其中，“顶级访谈”专栏文章《库哈斯：建筑表现新的自由》以及针对巴西建筑师的设计评论《奥斯卡·尼迈耶：建筑与大地共生》都成为此刊夺人眼球的主打。早在《文化月刊》之先，《三联新闻周刊》《南风窗》《新周刊》等新锐社会文化杂志就已经纷纷为建筑和城市开辟专栏或特出专辑。它们以时事类刊物特有的洞察力和敏感度，关注着这个社会和这个时代的建筑与城市；以独特的文化视角借助传媒诠释建筑话题、讲述城市故事；它们说“新住宅运动”、说“第四城”；它们争先采访库哈斯，聚焦潘石屹……随之，老百姓也讨论关于居住的建筑意义、关注城市的规划发展，也争议CCTV新楼、评论SOHO现代城和建筑公共艺术。于是，关于建筑的哲学、经济学、社会学意义，被阐述并演进着。

不得不承认，此类杂志在社会上掀起的反响和造成的冲击比之专业的建筑科技期刊具有绝对的煽动力。它们使建筑的观念深入人心，其影响力的逐渐扩大不容我们视而不见。

中国建筑传媒所涌动的变革只是中国整个传媒业的一部分，其相关的国家政策因素和国家对传媒的定位显得至关重要，体现了中国社会特有的现实背景。

原文版权信息

Zhi Wenjun. Publish or Perish. Amsterdam, 2006(2): 128–131.
[原文发表是英文，本文由中文原稿改编而成]

中国建筑杂志的当代图景（2000—2010）

The Development Prospect of Architectural Journals in China (2000—2010)

摘要 文章从老刊布局、新刊创立和外刊介入3个方面，总结了21世纪以来的10年间中国建筑杂志的变化和发展。作者不仅对建筑杂志的定位、内涵和媒介特征与文化特征进行阐释，而且分析了当代中国建筑杂志的变革、面临的困局和新的趋势。在肯定了建筑杂志对建筑学之间互相促进、彼此依存的关系的同时，毫不回避地直面建筑杂志自身的局限性和当时当下发展中的阻滞力。文章提出新时代所带来的新的思考，表达了对中国建筑杂志未来发展的期待。

关键词 建筑 杂志 当代 中国

概述

在以信息为主要特征的媒体时代，杂志及各种媒体正起到越来越大的作用。在建筑市场、新媒体和全球化的大背景下，当代中国建筑杂志经历着前所未有的变革。除了由中国建筑学会主办的《建筑学报》（图1）是创办于20世纪50年代以外，在改革开放之初的20世纪80年代，涌现出许多建筑杂志，如《建筑师》（1979，图2）、《世界建筑》（1980，图3）、《新建筑》（1983，图4）、《时代建筑》（1984，图5）、《世界建筑导报》（1985，图6）、《建筑创作》（1989，图7）等，它们的宗旨都是试图推进建筑学科的发展、促进学术交流、积极学习国外先进经验。

进入21世纪以来的10年间，中国的建筑实践与理论话语逐渐进入新的发展时期，从改革开放之初的西学东渐为主到开始不断寻找、审视自我位置的阶段。该时期，一批已经有20年左右办刊积累的老刊，在面对急剧变化的全新环境之下继续积极地革新和布局。同时，一批新刊应运而生，如《城市建筑》《城市环境设计》等。此外，一批国际著名建筑杂志在编辑出版中国城市与建筑专刊之外，也尝试以不同的途径和方式在中国境内出版中文版，如*Domus, a+u*，*Architectural Record* 等。

如今，建筑杂志的发展呈现多层次的格局，信息流通更加畅通，资源组合和配置更加有效，建筑杂志与建筑学发展的关系更为密切。随着建筑杂志品牌的成长和成熟，资源平台的扩大，建筑杂志已经成为建筑界最为活跃的因素存在。

杂志定位

建筑杂志是指以建筑学内容为主的一类专业期刊，大都属中国的科技期刊范畴，应符合国家对科技期刊及科技论文相关的法律和规范。从杂志的性质定位上区分，建筑杂志可以分为三大类：学术理论类、专业类和大众时尚类。许多国外建筑杂志的定位比较清晰和单一，分工和受众面指向性较强。在国际建筑学术理论界很有影响力的建筑杂志有美国的 *Perspecta*（耶鲁大学）、*Grey Room*（麻省理工学院）和英国

的 *AA Files*（建筑联盟学校）等[1]，均由大学等研究机构主办，其主要内容为建筑前沿思想与理论的探讨。国际著名的建筑专业性杂志如美国的 *Architectural Record*、英国的 *Architectural Design*，日本的 *a+u* 等，它们大多由传媒出版公司或设计机构出版，内容多为设计作品的介绍、建筑师专辑或建筑新闻的传播等。大众时尚性建筑杂志往往跨越建筑、艺术、设计、居家、景观、产品等领域，以专业的资讯为精英阶层服务，如英国的 *Wallpaper*、意大利的 *Domus*、美国的 *Architectural Digest* 等。还有大量大众时尚类杂志的建筑专栏，也起到建筑传播和推广的作用，但它们不能包括在建筑杂志范畴之内。

相比之下，虽然当今中国的建筑杂志大部分由大学创办，但还没有一本严格意义的建筑学术杂志。究其原因，一方面是中国建筑杂志的办刊主体大都是国有大单位，都想刻意求全、面面俱到；另一方面，中国整体的建筑学术资源和建树还不具备支撑一本纯粹的学术理论杂志。所以中国建筑杂志的性质定位要么不是那样清晰，要么有意跨界。事实上，大多数都处在学术性和专业性的中间地带，其明显的优势是较紧密地把学界和业界联系在一起，后果是模糊了二者的差异性。

新格局

2000 年到 2010 年这十年间，中国建筑杂志与中国建筑的发展比肩而行，在老刊布局、新刊创立与外刊介入等方面都表现出不同的发展特征，在业界内呈现多样化的格局。

老刊布局

近十年是中国所有老牌建筑杂志逐渐走向成熟并寻求新的变革的时代，各自的定位和布局日趋明显。其中，新一代杂志主持人逐渐完成了从老一辈接班的过程，大量新生代编辑加入杂志编辑行列。

由中国建筑学会主办的《建筑学报》是中国最具官方背景的建筑杂志，办刊风格稳健、内容宽泛、言辞规矩，时常会刊登一些重大的政策法规和政府会议发言。该刊的特色是内容的综合性、地域报道的均衡性和作者的多样性。《建筑学报》办刊资源优势明显，其地位和认可度在中国单位体制内是独一无二的，发行量可能也是最大的。由于《建筑学报》所处地位的特殊性，肯定会面临所谓“升等论文”发表的极大压力。近年来杂志改观明显，内容质量也有提高，如在“设

图 1.《建筑学报》
图 2.《建筑师》
图 3.《世界建筑》
图 4.《新建筑》

计作品”栏目中，除了作品介绍短文和资料外，还配置不同视角解读的文章。

作为一本建筑学理论丛书，《建筑师》于 2004 年获得正式刊号，告别了以书代刊的年代。相比其他杂志，该刊比较偏向学术性，曾经刊登过一批质量高、篇幅长的学术理论性文章，在中国建筑学界享有较高的声誉。近几年该刊有增加专业性内容的趋势，虽然这样的调整似乎更吻合《建筑师》的刊名，但存在原有的特色有被削弱的危险。

《世界建筑》自创刊以来的定位一直是清晰的，一如既往以介绍引进国外优秀建筑资讯为己任，在过去改革开放的年代起到重大作用。虽然全球化的浪潮使其国外资讯的重要性下降，但国内外的差距依然存在，向国外学习的过程任重道远，《世界建筑》的作用仍然是举足轻重的。信息爆炸的中国对创刊 30 年之际的《世界建筑》如何筛选和编排提出了更高的要求，所选国外资讯如何更有效应对当下中国建筑的发展现实也是值得思考的。随着中国建筑的迅猛发展，为了顺应潮流，近几年来《世界建筑》增加了有关中国建筑报道的篇幅，但其所占比例及所起的作用是有限的。

由华中科技大学主办的《新建筑》杂志在保持栏目多、作者多样、自由投稿为主的特征外，近年逐渐开始采用主题组稿的方式，主题的选题多为当下的热点话题，文章质量也相应提高，为此，杂志的主体性意识和引导作用都有所加强。该刊倡导“新”的价值，把较多的机会给予了年轻的学子和建筑师，而且主题内容与自由投稿刊用的比例把控较好。

由同济大学主办的《时代建筑》在 2000 年提出“中国命题、世界眼光”的办刊定位 [2]，着重关注当代中国城市与建筑的最新发展。10 年来的 60 多个主题型专刊 [3]，以当代中国建筑的现实问题作为研究和报道的核心内容，体现了强烈的“当代”特征和“中国”特征 [4]。《时代建筑》一直强调“学术性＋专业性”的双重特征，试图在学界和业界之间架起沟通的桥梁 [5]。《时代建筑》对主题内容的探讨使其在学界有良好的声誉，而“作品 + 建筑师 + 机构”三位一体的推介扩大了其在业界的影响力。近年《中国建筑的现代之路（20 世纪 50—80 年代）》《中国建筑师在境外的当代实践》《剖面》等专刊备受关注。

《世界建筑导报》是与《世界建筑》定位极其相近的杂志，曾经在采集和报道第一手国外建筑资讯及双语出版上有声有色，其“独立经营、以刊养刊、以刊促发展”的经营模式起到示范作用。近几年来该刊影响力不如以前，但新任主编和编辑团队已在酝酿新的变革，相信不久就会活力再现。

《建筑创作》创刊于 1989 年，是一本由北京市建筑设计研究院主办的建筑专业期刊。该刊依托于国有大型设计院的专业实力和品牌信誉，由半年刊、季刊发展为月刊。2003 年开办了沙龙与评论性质的副刊——《建筑师茶座》。2008 年，该杂志社继续向着综合性建筑传媒机构的方向发展，以主刊为龙头，通过发起各类建筑文化交流和考察活动、出版图书、拍摄建筑专题电视片、举办建筑展览等各种文化活动，广泛传播建筑文化。该刊在多元化活动和经营模式上很有特色和成效，成为中国建筑杂志界的一个亮点。

《南方建筑》（图 8）的定位一如其刊名。自 2008 年由华南理工大学建筑学院接办以来，杂志主题的深度和内容的关联度都有所加强，特别在推动华南的城市与建筑研究和发展起到积极作用，如近期的“一代建筑大师夏昌世研究（2010/2）”“岭南本土化设计（2010/3）”等专刊颇具特色。

值得一提的是，在 21 世纪初由南京大学接手的《建筑与设计 a+d》虽然只有过两年短暂的办刊历史，但其学术影响力记忆犹新。

新刊创立

在 20 世纪初的 10 年间，又有一批新的建筑杂志创立，包括全新刊号的新刊和利用老刊号脱胎换骨的新刊。

《设计新潮·建筑》（图 9）自 2002 年由一家建筑设计院为主体的商业公司接手协办以来，杂志性质从原来的设计类转变成建筑时尚杂志，以商业化、时尚化的建筑类社会杂志的身份示人。该刊非科技期刊，内容亦非学术论文，采用记者采风的平民式文字和新闻式标题，大量使用精美新奇的图片形成新的拼版样式，体现了媒体与时尚相结合的新势力在建筑杂志界的魅力。该刊商业化运作多年的“中国建筑设计市场排行榜”在业界也形成一定的影响力。由于该刊建筑背景的薄弱和商业利益的压力等原因，其“建筑 + 时尚”的办刊定位受到杂志高层的质疑。从 2010 年 10 月刚改过版的杂志看，刊名已做细微改变为《di 设计新潮》。虽然从刊名看该刊有回归“设计 + 时尚”路线的可能，但新一期的内容组成上仍然包括大量建筑资讯，毕竟，建筑本身就是设计的重要组成部分。

辽宁科学技术出版社主办的《城市·环境·设计》（图 10）2004 年 5 月创刊，年内发行 3 期后于 2005 年始正式定为双月刊。该刊的编辑工作基本是借助外力，办刊定位处在摸索阶段。2009 年起天津大学建筑学院成为联合主办单位，新的外聘编辑团队开始标榜走“时尚 + 专业”路线，通过举办专业活动来扩大影响并组稿，从中所体现的冲劲及其厚刊效应，已开始获得业界的关注。该刊如何保持活力、稳定编辑质量、自成风格并同时兼顾经营效率，我们拭目以待。

2005 年 10 月，哈尔滨工业大学建筑设计研究院创办《城市建筑》月刊（图 11），从刊名可以看出杂

图 5.《时代建筑》
图 6.《世界建筑导报》
图 7.《 建筑创作》
图 8.《南方建筑》
图 9.《di 设计新潮》
图 10.《城市·环境·设计》
图 11.《城市建筑》
图 12.《城市 空间 设计》

14

15

志的意图，即试图通过“城市解读”与“建筑诠释”相结合的方法体现杂志的定位。该刊每期依主题组稿，较多采用不同的建筑类型为主题，如“体育建筑”“校园建筑”，也有如“青年中国”这样以现象特征为主题的专刊。该刊专业性资料齐而全，具有较高的资料参考和收藏价值，在整体风格上较贴切地体现主办方作为大学设计院的特性。近年来该刊差不多每期都邀请一位业界较著名的专家学者担任客座主编，为提高刊物质量、充分利用外界资源并弥补自身编辑力量不足起到了重要的作用，如该刊 2010 年第 6 期“数字化设计”专刊是中国近期同类主题的杂志中质量最好的。

由天津大学承办的《城市 空间 设计》（图 12）创刊于 2008 年，办刊宗旨是在城市、空间、设计之间搭建一个独特视角的研究平台，专注于城市和建筑实验，意在引导建筑与规划新的潮流，传播一个真实鲜活的城市流变中的建筑文化之声。

新刊的创立方兴未艾。同济大学的《建筑遗产》正在申请刊号的过程之中，相信不久就会面世。

由于中国的期刊总量控制严格，申请新的杂志刊号异常困难，因此有一些建筑图书是以书代刊的形式连续出版，如清华大学的《建筑史》、中国建筑工业出版社的《中国建筑教育》、南京大学的《建筑文化研究》等。当然，这样做的好处是不需遵循期刊的许多格式规定和限制。

外刊介入

在这个时期，国外建筑专业媒体也开始进入中国市场。德国的 *Detail* 杂志中文版《建筑细部》（图 13）于 2003 年 12 月由大连理工大学出版社和建筑与艺术学院主办并出版，2005 年开始以双月刊的形式与德国 *Detail* 的英文版同步发行。该刊以德国原版的 *Detail* 杂志为核心内容，近年来开始增添中国的相关建筑资讯。

美国的 *Architectural Record* 于 2005 年推出《建筑实录》（图 14）中文版，主要内容是选自原版杂志的世界最新的设计作品报道与评论。近年刊期从每年 3 期增加至 4 期，篇幅也扩至近百页，并逐步在加强中国的资讯分量。作为美国 McGraw–Hill 建筑信息公司在中国的产品，该杂志只是其业务的一部分，很多相关的经营理念和活动被引入中国，如每年一次的“全球建筑高峰论坛”和“好设计创造好效益”奖等。从目前中文版的状况而言，其国际资讯内容与英文原版存在很大差距，有关中国的报道由于编辑团队没有本土化而显得薄弱，似乎仍处在试探尝试阶段。

日本 *a+u* 杂志是世界知名的、具有前瞻性的建筑杂志，致力于从专业的角度向建筑界人士介绍全世界范围内最新的优秀建筑师及其作品和建筑理念。2004 年由上海文筑国际出版《建筑与都市》中文版（图 15），至 2009 年底共出版 20 余期。该中文版从原先的全版翻译到后期增添中国的资讯，特别是报道中国

图 13.《建筑细部》
图 14.《建筑实录》
图 15.《建筑与都市》
图 16.《建筑素描》
图 17. *Domus*
图 18.《Abitare 住》

优秀年轻一代建筑师及其作品，开始有本土化的倾向。鉴于文筑国际试图创办具有自己品牌的中国建筑杂志的理想，以翻译为主的中文版引进工作就不再继续。从 2010 年起，《建筑与都市》中文版改由华中科技大学出版社出版与发行。

世界知名的西班牙建筑专业杂志 *El Croquis* 中文版《建筑素描》（图 16）由上海文筑国际于 2005 年翻译出版，这是当今对国际上最杰出建筑师最详尽采访和深入分析的建筑杂志。该中文版质好价高，为国内的盗版留下利润空间，不幸在国内猖獗盗版的打击下倒下，出了 4 期 3 本（其中一本是合刊）后就夭折了。

德国著名建筑杂志 *Bauwelt* 与《世界建筑》合作出版了 *Bauwelt* 中文版《建筑世界》杂志。从 2007 年开始，中文版《建筑世界》逢双月出版，每期刊登从德国 *Bauwelt* 周刊中精选出的文章，并按主题归类，还介绍有创新建构与精妙理念的建筑作品。由于德方顾虑经济效益和刊号问题，该中文版只尝试了 7 期就暂停出版了。

国内的建筑学科建设长期以来都缺乏一本权威的建筑教育类杂志。中国电力出版社从英国布莱克威尔公司引进 *Journal of Architectural Education* 杂志。该刊是世界知名的建筑教育类杂志，由美国建筑院校联盟于 1947 年创办。2007 年，以原版译本为主的第一、二期中文版《建筑教育》先后在国内推出。为了做好《建筑教育》中文版的本土化工作，电力出版社借鉴了原版杂志出版的思路和理念，并同国内知名的建筑院校合作，于 2008 年推出了清华大学和同济大学两本《建筑教育》专辑。此外，天大大学和东南大学的策划已经全部完成，约稿也已经落实，可惜由于 2008 年底电力出版社重组，出版战略调整，新的专辑至今未果。

媒体与时尚的结合无可争辩地成为建筑杂志的一股新势力。全球建筑与设计领域极具影响力的意大利杂志 *Domus* 在 2006 年正式进驻中国。在原版 *Domus* 的全球资源与影响力基础上，*Domus*（国际中文版）（图 17）积极推进中文版的全球影响力，以整合亚洲资源，推动中国建筑、设计发展，为 21 世纪东西方交流发展搭建广阔的国际平台。该刊以“设计 + 时尚”为特征，以极强的视觉冲击力带动着它所有的品质，充分调动时尚的力量，使建筑和生活更加贴近，推动设计产业与普罗大众的全面互动，吸引正在迅速扩大的新兴设计师与白领消费者群体。该刊所呈现的媒体能量及编辑团队的活力令人敬佩，其多层面的经营之道也值得推崇，来自原刊丰富的国际资讯与中国本土资源得到了完美的结合，它的商业与时尚的风格对于开拓大众近窥建筑艺术的世界无疑起到了重要的作用。

2008 年，作为一本历史悠久的意大利建筑杂志，Abitare 中文版由意大利 RCS 集团与中国艺术与设计出版联盟合作推出，以《Abitare 住》（图 18）和《居 Case da Abitare》两个版本呈现，分别着重建筑设计与室内家居设计两个方面。《Abitare 住》是第一本面对决策阶层战略设计话题的杂志，从设计的角度来看待分析城市、建筑、消费、城市文化等问题，其前沿性在传媒领域是不多见的。

意大利建筑杂志 *Area* 在出版 100 期之际，其中文版《域》第 1 期于 2008 年 10 月在国内正式发行。《域》杂志致力于对建筑文脉的深度透视，是一本关注哲学、社会、人文、城市的专业建筑杂志。结合每期的专题，该刊开设的“《域》对话”是基于中国当代建筑实践为目标的研究而展开的一系列跨领域的讨论，颇具特色。

外刊介入最新的进展是大连理工大学在 2010 年开始引进日本的著名建筑杂志《新建筑》，迄今已以书代刊的形式出版了 5 期中文版，明年计划争取刊号并与原刊同步出版 12 期。

这些杂志中文版的共同点在于：它们大部分以书代刊，立足国际杂志的高端平台，以原版译本为主并加入部分本土化内容。它们面临的共同挑战是如何使国际资讯与中国现实完美结合。

建筑杂志的文化功能

建筑杂志作为传播媒介不仅具有传播信息的功能，还具有导向功能。作为专业媒体，建筑杂志并不是中立地提供信息，它有自己的观点与价值取向。通过传播一定的价值观念，建筑杂志对专业发展产生影响[6][7]。

促进学术研究

（1）学术文化的梳理、记载和传承

建筑杂志作为媒体推动每一时期建筑文化的传播，同时作为记录方式，具有不容低估的资料价值。从整个历史向度上，建筑杂志作为出版物所处时代的建筑文化，时效性较之书籍是一个极大的优势，而由于其记录与报道的深度远远超出了浅显的叙事，因而学术性与思考性自然又大大胜过报纸，其文本记录的方式也为一个国家建筑发展的历史提供了大量丰富生动的细节[8]。如《时代建筑》2007/5 期“中国建筑的现代之路（20 世纪 50—80 年代）”专题，试图回顾 20 世纪 50—80 年代中国现代建筑历史中“现代性”如何确立和发展，认识和追寻中国现代建筑自身的历史经验以逐步建立文化的自信。

（2）新理念和新技术的呈现

工程科学的概念引入设计研究的领域是必然的。注重建筑的功能和结构本身，探讨合理的功能性，注重内在结构与现代技术、新型材料的结合，逐渐成为建筑杂志关注的新话题。如今，建筑师对建筑学科的把握与思考远远超出肤浅和支离破碎的表象，大量的建筑科技资讯和理论文章引导并伴随着中国建筑创作跨入新的时代。如《建筑细部》(*Detail*)，以节点 1:20 的小比例审视与研究建筑正受到整个建筑行业的关注和认可[8]。

（3）多元化的思想平台

当前中国城市连同建筑市场的激烈变革，在建筑思想的领域里也推动着激烈而尖锐的讨论。建筑杂志成为各方话语的发表平台和平等表述思想的空间。对于建筑本体的讨论逐渐扩大为对建筑事件的思考而延伸到设计方案之外。《世界建筑导报》在 2005 年的一期中，以“鬼子来了——外国建筑师在中国”激发建筑界人士以坦诚说事的姿态，用鲜活生动的语言表达其设计思想[8]。

推动创作实践

（1）介入式地促进建筑实践

利用文本对建筑活动和建筑文化进行理论批评，似乎是建筑杂志的“本份”。中国建筑本身有一个突出的特点，就是权利借助话语取代美学标准与建筑物之间发生更为直接的关系。一座建筑物的建成，终归要受到它所在的社会环境、政治环境、经济环境的各种原则的影响。从这一角度看，杂志媒体的报道、陈述或者宣扬便显得尤其有分量，而媒体的价值之一也正是体现在它有倡导或反对的能力。建筑杂志对建筑活动的介入和影响反映了所处时代的建筑批评和理论思考对建筑创作的影响。媒体仅仅是在传递信息，媒体本身不能创造信息，但是在传递的过程中，媒体很多时候会有“再加工”，这十分值得关注。有创造力的学术争鸣才能促进建筑的进步，而杂志正是其中的载体和推动者[8]。

（2）内涵的扩大——媒体整合

专业期刊对建筑事件的多方面介入，成为建筑发展的推动力之一。当今的建筑杂志跳出了黑白方寸的圈子，成为建筑事件的制造者[8]。2008 年由“南方都市报系”发起和主办、联合建筑杂志媒体举办的“中国建筑传媒奖”获得好评，其主题为“走向公民建筑”，关注民生问题，促进建筑与社会的互动，侧重建筑的社会评价，重视建筑的社会意义和人文关怀。2008 年，《时代建筑》杂志协同其他机构举办的《现象学与建筑研讨会》在苏州举行。除此之外，作为主办方或协办方，各主要媒体杂志均设立了奖项的评选，以表彰和鼓励建筑界新锐建筑或建筑师，如世界建筑杂志社 2002 年设立的“WA中国建筑奖”，2007 年由台湾远东集团与时代建筑联合举办的“远东建筑奖”（台湾和上海）等。

关注职业培养

（1）为建筑师提供自我认同的平台

如果说早期的建筑杂志更侧重于呼唤中国建筑师的职业群体，那么当今的建筑杂志则越发地倾向于对建筑师的思想及其实践行为的关注，讨论的职业主题更侧重于建筑学专业内部的组织和建筑实践的个人化。建筑行为已经悄然转化为与建筑师个体的密切关联[9]。如 *Domus*（国际中文版）2010/9“女性建筑师”专题和《城市 环境 设计》2010/9“学院·派”专题等。

（2）明星建筑师的推手

杂志媒体对事件与个体的关注和专业批评对事件起到了巨大的鼓舞和推动作用。一批年轻建筑师在十年之前并没有太多的话语权，他们的声音不融于主流建筑文化圈。随着“何多苓工作室”“竹院宅”“衰变的穹顶”“易园”等作品在国际建筑与艺术展上的亮相，以及在《时代建筑》《建筑师》等覆盖面甚广的刊物上频频发表具有学术思想的文章和作品，使他们备受媒体的关注和追逐，开始产生国际影响并试图在建筑文化的世界格局中寻求自身的定位。在这一过程中，建筑杂志成为建筑师表达职业理想的有效媒介[8]。应该说，这一部分建筑师的“明星化”有助于提高建筑师的社会地位，有助于增强公众对建筑学的关注[8]。另外，建筑杂志的时效性也发生了转变，建筑杂志不仅报道“已完成”的设计，还作为一种向公众展示设计思想与理想的媒介，成为“将来发生”中的一部分[8]。

办刊变革

回顾十年，我们不难看出，在探索与求新的变革之后，技术的发展、观念的飞跃以及建筑产品的丰富拓展都推动着建筑杂志这种特殊专业媒体的前进和发展。不同的杂志都在探索一条适合自身的办刊之路，有很多成功的经验值得借鉴。

主体意识

中国建筑杂志逐步从被动的只接受自由投稿的编辑模式向围绕主题组稿的模式转变，编辑的主体意识在增强，杂志的思想性和引导性在提高。这种编辑模式对编辑团队在学术敏感性、专业洞察力和媒体运作提出更高的要求。

厚刊时代

许多建筑杂志一跃步入“厚刊时代”，如《时代建筑》《城市环境设计》的页码均超出 200 页。这不仅意味着信息量的扩充、实力的增强，也是期刊突显特色、构建品牌、增添后劲的需要。如果单纯盲目地追求庞大的形式就容易忽视杂志的学术标准和品质的建设。阅读者需要更深入的资讯和对建筑的解读，而不是庞杂泛滥的信息或简单粗糙的理论。

深度报道

“深度报道”概念的引入需要媒体的关注。这代表厚刊的内容报道不仅要整合多个侧面的内容，从不同的角度解析建筑事件背后的发展背景、理论渊源，还应该密切关联事态变化，这也是杂志资源实力和学术素质的重要体现。

读图时代

建筑的发展与印刷出版的技术进步和建筑图像的主题发展是相互映衬与激发的。建筑专业的特性决定了建筑表现在相当程度上对图像的依赖，在这一角度来看，建筑杂志的出版过程即是通过对图像的选择和剪辑，再把“未加工”的文字和图像变成特定的版面格式，并使文本、标题与图像并置从而阐述意义并产生价值。阅读者也不再满足于单纯的文字记录和粗糙的资料式图片，而是开始追求“真实”“现场”和“细部”的呈现[8]。建筑杂志时尚化的趋势更凸显了图像的视觉效果的重要性。然而，如何不被图像效果所欺骗成为另一个需要考虑的问题。《时代建筑》杂志推崇作品在报道之前的现场考察是应该遵守的原则。

资源整合

作为建筑专业杂志，其核心竞争力在于：由于长期的办刊积累形成的资源网络平台。这是杂志作为媒体区别于其他团体的最主要特征之一，也是建筑杂志办刊实力的重要体现。优秀的外部资源为杂志提供最新最广阔的学术与行业资源平台，同时也使杂志得以为读者提供更全面而深入的报道。

多元经营

建立以杂志为核心的多层次的媒体平台，如学术会议、展览、论坛、竞赛和图书出版等，这些都是资源最大化整合的最好方式。这不仅活跃了建筑市场，同时也提供了学界与业界交流的最佳平台，当然也为杂志带来更新鲜的灵感源泉。在这方面，*Domus*（国际中文版）、《建筑创作》《时代建筑》等杂志均有许多值得称道的经验。

办刊困局

体制制约

中国改革开放 30 年，经济领域成绩斐然，而文化体制改革严重滞后。2009 年，我国新闻出版体制的改革才开始提速，推进“经营性新闻出版单位”的转制和“公益性新闻出版单位”的体制改革。可以说，中国传媒业正处于大变局的前夜，建筑杂志界必然会受到不同程度的影响。迄今，已有少量期刊开始按照新的媒体方式和现代企业制度运作，并出现出版人的架构，如 *Domus*（国际中文版）等。《华中建筑》杂志社从 2010 年 8 月更名为“湖北华中建筑杂志有限责任公司”可能是最近的体制变迁。中国的体制改革都是自上而下的，可能没有唯一的理想模式，但思考和寻求自身有效的体制架构仍然是十分重要的。

趋同性倾向

中国建筑杂志在自我定位的独特性和差异性上不够明显，导致内容主题类同、栏目设置近似、报道对象撞车的现象较为普遍。这一方面是办刊主体——主办单位的相似性的缘故，也是杂志细分市场不足的原因，更是杂志编辑思想性缺失的反映。

现象论现象

中国建筑业发展迅猛、日新月异，但普遍显得浮躁平庸和急功近利。建筑杂志的潜在价值是毋庸置疑的，但值得思考的是建筑杂志只是为本已纷杂的乱象添加一堆图文垃圾，还是透过这些现象去挖掘深层和内在的联系？只是追求新奇和夸张的图文视觉效应，还是心平气和地去揭示形式背后的本意？只是为闹猛的事件添油加醋，还是能以独立的视角察言观色？只是满足于个人喜好的审美，还是更具社会意义和道德伦理的批判？

图像误读

由于图像传播信息的快速化和表象化的特征，导致越来越多的图像处理和版面设计追求新奇的角度和夸张的效果以获得猛烈的视觉冲击效应，这导致了杂志本身的学术修养和创作水平的浮躁化和平庸化。问题不在于文字和图像孰优孰劣，问题在于，当“读图”成为一种研究方式时，杂志与读者的注意力都容易停留在建筑图像的表象，这样不仅消磨了图的意义，我们还无形中消灭了以阅读文字为代表的思考，从而忽视了对建筑本体的精读与解读，这就很容易引发对建筑价值的误解。建筑产生的信息是非常丰富的，而杂志在传播关于这个建筑的内容的时候，图片所能传达的东西其实是非常有限的。视觉可以成为一种更有深度的思维方式，但是需要长期的发展和积累。建筑图纸作为表达和把握建筑信息的重要媒介和手段，作为建筑形式“最基本、最直接、最可靠的依据”，作为一个完整设计方案文档的重要部分，其所起的关键作用是现有的建筑照片无法企及的[8]。

办刊新思维

建筑学科一直在经历着发展和变化，建筑师的职业状况也有所改变，其任务和范围日趋复杂。同时，信息、技术与市场的全球化新发展对中国建筑杂志提出了更高更新的要求。传统的杂志媒介理应获得完全崭新的诠释。

品牌策略

杂志的核心竞争力的核心是品牌和办刊人。随着建筑杂志界竞争的日趋激烈，如何塑造自己的品牌并做好品牌营销，是办刊工作最重要的内容。杂志品牌的价值主要体现在品牌知名度、品牌忠诚度和品牌认知度等指标上，直接关系到杂志的生产、销售和声誉。

期刊细分

随着建筑杂志业的发展，正像国外媒体一样，中国建筑杂志已开始走细分市场路线，在现有狭缝中寻找自身的定位，如《建筑细部》《建筑教育》《照明设计》及正在创刊的《建筑遗产》等。从某种意义上讲，现代杂志不需要广泛的宽容，而需要不断回归到属于自己的那一方水土。明确定位所蕴含的实际上是一整套崭新的经营理念和模式的变革。

出版人制

期刊真正的掌门人应具备多次方的知识结构，他们应是建筑专业方面的专家、图文编辑方面的出版家、推广传播方面的媒体人、经营管理方面的企业家。出版人制由此应运而生。它所涉及的是期刊变革的根本问题，值得进一步研究和实践[10]。杂志主办部门也应该以开明、开放的心态来看待学术期刊，充分理解传媒的运作规律和手段，以增强建筑杂志在大媒体环境中的竞争力。

历史视野

对于专业的建筑期刊来说，面对当下中国建筑学界和业界的发展，更应该深入地思考并不断调整自身的定位，敏感于时代的进步。这要求杂志本身不仅要关注当下，更应该将自身置于历史的维度中考量自身的价值和作用，立足于更广的历史视野来推动中国当代建筑的理论建构。

独立批评家群体

在中国建筑界虽然不乏具有真知灼见的有识之士，然而普遍来看，仍然鲜有独立的批评家，也缺乏健全的体系和自由的土壤以支持其成长。他们职业身份不清，不是以大学教师就是以建筑师的身份跨界充当批评家，其后果是受圈内各自利益的牵制，有丧失独立批判性的危险。独立的批评家群体是一批具有批判性思想的自由撰稿人，而且以此为事业和谋生手段。他们具有独立的思想和敏锐的洞察力，敢于表达，是社会话语的先锋力量，作为活跃因子推动着中国建筑的发展。对于一个开放的学术体系来说，只有容许自由的批评声音存在，学科才有不断进步的可能。因此，对于独立社会批评家群体的扶植不仅是建筑学术理论界的责任，更是整个社会的责任。

国际影响力

对于中国建筑杂志来说，随着中国建筑地位的提高，如何增强国际话语权和影响力是一个重要的方面。总体而言，中国建筑杂志在国际舞台上的出镜率和关注度极小，在世界重要的大学建筑院校、建筑图书馆、建筑书店及事务所内难觅踪影，被国际学界检索的中国建筑杂志业极少。这不仅是语言的障碍，同时也是

表 1.

刊名	创刊时间	办刊单位	现任主编	刊期	备注
《建筑学报》	1954 年 6 月	中国建筑学会	周畅	月刊	
《建筑师》	1979 年 8 月 2004 年获得正式刊号	中国建筑工业出版社	黄居正	双月刊	
《世界建筑》	1980 年 10 月	清华大学建筑学院	王路	月刊	
《南方建筑》	1981 年 1 月	华南理工大学建筑学院 广东省土木建筑学会	何镜堂	双月刊	
《华中建筑》	1983 年 8 月	中南建筑设计院股份有限公司 湖北省土木建筑学会	张柏青	月刊	
《新建筑》	1983 年 10 月	华中科技大学	袁培煌	双月刊	
《时代建筑》	1984 年 11 月	同济大学建筑与城市规划学院	支文军	双月刊	
《世界建筑导报》	1985 年	世界建筑导报社，海外建筑信息出版集团	饶小军	双月刊	
《建筑创作》	1989 年	北京市建筑设计研究院	金磊	月刊	
《建筑技艺》 （原《建筑技术与设计》）	1994 年 5 月	亚太建设信息研究院 中国建筑设计研究院	魏星	月刊	
《建筑细部》	2003 年 12 月	大连理工大学	孔宇航，Cristian Schittish	双月刊	
《城市·环境·设计》	2004 年 5 月	辽宁科学技术出版社有限责任公司	彭礼孝	月刊	
《建筑实录》（美国）	2005 年	辽宁科学技术出版社	Robert Ivy　宋纯智	季刊	
《建筑与都市》（日本）	2005 年 1 月	华中科技大学出版社	孙学良	月刊	
Domus（国际中文版）	2005 年 3 月	长春出版集团	于冰	月刊	
《建筑素描 》	2005 年	文筑国际	马卫东	只出版 4 期	2006 年停刊
《域》（意大利）	2008 年				
《新建筑》（日本）	2010 年	大连理工大学	范悦	双月刊	
《A 住》（意大利）	2008 年	艺术与设计杂志社有限公司	Stefano Boeri		
《建筑教育》（美国）	2007 年	中国电力出版社		半年刊	
《建筑世界》（德国）	2007 年	Bauwelt		双月刊	2008 年停刊

中国建筑水准、全球化程度以及出版和经营理念多重因素制约的结果。如何以国际思维凸显中国特征，是中国建筑杂志拓展国际影响力的关键因素。《时代建筑》作为唯一一家被美国哥伦比亚大学《埃维利建筑期刊索引》（*Avery Index*，国际著名的建筑学文献索引两大系统之一）收录的中国期刊，近期组织了“西方学者论中国”的专刊（2010/4 期），并向世界主要的建筑机构免费发送，旨在扩大杂志的交流面和国际知名度。此外，*T+A (International)* 英文国际版也在考虑和筹划之中。

网络媒介

网络媒体的开拓使杂志得以更为便捷地传播信息，并提供了一个各方交流的平台，更及时地反馈各方观点和意见，扩大杂志的社会影响力。网络也提供了一条供应—销售的产业链，使杂志的流通环节更为顺畅，为读者带来更多便利。另外，与平面媒体相比，网络的最大优势是其优良的互动性和不受地域限制的可拓展性。如果充分利用这样的特性，杂志将在网络时代取得更大的发展。这当然不是将文字和图片简单地在网络上复制，而是在网上重构读者的新媒体体验，包括互动的服务和销售，从而扩大杂志品牌的影响力。

结语

建筑杂志其实没有理想的模式，对每一本杂志而言，只要清晰自己的定位、明白自身的优势、营销好自己的品牌并找到适合自己的办刊之路。从整体而言，建筑杂志需要继续保持对公众社会和城市建筑的热忱，鼓励中国建筑师的内在天赋，通过更多的媒介方式来激发建筑想象力，并创造新的经营方式，在新的范例中找到可持续发展的方法，最终走向建筑杂志业的可持续发展之路[8]。

参考文献

[1] 冯仕达 . 建筑期刊的文化作用 . 虞刚，范凌，李闵，译 . 时代建筑，2004 (2): 43–47.

[2] 罗小未，支文军 . 国际思维中的地域特征与地域特征中的国际化品质 . 时代建筑，2004 (2): 28–33.

[3] 柳亦春 . 从每期主题看《时代建筑》. 时代建筑，2004 (2): 38–39.

[4] 唐铭杰 .《时代建筑》2000–2003 年统计分析 . 时代建筑，2004(2): 34–37.

[5] 王方戟，于志远 . 故事中的《时代建筑》. 时代建筑，2004 (2): 40–42.

[6] 刘源 . 华南理工大学博士学位论文，中国（大陆地区）建筑期刊研究，2007(12).

[7] 李凌燕 . 从当代中国建筑期刊看当代中国建筑的发展 (同济大学工学硕士学位论文)，2007.

[8] 蒋妙菲 . 中国建筑杂志发展的回顾与探新 (同济大学建筑学硕士学位论文），2005.

[9] 秦蕾 . 当代中国实验性建筑展实录 . 时代建筑，2003(5): 44–47.

[10] 蒋妙菲 . 建筑杂志在中国 . 时代建筑，2004(2): 25–26.

图片来源

所用图片由各编辑部提供

原文版权信息

支文军，吴小康 . 中国建筑杂志的当代图景 (2000—2010). 城市建筑，2010(12): 18–22.

[吴小康：同济大学建筑与城市规划学院 2009 级硕士研究生]

45

大学出版的责任与意义

Responsibility and Imporance of University's Press

摘要　文章论述了同济大学出版社的定位、责任、意义及发展战略，同时回答了什么是大学出版 (what)，为什么要有大学出版 (why)，如何做好大学出版 (how) 等关键性问题。
关键词　大学　大学出版社　同济

大学传统形成了大学的修身及人文精神、学术自由及创新精神、直接为国家和社会进步服务的精神；而出版的基本属性是：意识形态属性、文化传承建构属性和商业属性。大学出版，是大学对出版的介入。大学与大学出版在文化传播属性上有所交叉，使得这种介入具有天然合理性，也有一定的矛盾性和不适应性。正是在实践中的碰撞、融合之下，形成大学出版精神——文化建设承担精神、求真与超越精神、打造特色品牌与企业经营服务精神。

同济大学出版社是同济大学最重要的学术和文化传播出版机构，是促进学科发展和孕育学术思想的基地，也是提升学术声誉和扩大社会影响力的重要窗口。为此，我们要对大学出版的定位、责任、意义及发展战略有充分的清晰认识，也就是要思考和回答什么是大学出版 (what)，为什么要有大学出版 (why)，如何做好大学出版 (how) 等关键性问题。

大学出版的定位与价值

大学作为重要的文化教育机构，它承担着“人才培养、科学研究、社会服务、文化传承与创新”等功能。大学从来就是促进探索和争鸣，激励新思想、新学术产生的文化高地，是拥有自由与独立、科学与人文、求实与创新的精神圣殿。理想的大学除了应该始终站在社会发展与历史前进的思想制高点，引导大众在崇高与卑微、文明与野蛮、前进与倒退之间做出明智的选择，通过“启蒙与复兴”，呼唤人类精神的繁荣与发展。

一流的大学应该要有一流的大学出版社。一方面，大学出版社是由大学出资创办的出版社，也是办在大学里的出版社。自诞生之日起，就具有与大学之间天然紧密的联系。所以说，大学出版社是大学的有机组成部分，是大学功能的延伸，其定位和目标恰恰是与大学所承担的使命和功能是一脉相承的。具体来讲，大学出版社就是要通过专业的出版服务放大这种功能，以反映思想文化创造和科学技术新成就为己任，以高质量的学术出版和专业出版为大学的学术研究、科技创新和人才培养服务，这是大学出版社所要承担的文化使命，也是大学出版社的立社之本。

另一方面，大学出版社作为大学重要的文化机构，生长于大学这片沃土，毗邻科学研究的最前沿，与专家、学者联系紧密。在吸收大学所赋予的得天独厚、取之不尽、用之不竭资源的同时，服务大学教学与科研、繁荣学术、弘扬大学精神也是大学出版社的特殊使命。同时，大学出版社与大学各机构间的紧密互动和其作为传媒的机构特性与运作方式，也使大学出版社成为大学扩大与提升自身影响力的最好窗口。

大学出版社作为一种传媒机构，其产业发展的实质是一种“影响力经济”。书籍出版仅是最基本的职能体现，其最大的价值在于媒体影响力带来的社会效应与经济价值。大学出版社影响力的凝聚、保持与提升与自身品牌的建立也是母体大学的影响力提升与品牌巩固的过程。

大学出版的发展思路

首先，大学出版社特色的形成是凝聚影响力最关键的因素。大学的学科背景与优势专业及科研成果都为大学出版社提供了具有识别性的丰富、便捷的资源。大学的品牌也代表了大学出版社的原始品牌，可使大学出版社在一开始就具有极高的品牌识别度，因此，所在大学的学科特色及品牌专业大都是出版社定位的重要依据。同时，大学出版社是大学优秀学术成果发布的重要平台，促使学术成果冲破大学围墙传播到社会，使大学的影响力进一步提升。

其次，要培养与巩固受众的忠诚度。影响力环节的发生并不是一次完成的，只有在与读者和作者的持续不断接触融合中才能使传媒的影响力真正发生，进而保持与提升大学出版影响力。这要求大学出版社更要注重出版的“学术品位”与所体现的“出版精神”。满足受众在“必读”“选读”“可读”等多个层级的诉求。大学出版的成果是大学学术特色与水准的体现。优势学科出版物中的权威性、创新性科研成果的出版及大批顶级学者的集群效应，容易在优势学科领域形成品牌效应，聚集受众信赖度，从而巩固“必读”层面受众的影响力。大学出版社所遵循的价值观，与其体现的人文精神、职业精神、创新精神也直接反映大学独有的品质及特征，是出版价值与大学精神共融的产物。“出版价值”的确立，可使“可读”层面受众在特色出版领域对大学出版社产生价值观上的认同、情感上的信任与忠实。另外，大学出版对优势学科资源的深度整合及对相关行业及领域的全面开发，则可使大学及其出版的影响力扩散至“选读”这一更广泛的层次中去，满足特色领域受众的个性化需求，占领重要市场的至高点，从而实现大学与出版影响力的大幅提升。

由此可见，大学出版影响力凝聚、保持与提升的过程，大学优势资源也在不断被整合、积聚、升华。大学出版的品牌会产生强烈的感召力和潜移默化的影响，形成深具内蕴的巨大力量。大学出版社与大学之间也不仅仅是简单的从属关系，而是话语上、精神上的双重契合，是两个品牌影响力的相互借力、共同提升的过程。

同济出版的品牌与特色

同济大学作为国内一流的著名高校，在创建“综合性、研究型、国际化知名高水平大学”的整体框架下，学科设置涵盖工学、理学、管理学、医学、经济学、文学、法学、哲学、教育学 9 大门类，并拥有城市规划、建筑、土木工程等全国甚至世界一流的优势学科专业。因此，同济出版需立足学校资源，走有“同济特色”的专业化出版道路，以“工程基础、科学精神、人文素养、国际视野”的同济特质为价值导向，以“城市 + 建筑”为品牌出版板块，以“理工医学”“基础学科”“人文艺术”“德语与欧洲文化”为四大特色出版板块，品牌出版板块与四大特色板块互相依存，互为补充，共同构建同济大学完整的学科出版产品线，推动同济大学的学科建设和学术传播。

同济出版应依托同济大学百年名校的学科和人才优势，坚持大学出版为大学教学、科学研究及文化传承创新服务，坚持高水准的教材与原创性学术著作出版，强化专业化和学术性的出版功能，以图书出版为主业，逐步提升出版传媒的现代功能，从优秀的内容加工者提升为专业化的出版内容和服务的提供者，进而建立并整合成具有同济品牌效应的文化出版传媒平台，借助现代传媒的丰富性，通过立体化出版优秀的教材及学术专著、举办学术会议、新书发布会、读书评论、专题展览、论坛等活动，为同济大学校园文化建设服务，提高同济大学学术地位和专业知名度，展现同济大学在科学研究、知识传播和服务社会方面的卓越贡献。

同济出版应立足同济大学的优势学科背景，发挥顶尖专业学者群人才优势，对学科资源进行有效的整合与利用，以形成自己的出版特色，并反过来对学科的建设起到推动作用。与此同时，关注在服务教学、服务科研、服务职业发展、服务社会的大众等不同层面上对于内容定位的不同。注重出版的“学术品位”，保持出版内容的学术权威性，保持和扩大同济优势学科学术领先地位，使受众在特色出版领域对同济品牌产生价值上的认同、情感上的信任和忠实。并通过定制化的生产模式，选择特色市场中最具有行动力的人群，满足特色领域受众的个性化需要，以一流的专业出版，塑造“同济”视角，提升“同济”专业学术品牌，弘扬“同济”文化价值，彰显“同济”影响力，为同济大学的全面发展作出积极的贡献！

大学出版，在本质上是一种文化责任，它需要商业的智慧，更需要文化的坚守。

原文版权信息

支文军．大学出版的责任与意义．同济报，2012-12-30.

[作者时任同济大学出版社社长]

《时代建筑》办刊之道：支文军主编访谈

A Way of How to Operate *Time + Architecture*: Interview with Zhi Wenjun

摘要　通过采访探讨了《时代建筑》在过去近 30 年的办刊理念、定位和特色，并对当下学术期刊需要关注的核心问题，如选题、影响力、新媒体、国际竞争、企业合作、期刊运营等提出了应对的策略和思考。
关键词　时代建筑　建筑　期刊　定位　影响力

UF：《时代建筑》创刊于 1984 年，可谓中国建筑杂志的先驱。一路走来到如今，成功践行着办刊的初衷，在建筑学术研究和传播交流的领域都发挥着很重要的作用。那么回顾这 26 年，是怎样一个最为核心的理念贯穿在其中指引着实践？

支文军：大学从来就是促进探索和争鸣，激励新思想、新学术产生的文化高地，是拥有自由与独立、求实与创新的精神圣殿。《时代建筑》作为一本大学创办的杂志，与生俱来具有一种与大学精神相吻合的探求真理的办刊理想，其宗旨是推进建筑学科的发展、促进学术研究和传播交流。

在经过一段办刊实践后，《时代建筑》在 2000 年提出“中国命题、世界眼光”的办刊定位，关注当代中国城市与建筑的最新发展。近 10 多年来的约 80 个主题型专刊，以当代中国建筑的现实问题作为研究和报道的核心内容，体现了强烈的“当代”特征和“中国”特征。《时代建筑》作为大学建筑学院主办的杂志，体现出学术性和专业性的双重特性。其缘由主要是建筑学专业既具有学科性特征，又具有专业性的特征。《时代建筑》一直强调“学术性＋专业性”的双重特征，试图在学界和业界之间架起沟通的桥梁。

UF：您刚刚谈到《时代建筑》所关注的焦点是当代和中国，请您具体谈谈当代中国的建筑这一关注点在杂志主题内容上是如何体现的？

支文军：当代中国正在发生急剧的变化，特别是城乡建设领域尤其明显。《时代建筑》选择当代中国建筑作为关注和研究的对象，是时代的必然。“当代”的含义具有复杂性，因为它是正在展开的、尚没有被历史充分认定和研究的经验与现象。《时代建筑》的报道主题往往是正在发生的事情，一方面充斥着大量茫然的现象和鲜活的素材，另一方面缺乏学界和业界充分的认识和研究。在这样的大背景下，《时代建筑》通过一期期围绕主题组织的学术研究论文，以每期 100 页左右的篇幅，从不同的视角，在思想的深度、视野的广度和传播的力度等方面，推动中国建筑学科的发展。

自改革开放以来，中国逐步成为全球的建筑实践中心和基地，城乡建设日新月异。中国建筑也存在众多问题，有待建筑界不断反省、总结与提高。《时代建筑》聚焦中国，每期主题均以“中国命题”为切入点，以当代中国建筑最为迫切的现实问题作为研究和报道的核心内容。而且，我们注重用世界的眼光来探索中国命题，强调国际思维中的地域特征，以超越自我的视角来剖析自己。

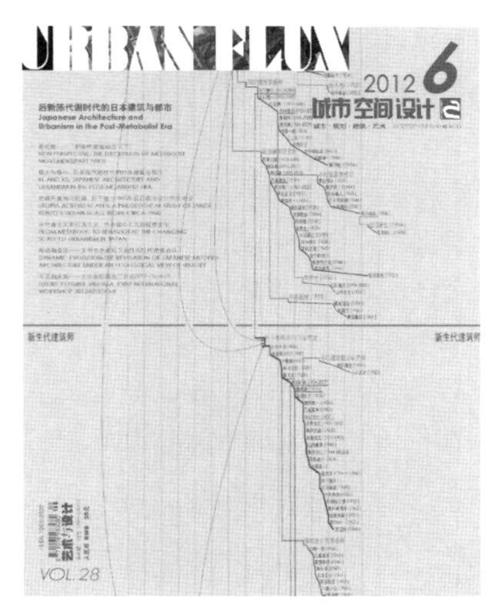

图 1.《城市 空间 设计》封面

UF：除了杂志主题内容外，《时代建筑》如何在建筑业界施展影响力？

支文军：《时代建筑》主题内容的探讨使其在学界有良好的声誉，而“作品 + 建筑师 + 机构”三位一体的推介扩大了其在业界的影响力。

《时代建筑》一贯对作品保持关注，特别是对前卫设计作品，无论是由作品引发的专题，还是主题引申的作品研究，新建筑作品始终是报道的焦点。通过对作品批判性的深层剖析，来阐明《时代建筑》的立场，深化作品的意义。

《时代建筑》一直关注年轻建筑师的成长，重点推介和介绍了一批充满活力与创新精神的青年建筑师及其作品。这一代年青建筑师在实践中提高，具备丰实的建筑体验和不同的教育背景，从作品中可以看出他们的追求和独立的思考，他们的成熟会是中国走向世界的过程中关键的一步。中国第四代建筑师早已成为建筑设计界的主力军，而第五代建筑师也正在涌现。

伴随着中国经济的高速发展与城市建设的增长，国内建筑设计业也开始了强劲的成长。行业的发展与积累、市场的巨大需求，为设计机构打开了广阔的发展通道和空间。同时，整个建筑设计行业的管理体制、机制也都相应地在迅速变革，设计机构也在分分合合中演变和发展。

当代中国建筑实践是无法与当下建筑师的职业体制分离开来的，事实上这也是中国建筑实践背景中最为重要的一环。《时代建筑》从市场经济发展需要体制相应变化的角度，来探讨中国建筑师职业体制变化的必然性，以揭示职业体制变化的必要性。

UF：建筑课题的时代性与深入性有时会是一对矛盾，怎样鉴别“时代”与“时尚”？怎样来对这二者进行平衡？

支文军：《时代建筑》的办刊特色是时代性、前瞻性以及批判性的统一。时代性主要体现在如何反映当下、讨论当下继而影响当下，与时代的脉动相呼应。然而仅仅具有时代性还不够，反映当下有时是被动的，所以同时还要具备前瞻性，也就是说杂志不仅要充分反映各阶段建筑发展之现实，而且应走在时代前沿，起到前瞻引导性作用。此外，作为一本学术杂志，《时代建筑》同时要具有批判的精神，当下急速的建筑实践需要一个批判的和自省的观察者和描绘者，杂志需要体现自己的观点，展示自己的思考，而这些工作更多往往是编辑思想性的体现。“时尚”的表象是流行，但越时尚意味着越短暂。当代建筑具有时尚特征，但追求时尚性是不够的，只有更具时代内涵的建筑才符合建筑的本质。

UF：依托于大学的平台是《时代建筑》办刊的一大特色和优势，但同时是否会带来视角的局限性，甚至会有被归为“派系性”的问题？

支文军：作为上海同济大学建筑城规学院主办的杂

志，《时代建筑》具有很多优势资源：同济大学建筑城规学院是全国最大的一流建筑学院，是目前国内同类院校中专业设置齐全、具有广泛国际影响力的规划建筑设计教育与研究机构，为杂志的发展提供了深厚又广博的学科资源。同济大学拥有的学界资源和建筑学科人才，是杂志保持学术水准的重要支撑。同时，上海是中国最大的经济中心和贸易港口。上海的繁荣与开放体现着国际大都市的开阔前景，是现代化、国际化、时尚化的标本。这样的城市背景使《时代建筑》能够以一种国际化的开放视野关注中国当代建筑的发展，并且能够在一个较高的高度讨论中国城市与建筑发展的所面临的问题。这些资源可供我们充分挖掘和发挥。

但是上述条件仅仅是办刊资源优势，由于《时代建筑》的办刊定位和核心内容是“当代中国”，这要求编辑要超越同济或上海的派别和地域局限，以中国的高度来审视和组织每一期内容，体现中国的整体水平。事实上，我们在主观要求上是希望这样做的。杂志所在的地域性特征也是显而易见的。

UF：作为大学的期刊，如何获得企业的支持？

支文军：大学和企业是互补和互动的，这也促进了《时代建筑》利用好两方面资源的互补模式：大学是思想的源泉、人才培养的摇篮、可以畅想的乐园；企业是联系社会的纽带、设计实践的基地、创新的前沿。

UF：具体说来，杂志内容的甄选是其最为核心的工作。《时代建筑》是通过怎样具体的方式来选择每一期的主题，以保证其把握住时代的脉搏？

支文军：基于刚才提到的杂志定位，《时代建筑》的选题策划一直以当代中国建筑的现实问题作为研究和报道的核心内容，力求体现国际思维中的本土特征，讨论的范围和内容是建立在国际化的语境中的。杂志的主题内容很大程度上是杂志思想性和敏感性的体现，其实，杂志的核心竞争力取决于其思想性，这包括其对当代中国建筑的理解和理论的把握，在了解世界建筑发展动态的前提下，杂志主题不仅体现中国建筑发展的现实问题，而且要走在建筑发展的前沿，起到引导性作用。中国城市每时每刻都在发生事件，速变是其最明显的特征。杂志要敏感于周边的变化，挖掘其深层的意义和价值。《时代建筑》的主题类型是多层面、多视角的研究。城市与建筑是复杂的，特别是在快速多变的中国。我们有近距离微观的主题探讨，但更多的是以中国为界定范围的宏观层面的主题。不同视角的主题体现杂志看待问题的独特性，把看似无关的问题通过主题串联起来，创造一个独到的话语关联。

此外，主题下的组稿模式也是杂志品质保证的关键，这包括内容和作者两方面导向的组稿工作。在选择内容时围绕主题来进行稿件组织，每篇文章力求观点鲜明和自圆其说，提倡百家争鸣。学者和专家是我们潜在的作者，这些作者应对我们的主题及稿件要求的领域已有相应的研究（70% 左右），并针对杂志组稿完成进一步的研究和撰稿。因此，所有的发表文章既是有深厚积累的，又是原创唯一的。稿件需要围绕主题组织一批有高质量的研究论文，体现杂志的思想深度，并以约 100 页的篇幅进行全面的学术探讨，体现视野的广度。这样的组稿方式，要求编辑围绕“主题”在世界范围内高瞻远瞩地策划和积极地组稿，每一过程都需要编辑积极的态度作为保证。并以杂志的整体取向和价值标准为根本，编辑需要不厌其烦地与作者沟通和讨论，才能完成符合要求的稿件，而且编辑的工作又要不露声色。

UF：是否有怎样的反馈机制，使得杂志与读者间能够有很好的互动？《时代建筑》定位自身更多是一种导向性的作用，还是偏向于对读者口味的满足？

支文军：一本成功的学术杂志，往往是在建立一个学术高地，不仅仅是反映现实，其作用更多的是在学界引领方向，为行业树立标杆。这与《时代建筑》时代性、前瞻性及批判性的办刊特点是密不可分的。

同时，关注当下的办刊定位和姿态，使杂志主题内容与读者的关注度具有尽可能多的契合点，也是我们选题的主要出发点。

UF：如今所处的是一个巨变的时代，《时代建筑》会面对很多新的挑战。一方面来自传媒的多样性及信息爆炸，读者有了更多的方式来获取更多的信息，纸质媒介甚至面临着消亡。在这样的情况下，《时代建筑》有怎样的应对策略?

支文军：这正是《时代建筑》发展到这一阶段面临的主要问题之一。目前我们的网络手段还比较欠缺，网络版、电子版做得不够好，杂志的价值更多地体现在了纸质印刷上。《时代建筑》未来的发展方向是要进一步从平面媒介向互联网开拓，探索传统视野下的建筑意义，拓展网络媒体。

UF：同时随着市场的开放，外刊不断进入，国内同类新刊物也在不断出现，这些状况会对《时代建筑》造成怎样的影响?《时代建筑》又是怎样定位自身在市场中的位置?

支文军：新刊的创立和外刊的进入，对现有老刊肯定会加剧竞争态势，对《时代建筑》也不例外。对新刊而言，是否能持续地做好每一期杂志并建立自己的品牌效应，有待时间的检验。对于外刊，他们往往以中文版形式出现，其共同点是大部分以书代刊，立足国际杂志的高端平台，以原版译本为主并加入部分本土化内容。它们面临的共同挑战是如何使国际资讯与中国现实完美结合。建筑杂志其实没有理想的模式，对每一本杂志而言，只要清晰自己的定位、明白自身的优势、细分自己的市场、营销好自己的品牌并坚持适合自己的办刊之路即可。

UF：中国在世界建筑界的位置发生着改变，中国正在成为全世界建筑师的舞台。《时代建筑》有没有就此考虑过受众和方向性的一些调整，向更加国际化的方向转型?

支文军：现阶段《时代建筑》的国际影响力还很薄弱。我们的内容关注中国当代，完全有走向世界的潜力和可能性，但现在主要是受语言的限制。我们正在考虑推出英文版电子杂志，计划每年一期或者两期，只要我们的内容足够好，随着英文版的推出势必会扩大杂志的国际影响力，以此再进一步拓展我们的国际发行渠道。

此外，《时代建筑》是一本具有学术性和专业性双重特征的杂志，受到专业领域的影响，在大众传播这一领域存在缺失，但是城市建筑和发展的决策者往往不一定局限在专业领域而更多是社会层面。因此我们考虑是不是有可能做一份报纸，把学术的内容转化为大众阅读，使杂志走向更为广泛的社会领域。

UF：我们所处的社会文化氛围发生着变化，这是一个多元、混搭、跨界在不断呈现的时代。在这样的背景下，《时代建筑》会以怎样的方式来进行顺应或是调整?

支文军：转制的不确定性是《时代建筑》面临的最复杂的问题。针对这个问题同济大学校长主持组织过一次会议，会议召集了出版社、科研处、学报等部门。目前同济大学主办着 17 本杂志，它们分别散落在各个学院，并没有统一管理。随着新的文件的出台，编辑部的体制不能保留下去。这一定会给《时代建筑》杂志带来巨大的影响。这次与会的一些杂志已经过转制，这对我们来说就是一次很好的交流学习的机会。具体到怎样整合是很复杂的事情，有待主管部门具体的实施方案出台。

我的身份比较复杂多样，既是大学老师，又是注册建筑师，同时又是主编和出版人，其核心工作内容是建筑传媒。因此，我未来的工作重心就是完成从建筑杂志到建筑出版传媒中心的转变。

UF：您认为当下最为亟待解决的问题来自哪里?

支文军：依然是可能的转制会对杂志的人才、结构、定位、经营等方方面面带来负面的影响，虽然不排除某些正面的作用。如暂不考虑未定因素，从整体而言，建筑杂志需要继续保持对公众社会和城市建筑的热忱，鼓励中国建筑师的内在天赋，通过更多的媒介方式来激发建筑想象力，并创造新的经营方式，在新的范例中找到可持续发展的方法，最终走向建筑杂志业的可持续发展之路。

原文版权信息

编辑 .《时代建筑》办刊之道 : 支文军主编采访 .《城市 空间 设计》，2012(6): 129–131.

47

固本拓新：对《时代建筑》的思考

Expansion from a Consolidated Base: Reflections on Three Decades of *Time + Architecture*

摘要 《时代建筑》杂志自创刊 30 年以来，始终记录并参与中国建筑的当代叙事。《时代建筑》聚焦当代中国，以批判性的媒体内核、多层次多角度的选题策略、高水准的学术品质、多元的传媒平台与当代中国建筑形成了良性互动，推动了当代中国建筑学科的繁荣与发展。文章对《时代建筑》30 年历程进行总结和剖析，并勾画未来发展的新视野。

关键词 《时代建筑》 当代 中国建筑 互动 杂志

前言

建筑媒体对中国当代建筑的塑形，表现为强大的文化整合力量。建筑媒体始终聚焦中国城市与建筑的剧变，不断植入社会文化机体之中，罗列社会发展过程中的建筑城市动态，扮演建筑学科知识与信息传播先行者的角色。更重要的是，建筑媒体视角与内容选择所承载的是专业媒体对于建筑、对于社会的思考和以此提高整个社会对建筑、城市的认知程度的迫切期望。这种公共认知在建筑媒体释放出的巨大话语能量中，成为推动社会参与度以及文明发达程度的重要引擎。

关注中国建筑的当代叙事，最好的途径是借助建筑媒体。如果说当代伊始，其二者是在彼此互动、相互影响中共同推动了中国建筑的发展，那么在全媒体时代的今天，它们已经如同鱼水，难分彼此。当下，高速发展的媒体以层出不穷的新方式，深入每个细微之处，改变甚至直接生成建筑赖以发生的语境与存在的方式。这种密切的关联也督促我们重新去理解和审视建筑期刊这一建筑媒体的意义。

中国建筑期刊与当代建筑同时产生，它完整见证了中国当代建筑发展的全景，报道并参与当代建筑的发展，以媒体强大的整合能力对实践提问，对节点与事件进行追踪，甚至直接形成建筑事件；它通过自身的观点与价值取向传播建筑观念，通过对学术的记载、梳理和传承，对新理念核心技术的呈现，以及多元化思想平台的搭建，在一定程度上确立了专业的关注区域与核心话语；它关注职业培养，为建筑师提供自我认同的平台，保持建筑行业与职业的可贵差异性。这些都使其成为最主要也最重要的建筑媒体形式，具有不可替代的作用。

时代建筑与当代中国建筑的互动

作为当代中国最早一批创建的专业期刊，《时代建筑》已走过 30 载，至今已出版 140 期。《时代建筑》旨在创建以当代中国建筑为地域特征的、具有国际化品质的杂志，特别是 21 世纪以来，伴随国家日益发展的城乡建设，《时代建筑》与当代中国建筑形成良性互动，推动了当代中国建筑学科的繁荣与发展。通过对《时代建筑》核心特质的梳理，可以深刻理解建筑

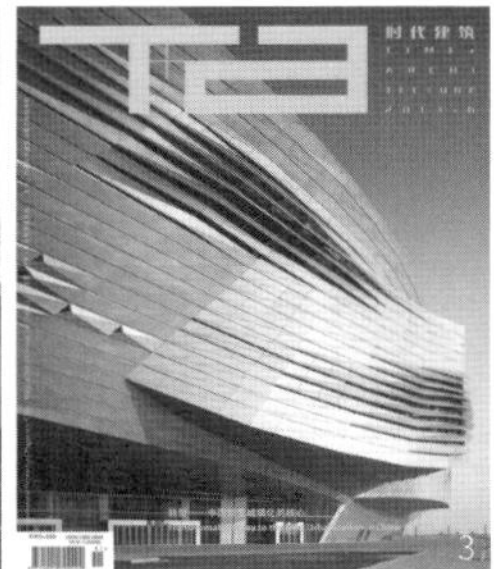

图 1.《时代建筑》2001 年 3 期
图 2.《时代建筑》2010 年 4 期
图 3.《时代建筑》2013 年 6 期
图 4.《时代建筑》2002 年 1 期
图 5.《时代建筑》2011 年 3 期
图 6—图 8. 50、60、70 年代生建筑师专刊
图 9.《时代建筑》2001 年 1 期
图 10.《时代建筑》2007 年 2 期

专业期刊的重要作用，这有助于在全媒体时代的洪流中找到前行的方向。

学术性与专业性的双重特性

建筑专业期刊的媒体特征首先是由其专业属性决定的。建筑学专业既有学科的特征，又具有专业的特征。作为学科，它有完整的知识体系和理论框架；作为专业，其主要目标是培养职业建筑师，包含了系统的专业知识和实践技能。由此，《时代建筑》一直强调“学术性＋专业性”的双重特性，从两个方面介入，并力求在学界和业界之间架起沟通的桥梁。

作为一本学术杂志，《时代建筑》需要在敏锐捕捉学术新动向的同时保持学术高度，更要有批判的精神，以担当起对当下急速展开的建筑实践进行批判和自省的观察者、描绘者和评论者的角色。《时代建筑》敢于表达自己的观点，展现自己的思考，不被所谓“时尚”束缚，致力于发掘和守护建筑的本质。这种具有学术高度的鲜明的批判性特质是其可贵的品质。这点也正符合了《时代建筑》作为一本大学主办的杂志，与生俱来就有的一种与大学精神相吻合的探求真理的办刊理想。

作为一本专业杂志，《时代建筑》需要与时代的脉动相呼应，反映当下的前沿实践与专业动向及职业特征，讨论当下继而影响当下。然而仅仅具有时代性还不够，反映当下有时是被动的，因而还应具备前瞻性，也就是说杂志不仅要充分反映各阶段建筑发展之现实，还应走在时代前沿，起到引领作用。

聚焦“当代＋中国”的办刊定位

作为媒体，首先应是时代变迁最敏锐的观察者与

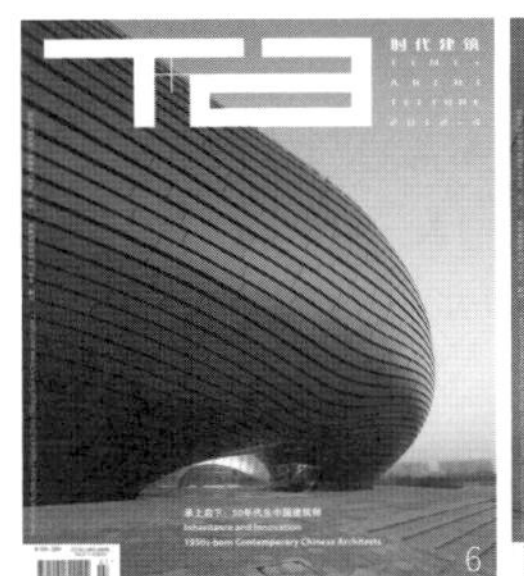

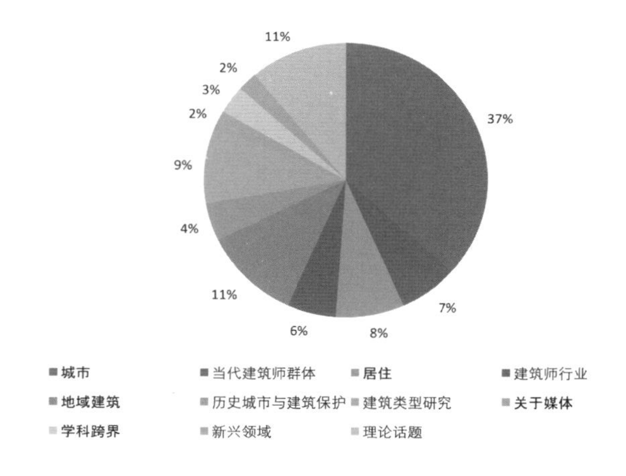

表 1.《时代建筑》30 年主题内容统计

记录者，在纷繁的时代图景之下找到新的脉络与话题，进而形成时代的特征性描述。当代中国正在发生急剧的变化，城乡建设领域尤其明显。我们将视野聚焦于“当代”和“中国”，选择当代中国建筑作为关注和研究的对象，这是基于敏锐神经之下的时代必然。

“当代”的含义十分复杂，因为它是正在展开的、尚没有被充分研究和认定的经验与现象。目前，中国社会一方面充斥着许多茫然的现象和鲜活的素材，另一方面缺乏学界和业界充分的认识和研究。在这样的大背景下，《时代建筑》的主题往往是正在发生的事情，通过围绕一期期主题组织的学术研究论文，从不同的视角，在思想的深度、视野的广度和传播的力度等方面，对当代中国建筑进行诠释。

聚焦“中国”，是力求在国际化的语境中体现杂志的地域特征。自改革开放以来，中国逐步成为全球的建筑实践中心和基地，城乡建设日新月异。当代中国建筑具有如“大规模”“高速度”“突变性”等特质的同时也存在诸多问题，这些都有待人们思考与反省。《时代建筑》，每期主题均以“中国命题”为切入点，以当代中国建筑最为迫切的现实问题作为研究和报道的核心内容，强调国际思维中的地域特征。

根植于中国当代的选题策划

杂志的核心竞争力取决于其思想性和敏感性，体现在杂志编辑对当代中国建筑的理解和对理论的把握。基于杂志的定位，《时代建筑》选题策划一直以当代中国建筑的现实问题作为研究和报道的核心内容。城市与建筑是复杂的，中国城市每时每刻都在发生事件，速变是其最明显的特征。我们要对周边的变化保持敏感，挖掘其深层的意义和价值，以多层面、多视角的主题内容来反映当代中国的建筑现实。在过去十几年的主题选择上，有近距离微观的主题探讨，但更多的是以中国为视域的宏观层面的主题（表 1）。

从《时代建筑》2000 年后的主题内容统计来看，“城市”“居住”“建筑师群体与作品”与“行业”是杂志比较关注的内容，形成了我们第一层级的城市与建筑叙事脉络。其中“城市”的讨论最多，共 20 期，这也正迎合了“城市化”这一 21 世纪中国最大的现实题材。以“城市”类主题为例，在这一宏观层面的主题下，城市的讨论经历了从设计到策略、从现状到未来、从整体描述到具体深入的渐进过程（表 2）。比如我们有对“21 世纪的城市”（2001 年第 3 期，图 1）、“西方学者论中国：作为核心理论问题的中国城市化和城市建筑”（2010 年第 4 期，图 2）、“转型——中国新型城市化的核心”（2013 年第 6 期，图 3）这样的宏观层面的城市命题，讨论中国城市的总体特征。对城市的讨论深入“城市景观”（2002 年第 1 期，图 4）、“超限——还中国城市与建筑的极端现象”（2011 年第 3 期，图 5）等这样的中观共性特征的探讨，进而还有对北京、上海、广州、深圳、天津、重庆等城市个例的深入报道与研究。对“建筑”与“居住”（表3）问题的讨论也是在与“城市”的关联之中，以同样的逻辑进行组织报道。《时代建筑》以不同视角的主题体现杂志看待问题的独特性，把不同阶层、角度出发的问题通过主题串联起来，建立独到的话语关联，以此确立起多层次多角度展现与探讨中国当代城市与建筑发展的实际脉络。

以主题为导向的组稿模式

一本成功的学术杂志，不仅要反映现实，更重要的是敏感于国内外学术发展，引领学科方向，建立学术高地，为学科建设与理论发展做出贡献。《时代建筑》在学界享有良好的学术影响，根本原因在于主题文章持续的学术影响和贡献。对学术杂志的价值认同决定了较多关注内容本身的学术质量，而较少顾及论文被引用率之类的指标。多年的统计数据显示，《时代建筑》的影响因子长期保持在较高水平，在同类建筑期刊中仅次于《建筑学报》（表4—表6）。

“主题下的组稿模式”，即论文和作者“双向度”组稿是杂志学术高度与品质保证的关键。对于主题组稿，我们注重每期主题文章的结构关系和整体关系，这要求编辑围绕主题组织一批高质量的研究论文，以体现杂志的主题意图和思想深度。一方面我们精选相关的主题文章；另一方面，也是更重要的，是选择有学术研究能力和学术积累的相关作者，推动他们在已有研究的基础上，针对杂志组稿要求完成进一步的研究和撰稿。这样的组稿方式以杂志的整体趋向和价值标准为导向，要求编辑充分了解国内外建筑界的学术进展和作者资源，围绕各期主题在世界范围内积极策划和组稿。

表2. 2003—2012年《时代建筑》发文统计（来源：万方数据）

发文统计（2003-2012 发文统计：《时代建筑》发文量；建筑科学刊均发文量）

年份	《时代建筑》发文量	建筑科学刊均发文量	建筑科学(种)	建筑科学(名)	全部统计源期刊(种)	全部统计源期刊(名)
2003	97	173	65	52	3898	2718
2004	137	218	81	42	4263	2130
2005	143	212	134	79	6009	3057
2006	146	230	136	80	6126	3190
2007	143	296	138	94	6173	3474
2008	118	297	139	112	6187	4228
2009	176	315	133	83	6064	2809
2010	180	310	140	85	6193	2916
2011	189	307	143	87	6218	2715
2012	161	373	141	100	6159	3192

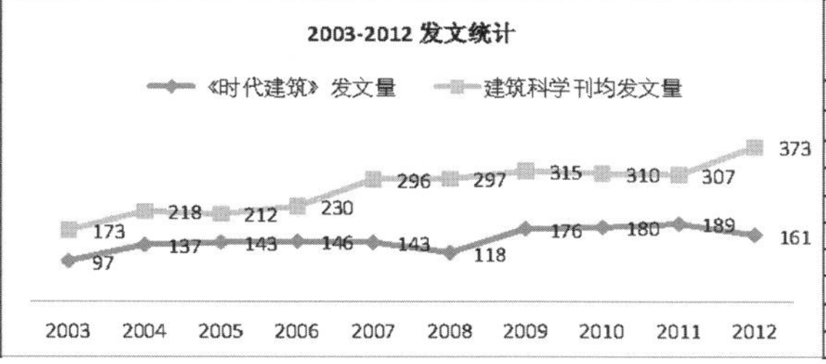

总被引频次（2003-2012 总被引频次：《时代建筑》被引频次；建筑科学刊均被引频次）

年份	《时代建筑》被引频次	建筑科学刊均被引频次	建筑科学(种)	建筑科学(名)	全部统计源期刊(种)	全部统计源期刊(名)
2003	98	287	65	39	3898	2409
2004	197	326	81	34	4263	1952
2005	190	274	134	44	6009	2638
2006	285	345	136	41	6126	2473
2007	342	456	138	43	6173	2588
2008	366	545	139	50	6187	2811
2009	434	644	133	49	6064	2722
2010	460	736	140	61	6193	3002
2011	414	761	143	67	6218	3387
2012	510	861	141	62	6159	3188

影响因子（2003-2012 影响因子：《时代建筑》影响因子；建筑科学刊均影响因子）

年份	《时代建筑》影响因子	建筑科学刊均影响因子	建筑科学(种)	建筑科学(名)	全部统计源期刊(种)	全部统计源期刊(名)
2003	0.36	0.312	65	21	3898	1132
2004	0.509	0.278	81	14	4263	844
2005	0.157	0.243	134	50	6009	3360
2006	0.282	0.231	136	37	6126	2701
2007	0.363	0.264	138	31	6173	2393
2008	0.336	0.273	139	34	6187	2646
2009	0.253	0.253	133	43	6064	3401
2010	0.251	0.324	140	57	6193	3997
2011	0.295	0.292	143	41	6218	3341
2012	0.258	0.33	141	59	6159	4070

表3.《时代建筑》30年城市主题统计

《时代建筑》30年城市主题	
主题内容	**期数**
二十一世纪的城市	2001(3)
城市景观	2002(1)
北京 上海 广州	2002(3)
小城镇规划与建筑	2002(4)
变化中的城市：上海与柏林	2004(3)
当代西部城市与建筑	2006(4)
新城市空间	2007(1)
中国东北部城市与建筑的对策	2007(6)
大事件与城市建筑	2008(4)
上海的城市与建筑未来	2009(6)
西方学者论中国：作为核心理论问题的中国城市化和城市建筑	2010(4)
天津的城市未来	2010(5)
创意城市与建筑	2010(6)
上海世博会思考与后事件城市研究	2011(1)
超限——中国城市与建筑的极端现象	2011(3)
中国新型城镇化之路	2013(6)
深圳：一个可以作为当代世界文化遗产的速生城市	2014(4)

表6.《时代建筑》30年居住主题统计

《时代建筑》30年居住主题	
主题内容	**期数**
新时代住宅	2001(2)
个性化居住	2002(6)
室内与空间	2003(6)
居住改变中国	2004(5)
中国式住宅的现代策略	2006(3)
社区营造	2009(2)
中国式的社会住宅	2011(4)
中国老年人居住和养老设施研究	2012(6)

表4.《时代建筑》30年设计机构及行业研究主题统计

《时代建筑》30年设计机构及行业研究主题	
主题内容	**期数**
当代中国建筑设计事务所	2001(1)
从工作室到事务所	2003(3)
对策：中国大型建筑设计院	2004(1)
中国建筑师的职业化现实	2007(2)
中国当代建筑新观察	2002(5)

表5.《时代建筑》30年建筑师群体主题统计

《时代建筑》30年建筑师群体主题	
主题内容	**期数**
中国年轻一代的建筑实践	2005(6)
观念与实践：中国年轻建筑师的设计探索	2011(2)
当代中国实验性建筑	2000(2)
实验与先锋	2003(5)
海归建筑师在当代中国的实践	2004(4)
过程：从设计构思到建成	2005(3)
中国建筑师在境外的当代实践	2010(1)
为中国而设计：境外建筑师的实践	2005(1)
承上启下：50年代生中国建筑师	2012(4)
边走边唱：60年代生中国建筑师	2013(1)
海阔天空：70年代生中国建筑师	2013(4)

其次，历史与理论专栏的深耕细作与学术研讨会的定期举办是另外一个关键举措。该专栏中先后刊登了《批判性建筑——在文化和形式之间》[1]《实践拒绝计划》[2]《建筑教育中的伦理和诗意》[3]等多篇重要的理论文章，并多次举办学术研讨会，对中国当代的热点理论问题进行探讨。如 2008 年杂志社主办了“现象学与建筑”研讨会，并在 2008 年的第 6 期出版《建筑与现象学》专刊。这是在中国内地第一次举行有关建筑现象学的专题讨论会。2011 年举办第一届“《时代建筑》理论系列论坛”国际研讨会——“建造诗学：建构理论的翻译与扩展讨论”，与学术界共同讨论建构与中国建筑发展的关系。这些研讨极大地聚焦了相关学术问题的讨论，成为具有重要意义的学术事件。

关注前沿与创新的价值取向

杂志的价值与可读性，很大程度上取决于其内容的独特性。《时代建筑》的独特性源于对前沿现象的敏锐与媒体解读视角的创新，这得益于上海的地域特质，“海派文化”兼容并蓄的熏陶赋予我们开放的眼光与包容的气质，同时高水准的编辑团队与植根深远的学术脉络，以及深厚的学术积淀促使杂志坚持独创性批判视角，进而呈现出融合多元、新锐进取的媒体风格。

早在 2000 年，《时代建筑》即以“当代中国实验建筑”为题，敏锐地将“实验建筑”这场民间叙事拉入当代建筑的排演进程。随后杂志接连对“实验建筑”及建筑师的追踪与关注引起多方共鸣，在充实中国当代建筑话题的同时也凸显了《时代建筑》“追求建筑的个性化、原创性，倡导一种前卫和先锋精神的创作”[4]的内容导向。之后，对中国建筑师职业与行业的逐点式研究、中国建筑师群体的“代际”视角的切入等主题报道，以强烈鲜明的媒体话语强化着《时代建筑》关注前沿、倡导创新的先锋媒体特质。

树立行业标杆的尝试

《时代建筑》主题内容的学术质量使其在学界享有良好的声誉，而“作品 + 建筑师 + 机构”三位一体的专业内容也扩大了其在业界的影响力。

无论何时，建成作品始终是建筑师的终极目标所在。《时代建筑》一贯对作品保持关注，特别是对先锋设计作品。通过对作品批判性地深层剖析，阐明《时代建筑》的立场，深化作品的意义。许多优秀设计作品最先在《时代建筑》被深度报道，如王澍在 2006 年第 5 期发表的《我们从中认出——宁波美术馆设计》一文即是该作品的第一次媒体亮相。事实上，王澍的许多作品与重要学术文章都是在《时代建筑》首次登载。

建筑师作为建筑创作的主体，其重要性不言而喻。《时代建筑》始终对建筑师的成长保持关注，近年来最具代表性的报道是对中国 20 世纪 50、60、70 年代生建筑师的代际研究（《承上启下——50 年代生中国建筑师》《边走边唱——60 年代生中国建筑师》《海阔天空——70 年代生中国建筑师》，图 7—图 9），对当代中国建筑界颇具影响力的建筑师群体进行全景式描述，关注他们对当代中国建筑问题的探索问题，借此透视中国当代建筑的发展与建筑思想的变迁，推进中国建筑界的自我审视。此外，《时代建筑》重点推介了一批充满活力与创新精神的青年建筑师及其作品。这一代年轻建筑师在实践中不断自我提高，具备丰富的建筑体验和多样的教育背景，从作品中可以看出他们的追求和独立的思考，他们的成熟会是中国走向世界的过程中关键的一步。目前中国第四代建筑师已经成为建筑设计界的主力军，而第五代建筑师也正在崭露头角。

当代中国建筑实践是无法与当下建筑师的职业体制分离开来的，事实上这也是中国建筑实践背景中极为重要的一环。伴随着中国经济的发展与城市建设的增长，国内建筑设计业也迎来强劲的成长阶段，设计机构普遍获得广阔的发展空间。同时，整个建筑设计行业的管理体制、机制也都相应地在迅速变革和不断完善。《时代建筑》从 2001 年开始，多次对行业与机构的相关话题进行持续报道，如《当代中国建筑设计事务所》（2001 年第 1 期，图 10）、《中国建筑师的职业化现实》（2007 年第 2 期，图 11）等，并开辟“建筑设计机构专访”专栏，多次举办中国职（执）业建筑师论坛，出版《建筑中国》系列图书，从市场经济发展体制相应变化的角度，探讨中国建筑师职业体制变化的必然性，以揭示职业体制变化的必要性。

构建以杂志为核心的建筑传媒平台

作为建筑学术与专业杂志，其核心竞争力在于依托长期办刊积累形成的资源优势，建立以杂志为核心的建筑传媒平台，充分发挥建筑媒体多元多层次的传播影响力。

《时代建筑》通过多样的组织活动，如主题策划、专题研究、年度点评、学术会议、专业展览、专题论坛、竞赛评奖、建筑考察、图书出版和学生培养等形式，以多样化的媒介手段呈现出来，建设以杂志为核心的建筑传媒平台。2007 年《时代建筑》于百期庆典之时首次策划组织了“T+A 建筑中国年度点评”活动，秉持杂志一贯的批判性和学术性，盛邀专家学者作为评点人，以“传媒观点、专家立场、新锐视角、媒体互动、专业精神”为立意和特色，对中国建筑学界和业界发生在 2007 年度最有影响力的新闻、事件、学术图书、期刊论文、人物、设计作品、机构等 7 大领域进行精辟评点。这是国内首次从建筑学专业视角对建筑领域进行广阔、全面、深入的年度盘点。这个活动一直持续到 2011 年，反响强烈。台湾民间影响最大的建筑奖项“远东建筑奖”，自 2007 年首度跨越两岸评奖开始，多次与《时代建筑》合作，备受建筑界关注。2011 成都双年展国际建筑展“物我之境——田园 / 城市 / 建筑”是《时代建筑》团队参与和主导的最大规模的学术活动，通过展览策划和组织，搭建了一个良好的平台，将自己关于“田园城市”的思考，通过众多参展建筑师的参展方案，合力而明确地传达给受众。

这些多元的形式使各种优势资源打通，通过梳理建筑专业界的各个环节，搭建行业相关的链接，从而达到有效整合，在学术贡献度和专业影响力之间找到平衡点。这是学术杂志走向传媒的最主要特征之一，也是建筑杂志办刊实力和能力的重要体现。优秀的外部资源为杂志提供更新更广阔的学术与行业资源平台，同时也使杂志得以为读者提供更全面而深入的报道。

拓展以建筑传媒平台为依托的多元经营

一本成熟、健康的建筑杂志必须同时做好两部分基本工作，即内容生产和市场经营。二者相辅相成、互为促进，才能达到良性循环和可持续发展。

杂志营销可以从三个层面来展开，从低到高体现了杂志营销的三个阶段和三种价值回报。第一是杂志销售，这是最基本的经营活动。由于纸质杂志普遍面临定价低和销量下降的困境，仅靠杂志销售已越来越难以为继。第二是杂志广告销售。第三是杂志品牌营销。应该说，最有效的杂志营销是整合三个层面的立体营销。

以杂志为核心的建筑传媒平台的建立，从根本上为杂志三个层面的立体营销奠定了坚实的基础。从建筑杂志经营的角度，读者当然是最主要的客户，是最重要的服务对象。更确切地说，《时代建筑》的读者主要是从事建筑学科的专业人士，特别是广大建筑师群体。建筑师（及建筑院系师生）作为个体，是杂志经营第一层面的基本客户，即他们是通过直营或订购等方式购买杂志的主体。建筑师赖以依托的机构，包括建筑师注册的企业，如设计公司、设计院、设计事务所以及建筑院系等则是杂志第二、第三层面的主要客户。经初步测算，设计企业除了是征订杂志的重要组成部分以外，也是广告的主要购买者，更是品牌营销的核心客户。因此，杂志营销的主要目标之一就是联合建筑设计企业，使建筑师和设计企业紧密地围绕在杂志周围，充分发挥杂志与设计企业的互动作用。

作为大学主办的杂志，我们坚信大学和企业是互补和互动的，这也促使《时代建筑》利用好两方面资源的互补模式：大学是思想的源泉、知识的圣殿、人才培养的摇篮；企业是联系社会的纽带、设计实践的基地、创新的前沿。

时代建筑的变革与创新之路

在建筑实践高速发展、建筑事件层出不穷的当下，一方面，丰富的建筑现象与图景极大拉伸了建筑媒体的取景宽度；另一方面，急剧增多的媒介手段、注意力经济强势来袭也加剧了建筑媒体彼此之间的竞争，考验其作为媒体的内在价值。在当今的建筑媒体领域，内容与话题的高度趋同与建筑核心视野的不断加强，使建筑媒体的独特性经受着更高要求的挑战。如何保持《时代建筑》一贯的创新品质与内容的独特性，继续担当建筑前沿的引领者角色，是我们需要认真思考的重要问题。

学术视野下的办刊模式优化

《时代建筑》杂志自 2000 年率先在中国建筑期刊中设置大容量的主题栏目、建立以主题为导向的组稿模式以来，在学界和业界产生了重要的影响，也在相当长的一段时期独具特色，引领了中国建筑期刊的走向。然而，在近 5 年来，这一模式已经被普遍复制，《时代建筑》面临着调整、突破、创新的格局。同时，主题为导向的组稿模式与期刊的评价指标、稿件开放性也有一定矛盾。

为此，《时代建筑》积极应对，确立了思想深度与学术价值为导向的调整思路。一是保持主题组稿特色，增加主题的思想深度和学术价值，减少文章容量。在主题类型上，中国主题为主，结合国际前沿性主题；宏观性主题减少，增加中观和微观层面主题；学术性主题为主，行业性主题为辅。在主题之间的整体关系上，加强系统性、连续性。在主题文章的构成上，以精、专、深研究文章为主，结合高他引率综述文章。二是增加常设和非常设的新栏目，如设计研究、建筑教育、城市研究、建筑技术、专题讨论等，追踪学科前沿探索和热点。三是原有栏目的深化和调整，比如作品栏目，重要作品可组织不同形式的研讨，以多篇文章、多角度地推出。原有建筑历史与理论栏目分化为建筑理论翻译与讨论和中国现代建筑研究。

在杂志的学术评价指标和开放性方面，杂志将开放投稿渠道，逐步建立同行评议机制，提高自身作为来源期刊的各项指标和被引率。

传统媒体与新媒体的融合

随着新媒体技术的发展，各种新媒体形式层出不穷，无论是移动通信技术的迅速更新，还是互联网技术的迅猛发展，都在交互式的媒体形式上有了跨越发展。我们认为传统媒体要在新的传媒时代寻求发展，积极寻求传统纸质媒体与新传媒形式之间的融合是十分必要的。一方面，发挥传统媒体在内容编撰上的优势；另一方面，遵循互联网传播的规律，开发传统纸媒的各类新媒体形式，让网站不仅成为各类媒体形式的对接中心，而且成为杂志的一张生动的名片，让微博和微信成为杂志与读者之间重要的即时互动平台，让 App、豆瓣小站等形式成为杂志内容的延伸，让传统媒体的内容以新传媒形式有效传播。《时代建筑》杂志的主题组稿方式非常适合新的传媒方式，我们也在积极推进杂志新媒体体系的建设，让新的体系对接原有传统纸媒的运作体系，形成一个可以适应新媒体传播方式的传媒平台。

《时代建筑》杂志作为学术媒体亦十分关注新媒体环境下，学术研究与学术传播的新的特点。应该说新的传媒方式改变了学术资源的获取手段，同时也赋予了学术传播新的特点，其影响是深远的。主题组稿模式，令每个话题的学术研究更有针对性和原创性。这就需要充分的前置性的研究作为先导，并发挥网络优势帮助相关学者有效地获取相关文献资源，并提供理论性强、有深度、有前瞻性、有吸引力的学术研究资讯。《时代建筑》正在考虑将网站、微博、微信等媒体形式链接起来，建立基于互联网的学术研究互动平台，鼓励学者尽早向这个平台发布研究成果和新观点，这也将成为杂志新的主题和作者来源之一。学术传播已经走向以学者为中心的模式，学术传播的效果不仅取决于学术成果的品质，也与成果在传播中的表现形式和传播方式相关。我们在探索杂志的内容如何以一种适合新媒体表达与传播的方式传播，使我们在纸媒的主题讨论中形成的专业与学术的观点能够有效嫁接到新媒体的传播体系中去。我们致力于建立能够真正影响学界和业界的有价值的学术与专业观念的新媒体学术传播体系。

国际影响力的拓展

20 世纪与 21 世纪之交，在日益全球化的背景下，中国的城市与建筑成为国际建筑舞台中重要的一部分。这不仅对中国的建筑师，也对中国的建筑媒体提出了国际化的要求。

事实上，为了应对国际化的趋势，《时代建筑》对文章格式做过多次调整，比如文章的题目、摘要、关键词、图例、项目概况必须采用中英文对照，部分主题文章提供篇幅较长的英文缩写。对文章内容方面，邀请境外作者撰稿，增加与国外相关联的主题，与境外学者共同编辑，并且主题文章全部中英文对照刊登，如 2006 年第 5 期“对话：中西建筑跨文化交流”和 2010 年第 4 期“西方学者论中国：作为核心理论问题的中国城市化和城市建筑”。

仅仅应对国际化的趋势仍是被动的，近几年来，《时代建筑》一直在思考和尝试拓展国际化影响力的方式。首先我们要自问的是，国际化的衡量标准究竟是什么？在数据说话的时代，或许可以从国际化读者、作者的比例、国际化编委的比例，是否有国际化的网络平台，国际发行量或是否进入国际化检索系统及具体检索情况等数据来加以衡量。

然而，这些衡量标准都是站在杂志以外的视角上。事实上，从杂志自身来看，拓展国际影响力的核心仍旧是提高杂志的质量。具体而言，第一，从主题上做文章，做自己擅长并能填补空白的，注重地域特色，关注国际建筑发展前沿课题，选择独特的视角；第二，提高原创文章的质量；第三，改进语言问题；第四，建设高质量的编辑团队，例如编辑的国际化。只有提升了杂志的质量，才可能获得国际影响力。

结语

建筑杂志没有完美的、普适的模式。对每一本杂志而言，只要明确自己的定位，发挥自身的优势，保持学术的品质，细分自己的市场，营销好自己的品牌并坚持适合自己的办刊之路即可。从整体而言，建筑杂志需要继续保持对公众社会和城市建筑的热忱，开启中国建筑师的内在天赋，通过更多的媒介方式来激发建筑想象力，并创造新的经营方式，在新的范例中找到可持续发展的方法，最终走向建筑杂志业的可持续发展之路。

（本文根据刊载于《第九届中国科技期刊发展论坛论文集》“时代建筑 vs. 建筑时代——《时代建筑》杂志与当代中国建筑的互动发展”一文改写而成。感谢在改写过程中编辑部同事徐洁、彭怒、张晓春、戴春等的共同努力和帮助，也感谢博士生李凌燕为本文成稿做的大量工作）

参考文献

[1] 迈克尔·海斯，吴洪德 . 批判性建筑 : 在文化和形式之间 . 时代建筑 , 2008(1): 116–121.
[2] 斯坦·艾伦 , 周凌 . 实践拒绝计划 . 时代建筑 , 2008(2): 112–117.
[3] 阿尔伯托·佩雷斯·戈麦斯 , 丁力扬 . 建筑教育中的伦理和诗意 . 时代建筑 , 2008(5): 128–133.

图片来源

所用图片由《时代建筑》编辑部提供，图表制作 : 李凌燕

原文版权信息

支文军 . 固本拓新 :《时代建筑》30 年的思考 . 时代建筑 , 2014(6): 64–69.
[国家自然科学基金项目：51278342]

48

中国建筑媒体：WA / 支文军访谈

Architectural Media: Interview with Zhi Wenjun by WA

摘要 访谈针对《时代建筑》杂志的创办初衷、面临困难、发展过程、采编方式、定位与特色、意义和作用等学术期刊的关键问题，以提问的方式进行了深度探讨；也对当下新媒体及宏观学术大环境中的办刊理念与新方法，提出了未来应对的思路。

关键词 世界建筑 时代建筑 建筑媒体 学术期刊 定位特色 学科发展

WA(《世界建筑》杂志)：请您谈一谈创办《时代建筑》的初衷？

支文军：《时代建筑》杂志创刊于中国开始改革开放的 1984 年。随着中国现代化建设的进展，建筑业出现了一个前所未有的繁荣、活跃的新局面。国门的打开把西方先进技术与思想不断带入，国外众说纷纭的建筑思潮和流派使当时的建筑学界在东西方建筑文化的冲突中倍感迷惘。当时《世界建筑》《新建筑》等建筑杂志已相继创刊。同济大学建筑系在 20 世纪 80 年代初曾出版两期名为“建筑文化”的书刊，某种意义上就像是《时代建筑》杂志的雏形。《建筑文化》的出版得到学校和系领导的重视，在此基础上，在时任校长和系主任等领导的积极倡导下，抱着忠实地反映发展现状、提供理论和实践交流的园地、传播古今中外及预测建筑未来的办刊宗旨，《时代建筑》于 1984 年 11 月出版了创刊号。《时代建筑》推崇学术平等、鼓励创新、海纳百川的特征在创刊中已充分体现。创刊号内容丰富，从“贝聿铭创作思想与近作”“创新探索”“新的技术革命”到“建筑教育”“住宅研讨”“室内装修”“国外建筑”“方案设计”“建筑实录”及“学生作业”10 个栏目，包含了建筑理论和实践方方面面的 24 篇文章，充分体现了《时代建筑》对探索性建筑创作的关注，以及对学术思想、理论讨论的平等与自由的推崇，同时，鼓励学术见解的多样性。

WA：请问《时代建筑》办刊过程中遇到过经费或者人员上的困难吗？

支文军：《时代建筑》创刊阶段条件异常艰难，面临经费短缺、经验不足、信息资源空白的种种困境，处在摸索、不定期出刊的阶段。在随后的 4 年中，杂志从每年 1 期到每年两期，然后 3 期，到 1989 年才变为正规的季刊固定出版。

WA：请问当时编辑团队的构成？

支文军：罗小未先生是第一任主编，王绍周老师是副主编。创始编辑还有来增祥、吴光祖老师等，他们几位对编辑出版有一定的经验，为杂志创刊做出了重要贡献。后来，吴克宁、徐洁和我陆续加盟专职编辑的行列，逐渐形成了稳定的编辑队伍。后来是彭怒、张晓春、戴春等的新生代力量。

WA：刊物当时的立足点是否主要是国内外交流？

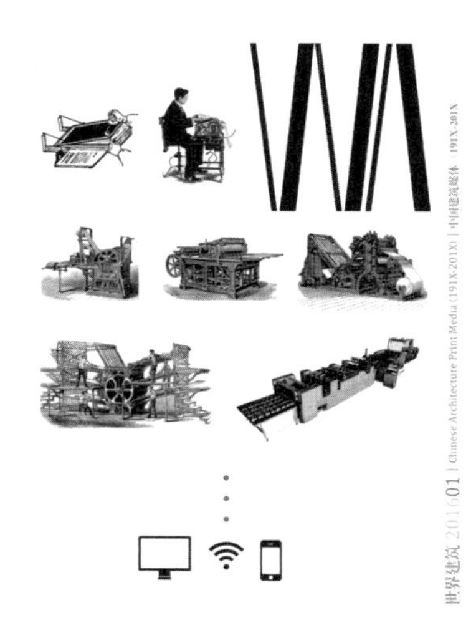

图 1.《世界建筑》2016(1) 期封面

支文军：这一时期的中国建筑业迅猛发展，是建筑创作走向繁荣的时期。随着上海浦东的开发，上海的城市建设日新月异，促使上海的建筑创作日趋活跃。《时代建筑》基于上海的发展，20 世纪 90 年代曾提出的办刊方向：“重点浦东、立足上海、面向全国、放眼世界”，进一步凸显了上海的地域特征，但也出现了过分强调地区性的局限。

WA：请问“时代性，前瞻性，批判性”的编辑方针是在什么情况下确定的？改版是否是基于什么特殊事件？

支文军：办刊是有过程的，杂志的特征也是逐步形成的。随着中国建筑业发展的日趋国际化，编辑们的视野在不断拓展，也在逐步反思自身的局限性。对于 2000 年之前的《时代建筑》，我们清晰地意识到杂志在内容思想性、国际性、特色上均存在不足，在形式、技术上也显得落后。面对众多的问题，经过 1998 与 1999 两年的深思熟虑以及经济和技术条件的可能性，杂志 2000 年改版成为里程碑式的事件，推进杂志向高品质和国际化水准迈进了一大步。具体来说，调整杂志的定位，即《时代建筑》不仅仅是同济大学的杂志，也不仅仅是上海的杂志，而应是有世界影响的中国建筑杂志，把杂志的地域特征的内涵从“上海”扩展到“中国”。为此提出了“中国命题、世界眼光”的编辑视角和定位，强调“国际思维中的地域特征”。在新的定位指导下，杂志的主题、组稿内容均有了彻底的改变，强调“时代性”“前瞻性”“批判性”的特征。此外，在信息容量、版式设计、装帧印刷、编辑技术、队伍建设、市场运作等都有本质的改良。

WA：《时代建筑》是如何面对如今的国际化发展趋势的？

支文军：注重用世界的眼光来探索中国命题，强调国际思维中的中国地域特征，是《时代建筑》应对国际化的一种姿态。中国建筑是世界建筑重要的组成部分，而且是鲜活、独特的。《时代建筑》每期主题内容的选定既充分体现世界建筑发展动向，又深刻洞察当代中国建筑的本质，它所展示的学术成果应是对世界建筑界的一种重要贡献。此外，编辑与国外建筑学界相关联的主题，是另一种期刊国际化的尝试，如 2006 年第 5 期“对话：中西建筑跨文化交流”和 2010 年第 4 期“西方学者论中国：作为核心理论问题的中国城市化和城市建筑”等，与境外学者共同编辑，邀请境外作者撰稿，主题文章全部中英文对照刊登等。

WA：您认为《时代建筑》具体是如何发挥其“批判性”的？

支文军：“批判性”主要还是体现在学术文章的品质上，我们希望每位作者都能以学术的态度来表达自己的思想和观念，在敏锐捕捉学术新动向的同时保持学术高度，担当起对当下急速展开的建筑实践进行批判和自省的观察者、描绘者和评论者的角色。《时代建筑》应敢于表达自己的观点，展现自己的思考，不被所谓“时尚”束缚，致力于发掘和守护建筑的本质。这种具有学术高度的鲜明的批判性特质是《时代建筑》追求的品质。

WA：请问当时《时代建筑》的采编方式是怎样的？

支文军：编辑人员的思想性很大程度决定着杂志的思想性。编辑的思想性需要积极编辑的工作态度。我们改进了以往被动的、以自由投稿编辑成册那种缺乏思想性的编辑模式，而是采用主题策划并围绕主题在世界范围内组稿的采编模式。

WA：选题过程中有没有让您印象深刻的文章？或者主题？

支文军：因为我们是主题组稿的，我觉得主题及文章的架构会比一篇文章的价值更大。一般围绕一个主题我们会组织 8 篇以上的文章，每篇文章会有不同的预设的意图和价值。是总体来说分量还是比较足的。我们根据主题组织的学者，都是在这个领域有所研究、以前发表过相关的文章的。文章是基于《时代建筑》的选题需求对学者们进行邀约，相当于专门为我们来写的，是一种原创性的学术成果。

关于主题，我们比较关注中国的先锋、前沿建筑师的介绍，比较关注年轻一代建筑师的成长和培养，还有比较关注宏观叙述层面的中国命题。

WA：那您觉得最近的选题都有什么变化呢？

支文军：我们在思考和探讨以思想深度与学术价值为导向的办刊模式优化的计划。我们的主题初分有三大类型：一是当代中国建筑的命题，有关当代城市建筑发展的、值得深思和探讨的一些问题；第二是建筑本体的研究，比如“剖面”“力的表达：建筑与结构关系”和“材料与工艺”等主题；第三是国际建筑学科发展前沿的问题，如“数字化建造”“数字化时代的结构性能化建筑设计”“形式追随能量：热力学作为建筑设计的引擎”等主题。经过几年的尝试，其变化是明显的，主要体现在学术性主题分量增加。

WA：您觉得《时代建筑》对建筑学科发展有什么样的作用？

支文军：学术期刊的作用是多方面的，不同的期刊会起到不同的作用。有一点是我自认为《时代建筑》比一般的学术期刊更有意义的地方，就是通过主题组稿的形式促进学界的研究和思考，如对“中国建筑师的代际研究”“中国建筑师在境外的当代实践”“建筑之外”和“构想我们的现代性”等以主题为导向的研究与传播，有其积极的意义。

WA：按照您知道的读者反馈，哪一期比较热烈？或者大家特别关注哪个主题？

支文军：这个问题比较复杂，不同的读者所关注的话题差异太大了。我们有编辑出版 100 多个主题，把它归类也是非常不容易的，还缺少大数据的统计。

WA：《时代建筑》相比之下很关注教育，出过建筑教育的专题，对于推动教育，《时代建筑》起着怎样的作用？

支文军：作为高校主办的期刊，《时代建筑》关注建筑教育是必然的，作者来源也是高校为主的。我们组织过几期建筑教育的主题，既与建筑学专业指导委员会联合主办过专刊，也深度探讨过“同济风格”和“同济学派”的论题。此外，我们不定期的有一些建筑教育的栏目。目前我们正在考虑 2016 年组织一期建筑教育的主题。

WA：那您觉得接下来《时代建筑》在编辑定位上还会有什么变化？抑或继续延续之前的方针？

支文军：每本杂志的特色不同，起到的作用也不一样。如何在保持特色的同时又进一步提升杂志的学术品质是我们一直在思考和尝试的重要工作。《时代建筑》学术视野下的办刊模式优化有如下三个方面：一是保持主题组稿特色，增加主题的思想深度和学术价值，适量减少主题文章容量。在主题类型上，中国主题为主，结合国际前沿性主题；宏观性主题减少，增加中观和微观层面主题；学术性主题为主，行业性主题为辅。在主题之间的整体关系上，加强系统性、连续性。在主题文章的构成上，以精、专、深研究文章为主，结合高他引率综述文章。二是增加常设和非常设的新栏目，如设计研究、建筑教育、城市研究、建筑技术、专题讨论等，追踪学科前沿探索和热点，并向自由投稿开放。《时代建筑》每年 6 期，我们选择的话题还是偏少，所以我们希望在每期的主题下面带一个专题，增加我们关注话题的容量。三是原有栏目的深化和调整，比如作品栏目，重要作品可组织不同形式的研讨，以多篇文章、多角度地推出。原有建筑历史与理论栏目分化为建筑理论翻译与讨论和中国现代建筑研究，去更多地、自上而下地发现需要关注的一些问题。

WA:《时代建筑》有没有向新媒体发展的想法呢?

支文军：未来发展方向上，《时代建筑》已经尝试将网站、微博、微信等媒体形式链接起来，建立基于互联网的学术研究互动平台，鼓励学者尽早向这个平台发布研究成果和新观点，这也将成为杂志新的主题和作者来源之一。现在公众微信号的发布更多是自媒体的重复而已，不是有独立性格的公众微信号，这也是我们需要调整改进的。此外，《时代建筑》一直在思考和尝试拓展国际化影响力的方式。简言之就是“固本拓新”，既要保持学术性与专业性的双重特性，同时拓展以建筑传媒平台为依托的多元经营。

整体而言，建筑杂志需要继续保持对公众社会和城市建筑的热忱，开启中国建筑师的内在天赋，通过更多的媒介方式来激发建筑想象力，并创造新的经营方式，在新的范例中找到可持续发展的方法，最终走向建筑杂志业的可持续发展之路。当然，《时代建筑》作为建筑学术与专业杂志，其核心竞争力在于依托长期办刊积累形成的资源优势，建立以杂志为核心的建筑传媒平台，充分发挥建筑媒体多元多层次的传播影响力，这些都是应该延续和继承的。

WA：请问《时代建筑》是否关注过建筑评论的相关问题?

支文军：建筑评论是一个宽泛的领域，有时与理论问题相互交叉。中国建筑界缺一个专职的靠建筑评论谋生的群体。目前很多建筑评论都是业内人的兼职工作，会涉及相关利益，所以真正具有独立性的建筑评论比较稀缺。现在我们正在努力，倡导和鼓励更多的第三方作者来解读和剖析相关设计作品。

WA：现在整个社会大环境变得非常多样化、娱乐化，《时代建筑》是不是也感受到冲击呢?

支文军：这个影响是非常大的。《时代建筑》作为学术期刊亦十分关注新媒体环境下学术研究与学术传播的新的特点。新的传媒方式改变了学术资源的获取手段，同时也赋予了学术传播新的特点。主题组稿模式，令每个话题的学术研究更有针对性和原创性。这就需要充分的前置性的研究作为先导，并发挥网络优势帮助相关学者有效地获取相关文献资源，并提供理论性强、有深度、有前瞻性、有吸引力的学术研究资讯。同时，中国很多建筑杂志正逐步和我们靠近并趋同，很容易引发大家同时关注同一个建筑、同一个建筑师、同一个事件。因此，我们在探索杂志的内容如何以一种适合新媒体表达与传播的方式传播，使我们在纸媒的主题讨论中形成的专业与学术的观点能够有效嫁接到新媒体的传播体系中去。《时代建筑》将致力于建立能够真正影响学界和业界的、有价值的学术与专业观念的、有独立性格特色的新媒体学术传播体系来面对时代带来的全新挑战。

图片来源

所用图片由《世界建筑》杂志社提供

原文版权信息

叶扬，天妮．中国建筑媒体：WA 支文军访谈．世界建筑，2016(1): 75–77.

特色专业出版之路：同济大学出版社的品牌和核心竞争力

Toward an Professional Publication: On the Brand and Core Competitiveness of Tongji University Press

摘要 大学出版社是大学的有机组成部分，要以反映思想文化创造和科学技术新成就为宗旨，以高质量的学术和专业出版及教材出版为大学的学术研究、科技创新和人才培养服务。这是大学出版社所要承担的文化使命，也是大学出版社安身立命之本。同济大学出版社要充分依托大学品牌和优势学科资源的发展方向，努力将大学品牌转化为出版社品牌，将大学的优势学科资源转化为优质的出版资源；一定要坚定不移地走专业化、特色化道路，逐步建立起和谐共生的出版生态系统。

关键词 同济大学 出版社 使命 出版品牌 专业化 特色化 竞争力 战略定位

1984 年，同济大学出版社乘着改革开放的春风成立，更随同中国经济和文化建设的发展而成长壮大，2009 年改制为同济大学全资控股的有限责任公司。全社现有员工 108 名，内设 8 个编辑部，以及行政管理、出版部、发行部等部门，下设同济大学电子音像出版社、同济书店两个直属子公司。

“传播先进文化，推动社会进步”的出版理念

30 多年的发展历程中，在学校党政和产业党工委领导下，在校各职能部门和院系领导的大力支持下，同济出版社各任领导和员工始终秉承母体大学“与祖国同行、以科教济世”的优良传统，充分发扬“严谨求实、励志创新”的学术品格，始终坚持为教学科研服务、为“两个文明建设”服务、为科教兴国战略服务、为普及和提高全民族的文化与科学素质服务，依托同济大学的综合优势，把“传播先进文化、推动社会进步”作为自己的出版理念，以“工程基础、科学精神、创新思维、人文素养、国际视野”的同济特质为价值导向，积极汇聚海内外优秀作者资源，励精图治、锐意进取、不断开拓。

特别是在“十二五”期间，同济出版以更清晰的发展目标和战略定位，坚持稳健中求发展，走内涵式发展道路，确立了以“城市＋建筑”为一个核心出版，以“工程基础学科”“理工与医学”和“人文与艺术”为三大特色出版的结构体系，在专业化、特色化、精细化的道路上进一步向前推进，并通过内涵式发展，以内部裂变和外部拓展的方式扩大出版社的特色出版。2012 年创建的“同济出版社北京工作室”，2014 年成立的“同济建筑工程技术编辑部”和“德国出版中心”都已成为近年发展新的着力点和增长点。同济城市土木建筑高端学术出版系列图书、“光明城”品牌、同济系列德语教材、同济系列数学教材和医学护理系列教材，已逐步形成了自身的出版特色。

同济大学出版社作为中小型高校出版社，已累计出书品种 1 万多种，出版了一批对国家、上

图 1. 四平路同济社办公楼
图 2. 专业出版核心板块“城市 + 建筑”
图 3. 中国古代建筑文献集要

海市、大学有重要贡献，对社会文化、城市生活形态有引导和塑造功能，对时代有深远影响的图书，总生产码洋已逾 11 亿元。近百部教材被选为国家“九五”“十五”“十一五”“十二五”规划教材，并获得国家级、部委级优秀教材奖。同时，出版了一批具有原创性的高水平学术著作，获得中国政府奖、中国优秀出版物奖、上海市优秀图书奖等多种奖项，有 7 个项目荣获国家出版基金的支持，13 项列入国家“十二五”重点规划出版项目。2014 年出版新书 364 种，重印书 403 种，生产码洋 1.05 亿元，回款 6000 万元。2015 年正在向“十二五”规划目标冲刺。

做一流大学的一流出版社

大学出版，是大学对出版的介入。作为同济大学最重要的学术和文化传播出版机构，同济出版要对自身的定位、责任和意义及发展战略有充分、清晰的认识，也就是要思考和回答什么是大学出版 (what)、为什么要有大学出版 (why)、如何做好大学出版 (how) 等关键问题。一流的大学需要有一流的大学出版社。大学出版社是由大学出资创办的出版社，也是办在大学里的出版社。自它诞生之日起，就与大学之间有着天然紧密的联系。可以说，大学出版社是大学的有机组成部分，是大学功能的延伸，其定位和目标与大学所承担的使命和功能应当是一脉相承的。具体来讲，大学出版社就是要通过专业的出版服务放大这种功能，以反映思想文化创造和科学技术新成就为宗旨，以高质量的学术和专业出版及教材出版为大学的学术研究、科技创新和人才培养服务，这是大学出版社所要承担的文化使命，也是大学出版社安身立命之本。大学出版社作为大学重要的文化机构，生长于大学这片沃土，毗邻科学研究的最前沿，与专家、学者联系紧密。在汲取大学所赋予的得天独厚、取之不尽、用之不竭资源的同时，服务大学教学与科研、繁荣学术、弘扬大学精神也成为大学出版社的特殊使命；而大学出版社与大学各机构间的紧密互动和它作为传媒机构的特性与运作方式，也使其成为大学扩大与提升自身影响力的绝佳平台。

同济大学出版社（图 1）就像其他大部分大学出版社一样，成立于 20 世纪 80 年代，办社历史不长，而且一开始就将为学校教学、科研服务作为宗旨，并以事业编制、企业化管理来定位其管理体制。这就决定了学术专业著作和高校教材出版是大学出版社发展的两个轮子。随着改制转型，同济出版经历由计划经济到市场经济转变的过程。在市场经济激烈竞争的环境下，同济出版始终保持着一种脚踏实地的心态。有所为，有所不为，坚持正确的办社方向和宗旨，坚持正确的定位。

作为中小型高校出版社，同济出版长期以来已经建立多学科的出版体系，在建筑、土木工程、数学、

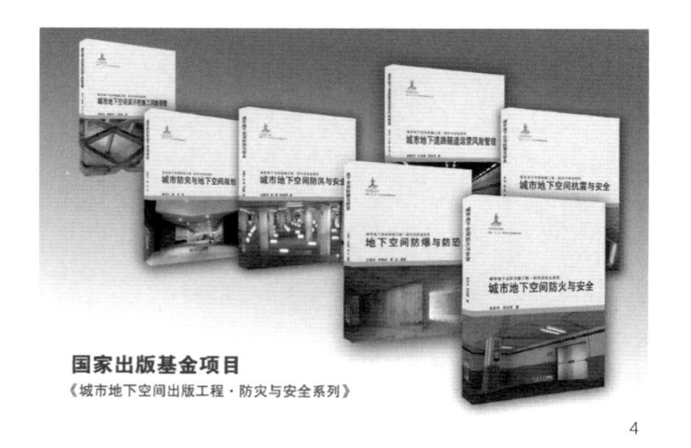

4

5

图 4.《城市地下空间出版工程·防灾与安全系列》
图 5. 2013 中国最美图书：《一点儿北京》

德语与欧洲文化、医学护理等领域形成出版特色和产品线。然而，目前同济大学出版社既不属于综合类的大型出版社，也不属于专业化的小型出版社。同济出版的专业化特色还不突出，无论是出版规模、销售业绩，还是出版品质，在国内出版界影响力排名中都不具备领先优势。2011 年，我们制定了“同济大学出版社‘十二五’规划再思考”的发展思路，如何令同济出版的定位更加清晰、优势更加明显、特色更加鲜明、品牌效应更加强大，是我们首先要解决的核心问题。只有牢牢把握正确的办社方向和宗旨，才能沿着正确的轨迹运行，才能科学、健康、稳定、可持续地发展，才能更好地承担起大学专业出版社的社会责任与历史使命。

坚持正确的出版方向

高校出版必须高举中国特色社会主义伟大旗帜，深入贯彻落实党的十八大和十八届三中全会精神，贯彻落实习近平总书记系列重要讲话精神，贯彻落实党的教育和出版工作方针，始终坚持正确的舆论导向和出版方向，坚持把社会效益放在首位、社会效益和经济效益统一的原则，努力培育和践行社会主义核心价值观，不断巩固马克思主义在高校意识形态领域的指导地位。

高校出版是我国教育事业和出版事业的重要组成部分，是社会主义先进文化建设的重要阵地，是培养德智体美全面发展的社会主义建设者和接班人的重要力量，是推动高等教育内涵式发展的重要保障。高校出版要认真落实好“立德树人”的根本任务，优先服务教学科研，优先服务学术创新，优先服务咨政育人，切实在高校人才培养、科学研究、社会服务和文化传承创新中发挥重要作用。

走专业化特色出版之路

我们认定同济出版一定要坚定不移地走专业化、特色化道路，扬长避短，发挥优势。中小型高校出版社要在多元化全方位的市场竞争中得以生存和发展，靠的是形成自己的专业特色和优势出版领域。只要在自己的强项出版领域做深做透，在核心竞争力上下功夫，中小型出版社也是可以大有作为的。随着我国文化产业改革的深入进行，出版业市场的不断规范，特别是出版业中大型出版集团的组建，以及大社、名社越做越强，行业内部的竞争更加激烈。许多中小型出版企业，由于受资金和规模的限制，其发展乃至生存都面临严峻的考验。因此，中小型出版社要想在激烈的图书市场角逐中立于不败之地并求得发展，必须坚持专业化、特色化，根据自身的专业优势找准读者需求和市场定位，打造和开拓独具个性的出版品牌，兢兢业业地在各自领域做好、做大、做强。在这种发展思想的指导下，才能培育并拥有一批该领域内高水平的编辑队伍和作者队伍，才能赋予出版品牌以更多的内涵，并不断得以延伸，形成品牌效应。

高校特色专业学科的出版物代表着一个行业或学科的前沿，消费者认同该校特色专业的领袖地位，也往往会认同其出版社的相关出版物。如果中小型高校社能在战略选择中对品牌专业定位准确，经过深度开发，这些品牌将会赢得稳定的读者群，产品也会成为常销品。随着销售时间延长，有了足够的品种储量和销售渠道，读者对该社的消费信赖加深，就能形成良性的生产消费循环，并逐步提升该社市场品牌的价值。

充分依托母体大学资源

同济出版充分依托大学品牌和优势学科资源的发展方向，努力将大学品牌转化为出版社品牌，将大学的优势学科资源转化为优质的出版资源，将大学的人脉资源转化为重要的出版资源；以专业出版和教材出版为核心，充分开发和利用大学的资源导向功能；紧密依靠母校的强势学科，并和各科研团队、专家、学者在交往中逐步建立起互动良好、彼此信任、和谐共生的出版生态系统。

大学出版社背倚学术资源最丰富、科研人才最集中、知识创新最活跃的高校。不可替代的地利之便，使得大学出版社具有得天独厚的精品出版环境条件。高水平大学的国际化视野和平台，也为大学出版社开展国际交流、积聚优质国际出版资源、拓展出版领域、提升出版品质提供了难得的条件。此外，大学也为科技与出版融合提供了优质的土壤。

大学的学科背景、优势专业及科研成果都为大学出版社提供了具有一定识别度的丰富便捷的资源。大学的品牌也代表了大学出版社的原初品牌，可使大学出版社在成立之初就具有较高的品牌识别度。因此，所在大学的学科特色及品牌专业大都是出版社明确自身定位的重要依据。大学出版社作为大学优秀学术成果发布的重要窗口，将更好地衔接高校科研与社会应用，进一步强化大学的社会功能。同时，高校出版应反哺母体大学，必须通过主动融入学校的发展，秉持为教学科研服务、传播学术文化的使命，以反映思想文化创造和科学技术新成就为己任，以高质量的教育出版、专业和学术出版为大学的学科建设、学术研究、创新发现、人才培养和文化传承与创新服务，为社会发展提供智力支持。大学出版社与大学之间不仅仅是简单的从属关系，而是话语上、精神上的双重契合，是两个品牌的相互借力、共同提升。

大学出版社所秉持的价值观，以及其中蕴藏的人文精神也将直接反映大学独有的品格与特质，是大学出版的文化意识与大学精神共融的结晶。“大学出版文化”的孕育与推广，将有利于受众对大学出版社形成价值观上的认同、情感上的信任，深化出版社的人文品牌影响力。

专业出版之路：一个核心，四个特色

选择高校优势资源，明确特色专业出版方向

支撑高水平大学出版社发展的选题，其结构应该怎么样才算合理？其核心板块应该由什么样的选题构成？这看似是一个结构性的问题，实质却是出版理念和方向的定位问题。在对于本校优势专业的出版选择上，同济社坚持有所为有所不为，找准学校最具影响力的品牌专业和特色学科，将其纳入自身发展的战略规划中，在出版社自身品牌的构建中坚持“找最强求最精”，将可形成市场规模化效应的品牌专业和学科群作为本社重点建设的方向。

同济出版致力于做好产品结构优化，分层级塑造出版特色，并全力创建自己的品牌。同济出版只有在特定的一个或几个出版领域中获得较高的知名度，才能实现稳定的可持续的发展，才能靠核心竞争力在某个方面与大社强社展开竞争，为自己赢得一个发展的空间。

随着同济出版依托大学品牌和优势学科资源的发展战略的推进，“一个核心出版”和“四个特色出版”的架构进一步明晰。

“一个核心出版”即“城市＋建筑”出版领域（图2）。依托同济大学在城市建设领域多学科、多专业的教育与科研资源优势，地处上海——中国第一座现代化城市的地理优势，以及全球瞩目的中国城市化发展巨浪的时代背景，同济社非常坚定而自信地认定“城市＋建筑”为核心出版品牌，引领中国“城市＋建筑”专业学术出版的前沿，激活专业出版的能量，努力使之成为中国与世界建筑、城市设计文化交流的高端平台。同济社“城市＋建筑”出版领域涵盖城市、建筑、土木工程、环境、交通、设计、艺术、历史、文化等相关领域，在立足中国本土的基础上，面向世界塑造“城市＋建筑出版高地”，引进国外优秀学术观点，挖掘国内优秀专业成果与实践，为中国城市发展铺路，为传播中国先锋建筑理论与实践搭桥。

“四个特色出版”，即“基础学科”“德语与德国文化”“理工与医学”和“人文艺术”四大出版领域，并以同济数学、同济德语系列图书产品线为其代表。通过精品学术图书和精品教材的出版，同济社正在不断夯实、维护、充实自己的核心品牌。

必须一提的是，一所高校的优势学科往往不止一项，出版并不能完全等同于学校的学科专业建设。中小型高校社在自身实力有限的阶段，不宜全方位涉足，应加以选择，在市场与学术之间努力找到一个结合点，对出版社所要面临的市场结果负责。

围绕国家战略方向，开展重大项目策划

同济大学秉承“与祖国同行，以科教济世”的优良传统，长期注重发挥优势学科和基础研究的溢出效应，不断拓展社会服务的形式和领域，积极为国家和地方社会建设发展作出贡献，为桥梁与隧道、城市轨道交通、水环境治理、抗震救灾、洋山深水港、上海世博会、崇明生态岛、新能源汽车等国家和地方重大战略需求提供了强有力的科技支撑。同济出版充分认识到母体大学的优势与特色，紧紧围绕“国家战略、科技前沿、上海特色、大学优势”的选题方向，努力贴近国家产业方向，聚焦城镇化出版主题，建立分学科和重点出版方向的专家库，为出版带来优质的专业资源和巨大的市场需求；以国家政策为先导，找准科技与工程技术定位，关注当代科技主题，策划开发重大出版项目，形成差异化竞争。

近几年来，在国家加大对文化事业及重大出版项目的引导和资金扶持这一背景下，同济社明确提出了“以大项目为抓手推动出版实力整体提升”的战略，一方面努力向政府要“订单”，另一方面通过大项目的运作大力提升出版社的社会影响和品牌形象。同济社于 2012 年成立“品牌与大项目部”，主要承担社部大项目的策划、资源整合、项目管理和部分项目的实施。经过全社上下几年的努力，同济社主动整合策划了一批重大出版项目，其中共有 6 个项目获得国家出版基金项目支助，包括：“循环经济与中国绿色发展丛书”、《地下工程动态反馈与控制》《宋代官式建筑营造及其技术》《城市地下空间出版工程（第一辑）——防灾与安全系列》《城市地下空间出版工程（第二辑）——规划与设计系列》《中国工程师史》等。“‘中国工程与工程师史’文化应用交互平台”获得财政部 2015 年度文化产业发展专项资金的支助；多个项目获得国家科技专著、上海新闻出版专项资金、上海高校服务国家重大战略出版工程、上海市科技专著、上海市文化基金等项目资助，包括：“上海近代城市历史与文化研究”“中国园林美学思想史”“智能交通”“地下结构设计理论与方法及工程应用”等；组织实施的多项重大出版项目还成功申请为国家和上海市“十二五”重点图书。为申报国家“十三五”重点规划项目，同济社精心策划组织了 16 个重大项目，如“智能型新能源汽车关键技术”“城市基础设”“施关键技术丛书”“‘一带一路’基础建设指南丛书”“面向未来的城市交通系列丛书”“建筑遗产研究与保护丛书”“世界高层建筑研究前沿”“城市管理·大数据分析系列丛书”“智能城镇化出版工程”“建筑信息模型 BIM 应用与实施丛书”等。这些选题项目均紧密围绕“国家战略、科技前沿、大学优势”的定位和导向，通过宏观把控、整体策划和资源整合，充分发挥各学科专业领域专家、学者的作用才逐步成型。这些重大项目的推进和实施，将会进一步增强同济社品牌效应，赢得社会效益和经济效益双丰收。

充分发挥出版的组织作用，催化和引导学术科研成果向出版成果的转化

从出版的经验与规律来看，大部分具有重大历史文化价值的“大书”一定是以出版社为主来组织、牵头、统筹、编辑出版的，出版的最大价值是充分发挥其作为知识生产和传播组织者的作用（图 3）。

同济大学是学科特色鲜明、为国家科技发展战略和区域经济重点需求作出重大贡献的著名高校，已逐步形成“城市建设与防灾学科群”“交通运输与装备学科群”“海洋、环境与可持续发展学科群”“设计创意等新兴学科群”4 大学科群。基地平台建设有 1 个国家级协同创新中心、4 个上海市协同创新平台、4 个国家重点实验室和工程中心，承担各类重大项目和基础研究项目 100 余项，年度科研经费持续保持全国高校前 10 位的地位。在服务于国家重大发展战略（海洋、新能源、城镇化、可持续发展战略），服务于国家重大对外合作与援助工程（中美干细胞、中德清洁水创新中心、非盟会议中心），服务于国家重大工程建设（大跨度桥梁、隧道工程、轨道交通、建筑抗震抗火），服务于区域经济社会发展（后世博、崇明生态岛、虹桥商务区、新一轮城市规划）等领域，同济人都有卓越的表现和科研实践成果。

这些科技前沿性的成果如何转化成学术出版成果，使之具有更大的社会意义和传播传承价值呢？有许多工作有待出版社去做。近几年同济出版努力整合上游的资源，在科研成果转化成学术出版成果方面，结合国家重大战略和产业发展方向，以新一轮城镇化为契机，以智慧城市、智能交通、新能源汽车、海洋勘探与开发、复合材料为重点开拓领域，聚结同济大学及国内外学者，实现出版为科技发展服务，用出版手段整合和催生学术成果的转化。《城市地下空间出版工程》（图 4）是同济出版具有示范性的重大项目，5 年多来，通过编辑团队锲而不舍和强有力的组织工作，已出版、正在出版或正在组织 6 个子方向 40 多种专业学术著作，其内容多数来源于国家级和省部级最新课题成果，凝聚了同济大学及国内地下空间开发与利用领域资深的学者、专家在本领域理论与实践方面的最新研究成果，具有原创性和系统性。大项目的实施，可以在短期内较快地提升同济大学出版社的出版地位和影响力，并推动出版社整体实力的提升。2014、2015 年，同济社申报的多项体现国家战略的重要题材的图书出版项目，获得多项国家级和上海市级基金的立项和资助，品种数量和金额均创同济社历史新高。

建立专业学术出版共同体，推进协同创新和跨界融合

同济社充分依托母体大学的同时也服务于母体大学，努力与母体大学各职能部门和学科院系一起，构建紧密的学术共同体，旨在整合和催生与学校学术研究成果相关联的、服务于国家重大战略任务和目标的科技攻关及学术研究成果以图书的形式出版。同济出版社与同济大学科学技术研究院深入合作，于 2014 年在学校成立“同济大学学术著作（自然科学）出版基金”；目前正在与同济大学文科办协商，创立“同济大学文科高水平著作出版基金”。这两个基金成立的目的，是用来资助同济大学教师、科研人员以及其他专业技术人员撰著的学术著作的出版，目前第一期已有 17 种学术专著获批资助。此外，同济社积极与研究生院、教务处等职能部门建立紧密合作关系，共同筹备建设同济大学“研究生专业系列教材”和“本科生通识系列教材”，近两年来已卓有成效。

与学科院系深度合作并做好专业出版服务是同济社应当也更值得去做的工作。同济社联合建筑与城市规划学院共同策划的《上海近代城市历史与文化研究》和《建筑遗产研究与保护》系列丛书，与土木工程学院合作策划的《城市地下空间出版工程》，与交通运输工程学院合作的《面向未来的城市交通》系列丛书，与经济与管理学院合作的《中国城市可持续发展绿皮书系列》等重大出版项目，是出版社和院系双方站在战略合作的高度，精诚协作共赢的结果。

更大规模的协同创新和跨界融合，是同济社近年在学术出版共同体基础上的升级版。如国家出版基金项目《中国工程师史》，是第一个系统研究中国工程师职业群体在各学科、行业领域的发展历史、社会作用和地位的大型编纂项目。该项目主创团队以同济大学为主，更汇集了来自全国多所重点院校、科研院所、行业学会的 20 多位院士及百余名长期从事工程应用、科技史研究、工程教育领域的专家学者，体现了丛书的集成性与专业性的紧密结合，重点反映出我国在工程史及科技史领域的重要研究成果。

国家“十二五”重点图书项目“建筑信息模型 BIM 应用与实施丛书”，旨在对建筑信息模型 BIM 在建筑行业应用实施的研究和实践探索作剖析，以凝练国家和地方 BIM 科研成果，总结 BIM 在建设项目的规划设计、施工、运营维护等全寿命周期中的实践探索经验。丛书的特点在于：①跨学界和企业界，集合多层面 BIM 专家，符合 BIM 对整个建筑行业改革创新的趋势；②跨建筑、土木、工程管理、信息技术等多专业的系列丛书，贯穿 BIM 在建筑全生命周期的协同作用和应用价值。该项目主创团队涵盖了高等学校、科研院所和建筑企业等在建筑工程 BIM 领域长期从事研究和实践的专家学者，他们均曾经或正在主持或参与国家和地方 BIM 标准制定、国家级 BIM 课题研究、重大工程项目 BIM 实施工作，是国内 BIM 探索和推广的领军力量。

专业出版核心板块

“城市＋建筑”作为同济社的核心板块，它的工作以城市建筑编辑部、建筑文献编辑部、土木交通编辑部、建筑工程技术编辑部、北京工作室为主体。在品牌与大项目部和其他职能部门的配合下，在同济大学《时代建筑》《城乡规划学刊》《结构工程师》《同济大学学报》等城市建筑类核心期刊协同下，以同济大学建筑与城市规划学院、土木工程学院、环境工程与科学学院、交通运输与工程学院、经济与管理学院、高密度城市智能城镇化协同创新中心、新农村发展研究院等为依托，秉承上海作为全国最重要的经济和金融中心、最大的现代化大都市，辐射长三角、连接海内外，城市建设和管理理念先进与经验丰富的区位优势，大力发挥同济大学“城市·建筑”全国领先学科的专业优势，以“服务城市建筑专业学术高地，彰显城市建筑学科科研实力，塑造同济社城市建筑传播独特视角，打造城市建筑全新出版高地”为宗旨，以“专业作者·专业编辑·专业图书·数字平台（前期打基础，后期建设）”为主要模式，全心专注、持之以恒地打造全国“城市·建筑”领域的专业出版传媒平台。

“城市＋建筑”重大项目的策划与出版

同济社重视为国家战略发展起重要作用的重大出版项目的培育和孵化工作，为此专门成立“品牌与大项目部”，协同其他部门，催生了一批体现同济优势学科的重大出版项目，包括《城市地下空间出版工程》（获得 2014、2015 年度国家基金资助）、《中国工程师史》（获得上海新闻出版专项基金支持，入选 2014 年度新闻出版改革发展项目库，2015 年度国家基金资助，并获得财政部 2015 年度文化产业发展专项资金的资助）、《建筑信息模型 BIM 应用》（列选上海科技专项基金）等。《城市地下空间出版工程》和《智能交通》获得上海高校服务国家重大战略出版工程项目资助。同济社承担了 20 个上海“十二五”规划重点项目和 14 个国家“十二五”规划重点项目。

2010 年同济社策划了以钱七虎院士为总编、朱合华教授和黄宏伟教授为副总编的《城市地下空间开发利用与安全》出版项目。项目策划充分依托同济大学在岩土与地下工程、防灾与安全、建筑与城市规划、交通运输工程等学科的科研优势，特别是在地下空间及隧道工程领域研究所取得的成就；项目策划汇集了同济大学、解放军理工大学、上海城市发展信息研究中心等科研院所的院士、长江学者、杰出青年、教授、中青年教师等，组成了作者队伍，并整合了同济大学建筑设计研究院、上海市政院、上海岩土院、上海地下院、上海轨道院、上海建工设计院、上海建工集团、总参工程兵第四设计研究院等一线优秀设计、施工企业的相关人才。

该出版工程是系统和长期项目，计划分别从城市地下空间开发利用的“规划与设计”“施工技术与管理”“防灾与安全”“运营与维护管理”“基础理论研究”“国内外经典案例”6 个方面布局，初步计划出版图书 40 余种。该项目于 2011 年被列为新闻出版总署“十二五”时期国家重点出版规划项目。

“城市·建筑学术（专业）出版中心”的创立

同济大学出版社“城市·建筑学术（专业）出版中心”是2014年上海市新闻出版局授牌的12个专业学术出版中心之一，其业务领域完全与同济社“城市＋建筑”核心板块契合。这一学术出版中心的创立，将进一步确立品牌效应，促进同济社特色专业化出版的发展。

同济社“城市·建筑学术（专业）出版中心”的创立和实施，具备了多方面的优势条件。第一，国家推进新型城镇化的重大战略，城镇化将继续是中国新一轮发展的强大引擎，为出版带来优质的专业资源和巨大的市场需求。第二，上海作为国际性大都市，其独特的区位优势、丰富的城市建设和管理经验，为“城市＋建筑”领域的科研与工程实践成果转化为出版项目提供了天然肥沃的土壤。第三，同济大学一流学科的强大实力是专业出版中心成功运营、长远发展的强力依托。第四，母校层面的极力倡导和支持是出版社全力、顺畅运作“城市＋建筑学术（专业）出版中心”的有力保障。第五，国内外一流专家的鼎力支持是出版中心可持续发展、不断打造学术出版精品的基础。第六，出版社的特色出版背景、一把手的高度重视和引领、专业而高素质的强大编辑出版队伍是项目成功实施的可靠保证。

“光明城”——城市、建筑与设计高端出版品牌的塑造

近年来，中国城市与建筑的发展已是国际关注的热点，然而中国城市与建筑专业出版水准相比欧美、日本等均有巨大差距，普遍沿袭僵化、单一、落后的传统出版模式，与中国当前城市和建筑的高速发展现状及其内涵的巨大机遇不相匹配。

实际上，在传统出版行业普遍萎缩的大趋势下，城市、建筑、设计专业出版具有不同的特点与机遇，即其出版具有丰富多样性需求、高品质与高定价特性，常常需要各种各样的限量版或收藏版、多媒体版等，并且，有大量资源可以结合出版拓展衍生产品、衍生计划，从而获得更大的社会效益与经济效益。

为此，同济大学出版社依托同济大学城市规划、建筑学优势学科的巨大资源，以“城市＋建筑”为核心出版方向，于2012年创立城市、建筑、设计高端专业出版品牌“光明城”。旨在抓住中国当前城市、建筑专业出版领域的巨大空白点，也即巨大机遇，在担当起推动中国城市、建筑与设计发展重任，搭建中国与世界城建文化交流高品质平台的同时，积极探索出版行业体制改革，勇于创新发展，用更积极灵活的态度回应新时代出版业的困境，激活出版的正能量，获得不可替代的竞争力。

“光明城”——城市、建筑与设计专业出版复合型平台计划，旨在整合目前已经具备的大量重要资源，全面推进包括出版（含电子出版、按需出版、国际联合出版、版权输出等）、新媒体、实体书店、研究、展览及多种活动策划、设计产品开发的复合型平台的建设；进一步树立“光明城”作为中国城市、建筑、设计专业出版第一品牌的标杆形象，推进其在国际舞台的影响力，积极助推中国城市、建筑、设计文化与国际的交流对话，助推中国文化走出去。

“光明城”自创立以来，以高品质、专业性，以及积极的态度、严谨的工作，获得城市、建筑、设计领域高度的关注与认可，树立了良好的口碑，出版物获得普遍好评。《收缩的城市》获得学校专家、领导及各相关领域的广泛好评，被众多媒体争相报道、转载，并分别在上海和北京完成两场论坛活动，很好地树立了“光明城”的专业出版品牌形象，积极提升了同济大学出版社专业出版的影响力。《一点儿北京》（被评为“2013年中国最美的书”，图5）以绘本形式制作的一系列书籍，将城市建筑书籍推向大众，广受好评。《绘本非常建筑》将中国一线建筑师张永和的设计理念以绘本形式展现出来，在国内可称首创，曾受邀参加深圳香港城市建筑双城双年展、北京设计周、上海西岸艺术与当代建筑双年展等，并获得2013北京国际设计周“最具影响力奖”、2013“中国最美的书”奖、2014华东书籍设计双年展一等奖和优秀插图奖、上海图书奖等多个奖项。3年来，“光明城”举办了数十场反响热烈的论坛、展览、工作坊等各类活动，获得众多国内外著名建筑师、学者的高度认可与支持，很多重要作者，包括国外多所著名专业院校主动与“光明城”建立出版合作关系。“光明城”出版物受邀在台北美术馆、上海当代艺术博物馆等处展览，并被香港M＋

美术馆收藏。

同济社新创建的“光明城”品牌，介入企业文化建设和立体化多媒介宣传出版，以学校人力资源优势为依托，在重大项目启动前期介入，参与企业项目全流程资料搜集与整理，推动企业文化传承与创新，实现价值提升。通过系列的高端的城市与建筑图书出版和学术推广活动，这一品牌正在产生巨大的影响力。

特色专业出版的固本与拓新

同济出版 30 年来，走基于学科的教学出版和专业出版之路，特别是“十二五”规划期间，坚持特色专业出版的发展战略已有明显成效。成效主要体现在以下几方面：一是正确把握高校出版工作的方向，坚持把社会效益放在首位、社会效益和经济效益统一的原则，进一步明确高校出版文化建设的职能与定位；二是更紧密融入母体大学的整体发展思路，积极围绕“国家战略、科技前沿、上海特色、大学优势”的出版导向，同济出版影响力在学校、出版界、专业界和社会上都有所提升；三是专业出版特色开始显现，品牌效应与核心竞争力得到大幅度提升；四是策划了一批重大项目，出版了一批好书，获批和获奖项目的数量均创历史新高，社会效益明显；五是图书品种、生产产值、回款码洋依计划逐步增长，特别是从政府等上游渠道获取的“订单”增幅显著，前端市场与终端市场两条腿走路，保持企业稳健发展；六是通过重大项目的策划组织，培养和锻炼了队伍，提升了企业的协同管理能力和团队意识；七是汇聚了校内外一大批高端专业的作者队伍和有潜力的合作机构，为企业发展储备了核心的优势资源；八是专业学术出版成果，体现了科技前沿和学科发展的最新成就，为中国文化走向国际打下了基础；九是专业出版图书资源成为数字化转型的切入点，也将是复合出版项目的立足点；十是学校和出版社层面均体现了对特色专业出版发展战略的高度认同，这已成为企业文化建设的核心价值所在。

但是，现阶段特色专业出版的问题也是客观存在的：一是同济大学是综合性大学，虽然已努力聚焦在几个核心和特色领域，但专业分布还是较为零散，图书品种多，产业集中度很低；二是有些专业出版产品线还很单薄和粗放，亟需做深、做厚、做强；三是专业出版面对的读者群体比较狭窄，市场规模终归有限，一般重印率偏低，常会出现经济效益不佳的情况；四是专业出版主要是以作者和内容为导向的出版，以前端资助和补贴为主要盈利模式，市场意识较为薄弱；五是适合专业图书营销的专业化、精细化及网络渠道体系有待建立。

“十三五”规划期间，同济出版将进一步明确自身定位，继续依托同济大学百年名校的学科和人才优势，坚持大学出版为大学教学、科研及文化传承服务，坚持高水准的教材与原创性学术著作出版，强化专业化和学术性的出版功能。为此，我们要与时俱进、固本拓新，在“十三五”规划期间努力做好以下重要工作。

第一，要大力弘扬专业学术出版。坚守大学社的本质，“学术优先”，即以为学校优势学科、优秀作者的教学、科研服务的学术出版、品牌出版优先，依托不可替代的专业出版资源，努力使“出版”成为“大学除教育、科研之外的第三种力量”。

第二，专业出版要规模化，要做厚、做深、做强。专业出版是大学出版社的核心竞争力，是大学出版社特色化发展的必然选择。因此，“城市＋建筑”拓展“同济德语”、同济社将继续聚焦出版领域，“同济数学”及“同济医学”等品牌，丰富产品线和加强影响力。

第三，教材出版要依托优势专业学科系列化，要做系统、做层次、做品质。教育出版一直是大学出版社的安身立命之本。同济社的专业基础教材，近几年有下滑趋势。在目前的环境下，我们一方面将通过合作模式开发终端定向系列教材；另一方面，我们要紧密依托同济的专业学科优势，加大力度，自主开发“土木工程”“同济数学”“同济德语”“艺术设计”“同济护理”“基础学科”“卓越工程师”等系列专业教材，进一步做好系统梳理。在此基础上，制定出教材修订、教材开发、教材营销、教材维护以及相关工作机制和政策，通过成立专门的“教材中心”来加强教材工作。

第四，要拓展基于专业的大众出版。同济社的“城市＋建筑”“人文艺术”“德语和欧洲文化”专业出版领域，均有大量优质的大众出版资源，如有关“城市文化和生活”“建筑遗产和保护”“艺术和设计”等方面。近期同济社出版的“城市行走”系列、《一点儿北京》等专业大众图书赢得了好评。其中《上海里弄文化地图：石库门》与《中国古代机械文明史》获“上海市民喜爱的科普图书”奖，后者还荣登“2014中国高校出版社年度书榜”。“敦煌石窟艺术全集”（26集）的出版将对艺术领域雅俗共赏图书的出版起到重要作用，并将丰富产品线和拓宽读者群，同济社计划在目前特色专业出版、教育出版基础上，向大众出版领域做相关延伸，发展出一些相关出版板块。

第五，要增强市场优先的意识。专业出版领域如何可以不仅仅依赖于各类基金资助而真正获得市场，这是需要我们长时间摸索和奋斗的。面对转企改制的挑战，要确立“市场优先”的战略思路，扩大品牌图书的市场影响，加大出版市场图书的品种。树立“以市场为导向、以客户为中心、以两个效益为根本”的管理模式，不断优化整合资源、提高运营效率，创新管理、创新服务，努力打造企业核心竞争力。

第六，要实践数字出版和复合出版项目。以特色专业出版为基础，紧紧抓住数字化转型机遇，通过复合出版大力带动同济社的发展，为创意产业提供多样化表现平台，继而为教育和学术服务。

第七，要延伸产业链和价值链。从整体来看，传统的图书出版产业回避不了日益萎缩的态势。出版社将逐步提升出版传媒的现代功能，从优秀的内容加工者提升为专业化的出版内容和服务的提供者，进而建立并整合成具有品牌效应的内容集成平台，建立开放的合作模式，通过多业态的经营在文化创意产业领域不断延伸产业链和价值链，实现社会效益和经济效益的双赢。

第八，要推进深度专业营销发行体系。要开始建立针对专业学术图书的专业营销队伍，对不同学科图书的销售渠道进行精细的划分。要加强专业图书馆配业务，专业图书是最适合馆配业务的。专业出版定位于小众传播范围，是为满足特定读者的阅读需求的，营销的对象必须直达高校院系、研究机构、企事业单位，甚至到个人。特别是网络渠道开通后，“长尾理论”的运用使得专业学术图书的销售有了赢利的可能。

为读者提供高质量、高水平的专业和学术著作，是大学出版社永远不能推卸的责任；通过出版，引领社会文明，塑造时代精神更是大学出版社坚持不懈的理想追求。同济大学出版社历经几代人的努力，为社会、为大学的文化传承作出了应有的贡献。同济大学出版社已到而立之年，面临出版业整体发展趋缓的态势和国家积极倡导文化发展的新政，同济出版仍然有很大的发展空间，只要我们不忘使命，勇于创新。

图片来源

所用图片由同济大学出版社提供

原文版权信息

支文军．特色专业出版之路：同济大学出版社的品牌和核心竞争力 // 上海市出版协会．上海高校出版方略．上海：复旦大学出版社，2016: 93–113.

［作者时任同济大学出版社社长］

附录

Appendix

1. 支文军发表论文列表
Author's List of Published Articles

1989 年

[1] 支文军 . 建筑评论的歧义现象 [J]. 时代建筑 , 1989(1): 12–14.

[2] 支文军 . 巴黎新姿 : 法国革命 200 周年"大型工程"简介 [J]. 时代建筑 , 1989(2): 45–49.

[3] 文夫 . 乡土与现代主义的结合 : 世界建筑新秀 M. 波塔及其作品 [J]. 时代建筑 , 1989(3): 21–29.

[4] 支文军 . 当代中国建筑创作趋势 [J]. 建筑与都市 (香港), 1989(8): 76–80.

1990 年

[5] 支文军 . 国际主义与地域文化的契合 : 八十年代新加坡建筑评析 [J]. 时代建筑 , 1990(3): 40–47.

1991 年

[6] 支文军 . 建筑评论的感性体验 [J]. 南方建筑 , 1991(1): 63–64.

1992 年

[7] Zhi Wenjun. Housing in Shanghai(1949–1991)[J]. COUNTRASPACE(Italy). 1992(3).

1993 年

[8] 支文军 . 葛如亮的新乡土建筑 [J]. 时代建筑 , 1993(1): 42–47.

1994 年

[9] 支文军 . 精心与精品 : 同济大学逸夫楼及其建筑师吴庐生教授访谈 [J]. 时代建筑 , 1994(6): 18–24.

1997 年

[10] 支文军 . 香港历史建筑概述 (1945 年以前)[J]. 时代建筑 , 1997(2): 24–29.

1998 年

[11] 支文军 . 比较与反思 [J]. 台湾建筑 (台湾), 1998(7).

[12] 支文军 . 交流·思考·展望 : 沪、台建筑·室内设计创作研讨会纪要 [J]. 时代建筑 , 1998(4): 71–74.

1999 年

[13] 支文军 . 素质教育背景下的学校建设 : 苏州国际外语学校规划与建筑设计评述 [J]. 时代建筑 , 1999(2): 56–59.

[14] 徐千里 , 支文军 . 同济校园建筑评析 [J]. 建筑学报 , 1999(4): 65–67.

[15] 支文军 , 华霞虹 , 刘秉琨 , 李翔宁 , 王方戟 . 城市更新与城市文化 : 98 意大利帕维亚大学国际研究班述评 [J]. 时代建筑 , 1999(2): 63–67.

[16] 支文军 . 世纪的回眸与展望 : 国际建协第 20 届世界建筑师大会 (北京 ,1999) 综述 [J]. 时代建筑 , 1999(3): 92–98.

2000 年

[17] 蔡晓丰 , 支文军 . "城市客厅"的感悟 : 上海人民广场评析 [J]. 时代建筑 , 2000(1): 34–37.

[18] 支文军 , 章迎庆 . 追求理性 : 瑞士建筑师马里奥· 堪培教授专访 [J]. 时代建筑 , 2000(2): : 61–65.

[19] 支文军 , 朱广宇 . 永恒的追求 : 马里奥·博塔建筑思想评析 [J]. 新建筑 ,2000(3): 60–63.

[20] 支文军 , 张晓春 . 上海新建筑 (2): 浦西市中心区 [J]. 世界建筑 ,2000(10): 77–80.

[21] 支文军 , 张晓春 . 上海新建筑 (3): 浦东新区 [J]. 世界建筑 , 2000(11): 75–82.

2001 年

[22] 支文军 , 朱广宇 . 诗意的建筑 : 马里奥·博塔的设计元素与手法述评 [J]. 建筑师 , 2001(92): 89–94

[23] 李武英 , 支文军 . 当代中国建筑设计事务所评析 [J]. 时代建筑 ,2001(1): 25–28.

[24] 支文军 , 徐洁 . 当代法国建筑新观察 [J]. 时代建筑 ,2001(2): 90–97.

[25] 支文军 , 刘江 , 胡蓉 . 开放 , 互动 , 人文的校园建筑 : 绍兴柯桥实验小学设计有感 [J]. 新建筑 , 2001(4): 50–53.

[26] 支文军 , 刘凌 . 感觉的建筑 : 日本建筑师六角鬼丈教授设计作品析 [J]. 时代建筑 ,2001(3): 70–75.

[27] 支文军 , 郭丹丹 . 重塑场所 : 马里奥·博塔的宗教建筑评析 [J]. 世界建筑 ,2001(9): 28–31.

[28] 徐洁 , 支文军 . 法国弗雷斯诺国家当代艺术中心的新与旧 [J]. 时代建筑 ,2001(6): 48–53.

[29] 支文军 , 胡蓉 , 刘江 . 诗意的栖居 : 上海高品位城市的建设 [J]. 建筑学报 ,2001(12): 35–38.

2002 年

[30] 支文军 , 张晓晖 . 石头建筑的史诗 [J]. 世界建筑 ,2002(03): 23–25.

[31] 支文军 , 秦蕾 . 隐喻的表现 : 澳大利亚国家博物馆的双重话语 [J].

时代建筑 ,2002(3): 58–65.
[32] 彭怒，支文军．中国当代实验性建筑的拼图：从理论话语到实践策略 [J]. 时代建筑，2002(5): 20–25.
[33] 支文军．资源与建筑：来自柏林世界建筑师大会的报告 [J]. 时代建筑，2002(5): 116–117.
[34] 支文军，胡招展．重塑居住场所：马里奥·博塔的独户住宅设计 [J]. 时代建筑，2002(6): 70–73.
2003 年
[35] 支文军，赵力．历史对话中的空间塑造：解读墨尔本博物馆 [J]. 建筑学报，2003(01): 68–71.
[36] 刘江，支文军．简约之美：瑞士布克哈特建筑设计公司及其作品 [J]. 时代建筑，2003(2): 118–123.
[37] 支文军，秦蕾．竹化建筑 [J]. 建筑学报，2003(08): 26–28.
[38] 支文军，王路．新乡土建筑的一次诠释：关于天台博物馆的对谈 [J]. 时代建筑，2003(5): 56–64.
2004 年
[39] 支文军，卓健．"那么，中国呢？": 蓬皮杜中心中国当代艺术展记 [J]. 时代建筑，2004(1): 120–123.
[40] 罗小未，支文军．国际思维中的地域特征与地域特征中的国际化品质：时代建筑杂志 20 年的思考 [J]. 时代建筑，2004(2): 28–33.
[41] 宇轩，之君．“核心期刊”在中国的异化：以建筑学科期刊为例 [J]. 时代建筑，2004(2): 48–49.
[42] Wenjun ZHI. Tiantai Museum.Lu Wang creates a modern museum in tune with the local vernacular[J]. Architectural Record (New York), 2004(3).
[43] 支文军，蔡瑜．求证创新：加拿大谭秉荣建筑师事务所及其作品 [J]. 时代建筑，2004(4): 130–139.
[44] 支文军．现代主义建筑的本土化策略：上海闵行生态园接待中心解读 [J]. 时代建筑，2004(5): 126–132.
[45] 支文军，宋丹峰．A 楼·B 楼·C 楼：同济校园新建筑评述 [J]. 时代建筑，2004(6): 44–51.
2005 年
[46] 支文军，徐洁，王涛．从北京到伊斯坦布尔：第 22 届世界建筑大会报道 [J]. 时代建筑，2005(5): 154–159.
[47] 刘凌，支文军．上海新城市空间 [J]. 现代城市研究，2005(5): 58–63.
2006 年
[48] 蔡瑜，支文军．中国当代建筑集群设计现象研究 [J]. 时代建筑，2006(1): 20–29.
[49] 支文军，朱金良．奇妙的“容器”：解读波尔图音乐厅 [J]. 建筑学报，2006(3): 82–84.
[50] 支文军，董艺，李书音．全球化视野中的上海当代建筑图景 [J]. 建筑学报，2006(6): 72–75.
[51] Zhi Wenjun. Publish or Perish[J]. Amsterdam, 2006(2): 128–131.
[52] 支文军，段巍．形与景的交融：上海新江湾城文化中心解读 [J]. 时代建筑 ,2006(5): 104–111.
[53] 支文军，朱金良．中国新乡土建筑的当代策略 [J]. 新建筑，2006(6): 82–86.
[54] 支文军，郭红霞．境外建筑师大举进入上海的文化冲击 [J]. 建筑师 (台湾), 2006(2).
2007 年
[55] 支文军，胡沂佳，宋丹峰．芬兰新建筑的当代实践 [J]. 时代建筑，2007(2): 90–97.
[56] 支文军，潘佳力．西方视野中发现中国建筑：评《中国新建筑》[J]. 时代建筑，2007(2): 163.
[57] 支文军，潘佳力．新加坡 2006 亚洲论坛“亚洲认识亚洲”综述 [J]. 时代建筑，2007(3): 126–127.
[58] 支文军，王佳．消融于丛林中的艺术殿堂：记巴黎盖·布郎利博物馆 [J]. 时代建筑，2007(6): 118–124.
2008 年
[59] 支文军，宋正正．新现代主义在上海的实验 [J]. 南方建筑，2008(1): 40–45.
[60] 支文军．创造性 + 探索性：当代建筑欧洲联盟奖 2007 评析 [J]. 建筑与文化，2008(02): 28–29.
[61] Zhi Wenjun. La quatrieme generation/Dix bureaux d’ architectes de Shanghai (Young Generation/Ten architects from Shanghai) [J]. A+（Brussels, Belgium）, 2008: 82–92.
[62] Zhi Wenjun. Sichuan Earthquake and the Chinese Response[J]. New York: Guest Editorial of Architectural Record, 2008(7).
[63] 支文军，徐洁，周泽屋．传播建筑、人人建筑：来自第 23 届世界建筑师大会的报道 [J]. 时代建筑，2008(5): 148–151.

[64] Zhi Wenjun,Liu Yuyang.Post–Event Cities[J]. Architectural Design, 2008: 60–63.

[65] 支文军，徐洁．对全球化背景下中国当代建筑的认知与思考 [J]. 中国当代建筑 2004–2008, 2008(11): 12–17.

[66] 支文军．瑞典斯德哥尔摩市政厅 [M]// 支文军．北欧建筑散记．北京：中国电力出版社，2008(10): 118–123.

[67] 支文军，王斌．历史街区旧建筑的时尚复兴：西班牙马德里凯撒广场文化中心 [J]. 时代建筑，2008(6): 84–93.

2009 年

[68] 赵晓芳，支文军．探索政府主导与社区参与的中国城市社区建设模式 [J]. 时代建筑，2009(2): 10–15.

[69] 支文军，戴春．走向可持续的人居环境：对话吴志强教授 [J]. 时代建筑，2009(3): 58–65.

[70] 支文军，吴小康．国际视野中的中国特色：德国法兰克福“M8 in China: 中国当代建筑师”展的思考 [J]. 时代建筑，2009(5): 146–157.

[71] 支文军，邓小骅．从实验性到职业化：当代中国建筑师的转向 [J]. 建筑师（台湾），2009(12): 110–115.

2010 年

[72] 朱荣丽，支文军．剖面建筑现象及其价值 [J]. 时代建筑，2010(2): 20–25.

[73] 支文军，董晓霞．世博会对上海的意义 [J]. 建筑师（台湾），2010(6): 122–125.

[74] 支文军，吴小康．中国建筑杂志的当代图景 (2000–2010)[J]. 城市建筑，2010(12): 18–22.

2011 年

[75] 支文军．综述：中国城市的复杂性与矛盾性 [J]. 时代建筑，2011(2): 10–11.

[76] 支文军．物我之境——田园 / 城市 / 建筑：2011 成都双年展国际建筑展主题演绎 [J]. 时代建筑，2011(5): 9–11.

[77] 支文军，薛君．设计 2050: 第 24 届世界建筑师大会报道 [J]. 时代建筑，2011(6): 134–137.

2012 年

[78] 支文军，李凌燕．大转型时代的中国城市与建筑 [J]. 时代建筑，2012(2): 8–10.

[79] 支文军，王斌．时间与空间：同济大学建筑与城市规划学院建筑空间 60 年 [J]. 时代建筑，2012(3): 58–63.

[80] 戴春，支文军．建筑师群体研究的视角与方法：以 50 年代生中国建筑师为例 [J]. 时代建筑，2012(4): 10–15.

[81] 支文军．大学出版的责任与意义 [N]. 同济报，2012–12–30.

2013 年

[82] 支文军．面向多元的复杂性：读《悉地建筑．与复杂语境的交织》[J]. 时代建筑，2013(6): 148.

[83] 支文军．时代建筑 vs 建筑时代：《时代建筑》杂志与当代中国建筑的互动发展 [M]// 第九届中国科技期刊发展论坛编委会．第九届中国科技期刊发展论坛论文集·杭州：浙江大学出版社，2013(9): 24–27.

[84] 支文军，陈淳．序：小建筑·大建筑·非建筑 [M]// 朱剑飞，聂建鑫．筑作．上海：同济大学出版社，2013.

2014 年

[85] 支文军，李迅．文脉中的建筑艺术：澳大利亚 DCM 建筑事务所介绍 [J]. 时代建筑，2014(1): 175–181.

[86] 李凌燕，支文军．大众传媒中的中国当代建筑批评传播图景（1980 年至今）[J]. 时代建筑，2014(6): 40–43.

[87] 支文军．固本拓新：《时代建筑》30 年的思考 [J]. 时代建筑，2014(6): 64–69.

[88] 支文军，周泽渥．“类型重塑”：北京宋庄画家工作室设计解读 [J]. Germen Architecture 2014(Frankfurt), 2014.

[89] 戴春，支文军．50、60、70 年代生中国建筑师观察 [M] // 当代中国建筑设计现状与发展课题研究组．当代中国建筑设计现状与发展．南京：东南大学出版社，2014: 277–288.

2015 年

[90] 支文军，徐蜀辰，邓小骅．承前启后，开拓进取：同济大学建筑系 " 新三届 "[J]. 时代建筑，2015(1): 32–39.

[91] 支文军，邓小骅．WA 建筑奖与中国当代建筑的发展 [J]. 世界建筑，2015(3): 40–44.

[92] 李凌燕，支文军．新闻周刊的“建筑”叙述：一种跨学科批评视角的传媒分析 [J]. 中国传媒大学学报，2015(9): 55–58.

2016 年

[93] 李凌燕，支文军．纸质媒体影响下的当代中国建筑批评场域分析 [J]. 世界建筑，2016(1): 45–50.

[94] 邓小骅，支文军．文化点亮城市：2016 上海市重大文化设施国际青

年建筑师设计竞赛活动述评 [J]. 时代建筑 , 2016(4): 168–177.

[95] 支文军 , 施梦婷 , 李凌燕 . 来自 2016 年威尼斯建筑双年展的 " 前线报道 " [J]. 时代建筑 , 2016(5): 148–156.

[96] 支文军 , 蒲昊旻 . " 归属之后 ": 2016 奥斯陆建筑三年展 [J]. 时代建筑 , 2016(6): 168–173.

[97] 支文军 . 特色专业出版之路 : 同济大学出版社的品牌与核心竞争力 [M]// 上海市出版协会 . 上海高校出版攻略 . 上海 : 复旦大学出版社 , 2016: 93–113.

2017 年

[98] 支文军 , 潘佳力 . 城市 · 建筑 · 符号 : 汉堡易北爱乐音乐厅设计解析 [J]. 时代建筑 , 2017(1): 116–129.

[99] 支文军 , 徐蜀辰 . 包容与多元 : 国际语境演进中的 2016 阿卡汗建筑奖 [J]. 世界建筑 , 2017(2): 16-24.

[100] 支文军 , 费甲辰 . " 充满幸福感的建筑 ": 第 19 届亚洲建筑师协会论坛综述 [J]. 时代建筑 , 2017(5): 150–153.

[101] 支文军 , 何润 . " 城市之魂 ": UIA2017 首尔世界建筑师大会综述 [J]. 时代建筑 , 2017(6): 158–163.

2018 年

[102] 支文军 . 产城融合视角下的中国当代产业空间设计 [M]// 曼哈德·冯格康 , 尼古劳斯格茨 . 都市语境下的工业建筑 . 上海 : 同济大学出版社 , 2018: 26–43.

[103] 支文军 , 何润 , 戴春 . “解码张轲” : 记标准营造 17 年 [J]. 时代建筑 , 2018(1): 94–101.

[104] 支文军 , 何润 , 费甲辰 . 伊朗当代建筑的地域性与国际性 : 2017 年 Memar 建筑奖评析 [J]. 时代建筑 , 2018(2): 153–159.

[105] 支文军 , 戴春 , 郭小溪 . 调和现代性与历史的记忆 : 马里奥·博塔的建筑理想之境 [J]. 建筑学报 . 2018(3): 80–86.

[106] 支文军 , 何润 . 乡村变迁 : 徐甜甜的松阳实践 [J]. 时代建筑 , 2018(4): 156–163.

[107] 支文军 , 杨晅冰 . " 自由空间 ": 2018 威尼斯建筑双年展观察 [J]. 时代建筑 , 2018(5): 60–67.

2019 年

[108] 支文军 , 王斌 , 王轶群 . 建筑师陪伴式介入乡村建设 : 傅山村 30 年乡村实践的思考 [J]. 时代建筑 , 2019(1): 34–45.

[109] Wenjun Zhi，Guanghui Ding. Cultivating a Critical Culture: The Interplay of Time + Architecture and Contemporary Chinese Architecture // Nasrine Seraji, Sony Devabhaktuni, Xiaoxuan Lu. From Crisis to Crisis：Debates on why architecture criticism matters today. Hongkong: Department of Architecture University of Hong Kong, 2019: 122–137.

[110] 支文军 , 郭小溪 . 世界经验的输入与中国经验的分享 : 国际建筑设计公司 Aedas 设计理念及作品解析 [J]. 时代建筑 , 2019(3): 170–177.

[111] 李迅 , 支文军 . 从《东京制造》到《一点儿北京》: 当代城市记录对建筑学的批判与探索 [J]. 建筑师 , 2019(6): 93–99.

[112] 支文军 , 王欣蕊 . 流动·无限·未来 : 阿塞拜疆巴库阿利耶夫文化中心设计解析与评价 [J]. 时代建筑 , 2019(4): 103–111.

[113] 支文军 , 凌琳 . 田园城市的中国当代实践 : 杭州良渚文化村解读 [J]. 时代建筑 . 2019(5): 103–111.

2．支文军编著图书列表
Author's List of Published Books

[1] 卢济威 . 当代中国著名机构优秀建筑作品丛书 : 同济大学 [M]. 支文军 , 吴长福 , 副主编 . 哈尔滨 : 黑龙江科技出版社 , 1999.

[2] 支文军 , 徐千里 . 体验建筑 : 建筑批评与作品分析 [M]. 上海 : 同济大学出版社 , 2000.

[3] 支文军 , 朱广宇 . 马里奥·博塔 [M]. 大连 : 大连理工大学出版社 , 2003.

[4] 徐洁 , 费澄璐 , 支文军 . 解读安亭新镇 [M]. 上海 : 同济大学出版社 , 2004.

[5] 徐洁 , 支文军 . 建筑中国 : 当代中国建筑设计机构 40 强 [M]. 沈阳 : 辽宁科学技术出版社 , 2006.

[6] 支文军 . 行走的观点 (埃及)[M]. 上海 : 上海社会科学院出版社 , 2006.

[7] 支文军 , 张兴国 , 刘克成 . 建筑西部 : 西部城市与建筑的当代图景 [理论篇][M]. 北京 : 中国电力出版社 , 2008.

[8] 支文军 , 张兴国 , 刘克成 . 建筑西部 : 西部城市与建筑的当代图景 [实践篇][M]. 北京 : 中国电力出版社 , 2008.

[9] 支文军 , 徐洁 . 北欧建筑散记 [M]. 北京 : 中国电力出版社 , 2008.

[10] 支文军，徐洁 . 中国当代建筑 2004–2008[M]. 沈阳 : 辽宁科学技术出版社，2008.

[11] 徐洁 , 支文军 . 建筑中国 (2): 当代中国建筑设计机构 48 强及其作品 [M]. 沈阳 : 辽宁科学技术出版社 , 2009.

[12] Zhi Wenjun, Xu Jie. New Chinese Architecture[M]. London：Laurence King Publishing Ltd, 2009.

[13] 彼得·卡克拉·施马尔 , 支文军 . M8 in China: 中国当代 8 位建筑师作品集 [M]. 沈阳 : 辽宁科学技术出版社 , 2009.

[14] 彭怒 , 支文军 , 戴春 . 现象学与建筑的对话 [M]. 上海 : 同济大学出版社 , 2009.

[15] 支文军 . “物我之境” / 国际建筑展 [M]. 成都 : 四川美术出版社 , 2011.

[16]（英）丹·克鲁克香克 . 弗莱彻建筑史 [M]. 郑时龄 , 支文军 , 卢永毅 , 李德华 , 吴骥良 , 译 . 北京 : 知识产权出版社 , 2011.

[17] 支文军 , 戴春 . 当代语境下的田园城市 [M]. 上海 : 同济大学出版社 , 2012.

[18] 支文军 , 戴春 . 建筑策展 : 2011 成都双年展国际建筑展全纪录 [M]. 上海 : 同济大学出版社 , 2013.

[19] 支文军 , 戴春 , 徐洁 . 中国当代建筑 [2008–2012][M]. 上海 : 同济大学出版社 , 2013.

[20] 郑时龄 . " 十万个为什么 "(建筑与交通卷)[M]. 支文军 , 潘海啸 , 副主编 . 上海 : 少年儿童出版社 , 2014.

[21] 支文军 , 戴春 . 中国当代建筑地图 [M]. 沈阳 : 辽宁科学技术出版社 , 2014.

[22] 支文军，戴春 . 马里奥·博塔全建筑 (1960–2015)[M]. 上海 : 同济大学出版社 , 2015.

[23] 徐洁 , 支文军 . 建筑中国 (4): 当代中国建筑设计机构及其作品 (2012–2015)[M]. 上海 : 同济大学出版社 , 2016.

[24] 戴春 , 支文军 , 周红玫 . 深圳当代建筑 [M]. 上海 : 同济大学出版社 , 2016.

[25] 支文军 , 徐洁 . Aedas 在中国 [M]. 上海 : 同济大学出版社 , 2018.

3．支文军主持和参与科研项目列表

Author's List of Scientific Research Projects

1. 2012 年国家自然科学基金课题：“大众传媒中的中国当代建筑批评传播研究（2013~2016）”，项目主持人：支文军；项目组主要参与者：余克光、徐洁、戴春、王国伟、刘涤宇、李凌燕、吴小康等。

2. 2014 年中国工程院咨询研究项目：“当代中国建筑设计现状与发展”。项目主持人：程泰宁院士；支文军是项目组成员之一。

3. 2017 年国家自然科学基金课题：“基于社会网络分析的当代中国建筑师群体及创作机制研究（2018-2021）”，项目主持人：支文军；项目组主要参与者：徐洁、邓小骅、戴春、徐蜀辰、潘佳力、杨晅冰。

4. 支文军指导研究生学位论文列表

Author's List of Supervised Students' Theses for Degrees

（姓名 / 论文题目 / 毕业年份 / 学位）

建筑评论与媒体

1. 蒋妙菲：“中国建筑杂志发展的回顾与探新”，2005（硕士）

2. 秦蕾：“‘节点窗口’从展览透视当代中国建筑与艺术”，2004（硕士）

3. 吴小康：“西班牙建筑杂志 Arquitectura Viva 的发展研究（1985-2011）”，2012（硕士）

4. 蒋天翌：“媒体事件中的建筑批评传播研究：以 OMA 央视总部大楼事件为例”，2014（硕士）

5. 金丽华：“媒体事件中建筑批评传播研究：以中国国家大剧院为例”，2014（硕士）

6. 杨铖：“建筑批评在建筑双年展中的产生和传播研究：以 2011 成都双年展国际建筑展为例”，2014（硕士）

7. 苏杭：“建筑批评在中国建筑传媒奖中的产生和传播”，2015（硕士）

8. 李迅：“当代城市记录对建筑学的批评和探索：以《东京制造》和《一点儿北京》为例”，2016（硕士）

9. 杨宇：“冲突与平衡：新媒体视角下的中国建筑设计微信公众号”，2017（硕士）

当代西方建筑体验与解读

1. 朱广宇：“永恒的追求：马里奥·博塔建筑思想及设计作品研究”，1999（硕士）

2. 刘江：“圣地亚哥·卡拉特拉瓦建筑思想及其实践”，2002（硕士）

3. 胡蓉：“美国购物中心的特征和发展以及对我们的启示”，2002（硕士）

4. 赵力：“德国波茨坦广场建筑始末：解析新城市中心的设计”，2003（硕士）

5. 张晓晖：“追踪建筑表皮设计”，2003（硕士）

6. 郭丹丹：“Swiss — box: 瑞士当代极少主义建筑探析”，2004（硕士）

7. 董晓霞：“包豪斯风格的延续：解读德国示范性小区‘Neues Bauen am Horn’”，2007（硕士）

8. 胡沂佳：“从场地到场所：柏林战后三个城市纪念性空间研究”，2008（硕士）

9. 潘佳力：“以文脉重建秩序：‘评判性重建’理念在柏林弗雷德里希城区的实现”，2009（硕士）

10. 周泽渥：“曼西亚和图依建筑事务所的作品与思想”，2011.3（硕士）

11. 陈海霞：“‘空间共享’在柏林共同住宅中的文化理解与实践”，2015（硕士）

12. 刘临君：“当代日本博物馆内部公共空间形态研究：以公共性设计

为视角"，2016（硕士）

13. 史艺林："阿尔瓦罗·西扎在亚洲建筑设计的探索"，2017（硕士）

14. 杨晅冰："理性的超现实主义诗学——通过"诗意的物体"媒介文本解读探讨柯布西耶的建筑艺术理念及其当代价值"，2019（硕士）

中国当代建筑理论及实践研究

1. 蔡晓丰："当代中国实验建筑初探"，2001（硕士）

2. 朱金良："中国当代新乡土建筑创作实践研究"，2006（硕士）

3. 蔡瑜："中国当代建筑集群设计现象研究"，2006（硕士）

4. 曹宁毅："运河的变迁：论扬州古运河的功能变迁与综合开发"，2006（硕士）

5. 戴瑞峰："苏州工业园区首期核心商务区城市设计及其控制研究"，2006（硕士）

6. 李书音："建筑教育理念影响下的当代中国建筑系馆研究"，2007（硕士）

7. 董奇昱："郑州市城东新区发展研究"，2007（硕士）

8. 朱丽荣："剖面建筑研究"，2008（硕士）

9. 郭红霞："建筑与当代艺术的越界：解读金华建筑艺术公园"，2009（硕士）

10. 宋正正："解读刘家琨"处理现实"的建筑策略"，2009（硕士）

11. 王斌："城市边缘区发展战略规划研究"，2010（硕士）

12. 高涛："从汉中滨江区域城市发展研究看城市特色塑造"，2011（硕士）

13. 赵启博："第六、第七届'远东建筑奖'台湾－上海两地获奖作品比较与分析"，2012（硕士）

14. 潘志浩："传统街区更新的现代性解读：以无锡古运河清名桥地区为例"，2012（硕士）

15. 董艺："设计与市场的博弈．中国当代民营建筑设计机构的职业化发展研究（1993–2011）"，2012（博士）

16. 马娱："艺术家聚落的空间生产方式研究：以蓝顶艺术家聚落为例"，2013（硕士）

17. 王轶群："从传统乡村聚落到当代'超级村庄'——傅山村形态特征与演化机制研究（1984–2014）"，2015（硕士）

18. 贾婷婷："解读罗东文化工场：黄声远的'在地'设计策略研究"，2016（硕士）

19. 谷兰青："无界建筑：大设计视角下中国当代建筑师的'跨界'实践"，2017（硕士）

20. 邓小骅："继承，转变与重构 中国第四代建筑师典型群体研究"，2016（博士）

21. 董晓霞："建构话语在当代的延伸"，2016（博士）

22. 杜鹏："新城市主义中国实践的反思与自主治理路径的选择"，2018（博士）

23. 施梦婷："杭州良渚文化村住区的使用后评价（POE）研究"，2018（硕士）

上海当代城市及建筑研究

1. 章迎庆："从西方极少主义思潮看上海当代建筑形态"，2001（硕士）

2. 刘凌："上海新城市空间"，2003（硕士）

3. 胡招展："苏州河两岸产业遗产保护性再利用初探"，2004（硕士）

4. 王昕："上海新建筑观察"，2005（硕士）

5. 徐驰："'同济风格'研究"，2005（硕士）

6. 鲁艳霞："上海当代优秀年轻建筑师研究"，2005（硕士）

7. 彭赞："以松江，安亭为例研究上海边缘城市的空间需求"，2006（硕士）

8. 段巍："青浦当代建筑实践研究"，2007（硕士）

9. 宋丹峰："上海创意产业集聚区初探：以六个产业建筑群旧改为例"，2007（硕士）

10. 王涛："上海陆家嘴金融中心城市地标系统与城市意向研究"，2007（硕士）

11. 董艺："历史街区中新建筑实践策略初探：以上海市衡山路 12 号精品酒店概念设计为例"，2008（硕士）

12. 郭磊："城市中心区高架下剩余空间利用研究：以上海为例"，2008（硕士）

13. 王佳："虹桥综合交通枢纽研究"，2010（硕士）

14. 宋昊琼："旧工业建筑节能改造研究：以上海"花园坊节能环保产业园"为例"，2011（硕士）

15. 陈丽："华东建筑设计研究院发展历史研究（1952–1978）"，2012（硕士）

16. 蒋兰兰："从建筑城市性角度解读嘉定四栋新建筑"，2013（硕士）

17．Alice Pontiggia（Italy）："A Ttypomorphological Study of Shanghai's Housing Urban Block and a New Proposal for it"，2015（双学位硕士）

18. 赵晓芳："计划经济体制下高校新村的演变及再造策略研究：以上海同济新村为例"，2016（博士）

19. 张晓亮："基于产城融合的上海开发区空间结构及其优化策略研究"，2016（博士）

20. 蒲昊旻：基于空间分析工具的城市步行空间舒适性评价方法研究：以上海虹口／杨浦区轨道交通站域为例"，2018（硕士）

5.《时代建筑》选题分类列表（2000–2019）

List of Thematic Topics of *Time + Architecture*（2000–2019）

（选题 / 年 / 期）

中国当代建筑理论与现象

当代中国实验性建筑（2000/2）

中国当代建筑新观察（2002/5）

实验与先锋（2003/5）

集群建筑设计（2006/1）

对话 : 中西建筑跨文化交流（2006/5）

中国建筑的现代之路（1950–1980）（2007/5）

建筑与现象学（2008/6）

建筑中国 30 年（1978–2008）（2009/3）

西方学者论中国 : 作为核心理论问题的中国城市化和城市建筑（2010/4）

超限 : 中国城市与建筑的极端现象（2011/3）

建造诗学 : 建构理论的翻译与扩展讨论（2012/2）

构想我们的现代性 : 20 世纪中国现代建筑历史研究的诸视角（2015/5）

穿越东西南北——当代建筑中的普遍性与特殊性（2016/3）

定位中国 : 当代中国建筑的国际影响力（2018/2）

中国古典园林之于当代建筑设计（2018/4）

布扎与现代建筑（2018/6）

包豪斯与现代建筑（2019/3）

中国当代建筑师及其设计实践

海归派建筑师在当代中国的实践（2004/4）

为中国而设计 : 境外建筑师的实践（2006/2）

中国年轻一代的建筑实践（2005/6）

中国建筑师在境外的当代实践（2010/1）

观念与实践 : 中国年轻建筑师的设计探索（2011/2）

承上启下 :（20 世纪）50 年代生中国建筑师（2012/4）

边走边唱 :（20 世纪）60 年代生中国建筑师（2013/1）

海阔天空 :（20 世纪）70 年代生中国建筑师（2013/4）

建筑新三届（2015/1）

个体叙事 :（20 世纪）80 年代生中国建筑师（一）（2016/1）

中国当代建筑设计机构与职业体制

当代中国建筑设计事务所（2002/1）

从工作室到事务所（2003/3）

对策 : 中国大型建筑设计院（2004/1）

过程 : 从设计构思到建成（2006/3）

中国建筑师的职业化现实（2007/2）

中国建筑师的职业现实（2017/1）

建筑设计作为现代组织（2018/5）

中国当代建筑前沿问题

社区营造（2009/2）

城市触媒——轨道交通综合体（2009/5）

数字化建造（2012/5）

BIM 体系与应用（2013/2）

力的表达 : 建筑与结构关系（2013/5）

数字化时代的结构性能化建筑设计（2014/5）

形式追随能量 : 热力学作为建筑设计的引擎（2015/2）

基础设施建筑学 : 建筑学介入城市运作的策略（2016/2）

城市微更新（2016/4）

数字化图解设计方法（2016/5）

新村研究（2017/2）

新技术与新数据条件下的空间感知与设计（2017/5）

街道——种城市公共空间的复兴与活力（2017/6）

应用驱动 : 人工智能与城市 / 建筑（2018/1）

环境调控与建筑设计（2018/3）

实验建造共同体（2019/6）

中国当代建筑本体研究与新兴领域

历史文化城市与建筑的保护（2000/3）

城市轨道交通建筑（2000/4）

新时代住宅（2001/2）

建筑再利用（2001/4）

新校园建筑（2002/2）

个性化居住（2002/6）

室内与空间（2003/6）

居住改变中国（2004/5）

新世纪摩天楼（2006/4）

旧建筑保护与再生（2006/2）

中国式住宅的现代策略（2006/3）

让乡村更“乡”村？新乡村建筑（2007/4）

适宜与适度：中国当代生态建筑与技术（2008/2）

剖面（2010/2）

中国式的社会住宅（2011/4）

老年社会的居住和养老设施研究（2012/6）

历史建筑的价值再现与再生设计（2013/3）

旅游度假与酒店设计（2014/2）

建筑材料创新（2014/3）

从乡村到乡土：当代中国的乡村建设（2015/3）

材料与工艺（2015/6）

居住——面对转型的思考（2016/6）

水岸新生（2017/4）

建筑师介入下的乡村发展多元途径（2019/1）

中国当代建筑教育

中国当代建筑教育（2001/增刊）

同济建筑之路（2004/6）

中国当代建筑教育：认知与反思（2007/3）

同济建筑 60 年（2012/3）

共识与差异——面对时代变化的建筑教育变革（2017/3）

中国当代城市问题

二十一世纪的城市（2001/3）

城市景观（2002/1）

北京· 上海· 广州（2002/3）

小城镇规划与建筑（2002/4）

变化中的城市：上海与柏林（2004/3）

新城市空间（2007/1）

创意城市与建筑（2010/6）

转型——中国新型城镇化的核心（2013/6）

新引擎：引领城市群发展的国家级新区与新城（2019/4）

中国当代地域建筑

当代上海建筑评论（2000/1）

辉煌与迷狂：北京新建筑（2003/2）

当代西部城市与建筑（2006/4）

反思与实践：东北城市与建筑（2007/6）

台湾当代建筑的地域特征与国际化（2008/5）

上海的城市与建筑：发展与思考（2009/6）

天津的城市未来（2010/5）

大都市郊区的建筑策略：透视上海青浦与嘉定的建筑实践（2012/1）

深圳：一个可以作为当代世界文化遗产的速生城市（2014/4）

中国当代事件建筑与城市发展

都市营造：2002 上海双年展（2003/1）

世界博览会（2003/4）

2010 年上海世博会 / 青浦实践（2005/5）

大事件与城市建筑（2008/4）

四川地震灾后重建：自建 + 援建（2009/1）

中国 2010 上海世博会建筑研究（2009/4）

上海世博会建筑：设计与建造（2020/3）

上海世博会反思与后事件城市研究（2011/1）

物我之境：田园 / 城市 / 建——2011 成都双年展国际建筑展（2011/5）

民意的重建：都江堰 5·12 地震灾后重建三年（2011/6）

世博会的生态动力：从上海到米兰（2015/4）

中国当代建筑学科跨界

当代博物馆建筑与艺术空间（2006/6）

建筑与当代艺术：当代中国文化视野下的越界与交叉（2008/1）

建筑与影像传播：当代传媒下的空间认知转变（2008/3）

建筑与传媒的互动（2014/6）

建筑之外（2014/1）

媒介空间：传播视野下的城市与建筑（2019/2）

6.《体验与评论：建筑研究的一种途径》目录

Contents of *Experience and Criticism: An Approach to Architectural Research*

序

引言

一、世界建筑作品解读

二、品评中国当代建筑

三、个体及群体建筑师研究

四、设计机构及其作品解析

五、建筑本体及现象评析

六、城市游走与阅读

附录

后记与致谢

后记与致谢

Afterword and Acknowledgement

又到一年的入学季了，今年对我们大学 7901 班有点特别，一大批老同学们回到同济母校，与 2019 级新生一起，体验再次入学报到的时刻，纪念和回顾入学 40 周年的时光（1979—2019）。自从当初不十分刻意的专业选择以来，我们大多数人都工作在城乡建设与设计领域，伴随着国家改革开放和城市化进程的 40 年，既是参与者，又是见证者。我只是其中的一员，在国家现代化建设的大潮中幸运地做出了自己的一点贡献。

如果说我有什么细微的特别之处的话，就是在大学里除了常规的教学科研之外还从事建筑学术期刊的工作——一件以扩大影响力为价值导向的专业传媒工作。无论是一期期以主题组稿的期刊、一本本以专题性内容编撰的图书，还是一篇篇以研究和评论为特点的文章，都是借助媒介平台的传播效果实现扩大影响力的目标。我的核心工作主线是依托学术期刊对学术研究和学术传播进行策划组织。每一期出版的《时代建筑》都是依附于这条主线而结出的学术成果，而我自己从事研究、教学、评论后所发表的论文也是从这条主线上向外蔓延滋长的成果。

本套文集的出版是对我自己历年来所发表论文的完整梳理。虽然这件事起源于三年前的个人工作计划，但真正的进展发生在近一年，特别是随着思考的深入和类型的细分，图书结构及章节做了较大调整，才有了今天这样平行出版的两本图书。虽然每篇论文本身所传播的信息量没有增减，但最终以十二个章节的逻辑关系并以不同线索串联成两本书的架构体系，是在初始阶段没有意料到的，远远超出了当时汇编成册的朴素想法，也许这就是对文献进行系统整理后而呈现的价值再创造的意义所在。

本套文集的编辑，原则上尊重原发表文章的状况，在图文内容上不做修改。但由于原发表文章的时间跨度较大，又发表在国内外不同的建筑期刊上，所以在学术出版规范和参考标准上存在较多问题，在书中均做出相应的修订更新。本套图书虽然基本维持建筑论文图文并茂的特色，但图的作用被减小，图片被弱化处理，如全书黑白印刷、图片尺寸变小、数量略有删减，呈现出一本学术读本的性格。

本套图书的编辑出版是建立在很多前提条件和基础上的，主要体现在两个层面上：一是我毕业留校任教从事学术期刊工作 30 多年来，得到前辈、老师、专家、学友和同事多方面的各种指导、支持、鼓励和帮助，才会有机会和能力撰写和发表这些论文；二是本套图书的编辑出版工作是在各方支持和团队协力合作下才有可能顺利完成。为此，我要感谢的人很多，无法罗列全部，但感恩尽在心中。

首先，罗小未先生作为我学业的导师和事业的指路人，一直像一名旗手在前方引领我和我的编辑团队向着更高的目标奋进。我有幸能在老师身边工作，但同时也意识到事业传承所肩负的责任和压力。罗先生答应为本书写序既体现出她对学生的厚爱，也是对我期刊工作最大的鼓励和支持。郑时龄院士一直非常关注建筑批评和学术期刊，早在2000年就为我和徐千里合著的书写序，他非常支持和关心年轻人的成长。这次，郑时龄院士作为建筑评论领域的权威，又以“中国建筑学会建筑评论学术委员会”首任理事长的身份欣然为本书写序，使本书的出版具有全新的意义。建筑传媒人最直接和重要的学术组织是几年前成立的“中国建筑学会建筑传媒学术委员会”，而崔愷院士作为首任主任委员和《建筑学报》主编，经过深思熟虑后承诺为本书写序，体现的是其对专业期刊、建筑评论和建筑传媒工作的认同和支持。非常感谢上述前辈老师和专家为本书写序。

我深切体会到自己的专业媒体和研究工作与中国当代建筑的互动发展以及校内外学术界休戚相关，需要感谢的校内在任的老师和同事有伍江、卢永毅、常青、吴志强、钱锋、李振宇、蔡永洁、孙彤宇、章明、童明、李翔宁、郝洛西、王方戟、袁烽、李麟学、华霞虹、刘涤宇、彭震伟、孙施文、杨贵庆等；校外要感谢的人就更多了，如刘克成、赵辰、徐千里、孔宇航、孙一民、王辉、仲德崑、王建国、冯仕达、朱剑飞、张宇星、王竹、王维仁、刘少瑜、史建、朱涛、金秋野、葛明、李华等；另外，一批当代中国建筑师一直是我所关注的，他们对我的工作产生很大影响和促动，如刘家琨、王澍、刘晓都、汤桦、崔愷、张永和、马清云、朱锫、张雷、汪孝安、孟建民、马岩松、李兴刚、柳亦春、张斌、张轲、祝晓峰、徐甜甜、李虎、董功、刘珩等。

从国际交流中学习提高并促进自我认知是聚焦“中国命题”的前提条件。我从境外的大学、政府机构、文化机构、设计机构、建筑师事务所等处都获得过许多资源和帮助，如香港大学建筑系、美国普林斯顿大学建筑学院、意大利帕维亚大学建筑学院、法国现代中国建筑观察站、瑞士驻上海总领事馆、马里奥·博塔事务所、MVRDV、GMP、DCM等，在此表示感谢。

有一批学者和同事协助我一起工作，有的成为我重要的、不可或缺的共同作者；一些学者朋友对图书架构体系提出过宝贵意见，有的则以不同形式给予帮助。在此，需感谢的有徐千里、徐洁、彭怒、卓健、戴春、张晓春、李凌燕、邓小骅、李武英、丁光辉、秦蕾、江岱、凌琳、支小咪、王轶群、孙诗宁等。

我非常感谢历届的学生们，我与研究生的讨论其实是一次次对问题的梳理和思考。他们所参与的研究和写作工作是学业过程和学习成长的重要一环，他们同时也是学术成果重要的参与者和贡献者。

建筑期刊确实在培养年轻学人、促进学术交流方面起到不可替代的作用。我的部分论文发表在当今中国重要的建筑期刊上，每一次发表都是对我的鞭策和鼓励。在此要感谢《建筑学报》《世界建筑》《新建筑》《南方建筑》《建筑师》等期刊在我成长过程中所起的作用。感谢期刊界前辈如顾孟潮、曾邵奋、高介华、王绍周等前辈的指导和帮助，也感谢期刊界及中国建筑学会建筑传媒学术委员会同仁们的支持和厚爱，如王路、王明贤、黄居正、张利、李晓峰、饶小军、周榕、曾卫、匡晓明、赵磊、李东、王舒展、覃力、魏星、陈剑飞、黄建中、刘雨婷、俞红、徐纺、卢军、彭礼孝、邵松和叶扬等。另外，还要感谢一些境外期刊，包括《建筑与城市》（中国香港）、《建筑师》（中国台湾）、台湾建筑（中国台湾）、*Architectural Record*（美国）、*Volume*（荷兰）、*A+*（比利时）、*Architectural Design*（英国）等。

本书在汇编过程中，近年出版的一些学术读本类图书对我有所启发，要感谢这些图书的编著者和出版社，如《当代中国城市设计读本》（童明，中国建筑工业出版社）、《理论·历史·批评（一）：王骏阳建筑学论文集》（王骏阳，同济大学出版社）、《形式与权力——建筑研究的一种方法》（朱剑飞，同济大学出版社）、《建筑论谈》（曾昭奋，天津大学出版社）等。

《时代建筑》编辑部是本书资料汇编的后盾，许多原始资料从发表文件中导出，既保证了图文的质量，又尊重其历史真实性。感谢顾金华、王小龙、杨勇等编辑部同仁。近百篇文章基础资料的整理和汇编要花费大量时间和精力，以我各届学生为主的编辑工作团队承担了这项重任，感谢黄婧琳、潘佳力、韩海潮（实习学生）、郭小溪、何润、付润馨、费甲辰、杨晅冰、徐蜀辰等所作出的贡献。

感谢同济大学出版社，近年一大批优秀城市与建筑专业图书的出版汇集了国内外一群著名学者和大家，构建起城市与建筑专业出版的高地。感谢责任编辑武蔚，她的编辑修养和认真态度使图书的学术品质得以保证。感谢完颖的图书装帧设计和杨勇的版式制作，他们的工作使图书有了一个完美的呈现。

本书是我所主持的国家自然科学基金项目成果的组成部分。本书出版获得国家自然科学基金项目及同济大学建筑与城市规划学院学术出版基金的资助，在此表示感谢。

我要特别感谢同济大学/建筑与城市规划学院/《时代建筑》编辑部，这三个层级的机构为我提供了研究、教学、写作的工作平台，构建出我职业生涯中精彩的“生活世界”。

最后，我要把本书献给我的家人，父母的养育和牵挂、妻子的照顾和付出、女儿的成长和未来，都是我奋斗的动力。本书的汇编出版只能算是我人生中一个新的起点。

支文军

2019年8月31日于同济园

图书在版编目（CIP）数据

媒体与评论：建筑研究的一种视野 / 支文军著. --
上海：同济大学出版社，2019.12
ISBN 978-7-5608-8858-3

Ⅰ. ①媒… Ⅱ. ①支… Ⅲ. ①建筑学－文集 Ⅳ.
①TU-53

中国版本图书馆CIP数据核字(2019)第273269号

媒体与评论：建筑研究的一种视野
【著】支文军

责任编辑　武蔚
责任校对　徐春莲
封面设计　完颖
版式制作　杨勇

出版发行　同济大学出版社 www.tongjipress.com.cn
（地址：上海市四平路1239号　邮编：200092　电话：021-65985622）
经　　销　全国各地新华书店，建筑书店，网络书店
印　　刷　上海安枫印务有限公司
开　　本　787mm×1092mm　1/16
印　　张　23.75
字　　数　593 000
版　　次　2019年12月第1版　2019年12月第1次印刷
书　　号　ISBN 978-7-5608-8858-3
定　　价　98.00 元